AF816270

Informationsinstrumente und -systeme im betrieblichen Umweltschutz

Umwelt und Ökonomie Band 14

Band 1: Michael Schröder
Die volkswirtschaftlichen Kosten von Umweltpolitik
1991. 224 Seiten. Brosch. DM 69,-
ISBN 3-7908-0535-1

Band 2: Karl Heinz Gruber
Zur methodischen Auswahl von Emissionsminderungsmaßnahmen
1991. 257 Seiten. Brosch. DM 75,-
ISBN 3-7908-0547-5

Band 3: Helmuth-M. Groscurth
Rationelle Energieverwendung durch Wärmerückgewinnung
1991. 184 Seiten. Brosch. DM 65,-
ISBN 3-7908-0552-1

Band 4: Frank Stähler
Kollektive Umweltnutzungen und individuelle Bewertung
1991. 178 Seiten. Brosch. DM 65,-
ISBN 3-7908-0572-6

Band 5: Rolf Winkler
Konzeption und Bewertung technischer Entsorgungswege
1992. 244 Seiten. Brosch. DM 79,-
ISBN 3-7908-0577-7

Band 6: Michael van Mark / Erik Gawel / Dieter Ewringmann
Kompensationslösungen im Gewässerschutz
1992. 196 Seiten. Brosch. DM 69,-
ISBN 3-7908-0638-2

Band 7: Maria J. Welfens
Umweltprobleme und Umweltpolitik in Mittel- und Osteuropa
1993. 249 Seiten. Brosch. DM 85,-
ISBN 3-7908-0654-4

Band 8: Hans-Dietrich Haasis
Planung und Steuerung emissionsarm zu betreibender industrieller Produktionssysteme
1994. 253 Seiten. Brosch. DM 85,-
ISBN 3-7908-0768-0

Band 9: Ute Bennauer
Ökologieorientierte Produktentwicklung
1994. 416 Seiten. Brosch. DM 120,-
ISBN 3-7908-0779-6

Band 10: Maria J. Welfens/ Nadja Schiemann (Hrsg.)
Umweltökonomie und zukunftsfähige Wirtschaft
1994. 209 Seiten. Brosch. DM 75,-
ISBN 3-7908-0788-5

Band 11: Rolf Jacobs
Organisation des Umweltschutzes in Industriebetrieben
1994. 321 Seiten. Brosch. DM 98,-
ISBN 3-7908-0797-4

Band 12: Frank Jöst
Klimaänderungen, Rohstoffknappheit und wirtschaftliche Entwicklung
1994. 182 Seiten. Brosch. DM 98,-
ISBN 3-7908-0809-1

Band 13: Georg Müller-Fürstenberger
Kuppelproduktion
1995. 375 Seiten. Brosch. DM 98,-
ISBN 3-7908-0883-0

Andreas Pfnür

Informationsinstrumente und -systeme im betrieblichen Umweltschutz

Mit 47 Abbildungen

Physica-Verlag

Ein Unternehmen
des Springer-Verlags

Reihenherausgeber
Werner A. Müller
Peter Schuster

Autor
Dr. Andreas Pfnür
Mansteinstraße 35
D-20253 Hamburg

ISBN 978-3-7908-0894-0 ISBN 978-3-642-51532-3 (eBook)
DOI 10.1007/978-3-642-51532-3

CIP-Titelaufnahme der Deutschen Bibliothek
Pfnür, Andreas.
Informationsinstrumente und -systeme im betrieblichen
Umweltschutz / Andreas Pfnür. - Heidelberg: Physica-Verl.,
1995
(Umwelt und Ökonomie; Bd. 14)
Zugl.: Hamburg, Univ., Diss., 1995

NE: GT

Dieses Werk ist urheberrechtlich geschützt. Die dadurch begründeten Rechte, insbesondere die der Übersetzung, des Nachdruckes, des Vortrags, der Entnahme von Abbildungen und Tabellen, der Funksendungen, der Mikroverfilmung oder der Vervielfältigung auf anderen Wegen und der Speicherung in Datenverarbeitungsanlagen, bleiben, auch bei nur auszugsweiser Verwertung, vorbehalten. Eine Vervielfältigung dieses Werkes oder von Teilen dieses Werkes ist auch im Einzelfall nur in den Grenzen der gesetzlichen Bestimmungen des Urheberrechtsgesetzes der Bundesrepublik Deutschland vom 9. September 1965 in der Fassung vom 24. Juni 1985 zulässig. Sie ist grundsätzlich vergütungspflichtig. Zuwiderhandlungen unterliegen den Strafbestimmungen des Urheberrechtsgesetzes.

© Physica-Verlag Heidelberg 1996

Die Wiedergabe von Gebrauchsnamen, Handelsnamen, Warenbezeichnungen usw. in diesem Werk berechtigt auch ohne besondere Kennzeichnung nicht zu der Annahme, daß solche Namen im Sinne der Warenzeichen- und Markenschutz-Gesetzgebung als frei zu betrachten wären und daher von jedermann benutzt werden dürften.

88/2202-5 4 3 2 1 0 - Gedruckt auf säurefreiem Papier

Vorwort

Das Spannungsfeld zwischen Umwelt und Ökonomie ist im Entstehungszeitraum dieser Arbeit zu einem hoch aktuellen Thema geworden. Besonders deutlich wird dies anhand der unüberschaubaren Anzahl an Veröffentlichungen auf diesem Gebiet. Beispielsweise ist ein drittel der nachfolgend verwendeten Literatur zum Umweltschutz erst im Entstehungszeitraum dieser Arbeit zwischen 1992 und 1994 veröffentlicht worden. Gegenstand bisheriger Untersuchungen ist vor allem die Berücksichtigung des Umweltschutzes in den einzelnen betrieblichen Funktionsbereichen. Ziel dieser Arbeit ist es dementgegen, alle Wirkungen ökologischer Vorgänge auf die Betriebswirtschaft systematisch zu berücksichtigen, um den Umweltschutz möglichst vollständig in ökonomische Kalküle einzubeziehen. Der Ansatzpunkt hierzu ist die Erfassung und Bewertung von Änderungen der ökologischen Umwelt mit Hilfe eines betrieblichen Unmweltinformationssystems.

Die vorliegende Arbeit ist während meiner Tätigkeit als wissenschaftlicher Mitarbeiter am Arbeitsbereich für Öffentliche Betriebswirtschaft der Universität Hamburg bei Prof. Dr. L. Streitferdt entstanden. Die Arbeit wurde im April 1995 vom Fachbereich Wirtschaftswissenschaften der Universität Hamburg als Dissertation angenommen. Dissertationsgutachter waren Herr Prof. Dr. L. Streitferdt und Herr Prof. Dr. K. - W. Hansmann.

Mein besonderer Dank gilt Herrn Prof. Dr. L. Streitferdt für die wertvollen Anmerkungen und konstruktive Kritik in der Entstehungsphase und Herrn Prof. Dr. D. Budäus, der mir in der Zeit seiner Lehrstuhlvertretung an der Universität Hamburg bei der konzeptionellen Entwicklung große Hilfestellung bot. Ein großes *"Danke schön"* an alle ehemaligen und gegenwärtigen Mitglieder unseres Lehrstuhlteams für die tatkräftige Unterstützung. Ebenso danke ich allen Praktikern, Freunden und Bekannten, die geduldige Diskussionspartner waren und mit wertvollen Anregungen zur Seite standen.

Hamburg, September 1995 Andreas Pfnür

Inhaltsverzeichnis

Abkürzungsverzeichnis

AeK	Äquivalenzziffernkoeffizient
ASQ	Administrative Science Quaterly
BDE	Betriebsdatenerfassung
BFuP	Betriebswirtschaftliche Forschung und Praxis
BB	Betriebsberater
Bsp.	Beispiel
BMFT	Bundesministerium für Forschung und Technologie
BUIS	betriebliches Umweltinformationssystem
bzw.	beziehungsweise
CAR	Computer Aided Recycling
CAS	Computer Aided Scenarios
DB	Der Betrieb
DBW	Die Betriebswirtschaft
DGB	Deutscher Gewerkschaftsbund
DöV	Die öffentliche Verwaltung
EIS	Executive Information System
EU	Europäische Union
ff.	ferner folgende
FCKW	Fluor - Chlor - Kohlenwasserstoff
FN	Fußnote
F & E	Forschung und Entwicklung
FÖB	Forschungsinformationsdienst Ökologisch orientierte Betriebswirtschaft
gem.	gemäß
GfK	Gesellsschaft für Konsumforschung
GoB	Grundsätze ordnungsgemäßer Buchführung
G + V	Gewinn- und Verlustrechnung
H.	Heft
HBR	Harvard Business Review
HMD	Handbuch der modernen Datenverarbeitung
ICC	International Chamber of Commerce
INFUCHS	Informationssystem für Umweltchemikalien, Chemieanlagen und Störfälle
IÖW	Institut für ökologische Wirtschaftsforschung
ISZ	Institut für Strategie- und Zukunftsszenarien

JfB	Journal für Betriebswirtschaft
Kap.	Kapitel
krp	Kostenrechnungspraxis
MIS	Management Information System
RefE - UIG	Referentenentwurf Umweltinformationsgesetz
S.	Seite
STAR	Strategischer - Trend - Analyse - Report
Sp.	Spalte
SzU	Schriften zur Unternehmensführung
u. a.	und Andere
UMPLIS	Informations- und Dokumentationsystem Umwelt
UVP	Umweltverträglichkeitsprüfung
UWF	Umweltwirtschaftsforum
UWP	Umweltrecht und -praxis
WiSt	Wirtschaftswissenschaftliches Studium
WISU	Das Wirtschaftsstudium
WPg	Die Wirtschaftsprüfung
WSI	Wirtschafts- und Sozialwissenschaftliches Institut
ZAU	Zeitschrift für angewandte Umweltwirtschaft
ZfbF	Schmalenbachs Zeitschrift für betriebswirtschaftliche Forschung
ZfB	Zeitschrift für Betriebswirtschaft
zfo	Zeitschrift Führung + Organisation

Abbildungsverzeichnis

Tabellenverzeichnis

A BEZUGSRAHMEN

1 Einführung

1.1 Problemstellung

Die empfundene Beeinträchtigung der ökologischen Umwelt als Lebensraum des Menschen wächst. Dies ergibt sich allein schon aus der akzellerierenden Zunahme der Weltbevölkerung, die sich einen gleichbleibenden Lebensraum teilen muß. Im Zeitraum der Erstellung dieser Arbeit äußerte sich die wachsende Betroffenheit auf der Weltkonferenz "Umwelt und Entwicklung" in Rio de Janeiro. Der gegenwärtige Lebensstandard in den Industrienationen ist aufgrund des hohen Ressourcenverzehrs, der mit ihm einhergeht, nicht auf die gesamte Weltbevölkerung zu übertragen. Durch die weiträumige Verbreitung der elektronischen Medien wecken westliche Lebensstandards gleichgerichtete Konsumbedürfnisse in allen Teilen unserer Welt. Als Ausweg aus der Schere zwischen wachsenden Konsumbedürfnissen und einhergehender Umweltbelastung werden weltwirtschaftlich ressourcenschonende, umweltverträgliche Technologien und Wirtschaftsweisen gefordert. Alle Maßnahmen zur Schonung der natürlichen Ressourcen und zur Abfallvermeidung sollen im folgenden als Umweltschutz bezeichnet werden. Innenpolitisch finden Umweltschutzthemen angestoßen durch aktuelle Ereignisse wie die Störfälle bei Hoechst, die Bewältigung der Altlasten auf Liegenschaften der ehemaligen DDR oder die Krise des Dualen Systems die verstärkte Aufmerksamkeit der öffentlichen Diskussion.

Die Thematisierung des Umweltschutzes bedeutet einen Wandel der Umweltbedingungen, unter denen Wirtschaftssubjekte agieren, mit dem Dynamisierung, Interdisziplinarität und ein Anwachsen der Komplexität der Planung verbunden ist. Aus den Umweltänderungen entsteht gegenwärtig ein Anpassungsdruck auf das Verhalten aller Wirtschaftssubjekte hin zum Umweltschutz. Für Unternehmen ergeben sich aus den Umweltänderungen entsprechend ihrer jeweiligen Situation ein Bündel zukünftiger Chancen und Risiken, das es bei der Unternehmensführung zu berücksichtigen gilt.

Seit Mitte der achtziger Jahre gibt es vielfältige Bestrebungen zur Berücksichtigung des Umweltschutzes in der Betriebswirtschaftslehre, wobei die Ziele des betriebswirtschaftlichen Umweltschutzes häufig diffus bleiben. Im Trend der

Ökologisierung der Betriebswirtschaftslehre wurde die Forderung nach der Erweiterung oder sogar dem ökologischen Umbau der Betriebswirtschaftslehre erhoben.[1] Im Mittelpunkt stand die Begründung zur Berücksichtigung ökologischer Aspekte in der Betriebswirtschaft durch stärkere Interdisziplinarität.[2] Weil die Komplexität betriebswirtschaftlicher Probleme dadurch stark zunahm, erwies sich diese Herangehensweise als ungeeignet, um betriebswirtschaftliche Handlungsprogramme abzuleiten. Besonders deutlich trat die Problematik der Komplexitätsreduktion bei der ökologischen Buchhaltung hervor, die von der naiven Vorstellung geprägt war, ökologische Verträglichkeit von Stoffen auf der Basis naturwissenschaftlicher Erkenntnisse kardinal vergleichen zu können.[3] Den Forderungen nach einer ökologischen Umgestaltung der Betriebswirtschaft wurde deshalb bisher in Theorie und Praxis nicht nachgekommen.

Entgegen diesen allgemeinen Trends in den Arbeiten zur Berücksichtigung des Umweltschutzes in der Betriebswirtschaft wird in dieser Arbeit zu klären sein, ob der Umweltschutz als betriebswirtschaftliches Problem verstanden werden kann, zu dessen Bewältigung es keiner Ökologisierung der Betriebswirtschaft bedarf. Es ist dann zu untersuchen, wie man innerhalb der bestehenden Betriebswirtschaftslehre den oben angesprochenen ökologischen Anpassungsdruck bewältigen kann. Zweifelsohne muß der ökologische Anpassungsdruck in die Vorgänge der Planung und Entscheidung einer Betriebswirtschaft Eingang finden, um ihn bewältigen zu können. Planung und Entscheidungen werden determiniert durch Ziele, Informationen und die Unsicherheit des Subjektes über die Eintrittswahrscheinlichkeit alternativer Situationen (Risiko).[4] Im Umweltschutz haben sich bereits Arbeiten mit der ökologischen Risikoanalyse aus Sicht des Unternehmens und dem Einbezug von

---

[1] Vergl. Seidel, E. u. Menn, H., Ökologisch orientierte Betriebswirtschaft, Stuttgart, u. a. 1980, S. 14 ff.; Ridder, H. - G., Grundprobleme einer ethisch - normativen Betriebswirtschaftslehre. Ein Vergleich alter und neuer Ansätze am Beispiel der ökologischen Betriebswirtschaftslehre, in: Pfriem, R. (Hrsg.), Ökologische Unternehmenspolitik, Frankfurt, New York 1986, S. 52 ff.

[2] Vergl. Freimann, J. u. Pfriem, R., Unternehmen und natürliche Umwelt - programmatische und wissenschaftstheoretische Aspekte sozial - ökologischen Denkens in der Betriebswirtschaftslehre, in: Schauenberg, B. (Hrsg.), Wirtschaftsethik: Schnittstellen von Ökonomie und Wissenschaftstheorie, Wiesbaden 1990, S. 117 ff.

[3] Vergl. Müller - Wenk, Die ökologische Buchhaltung - Ein Informations- und Steuerungsinstrument für umweltkonforme Unternehmenspolitik, Frankfurt a. M., New York 1978, S. 17; vergl. ebenso das Kap. 6.1.3 der vorliegenden Arbeit.

[4] Siehe zu näheren Ausführungen: Streitferdt, L., Grundlagen und Probleme der betriebswirtschaftlichen Risikotheorie, Wiesbaden 1973, S. 12 ff. insb. S. 22

Umweltschutzaspekten in das betriebliche Zielsystem befaßt.[1] Hat sich eine Betriebswirtschaft mit einer ökologischen Umweltänderung auseinanderzusetzen, sind zunächst Informationen erforderlich, um das betriebliche Zielsystem auf seine Adäquanz gegenüber der veränderten Umwelt zu überprüfen. Eine notwendige Voraussetzung der betriebswirtschaftlichen Reaktion auf Umweltänderungen ist somit die Information über die Umweltänderung sowie deren Konsequenzen. Darüber hinaus vermögen Informationen Risiko zu mindern und / oder handhabbar zu machen.[2] Eine geschlossene Untersuchung, die sich mit der betriebswirtschaftlichen Information über Umweltschutzbelange befaßt, steht trotz dieser großen Bedeutung der Information für den Umweltschutz noch aus.

Die recht globale Problemstellung der Information über ökologische Umweltänderungen und ihrer betriebswirtschaftlichen Folgen bedarf einer Auffächerung in ihre Teilprobleme, um aufzuzeigen, mit welchen umweltschutzspezifischen Informationsproblemen sich diese Untersuchung auseinanderzusetzen hat. Um die Informationsprobleme des betrieblichen Umweltschutzes zu verdeutlichen, ist zunächst eine umfassende Darstellung aller Zusammenhänge von Umweltschutz und Betriebswirtschaft erforderlich. In der Literatur sind bisher nur jeweils einzelne Begründungsansätze separat dargestellt.[3] Ein integrierter Ansatz, der alle bisher diskutierten Zusammenhänge von Umweltschutz und Betriebswirtschaftslehre vereint, fehlt bisher. Das Ausmaß der Informationsanforderungen des betrieblichen Umweltschutzes und der sich daraus ergebenden Probleme ist daher nicht zu überblicken. Eine solche, umfassende Problemanalyse ist jedoch die Voraussetzung, um die bestehenden Informationsinstrumente wie z. B. die bereits angesprochene ökologische Buchhaltung auf ihre Leistungsfähigkeit zu bewerten. Bei der Bewertung der Informationsinstrumente wird schnell deutlich, daß Instrumente zur Erkennung ökologischer Chancen und Risiken im Sinne einer ökologischen Frühauf-

---

[1] Vergl. zur Umwelt - Risikoanalyse: Steger, U. u. Antes, R., Unternehmensstrategie und Risiko - Management, in Steger, U. (Hrsg.), Umwelt - Auditing, Frankfurt a. M. 1991, S. 13 ff.; vergl. zur Berücksichtigung ökologischer Ziele im Zielsystem einer Betriebswirtschaft: Sihler, H., Die Bewältigung ökologischer Herausforderungen im Rahmen der Unternehmensziele in: Schöttle, K. M. (Hrsg.), Jahrbuch Marketing, 4. Ausg., Essen 1987, S. 11 ff.; Meffert, H. u. Kirchgeorg, M., Umweltschutz als Unternehmensziel, Arbeitspapier der wissenschaftlichen Gesellschaft für Marketing und Unternehmensführung Nr. 50, Münster 1989, S. 5 ff.

[2] Vergl. Wagner, G. R. (auch Hrsg.), Vorwort des Herausgebers zu: Betriebswirtschaft und Umweltschutz, Stuttgart 1993, S. V

[3] Vergl. zu einer systematischen Übersicht Kap. 2.3 der vorliegenden Arbeit.

klärung bisher recht spärlich entwickelt sind.[1] Gerade diese Informationen sind jedoch Voraussetzung, um im Prozeß der unternehmensinternen Ressourcenverteilung Nutzen und Kosten zukünftiger Umweltschutzmaßnahmen ermitteln zu können. Bei der Analyse des Informationsbedarfs zeigt sich, daß die Planung und Durchführung von Umweltschutzmaßnahmen im ganzen Unternehmen verteilt über alle Hierarchieebenen und Funktionsbereiche vollzogen wird. Je nach Aufgabenbereich ergeben sich daraus individuelle Erfordernisse für die Aufbereitung der Information sowie die Kommunikation der Aufgabenbereiche untereinander. Obwohl unter dem Schlagwort "ökologisches Controlling" die Gestaltung bereichsbezogener Umweltinformations- und Kommunikationssysteme diskutiert wird, fehlen bisher konzeptionelle Überlegungen, die sich auf die Zusammenführung dieser bereichsbezogenen Systeme zu einem integrierten Umweltinformations- und Kommunikationssystem beziehen. Dieses soll hier nachgeholt werden.

Durch die zunehmende Leistungsfähigkeit der Informations- und Kommunikationstechnologie werden Informationsprobleme der betriebswirtschaftlichen Planung generell besser beherrschbar. Es stellt sich die bislang offene Frage, wie gerade die komplexen Informationsprobleme des betrieblichen Umweltschutzes durch eine Integration umweltschutzbezogener Informationen in das betriebliche Informationssystem gelöst werden kann.

1.2 Zielsetzung und Vorgehensweise

Mit dieser Arbeit werden folgende Ziele verfolgt:

1) **Erstellung einer systematischen Übersicht, die Notwendigkeit und Ziele des Umweltmanagements in der Betriebswirtschaftslehre deutlich werden läßt, so daß Informationsanforderungen abgeleitet werden können.**
2) **Systematisierung der Informationsprobleme des Umweltmanagements.**
3) **Darstellung der Informationsinstrumente des Umweltmanagements.**
4) **Konzeption zur Vorgehensweise einer umweltschutzorientierten Frühaufklärung.**
5) **Die Integration von Umweltschutzinformationen in das betriebliche Informationsmanagement.**

---

[1] Vergl. Senn, F. J., Ökologie-orientierte Unternehmensführung, Frankfurt a. M., u. a. 1986, S. 164 f., Steger, U., Krystek, U. u. Behrendt, I., Ökologieorientierte Frühaufklärung, in: Gablers Magazin, 5. Jg., 1991 (a), H. 6, S. 16 ff.

6) **Die konzeptionelle Planung und Gestaltung eines integrierten Umweltinformationssystems.**

Zur Erreichung dieser Ziele wird folgendes Vorgehen gewählt:

Aufräumen mit Mißverständnissen

Im Kapitel 2 ist zu zeigen, daß es keines ökologischen Umbaus der Betriebswirtschaftslehre bedarf, um ökologische Probleme auf Unternehmensebene wirtschaftlich zu handhaben. Dazu ist Klarheit über den Einbau von Umweltschutzzielen in das Wirtschaftssystem aus betriebswirtschaftlicher Sicht zu schaffen.

Informationsanforderungen des Umweltmanagements

Kapitel 3 dient der kurzen Zusammenfassung der Aufgaben des betrieblichen Umweltschutzes, die sich zur Erfüllung der Umweltschutzziele herauskristallisiert haben. Die Charakterisierung des Umweltmanagements in seinen Integrationsebenen und betrieblichen Teilbereichen ist erforderlich, um Determinanten des Informationsbedarfs und dessen Inhalte abzuleiten.

Umweltschutzorientierte Information

Im Kapitel 4 werden die Wesenszüge umweltorientierter Information unter Rückgriff auf die betriebswirtschaftliche Diskussion des Informationsbegriffes herausgearbeitet. Ohne Klarheit über den Betrachtungsgegenstand, der umweltschutzorientierten Information, besteht einerseits die Gefahr einer unvollständigen Systematisierung der Informationslücken im Kapitel 5, andererseits stellt der Lebenszyklus von Informationen ein Gerüst dar, auf dem die Planung eines Umweltinformationssystems innerhalb des Abschnitts C dieser Arbeit aufgebaut werden kann.

Systematik der Informationslücken umweltschutzorientierter Unternehmensführung

Nachdem die Informationsanforderungen des Umweltmanagements verdeutlicht worden sind und Klarheit über den Betrachtungsgegenstand dieser Arbeit, der umweltschutzorientierten Information, vorliegt, ist im Kapitel 5 zu fragen, wo mögliche Ursachen unwirtschaftlichen Umgangs mit Umweltschutzproblemen liegen. Es wird eine Systematik der Informationslücken des Umweltmanagements entwickelt, die auch die praktischen Problemfelder betriebswirtschaftlichen Umweltschutzes verdeutlicht.

Bestandsaufnahme der Instrumente zur Verarbeitung von Umweltschutzinformationen unternehmensinternen Ursprungs
Der Abschnitt B dieser Arbeit dient der Bestandsaufnahme von Informationsinstrumenten des Umweltmanagement. Im Kapitel 6 werden die in der Literatur recht ausgiebig behandelten Instrumente zur Verarbeitung unternehmensinterner Informationen des betrieblichen Umweltschutzes kurz vorgestellt und vor dem Hintergrund der im Teil A untersuchten Informationsprobleme gewürdigt.

Suche nach Instrumenten zur Verarbeitung von Umweltschutzinformationen unternehmensexternen Ursprungs
Kapitel 7 gibt einen Überblick über die Instrumente zur Verarbeitung unternehmensexterner Informationen des betrieblichen Umweltschutzes. Mit Hilfe dieser Instrumente sind die sich zukünftig für ein Unternehmen bietenden Chancen und Risiken des gesamtwirtschaftlichen Umweltmanagements zu erfassen. Außerdem zeigt die umweltschutzorientierte Frühaufklärung weiterführenden, zukünftigen Informationsbedarf des Umweltmanagements auf. Da die Umweltmanagementliteratur diesen Bereich jedoch stark vernachlässigt hat, wird eine Vorgehensweise zur integrierten umweltschutzorientierten Frühaufklärung neu entworfen.

Umweltschutzbezogene Erweiterung des Informationsmanagements
Auch bei Einsatz des kompletten, bislang bestehenden Informationsinstrumentariums, das im Teil B zur Lösung der Informationsprobleme des Umweltmanagements vorgestellt wurde, bleiben wichtige Probleme ungeklärt, die sich erst im Zusammenwirken verschiedener unternehmensinterner und -externer Informationsinstrumente in einem **integrierten Umweltinformationssystem** lösen lassen. Im Kap. 8 wird deshalb untersucht, wie sich Umweltschutzinformationen in das Informationsmanagement des Unternehmens integrieren lassen. Aus einer Integration von Umweltschutzinformationen ergeben sich zwangsläufig erhebliche Potentiale der organisatorischen Optimierung des betrieblichen Umweltschutzes im Vergleich zu den gesetzlichen Erfordernissen und bisherigen Arbeiten zur Umweltschutzorganisation.

Planung und Gestaltung eines integrierten Umweltinformationssystems
Gestaltungsobjekt des Informationsmanagement ist das betriebliche Informationssystem. Um zu konkreteren Vorschlägen einer Integration von Umweltschutzinformationen in die betriebliche Informationsversorgung zu kommen, wird im Kap. 9 das integrierte Umweltinformationssystem in seiner Planung und Gestalt unter Ein-

bezug der vorgestellten Instrumente und der Informations- und Kommunikationstechnologie entworfen.

Die Arbeit schließt mit der Zusammenfassung der wichtigsten Ergebnisse im Teil D.

1.3 Begriffsklärung

Aufgrund der uneinheitlichen Verwendungen in der Literatur ist es erforderlich, für die tragenden Begriffe dieser Arbeit zunächst Arbeitsdefinitionen festzulegen.

1) Umweltmanagement

Unter Umweltmanagement wird im folgenden das Leitungshandeln in Bezug auf die umweltschutzorientierten Ziele des Unternehmens zusammengefaßt. Alternativ wird der Begriff für die Institution in der Aufbauorganisation verwendet, der dieses Leitungshandeln übertragen ist.

2) Information und Kommunikation

"Die Versuche, Information zu definieren, sind Legion"[1]. Deshalb soll auch hier keine weitere hinzugefügt werden. Stattdessen werden im Kap. 4 die wesentlichen Charakteristika des Terminus Information herausgearbeitet. An dieser Stelle ist vorab auf den Unterschied von Information und Daten hinzuweisen. Während Daten eine sinnvolle Beschreibung abstrakter Tatbestände verkörpern, ist mit Information stets auch das Ziel der Beeinflussung einer Handlung verbunden.[2] Kommunikation ist stets als Siamesischer Zwilling von Information zu verstehen, da ohne Information keine Kommunikation möglich ist und umgekehrt.[3] Auch wenn im folgenden nicht immer auch von Kommunikation gesprochen wird, wenn es um Information geht, so ist die Kommunikation jedoch ständig betroffen.

3) Umweltschutzorientierte Information

Durch das Adjektiv "umweltschutzorientiert" wird der Begriff "Information" auf die natürliche Umwelt betreffende Informationsinhalte eingeschränkt. Umweltschutzorientierte Information stellt sowohl die Grundlage für Umweltschutzentscheidungen

---

[1] Picot, A. u. Franck, E., Die Planung der Unternehmensressource Information (I), in: WISU, 17. Jg., 1988, H. 10, S. 545

[2] Vergl. Capurro, R., Was ist Information? in: HMD, 24. Jg., 1987, H. 133, S. 110

[3] Vergl. Heinrich, L., Informationsmanagement, 4. Aufl., München, Wien, 1992, S. 7

und deren Durchsetzung dar, als auch die Inhalte der umweltschutzbezogenen Kommunikation des Unternehmens mit seiner Umwelt.

4) Informationsinstrumente des Umweltmanagement

Teilweise werden bereits einzelne Informationskonzepte bzw. -methoden zur Umweltplanung als Informations**systeme** bezeichnet.[1] Diese terminologische Gleichsetzung läßt jedoch außer Acht, daß die angesprochenen Erfassungs- (z. B. Input - Output - Analyse) und Bewertungsmethoden (z. B. ökologische Buchhaltung) zwar zur Informationsgewinnung und Informationsstrukturierung eingesetzt werden können, nicht aber den übrigen Elementarfunktionen (Speicherung und Übertragung) betrieblicher Informationssysteme gerecht werden. "Sie stellen folglich nur die instrumentelle Teilmenge eines BUIS dar."[2] Erfüllt ein Informationskonzept nicht alle genannten Elementarfunktionen, so wird im folgenden deshalb von einem Informationsinstrument gesprochen.

5) Informationssystem und Umweltinformationssystem

Krcmar versteht "...ein Informationssystem als ein Mensch - Maschine - System (...), das Informationen für die Durchführungs-, Führungs-, Analyse- und Entscheidungsfunktionen im Unternehmen beinhaltet und das dabei dem Benutzer über die Ablaufsteuerung eine Datenbasis sowie Funktionen zur Verfügung stellt."[3] Unter einem Umweltinformationssystem soll ein Mensch - Maschine - System im obigen Sinne verstanden werden, das sich vom Informationsinhalt her auf Umweltschutzaspekte konzentriert.

6) Umweltbewußtsein

Unter Umweltbewußtsein wird die "Einsicht in die Gefährdung der natürlichen Lebensgrundlage des Menschen durch diesen selbst, verbunden mit der Bereitschaft

---

[1] Vergl. etwa Wicke, L., u. a., Betriebliche Umweltökonomie, München 1992, S. 538 ff.

[2] Corsten, H. u. Götzelmann, F., Anforderungen an betriebliche Umweltinformationssysteme - Problemfelder und Ansatzpunkte zu ihrer Bewältigung, in: ZAU, 6. Jg., 1993, H. 1, S. 23 FN 6; die Hervorhebung wurde vom Verfasser vorgenommen, das Kürzel BUIS steht für betriebliches Umweltinformationssystem.

[3] Krcmar, H., Bedeutung und Ziele von Informationssystem - Architekturen, in: Wirtschaftsinformatik, 32. Jg., 1990, H. 5, S. 396

zur Abhilfe"[1] verstanden. Das Umweltbewußtsein ist ein theoretisches Konstrukt, das für die betriebswirtschaftliche Berücksichtigung des Umweltschutzes von grundlegender Bedeutung ist. Dabei bestehen regelmäßig Unterschiede zwischen dem tatsächlichem Zustand der natürlichen Umwelt und dem wahrgenommenen Zustand, so daß eine "kaputte" natürliche Umwelt nicht zwangsläufig zu einem hohen Umweltbewußtsein führen muß und umgekehrt.

[1] Vergl. Rat von Sachverständigen für Umweltfragen (Hrsg.), Umweltgutachten, Stuttgart, Mainz 1978, S. 445

2 Der Einfluß der "Ökologie" auf die Unternehmensführung

2.1 Wissenschaftstheoretische Ansätze zur Definition des Ökologie - Begriffes

Historischer Abriß

Historisch läßt sich Ökologie auf die Wortstämme oikos (griechisch: Haus, Haushalt) und logos (griechisch: Wort, Lehre) frei übersetzt also "die Lehre vom Haushalt" zurückführen. Der Begriff wurde 1866 von E. Haeckel geprägt, der beeinflußt vom Werk "The origin of species" von C. Darwin den Ökologiebegriff für die Wissenschaft des Naturhaushalts (Oeconomie der Natur) prägte. Seitdem beschäftigen sich Wissenschaften aus verschiedenen Perspektiven[1] mit der Ökologie, "...die entweder Wirkungsbedingungen des Naturhaushalts erforschen oder aber als Reflex auf die gesellschaftliche Umweltdebatte entstanden sind."[2] Die Versuche einer wissenschaftlichen Aufarbeitung haben eine Reihe unterschiedlicher Ökologiebegriffe hervorgebracht. Man unterscheidet nach der jeweils im Mittelpunkt der Untersuchung stehenden Wechselwirkungen die Autökologie, die Demökologie und die Synökologie, die Humanökologie und die Systemökologie.[3] Losgelöst von den verschiedenen Integrationsebenen der Untersuchung werden die Wechselwirkungen der in den jeweiligen Wissenschaften untersuchten Teilbereiche der Ökologie mit Hilfe der Systemökologie erfaßt.[4] Wird in der **wirtschaftswissenschaftlichen** Literatur der Ökologiebegriff verwendet, so sind prinzipiell alle Wechselbeziehungen von Unternehmen und natürlicher Umwelt in ihrem Ergebnis für das Unterneh-

---

[1] Wissenschaften, in denen ökologische Forschung betrieben wird, sind Naturwissenschaften (Biologie, Chemie und Physik), Ingenieurwissenschaften und Geisteswissenschaften (insbesondere Philosophie, Psychologie, Soziologie und neuerdings auch Ökonomie).

[2] Sandkühler, H. J. (Hrsg.), Europäische Enzyklopädie zu Philosophie und Wissenschaften Bd. 3, Hamburg 1990, S. 600

[3] Autökologie: untersucht die Beziehungen des Einzelorganismus und seiner Umwelt; Demökologie: untersucht die Wechselbeziehungen zwischen gleichartigen Individuen; Synökologie: beschäftigt sich mit den verschiedenen Wechselbeziehungen der Populationen untereinander; Human - Ökologie: beschäftigt sich mit den Wechselwirkungen zwischen Mensch und natürlicher Umwelt; System - Ökologie: komplexe, alle anderen Begriffe einschließende Fassung des Ökologie - Begriffes.

[4] Vergl. Brockhaus - Enzyklopädie, 19. Aufl., Mannheim 1991, S. 148 ff.

men von Bedeutung, so daß der Begriff der Systemökologie der geeignete ist.[1] Immer dann, wenn Bewertungsfragen hinsichtlich ökologischer Kriterien beantwortet werden, sind alle Wirkungen auf die natürliche Umwelt innerhalb der Systemökologie zu erfassen. Fragt man sich lediglich nach den Gründen, wieso die Ökologie einen wachsenden Einfluß auf die Betriebswirtschaftslehre gewonnen hat, ist bereits die engere Definition der Humanökologie ausreichend. Bevor wir uns dem Begriff der Systemökologie zuwenden, wollen wir zunächst die Humanökologie betrachten.

1) Humanökologie

Die Humanökologie stellt den Menschen in den Mittelpunkt der Betrachtung: Ökologie ist eine menschliche Erfahrung, denn in seiner Geschichte war der Mensch zunächst selbst überwiegend anderen Gewalten und Einflüssen unterworfen und mußte sich systemgerecht verhalten, um zu überleben.[2] Im Lauf der Geschichte gewann der Mensch immer mehr an Einfluß, so daß er den ihn umgebenden Lebensraum zunehmend an sein eigenes Naturell angepaßt hat. Mit wachsendem Bewußtsein für die Gefährdung seines Lebensraumes durch eigenes Handeln wurde eine gesellschaftliche Umweltdebatte ausgelöst.[3] Die Humanökologie ist als Reflex auf diese Umweltdebatte entstanden. Sie beschäftigt sich ebenso mit den Wechselwirkungen von Ökologie und menschlichem Verhalten wie mit der gesellschaftlichen Diskussion um diese Beziehung.[4] Aus der gesellschaftlichen Sicht heraus beschäftigt sich die Humanökologie mit der im Gegensatz zur Systemökologie normativen Frage der ökologischen Verträglichkeit und ihrem Einfluß auf menschliches Handeln.[5] Anschaulich wird die Bedeutung der Humanökologie am Beispiel der Vorsilbe "Öko", die ein subjektiv gefälltes Werturteil über die Umweltverträglichkeit von Produkten und Prozessen beinhaltet.

---

[1] Vergl. Haber, W., Über den Beitrag der Ökosystemforschung zur Entwicklung der menschlichen Umwelt, in: Seidel, E. und Strebel, H. (Hrsg.), Umwelt und Ökonomie, Wiesbaden 1991, S. 39 ff.

[2] Vergl.Bundesministerium des Innern (Hrsg.), Was Sie schon immer über Umweltschutz wissen wollten, Stuttgart u. a., 1980, S. 280 f.

[3] Vergl. Tischler, W., in: Historisches Wörterbuch der Philosophie, Ritter, J. u. Gründer, K. (Hrsg.), Basel 1984, Bd. 6, S. 1146

[4] Vergl. Sandkühler, H. J. (Hrsg.), 1990, a.a.O, S. 600

[5] Vergl. Brockhaus - Enzyklopädie, 1991, a.a.O., S. 150

Aufgrund von vielfältigen Rückkoppelungen innerhalb der natürlichen Umwelt treten aber häufig über die humanökologisch prognostizierten Auswirkungen hinausgehende Folgen zutage, die die Ergebnisse über ökologische Verträglichkeiten verzerren. Die Humanökologie ist folglich nicht in der Lage, über die Ökologieverträglichkeit von Produkten und Prozessen aus naturwissenschaftlich fundierter Sichtweise zu entscheiden.

2) Systemökologie

Dementgegen befaßt sich die Systemökologie nicht nur mit den Bindungen zwischen Menschen und Umwelt, sondern auch mit dem Erkennen von Zusammenhängen oder Wechselwirkungen innerhalb der natürlichen Umwelt.[1] "Als Ökosystem wird eine der höheren Organisationsebenen der Materie bezeichnet, die oberhalb der Ebene des Individuums liegt. Es ist ein Wirkungsgefüge von Lebewesen und deren belebter Umwelt, das energetisch ein offenes System darstellt..."[2]. Die Systemökologie untersucht die Ökologie in einem holistischen[3] Sinne als ein Modell der Realität. Ihren Erfahrungsgegenstand, das Ökosystem, bildet die Systemökologie in kybernetischen Modellen ab, deren ohnehin hohe Komplexität durch die energetische Offenheit der Modelle noch erweitert wird.[4] Dadurch läuft die Systemökologie Gefahr, zu einer Supertheorie zu degenerieren, die keine weiteren Erkenntnisse liefert, als daß nichts ohne Wirkung auf das Ganze geschieht. Notwendig wird ein Mechanismus zur Reduktion der durch die holistische Sicht entstandene Komplexität auf zur Erkenntnis eines Zusammenhangs Notwendiges, ohne dabei die Wirkungen auf die ausgegrenzten Teilbereiche zu vernachlässigen. Es sei bereits an dieser Stelle darauf hingewiesen, daß die im Kap. 4 beschriebenen Informationsprobleme des Umweltmanagements zum großen Teil durch einen mangelhaften Mechanismus zur Komplexitätsreduktion begründet sind. Die Frage, welches Unternehmenshandeln für den Lebensraum des Menschen ökologisch schädlich ist und welches nicht, kann somit innerhalb der Systemökologie nur unzureichend beantwortet werden, denn die

---

[1] Vergl. Bundesministerium des Innern (Hrsg.), 1980, a.a.O., S. 279; ebenso: Haber, W., 1991, a.a.O., S. 39

[2] Haber, W., 1991, a.a.O., S. 39

[3] Der Begriff Holismus wurde von Popper geprägt, der unter Holismus eine Methode der ganzheitlichen, aus der Historie abgeleiteten Betrachtung sieht (vergl. Popper, K. R., Das Elend des Historismus, 6. Auflg., Tübingen 1987, S. 14 ff.).

[4] Vergl. Haber, W., 1991, a.a.O., S. 41

Wechselwirkungen innerhalb des kybernetischen Ökosystems sind weder vollständig bekannt noch in ihrer Komplexität erfaßbar.[1]

Der Hintergrund des Ökologie - Begriffes hat deutlich gemacht, daß ein in der betriebswirtschaftlichen Literatur bislang vernachlässigter erheblicher Unterschied zwischen Humanökologie und Systemökologie besteht. Wann ein Unternehmen aus naturwissenschaftlicher Sicht Ökologieverträglichkeit praktiziert, kann weder aus human- noch aus systemökologischer Perspektive entschieden werden.[2]

2.2 Natürliche Umwelt und Betriebswirtschaftslehre - Ökologie als Leitwissenschaft oder Paradigma?

Trepl betrachtet die Ökologie als eine Leitwissenschaft, an der sich andere Wissenschaften orientieren sollen. Unter einer Leitwissenschaft versteht er in diesem Zusammenhang eine Wissenschaft, die alle sie betreffenden Probleme löst und Vorbildcharakter für die Naturwissenschaften,die Technik, die Geistes- und Humanwissenschaften besitzt.[3] Die Auffassung der Ökologie als eine Leitwissenschaft wird von der kybernetischen Sichtweise der Systemökologen[4] durchaus unterstützt. Damit geht jedoch der Anspruch einher, konkrete Handlungsempfehlungen für beispielsweise die Betriebswirtschaftslehre aus der Ökologie abzuleiten. Hier zeigt sich aus der Entstehungsgeschichte der Ökologie ein Widerspruch, denn "...die **Ökologie** ist jedoch nicht als bewußter und systematischer Reflex auf das krisenhaft erfahrene Mensch - Natur - Verhältnis entwickelt worden, sondern ist aus völlig verschiedenen Theorietraditionen...entstanden. Aus der historischen Entwicklung heraus ist die Ö.(AP: kologie) daher keineswegs eine kurative Krisenwirtschaft, sondern rennt der großindustriellen Entwicklung und ihren Umweltfolgen ständig hinterher."[5] Die

---

[1] Vergl. zum Beispiel die Diskussion um die Erwärmung der Atmosphäre und deren Konsequenzen auf den Lebensraum des Menschen. Lindzen verdeutlicht, daß ein Zusammenhang zwischen einer von der Industrieproduktion verursachten Erhöhung des Kohlendioxid - Gehaltes und einer Erwärmung der Atmosphäre wissenschaftlich nicht nachzuweisen ist, da es derzeit noch an Rechenleistung zur Handhabung komplexer Klimamodelle und Kenntnissen der physikalischen Zusammenhänge fehlt (vergl. Lindzen, R. S., Viel Dampf um nichts, in: ZEIT-Schriften, 1992, H. 1, S. 42 f.).

[2] Entgegengesetzt: Zabel, H. - U., Ökologieverträglichkeit in betriebswirtschaftlicher Sicht, in: ZfB, 63. Jg., 1993, H. 4, S. 352 ff.

[3] Trepl, L., Geschichte der Ökologie, Frankfurt a. M. 1987, S. 226 ff.

[4] Vergl. Haber, W., 1991, a.a.O, S. 43 ff.

[5] Gärtner, E., Zum Status der Ökologie. Die Analogie von Medizin und Ökologie, in: Dialektik 9, Köln 1984, zitiert bei: Europäische Enzyklopädie zu Philosophie und Wissenschaften Bd. 3, 1990, a.a.O., S. 602

Ökologie beschäftigt sich derzeit vor allem mit der Beschreibung und Erklärung bereits aufgetretener Umweltschäden, aus ihrer Institutionalisierung heraus kann es nicht ihr Ziel sein, neue Technologien derart umweltfreundlicher zu gestalten, daß noch nicht aufgetretene Umweltprobleme bereits im Vorwege antizipiert werden. Die Ökologie kann daher von ihrer wissenschaftlichen Orientierung her keine Leitwissenschaft für die Betriebswirtschaftslehre sein.

Grundsätzlich verdeckt die Konzentration der betriebswirtschaftlichen Auseinandersetzungen mit der Ökologie auf die Ebene der Humanökologie, daß der Ökologie eine "quasi - ingenieuriale Gestaltungslehre"[1] fehlt. Die Ausdrücke "ökologisch orientierte Betriebswirtschaft"[2], "ökologisch orientierte Unternehmensführung[3] ", "ökologisches Marketing"[4] oder "Ökologie - Management"[5], wie sie von vielen Autoren im Titel ihrer Arbeiten verwendet werden, sind deshalb mißverständlich. Die Erwartungen an Gestaltungsempfehlungen der Ökologie für die Betriebswirtschaftslehre stellen sich als eine Leerformel dar, die sich erst in Abhängigkeit von neuen Erkenntnissen im Bereich der Ökosystemforschung inhaltlich füllt.[6] Um einerseits nicht diese falschen Erwartungen zu wecken und andererseits den ethischen, moralisierenden Charakter der Humanökologie zu vermeiden, sind die

---

[1] Gärtner, E., Zum Status der Ökologie, 1990, a.a.O., S. 605

[2] Vergl. Freimann, J. (Hrsg.), Ökologische Betriebswirtschaftslehre und Praxis? Berlin 1988; Seidel, E. und Menn, H. (Hrsg.), 1988, a.a.O. ; Bräuer, K., Konzepte der ökologisch orientierten Betriebswirtschaftslehre, in: WiSt, 21. Jg., 1992, H. 1, S. 39 ff.

[3] Vergl. Senn, J. F., Ökologieorientierte Unternehmensführung, Frankfurt a. M. 1986; Pfriem, R., Ökologische Unternehmensführung, Berlin 1988a; Dyllick, T., Ökologisch bewußte Unternehmensführung: Der Beitrag der Managementlehre, Schriftenreihe der Schweizerischen Vereinigung für ökologisch bewußte Unternehmensführung Nr. 1, St. Gallen 1989; Kirchgeorg, M., Ökologieorientiertes Unternehmensverhalten, Wiesbaden 1990

[4] Vergl. Brandt, A. u. a. (Hrsg.), Ökologisches Marketing, Frankfurt a. M., New York, 1988; Burghold, J., Ökologisch orientiertes Marketing, Augsburg 1988

[5] Vergl. Coenenberg, E. u. a. (Hrsg.), Ökologie - Management als strategischer Wettbewerbsfaktor, Stuttgart 1991; Stähler, C., Strategisches Ökologiemanagement, München 1991

[6] Wer vermag heute zum Beispiel zu beweisen, ob ein Atomkraftwerk oder ein Kohlekraftwerk die langfristig umweltverträglichere Stromerzeugung ermöglicht? Losgelöst von den Fortschritten der Systemökologie bleibt das o. a. Problem bestehen, daß die Ökologie aufgrund ihrer historischen Konzeption eher ex post erklärende Ziele verfolgt, denn sich als ex ante orientierte Krisenwirtschaft versteht.

Ausdrücke "Umweltorientiertes Marketing"[1], "Umweltorientiertes Management"[2] und "Umweltmanagement"[3] geeigneter. Der Begriff "Umwelt"[4], hier bezogen auf die natürliche Umwelt[5], begrenzt die Komplexität des Systemökologie - Begriffes auf die des Humanökologie - Begriffes, ohne jedoch den ethisch, moralisierenden Charakter in sich zu tragen. Ebenso wird bei seiner Verwendung nicht der Anspruch auf ein noch undefinierbares ökologisches Verhalten erhoben.

Für die Verwendung des Begriffes "Umwelt" oder "umweltorientiert" anstatt des Begriffes "Ökologie" oder "ökologisch" in der Betriebswirtschaftslehre spricht ferner, daß die Umweltorientierung ohnehin ex definitionem in der Betriebswirtschaftslehre enthalten ist. Unternehmen sind im Wirtschaftsprozeß nicht nur von Absatz- und Beschaffungsmärkten sondern auch von Konkurrenten, vom Staat und der Öffentlichkeit eingeschlossen.[6] Die wirtschaftliche Dimension der Umwelt wird auf alle Subjekte bezogen, mit denen das Unternehmen in Interaktion steht.[7] Die Interaktionsumwelt steht damit gedanklich zwischen Unternehmen und ökologischer Umwelt. Um Informationen über die natürliche Umwelt und damit Maßstäbe für eine umweltorientierte Unternehmensführung zu erlangen, ist das Unternehmen ausnahmslos auf seine wirtschaftliche Umwelt als Informationsquelle angewiesen.[8]

---

[1] Vergl. Diller, H., Marketing und Umweltschutz, in: Vogel, J., u. a. (Hrsg.), Handbuch des Umweltschutzes, Teil M6, 3. Auflg., München 1990

[2] Vergl. Hopfenbeck, W., Umweltorientiertes Management und Marketing, Landsberg 1990; Zahn, E. und Gassert, H. (Hrsg.), Umweltschutzorientiertes Management, Stuttgart 1992

[3] Vorbemerkung: Der Begriff Umweltmanagement wird mit zwei Bedeutungen belegt: einerseits das Management von Naturparks, andererseits - und so wird er auch in den folgenden Arbeiten aufgefaßt - als umweltorientiertes Management von Unternehmen. Vergl. Steger, U., Umweltmanagement, Wiesbaden 1988; Albach, H. (Hrsg.), Betriebliches Umweltmanagement, Wiesbaden 1990; Meffert, H. und Kirchgeorg, M., Marktorientiertes Umweltmanagement, Stuttgart u. a. 1992; Schreiner, M., Umweltmanagement, 2. Auflg., Wiesbaden 1991

[4] Zum Begriff "Umwelt" vergl. Uexküll (1909):" Jedes Lebewesen hat seine eigene Umwelt", zitiert bei Haber, W., 1991, a.a.O., S. 41

[5] Einen Überblick über die übrigen Dimensionen der Umwelt gibt Kneschaurek, F., Unternehmung und Volkswirtschaft, in: Probst, G. u. a. (Hrsg.), Integriertes Management, Bern, Stuttgart 1985, S. 403 ff.

[6] Vergl. hierzu Schneider, D., Marketing als Wirtschaftswissenschaft oder Geburt einer Marketingwissenschaft aus dem Geiste des Unternehmensversagens? in: ZfbF, 35. Jg., 1983, H. 3, S. 201 ff.

[7] Vergl. Kap. 7.1 der vorliegenden Arbeit und die dort angegebene Literatur.

[8] Vertieft wird dieser Sachverhalt im Rahmen der Kap. 7.3 - 7.5.

Aufgrund dieses engen Zusammenhanges muß der umweltorientierten Betriebswirtschaftslehre zur Berücksichtigung der natürlichen Umwelt im wesentlichen kein neues Instrumentarium angefügt werden, sondern lediglich das bereits vorhandene Instrumentarium auf diesen erweiterten Umweltbegriff ausgedehnt werden. Die über eine Erweiterung der Betriebswirtschaftslehre hinausgehende Forderung nach einem nötigen Paradigma[1] - Wechsel zur Berücksichtigung einer ökologischen Rationalität[2] ist solange abzulehnen, bis über ökologische Rationalität aus naturwissenschaftlicher Perspektive entschieden werden kann.[3] Unter der Voraussetzung, daß mit zunehmender naturwissenschaftlicher Einsicht in ökologische Sachverhalte auch der Druck aus der Gesellschaft zur Berücksichtigung dieser Ergebnisse für das Unternehmen wächst, stellt dies eine Umweltänderung dar, die ohne ökologischen Paradigmawechsel der Betriebswirtschaftslehre zu bewältigen ist. Deutlicher wird dies, wenn man die Frage nach dem **Wieso** einer umweltorientierten Unternehmensführung stellt.

Um hier Klarheit zwischen "umweltorientiert" und "an der natürlichen Umwelt orientiert" zu schaffen, sollen zunächst die Begriffe "Umweltschutz " und "umweltschutzorientiert" eingeführt werden. Der häufig in der Literatur verwendete Begriff "Umweltschutz" wird von Hübner und Jahnes als "unglücklich" bezeichnet,[4] da der Mensch Teil der Natur sei und daher Umweltschutz auch uns selbst betreffe. Ferner gehe der Begriff Umweltschutz nicht über End - of - the - Pipe Technologien bei sonst unveränderter Fortsetzung des Wirtschaftens hinaus. Dieser zweite Einwand kann hier nicht geteilt werden, da unter der Bezeichnung "integrierter Umweltschutz"[5] gerade auf eine Durchdringung der gesamten Wertschöpfungskette hingearbeitet wird. Gleichgültig, ob dem anthropozentrischen oder dem physiozentrischen Weltbild der Vorzug gegeben wird, steht die Orientierung an der Erhaltung oder dem Schutz der natürlichen Umwelt als Lebensraum des Menschen im Vorder-

---

[1] Vergl. zum hier zugrundeliegenden Verständnis des Begriffs Paradigma: Kuhn, T., The Structure of Scientific Revolutions, 2. ed., Chicago, London 1973, S. 43 ff.

[2] Vergl. Hübner, H. u. Jahnes, S., Zur Notwendigkeit eines ökologieorientierten Wirtschaftens, in: WISU, 21. Jg., 1992, H. 4, S. 296

[3] Dies geht einher mit der Feststellung von Servatius, daß sich der kulturelle Wandel in Richtung auf mehr ökologische Verantwortung auf der Grundlage eines Paradigmawechsels in der betriebswirtschaftlichen Führungslehre abspielt (vergl. Servatius, H. G., Umsetzung umweltbewußter Führung als Prozeß eines kulturellen Wandels, in: Zahn, E. u. Gassert, V. (Hrsg.), 1992, a.a.O., S. 108).

[4] Hübner, H. u. Jahnes, S., 1992, a.a.O., S. 292

[5] Vergl. Strebel, H., Integrierter Umweltschutz - Merkmale, Voraussetzungen, Chancen, in: Kreikebaum, H. (Hrsg.), Integrierter Umweltschutz, 2. Auflg., Wiesbaden 1991, S. 4 ff.

grund von Umweltschutzmaßnahmen.[1] Im folgenden soll daher der Begriff "umweltschutzorientiert" als Synonym für "an dem Erhalt der natürlichen Umwelt orientiert" verwendet werden.

Die umweltschutzorientierte Unternehmensführung bewirkt eine Reaktion auf einen Bewußtseinswandel in der Gesellschaft[2], der sich in einer Aufwertung der Umweltproblematik im Spiegel der öffentlichen Meinung[3] im Umfeld des Unternehmens niederschlägt. Das Unternehmen wird immer nur auf ein verändertes Umweltbewußtsein reagieren oder erwartete Trends antizipieren[4] und verstärken, jedoch aufgrund seiner geringen Beeinflussungsmöglichkeiten kaum selbst Initiator eines allgemeinen Bewußtseinswandels sein können.[5] Auf welchen Wegen der Bewußtseinswandel im Hinblick auf die natürliche Umwelt Eingang in die Unternehmensführung findet, ist Gegenstand des folgenden Kap. 2.3.

Wenn die Ökologie weder als Leitwissenschaft noch als Paradigma der Betriebswirtschaftslehre besteht, bleibt im nächsten Abschnitt die Frage zu beantworten, welche Gründe für ein Unternehmen bestehen, Umweltschutzmaßnahmen durchzuführen.

2.3 Betriebswirtschaft und Umweltschutz in der Literatur

In der betriebswirtschaftlichen Literatur gibt es eine Reihe unterschiedlicher Ansätze zur Berücksichtigung von Umweltschutzaspekten. Gemeinsam ist den Ansätzen das Ziel, die Berücksichtigung des Umweltschutzes aus betriebswirtschaftlicher Sicht zu

---

[1] "Nach dem antropozentrischen Standpunkt (Anthropologie als Wissenschaft vom Menschen...) ist die Natur letztlich Mittel zum Zweck für den Menschen" (Hübner, H. u. Jahnes., S., 1992, a.a.O, S. 291 f.). "Nach Auffassung des physiozentrischen Standpunktes ist die Natur Selbstzweck und besitzt einen Eigenwert" (ebenda, S. 291 f.).

[2] Einen Überblick gibt Stähler, C., 1991, a.a.O, S. 7 ff.. Vergl. auch den Exkurs Umweltbewußtsein im Kap. 7.2 der vorliegenden Arbeit und die dort zitierte Literatur.

[3] Zum Begriff "öffentliche Meinung" und deren Wirkungsweise vergl. Dyllick, T., Management der Umweltbeziehungen, Wiesbaden 1989, S. 68 ff.

[4] Je nachdem, ob das Unternehmen auf einen Trend reagiert oder einen erwarteten Trend antizipiert, wird zwischen Ökologie - Push- und Ökologie - Pull - Effekt unterschieden. Der Push - Effekt, das "Hineindrücken" der Umweltorientierung in die Unternehmensführung, geht dabei hauptsächlich von der gesellschaftlichen Problemdimension der Unternehmensführung aus, der Pull - Effekt geht von der wettbewerbsstrategischen Problemdimension der Unternehmensführung aus (vergl. Meffert, H., Kirchgeorg, M. u. Ostmeier, H., Analysekonzepte und strategische Optionen des ökologieorientierten Marketing, in: Thexis, 5. Jg., 1988, H. 3, S. 23; ebenso: Meffert, H. u. Kirchgeorg, M., 1992, a.a.O., S. 12 ff.).

[5] Unbenommen von dieser Aussage bleibt, daß Unternehmen den Umweltschutz durchaus als Wettbewerbsvorteil nutzen können.

begründen. Meffert/Kirchgeorg systematisieren diese Ansätze entsprechend ihrer forschungsgebietsbezogenen Herkunft wie folgt:[1]

1) Berücksichtigung der natürlichen Umwelt in der Betriebswirtschaftslehre aufgrund von Markt-/Wettbewerbserfordernissen.[2]
2) Berücksichtigung der natürlichen Umwelt aufgrund von gesellschaftlichen Forderungen.[3]
3) Berücksichtigung der natürlichen Umwelt aufgrund ethischer Grundpositionen.[4]
4) Umwelt als Produktions(/Produktiv)faktor.[5]
5) Entscheidungsorientierte Konzeption des Umweltschutzes: Kennzeichen dieser Ansätze ist die Zweck - Mittel - Rationalität.
   5.a) Reaktive Ansätze: Grundlage ist die Reaktion des Unternehmens auf Gesetze und Rechtsverordnungen.[6]

---

[1] Vergl. zu dieser Systematik auch Meffert, H. u. Kirchgeorg, M., 1992, a.a.O., S. 29 ff.

[2] Siehe zu näheren Ausführungen Kirchgeorg, M., 1990, a.a.O., S. 200 ff.; Meffert, H., Strategisches Ökologie - Management, in: Coenenberg, A. G., u. a. (Hrsg.), 1991, a.a.O., S. 11 ff. (ebenso die weiteren Beiträge in diesem Sammelband); Zahn, E. u. Schmid, U., Wettbewerbsvorteile durch umweltschutzorientiertes Management, in: Zahn, E. u. Gassert, H. (Hrsg.), 1992, a.a.O., S. 39 ff.

[3] Siehe zu näheren Ausführungen Stitzel, M., Ökologisch orientierte Unternehmensführung - Hemmung oder Förderung der Wettbewerbsfähigkeit der Unternehmung? in: Innovation und Wettbewerbsfähigkeit, Dichtl, E. u. a. (Hrsg.), Wiesbaden 1987, S. 377 ff.; Dyllick, T., 1989, , a.a.O., insb. S. 86 ff.

[4] Siehe zu näheren Ausführungen Seifert, E. u. Pfriem, R. (Hrsg.), Wirtschaftsethik und ökologische Wirtschaftsforschung, Bern, Stuttgart 1989; Seidel, E., Ökologisch orientierte Unternehmensführung als betriebliche Kultur- und Strukturinnovation, in: Seidel, E. u. Wagner, D. (Hrsg.), Organisation: evolutionäre Interdependenzen von Kultur und Struktur der Unternehmung, Wiesbaden 1989, S. 161 ff.; Stitzel, M., Ökologische Ethik und wirtschaftliches Handeln, in: Schauenberg, B. (Hrsg.), 1990, a.a.O., S. 101 ff.; Farmer, K., Wirtschaft und Umwelt aus ökonomisch - biblischer Sicht, Graz, Budapest 1991; Steinmann, H. u. Löhr, A., Grundlagen der Unternehmensethik, Stuttgart 1992, insbesondere S. 183 ff.; vergl. zu einer kritischen Stellungnahme: Dichtl, E., Ökorationalität: Gebot der Vernunft oder Geschäft der Stunde? in: WiSt, 20. Jg., 1991, H. 6, S. 269

[5] Siehe zu näheren Ausführungen Strebel, H., Umwelt und Betriebswirtschaft, Berlin 1980, S. 38 ff.; Steven, M., Umwelt als Produktionsfaktor, in: ZfB, 61. Jg., 1991, H. 4, S. 509 ff.

[6] Siehe zu näheren Ausführungen Terhart, K., Die Befolgung von Umweltschutzauflagen als betriebswirtschaftliches Entscheidungsproblem, Berlin 1986; Rückle, D. u. Terhart, K., Die Befolgung von Umweltschutzauflagen als betriebswirtschaftliches Entscheidungsproblem, in: ZfbF, 38. Jg. 1986, H. 5, S. 393 ff.; Stitzel, M., Ökologie und öffentliche Wirtschaft, in: DBW, 47. Jg., 1987b, H. 6, S. 673 ff.; Rückle, D., Entscheidungstheoretische Ansätze für umweltbezogene Unternehmensrisiken, in: Wagner, G. R. (Hrsg.), Ökonomische Risiken und Umweltschutz, München 1992, S. 57 ff.

5.b) Präventive Ansätze: Ausgehend von strategischen Chancen und Risiken werden in den präventiven Ansätzen Entscheidungsprozesse modelliert.[1]

6) Systemtheoretische Konzeptionen des Umweltschutzes.[2]

7) Umweltschutz als betriebswirtschaftliches Ziel.[3]

8) Integrierte Konzeptionen, die einerseits die oben aufgeführten Modelle verbinden und andererseits einen gemeinsamen Bezugsrahmen mit der Umweltökonomie[4] herstellen.[5]

Eine kurze Erläuterung der Begründungsansätze erfolgt im nächsten Kap. 2.4. Die Systematik von Meffert/Kirchgeorg besitzt kaum inhaltliche Trennschärfe, sie stellt vielmehr eine Aufzählung unterschiedlicher Sichten der betriebswirtschaftlichen Auseinandersetzung auf dieselbe Umweltschutzproblematik dar. Besonders deutlich wird die mangelnde Trennschärfe zwischen den entscheidungsorientierten Konzeptionen (5), den systemorientierten Konzeptionen (6) und der Betrachtung des Umweltschutzes als betriebswirtschaftliches Ziel (7). Im folgenden wird es von Bedeutung sein, die verschiedenen Begründungsansätze in einen Zusammenhang zu stellen.

Nachdem wir festgestellt haben, daß aus der Ökologie als Leitwissenschaft der Betriebswirtschaft keine Vorgabe entnommen werden können, in welchem Umfang und mit welchen Maßnahmen Umweltschutz in Unternehmen optimal durchzuführen

---

[1] Siehe zu näheren Ausführungen Meffert, H. und Kirchgeorg, M., 1992, a.a.O., S. 48 ff.

[2] Siehe zu näheren Ausführungen Nüßgens, K. H., Umweltschutz als eine Führungsaufgabe im Unternehmen, in: Fortschrittliche Betriebsführung, 23. Jg., 1974, H. 2, S. 111 ff.; Paul, H., Die natürliche Umwelt als Gegenstand der Unternehmensführung und Unternehmensorganisation im Rahmen des evolutionären
Managementansatzes, in: Seidel, E. u. Wagner, D. (Hrsg.), Organisation, 1989, a.a.O., S. 281 ff; Wiesner, J., Ein ökosoziales Interdependenzmodell, in: Seidel, E. u. Strebel, H. (Hrsg.), 1991, a.a.O., S. 88 ff.

[3] Siehe zu näheren Ausführungen Sihler, H., 1987, a.a.O., S. 11 ff.; Meffert, H. u. Kirchgeorg, M., 1989, a.a.O., S. 5 ff.

[4] Die Umweltökonomie beschreibt den Zusammenhang von Volkswirtschaftslehre und natürlicher Umwelt. Vergl. z. B. Wicke, L., Umweltökonomie, 4. Auflg., München 1993, S. 6 ff.

[5] Einen einführenden Überblick gibt Steven, M., Integration des Umweltschutzes in die Betriebswirtschaftslehre, in: WISU, 20. Jg., 1991b, H. 1, S. 38 ff.. Vergl. zu den einzelnen integrierten Konzeptionen: Kreikebaum, H. (Hrsg.), 1991, a.a.O., insbesondere Strebel, H.,1991, a.a.O., S. 3 ff.; Steger, U., Integrierter Umweltschutz als Gegenstand eines Umweltmanagements, ebenda, S. 33 ff.; Stähler, C., 1991, a.a.O., S. 62; Steger, U., Future Management, Frankfurt a. M. 1992, S. 155 ff.

ist, bleibt die Frage offen, wieso Unternehmen Umweltschutz überhaupt betreiben. Zur Beantwortung dieser Frage sollte dem betrieblichen Umweltschutz ein möglichst vollständiges Modell des Zusammenhangs von natürlicher Umwelt und Unternehmensführung zugrunde liegen, um die Wechselwirkungen von Ökologie und Ökonomie im Rahmen des betrieblichen Umweltschutzes zumindestens annähernd berücksichtigen zu können. Dabei reicht es nicht aus, die einzelnen Wechselwirkungen zwischen Ökologie und Ökonomie aufzuzählen, vielmehr sind die Zusammenhänge zwischen den oben aufgezählten Begründungsansätzen aufzuzeigen, um ein vollständiges Bild der Ursachen für die Umweltschutzanforderungen an ein Unternehmen beschreiben zu können. Durch diese Übersicht müßte es möglich sein, die Urheber und die Wirkungsketten des ökologischen Anpassungsdrucks auf ein Unternehmen nachzuzeichnen. Aus dem Verständnis dieser Wirkungsketten heraus ergibt sich die Gewichtung der Umweltschutzziele im Zielsystem der Unternehmen. Ferner lassen sich die alternativen Umweltschutzmaßnahmen in ihrer Leistungsfähigkeit bewerten. Für diese Arbeit ist das Verständnis der Wirkungsketten von besonderer Bedeutung, da sich hieraus die Informationsanforderungen des Umweltschutzes ergeben. Das Kap. 2.4 bildet die Grundlage dieses Verständnisses.

2.4 Natürliche Umwelt und Unternehmensführung. Eine begründende Konzeption auf Grundlage der Unternehmensverfassung

Über die Aufzählung von Meffert/Kirchgeorg hinaus sind in der Literatur bislang keine Übersichten vorhanden, die auch den Zusammenhang der einzelnen Begründungsansätze herstellen. Demgegenüber werden die Ansätze als alternative Ausgangspunkte des betrieblichen Umweltschutzes aufgefaßt. Die im nächsten Abschnitt folgende Integration der Begründungsansätze betriebswirtschaftlichen Umweltschutzes soll in einem gemeinsamen Bezugsrahmen die möglichen Schnittstellen von Ökologie und Betriebswirtschaftslehre in einen Zusammenhang bringen. Ziel dieser Übersicht ist es, durch individuelle Ausformulierung der Schnittstellen für jedes Unternehmen einen Maßstab für die ökonomisch sinnvollen Umweltschutzaktivitäten abzuleiten. In diesem Abschnitt soll die Theorie der Unternehmensverfassung herangezogen werden, um die oben aufgezählten Begründungsansätze für betrieblichen Umweltschutz in einen inhaltlichen Zusammenhang zu bringen. Die Unternehmensverfassung bietet sich deshalb als Ausgangspunkt der Untersuchung an, da sie den von der Wirtschaftsordnung her notwendigen institutionellen Rahmen der Führungsfunktion des Unternehmens festlegt.

"Die Unternehmensverfassung stellt ein Regelungsgesamt dar, das "die Gründung und Beendigung einer Unternehmung, ihr Außenverhältnis, die Verteilung ihres ökonomischen Erfolges (Gewinn, Wertschöpfung), die Grundrechte der Unternehmungsmitglieder allgemein, sowie speziell ihrer Organe insbesondere deren Beziehung, Zustandekommen, Zusammensetzung, Zusammenwirken und Kompetenzverteilung betreffen.""[1]

Die Unternehmensverfassung regelt damit vor allem die Zielsetzung des Unternehmens und die Entscheidungsstruktur zu deren Durchführung. Als solches wird auch von Unternehmensordnung anstatt von Unternehmensverfassung gesprochen.[2] In dem hier verwendeten Zusammenhang ergibt sich jedoch kein Unterschied zwischen den Begriffen, so daß durchgängig von Unternehmensverfassung gesprochen wird. Verändert sich die Umwelt eines Unternehmens, wie im Hinblick auf den Umweltschutz hier zu behandeln, muß das Unternehmen durch die Ausgestaltung seiner Unternehmensverfassung in der Lage sein, diese Umweltänderung institutionell zu verarbeiten. Wie dies möglich ist, soll im Anschluß an eine kurze Vorbemerkung zur Geschichte der Unternehmensverfassung sowie deren Abgrenzung vom prinzipiell ähnlichen Stakeholder - Ansatz gezeigt werden.

1) Vorbemerkung

Im Zuge der Entwicklung einer institutionellen Managementlehre in den USA und auch in Europa seit Ende der 60er Jahre ist das Postulat einer gesellschaftlichen Verantwortung des Unternehmens aufgestellt worden. Neben den Markt als Lenkungssystem des Unternehmens wurden als weitere Ausdrucksformen externer Lenkungssysteme die politische und die moralische Lenkung gestellt. Der Sanktionsmechanismus des politischen Lenkungssystems ist dabei in erster Linie das Rechtssystem, im Falle mangelnder Moral ist das Sanktionsmittel die gesellschaftliche Ächtung.[3] Der Anlaß für die Forderung nach mehr gesellschaftlicher Verantwortung war die zunehmend unbefriedigende Gemeinwirtschaftlichkeit der Unternehmen. Streitferdt bezeichnet die Gemeinwirtschaftlichkeit als Quotient aus

[1] Brose, P., Erkenntnisstand und Perspektiven von Unternehmensverfassungen aus interdisziplinärer Sicht, in: Die Aktiengesellschaft, 26. Jg., 1984, S. 40, zitiert bei: Bleicher, K., 1991, a.a.O., S. 117

[2] Vergl. Bea, F. X., Dichtl, E. u. Schweitzer, M. (Hrsg.), Allgemeine Betriebswirtschaftslehre, Bd. 1, 4. Auflg., Stuttgart, New York 1988, S. 180 f.

[3] Vergl. Dyllick, T., 1989, a.a.O, S. 80 ff.

gemeinwirtschaftlichen Leistungen und gemeinwirtschaftlichen Kosten.[1] Die betriebliche Ergebnisermittlung wurde, so die damalige Kritik, von den Unternehmen lediglich auf die Rentabilität des eingesetzten Kapitals als Maß der wirtschaftlichen Leistungsfähigkeit bezogen, während gleichzeitig unerwünschte gesellschaftliche Nebenwirkungen in Form von externen Effekten entstehen, die zwar die Gemeinwirtschaftlichkeit beeinflussen, in der einzelwirtschaftlichen Erfolgsrechnung aber keine Berücksichtigung finden.[2] Einer dieser externen Effekte ist die zunehmende Umweltbelastung durch den Leistungserstellungsprozeß der Unternehmen.[3] Als konzeptionelle Grundlage einer stärker gesellschaftsorientierten Unternehmensführung gab es mehrere Ansatzpunkte,[4] von denen hier nur die Berücksichtigung der Interessen von gesellschaftlichen Anspruchsgruppen weiterverfolgt werden soll.[5]

> "Als Anspruchsgruppen werden dabei alle diejenigen innerhalb und außerhalb der Unternehmung bezeichnet, die einen Beitrag zu der Leistungserstellung der Unternehmung erbringen und die andererseits einen Anspruch an diese erheben."[6]

Das Unternehmen ist nach dieser Auffassung[7] eine Koalition von Anspruchsgruppen, die bei Wettbewerbsgleichheit unter den einzelnen Anspruchsgruppen erst dann

---

[1] Vergl. zum Begriff der Gemeinwirtschaftlichkeit: Streitferdt, L., Probleme der Operationalisierung von Gemeinwirtschaftlichkeit, in: Bohr, K. u. a. (Hrsg.), Unternehmensverfassung als Problem der Betriebswirtschaftslehre, Berlin 1981, S. 239

[2] Vergl. Coase, R., The Problem of Social Cost, in: Journal of Law and Economics, Vol. 3, 1960, S.1 ff.

[3] Vergl. zum Entstehen von externen Effekten durch Umweltbelastung: Steger, U., Übernahme von Umweltkosten und -risiken durch die Industrie, in: Schüz, M., Risiko und Wagnis Bd. 2, Pfullingen 1990, S. 195 ff.; Ströbele, W., Externe Effekte als Begründung von Umweltökonomik und -politik, in: Beckenbach, F. (Hrsg.), Die ökologische Herausforderung der ökonomischen Theorie, Marburg 1991, S. 111 ff.; Wicke, L., 1993, a.a.O., S. 43 ff.; vergl. zur Quantifizierung der daraus entstehenden gesellschaftlichen Kosten: Wicke, L., Die ökologischen Milliarden, München u. a. 1986; ders., Der ökonomische Wert der Ökologie, in: Schüz, M. (Hrsg.) 1990, a.a.O., S. 210 ff.; Schröder, M., Die volkswirtschaftlichen Kosten von Umweltpolitik, Heidelberg 1991, S. 53 ff.

[4] Die übrigen Ansatzpunkte sind die zu berücksichtigenden Kategorien gesellschaftlicher Anliegen und die zu akzeptierenden gesellschaftlichen Lenkungssysteme, (vergl. Dyllick, T., 1989, a.a.O., S. 91 ff.). Zur Ableitung von Gestaltungsempfehlungen für ein betriebliches Informationssystem erscheinen diese Ansätze jedoch als weniger geeignet.

[5] Dyllick, T., Erfassen der Umweltbeziehung der Unternehmung, in: Management Zeitschrift io, 53. Jg., 1984, H. 2, S. 74 ff.

[6] Dyllick, T., 1984, a.a.O., S. 74

[7] Dem Anspruchsgruppen - oder auch Stakeholder - Ansatz liegt das Koalitionsmodell der Unternehmung zugrunde, das auf die "Anreiz - Beitrags - Theorie" zurückgeht: Barnard, C., The Functions of the Executive, Cambridge, Mass. 1938, insb. S. 65; Cyert, R. M. und March, J. G., A behavioral Theory of the Firm, Englewood Cliffs 1963, insb. S. 27 ff.

ihre Leistung erbringen kann, wenn alle Anspruchsgruppen ihren Beitrag erbracht haben. Aufgabe der Unternehmensführung ist daraufhin die Verteilung der dem Unternehmen nur beschränkt als Gegenleistung zur Verfügung stehenden Mittel auf die Anspruchsgruppen.

2) Abgrenzung der Theorie der Unternehmensverfassung vom Anspruchsgruppenkonzept (Stakeholder - Management)

Unter der Bezeichnung "Interessengruppen" anstelle von "Anspruchsgruppen" wurde ein ähnliches Konzept[1] zur Reformierung der Unternehmensverfassung eingesetzt. Das Ziel des Anspruchsgruppenkonzeptes ist die Berücksichtigung der Umweltbeziehungen insbesondere innerhalb der strategischen Planung des Unternehmens.[2] Entsprechend seiner Zielsetzung dient das Anspruchsgruppenkonzept in dieser Arbeit nur als Erkenntnisobjekt bei der Festlegung der strategischen Unternehmensplanung und nicht zur Begründung des Umweltschutzes durch Unternehmen.[3] Dementgegen stellt die Theorie der Unternehmensverfassung ein der staatlichen Verfassung vergleichbares Regelungsgesamt für das Unternehmen dar, das weit über die strategische Unternehmensplanung hinausgehende Ziele verfolgt.

3) Konzeption der Unternehmensverfassung auf Grundlage einer Interessenorientierung des Unternehmens

Die Berücksichtigung von Interessen oder auch Interessengruppen der am Wirtschaftsprozeß Beteiligten durch Unternehmen begründet sich aus zwei Notwendigkeiten heraus:

a) Die erste Notwendigkeit ergibt sich aufgrund des gesetzlich fixierten Einflusses der im folgenden näher beschriebenen Interessengruppen **auf die Unternehmensverfassung.**

b) Zweitens schließt das Unternehmen **Verträge** z. B. in Form von Arbeits- oder Kaufverträgen mit Wirtschaftssubjekten in seiner Umwelt, so daß eine Beeinflussung der Unternehmenspolitik durch die Vertragspartner unabdingbar ist. Eine

---

[1] Vergl. Steinmann, H., Das Großunternehmen im Interessenkonflikt, Stuttgart 1969, S. 1

[2] Vergl. zur theoretischen Konzeption des Anspruchsgruppen Konzepts: Bleicher, K., Das Konzept Integriertes Management, Frankfurt, New York 1991, S. 96 ff.; zur praktischen Durchsetzung der Konzeption: Böhi, D., Stakeholder - Management bei Swissair, in: Die Unternehmung, 47. Jg., 1993, H. 1, S. 21 ff.

[3] Anders: Nork, M., Umweltschutz in unternehmerischen Entscheidungen, Wiesbaden 1992, S. 91 ff.

Beeinflussung des Unternehmens auf diesem zweiten Weg wird im verbleibenden Autonomieraum der Unternehmensverfassung konkretisiert.[1]

2.4.1 Die erste Grundfrage der Unternehmensverfassung im Licht einer umweltschutzorientierten Unternehmensführung

Die erste Grundfrage, welche Interessen die Zielsetzung und Politik des Unternehmens bestimmen, gibt Aufschluß über die Ausprägung des Zielsystems eines Unternehmens. Gegenstand dieser Arbeit soll nicht die Klärung der Frage nach der Bedeutung der unterschiedlichen Interessen für die Gewichtungsverteilung innerhalb des Zielsystems des Unternehmens sein, wie sie im Zusammenhang mit der Diskussion um die Mitbestimmung geführt wurde.[2] Vielmehr sollen anhand der verschiedenen Interessen die theoretischen Notwendigkeiten zur Berücksichtigung einer Umweltorientierung bei der Unternehmensführung **systematisiert** werden.[3] Erst im nächsten Schritt ist die pragmatische Frage nach dem **Stellenwert** des Umweltschutzes als betriebliches Ziel zu stellen. Die Beantwortung dieser Frage ist Gegenstand des oben unter Punkt 7 "Umweltschutz als betriebswirtschaftliches Ziel" systematisierten Konzepts.[4]

Wenn die Interessengruppen in der wirtschaftlichen Umwelt des Unternehmens die Unternehmensziele bestimmen, so sind sie nicht nur für den Einbezug der Umweltorientierung in unternehmerisches Handeln verantwortlich, wie noch zu zeigen ist, bestimmen sie auch mit ihrem subjektiven Werturteil den Zielerreichungsgrad, d. h. den Erfolg der auf Umweltschutz gerichteten Aktivitäten des Unternehmens. Anstelle der Ökologie als Leitwissenschaft der Betriebswirtschaftslehre ist von den Interessen in der wirtschaftlichen Umwelt des Unternehmens als Begründung und Maßstab des betrieblichen Umweltschutzes auszugehen.

Für die nachfolgenden Überlegungen sind zunächst die bisher in der Literatur als unternehmensverfassungsrelevant identifizierten Interessen zu unterscheiden:[5]

---

[1] Vergl. Bleicher, K., 1991, a.a.O., S. 116 f.

[2] Es werden interessenmonistische, interessendualistische und interessenpluralistische Unternehmensverfassungen unterschieden.

[3] Vergl. Steger, U., 1992, a.a.O, S. 93 ff.

[4] Inhaltlich ausgefüllt wird das Vorgehen von der Anspruchsgruppentheorie.

[5] Die Übersicht orientiert sich an den in der Literatur zur Unternehmensverfassung berücksichtigten Interessen (vergl. Steinmann, H. u. Gerum, E., Unternehmensordnung, 1988, a.a.O., S. 182 f.). Dar-

(Fortsetzung...)

1) das Konsumenten- oder Endverbraucherinteresse,
2) das Interesse der Arbeitnehmer,
3) das Interesse der Kapitalgeber,
4) das Öffentliche Interesse,
5) das Lieferanteninteresse,
6) das Konkurrenteninteresse.[1]

In Abhängigkeit von der Ausprägung des Interessenpluralismus im betrachteten Unternehmen prägen diese Gruppen (oder nur eine Teilmenge von ihnen) die Gestaltung der Unternehmensverfassung als Grundlage der Unternehmenspolitik. In der Unternehmensverfassung ist eine Festlegung der Organe des Unternehmens zum Beispiel auch über die Wahl der Rechtsform des Unternehmens verankert. Die Organe legen die Unternehmensziele fest. Die Ziele der in den Interessengruppen vertretenen Individuen kann man auch als Ziele für die Organisation (Ziele der Individuen) bezeichnen, die während des Zielbildungsprozesses in Ziele der Organisation transformiert werden.[2] Untersucht man den Weg der Verankerung von Umweltschutzaspekten im Zielsystem des Unternehmens, sind demzufolge zunächst die durch die Interessengruppen eingebrachten Zielvorstellungen im einzelnen zu analysieren.

---

[5](...Fortsetzung)
über hinaus sind im Rahmen der hier behandelten Thematik das Interesse der Lieferanten und das Interesse der Konkurrenten prinzipiell von Bedeutung.

[1] Das Interesse der Konkurrenz im Rahmen der Unternehmensverfassung zu berücksichtigen, würde bedeuten, "den Bock zum Gärtner" zu machen. Als Elemente der wirtschaftlichen Umwelt des Unternehmens beeinflußt die Konkurrenz zwar die Bildung der Unternehmensziele und auch deren Durchsetzung im Rahmen der Unternehmensverfassung, jedoch bestehen in der Regel keine anderen institutionalisierten Wege, auf denen die Beeinflussung der Unternehmenspolitik stattfindet, als den Marktmechanismus. Insofern erfolgt eine Berücksichtigung des Konkurrenzinteresses implizit über die Berücksichtigung der Interessen der Marktpartner in Form der übrigen Interessengruppen. Hier unterscheiden sich die Theorien der Unternehmensverfassung und des Anspruchsgruppenmanagement. Denkbar sind jedoch vertragliche Regelungen wie z. B. Preisabsprachen.

[2] Vergl. Kirsch, W., Unternehmensziele in organisationstheoretischer Sicht, in: ZfbF, 21. Jg., 1969, o. H., S. 668

1) Das Konsumenten- oder Endverbraucherinteresse[1]

Steinmann beschreibt das Endverbraucherinteresse als "...sich typischerweise auf eine quantitativ ausreichende und kontinuierliche Versorgung mit qualitativ befriedigenden und preiswerten Gütern und Dienstleistungen"[2] ausrichtend. Dabei spielt es keine Rolle, ob es sich um konsumnahe oder konsumferne Industrien handelt.

Aber auch ohne direkten Einfluß der Konsumenten auf die heutigen Unternehmensverfassungen geht die Konsumentensouveränität in das Zielsystem ein. In diesem Fall besteht die Notwendigkeit zur Berücksichtigung des Konsumenteninteresses aufgrund der Vertragsbeziehungen zwischen Unternehmen und Konsumenten. Durch den Trend der zunehmenden Marktorientierung in nahezu allen Branchen findet das Konsumentenverhalten bei der Unternehmensführung verstärkt Berücksichtigung.[3] Ein wachsendes Umweltbewußtsein der Konsumenten findet deshalb zunehmend unternehmerische Beachtung. Die Auswirkungen umweltschutzinduzierter Marktänderungen auf die Unternehmensführung ist Gegenstand aller Arbeiten, die sich mit der "Berücksichtigung der natürlichen Umwelt in der Betriebswirtschaftslehre aufgrund von Markt-/Wettbewerbserfordernissen" befassen.[4] In dem hier erörterten Zusammenhang wird das Markterfordernis und das Wettbewerbserfordernis betrachtet, da mit dem Trend zur Marktorientierung jedoch auch eine Verschärfung des horizontalen Wettbewerbs einhergeht, so daß Umweltschutz in vielen Branchen zum strategischen Wettbewerbsfaktor geworden ist.

Ob von den Konsumenten ein ausreichend starker Einfluß zur Umweltschutzorientierung eines Unternehmens ausgeht wird von drei Einflußfaktoren bestimmt:[5]

---

[1] Die Begriffe werden synonym verwendet, der Begriff Endverbraucherinteresse bringt dabei die Abgrenzung zum unten behandelten Interessenverhältnis von Unternehmen auf Beschaffungsmärkten zum Ausdruck.

[2] Steinmann, H., 1969, a.a.O., S. 179; diese Definition wurde vor dem Hintergrund der Beteiligung des Endverbraucherinteresses an der Unternehmensverfassung aufgestellt, um einen Mißbrauch der Produzentenmacht zu verhindern.

[3] Vergl. Kotler, P. u. Bliemel, F., Marketing - Management, 7. Auflg., Stuttgart 1992, S. 3 ff.

[4] Dies sind die oben unter 1. systematisierten Konzeptionen (vergl. die dort angegebene Literatur).

[5] Vergl. zur Beantwortung dieser Frage auch den Exkurs "Umweltbewußtsein" im Kap. 7.2 und die dort angegebene Literatur.

1. dem **realen Konsumentenverhalten** der Verbraucher,
2. dem Stellenwert des Umweltschutzes innerhalb der Marketingstrategie des Unternehmens[1]
3. und dem **Informationssystem** des Unternehmens.

Das über den Marktmechanismus in die Unternehmensführung eingehende Konsumenteninteresse besteht generell und stark verallgemeinert in der Erzielung eines möglichst hohen Individualnutzenniveaus durch die Konsumption der produzierten Güter. Das subjektiv beigemessene Nutzenniveau umweltfreundlicherer Güter hängt einerseits von durch das Unternehmen nicht zu beeinflussenden Faktoren, wie dem Einkommen der Konsumenten ab. Andererseits sind die Unternehmen in der Lage, das subjektiv wahrgenommene Nutzenniveau der Konsumenten und damit ihr verhalten durch gezielte Marketingstrategie innerhalb gewisser Grenzen zu beeinflussen.[2] Hier besteht also eine Rückkoppelung zwischen Konsumentenverhalten und Marketingstrategie der Unternehmen, in deren Ergebnis das Unternehmen die zukünftige Berücksichtigung des Umweltschutzes in seinem Zielsystem selbst beeinflussen kann. Desweiteren wird die Bedeutung umweltschutzorientierter Ziele im Zielsystem von der richtigen Einschätzung des umweltschutzorientierten Konsumentenverhaltens durch das Unternehmen bestimmt. Die Qualität dieser Einschätzung hängt vom zur Verfügung stehenden Informationssystem ab.[3] Im Ergebnis tragen schwach ausgeprägter umweltorientierter Konsum, geringe Berücksichtigung von Umweltschutzthemen in der Kommunikationspolitik des Unternehmens und ein schwach eingeschätztes Konsumverhalten zu geringem Einfluß umweltschutzbezogener Ziele bei und umgekehrt.

2) Das Arbeitnehmerinteresse

Das Arbeitnehmerinteresse besteht in der Schaffung "...möglichst günstiger Arbeitsbedingungen (i.w.S.)."[4] Es liegt wohl primär in der Sicherung der Ar-

---

[1] Beispielsweise sei an folgende Problematik im Rahmen der Verpackung erinnert: Zahncreme wurde dem Verbraucher jahrelang in Umverpackungen angeboten. Im Rahmen von Tests wurde die Verpakkung aus Umweltschutzerwägungen bei einer Marke weg gelassen, wodurch sich der Produktnutzen beim Verbraucher nicht verringerte. Trotz erheblichen Werbeaufwandes für die umweltverträglichere Variante des Produktes ging der Absatz der vermeindlich umweltverträglicheren Variante erheblich zurück, da die Produktbeurteilung durch die Verbraucher negativ ausfiel.

[2] Siehe hierzu das Kap. 3.2.4 der vorliegenden Arbeit zum umweltschutzorientierten Marketing und die dort zitierte Literatur.

[3] Siehe zu näheren Ausführungen Kap. 7 der vorliegenden Arbeit.

[4] Steinmann, H. u. Gerum, E., 1988, a.a.O., S. 183

beitsplätze des Unternehmens. Die Vermutung liegt nahe, daß erst dann, wenn eine dauerhafte Beschäftigung gesichert ist und ein zufriedenstellendes Lohnniveau erreicht ist, Ziele wie Arbeitssicherheit oder ein positives Image des Arbeitgebers zum Tragen kommen und auf Umweltschutzmaßnahmen des Arbeitgebers hinwirken. Über die Substitutionsraten zwischen Umweltschutz und den übrigen Zielen der Arbeitnehmer sind keine Untersuchungen bekannt. Für die weitere Untersuchung sei zu analytischen Zwecken unterstellt, daß die Arbeitnehmer umweltschutzorientierte Interessen gegenüber ihren Arbeitgebern vertreten, gleichwohl die umwelschutzorientierte Einstellung zur Zeit noch einer etwas differenzierteren Betrachtung bedarf.[1]

Die umweltschutzorientierten Interessen der Arbeitnehmer gehen prinzipiell auf zwei Wegen in die Unternehmensverfassung ein:

1. Erstens wird das Arbeitnehmerinteresse seit der Diskussion um die Mitbestimmung durch eine Beteiligung an der Unternehmensverfassung eingebracht. So sind zum Beispiel Umweltschutzmaßnahmen, die insbesondere der Belegschaft zugute kommen, wie Großkundenabonnements von Unternehmen im öffentlichen Personennahverkehr Gegenstand von Betriebsvereinbarungen, die losgelöst von ihrer wirtschaftlichen Vorteilhaftigkeit für das jeweilige Unternehmen ohne ein artikuliertes Umweltschutzinteresse der Arbeitnehmer nicht zustande gekommen wären.[2] Denkbar ist auch, daß die Arbeitnehmer über ihre Mandate im Aufsichtsrat auf eine umweltorientierte Unternehmenspolitik hinwirken.[3] Wahrscheinlich wird dieses Vorgehen bei der Forderung nach Minimierung des Risikos von Umweltkatastrophen, um eine Beeinträchtigung der Arbeitssicherheit zu verhindern. Grundsätzlich stößt die Beteiligung von Arbeitnehmervertretungen an Umweltschutzmaßnahmen in der Praxis auf das Problem, daß selten kompetente Ansprechpartner oder Gremien in Gewerkschaften und Betriebsräten vorhanden sind.

---

[1] Vergl. Fietkau, H. - J. u. Ullmann, A., Sind Manager Umweltmuffel, in: Manager Magazin, 1984, H. 10, S. 194 ff.; Plaschka, G., Frank, H. u. Rössl, D., Einstellung von Führungskräften zum Umweltschutz, in: Die Unternehmung, 43. Jg., 1989, H. 2, S. 126 ff.

[2] Vergl. z. B. zur Analyse von Betriebsvereinbarungen über den Umweltschutz in der chemischen Industrie: Teichert, V. u. Küppers, F., Umweltpolitik im Betrieb, in: WSI Mitteilungen, 43. Jg., 1990, H. 12, S. 757 ff.. Ein weiteres Beispiel ist die Vereinbarung der Otto Versand GmbH und Co KG mit seinen Mitgliedern zum Zweck der kostengünstigen Bereitstellung von Monatskarten durch den Hamburger Verkehrsverbund.

[3] Vergl. zu Beteiligungsformen der Arbeitnehmer, Betriebsräte und Gewerkschaften durch das EG Öko - Audit - Verfahren: Küppers, F. u. Assel, D., in: Die Mitbestimmung, 39. Jg., 1993, H. 4, S. 58 ff.

2. Zweitens bestehen zwischen Unternehmen und ihren Beschäftigten Vertragsverhältnisse in Form von Arbeitsverträgen. Um qualifizierte Mitarbeiter für das Unternehmen zu akquirieren, wird ein umweltfreundliches Image der Unternehmen am Arbeitsmarkt mit steigendem Umweltbewußtsein der Beschäftigten immer wichtiger.[1] Unternehmen ohne umweltbewußte Unternehmenspolitik haben am Arbeitsmarkt gerade bei der Anwerbung von hochqualifizierten Arbeitskräften zunehmend einen Wettbewerbsnachteil, da in dieser Gruppe das Umweltbewußtsein besonders stark ausgeprägt ist.[2]

3) Das Kapitalgeberinteresse

Aufgrund der bestehenden Wirtschaftsordnung dominiert hier das Kapitalgeberinteresse das Zielsystem des Unternehmens in den Industrienationen. Untersucht man das Kapitalgeberinteresse unter dem Aspekt der Umweltschutzorientierung genauer, so ist zunächst eine Unterteilung in Eigen- und Fremdkapitalgeberinteresse vorzunehmen.

Entsprechend der monistisch bestimmten Unternehmensverfassung besteht das finanzwirtschaftliche Ziel der Kapitalgeber zunächst in der Maximierung ihrer Rendite, der Marktwertmaximierung ihrer Anteile oder der Rückzahlung des Kapitals durch das Unternehmen.[3] Es lassen sich daraus zwei Begründungen für eine umweltschutzorientierte Unternehmensführung ableiten:

1. Durch Rendite- bzw. Endwertmaximierung der Eigen- und Fremdkapitalgeber als Oberziel gibt es funktional gerichtete Unterziele, die auf eine umweltschutzorientierte Unternehmensführung abzielen.[4] Als klassisches Beispiel der Chancen des Umweltschutzes ist hier die Erschließung neuer Märkte im Bereich der Umwelttechnologie zu nennen.
2. Aufgrund der Vertragsbeziehungen mit den Eigen- und Fremdkapitalgebern besteht die Notwendigkeit, solche Risiken, die sich aus umweltbelastenden Investitionen ergeben, zu vermeiden. Banken führen in der Rolle des Fremdkapitalgebers

---

[1] Vergl. z. B. die Personalmarketingbroschüren von Unilever, vom Otto Versand, der Shell AG u. v. a., die den Umweltschutz in den jeweiligen Unternehmen in besonderer Weise hervorheben.

[2] Vergl. Bartscher, T .u. Fleischer, H., Perspektiven einer ökologisch orientierten Unternehmensführung. Ansatzpunkte für eine adäquate Personalpolitik, in: zfo, 60. Jg., 1991, H. 6, S. 440 ff.

[3] Vergl. Franke, G. u Hax, H., Finanzwirtschaft des Unternehmens und Kapitalmarkt, 2. Aufl., Berlin u. a. 1990, S. 1 f.

[4] Vergl. zu Umweltschutzzielen von Unternehmen in Zielhierarchien auch: Steger, U., 1988, a.a.O., S. 140 ff.

Kontrollen in Form von Umweltverträglichkeitsprüfungen während der Kreditprüfung ein, um die Werthaltigkeit ihrer Sicherheiten in Form von Investitionsgütern auch unter dem Aspekt der Umweltverträglichkeit zu gewährleisten. Bei fremdfinanzierten Investitionen wird dadurch ein Druck zur Umweltverträglichkeit erzeugt.[1]

4) Das öffentliche Interesse

Das öffentliche Interesse ist in der Literatur bisher nicht hinreichend gegenüber den übrigen Interessen abgegrenzt. Es besteht die Auffassung, daß das öffentliche Interesse in der Koordination der übrigen Interessen besteht.[2] Das öffentliche Interesse in dieser eher institutionellen Form[3] wird durch eine materielle Komponente ergänzt. Die materielle Komponente betrifft dabei die Beeinträchtigung der natürlichen Umwelt, die als Lebensraum aller zum öffentlichen Interesse aggregierbaren Wirtschaftssubjekte dient. Nach dem anthropozentrischen Weltbild zielt das öffentliche Interesse auf eine Erhöhung der Lebensqualität durch ein Anpassen der Natur an menschliche Lebensgewohnheiten und weniger auf einen Erhalt der Natur in ihrem ursprünglichen Zustand.[4] Die Anpassung erfolgt dabei an die Lebensgewohnheiten einzelner Individuen oder Gruppen von Individuen, so daß Spannungen durch mangelnde Konformität der Individual - Interessen hervorgerufen werden. Für den einen ist die Benutzung des Autos Gewohnheit geworden, für die Gemeinheit stellen die damit verbundenen Emissionen in Form von Lärm und Abgasen eine Beeinträchtigung der Lebensqualität dar.[5]

In der Ökonomie bezeichnet man solche Güter, die von mehreren Konsumenten gemeinsam in Anspruch genommen werden können, als öffentliche oder auch kollekti-

---

[1] Vergl. Büschgen, E., Ökologie als geschäftspolitische Herausforderung für Banken, in: Die Bank, o. Jg., 1992, H. 3, S. 132 ff.

[2] Vergl. Gerum, E. u. Steinmann, H., 1984, a.a.O., S. 185

[3] Vergl. Gerum, E. u. Steinmann, H., 1984, a.a.O., S. 209 f.

[4] Es sei nochmals an die Unterschiede erinnert: "Nach dem antropozentrischen Standpunkt (Anthropologie als Wissenschaft vom Menschen...)ist die Natur letztlich Mittel zum Zweck für den Menschen" (Hübner, H. u. Jahnes. S., 1992, a.a.O., S. 291 f.). "Nach Auffassung des physiozentrischen Standpunktes ist die Natur Selbstzweck und besitzt einen Eigenwert" (ebenda, S. 291 f.).

[5] Das öffentliche Interesse ist die Grundlage der oben unter 2. aufgeführten Konzeption "Umweltschutz als gesellschaftlicher Anspruch".

ve Güter.[1] In der Finanzwissenschaft ist die Teilmenge der öffentlichen Konsumgüter ein Schwerpunkt der Forschung, der die hier zu stellende Frage des öffentlichen Einflusses auf den Umweltschutz des Unternehmen aus volkswirtschaftlicher Sichtweise thematisiert. Öffentliche Konsumgüter zeichnen sich durch folgende drei Voraussetzungen aus:[2]

a) Der einzelne hat keine Möglichkeit zu entscheiden, ob er die bereitgestellte Menge in Anspruch nimmt oder auf die Nutzung verzichtet.
b) Es besteht keine gegenseitige Beeinträchtigung bei der Nutzung.
c) Ein Ausschluß von der Nutzung ist nicht möglich.

Rosen/Windisch weisen darauf hin, daß insbesondere die Voraussetzung b) der Nichtrivalität im Konsum idealtypisch ist, so daß reine öffentliche Konsumgüter in erster Linie modellhaften Charakter besitzen.[3] Unter Berücksichtigung dieser Einschränkung wird auch der Umweltschutz oder besser seine Ergebnisse z. B. in Form von "sauberer Luft", "sauberem Wasser" oder "sauberem Boden" als öffentliches Konsumgut bezeichnet.[4] In der finanzwissenschaftlichen Theorie der öffentlichen Konsumgüter wird die Diskussion geführt, wie und in welchem Umfang der Staat in die Bereitstellung der öffentlichen Konsumgüter eingreifen sollte. Im Ergebnis der Diskussion ergibt sich, daß ohne staatliche Eingriffe keine effiziente Bereitstellung erfolgt, da für Individuen ein Anreiz besteht, Vorteile aus dem Konsum öffentlicher Güter zu gewinnen, für die andere bezahlen (free - rider Problem), da nach der Voraussetzung c) niemand von der Nutzung ausgeschlossen werden kann, gleichgültig ob er dafür bezahlt oder nicht.[5] Im Gegensatz zu privaten Gütern, bei denen die Effizienz mit der Zahl der Marktteilnehmer aufgrund sinkender Marktmacht des einzelnen im allgemeinen steigt, ist es bei öffentlichen Konsumgütern gerade umgekehrt. Mit sinkender Effizienz auf den Märkten für öffentliche Konsumgüter steigt der staatliche Regelungsbedarf.[6] Ergibt sich für die effiziente Versorgung mit dem öffentlichen Gut Umweltschutz ein staatlicher Regelungsbedarf, schließt sich die Frage nach der konkreten Ausgestaltung dieses Regelungsbedarfes an.

---

[1] Vergl. Arnold, V., Theorie der Kollektivgüter, München 1992, S. 79

[2] Vergl. Arnold, V., 1992, a.a.O., S. 79

[3] Vergl. Rosen, H. S. u. Windisch, R., Finanzwissenschaft I, München, Wien 1992, S. 128

[4] Vergl. Wicke, L., 1993, a.a.O., S. 41 ff.

[5] Siehe zu näheren Ausführungen Rosen, H. S. u. Windisch, R., 1992, a.a.O., S. 130 ff.

[6] Vergl. Rosen, H. S. u. Windisch, R., 1992, a.a.O., S. 156

Die Frage der konkreten Ausgestaltung der staatlichen Regelungen spiegelt den inneren Konflikt zwischen den Individuen des öffentlichen Interesses wider, deren rationales Bestreben es ist, möglichst viel Umweltschutz zu erhalten ohne dafür zu bezahlen. Die Lösung dieses inneren Konflikts des öffentlichen Interesses ist in unserem demokratischen Gesellschaftssystem vor allem eine Aufgabe des politischen Parteiensystems, das sich im Prozeß der politischen Willensbildung auch mit der Regulierung des Umweltschutzes auseinandersetzt. Über die Effizienz des politischen Parteiensystems in der Erreichung gesamtwirtschaftlicher Ziele wurden umfangreiche wissenschaftliche Diskussionen geführt, deren Ergebnisse hier im einzelnen nicht wiedergegeben werden können.[1] Stark verallgemeinert läßt sich jedoch festhalten, daß die Anreize der Parteien zu langfristig ausgerichteter Umweltpolitik[2] durch die kurzfristige Erfolgsverpflichtung aufgrund der Fristigkeit der Wahlperiode begrenzt sind.[3] Neben dem Parteiensystem institutionalisiert sich das öffentliche Interesse in einer Vielzahl außerparlamentarischer Interessenverbände in Form von Vereinen oder Organisationen wie zum Beispiel der Umweltschutzorganisation Greenpeace. Deren Einfluß auf die Berücksichtigung des Umweltschutzes im Zielsystem eines Unternehmens ist aber auf Einzelfälle beschränkt.

Stets gilt jedoch, daß einer Intervention des öffentlichen Interesses eine subjektiv empfundene Betroffenheit, die zu einer verstärkten emotionalen Aktivierung führt, vorausgeht. Ein Wirtschaftssubjekt muß sich durch die Vernichtung seines Lebensraumes zunächst selbst subjektiv betroffen fühlen, bevor es einen Handlungsbedarf zur Vermeidung der bedrohenden Handlung empfindet. Ein Beispiel ist die Reaktion der Öffentlichkeit auf die Tschernobyl - Katastrophe, die nur solange vorhanden war, wie ein Betroffenheitsgefühl durch die Fernsehbilder erzeugt wurde. Wissenschaftlich analysiert wurde dieses Phänomen von Simon[4] und in der ökonomischen Anwendung von Cyert/March[5], deren Ergebnisse aufzeigen, daß der Mensch aufgrund der enormen Umweltkomplexität über eine begrenzte Rationalität und eine selektive Wahrnehmungsstrategie verfügt, die ihm erlauben, seine ständige Informa-

---

[1] Siehe zu näheren Ausführungen: Rosen, H. S. u. Windisch, R., 1992, a.a.O., S. 182 ff.

[2] Vergl. zur Systematisierung der Beziehung zwischen ökologischen Aspekten und Politik: Dyllick, T., 1989, a.a.O., S. 178 f.

[3] Vergl. etwa die Theorie des Politikversagens: Scheuch, E. u. Scheuch, U., Cliquen, Klüngel und Karrieren, Hamburg 1993, S. 10 ff.

[4] Siehe zu näheren Ausführungen: Simon, H. A., Models of a Man, New York, 1957

[5] Siehe zu näheren Ausführungen: Cyert, R. M. u. March, J. G., 1963, a.a.O.

tionsüberlastung zu bewältigen. Strategisch präventives Handeln im Hinblick auf den Umweltschutz ist von den Individuen des öffentlichen Interesses demzufolge nicht zu erwarten, da langfristig die direkte Betroffenheit in der Regel fehlt.

Es wird deutlich, daß ein Einwirken des öffentlichen Interesses auf die Unternehmenspolitik nicht aufgrund der Unternehmensverfassung und auch nicht primär[1] aufgrund von Vertragsbeziehungen erfolgt. Vielmehr stellt das öffentliche Interesse in Form von Gesetzen und Gesetzesverordnungen die Rahmenbedingungen der Unternehmenspolitik dar, so daß das Unternehmen lediglich die Wahl zwischen Befolgung der Auflagen oder dem Risiko der Sanktionierung hat.[2]

Eine indirekte Beeinflussung der Unternehmenspolitik findet darüber hinaus auf dem Weg der Meinungsführerschaft[3] insbesondere von Interessenverbänden bei der Beurteilung der Umweltverträglichkeit des Unternehmenshandeln statt. Eine starke Marktposition auf Märkten mit hoher Umweltsensibilität (z. B. den Waschmittelmarkt) erfordert ein gutes Verhältnis zu den Interessenverbänden, um von deren Status bei den Konsumenten zu profitieren. Der erzielte Imagegewinn geht mit der zunehmenden Marktorientierung[4] der Unternehmen konform.

5) Das Lieferanteninteresse

Als ein weiteres Interesse ist das Lieferanteninteresse zu berücksichtigen, das jedoch in der Theorie der Unternehmensverfassung im Vergleich zu den übrigen Interessen nur untergeordnete Bedeutung hat. Die Berücksichtigung des Lieferanteninteresses in der Unternehmensverfassung basiert auf dem Vertragsverhältnis zwischen Unternehmen und Lieferanten. In Bezug auf den Umweltschutz ist die Frage nach der Qualität der gelieferten Ressourcen/Vorprodukte, insbesondere auch nach der Verfügbarkeit umweltverträglicher Güter und Technologien, relevant. Die Umwelt-

---

[1] Jedoch ist zu beachten, daß das öffentliche Interesse aufgrund von **eben nicht** zustande gekommenen Verträgen berücksichtigt wird. Fühlt sich z. B. jemand durch die Abgase eines Autos belästigt, könnte es dazu führen, daß er selbst kein Auto erwerben wird.

[2] Diese Entscheidung ist Gegenstand der Untersuchung des oben mit 5.a "Reaktive entscheidungsorientierte Konzeptionen des Umweltschutzes" bezeichneten Zusammenhangs von natürlicher Umwelt und Unternehmensführung. Vergl. auch die dort angegebene Literatur.

[3] Das Konzept der Meinungsführerschaft geht zurück auf Katz, E. u. Lazarsfeld, P. F., Personal Influence, New York u. a., 1955; vergl. auch Kroeber-Riel, W., Konsumentenverhalten, 4. Aufl., München 1990, S. 546 ff.

[4] Vergl. hierzu auch die Aussagen zum Konsumenteninteresse.

verträglichkeit der erstellten Produkte hängt nicht selten von der Umweltverträglichkeit der in ihnen enthaltenen Vorprodukte ab. Erstellen Lieferanten unter ökologischen Gesichtspunkten einwandfreie Produkte, so sind sie häufig daran interessiert, daß die Endprodukte ebenfalls als umweltschonend einzustufen sind, um vorhandene Imagevorteile nicht zu verlieren. Die Lieferanten werden in diesem Fall eine vertraglich zugesicherte Garantie über die Umweltverträglichkeit des Endproduktes oder sogar des Produktionsprozesses verlangen, sofern ihre Marktmacht groß genug ist.

6) Zwischenergebnis

Als Zwischenergebnis läßt sich festhalten, daß Unternehmen in der Wahl ihrer Ziele allgemein und in der Berücksichtigung von Umweltschutzzielen im besonderen nicht frei sind. Die Unternehmensziele werden dem Unternehmen von den Interessengruppen vorgegeben. Die Abb. 2.1 gibt die Beziehungen der einzelnen Interessengruppen zum Unternehmen wieder. Die Interessengruppen sind Teile der Gesellschaft, die das Unternehmen umgibt. Um Umweltschutzziele entsprechend ihrer Bedeutung im Zielsystem des Unternehmens zu positionieren, muß das Unternehmen Kenntnis über die Umweltschutzziele der Interessengruppen erlangen. Dazu ist eine Kommunikationsbeziehung zu den Interessengruppen erforderlich. Der Gegenstand der umweltschutzorientierten Kommunikationsprozesse ist vor allem ihr gemeinsamer Lebensraum, die natürliche Umwelt. Das Unternehmen verbraucht in seinem Leistungserstellungsprozeß Rohstoffe aus der natürlichen Umwelt und gibt Abfälle der Produktion in Form von Kuppelprodukten wieder in die natürliche Umwelt ab. Darüber hinaus enden viele Produkte im Laufe nach ihrer Nutzung als Abfall wieder in der natürlichen Umwelt, was zu einer Beeinträchtigung des Lebensraumes der Interessengruppen führen kann.[1]

Abb. 2.1 veranschaulicht, daß in systemtheoretischer Sicht das Unternehmen, die Lieferanten, die Konsumenten, die Banken, der Staat, die Interessenverbände sowie die Mitarbeitern Subsysteme der natürlichen Umwelt sind, die selbst ein Subsystem

---

[1] Dieser Zusammenhang von natürlicher Umwelt und Unternehmen ist Gegenstand der oben unter 4. systematisierten Konzeption "Umwelt als Produktions-(Produktiv)faktor". Vergl. auch die dort angegebene Literatur.

des Ökosystems "Erde" ist. Die Wechselwirkungen aller Subsysteme ist Gegenstand der systemtheoretischen Konzeptionen des Umweltschutzes.[1]

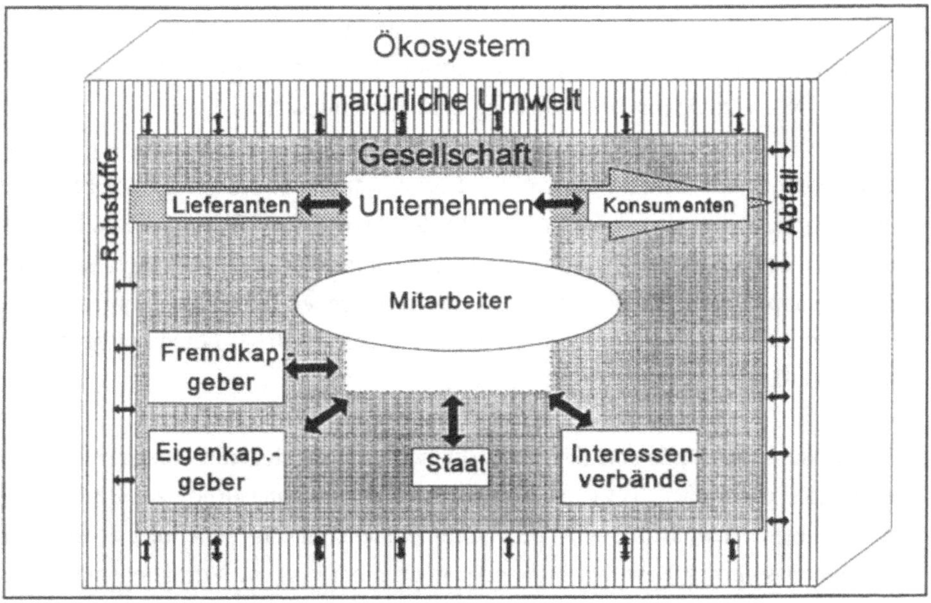

Abb. 2.1: Interessengruppen als Begründung für Umweltschutzaktivitäten des Unternehmens
Quelle: eigene Darstellung

Wie aus der Betrachtung des interessentheoretischen Hintergrunds der umweltorientierten Unternehmensführung deutlich wird, hängt der Einfluß von Umweltschutzaspekten in der Unternehmensverfassung vom Umweltbewußtsein der Gesellschaft ab. Bestandteile der Öffentlichkeit sind die Interessengruppen, die ihrerseits ein substantielles Interesse an der Umwelt besitzen, das sie gegenüber dem Unternehmen vertreten. Die Umweltschutzorientierung des Unternehmens läßt sich deshalb als eine Funktion in Abhängigkeit vom Umweltbewußtsein in der Gesellschaft ausdrücken, wobei die Funktionswerte für den Druck, der von den einzelnen Interessengruppen auf das Unternehmen ausgeübt wird, unterschiedlich groß sein dürften. Den größten Hebel übt in der Regel ein umweltorientiertes Konsumentenbewußtsein aus, da hier die höchste Zielkonformität mit den Oberzielen der Unternehmen nach langfristiger Unternehmenserhaltung bzw. Gewinnmaximierung

[1] Diese Betrachtung ist der Gegenstand des unter Punkt 6. systematisierten Begründungsansatzes "Systemtheoretische Konzeption des Umweltschutzes". Vergl. auch die dort angegebene Literatur.

besteht.[1] Ferner wächst gegenwärtig insbesondere der Druck des öffentlichen Interesses in Form von gesetzlichen Regulierungen wie z. B. der Neuordnung der Abfallgesetzgebung, in deren Folge Unternehmen im sogenannten dualen System entweder selbst für die Entsorgung ihres Verpackungsmülls sorge tragen oder die Entsorgung bei einer zu diesem Zweck gegründeten kommerziellen Entsorgungsfirma, der DSD GmbH als Dienstleistung einkaufen müssen.

Diese allgemeinen Aussagen sind bei der Formulierung der umweltschutzbezogenen Unternehmensstrategie zu präzisieren. Im Rahmen des zu Beginn dieses Kapitels vom interessenorientierten Ansatz der Unternehmensverfassung abgegrenzten Anspruchsgruppenmanagement werden aus den heterogenen Interessengruppen für das betreffende Unternehmen präzise erreichbare Cluster isoliert, deren Ansprüche ermittelt werden.

Wie Studien zur Diffusion des Umweltbewußtseins belegen,[2] verstärkt sich gegenwärtig der Bewußtseinswandel, so daß sich der Handlungsdruck zur Berücksichtigung dieses Trends innerhalb der Unternehmensführung zunehmend verstärkt, auch wenn sich der Bewußtseinswandel noch nicht voll im Verhalten[3] der Interessengruppen widerspiegelt.[4]

2.4.2 Die zweite Grundfrage der Unternehmensverfassung im Licht einer umweltschutzorientierten Unternehmensführung

Nachdem die Gründe für die Berücksichtigung umweltschutzorientierter Interessen in der Unternehmensverfassung systematisiert worden sind, muß die Frage nach der praktischen Umsetzung dieser Interessen in der Unternehmenspolitik gestellt werden. Die zweite Grundfrage der Unternehmensverfassung behandelt deshalb die

---

[1] Vergl. Meffert, H. u. Kirchgeorg, M., 1989, a.a.O., insb. S. 183 ff.; dieselben, 1992, a.a.O., S. 34 ff.

[2] Vergl. den Exkurs "Umweltbewußtsein" im Kap. 7.2 der vorliegenden Arbeit und die dort zitierte Literatur.

[3] Vergl. zum Verhältnis von Einstellung und Verhalten auch: Six, B., Die Relation von Einstellungen und Verhalten, in: Zeitschrift für Sozialpsychologie, Bd. 6, 1975, H. 4, S. 270 ff.

[4] Vergl. Gierl, H. Ökologische Einstellungen und Kaufverhalten im Widerspruch, in: Markenartikel, 49. Jg., 1987, H. 1, S. 2 ff.; Bänsch, A., Marketingfolgerungen aus Gründen für den Nichtkauf umweltfreundlicher Konsumgüter, in: GfK Jahrbuch der Absatz und Verbraucherforschung, 36. Jg., 1990, H. 4, S. 360 ff.; Adelt, P. u. a., Umweltbewußtsein und Konsumentenverhalten - Befunde und Zukunftsperspektiven, in: Wertewandel und Konsum, Szallies, R. u. Wiswede, G. (Hrsg.), Landsberg 1990, S. 155 ff.; Heyder, H., Ökologiebewußtsein und Marketing, in: ebenda, S. 339 ff.

interessenkonforme Ausgestaltung der formalen Entscheidungsstruktur des Unternehmens.[1] Zu ihrer Beantwortung muß Klarheit über

1) die Entscheidungsgremien,
2) den Entscheidungsprozeß
3) und das zugrundeliegende Informationssystem

geschaffen werden.[2]

1) Entscheidungsgremien

Unter Entscheidungsgremien werden in der Theorie der Unternehmensverfassung die Organe eines Unternehmens bezeichnet. Die Regelung bezüglich der Entscheidungsgremien wird in unserem Wirtschaftssystem durch die Wahl der Rechtsform determiniert.[3] In Bezug auf eine Umweltorientierung der Unternehmenspolitik muß die Konstellation der Entscheidungsgremien eines Unternehmens als Datum betrachtet werden, da die Wahl der Rechtsform nicht mehr zur Disposition steht. Dementgegen bleibt die personelle Besetzung der Entscheidungsgremien als Variable erhalten. Grundsätzlich besteht die Aufgabe der Entscheidungsträger in der Erreichung der Unternehmensziele. Neben dieses erfolgsorientierte Handeln von Entscheidungsträgern setzen Steinmann/Schreyögg das verständigungsorientierte Handeln. Danach bleiben Manager auch wenn sie betriebswirtschaftlichen Zielen im Unternehmen verpflichtet sind gleichzeitig "...immer auch "Republikaner", sie bleiben indirekt (über die Gesetze) und direkt (über die Unternehmensethik) der "res publica", der öffentlichen Sache, verpflichtet."[4] Die Umsetzung dieser Verpflichtung gegenüber der "res publica" hängt von den persönlichen Einstellungen des Entscheidungsträgers, in diesem Zusammenhang zum Umweltschutz, und dem wirtschaftlichen Erfolg des Unternehmens ab. Den Entscheidungsträgern bleiben zur Erreichung der Unternehmensziele durch erfolgsorientiertes Handeln Spielräume erhalten, in denen sie das Unternehmenshandeln entsprechend ihrer umweltschutzorientierten Einstellung beeinflussen können. Schreyögg weist darauf hin, daß innerhalb dieser Freiräume die umweltethische Grundposition der Entscheidungsträger in den Planungs- und Entscheidungsprozeß der Unternehmensführung ein-

---

[1] Steinmann, H., 1969, a.a.O., S. 1

[2] Vergl. Steinmann, H. u. Gerum, E., a.a.O., 1984, S. 181 ff.

[3] Bei der Aktiengesellschaft sind die Entscheidungsgremien beispielsweise der Vorstand, der Aufsichtsrat und die Hauptversammlung, deren jeweilige Kompetenzen im Aktiengesetz geregelt sind.

[4] Vergl. Steinmann, H. u. Schreyögg, G., 1991, a.a.O., S. 96 ff.

fließen.[1] Streng genommen fließt die umweltschutzorientierte Grundposition der Entscheidungsträger wie sie Untersuchungsgegenstand der Arbeiten, die sich mit der Berücksichtigung der natürlichen Umwelt aufgrund ethischer Grundpositionen beschäftigen ist,[2] also in den Entscheidungsprozeß ein.

2) Entscheidungsprozeß

Der Entscheidungsprozeß bestimmt das Procedere bei der Entscheidungsfindung des Unternehmens. Auf der Ebene der Unternehmensverfassung betrifft die Frage nach der Ausgestaltung des Entscheidungsprozesses insbesondere die Berücksichtigung der Interessen in jeglichen umweltschutzrelevanten Entscheidungen des Unternehmens, z. B. die Regelung von Beschlußmodalitäten oder die Gewährung von Vetorechten an Ausschüsse. Erweitert man den Begriff des Entscheidungsprozesses, so müssen alle Elemente des entscheidungsorientierten **Planungs- und Kontrollprozesses** betrachtet werden, um die Zielwirkungen der einzelnen Entscheidungsalternativen auf ihre Interessenkonformität zu überprüfen.[3] Versteht man Planung als einen mehrstufigen Prozeß von einer Vielzahl zeitlich unterschiedlicher Einzelentscheidungen, und akzeptiert man die Entscheidung über die Wahl einer Alternative als das Ergebnis des Planungsprozesses, so muß die Entscheidung als ein Teil der Planung aufgefaßt werden.[4] Auf dieser definitorischen Grundlage ist der bei Meffert/Kirchgeorg[5] als entscheidungsorientierte Konzeption[6] des Umweltschutzes abgebildete Prozeß des Umweltmanagements eher ein Planungsprozeß. Um die Vermaschung von Planungs- und Entscheidungsprozeß und damit die Abkehr von

---

[1] Vergl. Schreyögg, G., Implementation einer Unternehmensethik in Planungs- und Entscheidungsprozessen, in Steinmann, H. u. Löhr, A. (Hrsg.), Unternehmensethik, Stuttgart 1989, S. 254 ff.; Kirchgeorg sieht die verantwortungsbewußte, umweltorientierte Einstellung der Entscheidungsträger als Grundvoraussetzung einer umweltorientierten Unternehmensführung an. Vergl. zum Wirkungsmechanismus einer umweltorientierten Einstellung von Entscheidungsträgern: Kirchgeorg, M., a.a.O., 1990, zur theoretischen Wirkungsweise S. 98 ff., zur empirischen Evidenz S. 221 ff.

[2] Diese Arbeiten sind in der einleitenden Übersicht unter 3. systematisiert. Vergl. auch die dort angegebene Literatur.

[3] Zum Unterschied von Planung und Entscheidung vergl.: Voigt, K. - I., Strategische Planung und Unsicherheit, Wiesbaden 1992, S. 19 f.

[4] Vergl. Kern, W., Der Betrieb als Faktorkombination, in: Jacob, H. (Hrsg.), Allgemeine Betriebswirtschaftslehre, 5. Auflg., Wiesbaden, 1988, S. 148; Kreikebaum, H., Strategische Unternehmensplanung, 4. Auflg., Stuttgart u. a., 1991, S. 23 f.

[5] Vergl. Meffert, H. u. Kirchgeorg, M., 1992, a.a.O., S. 49 ff.

[6] Der hier angesprochene entscheidungsorientierte Ansatz entspricht dem oben als 5.b. systematisierten präventiven Ansatz.

der Zweck - Mittel - Rationalität hin zu einer ganzheitlicheren Betrachtung besser zum Ausdruck zu bringen, soll im folgenden der beides einschließende Begriff "Umweltmanagementprozeß"[1] verwendet werden. Der Umweltmanagementprozeß ist an den Zielen des Unternehmens und damit auch an den Vorstellungen der Interessengruppen auszurichten.

3) Informationssystem

Der Entscheidungs- und damit auch der Managementprozeß steht in einer engen wechselseitigen Beziehung zum Informationssystem des Unternehmens, das im folgenden Gegenstand dieser Arbeit sein soll. Dieser Zusammenhang ist elementar, denn Entscheidungen werden neben den Zielen durch Informationen determiniert. Einerseits bestimmt der Entscheidungsprozeß den Informationsbedarf der Entscheidungsträger und damit die Ausgestaltung des Informationssystems, andererseits muß bei der effizienten Ausgestaltung des Planungs- und Entscheidungsprozesses auf gewachsene Informationsstrukturen Rücksicht genommen werden. Die in der Unternehmensverfassung bestimmte Aufgabe des Informationssystems ist die Gewährleistung der

1. Informationsfunktion der Entscheidungsgremíen und
2. Kontrollfunktion durch diejenigen Interessengruppen, die für die Zielsetzung der Unternehmenspolitik verantwortlich sind.

Das Informationssystem des Unternehmens dient in Form einer feed - forward - Kontrolle[2] den Interessengruppen - neben unternehmensexternen Informationen - als Grundlage zur Formulierung ihrer Interessen gegenüber dem Unternehmen. Darüber hinaus hat das Informationssystem den Entscheidungsgremien die zur Planung und Entscheidungsfindung nötigen Informationen zur Verfügung zu stellen (siehe auch Abb. 2.2).[3]

---

[1] Vergl. zum Begriff "Managementprozeß": Steinmann, H. u. Schreyögg, G., Management, 2. Auflg., Wiesbaden 1991, S. 132 ff.

[2] Unter feed - forward - Kontrolle versteht man die ständige Abweichungsanalyse eines Prozesses auf Soll - Ist - Abweichungen und der sofortigen Verwertung der Ergebnisse, um auf die Abweichungen frühzeitig reagieren zu können.

[3] Diese Aufgabe des Informationssystems ist in der Literatur zur Unternehmensverfassung nicht weiter berücksichtigt worden, jedoch implizit in den Ansätzen enthalten.

Bei der Berücksichtigung umweltschutzorientierter Aspekte in der Unternehmensführung nimmt das Informationssystem eine Schlüsselrolle ein: Wird der Umwelt-

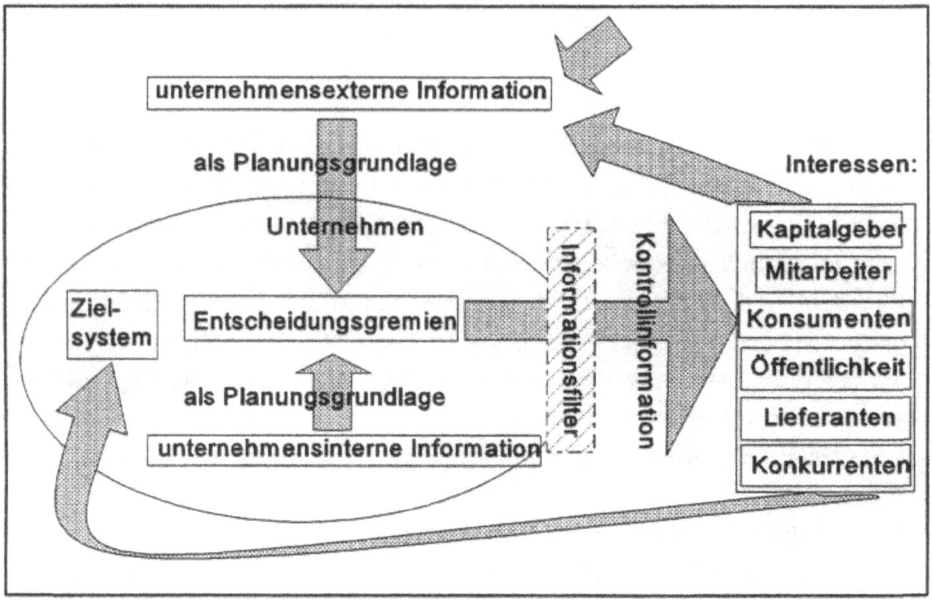

Abb. 2.2: Das Informationssystem aus Sicht der Unternehmensverfassung
Quelle: eigene Darstellung

schutz nur unzureichend im Informationssystem berücksichtigt, bilden sich weder Umweltschutzziele im Unternehmen heraus noch werden die Belange des Umweltschutzes in unternehmerischen Entscheidungen angemessen berücksichtigt. Die Ausgestaltung des Informationssystems bestimmt deshalb neben der Einrichtung der Entscheidungswege (in der Regel im Rahmen der Ablauf- und Aufbauorganisation) und der personellen Stellenbesetzung den Stellenwert des Umweltschutzes im Unternehmen. Durch eine Änderung des Informationssystems kann die Bedeutung des Umweltschutzes deshalb zumindest auf dieser abstrakten, theoretischen Ebene gesteuert werden.

4) Zusammenfassung

Bei der Behandlung der zwei Grundfragen der Unternehmensverfassung sind die jeweiligen Ansatzpunkte der von Meffert/Kirchgeorg[1] identifizierten Begründungsansätze für die Berücksichtigung des Umweltschutzes durch Unternehmen bereits erläutert worden. Die Abb. 2.3 und die ergänzenden Erläuterungen verdeutlichen nochmals die möglichen Begründungen zur Berücksichtigung umweltschutzorientierter Aspekte in der Betriebswirtschaftslehre anhand der zwei Grundfragen der Unternehmensverfassung. Die Zahlen innerhalb der Abbildung beziehen sich auf die Begründungsansätze, die nachstehend noch einmal kurz erläutert werden.

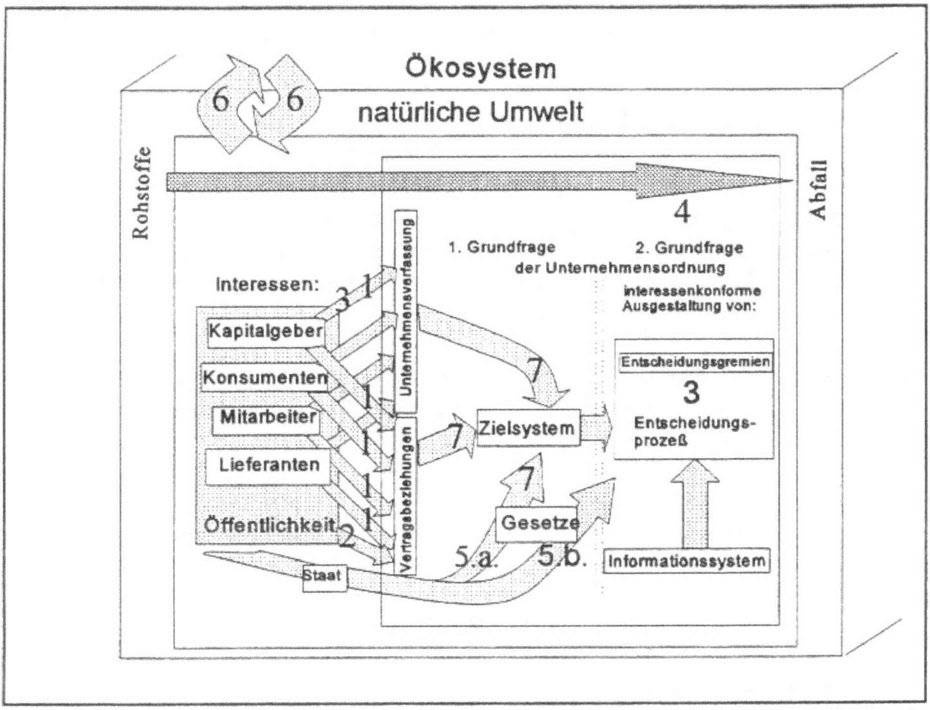

Abb. 2.3: Zusammenfassung: Ansätze zur Berücksichtigung der natürlichen Umwelt in der Unternehmensverfassung

Quelle: eigene Darstellung

1) Berücksichtigung der natürlichen Umwelt in der Betriebswirtschaftslehre aufgrund von Markt-/Wettbewerbserfordernissen.

---

[1] Vergl. Kap. 2.3

- Die Notwendigkeit zur Berücksichtigung der natürlichen Umwelt kann auf alle Absatz- und Beschaffungsmärkte (Kapitalmarkt, Personalmarkt und die Gütermärkte) des Unternehmens zurückzuführen sein.
- Sie steht in engem Zusammenhang mit dem über die Unternehmensverfassung wirkenden Interesse der Kapitalgeber, deren Ziel die langfristige Unternehmenserhaltung ist.
- Aufgrund der o. a. Meinungsführerschaft von Vertretern des öffentlichen Interesses geht auch eine Wirkung auf die Marktsituation des Unternehmens aus.

2) Berücksichtigung der natürlichen Umwelt aufgrund von gesellschaftlichen Forderungen,
   - die über vertragliche Verpflichtungen z. B. durch freiwillige Selbstbindung der Unternehmen gegenüber Interessenverbänden auf die Unternehmensführung einwirken.

3) Berücksichtigung der natürlichen Umwelt aufgrund ethischer Grundpositionen der Entscheidungsträger.

4) Umwelt als Produktions(/Produktiv)faktor.
   - Siehe zu diesem Punkt den Pfeil von Rohstoffen zu Abfall in der Abb. 2.1.

5) Entscheidungsorientierte Konzeption des Umweltschutzes.
   5.a) Reaktive Ansätze. Das Unternehmen reagiert auf staatliche Regulierung.
   5.b) Präventive Ansätze. Im Rahmen des Entscheidungsprozesses werden Notwendigkeiten zu präventiven Umweltschutzmaßnahmen deutlich.

6) Systemtheoretische Konzeption des Umweltschutzes.
   - Siehe zu diesem Punkt auch die Einbettung des Unternehmens in das Ökosystem in Abb. 2.1.

7) Umweltschutz als betriebswirtschaftliches Ziel.
   - In der Literatur wird Umweltschutz auf verschiedenen Ebenen des betrieblichen Zielsystems verankert:[1] Ökologie als gleichrangiges Formalziel oder Umweltschutz als untergeordnetes Sachziel. Die Ergebnisse des Kap. 2 stützen vor dem Hintergrund dieser Arbeit nur die zweite Variante.

8) Integrierte Konzeptionen
   - Verschiedene Verknüpfungen von Teilmengen der o. a. Konzeptionen, die sowohl entscheidungs- als auch systemorientierte Merkmale aufweisen.

---

[1] Vergl. Stitzel, M., 1987b, a.a.O., S. 674 ff. sowie die Diskussion dieses Beitrags (jeweils unter dem selben Titel): Pfriem, R., Ökologie und öffentliche Wirtschaft, in: DBW, 48. Jg., 1988b, H. 1, S. 139 f.; Stocker, O., ebenda, S. 144 f.; Schneider, U., in: DBW, 48. Jg., 1988, H. 2, S. 251; Strehl, F., ebenda, S. 253; Stitzel, M., Auf der Suche nach ökonomischer und ökologischer Rationalität, ebenda, S. 256 ff.; systematische Überblicke geben Frese, E. u. Kloock, J., Internes Rechnungswesen und Organisation aus Sicht des Umweltschutzes, in: BFuP, 41. Jg., 1989, H.1, S. 4 ff.; ebenso: Kudert, S., Der Stellenwert des Umweltschutzes im Zielsystem einer Betriebswirtschaft, in: WISU, 19. Jg., 1990, H. 10, S. 569 ff.

Es wird deutlich, daß die Frage, welchen Stellenwert der Umweltschutz in einem Unternehmen besitzt, von der Ausgestaltung der zwei Grundfragen der Unternehmensverfassung abhängig ist. Bei der praktischen Umsetzung der Umweltschutzkonzeption in Unternehmen ist bei der Beantwortung der ersten Grundfrage zu klären, inwieweit die unterschiedlichen Interessen Berücksichtigung in den Unternehmenszielen finden. Die Theorie der Unternehmensverfassung zielt dabei auf einen Interessenausgleich ab. In Bezug auf den Umweltschutz können die Interessengruppen einerseits vom Umweltschutz abweichende Ziele vertreten, andererseits können auch die konkreten Umweltschutzziele einzelner Interessengruppen durchaus miteinander konkurrieren. Ohne eine in sich geschlossene Gesamtkonzeption scheitert die Umsetzung des betrieblichen Umweltschutzes häufig an widersprüchlichen Interessen der verschiedenen Gruppen oder ihrer Mitglieder untereinander.[1] Aufgabe dieser Gesamtkonzeption ist es, innerhalb eines Zielbildungsprozesses zunächst die Umweltschutzziele eines Unternehmens so festzulegen, daß eine bestmögliche Befriedigung der differierenden Interessen entsprechend ihres Bedeutungsgewichtes für das Unternehmen stattfindet. **"Eine gut informierte Unternehmensführung wird demnach stets gerade soviel für soziale Zwecke tun, wie es ihren gesellschaftlichen Erwartungen nach notwendig ist, um die Loyalität ihrer Interessengruppen zu erhalten und auszubauen. Sie wird jedoch nicht wesentlich mehr tun, um ihre dominante Zielverpflichtung, das Gewinnziel, nicht zu vernachlässigen."**[2] Einige Branchen wie beispielsweise der Finanzdienstleistungssektor werden kaum mit umweltschutzorientierten Forderungen der Interessengruppen konfrontiert. Im folgenden soll aber von dem anderen Fall ausgegangen werden, indem die Betroffenheit wesentlich höher ist (z. B. in der Großchemie). Wie die Bedeutung des Umweltschutzes im Zielsystem eines Unternehmens konkret ermittelt werden kann, wird im Kap. 7.5 der vorliegenden Arbeit näher ausgeführt.

Nach der Zielbildung ist die Durchsetzung der Umweltschutzziele des Unternehmens durch die Ausgestaltung der zweiten Grundfrage der Unternehmensverfassung zu gewährleisten. Deshalb beschäftigt sich das nächste Kapitel 3 mit der praktischen

---

[1] Vergl. Servatius, H. G., 1992, a.a.O., S. 95 ff.

[2] Picot, A., Betriebswirtschaftliche Umweltbeziehungen und Umweltinformationen. Grundlagen einer erweiterten Erfolgsanalyse für Unternehmungen, Berlin 1977, S. 35

Ausgestaltung der zweiten Grundfrage der Unternehmensverfassung durch die integrierten Konzeptionen des betrieblichen Umweltschutzes.

2.5 Zwischenergebnisse

Abschließend sollen die wichtigsten Ergebnisse des Kap. 2 zusammengefaßt werden:

1) Der Begriff "natürliche Umwelt" ist in dem hier diskutierten Zusammenhang besser geeignet als der Begriff "Ökologie".

2) Der Stellenwert des Umweltschutzes innerhalb des Zielsystems eines Unternehmens geht grundsätzlich von der wirtschaftlichen Umwelt in Form der Interessengruppen aus, d. h. im weitesten Sinne vom Stellenwert des Umweltbewußtseins im Wertesystem der Gesellschaft.

3) Die Interessengruppen geben den Maßstab für die konkrete Ausgestaltung der Umweltschutzaktivitäten im Rahmen der zweiten Grundfrage der Unternehmensverfassung vor. Anhand dieses Maßstabs wird der Erfolg aller Umweltschutzaktivitäten des Unternehmens gemessen.

4) In einer dynamischen Betrachtung ist das Unternehmen in der Lage, die Bedeutung des Umweltbewußtseins im Wertesystem der Gesellschaft (im allgemeinen und insbesondere bezüglich seiner Absatzmärkte) innerhalb gewisser Grenzen zu beeinflussen. Dafür bedarf es einer geeigneten Kommunikationspolitik.

5) Konsequenzen für das Informationssystem:

Das Informationssystem des Unternehmens ist so auszugestalten, daß

a) die umweltschutzorientierten Interessen bei der Zielbildung entsprechend ihrer Bedeutung berücksichtigt werden.

b) den Interessengruppen die notwendige Kontrollinformation über die Wahrung ihrer umweltschutzorientierten Interessen zugänglich gemacht wird.

c) eine zielkonforme Ausgestaltung von Umweltschutzmaßnahmen ermöglicht wird.

3 Aufgabenbereiche des betrieblichen Umweltmanagements und deren Informationsanforderungen

Das folgende Kapitel soll einen Überblick über die verschiedenen Aufgaben des Umweltmanagements in den einzelnen Teilbereichen der betrieblichen Organisation schaffen. Zur Abgrenzung von Schnittstellen zwischen den einzelnen Einheiten der betrieblichen Aufbauorganisation werden generell die Ausrichtungen **horizontal** und **vertikal** unterschieden. Neben die statische Betrachtungsweise der betrieblichen Aufbauorganisation tritt eine **Orientierung an Arbeitsabläufen**. Das Charakteristikum dieser prozeßorientierten Analyse der betrieblichen Organisationsstruktur liegt, entgegen der statischen Betrachtungsweise der Aufbauorganisation, in der expliziten Berücksichtigung der Zeit.[1] Diese Einteilung in horizontale, vertikale und prozeßorientierte Analyse läßt sich auch zur Verteilung der Aufgaben des Umweltmanagements auf die Organisationseinheiten des Unternehmens heranziehen. Auftretende Wechselwirkungen zwischen den einzelnen Aufgaben des Umweltmanagements erfordern dabei die Ausgestaltung von Kommunikationsschnittstellen zwischen den Organisationseinheiten. Sowohl die Informationsversorgung als auch die Ausgestaltung der Kommunikationsschnittstellen werden im betrieblichen Informationssystem insbesondere von dessen umweltschutzorientierten Teilbereichen übernommen, die Gegenstand der folgenden Abschnitte B und C dieser Arbeit sind.

Um die Anforderungen an ein betriebliches Umweltinformationssystem näher zu verdeutlichen, werden nachfolgend im Kap. 3.1 die Grundgedanken des integrierten Umweltmanagements in seinen drei Ausrichtungen vorgestellt. Die speziellen Aufgabenstellungen des Umweltmanagements werden anschließend im Kap. 3.2 anhand der einzelnen betrieblichen Funktionsbereiche beschrieben.

3.1 Die drei Ausrichtungen eines integrierten Umweltmanagement

Unter dem Stichwort **integriertes** Umweltmanagement findet sich in der Literatur eine Reihe von Auffassungen wieder, die kein einheitliches Verständnis des B-egriffes "integriert" erkennen lassen. Bei näherer Betrachtung sind drei Grundverständnisse des Begriffes erkennbar, deren Integrationsausrichtungen sich in prozeßorientiert, vertikal und horizontal unterscheiden. Gegenstand der Integration sind

[1] Vergl. Gaitanides, M., Prozeßorganisation, München 1983, S. 1 ff.

dabei entsprechend des durch die Integration als Ganzem wiederherzustellenden Gegenstandes betriebliche Funktionen, Daten oder Prozesse.[1]

Dabei ist zu beachten, daß die drei Ausrichtungen der Integration des Umweltmanagements nur selten voneinander unabhängig sind. Die Auswahl der Integrationsausrichtung erfolgt anhand der Ziele, die die einzelnen Autoren mit ihren Umweltschutzkonzeptionen hauptsächlich verfolgen. Besteht z. B. das Ziel, die Ablauforganisation eines Unternehmens nach Umweltschutzkriterien zu verändern, so wenden sich die Autoren der vertikalen oder der horizontalen Betrachtungsweise zu. Steht dementgegen die Ablauforganisation im Vordergrund der Untersuchung, wie es in einer Reihe von Umweltschutzmaßnahmen wie dem Recycling der Fall ist, wird die prozeßorientierte Betrachtungsweise gewählt. Eine Änderung der Prozesse bedingt i. d. R. aber auch eine Änderung der vertikalen und horizontalen Dimensionen und umgekehrt (siehe Abb. 3.1).

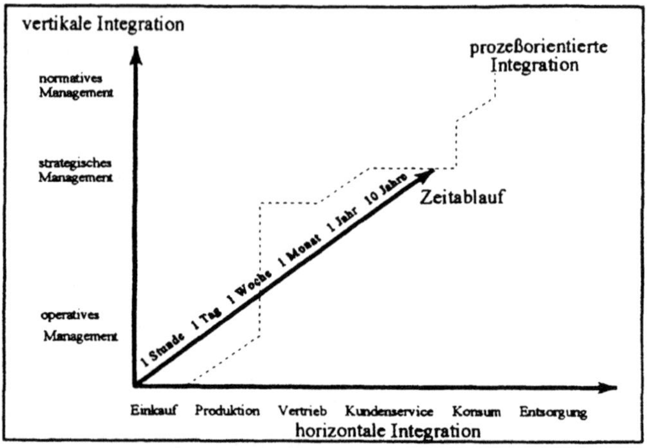

Abb. 3.1: Ausrichtungen der Integration des Umweltmanagements im Überblick
Quelle: eigene Darstellung

3.1.1 Prozeßorientierte Ausrichtung

Die prozeßorientierte Integration bezieht sich auf die Betrachtung des gesamten Stoff- und Energiedurchlaufes durch die einzelnen betrieblichen Funktionsbereiche und die nachgeordneten Konsum- und Entsorgungsprozesse im Zeitablauf (siehe Abb. 3.1). Die prozeßorientierte Integration wird daher auch als temporale Integration bezeichnet, die vor allem auf ablauforganisatorische Aspekte des Umweltmanagements abzielt. Die Prozeßorientierung eines integrierten Umweltschutzes steht

[1] Vergl. Krcmar, H., Integration in der Wirtschaftsinformatik, in: SzU, Bd. 44, Wiesbaden 1991, S. 5 ff.

"...sicher im Gegensatz zur bisherigen betriebswirtschaftlichen Partialbetrachtung von Produktion, Konsum und damit des gesamten Wirtschaftslebens als Prozesse ohne Nebenwirkungen."[1] Die Prozeßorientierung bezieht sich auf eine naturwissenschaftliche Totalbetrachtung von Stoff- und Energieströmen aus Sicht des Unternehmens.

Strebel differenziert die Merkmale eines integrierten Umweltschutzes bezogen auf eine Prozeßorientierung in zwei Gruppen, diejenigen, die die Informationsgrundlage von integriertem Umweltschutz betreffen und diejenigen, die die Maßnahmen des integrierten Umweltschutzes betreffen.[2] Der Wesensgehalt der von Strebel genannten Merkmale verdeutlicht die Charakteristika des integrierte Umweltschutzes aus prozeßorientierter Sicht:[3]

1) Integrierter Umweltschutz baut auf die Erfassung aller stofflichen und energetischen Inputs und Outputs analysierter Prozesse. Dies bedeutet prozeßweise Erstellung und Beachtung kompletter Stoff- und Energiebilanzen.
2) Integrierter Umweltschutz bedeutet ein Ansetzen an den Wurzeln der Umweltbelastung und weitgehenden Verzicht auf end of pipe - Technologien.[4] Vorsorge statt Nachsorge heißt das Prinzip, das - bei entsprechend weitem Planungshorizont - auch nach traditionellen ökonomischen Kriterien vorzuziehen ist.
3) Integrierter Umweltschutz sucht Maßnahmen auf der analysierten (eigenen) Produktionsstufe auch umweltrelevante Effekte von Vor- und Folgestufen im Sinne vermehrten Umweltschutzes zu beeinflussen, zumindest dort keine Umweltverschlechterungen zu bewirken (pareto - optimale Lösungen).
4) Integrierter Umweltschutz bedient sich hierzu auch der Kooperation mit unternehmensexternen Vor- und Nachstufen, also Lieferanten, produzierenden und konsumierenden Abnehmern sowie Entsorgern.

Wie bereits aus der begrifflichen Abgrenzung des integrierten Umweltschutzes deutlich wird, liegt dieser Betrachtung eine Integration zugrunde, in deren Mittel-

---

[1] Strebel, H., Integrierter Umweltschutz - Merkmale, Voraussetzungen, Chancen, in: Kreikebaum, H. (Hrsg.), 1991, a.a.O, S. 4

[2] Vergl. Strebel, H., 1991, a.a.O., S. 4 f.

[3] Vergl. Strebel, H., 1991, a.a.O., S. 4 ff.

[4] Anmerkung des Verfassers: Unter end of pipe - Technologien werden dem Produktionsprozeß nachgeschaltete Einrichtungen zur Emissionsminderung (wie z. B. Rußfilter oder Katalysatoren beim PKW) verstanden.

punkt die Vermeidung der durch Produktionsprozesse angestoßenen oder direkt ausgelösten Umweltbelastungen steht. Die prozeßorientierte Betrachtungsweise beruht auf einer ganzheitlichen Betrachtung des Produktlebenszyklusses, in die auch der Rückstandszyklus der Stoffe und Energien eingeschlossen wird.[1]

Der prozeßorientierten Betrachtungsweise in den Wirtschaftswissenschaften dient als Analyseinstrument die Konzeption der Wertkette.[2] In einer über das Unternehmen hinausgehenden Betrachtung ergibt sich anstelle der Wertkette ein Ringmodell als Grundlage einer Wertschöpfungsstrategie des Unternehmens. Im Vergleich zur oben vorgestellten prozeßorientierten Integration von Strebel bezieht sich das folgende Ringmodell nicht auf die Integration energetisch - stofflicher Vorgänge aus naturwissenschaftlicher Sicht sondern auf die Integration der betriebswirtschaftlichen Wertschöpfungsstufen. Anhand des Ringmodells der Boston Consulting Group (siehe Abb. 3.2) sollen die oben vorgestellten Merkmale eines integrierten Umweltschutzes in ihrer betriebswirtschaftlichen Konsequenz beispielhaft verdeutlicht werden.

Durch die Rücknahmepflicht entsprechend der Verpackungsverordnung[3] z. B. werden die Hersteller gezwungen, auch die vormals externen Kosten, insbesondere der Beseitigung ihrer Produkte, zu internalisieren. Neben einer Kosten- und Preisverschiebung dieser Internalisierung ergeben sich eine Reihe neuer Wertschöpfungsstufen im Bereich der Wertstoffsammlung und -verwertung, die potentiell zusätzliche Geschäftsfelder eröffnen. Für das Unternehmen ergibt sich eine Verschiebung von Chancen und Risiken bzw. Stärken und Schwächen. Mögliche neue Wettbewerbsvorteile/-nachteile könnten sich z. B. ergeben:[4]

---

[1] Vergl. zum integrierten Produktlebenszyklus: Strebel, H. u. Hildebrandt, T., Produktlebenszyklus und Rückstandszyklen - Konzept eines erweiterten Lebenszyklusmodells, in: zfo, 58. Jg., 1989, H. 2, S. 101 ff.

[2] Vergl. zur Konzeption der Wertkette: Porter, M. E., Wettbewerbsvorteile. Spitzenleistungen erreichen und behaupten, Frankfurt a. M., New York, 1986, S. 62 ff.

[3] Vergl. zur Verpackungsverordnung: VerpackVO: Verordnung über die Vermeidung von Verpackungsabfällen (Verpackungsverordnung) vom 14.11.1990

[4] Vergl. von Massow, V., 1992, Die Magie des Kreises, in: TopBusiness, 1. Jg., 1992, H. 9, S. 202 ff.

a) aus einer stärkeren Kundenbindung, die durch Refill - Systeme von Verpackungen erreicht werden kann;[1]

b) durch Aufnahme neuer Geschäftsfelder ins Portfolio aus dem Bereich Wertstoffsammlung und -verwertung;

c) durch Erosion von Größenvorteilen in der Produktion als Folge zusätzlicher Verarbeitungskapazitäten für Sekundärmaterial;

d) durch geschickte Kombination der sich gegenseitig beeinflussenden alten und

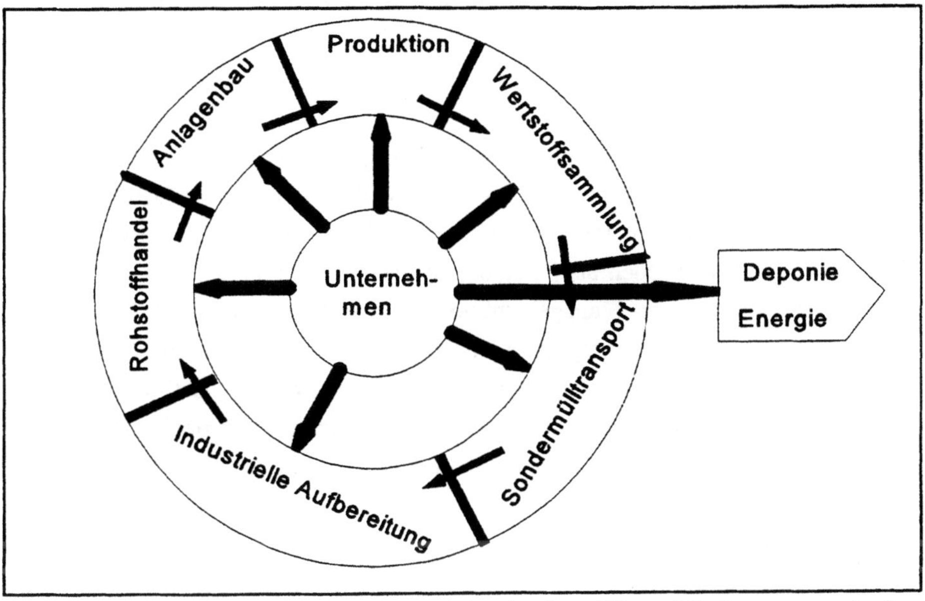

Abb. 3.2: Beispiel eines Ringmodells als Basis einer Wertschöpfungsstrategie (am Beispiel der Metallgesellschaft)
Quelle: in Anlehnung an von Massow, V.,1992, a.a.O., S. 204

neuen Wertschöpfungsstufen;

e) durch Eingehen strategischer Allianzen zur Erhaltung der Wettbewerbsfähigkeit in der neuen Situation.

Im Ergebnis entsteht eine neu definierte integrierte Optimierung des gesamten

[1] Bsp.: Die Firma Pelikan hat für Schreibbandkartuschen ein Refill - System eingeführt, wodurch für den Verbraucher schon nach wenigen Refills ein Kostenvorteil entsteht. Die ehemals als Einwegsystem konzipierten Kartuschen werden jetzt von Pelikan weiterverwendet (vergl. von Massow, V., 1992, a.a.O., S. 203).

Wertschöpfungsringes, in der Aspekte des Umweltschutzes maßgeblich Berücksichtigung finden. Bei der Besetzung der durch die zusätzlichen Wertschöpfungsstufen neu entstandenen Geschäftsfelder werden viele Firmen den Weg der Kooperation mit Anbietern vor- und nachgelagerter Wertschöpfungsstufen oder mit Konkurrenten gehen. Ein besonders beachtenswerter Aufgabenbereich des Umweltmanagements ist die prozeßorientierte Integration der Recycling - Aktivitäten insbesondere von Industriebetrieben innerhalb ihres Wertschöpfungsringes.[1] Die grundsätzliche Frage, ob Recycling in der Lage ist, Probleme des Umweltschutzes zu lösen oder nur zu verlagern, soll hier nicht weiter diskutiert werden.[2] Vielmehr begründen die angewandten Konzeptionen von Recycling - Verfahren ihre Beachtung in dieser Arbeit.

3.1.2 Vertikale Ausrichtung

Im folgenden werden die unterschiedlichen Auffassungen vertikaler Integration des Umweltmanagements von Stitzel/Wank[3], die aus den systemtheoretischen Überlegungen von Kirsch/Maaßen abgeleitet wurden, und Meffert u. a.[4], die sich dem St. Galler Management - Modell als Grundlage bedienen, kurz dargestellt. Gemeinsam ist den systemorientierten Managementmodellen die Auffassung, daß die vertikale Integration sich auf die Integration einzelner Subssysteme in ein Metasystem bezieht.[5] Im folgenden sollen entsprechend der Bindungsdauer von Entscheidungen nur zwei Ebenen der vertikalen Differenzierung unterschieden werden, die operative Ebene mit kurzfristiger Bindnungsdauer und die strategische Ebene mit langfristiger

---

[1] Vergl. zum Recycling die folgenden Arbeiten: Berg, C. C., Recycling aus betriebswirtschaftlicher Sicht, in: WiSt, 8. Jg., 1979, H. 5, S. 201 ff.; Görg, M., Recycling als umweltpolitisches Instrument der Unternehmung, Berlin 1981; Heeg, F. J., Recycling - Management, eine Gesamtaufgabe von der Produktgestaltung bis zur Produktverwertung, in: io Management - Zeitschrift, 53. Jg., 1984, H. 11, S. 506 ff.; Kleinaltenkamp, M., Recycling Strategien, Berlin u. a. 1985; Jahnke, B., Betriebliches Recycling, Wiesbaden 1986, insb. S. 54 ff.; Dreger, W., Produktplanung verlangt auch Recycling - Denken, in: io Management - Zeitschrift, 54. Jg., 1985, H. 11, S. 498 ff.

[2] Vergl. zu kritischen Anmerkungen gegenüber dem Recycling insb.: Stumm, W. u. Davis, J., Kann Recycling die Umweltbeeinträchtigung vermindern? in: Seidel, E. u. Strebel, H. (Hrsg.), 1991, a.a.O., S. 75 ff.; Weiland, R., Gesetz der Entropie, in: WiSt, 21. Jg., 1992, H. 9, S. 459 ff.. Die Basis der Kritik gegenüber dem Recyclingkonzept bilden die beiden Hauptsätze der Thermodynamik (vergl. Georgescu - Roegen, N., Was geschieht mit der Materie im Wirtschaftsprozeß, in: Seidel, E. u. Strebel, H. (Hrsg.), 1991, a.a.O., S. 64 ff.).

[3] Vergl. Stitzel, M. u. Wank, L., 1990, a.a.O., S. 105 ff.

[4] Vergl. Meffert, H., Bruhn, M., Schubert, F. u. Walther, T., Marketing und Ökologie - Chancen und Risiken umweltorientierter Absatzstrategien der Unternehmung, in: DBW, 46. Jg., 1986, H. 2, S. 146 ff.

[5] Vergl. Meffert, H. u. Kirchgeorg, M., 1991, a.a.O., S. 53 ff.

Bindungsdauer.[1] Eine weitere Unterscheidung etwa in die taktische oder administrative Ebene erscheint hier aufgrund des mangelnden Erkenntnisgewinnes überflüssig. Die Berücksichtigung des Umweltschutzes in den operativen Programmen des Unternehmens ist Gegenstand des folgenden Abschnitts 3.2, so daß wir uns zunächst dem Einbezug des Umweltschutzes in das strategische Management anhand der Konzeption von Stitzel/Wank[2] zuwenden wollen.

Diese Konzeption soll die Frage beantworten, inwieweit Umweltschutzaspekte in das **strategische Management** überhaupt integriert werden können, bzw. ob durch die Berücksichtigung des Umweltschutzes neue, holistische Ansätze gefordert sind. Konkret werden die folgenden drei Entwicklungsstufen eines umweltschutzorientierten Managements unterschieden:[3]

1) Die erste Stufe besteht darin, daß Umweltschutzaspekte und Kriterien in das klassische Instrumentarium des strategischen Managements eingebaut werden. Durch das Auftreten auf den Umweltschutz gerichteter gesellschaftlicher Bewußtseinswandlungen verschieben sich die Erfolgs- bzw. Risikopotentiale durch **Absatzmarktverschiebungen**, die beim Einsatz des strategischen Instrumentariums[4] berücksichtigt werden. Im Sinne einer Reaktion auf geänderte Marktverhältnisse spricht man hier von einem reaktiven Ansatz.

2) In der zweiten Stufe wird das Aufklärungspotential des strategischen Managements dafür genutzt, die unternehmensbezogene ökologische Sensibilität und Implementationsfähigkeit zu verbessern. "Ökologische Kriterien beginnen ... eigenständige, von ökonomischen Nutzenkalkülen grundsätzlich unabhängige Ziele im Unternehmen zu werden."[5] In diesem Zusammenhang sollen die bestehenden Instrumente des strategischen Managements nicht um ökologische Faktoren erweitert, sondern auf Umweltschutzaspekte hin **umgestaltet** werden.[6] Mit der Umgestaltung

---

[1] Vergl. Zäpfel, G., Produktionswirtschaft. Operatives Produktionsmanagement, Berlin, New York 1982, S. 37

[2] Stitzel, M. u. Wank, L., 1990, a.a.O., S. 105 ff.

[3] Entnommen aus Stitzel, M. u. Wank, L., 1990, a.a.O., S. 113 ff.

[4] Im Rahmen der Portfolio - Analyse wächst z. B. die Marktattraktivität umweltschonender Produkte.

[5] Stitzel, M. u. Wank, L., 1990, a.a.O., S. 119

[6] Hier wäre etwa an die Konzeption einer ökologischen Erfahrungskurve zu denken, in der der Zusammenhang von kummulierter Menge und Umweltbelastung dargestellt wird. Eine ähnliche Gesetzmäßig-

(Fortsetzung...)

wollen Stitzel/Wank eine in ihren Augen opportunistisch ökonomische Ziele stützende Erweiterung bestehender Instrumente vorbeugen.[1] Ein gleichzeitiges Ergebnis der Neuausrichtung des strategischen Instrumentariums soll die Sensibilisierung der Manager für die Umweltproblematik sein.

3) Die dritte Stufe schließlich könnte Stitzel/Wank folgend darin bestehen, daß aus der Integration der unter 1. und 2. vorgestellten Führungskonzepte ein völlig neues, realutopisches Modell der Unternehmensführung entsteht, das als Ideal eines "öko - strategischen Management" bezeichnet wird. Kennzeichen des öko - strategischen Managements ist die gleichzeitige Ausrichtung des Unternehmens an einer ökologischen **und** langfristigen betriebswirtschaftlichen Rationalität. Aufbauend auf dem strategischen Managementmodell von Kirsch/Maaßen beginnt öko - strategisches Managements bei der Bestimmung des Standortes im sozio - ökonomischen und ökologischen Umfeld des Unternehmens, von wo aus darauf aufbauend die Segmente Führung, Ressourcen und Produkt-Marktbereich simultan konzipiert werden (siehe Abb. 3.3).[2] Stitzel/Wank bewerten ihre 3. Stufe eines öko-strategischen Managements selbst als "..erst relativ unscharf beschreibbares Modell...."[3]

Die Aussagen von Stitzel/Wank zu den Stufen zwei und drei basieren auf dem Kerngedanken, daß ein grundsätzlicher Konflikt zwischen ökologischen und ökonomischen Zielen besteht, der nur durch eine ideologische Forcierung des Umweltschutzes im Unternehmen aufgelöst werden kann. Vor dem Hintergrund der bisherigen Ergebnisse zu den Erklärungsansätzen des betrieblichen Umweltschutzes ist diese Grundlage unbrauchbar. Wie Kap. 2 gezeigt hat, wird ein Unternehmen aufgrund der Verpflichtung den Interessengruppen gegenüber nicht von seinen ökonomischen Zielen abweichen. In der zweiten und dritten Stufe des Modells von Stitzel/Wank wird jedoch die vertikale Richtung der Integration des Umweltmana-

---

[6](...Fortsetzung)
keit wie bei der kostenbezogenen Erfahrungskurve würde eine umweltbewußte Unternehmensführung fördern. Das Endziel wäre es, bei zunehmender Ausbringung die Umweltschädlichkeits- **und** Kostendegression gleichzeitig zu erzielen.

[1] Vergl. Stitzel, M. u. Wank, L., 1990, a.a.O., S. 119

[2] Vergl. Stitzel, M. u. Wank, L., 1990, a.a.O., S. 120 ff.; ebenso Stähler, C., 1991, a.a.O., S. 62 ff.

[3] Stitzel, M. u. Wank, L., 1990, a.a.O., S. 128

gements deutlich: Ausgehend von der Positionierung des Unternehmens in seiner Umwelt, die inhaltlich der Zielbildung durch die Ausgestaltung der ersten Grund-

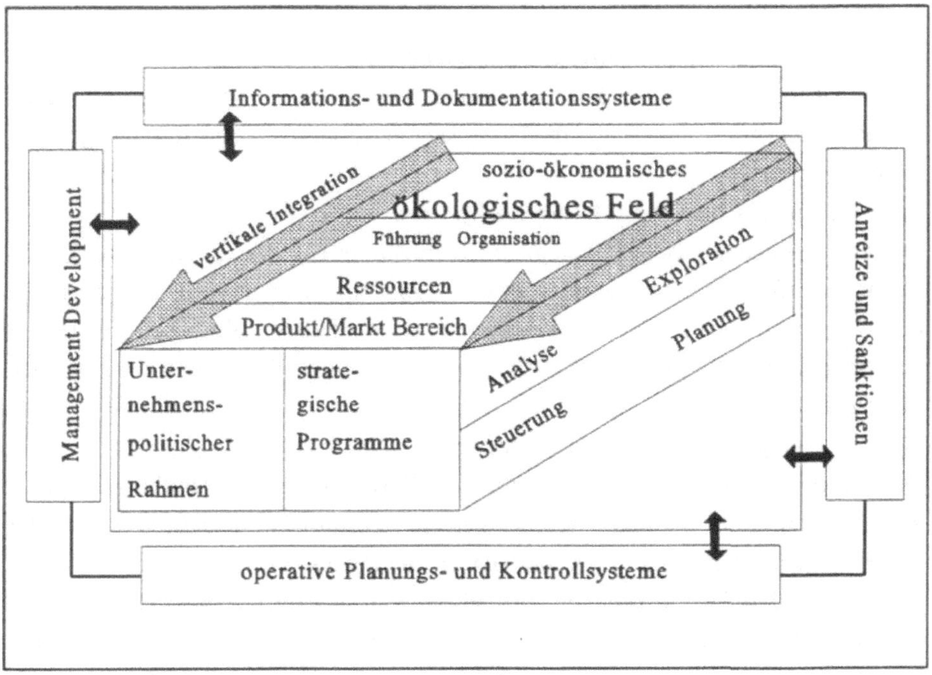

Abb. 3.3: Ansatz des strategischen Managements
Quelle: in Anlehnung an Stitzel, M. u. Wank, L., 1990, a.a.O., S. 114

frage der Unternehmensverfasssung entspricht, wird die Berücksichtigung des Umweltschutzes im unternehmenspolitischen Rahmen und in den strategischen Programmen beeinflußt. Der unternehmenspolitische Rahmen enthält Leitbilder langfristig geltender Zielvorstellungen. Nach den Vorstellungen von Stitzel/Wank ist hier die ideologische Ausrichtung des Umweltschutzes zu verankern. Der unternehmenspolitische Rahmen beeinflußt die Steuerung der langfristigen Evolution des Unternehmens und die strategischen Programme des Unternehmens wesentlich. Die strategischen Programme legen über die grundsätzliche strategische Stoßrichtung hinaus die Unterziele für die operativen Programme fest.

Präziser und pragmatischer ist ein prinzipiell ähnliches Konzept von Meffert u. a.

entwickelt worden.[1] Der Auffassung des St. Galler Management - Modells folgend, haben Meffert u. a. einen vertikal integrierten Bezugsrahmen des Umweltmanagements mit folgenden Integrationsebenen beschrieben:[2]

1) Umweltbezogene Unternehmensphilosophie

Die umweltbezogene Unternehmensphilosophie beschreibt die normativen Grundsätze des Unternehmens und bildet die Grundlage der konkreten Umweltmanagementziele.[3]

2) Ökologische Elemente des Zielsystems

Ob und gegebenenfalls wie ökologische Elemente in das Zielsystems eines Unternehmens aufgenommen werden, wurde in Kap. 2 bereits ausführlich erörtert. Bei der Ausgestaltung des Zielsystems werden die normativen Vorgaben der Unternehmensphilosophie in zukünftig erstrebenswerte Zustände für das Unternehmen überführt.

3) Strategisches Umweltmanagement

Das strategische Umweltmanagement dient der Entwicklung von Handlungsleitlinien zur Erreichung der im Zielsystem festgelegten Positionen.[4] Die Bestimmung der Unternehmensstrategie gibt den Rahmen für die interne Verteilung der zur Verfügung stehenden Ressourcen vor, so daß das Ausmaß der Berücksichtigung von Umweltschutzaspekten in der strategischen Planung auch über die Ressourcenzuweisung für das Umweltmanagement entscheidet. Um am Wettkampf um die unternehmensinterne Ressourcenverteilung teilnehmen zu können, muß das Um-

---

[1] Vergl. Meffert, H., Bruhn, M., Schubert, F. u. Walther, T., 1986, a.a.O., S. 146 ff.

[2] Vergl. Meffert, H., Bruhn, M., Schubert, F. u. Walther, T., Marketing und Ökologie - Chancen und Risiken umweltorientierter Absatzstrategien der Unternehmung, in: DBW, 46. Jg., 1986, H. 2, S. 146 ff.

[3] Vergl. zu umweltbezogener Unternehmensphilosophie z. B.: Schmidt, B., Unternehmensphilosophie und Umweltschutz, in: Wild, J. (Hrsg.), Festschrift zum 75. Geburtstag von Erich Kosiol, Berlin 1974, S. 128 ff.; Haas, J. P. de, Management - Philosophie im Spannungsfeld zwischen Ökologie und Ökonomie. Überlegungen zu einer ökologiebewußten Unternehmenspolitik, Köln 1989; Günther, K., Ein Ökologiekonzept wird praktiziert, in: zfo, 57. Jg., 1989, H. 2, S. 112 ff.; Wedding, E. u. Wins, J., Unternehmensgruppe Tengelmann: Unsere Umweltphilosophie, unsere Umweltbildung, in: Personalführung, o. Jg., 1991, H. 3, S. 168 ff.

[4] Vergl. vertiefend zum oben erwähnten Ansatz eines "strategischen Ökologiemanagements": Stähler, C., 1991, a.a.O., insb. Kap. 3., S. 74 ff.; darüber hinaus zum strategischen Umweltmanagement: Brenken, D., strategische Unternehmensführung und Ökologie, Bergisch Gladbach 1988; Schmid, U., 1989, a.a.O., S. 69 ff.; Meffert, H., Strategisches Ökologie - Management, in: Coenenberg, A. u. a. (Hrsg.), 1991, a.a.O., S. 7 ff.; Kreikeibaum, H., Strategische Unternehmensplanung, in: Seidel, E. u. Strebel, H. (Hrsg.), 1991, a.a.O., S. 223 ff.

weltmanagement die potentiellen Nutzen und Kosten von Umweltschutzmaßnahmen aufzeigen. Innerhalb seiner Aufgabe bringt das Umweltmanagement Umweltschutzaspekte in alle Stufen des strategischen Planungsprozesses ein:[1] Von größter Bedeutung ist die Identifizierung von Chancen und Risiken durch die **Umweltanalyse** als "...das Herzstück jedes strategischen Planungsprozesses, weil sie die informatorischen Voraussetzungen für eine erfolgreiche Strategieformulierung schafft."[2] Parallel zur Umweltanalyse wird eine **Unternehmensanalyse** durchgeführt, die umweltschutzbezogene Stärken und Schwächen im Vergleich zur Konkurrenz aufdeckt, in denen sich Wettbewerbsvorteile begründen.[3] Aus der Verdichtung der Umwelt- und der Unternehmensanalyse ergeben sich **Strategiealternativen**, aus denen die erfolgversprechendste **auszuwählen** und **umzusetzten** ist.[4] Der gesamte Prozeß wird planungsbegleitend einer strategischen Kontrolle unterzogen, die den Prozeß kritisch absichert.

Die Berücksichtigung von Umweltschutzaspekten in der strategischen Planung führt einerseits zu neuen **Strategieinhalten** wie z. B. eine grundsätzliche Recyclingorientierung, andererseits werden auch die strategischen **Planungsinstrumente** einer um

---

[1] Vergl. zu den Stufen des strategischen Planungsprozesses: Steinmann, H. u. Schreyögg, G., 1991, a.a.O., S. 132 ff.

[2] Steinmann, H. u. Schreyögg, G., 1991, a.a.O., S. 132

[3] Vergl. zu Wettbewerbswirkungen des Umweltschutzes allgemein: Stitzel, M., 1987, a.a.O., S. 386 ff.; vergl. speziell zu Wettbewerbsvorteilen durch Umweltschutz: Meffert, H., 1991, a.a.O., S. 9 ff.; Servatius, H. G., 1992, a.a.O., S. 100 ff.; Zahn, E. u. Schmid, U., 1992, a.a.O., S. 48 ff.

[4] Vergl. zur Ausgestaltung alternativer Umweltmanagementstrategien: Meffert, H., Kirchgeorg, M. u. Ostmeier, H., Analysekonzepte und strategische Optionen des ökologieorientierten Marketing, in: Thexis, 5. Jg., 1988, H. 3, S. 24 ff.; Kreikebaum, H., Strategische Planung, in: Seidel, E. u. Strebel, H. (Hrsg.), 1991, a.a.O., S. 228 ff.; Meffert gibt eine Übersicht über die empirische Verbreitung der umweltorientierten Unternehmensstrategien (vergl. Meffert, H., Strategisches Marketing und Umweltschutz - Bericht aus einem Forschungsprojekt, in: Wagner, G. R., Unternehmen und ökologische Umwelt, München 1990, S. 86 ff.).

weltschutzorientierten Modifizierung oder Ergänzung unterzogen.[1] Das wohl am meisten beachtete Instrument des strategischen Umweltmanagements ist die ökologische Portfolioanalyse.[2] Zur strategischen Kontrolle von Umweltmanagementstrategien sind derzeit keine Arbeiten bekannt. Gerade bei der Entwicklung einer Umweltmanagementstrategie wird jedoch durch Interpretation, Filterung und Verdichtung der komplexen Zusammenhänge derart viel Unsicherheit und Unklarheit ausgeblendet, um zu einer künstlichen Eindeutigkeit zu kommen, daß auf dem Gebiet der strategischen Kontrolle des Umweltmanagements ein großer Handlungsbedarf besteht .[3]

4) Umweltschutzmaßnahmen als Teil des operativen Management[4]

Zur Durchsetzung der Umweltmanagementstrategie müssen Maßnahmen geplant und ergriffen werden. Da die Maßnahmen in der Regel durch die betrieblichen Funktionsbereiche durchzuführen sind, wird im Kap. 3.2 näher darauf eingegangen.

Im Bezugsrahmen von Meffert u. a. ist die normative Komponente des Modells von Stitzel/Wank in der Ausgestaltung der Unternehmensphilosophie zwar auch enthalten, deren Bedeutung ist dementgegen aber wesentlich geringer. Ausgehend von einer Umweltanalyse werden in den Stufen 1) und 2) Vorgaben eines strategischen Umweltmanagements erarbeitet, die sich mehr an ökonomischen Chancen und Risiken des Umweltschutzes für ein Unternehmen denn an ideologischen Grundsätzen orientieren.

3.1.3 Horizontale Ausrichtung

Betrachtet man die Durchdringung des Managementmodells im Hinblick auf die Umweltorientierung der einzelnen betrieblichen Funktionsbereiche, so spricht man

---

[1] Vergl. Meffert, H., Marketingstrategien und Umweltschutz, in: Vogel, J., u. a. (Hrsg.), 1992, a.a.O., Kap. III-7.3.1, S. 7 ff.

[2] Vergl. Meffert, H., Bruhn, M., Schubert, F., Walther, T., 1986, a.a.O., S. 152 f. und die Ausführungen im Kap. 3.1.2; neben der ökologischen Portfolio - Analyse gibt es eine Reihe weiterer strategischer Planungsinstrumente, die einer Umweltschutzorientierung unterzogen wurden, z. B. die Suchfeldanalyse (vergl. Annighöfer, F., Umweltbewußtsein - nicht als Kostenfaktor, sondern als Zukunftsleistung, in: Little, A. D. (Hrsg.), Management der Hochleistungsorganisation, Wiesbaden 1989, S. 112 ff.).

[3] Vergl. zu Grundzügen der strategischen Kontrolle: Steinmann, H. u. Schreyögg, G., 1991, a.a.O., S. 200 ff.

[4] Der Bezugsrahmen bezieht sich explizit auf den Bereich des ökologischen Marketings, ist aber bis auf die Ebene des operativen Marketing auf das gesamte Umweltmanagement des Unternehmens übertragbar.

von horizontal orientierter Integration. In der Literatur zu den betrieblichen Funktionsbereichen ist die Berücksichtigung der natürlichen Umwelt unterschiedlich stark ausgeprägt. Zu verzeichnen ist ein Entwicklungstrend, der sich schwerpunktmäßig befaßt hat mit den Themen

1) der ökologischen Buchhaltung,
2) des Recyclings und der Einbindung ökologischer Aspekte in die Produktion,
3) des Öko - Marketings und
4) zum gegenwärtigen Zeitpunkt mit dem Öko - Controlling.

Bei den Arbeiten zu horizontalen Teilproblemen des Umweltschutzes überwiegt die funktionsorientierte zahlenmäßig eindeutig der spartenorientierten Betrachtung,[1]vermutlich weil die Umweltschutzprobleme der Unternehmen sich eher entsprechend der Reaktionsprozesse einzelner Funktionsbereiche denn der Produktgruppen verallgemeinern lassen, so daß im folgenden die horizontale Ausrichtung auf die Funktionsbereiche bezogen wird.

Über die betrieblichen Funktionsbereiche hinaus kann sich die horizontale Aggregation auch auf die Umwelt des Unternehmens erstrecken.[2] Entsprechend der prozeßorientierten Herangehensweise von Strebel, der ebenfalls über die Unternehmensgrenzen hinaus Zulieferer und Abnehmer mit einbezieht, ist hier an eine horizontale Integration auf allen Planungsstufen des Unternehmens und über dessen Grenzen hinaus zu denken. In horizontaler Sichtweise können theoretisch alle Interessengruppen und auch die Mitbewerber in die Integration der Umweltschutzplanung einbezogen werden.[3] Voraussetzung hierfür muß keine neue Wettbewerbsordnung sein. Zu denken ist hier vielmehr an eine effizienzsteigernde oder kostensenkende Kooperation zwischen dem Unternehmen und einzelnen Interessengruppen in seiner wirtschaftlichen Umwelt, wie es beispielsweise im Just - in - Time Konzeptes mit den Zulieferern praktiziert wird.

---

[1] Vergl. zu Arbeiten über einzelne Funktionsbereiche das folgende Kap. 3.2 und die dort zitierte Literatur. Umweltschutzaspekte in spartenorientierter Betrachtung sind z. B. aufgegriffen worden für Banken (vergl.: Schierenbeck, H. u Seidel, E. (Hrsg.), Banken und Ökologie, Wiesbaden 1992), für den Handel (vergl.: DHI (Hrsg.), Verpackung und Umwelt im Handel, Köln 1990; Hansen, U., Umweltmanagement im Handel, in: Steger, U. (Hrsg.), 1992, a.a.O., S. 733) und die chemischen Industrie (vergl. Rohe, E. - H., Entwicklungstendenzen des praktischen Umweltschutzes in der chemischen Industrie, in: Wagner, G. R. (Hrsg.), 1990, a.a.O., S. ff.).

[2] Vergl. Bleicher, K., 1991a, a.a.O., S. 59 f.

[3] Vergl. Meffert, H. u. Kirchgeorg, M., 1992, a.a.O., S. 54 f.

Ein System des umweltschutzorientierten Management, anhand dessen vor allem die

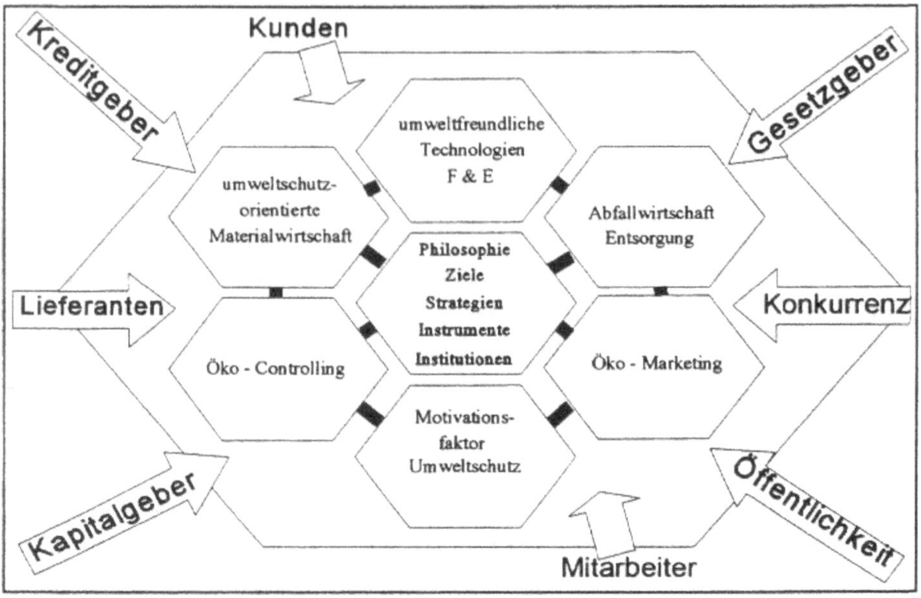

Abb. 3.4: System "Umweltschutzorientiertes Management"
Quelle: Zahn, E. u Schmid, U., 1992, a.a.O., S. 83

horizontalen Integrationsaspekte sehr anschaulich verdeutlicht werden, ist vom "Arbeitskreis Umweltschutzorientiertes Management (AKUM)" entwickelt worden.[1] Die interne horizontale Aggregation bezieht sich in diesem System (siehe Abb. 3.4) auf den Ring an umweltschutzorientierten Funktionsbereichen des Unternehmens, der die zentrale Wabe umgibt. Die externe horizontale Aggregation wird durch die Einbeziehung der Interessengruppen in der Unternehmensumwelt berücksichtigt. Ebenso gehen das diesem Konzept zugrundeliegende Systemdenken und die vertikale Integration im Umweltmanagementprozeß in die Überlegungen ein. Die vertikale Integration der einzelnen Subsysteme des Umweltmanagements ist in der mittleren Wabe entsprechend des Vorgehens von Meffert u. a. nur angedeutet. Die einzelnen "ökologieorientierten Teilsysteme", die die zentrale Wabe umgeben, sind als Symbol ihrer Wechselwirkungen untereinander verbunden. Interpretiert man die eingezeichneten Linien als Informationswege, so müßten die aus der Originalquelle

---

[1] Vergl. Zahn, E. u. Schmid, U., Wettbewerbsvorteile durch Umweltschutzorientiertes Management, in: Zahn, E. u. Gassert, H. (Hrsg.), 1992, a.a.O., S. 81 ff.

übernommenen Pfeile entsprechend der Ergebnisse des Kap. 2 ebenfalls als bilaterale Kommunikationswege mit zwei Spitzen dargestellt werden.

3.1.4 Anforderungen des integrierten Umweltmanagements an Umweltinformationssysteme

Aus den drei Integrationsausrichtungen des Umweltmanagements lassen sich die folgenden Anforderungen an Umweltinformationssysteme ableiten, die sich in zwei Kategorien einteilen lassen. Einerseits besteht die Gruppe der Anforderungen, die auf eine Integration der Informationssysteme abzielen. Andererseits ergibt sich aus der Integration heraus die Anforderung der Reduktion der entstandenen Komplexität.

1) **Integration**
   a) Interdisziplinäre Kommunikation und Informationsverarbeitung
   b) Tiefgreifende Integration in das betriebliche Informationssystem
   c) Unterstützung der Kontrollfunktion des Umweltmanagements

2) **Reduktion**
   d) Bedarfsgerechte Aufbereitung der umweltschutzbezogenen Informationen

a) Interdisziplinäre Kommunikation und Informationsverarbeitung

An umweltschutzorientierte Informationssysteme stellt sich aus der Integration der Wertschöpfungsstufen die Anforderung, neben Kosteninformationen auch Informationen aus den verschiedenen beteiligten ingenieur- , geistes- und naturwissenschaftlichen Disziplinen in unterschiedlichen Anwendungen über das bisher nötige Maß hinaus bereitzustellen. Dazu sind "Übersetzermodule" zur reibungslosen Kommunikation der verschiedenen Wissensdisziplinen untereinander erforderlich. Wie aus den einzelnen Waben der Abb. 3.4 deutlich wird, treffen im Bereich des Umweltmanagements Vertreter der unterschiedlichsten Fachrichtungen wie Naturwissenschaftler, Ingenieure, Juristen oder Betriebswirte aufeinander, deren Kommunikation ermöglicht werden muß. Die Kommunikationspartner sind dabei im Unternehmen selbst und in dessen wirtschaftlicher Umwelt (z. B. Behörden) vertreten.

b) Tiefgreifende Integration in das innerbetriebliche Informationssystem

Durch die Vernetzung einzelner Managementsysteme, wie es beispielsweise der

Sichtweise des St. Galler Modells entspricht, wird die Kompatibilität der Umweltinformationssysteme zum bestehenden Informationssystem des Unternehmens zur notwendigen Voraussetzung, um die Wechselwirkungen auch informationsmäßig abbilden zu können. Es ergibt sich über diese Voraussetzung hinaus die Anforderung einer tiefgreifenden Integration des Umweltinformationssystems in die jeweiligen innerbetrieblichen Informationsverarbeitungssysteme. So müssen beispielsweise

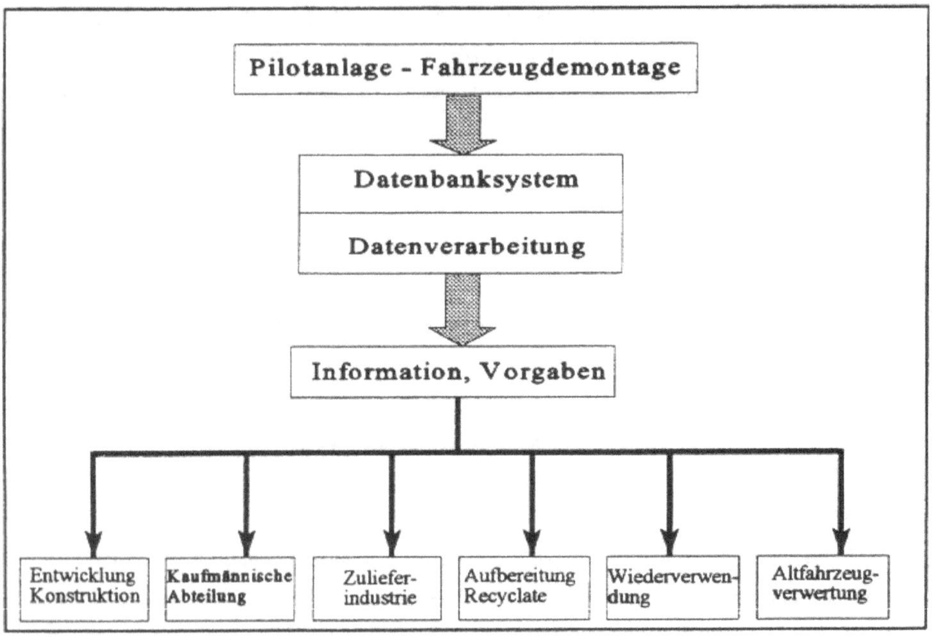

Abb. 3.5: Computer Aided Recycling (CAR) der BMW AG
Quelle: Hang, W. ohne Titel, unveröffentlichtes Vortragsmanusskript vom 04.09.1991, o. S.

die Standards der Produktion bei der Wiederaufbereitung der Wertstoffe ebenso Berücksichtigung finden, wie Informationen aus der Produktion Aufschlüsse über den jeweiligen Anteil einzelner Wertstoffe bei der industriellen Aufbereitung geben. Gerade unter dem Aspekt des Umweltschutzes durchgeführte Maßnahmen sind in ihrem Erfolg von der Berücksichtigung der Interdependenzen zwischen den einzelnen Wertschöpfungsstufen abhängig. Deutlich werden die nötigen Integrationsbemühungen der Informationsverarbeitungssysteme am Beispiel des Computer Aided Recycling (CAR) der BMW AG. Aus Abb. 3.5 wird ersichtlich, daß allein die Pilotanlage Fahrzeugdemontage bereits auf Informationen aus allen Bereichen des

Wertschöpfungsringes der Automobilindustrie über ein integriertes Informationssystem zugreift.

c) Unterstützung der Kontrollfunktion des Umweltmanagement

Aus den Schrittfolgen der Planung des Umweltmanagementprozesses wird deutlich, daß die ursprünglichen informationswirtschaftlichen Grundaufgaben[1] der Steuerungsunterstützung, die die Willensdurchsetzung der Planungsträger gewährleisten soll, und die Kontrollunterstützung, die die Abweichungsanalyse im Planungsprozeß stützt, auch von Umweltinformationssystemen erfüllt werden müssen.

Befindet sich die Planung des Wertschöpfungsringes in einer Hand, so ist zu vermeiden, daß durch Umweltschutzmaßnahmen die zu beseitigenden Probleme nicht bloß von einer Wertschöpfungsstufe in eine nachfolgende verlagert werden.

Sind an dem Wertschöpfungsring verschiedene, unabhängige Unternehmen beteiligt, ergibt sich neben den Chancen neuer Geschäftsfelder auch das permanente Risiko, daß Umweltbelastungen aus einer vorgelagerten Wertschöpfungsstufe in eine nachfolgende Stufe verlagert werden, wo sie für den Marktteilnehmer zu nicht kalkulierten Beseitigungskosten führen. Umweltinformationssysteme müssen in diesem Fall die zur Kontrolle der vorgelagerten Wertschöpfungsstufen nötigen Informationen zur Verfügung stellen. So muß beispielsweise die BMW AG in obigem Beispiel permanent überwachen, ob die Zulieferindustrie die Zusagen hinsichtlich der Recyclingfähigkeit des eingesetzten Materials einhält.[2]

d) Bedarfsgerechte Aufbereitung der umweltschutzbezogenen Informationen

Die Systembetrachtung des Umweltmanagements verdeutlicht die Notwendigkeit, die Informationsversorgung für die verschiedenen Subsysteme anforderungsgerecht zu planen. Unterschiedliche Anforderungen der Managementebenen ergeben sich bezüglich der Aggregation von Informationen. Bei der Verdichtung von Informationen besteht die Gefahr, wichtige Informationsinhalte durch die Aggregation zu verlieren, andererseits sind die menschlichen Entscheidungsträger in der Komple-

---

[1] Vergl. zu informationswirtschaftlichen Grundaufgaben: Picot, A. u. Reichwald, R., 1991, a.a.O., S. 245 ff.

[2] Vergl. zum Risiko der asymmetrischen Informationsverteilung unter Vertragspartnern im Umweltschutzbereich Kap. 5.2.3 der vorliegenden Arbeit und die dort zitierte Literatur.

xitätsbewältigung von Informationen beschränkt leistungsfähig,[1] so daß ein gewisser Grad an Reduktion der Information durch Aggregation erforderlich ist.

Bei einer hohen Sensibilität der Öffentlichkeit für Umweltschutzthemen stellt die freie Verfügbarkeit von Umweltschutzinformationen im Unternehmen ein Risiko dar. Aus Gründen der Geheimhaltung heraus ist die Gefahr einer unerwünschten Weitergabe von Information durch gezielte Einschränkung der Verfügbarkeit sensibler Informationen zu verringern.

Jedem Subsystem des Umweltmanagements sollten deshalb nur die Informationen zugänglich gemacht werden, die in vorher definierten Schnittstellenprotokollen zu anderen Systemen festgelegt wurden. In der betrieblichen Praxis nimmt die Breite der angebotenen Informationen mit der Hierarchiestufe zu. Als Grundlage dieser individuellen Informationsversorgung müssen die Interdependenzen zwischen den Subsystemen in der Umweltinformationssystemplanung transparent gemacht werden.

3.2 Determinanten des Informationsbedarfs eines betrieblichen Umweltmanagements

Wenn, wie in den folgenden Kapiteln beabsichtigt, die Frage nach der Ausgestaltung des Angebots der umweltorientierten Information gegenüber dem Umweltmanagement diskutiert werden soll, muß zunächst der Informationsbedarf der betrieblichen Funktionsbereiche ermittelt werden. Die Informationsbedarfsanalyse ist in der betrieblichen Praxis ein für jedes Unternehmen individueller Prozeß, der auf zwei Wegen maßgeblich durch die rechtlichen Anforderungen an die Ausgestaltung des Umweltschutzes in den betrieblichen Funktionsbereichen bestimmt wird. Einerseits werden in den Auflagen direkte Anforderungen an die Gestaltung von Umweltinformationssystemen gestellt, andererseits wird der Umweltschutz in den einzelnen betrieblichen Funktionsbereichen reguliert, so daß indirekt auch die Informationsanforderungen verändert werden. Im Kapitel 3.2.1 ist deshalb zunächst ein Überblick über diejenigen rechtlichen Anforderungen des Umweltschutzes zu geben, die den Informationsbedarf des Unternehmens betreffen. Wie Kapitel 2 gezeigt hat, basieren die Gründe für betrieblichen Umweltschutz nicht nur auf gesetzlichen Grundlagen, sondern auf vielschichtigen Beziehungen des Unternehmens zu seiner

---

[1] Vergl. zum Problem der eingeschränkten menschlichen Komplexitätsbewältigung umweltorientierter Information Kap. 5.1 der vorliegenden Arbeit und die dort angegebene Literatur.

Umwelt. Deshalb ist die vollständige Bestimmung des Informationsbedarfs nur aus den Umweltschutzaufgaben der einzelnen Funktionsbereiche möglich. Die Umweltschutzaufgaben der Funktionsbereiche werden zu diesem Zweck horizontal in die drei Gebiete Versorgungsbereich (Kap. 3.2.2), Produktions- und Entwicklungsbereich (Kap. 3.2.3) und Marketing (Kap. 3.2.4) untergliedert.[1] Betrachtet man den umweltschutzorientierten Informationsbedarf einzelner Unternehmensteilbereiche, so bildet die Organisation des betrieblichen Umweltmanagements die Grundlage zur Ausgestaltung des Informationsangebots an die einzelnen Organisationseinheiten (Kap. 3.3). Ziel der folgenden Ausführungen ist auch, eine Übersicht über die Arbeiten zur Berücksichtigung des Umweltschutzes in den einzelnen Funktionsbereichen des Unternehmens zu geben.

3.2.1 Rechtliche Anforderungen

Die rechtlichen Anforderungen an den Umweltschutz in Unternehmen sind in den letzten Jahren erheblich verschärft worden und ein Ende dieser Entwicklungstendenz ist nicht absehbar. Die Praxis des Umweltmanagements insbesondere in der stark betroffenen Großchemie ist kaum in der Lage, die laufend steigende Anzahl an gesetzlichen Vorschriften und deren detaillierte Auswirkungen auf das Unternehmenshandeln zu übersehen, geschweige denn, über Lobbyismus auf die Ausgestaltung der gerade in Vorbereitung befindlichen Gesetze einzuwirken. Die rechtlichen Anforderungen des Umweltschutzes lassen sich in

1) **ordnungsrechtliche Umweltschutzverpflichtungen und**
2) **ökonomisch wirkende Umweltschutzgesetze**

unterteilen, die im folgenden einer näheren Betrachtung bedürfen. Ordnungsrechtliche Umweltschutzverpflichtungen schreiben dem Unternehmen umweltschutzbezogene Verhaltensweisen zwingend vor, während das Umwelthaftungsrecht ebenso wie umweltschutzbezogene Abgaben ökonomische Anreize für Umweltschutzmaßnahmen bieten sollen.

1) Ordnungsrechtliche Umweltschutzverpflichtungen

Ein umfassender Katalog von ordnungsrechtlichen Umweltschutzverpflichtungen beeinflußt durch Emissionsnormen, Reduzierungsverpflichtungen, Vorschriften über den Stand der Technik, Produktnormen, Ansiedelungsverboten und organisatori-

---

[1] Daneben ist eine Berücksichtigung in anderen Funktionsbereichen wie z. B. der internen Revision durchaus denkbar (vergl. z. B. Peemöller, V. H., Umweltschutz als Aufgabe der internen Revision, in: WISU, 19. Jg., 1990, H. 4, S. 239 ff.).

schen Verpflichtungen die Entscheidungen in allen Unternehmensfunktionen.[1] Die wichtigsten ordnungsrechtlichen Umweltschutzverpflichtungen sind, bezogen auf die betroffenen Medien, das Bundesimmissionsschutzgesetz für die Regulierung von Luftverschmutzung und Lärm, das Wasserhaushaltsgesetz für die Gewässerverschmutzung, das Abfallbeseitigungsgesetz sowie die Verpackungsverordnung für die Bodenverschmutzung. Durch diese Gesetze schreibt der Gesetzgeber neben Normsetzungen auch die Bestellung von Betriebsbeauftragten von Umweltschutz innerhalb der Unternehmensorganisation vor.[2] Neben den auf die Umweltmedien fixierten gibt es eine Gruppe auf Produkte fixierter Umweltschutzbestimmungen wie das Pflanzenschutzgesetz oder das Lebensmittel- und Bedarfsgegenständegesetz.[3] Auf eine detailliertere Systematisierung von ordnungsrechtlichen Umweltschutzverpflichtungen soll an dieser Stelle verzichtet werden, weil die Darstellung der ca. 2000 Gesetze, Verordnungen mit Verboten, Grenzwerten und Detailregelungen nicht zweckmäßig erscheint.[4] Eine fortschreitende Ausweitung der Gesetze ist durch die Harmonisierung der Umweltschutzbestimmungen in der EG zu erwarten.[5]

Aus den ordnungsrechtlichen Umweltschutzverpflichtungen ergeben sich folgende drei Anforderungen an ein Umweltinformationssystem:

Zunächst ist mit Hilfe des Umweltinformationssystems eine Übersicht über die einzelnen, das jeweilige Unternehmen betreffenden ordnungsrechtlichen Verpflichtungen zu schaffen.

---

[1] Vergl. Meffert, H. u. Kirchgeorg, M., 1992, a.a.O., S. 81 ff.

[2] Vergl. Ullmann, A. A., Der Betriebsbeauftragte für Umweltschutz aus betriebswirtschaftlicher Perspektive: Umweltpolitische Notwendigkeit oder gesetzgeberischer Perfektionismus? in: ZfbF, 33. Jg., 1981, H. 11, S. 993 ff.; sowie die Beiträge in Pohle, H. (Hrsg.), Die Umweltschutzbeauftragten, Aufgaben, Qualifikation, Rechtsgrundlagen des Störfall-, Gewässerschutz-, Emissionsschutz- und Abfallbeauftragten, Berlin 1992; auf die Organisation des betrieblichen Umweltschutzes ist im Kap. 9 noch näher einzugehen.

[3] Vergl. Maas, C., Determinanten der Entwicklung und Nutzung umweltfreundlicher Neuerungen in Industriebetrieben, Diskussionspapier Nr. 108 der TU Berlin 1986, S. 35 ff.; Meffert, H. u. Kirchgeorg, M., 1992, a.a.O., S. 80 ff.

[4] Vergl. Gassert, H., Umweltschutzorientiertes Management, in: Zahn, E. u. Gassert, H. (Hrsg.), a.a.O., S. 9; Sietz, M. u. Sondermann, W. D., Umwelt - Audit und Umwelthaftung, Taunusstein 1990, S. 15 ff.

[5] Vergl. zur Systematisierung des Umweltrechts: Prümm, H. P., Umweltschutzrecht, Frankfurt a. M. 1989, S. 55 ff.; vergl. zu umweltschutzbezogenen EG-Verordnungen: Fiedler, K. P., Zur Umsetzung von EG - Richtlinien im Umweltbereich, in: Der Städtetag, 43. Jg., 1990, H. 8, S. 563 ff.

Der Vollzug von Umweltschutzgesetzen ist stärker als in anderen Rechtsbereichen im Umweltrecht ein interaktiver Prozeß zwischen Verwaltungen und Unternehmen.[1] Das Umweltmanagement muß daher in ständiger Kommunikation mit den betroffenen Verwaltungen, in der Regel den Umweltbehörden, die Unternehmensinteressen glaubhaft vertreten.[2] Dazu ist im Umweltinformationssystem eine Kommunikationsschnittstelle zu den Vollzugsbehörden der gesetzlichen Umweltschutzauflagen zu schaffen, die den Behörden eine Prüfung der Einhaltung von Umweltschutzgesetzen ermöglicht. Gegenstand der übermittelten Informationen können beispielsweise Auditing- oder Emmissionsberichte sein (siehe Kap. 6.3). Zahn/Steimle weisen darauf hin, daß die gesetzliche Verpflichtung zur Emissionsüberwachung und -erklärung in den §§ 26, 27 des Bundes - Immissionsschutzgesetzes ein wichtiger Impulsgeber für den Aufbau eines Umweltinformationssystems ist.[3]

Die dritte Anforderung an Umweltinformationssysteme ergibt sich aus dem in Vorbereitung befindlichem Umweltinformationsgesetz. Die Verpflichtung zur Auskunfterteilung sowie der Schutz der betrieblichen Informationssphäre wird auf Verlangen der EG - Richtlinie über den freien Zugang zu Informationen über die Umwelt in der Bundesrepublik Deutschland gerade neu geregelt. Der Referentenentwurf (RefE-UIG v. 02.12.1992) sieht zwar einen nicht unerheblichen Geheimnisschutz in umweltrechtlichen Spezialgesetzen vor, doch werden die Auskunftserteilungspflichten für das Unternehmen summa summarum erhöht und damit der Schutz von Betriebsgeheimnissen verringert. Die Unternehmen haben nach dem Referentenentwurf die Möglichkeit, Betriebs- und Geschäftsgeheimnisse etwa in umweltrechtlichen Genehmigungsverfahren als solche zu kennzeichnen, um eine Weitergabe der Information an Dritte zu verhindern.[4] Um die Auskunftsverpflichtungen zu erfüllen, ohne dabei Betriebsgeheimnisse offenzulegen, sind

---

[1] Vergl. Scherer, J., Rechtsprobleme normsetzender "Absprachen" zwischen Staat und Wirtschaft am Beispiel des Umweltrechts, in: DÖV, 44. Jg., 1991, H. 1, S. 1 ff.; Deis, S. M., Die Dauer von Genehmigungsverfahren für Industrieanlagen in Deutschland, in: Albach, H. (Hrsg.), 1993, a.a.O., S. 2 ff.; einen Einblick in japanische Genehmigungsverfahren gibt: Kümmerle, W., Duration of Approval Procedures for Factories in Japan, in: ebenda, S. 29 ff.

[2] Vergl. Ullmann, A. A., Industrie und Umweltschutz. Implementation von Umweltschutzgesetzen in deutschen Unternehmen, Frankfurt a. M., New York, 1982, S. 45 ff.

[3] Vergl. Zahn, E. u. Steimle, V., Umweltinformationssysteme und umweltbezogene Strategieunterstützungssysteme, in: Wagner, G. R. (Hrsg.), 1993, a.a.O., S. 233

[4] Vergl. Eilers, S. u. Schröder, T., Der Schutz der betrieblichen Informationssphäre im Umweltinformationsgesetz, in: Betriebsberater, 48. Jg., 1993, H. 15, S. 1025 ff.

vertrauliche Informationen innerhalb des Umweltinformationssystems mit einer Kennzeichnung zu versehen (siehe hierzu Kap. 8.3.2).

2) Ökonomisch wirkende Umweltschutzgesetze

Der Kerngedanke des Einsatzes ökonomischer Instrumente besteht darin, das Eigeninteresse von Unternehmen im Hinblick auf die Verbesserung des Umweltschutzes zu stärken. In der aktuellen umweltpolitischen Praxis erlangt neben dem Einsatz von Abgaben vor allem die Entwicklung einer verschärften Umwelthaftung wachsende Bedeutung. Bei Umweltschutzabgaben bekommt der Verursacher keine gesetzlichen Vorschriften vorgegeben, sondern aus ihnen abgeleitete Preise. Umweltschutzabgaben können so zwar gravierende Auswirkungen auf betriebswirtschaftliche Kalküle erlangen, sie begründen in der Regel aber keinen zusätzlichen Informationsbedarf. Unter diesem Gesichtspunkt von größerem Interesse ist die Verschärfung der Umwelthaftung.

Seit 1990 besteht in Deutschland ein verändertes Umwelthaftungsgesetz[1], das für Unternehmen und ihre Manager erheblich erweiterte Haftungsvorschriften mit sich bringt. Die wesentliche Verschärfung besteht im Übergang von der Verschuldenshaftung der alten Rechtssituation zur Gefährdungshaftung nach neuem Recht.[2] Unter Verzicht traditioneller Tatbestandsmerkmale kommt es aufgrund der Gefährdungshaftung nicht mehr auf vorsätzliches oder fahrlässiges Verschulden des Anlagenbetreibers an, sondern es genügt der objektive Tatbestand der Gefährdung.[3] Um eine Gefährdung auszuschließen, muß der ordnungsgemäße Betrieb der Anlagen durch stetige Überwachung gewährleistet werden. Das finanzielle Risiko der erweiterten Haftung kann vom Unternehmen durch Abschluß einer Umwelthaftpflichtversicherung abgedeckt werden.[4]

---

[1] UmweltHG, in: Umweltrecht, 7. Auflg., München 1992, S. 716 ff.

[2] Vergl. Beressem, J. u. von Gablenz, C. A., Auf Verschulden kommt es nicht mehr an, in: Gablers Magazin, 5. Jg., 1991, H. 6, S. 26 ff.; Gasser, V. Umwelthaftungsrecht in seiner Konsequenz für die Unternehmensführung, in: BFuP, 44. Jg., 1992, H. 2, S. 153 ff.

[3] Vergl. Gassert, V., Umwelthaftungsrecht in seiner Konsequenz für die Unternehmensführung, in: BFuP, 44. Jg., 1992, S. 157

[4] Vergl. Müller, R., Umwelthaftpflichtversicherung - Dicke Luft, in: TopBusiness, 1. Jg., 1992, H. 6, S. 126 ff.; Jörissen, H., Die neue Umwelthaftpflichtversicherung, in: PRISMA Industriekommunikation (Hrsg.), Neue Wege im Umweltmanagement, Vortragsmanusskripte des Umweltsymposiums der Süddeutschen Zeitung v. 10./11. Nov. 1992 in Garmisch-Partenkirchen, Dießen, Teil J2; vergl. zu den Problemen der Versicherbarkeit von Umweltrisiken: Fees - Dörr, E., Prätorius, G. u. Steger, U.,

(Fortsetzung...)

Innerhalb des Umweltinformationssystems ist die Überwachung durch ein Berichts system zu gewährleisten. Darüber hinaus muß das Umweltinformationssystem eine Dokumentation der Überwachung als Beweisantritt in Ermittlungsverfahren und Gerichtsprozessen sowie als Grundlage für die Vertragsgestaltung der Umwelthaftpflichtversicherung bereithalten.[1]

3.2.2 Versorgungsbereich

Der folgende Überblick über die vielfältigen Aufgaben des Umweltschutzes quer durch die betrieblichen Funktionsbereiche ist erforderlich, um die umweltschutzorientierten Informationsinstrumente und -systeme auf ihre Leistungsfähigkeit hin zu würdigen. Innerhalb des Funktionsbereiches Versorgung kann der Umweltschutz die Beschaffung und Bereitstellung der Inputfaktoren beeinflussen. Die Darstellung der Aufgaben orientiert sich an folgender Systematik:

1) Personal,
2) finanzielle Mittel für Umweltschutzinvestitionen,
3) Betriebsmittel sowie Roh-, Hilfs- und Betriebsstoffe,
    a) Beschaffung,
    b) Bereitstellung.

1) Personal

Systematisiert man mögliche Aufgabenbereiche des Umweltmanagements in der Personalwirtschaft, so ergeben sich drei Teilbereiche.

Im Bereich der Aus- und Weiterbildung finden umweltorientierte Inhalte vermehrt Berücksichtigung.[2]

Neben dem Fachwissen ist es bei der Durchführung von Umweltschutzmaßnahmen von entscheidender Bedeutung, daß die beteiligten Personen für die Umweltschutz-

---

[4](...Fortsetzung)
Umwelthaftungsrecht, 2. Auflg., Wiesbaden 1992, S. 107 ff.

[1] Vergl. Heinz, B., Haben Sie schon ein betriebliches Umwelt - Informationssystem? in: Sietz, M. u. Michahelles, R. (Hrsg.), Checklisten für Manager, Taunusstein 1989, S. 14; der Verfasser gibt eine Übersicht über relevante Rechtsbereiche.

[2] Vergl. de Grave, A. J., Ökologieorientierung in der Berufsausbildung, in: zfo, 61. Jg., 1992, H. 4, S. 227 ff; zu Grundsätzen einer umweltschutzorientierten Ausbildung: Johann, H. P. u. Gebhard, D., Umweltschutz in der Aus- und Weiterbildung, in: Personalführung, o. Jg., 1991, H. 3, S. 162 ff.; zur praktischen Durchführung einer umweltschutzorientierten Aus- und Weiterbildung: Wedding, E. u. Wins, J., 1991, a.a.O., S. 173 f.

maßnahmen entsprechend motiviert sind und sich aktiv an ihrer Umsetzung beteiligen.[1] Zur Verbesserung der Mitarbeitermotivation können Anreizsysteme eingeführt werden, z. B. in Form von Umweltschutzwettbewerben oder der besonderen Berücksichtigung des Umweltschutzes im betrieblichen Vorschlagswesen.[2] Eine weitere Möglichkeit zur Erhöhung der Motivation für Umweltschutzmaßnahmen ist der Einbezug einer umweltschutzbezogenen Kategorie in die betriebliche Leistungsbeurteilung.[3]

Mit steigendem Umweltbewußtsein wächst auch die Beachtung der Umweltschutzaktivitäten potentieller Arbeitgeber durch die Bewerber. Unternehmen mit schlechtem ökologischen Image besitzen am Arbeitsmarkt schlechtere Chancen der Personalbeschaffung als solche, die ein umweltschutzorientiertes Image auszeichnet. Verschiedene Untersuchungen haben darüber hinaus ergeben, daß das Umweltbewußtsein tendenziell mit zunehmender Qualifikation der Mitarbeiter steigt.[4] Auf der anderen Seite benötigen Unternehmen mit wachsender Bedeutung von Umweltschutzmaßnahmen auch entsprechend motivierte und ausgebildete Mitarbeiter. Bei Neueinstellungen werden dann dementsprechend zusätzliche, umweltschutzorientierte Selektionskriterien benötigt.[5]

2) Bereitstellung von finanziellen Mitteln für Umweltschutzinvestitionen

Neben den laufenden Auswirkung von Umweltschutzwirkungen auf den Cash - Flow, beispielsweise durch kostenintensivere Produktionsverfahren, erfordern umfangreiche Umweltschutzmaßnahmen Finanzmittel und deren Planung. Im einzelnen ergeben sich drei mögliche Aufgaben des Umweltmanagements im finanzwirtschaftlichen Bereich:

Das Unternehmen kann bei Umweltschutzmaßnahmen eine Reihe von Finanzierungshilfen durch öffentliche Institutionen in Form von Steuervergünstigungen oder

---

[1] Vergl. Adams, H. W. u. Meier, B., Die Organisation des Umweltschutzes, in: zfo, 62. Jg., 1993, H. 2, S. 83 f.

[2] Vergl. Kreikebaum, H., Personelle Voraussetzungen des integrierten Umweltschutzes, in: zfo, 62. Jg., 1993, H. 2, S. 90; Bartscher, T. R. u. Fleischer, H., 1991, a.a.O., S. 442 ff.

[3] Vergl. Antes, R., Organisation des Umweltschutzes - Aufgaben des Personalwesens, in: Personalführung, o. Jg., 1991, H. 3, S. 154

[4] Vergl. Bartscher, T. R. u. Fleischer, H., 1991, a.a.O., S. 443

[5] Vergl. Remer, A. u. Sanholzer, U., Ökologisches Management und Personalarbeit, in: Steger, U. (Hrsg.), 1992, a.a.O., S. 532

direkte Finanzhilfen in Anspruch nehmen.[1] Eine Ausnutzung der staatlichen Förderung wirkt in der Regel kostensenkend und liquiditätserhöhend,[2] so daß das Unternehmen eine Übersicht über die Förderprogramme sowie deren Konditionen benötigt.

Umweltschutzaspekte gewinnen in den Geschäftsbeziehungen der Unternehmen mit Kreditinstituten an Bedeutung. Die Ursache gründet in zwei unterschiedlichen Zusammenhängen:[3] Erstens bieten Banken Beratungsleistungen für die Finanzierung von Umweltschutzmaßnahmen an, um den Firmen einen Überblick über die mögliche Inanspruchnahme von staatlichen Finanzierungshilfen zu geben.[4] Zweitens besteht für die Banken aufgrund des wachsenden Umweltbewußtseins ein steigendes geschäftspolitisches Interesse, potentiell umweltschädliche Engagements zu reduzieren.[5] Umweltrisiken bei Schuldnern bedeuten für Banken ein erhöhtes Kreditausfallrisiko, das durch eine Umweltschutzprüfung im Zuge der Kreditprüfung zunehmend begrenzt wird.[6] Engagements von Banken bei "Umweltsündern" ziehen darüber hinaus Imageverluste nach sich.[7] Als Konsequenz entsteht ein zunehmender Druck auf das Umweltmanagement des Unternehmens, die Umweltrisikopotentiale und die ergriffenen Umweltschutzmaßnahmen verstärkt gegenüber den Banken offenzulegen.

---

[1] Vergl. Hoffmann, V., Chancen der Betriebe durch Finanzierungshilfen im Umweltschutz, in: Pieroth, E. u. Wicke, L. (Hrsg.), 1988, a.a.O., S. 255 ff.; eine Übersicht über finanzielle Förderung von Umweltschutzmaßnahmen geben: Goose, D., Staatliche Kreditprogramme für den Umweltschutz in der Bundesrepublik Deutschland, in: Schierenbeck, H. u Seidel, E. (Hrsg.), 1992, a.a.O., S. 137 ff.; Götte, G., Finanzierungshilfen für die Umweltsanierung in den neuen Bundesländern, ebenda, S. 153 ff.

[2] Vergl. Eichhorn, P., 1972, a.a.O., S. 648

[3] Prinzipiell wäre noch ein dritter Ansatzpunkt zu unterscheiden, der hier aber nicht weiter von Interesse ist: Banken bieten sowohl im Aktiv- als auch im Passivgeschäft neue, umweltschutzorientierte Produkte an, z. B. spezielle Kreditprogramme für Umweltschutzmaßnahmen (Aktivgeschäft) oder umweltverträgliche Finanzanlagen (Passivgeschäft) (vergl. Baumert, A., Ökologische Aspekte der Unternehmenskultur und der betrieblichen Bildung in Kreditinstituten, in: Schierenbeck, H. u. Seidel, E. (Hrsg.), 1992, a.a.O., S. 61 ff.; Manski, E., Umweltschutz schafft neue Bankprodukte, in: Die Bank, 1990, o. Jg., H. 12, S. 679 ff.).

[4] Vergl. Geiger, H., Ökologieorientierte Kundenberatung durch die Sparkasse, in: Schierenbeck, H. u. Seidel, E. (Hrsg.), 1992, a.a.O., S. 111 ff.

[5] Vergl. Büschgen, H. E., 1992, a.a.O., S. 132 ff.

[6] Vergl. Manski, E., Ökologische Kriterien der Kreditvergabe, in: Die Bank, o. Jg., 1992, H. 11, S. 662 ff.

[7] Vergl. beispielhaft Seipp, W., Die Förderung von Umweltschutzprojekten durch Kreditinstitute im Inlandsgeschäft, in: Schierenbeck, H. u. Seidel, E. (Hrsg.), 1992, a.a.O., S. 92 ff.

Auf der finanzwirtschaftlichen Seite besteht die dritte Aufgabe des Umweltmanagements in der umweltschutzorientierten Modifizierung der Investitionskalküle des Unternehmens.[1] Wie in Kap. 2.3 aufgezeigt wurde, sind die Ziele des Umweltschutzes durch die Interessengruppen bestimmt. Entsprechend der Umweltschutzorientierung der Unternehmensziele sind Umweltschutzziele in den Zielfunktionen und Nebenbedingungen der Investitionsrechnung zu berücksichtigen.[2] Neben der Formulierung von Investitionskalkülen beeinflussen Umweltschutzaspekte in fallweise unterschiedlicher Ausprägung nahezu jede Investitionsentscheidung des Unternehmens über eine umweltschutzinduzierte Veränderung des Dateninputs zur Aufstellung der Zahlungsreihen.[3] Zusätzlich ergeben sich insbesondere bei Investitionsentscheidungen in Umweltschutzanlagen steuerliche Vorteile, die in der Investitionsrechnung Berücksichtigung finden müssen.[4]

3) Betriebsmittel sowie Roh-, Hilfs- und Betriebsstoffe

Die Versorgung des Unternehmens mit stofflichen und energetischen Inputfaktoren wird im folgenden in Beschaffung und Bereitstellung unterschieden. Die Beschaffungsfunktion stellt die Beziehung zu den Lieferanten in den Vordergrund, wohingegen die Bereitstellungsfunktion die Beziehung zu den unternehmensinternen Verwendern gestaltet.[5]

a) Beschaffung

Für das Umweltmanagement bestehen bezogen auf das Einkaufsmanagement folgende Aufgaben:[6]

Die Durchführung einer umweltschutzorientierten Schwachstellenanalyse der bisher eingesetzten Ressourcen. Dazu kann mittels Vormarktanalysen eine Abschätzung

---

[1] Vergl. beispielhaft: Metzger, A. G., Zur Problematik der Berücksichtigung ökologischer Aspekte bei der Passivgeschäft Beurteilung von Luftreinhaltemaßnahmen, Mannheim 1987, insb. S. 34 ff.

[2] Vergl. Rückle, D., Investitionskalkühle für Umweltschutzinvestitionen, in: BFuP, 41. Jg., 1989, H. 1, S. 51 ff.; ebenso: Rückle, D., Investition und Finanzierung, in: Steger, U. (Hrsg.), 1992, a.a.O., S. 452 f.

[3] Vergl. zur Messung umweltrelevanter Konsequenzen im Rahmen der Investitionsrechnung: Rückle, D., 1989, a.a.O., S. 55 ff.

[4] Vergl. Heigl, A., Ertragssteuerliche Anreize für Investitionen in den Umweltschutz, in: BFuP, 41. Jg., 1989, H. 1, S. 66 ff.; Köster, T., Steuerliche Aspekte des Umweltschutzes: Finanzierungseffekte mitnehmen, in: Gablers Magazin, 5. Jg., 1991, H. 6, S. 24 f.

[5] Vergl. Senn, F. J., 1986, a.a.O., S. 85

[6] Vergl. Stahlmann, V., Umweltschutz "Begin-of-the-Pipe" durch aktives Einkaufsmanagement, in: Steger, U. (Hrsg.), 1992, a.a.O., S. 423 ff.

der Umweltgefährdung durch eingekaufte Fertig- oder Halbfertigprodukte erforderlich sein. Die Kriterienbildung erfolgt z. B. anhand einer Stoffliste, in der die Inhaltsstoffe der beschafften Produkte enthalten sind.[1] Zusätzlich kann eine Beurteilung und Auswahl der Lieferanten nach Umweltschutzkriterien erfolgen. Dies ist insbesondere für den Fall sinnvoll, daß die Bewertung von Inputfaktoren aufgrund mangelnder Verfügbarkeit von Stofflisten nicht möglich ist. Da die Beschaffungsmarktforschung oft langwierig ist, ist der Aufbau eines umweltorientierten Frühaufklärungssystems bezogen auf den Einkaufsbereich erforderlich.[2]

Um Umweltschutzaspekte in den Einkaufsentscheidungen des Beschaffungsbereiches zu berücksichtigen, ist die verbreitete wertanalytische Untersuchung der Inputfaktoren um Umweltschutzbelange zu erweitern.[3] In der Wertanalyse werden mögliche Kostenbeiträge und Absatzwerte der beschafften Güter insbesondere im Stadium der Produktentwicklung gegenübergestellt.[4] Ein zusätzlicher, umweltschutzbezogener Absatzwert könnte beispielsweise die Auszeichnung mit dem "blauen Engel" des Umweltbundesamtes sein.

Durch gezielte Beschaffungswerbung werden Lieferanten von den eigenen Produkten und Strategien informiert, um mit ihnen in eine engere Beziehung zu treten. Umweltorientierte Produktentwicklungen wirken sich in der Regel auf einen umweltverträglicheren Beschaffungsbedarf aus, der mittels der Beschaffungswerbung an die Lieferanten kommuniziert werden muß.

b) Bereitstellung

Die Funktionen der Bereitstellung von Inputfaktoren wird auch unter dem Begriff Logistik zusammengefaßt. Sie umfaßt Lagerhaltungsentscheidungen sowie die

---

[1] Vergl. Günther, K., Möglichkeiten des umweltbewußten Einkaufs aus der Sicht der Betriebe, in: Pieroth, E. u. Wicke, L. (Hrsg.), 1988, a.a.O., S. 126 ff.; vergl. ebenso zu Kriterien der Umweltverträglichkeit von Produkten: Schreiner, M., 1992, a.a.O., S. 119

[2] Vergl. Peemöller, V. H. u. König, G., Aufgaben eines umweltorientierten Controlling in der strategischen Materialbeschaffung, in: Controlling, 4. Jg., 1992, H. 6, S. 317

[3] Siehe zu näheren Ausführungen über die Wertanalyse: Korte, R. - J., Verfahren der Wertanalyse, Berlin 1977

[4] Vergl. Gege, M., Chancen und Voraussetzungen einer umweltbewußten Unternehmensführung, in: Zahn, H. u. Gassert, H. (Hrsg.), 1992, a.a.O., S. 128 f.

Transportmittel- und Transportwegewahl.[1] Die logistischen Teilfunktionen sind potentiell vom Umweltschutz hauptsächlich aufgrund ordnungsrechtlicher Bestimmungen (z. B. erfordert das BImSchG die Genehmigung von Lagerplätzen) aber wie im folgenden zu zeigen ist auch aufgrund von Markt- und Wettbewerbserfordernissen betroffen. Dies ist an den drei Kernaufgaben der umweltschutzorientierten Logistik, der "umweltschutzorientierten Transportmittelwahl", der "Bereitstellung einer inversen Logistik" und der "Modifikation des Just - in - Time- Prinzips" zu demonstrieren.

Prinzipiell stehen dem Güterverkehr verschiedene, auch nach ihrer Umweltbelastung unterschiedliche, Transportmittel zur Verfügung. In der betriebswirtschaftlichen Logistikliteratur wird der Umweltverträglichkeit als Entscheidungskriterium der Transportmittelwahl bestenfalls eine untergeordnete Bedeutung beigemessen. Aus Sicht des betrieblichen Umweltmanagements hingegen wird sowohl die prinzipielle Transportmittelwahl (z. B. LKW/Bahn) als auch deren konkrete Ausgestaltung (z. B. LKW mit/ohne Rußfilter) als entscheidungsrelevant erachtet.[2] In Zukunft ist über die verursachungsgerechte Zuweisung sozialer Kosten mit einer generellen Verteuerung insbesondere der LKW - Transporte zu rechnen. Konkret kann sich diese Verteuerung z. B. über eine Erhöhung der Mineralölsteuer, der Kfz - Steuer oder durch die Erhebung von Straßenbenutzungsgebühren direkt auf die Kostensituation des Unternehmens auswirken. In der Praxis wird dementsprechend eine Bedeutungszunahme der Umweltverträglichkeit als Kriterium der Transportmittelwahl prognostiziert.[3]

Recycling - Konzeptionen erfordern die Einrichtung einer inversen Logistik für die Rückführung demontierter Komponenten an den Hersteller.[4] Beispielhaft wird dies am im Kap. 3.1.1 beschriebenen integrierten Recyclingsystems der BMW AG deut-

---

[1] Darüber hinaus wird zum Begriff der Logistik auch die betriebliche Standortplanung gezählt (vergl. Domschke, W., Logistik: Transport, München, Wien 1981, S. IX).

[2] Vergl. Antes, R., Prätorius, G. u. Steger, U., 1992, a.a.O., S. 738 f. und die dort angegebene Literatur.

[3] Vergl. Antes, R., Prätorius, G. u. R. Steger, U., 1991, a.a.O., S. 754

[4] Vergl. von Massow, H., Logistik - Strategie - umweltbezogen, in: io Management Zeitschrift, 60. Jg., 1991, H. 7/8, S. 97

lich. Bei der Fahrzeugdemontage werden eine ganze Reihe an Bauteilen zur Wiederverwendung den PKWs entnommen und zu Kunstoffgranulat oder durch Metallrecycling zu wiederverwendbaren Metallfraktionen aufbereitet.[1] Die zurückgewonnenen Rohstoffe werden an die Zulieferer weitergegeben. Eine weitere Notwendigkeit neuartiger Transportwege wird durch die Rückführung von Verpackungen verursacht, wie sie das Abfallgesetz in der Konzeption des Dualen Systems fordert.[2] Die Rückführung von Verpackungen an die Hersteller wird von beauftragten Unternehmen wie der DSD GmbH übernommen andererseits aber auch auf dem Wege der Retrodistribution von den Unternehmen über die Vertriebskanäle selbst veranlaßt.[3] Ersetzt beispielsweise ein Handelsunternehmen - wie derzeit im deutschen Handel im Gespräch - ihre bisher aus Karton bestehenden Verpackungen für Frischerzeugnisse durch ein Kunststoff - Mehrwegsystem, so müssen die Verpackungen an die Erzeuger zurückgeführt werden.

Aus dem Logistik - Prinzip der Just - in - Time Anlieferung von Produktionsstoffen ergeben sich neben den bislang recht intensiv diskutierten Kostenvorteilen für das Unternehmen[4] auch Auswirkungen auf die vom Unternehmen verursachten sozialen Kosten in Form von gasförmigen Emissionen und Lärm als Folge der veränderten Transportwege, -aufkommen, -zeiten und -mittel.[5] Antes/Prätorius/Steger vertreten die Auffassung, daß "...die Just - in - time - Fertigung, deren gegenwärtige betriebswirtschaftliche Vorteile unter anderem auch aus der Externalisierung von Umweltschutzkosten resultieren, ...dann in der aktuellen Form kaum mehr aufrecht zu erhalten sein...(werden)."[6] Es bleibt zukünftigen Untersuchungen vorbehalten, wie sich das beobachtete Verkehrsaufkommen durch eine weitgehende Verbreitung des Just - in - Time Prinzips entwickelt. Bei einer zu vermutenden Zunahme kritischer Belastungssituationen ist mit verstärktem Druck des öffentlichen Interesses

---

[1] Vergl. Hang, W., 1991, a.a.O., S. 8 ff.

[2] Vergl. z. B. Pfohl, H. C. u. Stölzle, W., Entsorgungslogistik, in: Steger, U. (Hrsg.), a.a.O., 1992b, S. 587 f.

[3] Vergl. Ginter, P. M. u. a., Reverse Distribution Chanels for Recycling, in: California Management Review, Vol. 20, 1984, No. 3, S. 72 ff.; von Massow, H., 1991, a.a.O., S. 97 ff.

[4] Auf die Diskussion des Verfahrens soll nicht näher eingegangen werden, vergl. z. B. Wildemann, H., Das Just - in - Time - Konzept, Produktion und Zulieferung auf Abruf, Frankfurt 1988, S. 29 ff.

[5] Vergl. Reese, J., Just - in - Time - Logistik, in: Albach, H. (Hrsg.), Betriebliches Umweltmanagement 1993, Wiesbaden 1993, S. 139 ff.

[6] Antes, R., Prätorius, G. u. Steger, U., Umweltschutz und Transportmittelwahl, in: DBW, 52. Jg., 1992, H. 6, S. 755

über das ordnungspolitische Instrumentarium und über den Wettbewerb auf die verursachenden Unternehmen zu rechnen, dem das Umweltmanagement durch eine Reformierung der Just - in - time - Konzeption Rechnung tragen muß.

Potentiell ist der Versorgungsbereich in nahezu allen Teilfunktionen vom Umweltschutz betroffen, so daß sich hier auch ein Schwerpunkt für die Ermittlung des umweltschutzorientierten Informationsbedarfs ergibt. Insgesamt ist der Versorgungsbereich potentiell in nahezu allen Funktionen von Umweltschutzaspekten betroffen, so daß sich auf dieses Gebiet einen Schwerpunkt für den Einsatz eines Umweltinformationssystems bildet.

3.2.3 Produktions- und Entwicklungsbereich

Neben dem Produktionsbereich ist auch die Entwicklung neuer Produktionsprozesse und Produkte von umweltschutzorientierten Anforderungen betroffen.[1] Bevor wir uns dem Entwicklungsbereich (2) zuwenden, wollen wir zunächst notwendige Umweltschutzmodifikationen des Produktionsbereichs (1) betrachten.

1) Produktion

Im Aufgabenbereich der betrieblichen Produktion hat das Umweltmanagement erstens die Aufgabe, die Markt- und Wettbewerbserfordernisse durchzusetzen (wie z. B. der freiwillige Verzicht auf FCKW vor dem Stichtag des gesetzlichen Verbots) und zweitens die vorgegebenen Restriktionen (wie das Verbot bestimmter Stoffe) zu beachten.[2] Ziele und Restriktionen können sich sowohl auf den Input in Form von Vorgaben zur Ressourcenschonung als auch auf die Regulierung des Outputs in Form von Produkten und unerwünschten Kuppelprodukten (Dyckhoff: Übeln) in der Produktion beziehen.[3] Beispielsweise könnten der Staat[4] oder (auf ihr umweltfreundliches Image bedachte) Lieferanten den Einsatz bestimmter Inputfakto-

---

[1] Vergl. Kern, W., Umweltschutz als Herausforderung an die Innovationskraft industrieller Unternehmungen, in: Engeleiter, H. J. u. Corsten, H. (Hrsg.), Innovation und Technologietransfer, Berlin 1982, S. 124 ff.

[2] Vergl. Strebel, H., Produktion und Umweltschutz, in: Steger, U. (Hrsg.), 1992, a.a.O., S. 439 ff.

[3] Vergl. Kistner, K. - P., Umweltschutz in der betrieblichen Produktionsplanung, in: BFuP, 41. Jg., 1989, H. 1, S. 32 f.; ebenso: Dyckhoff, H., Betriebliche Produktion, Berlin u. a., 1992, S. 11 ff.; verkürzte Darstellung bei: Dyckhoff, H. u. Souren, R., Grundlegende umweltschutzorientierte Erweiterungen der Produktionstheorie, in: WISU, 22. Jg., 1993, H. 4, S. 337 ff.

[4] Vergl. zur Systematik staatlicher Regulierungsmöglichkeiten der betrieblichen Produktion: Eichhorn, P., Umweltschutz aus Sicht der Unternehmenspolitik, in: ZfbF, 24. Jg., 1972, S. 639 ff.

ren reglementieren, den Ausstoß an Kuppelprodukten mit Abgaben belegen oder die Verbraucher schadstoffarme Produkte in ihrem Präferenzsystem höher bewerten.[1]

Grundsätzlich ist eine Zweiteilung bisheriger Arbeiten zur umweltschutzorientierten Produktionswirtschaft nach den Erkenntnisobjekten festzustellen. Der eine Teil befaßt sich mit dem Einbezug von Umweltschutzaspekten in die Produktions- und Kostentheorie[2], Objekt des anderen Teils ist die Produktionsplanung[3,4]. In der Produktions- und Kostentheorie sind insbesondere Umweltschutzrestriktionen in den Produktionsfunktionen berücksichtigt worden. Einen Schwerpunkt bildet dabei die Erfassung von Umwelteinflüssen in der linearen Aktivitätsanalyse.[5]

Die Auswirkungen von Umweltschutzmaßnahmen auf die betriebliche Produktionsplanung werden anhand der Struktur des betrieblichen Entscheidungsprozesses in

---

[1] Siehe zu internationalen Standards des Umweltschutzes und deren rechtlichen Wirkungen: Skala, A. K., Internationale technische Regeln und Standards zum Umweltschutz. Ihre Entstehungsarten und rechtlichen Wirkungen, Köln, u. a. 1982

[2] Zu näheren Ausführungen siehe: Kistner, K. P., Zur Erfassung von Umwelteinflüssen der Produktion in der linearen Aktivitätsanalyse, in: WiSt, 17. Jg., 1989, H. 12, S. 389 ff.; Dinkelbach, W. und Piro, A., Entsorgung und Recycling in der betriebswirtschaftlichen Produktions- und Kostentheorie: Leontief - Technologien, in: WISU 18. Jg., 1989, H. 7 + 8/9, S. 399 ff. + 474 ff.; Dinkelbach, W., Umweltaspekte im Rahmen der betriebswirtschaftlichen Produktions- und Kostentheorie auf der Grundlage von Leontief - Technologien, 1989, Diskussionsbeitrag A-8903 der Universität Saarbrücken; Dinkelbach, W., Elemente einer umweltorientierten betriebswirtschaftlichen Produktions- und Kostentheorie auf der Grundlage von Leontief - Technologien, in: OR - Proceedings, Berlin u. a. 1990, S. 60 ff.; Dinkelbach, W. und Piro, A., Entsorgung und Recycling in der betriebswirtschaftlichen Produktions- und Kostentheorie: Gutenberg - Technologien (I) + (II), in: WISU, 19. Jg., 1990, H. 11 + 12, S. 640 ff. + 700 ff.; Steven, M., 1991a, a.a.O., S. 509 ff.

[3] Zu näheren Ausführungen siehe: Strebel, H., Umweltwirkungen der Produktion, in: ZfbF, 33. Jg., 1981, S. 515 ff.; Kistner, K. - P., 1989, a.a.O., S. 30 ff.; Plein, P. A., Umweltschutzorientierte Fertigungsstrategien, Wiesbaden 1989; Hartje, V. J., Zur Struktur des ökologisierten Kapitalstocks: Variablen und Determinanten umweltsparender technologischer Anpassungen in Unternehmen, in: Zimmermann, K., u. a. (Hrsg.), Ökologische Modernisierung in der Produktion, Strukturen und Trends, Berlin, 1990, S. 137 ff.; Kistner, K. - P. und Steven, M., Management ökologischer Risiken in der Produktionsplanung, in: ZfB 61. Jg., 1991, H. 11, S. 1307 ff.; Steven, M., Umweltschutz im Produktionsbereich (I) + (II), in: WISU, 21. Jg., 1992, H. 1 + 2, S. 35 ff. + 105 ff.; Strebel, H., 1992, a.a.O., S. 443 ff.

[4] Dagegen erheben die Arbeiten von Dyckhoff den Anspruch, die Verbindung zwischen beiden Bereichen zu schließen (vergl. Dyckhoff, H., 1992, a.a.O., S. V; verkürzt: Dyckhoff, H. u. Souren, R., a.a.O., 1993, S. 333 ff.).

[5] Vergl. z. B. Kistner, K. - P., 1983, a.a.O., S. 389 ff.; Dyckhoff, H., Aktivitätsanalytische Grundlagen einer umweltorientierten einzelwirtschaftlichen Produktions- und Erfolgstheorie, in: ZWS, 113. Jg., 1993, S. 4 ff.; Kritik an diesem Ansatz äußert Zelewski, S., Umweltschutz als Herausforderung an die produktionswirtschaftliche Theoriebildung, in: ZfB, 63. Jg., 1993, H. 4,, S. 327 ff.

den Teilbereichen strategische, taktische und operative Produktionsplanung untersucht.[1] In der strategischen Produktionsplanung wird über die herzustellenden Produkte, die zu ihrer Herstellung notwendigen Technologien, deren Kapazität und Maßnahmen zur Vermeidung bzw. Reduzierung von Emissionen entschieden.[2] Die Berücksichtigung des Umweltschutzes in der taktischen Produktionsplanung bezieht sich auf die Frage, wie sich ein Unternehmen bei gegebener technologischer Ausstattung durch die Auswahl alternativer Produktions- bzw. Schadstoffminderungsverfahren so verhalten kann, daß einerseits ein möglichst hoher Gewinn erzielt wird und andererseits die Vorgaben des Umweltschutzes eingehalten werden.[3] Die Berücksichtigung von Umweltschutzaspekten in der operativen Produktionsplanung erfordert die Beachtung und Handhabung oszillierender Schwankungen der Schadstoffemissionen im Produktionsprozeß. Eine temporäre Überschreitung gesetzlicher Grenzwerte ist entweder zu verhindern oder entsprechend der betrieblichen Risikobereitschaft bewußt in Kauf zu nehmen.[4]

2) Forschung und Entwicklung (F & E)

Die Umweltschutzorientierung der F & E wird hauptsächlich von verschärften Umweltschutzgesetzen ausgelöst. Häufig wird der Anstoß für umweltschutzbezogene F & E - Aktivitäten aber auch vom Markt her an das Unternehmen herangetragen.[5] In der Regel dürften über den Marketingbereich Forderungen der Kunden oder Erfolge der Konkurrenz die Notwendigkeit für umweltorientierte Neuentwicklungen aufzeigen.[6] Restriktiv kann sich mangelnder Umweltschutz auch über die gesellschaftliche Ächtung von umweltschädlichen Produktionsprozessen in Form einer nachhaltigen Beeinträchtigung des Unternehmensimages und eines Absatzrückganges auswirken. Durch staatliche Förderungsmaßnahmen, wie dem Programm Umwelt- und

---

[1] Siehe zu näheren Ausführungen: Kistner, K. - P., 1989, a.a.O., S. 32 ff.; den Einsatz von umweltpolitischen Instrumenten im Rahmen der Produktionsplanung stellt Strebel dar (vergl. Strebel, H., 1981, a.a.O., S. 517 ff.; ders., 1992, a.a.O., S. 443 ff.).

[2] Vergl. Kistner, K. - P., 1989, a.a.O., S. 34 ff.

[3] Vergl. Kistner, K. - P., 1989, a.a.O., S. 41 ff.

[4] Vergl. Kistner, K. - P., 1989, a.a.O., S. 48

[5] Vergl. Gerybazde, A., Umweltorientiertes Management von Forschung und Entwicklung, in: Steger, U. (Hrsg.), 1992, a.a.O., S. 402 f.

[6] Vergl. zu umweltschutzbezogenen Produktanforderungen z. B.: Cracco, E. u. Rostenne, J., Das sozioökonomische Produkt, in: Hansen, U. u. a. (Hrsg.), 1982, a.a.O., S. 229 ff.; Schreiber, R. L., Schon bei der Produktentwicklung müssen wir die ökologischen Auswirkungen einkalkulieren, die Lösungen von Folge - Problemen einbeziehen, in: Marketing Journal, 19. Jg., 1986, H. 4, S. 314 ff.

Klimaforschung (1990: 930 Mio. DM) des Bundesministeriums für Forschung und Technologie, entstehen aber auch "positive" Anreize verstärkter F & E Aktivitäten im Umweltschutzbereich.[1]

Systematisiert man die umweltschutzorientierten Aufgabenbereiche des Umweltschutzes anhand theoretischer Überlegungen, so läßt sich eine virtuelle Einteilung in prozeßorientierte F & E und produktorientierte F & E vornehmen.[2] Bezieht man Umweltschutzüberlegungen in die Verbesserungsbemühungen des Produktionsprozesses ein, stehen Stoff- und Energieeinsparungen, Minderung von Emissionen, umweltverträgliche Substitutionen und Recycling - Verfahren im Mittelpunkt der Bemühungen. Verringert werden soll die durch das Produktionsverfahren (siehe (1)) verursachte Umweltbelastung, wohingegen bei der Produktorientierung der F & E primär die in den folgenden Wertschöpfungsstufen auftretende Umweltbeeinträchtigung abgebaut werden soll.[3] Die Entwicklung von Neuprodukten bei Berücksichtigung von Umweltschutzaspekten geschieht unter Federführung des Marketingbereichs, weshalb in der Produktpolitik darauf näher eingegangen wird.

Zusammenfassend entfaltet der umweltschutzorientierte Produktions- und Entwicklungsbereich Informationsbedarf vor allem hinsichlich der vollständigen Mengenerfassung und Bewertung des Inputs und Outputs der Produktion sowie umweltverträglicher Technologien und Verfahren.

3.2.4 Marketing

Die Berücksichtigung des Umweltschutzes im Marketing ist, von den gesetzlichen Regulierungen abgesehen, vor allem abhängig von Markt- oder Wettbewerbserfordernissen. Vor der Beachtung des Umweltschutzes durch das Marketing stellt sich die Frage, ob Marktorientierung gleichzeitig umweltverträglichen Ressourcen-

---

[1] Vergl. Schött, W., Chancen durch Umweltschutz - mit staatlichen (Finanz-)Hilfen, in: Pieroth, E. u. Wicke, L. (Hrsg.), 1988, a.a.O., S. 229 ff.

[2] Vergl. Strebel, H., Produktgestaltung als umweltpolitisches Instrument der Unternehmung, in: DBW, 38. Jg., 1978, H. 1, S. 76 f.). Strebel unterscheidet neben den o. a. F & E - Bereichen noch die anwendungsorientierte F & E, die eine Verringerung umweltgefährdender Rückstände gewährleisten soll. Dieser Unterteilung wird hier nicht gefolgt, da eine umweltschutzorientierte F & E bereits implizit auf die Vermeidung von Rückständen ausgerichtet ist (vergl. Strebel, H., Rückstand und Rückstandsverwertung in der unternehmerischen Forschung und Entwicklung, in: Seidel, E. u. Strebel, H. (Hrsg.), 1991, a.a.O., 400 f.).

[3] Vergl. zu Beispielen für neue Technologien, die sowohl Produkt- als auch Prozeßänderungen betreffen: Speth, J. G., Das Ergrünen der Technologie, Berlin 1989, S. 8 f.

verbrauch bedeutet.[1] In der Beantwortung dieser Frage setzt sich die Auffassung immer mehr durch, daß durch gezieltes Marketing das Umweltbewußtsein der Gesellschaft zum Vorteil der Wettbewerbsposition des Unternehmens gefördert werden kann.[2] Zur Systematisierung der Aufgabenbereiche des Umweltmanagements innerhalb des Funktionsbereiches Marketing sind in der Literatur eine ganze Anzahl an Grundkonzepten vorhanden.[3] Je nach zugrundeliegender Abgrenzung des Funktionsbereichs Marketing trennen die Autoren in strategisches, umweltschutzorientiertes Marketing, welches weitgehend dem strategischen Umweltmanagement entspricht und deshalb hier nicht näher ausgeführt wird, und in operativ/instrumentelles umweltschutzorientiertes Marketing.[4] Die Betrachtung der Umweltschutzerfordernisse des operativ/instrumentellen Marketings erfolgt anhand der Teilbereiche des Marketing - Mix.[5] Im Einzelnen können sich aus einer Umweltschutzorientierung des Marketing - Mix die folgenden Aufgaben ergeben:

---

[1] Vergl. zur Diskussion der Problematik: Weinhold - Stünzi, H., Marketing und Ökologie, in: Thexis, 5. Jg., 1988, H. 3, S. 1 ff. und folgende Beiträge in diesem Heft: Kriesi, R., Marketing und Ökologie, Mißbrauch oder Förderung der Ökologie? S. 28 ff.; Stara, F., Konfliktpotential Ökologie/Ökonomie - neue Anforderungen an das Marketing, S. 32 ff.; Belz, C., Stillstand eines ökologisch orientierten Marketing? S. 63 ff.; sowie Schönheit, I., Ökologie und Marketing im Meinungsstreit. Ein Tagungsbericht, in: Markenartikel, 50. Jg., 1988, H. 2, S. 70 ff.; Raffee, H. u. a., Marketing und Ökologieorientierung - eine empirische Studie unter Berücksichtigung der Lärmminderung, Mannheim 1988; Raffee, H., Marketing und Umwelt., in: Seidel, E. u. Strebel, H. (Hrsg.), 1991, a.a.O., S. 410 ff.

[2] Vergl. z. B. Wiedmann, K. - P., Marketing für Ökologie als Rahmenkonzept umwelt- und verbraucherpolitischer Institutionen und Verbände, in: Brandt, A. u. a. (Hrsg.), 1988, a.a.O., S. 216 ff.; Krulis - Janda, J., Entwicklung einer Unternehmungspolitik und Marketingstrategie in einem ökologisch sensibilisierten Umfeld, in: Lengwiller, C. (Hrsg.), Ökologie und Umweltschutz - Unternehmen vor neuen Marktchancen, Grüsch, 1989, S. 45 ff.; Deimel, K., Marktchancen durch ökologieorientiertes Marketing, in: WISU 20. Jg., 1991, H. 10, S. 697 ff.; die Grundlage dieser Einschätzung bilden die Arbeiten zum Themengebiet Wettbewerbsvorteile durch Umweltmanagement (vergl. Kap. 2.3 und die dort zitierte Lit.).

[3] Vergl. Ruppen, L., Marketing und Umweltschutz, Fribourg 1978; Hasitschka, W., Ökologisches Marketing, in: Marketing ZFP, 8. Jg., 1984, H. 4, S. 245 ff.; Meffert, H., Bruhn, M., Schubert, F. u. Walther, 1986, a.a.O., S.140 ff.; Meffert, H., Ökologisches Marketing als Antwort der Unternehmen auf aktuelle Problemlagen der Umwelt, in: Brandt, A., u. a. (Hrsg.), 1988, a.a.O., S. 131 ff.; Wehrli, H. P., Marketing und Ökologie, in: Jahrbuch der Absatz- und Verbraucherforschung 1990, H. 4, S. 344 ff.; Meffert, H. u. Ostmeier, H., Umweltschutz und Marketing, Bericht 8/90 des Umweltbundesamt, Berlin 1990, S. 12 ff.; Hopfenbeck, W., 1990, a.a.O., S. 116 ff.; Bruhn, M., Integration des Umweltschutzes in den Funktionsbereich Marketing, in: Steger, U. (Hrsg.), 1992, a.a.O., S. 538 ff.; Diller, H., 1992, a.a.O., S. 1 ff.

[4] Siehe insbesondere die oben zitierten Arbeiten von Meffert u. a. und Bruhn.

[5] Besonders deutlich bei Hopfenbeck, W., 1990, a.a.O., S. 300 ff. und Meffert, H. u. Kirchgeorg, M., 1991, a.a.O., S. 196 ff.

1) Produktpolitik

Sofern vom Absatzmarkt entsprechender Druck auf das Unternehmen ausgeübt wird, können durch umweltschutzgerechte Produktinnovationen bzw. -variationen Produkte angeboten werden, die über ihren gesamten Produktlebenszyklus hinweg umweltverträglicher ausgestaltet sind.[1] Die Aufgabe der umweltschutzorientierten Produktpolitik ist die Herstellung rohstoffschonender und recyclierbarer Produkte, durch deren Konsum die Umweltbelastung verringert wird. Ergänzend kann durch den Kundendienst eine umweltfreundliche Produktnutzung sichergestellt werden.[2]

2) Kommunikationspolitik[3]

Ziel der Kommunikationspolitik ist es, Unternehmen und Produkten eine Identität zu verschaffen, die mit den umweltschutzorientierten Vorstellungen der wirtschaftlich relevanten Öffentlichkeit übereinstimmt. In der aktiven Kommunikation gibt es zum Einsatz des Instrumentariums der Werbung[4], Public Relation[5], Sponso-

---

[1] Siehe zu näheren Ausführungen: Ostmeier, H., Ökologieorientierte Produktinnovationen, Frankfurt a. M., u. a. 1990, S. 7 ff.; Türck, R., Das ökologische Produkt, Berlin 1990, S. 8 ff.; Schmidt, R., Umweltgerechte Innovationen in der chemischen Industrie, Berlin 1991, S. 59 ff.;

[2] Vergl. Meffert, H., Bruhn, M., Schubert, F. u. Walther, 1986, a.a.O., S.140 ff.

[3] Neben der oben bereits angegebenen Literatur siehe zu näheren Ausführungen: Fisk, G., Ökologisch verantwortungsvolles Marketingverhalten, in: Hansen, U. et al. (Hrsg.), Marketing und Verbraucherpolitik, Stuttgart 1982, S. 87 ff.; Fietkau, H. J., Zum Beispiel Umweltschutz: Die Industrie im Netzwerk gesellschaftlicher Werturteile, Disskussionspapier II UG85-19 des Wissenschaftszentrums Berlin für Sozialforschung, Berlin 1985; Lucas, R., Ökologische Effekte der Informations- und Kommunikationstechniken, in: Pfriem, R. (Hrsg.), 1986, a.a.O., S. 171 ff.; Schrader, J., Was wir aus Tschernobyl lernen können! in: Markenartikel, 49. Jg., 1987, H. 3, S. 88 ff.; Schulz, W., Offensive Umweltinformationspolitik der Betriebe, in: Wicke, L. u.Pieroth, E. (Hrsg.), Chancen der Betriebe durch Umweltschutz, Freiburg 1988; S. 306 ff.; Adelt, P. und Sauke, C., Zur Eignung des Markenartikelkonzepts bei der Vermarktung ökologisch relevanter Produkte, in: Markenartikel, 50. Jg., 1988, H. 7, S. 362 ff.; Holzmüller, H. H. und Schuh, A., Skandal-Marketing, in: Frank, H. u. a. (Hrsg.), Umweltdynamik, Wien 1988, S. 17 ff.; Schafhausen, F. J., Chancen durch offensives Umweltmarketing und -information, in: Wicke, L. u. Pieroth, E. (Hrsg.), 1988, a.a.O., S. 269 ff.; Deckers, W., Dioxin - eine Fallstudie zum Umweltmanagement, in: Albach, H. (Hrsg.), 1990, a.a.O., S. 121 ff.; von Grebmer, K., Lernprozesse in der Kommunikation über Umweltfragen, in: Dyllick, T. (Hrsg.), Ökologische Lernprozesse in Unternehmungen, Bern, Stuttgart 1991, S. 151 ff.; Blatter, J., Beispiele kommunikativer Instrumente im kommunalen Umweltschutz, in: difu Materialien, 1/91, Berlin 1991

[4] Siehe zu näheren Ausführungen: Heisig, C., Umweltprobleme - Gift für die Werbung, in: Markenartikel, 49. Jg., 1987, H. 1, S. 8 ff.

[5] Siehe zu näheren Ausführungen: Apitz, K., Konflikte, Krisen, Katastrophen - Präventivmaßnahmen gegen Imageverlust, Wiesbaden 1987

ring[1] und Verkaufsförderung zwei Strategien: Einerseits kann die Kommunikationspolitik darauf gerichtet sein, die Öffentlichkeit für ein Umweltproblem zu sensibilisieren, um Verständnis für die Problemsituation des Unternehmens zu erlangen. Andererseits können eigene Umweltschutzleistungen oder umweltverträglichere Produkteigenschaften zur Verbesserung des Unternehmensimages und zur Steigerung des Absatzes eingesetzt werden.

Die Unsicherheiten über das Umweltbewußtsein und dessen Verhaltensrelevanz ist tendenziell groß. Um das Ziel eines "fit" zwischen den Anforderungen der Umwelt und dem Image von Produkten und Unternehmen zu erreichen, muß die Kommunikationspolitik bei der Informationssuche durch Bereitstellung von Informationen diese Unsicherheit reduzieren.[2]

3) Preispolitik

Die Berücksichtigung des Umweltschutzes in der Preispolitik ist erforderlich, da Umweltschutzmaßnahmen sich in der Kostensituation zum Großteil kostensteigernd niederschlagen. Können diese Kostensteigerungen nicht durch Maßnahmen der Kontrahierungspolitik ausgeglichen werden, wirken sie erlösmindernd. Ein zweiter Grund zur Berücksichtigung des Umweltschutzes ist die veränderte Zahlungsbereitschaft der Konsumenten für umweltverträgliche Produkte. Prinzipiell bieten sich neben einfachen Preisänderungen die Maßnahmen der umweltschutzbezogenen Preisdifferenzierung mit zusätzlichen, prinzipiell funktionsgleichen aber teureren Öko - Produkten oder der Mischkalkulation an, in der Preiserhöhungen bei weniger umweltverträglichen Produkten zum Ausgleich der Kostensteigerung bei Öko - Produkten herangezogen werden.[3] Trotz der hohen Bedeutung der Preispolitik im Marketing - Mix lassen sich in der Literatur kaum kreative Ansätze zur Berücksichtigung des Umweltschutzes finden.[4]

---

[1] Siehe zu näheren Ausführungen: Bruhn, M., Sozio- und Umweltsponsoring: Engagements von Unternehmen für soziale und ökologische Aufgaben, München 1990; Bruhn, M., Chancen und Risiken des Ökosponsoring - Voraussetzungen für eine glaubwürdige Unternehmenskommunikation, in: DBW, 53. Jg., 1993, H. 4, S. 465 ff.

[2] Vergl. Meffert, H., Bruhn, M., Schubert, F. u. Walther, 1986, a.a.O., S.155 ff.

[3] Vergl. Meffert, H., Bruhn, M., Schubert, F. u. Walther, 1986, a.a.O., S.156 f.

[4] Zwar geben die o. a. Autoren auch Hinweise auf Elemente einer umweltschutzbezogenen Preispolitik, nähere Analysen liegen jedoch sowohl in der Literatur zum umweltschutzorientierten Marketing als auch in der Literatur zum Preismanagement (vergl. z. B. Simons Monographie: Simon, H., Preismanage-
(Fortsetzung...)

4) Distributionspolitik

Die Umweltschutzorientierung der Distributionspolitik bezieht sich neben dem oben bereits abgehandelten Teilbereich der Vertriebslogistik (siehe Kap. 3.2.2) auf die Minimierung der Verpackung[1] und die Wahl der Vertriebskanäle. Die Aufgabe der umweltschutzbezogenen Distributionslogistik besteht, je nach dem Ziel der Marketingstrategie, im Aufbau einer ressourcenschonenden Absatzorganisation,[2] die Transportwege verkürzt sowie landschaftszerstörende Maßnahmen vermeidet oder der Auswahl eines beim Verbraucher als besonders umweltbewußt geltenden Vertriebspartners wie beispielsweise den Reformhäusern.[3]

Ziel der Ausführungen dieses Abschnitts 3.2 war es, einen Überblick über die mögliche Betroffenheit einzelner betrieblicher Funktionsbereiche zu geben. Die großen Unterschiede in einzelnen Branchen und Größenordnungen von Unternehmen lassen hier keine detailliertere Betrachtung zu. Dennoch ist der Überblick als idealtypische Aufgabenanalyse des betrieblichen Umweltmanagements notwendig, um die Leistungsfähigkeit der bisherigen Informationsinstrumente und -systeme des Umweltmanagements würdigen zu können und Anhaltspunkte für Verbesserungsvorschläge zu erhalten.

3.3 Organisatorische Eingliederung des Umweltmanagements

Grundsätzlich ist das Thema der Organisation des betrieblichen Umweltschutzes ergiebig genug für eine eigene Dissertation.[4] Hier sollen nur die Grundlagen aufgezeigt und diejenigen Aspekte vertieft werden, die in unmittelbarem Bezug zur Informationsversorgung des Umweltmanagements stehen. Die Beschreibung des Umweltmanagements in seinen Integrationsebenen hat die Vielschichtigkeit seiner

---

[4](...Fortsetzung)
ment, 2. Auflg., Wiesbaden 1992) nicht vor.

[1] Siehe zu näheren Ausführungen: Zikmund, W. G., Abfallrecycling: Ein Distributionsproblem, in: Hansen, U., et al. (Hrsg.), 1982, a.a.O., S. 418 ff.; Boesch, M., Gesamtsystem Vepackung - Grundlagen für optimale integrierte Verpackungsentscheidungen, St. Gallen 1989; Jucker, H. K., Ökologische Grundsätze für die Verpackung, 1990, in: ebenda, S. 227 ff.

[2] Siehe zu näheren Ausführungen: Hansen, U., Ökologisches Marketing im Handel, in: Brandt et al. (Hrsg.), 1988, a.a.O., S. 331 ff.; Hansen, U., Die Rolle des Handels als Gate - Keeper, in: Gottlieb Duttweiler Inst. (Hrsg.), Ökologie im vertikalen Marketing, Zürich 1990, S. 145 ff.;

[3] Vergl. Meffert, H., Bruhn, M., Schubert, F. u. Walther, 1986, a.a.O., S.156 f.

[4] Vergl. folgende Dissertation: Matzel, M., Die Organisation des betrieblichen Umweltschutzes, Berlin 1994

Aufgaben deutlich gemacht. Nähert sich ein Unternehmen bei seiner organisatorischen Eingliederung des betrieblichen Umweltschutzes der gesetzlich vorgeschriebenen Minimallösung, so muß der Betriebsbeauftragte für Umweltschutz folgende umweltschutzrelevanten Aufgabenbereiche überblicken und bewerten können:

1) Beobachtung der umweltpolitischen Entwicklung,
2) Mitwirkung in Gremien zur Vorbereitung umweltrelevanter Normen, Verordnungen, Gesetze,
3) Umweltverträglichkeitsbeurteilung von Produkten, Maschinen/Anlagen und Materialien,
4) Aufstellung von Organisationsrichtlinien zur Schadensvorsorge, Schadensbekämpfung und -behebung, Delegation von Verantwortung,
5) Schulung und Beratung von Mitarbeitern,
6) Überprüfung eines Versicherungsschutzes,
7) Kontrolle der Einhaltung gesetzlicher und interner Auflage,
8) Information der Unternehmensleitung,
9) PR - Maßnahmen,
10) Behördenkontakte bei Genehmigungsverfahren,[1]
11) Beobachtungen der umweltschutzbezogenen Marktveränderungen,
12) Wirtschaftlichkeitsanalysen von Umweltschutzmaßnahmen.

Dies mag in mittelständischen Unternehmen noch möglich sein, in größeren Konzernen stößt die Minimallösung aber schnell auf ihre Grenzen. In Theorie und Praxis sind die Aufgabenstellungen des Umweltschutzes nach verschiedenen Organisationsmustern in der Unternehmensorganisation verteilt worden.[2] Auf die vielfältigen praktischen Ausgestaltungsformen kann hier im Einzelfall nicht eingegangen werden, jedoch sollen die grundsätzlichen Leitlinien der aufbau-

---

[1] Vergl. Dyckhoff, H. u. Jacobs, R., 1994, a.a.O., S. 728

[2] Vergl. zu theoretisch orientierten Übersichten: Thomas, J., Die Organisation des industriellen Umweltschutzes, in: DB, 41. Jg., 1988, H. 43, S. 2161; Frese, E. u. Kloock, J., 1989, a.a.O., S. 19 ff.; Antes, R., 1992, a.a.O., 499 ff.; Matzel, M., 1994, a.a.O., S. 101 ff.; vergl. zu praktischen Beispielen: die verschiedenen Praktikerbeiträge in der zfo, 58. Jg., 1989, H. 2: Essen, U. von, Organisation des Umweltschutzes im Phillips - Konzern, S. 84 ff.; Malle, K. - G., Organisation des Umweltschutzes bei der BASF AG, S. 94 ff.; Repenning, K., Zur Stellung des Betriebsbeauftragten für Umweltschutz in der betrieblichen Organisation. Umweltschutz bei der Deutschen BP AG, S. 118 ff.; Wedding, E. u. Wins, 1991, a.a.O., S. 168 ff.; Hubert, P., Unser Umweltschutz - Programm "Auf 90", Robert Bosch GmbH, ebenda, S. 176 ff.; Schmidt, R., Integrierte Umweltschutzverfahren in der chemischen Industrie, in: zfo, 62. Jg., 1993, H. 2, S. 96 f.

organisatorischen Eingliederung des Umweltmanagements kurz in folgenden Schritten erläutert werden:

1) **Gesetzlich vorgeschriebene Minimalstruktur,**
2) **Funktional - additive Umweltschutzorganisation,**
3) **Integrative Umweltschutzorganisation,**
4) **Zusätzliche Umweltschutzgruppen und Ausschüsse.**

1) Gesetzlich vorgeschriebene Minimalstruktur

Minimale Ausgangslage aller Varianten der Organisation des betrieblichen Umweltschutzes sind die gesetzlichen Verpflichtungen zur Bestellung von Umweltschutzbeauftragten.[1] Nach der momentanen Gesetzeslage müssen betroffene Unternehmen Betriebsbeauftragte für den Gewässerschutz (Wasserhaushaltsgesetz, § 21 a), für den Immissionsschutz (BImSchG, § 53), für die Abfallvermeidung/-verwertung (AbfG, §11a) und zur Regelung von Gefahrguttransporten (Gefahrgurtbeauftragten - Verordnung, GbV) bestellen. Die Betriebsbeauftragten für Umweltschutz haben Kontroll-, Informations- und Innovationsfunktionen. Daneben haben sie, den gesetzlichen Bestimmungen zufolge, Vortragsrecht bei einer entscheidenden Stelle oberhalb des zuständigen Betriebsleiters.[2] Zusätzlich ist bei mehrköpfigen Vorständen, Geschäftsführungen sowie bei mehreren vertretungsberechtigten Gesellschaftern die ausdrückliche Benennung eines "Umweltschutzbevollmächtigten" erforderlich, der die Pflichten des Betreibers genehmigungspflichtiger Anlagen wahrnimmt.[3]

Erkenntnisobjekt soll hier jedoch ein Unternehmen sein, das entsprechend der in Kap. 2 aufgezeigten Notwendigkeiten des betrieblichen Umweltschutzes mit vielfältigen Umweltschutzanforderungen der verschiedenen Interessengruppen konfrontiert wird. Folglich wachsen auch die Anforderungen an die betriebliche Organisation des Umweltschutzes über die gesetzlichen Verpflichtungen hinaus.

---

[1] Vergl. zur rechtlichen Verpflichtung der Bestellung von Umweltschutzbeauftragten: Ullmann, A. A., 1981, a.a.O., S. 994 ff.; Sander, H. P., Der Betriebliche Umweltschutzbeauftragte - Ein Beispiel zum Umweltschutz -, Bundesverband der Deutschen Industrie (Hrsg.), Köln 1992, S. 30 ff.; vergl. zu Ausgestaltungsmöglichkeiten: Seidel, E. , Zur Organisation des betrieblichen Umweltschutzes - Die kommenden Aufgaben gehen über die Einordnung der Betriebsbeauftragten weit hinaus! in: zfo, 59. Jg., 1990b, H. 5, S. 335

[2] Vergl. Ullmann, A. A., 1982, a.a.O., S. 102 ff.; Theisen, A., Betriebliche Umweltschutzbeauftragte - Determinanten ihres Wirkungsgrades, Wiesbaden 1990, S. 4 ff.; Antes, R., Die Organisation des betrieblichen Umweltschutzes, in: Steger , U. (Hrsg.), 1992, a.a.O., S. 499 f.

[3] Vergl. Sander, H. P. , 1992, a.a.O., S. 7

2) Funktional - additive Umweltschutzorganisation

Die am weitesten verbreitete Grundstruktur ist die funktional - additive Umweltschutzorganisation.[1] Diese in Abb. 3.6 abgebildete Grundstruktur entspricht den gesetzlichen Vorgaben, kann aber weit über die verordneten Auflagen hinaus gehen. In dieser Grundstruktur gibt es einen Zentralbereich Umweltschutz, der häufig mit den Bereichen Arbeitsschutz und Arbeitssicherheit zusammengelegt ist. Die Zusammenarbeit zwischen dem zentralen Umweltschutzbereich und den Beauftragten vor Ort, die Innenstruktrierung der Umweltschutzorganisation, kann entweder durch eine Matrixstruktur oder als Stabsfunktion ausgebildet sein.[2] Im Falle der Matrixstruktur haben die einzelnen Betriebsbeauftragten des Zentralbereichs Weisungsbefugnis gegenüber den Beauftragten in den Betriebsstätten. Im Falle der Stabslösung sind sie nur beratend und unterstützend tätig.[3] Welchem Vorstandsressort der Zentralbereich Umweltschutz in der Organisation unterstellt ist, hängt stark von der Branche des Unternehmens ab. In Handelsunternehmen (z. B. dem Otto Versand) und im Bereich der Medien (z. B. bei Gruner & Jahr) ist der Zentralbereich häufig dem Vorstandsressort Kommunikation und Öffentlichkeitsarbeit unterstellt, bei Markenartiklern gehört der Umweltschutzbereich zum Marketingvorstand wohingegen beispielsweise im Bereich der Mineralölindustrie, wie auch in der Abb. 3.6 angenommen, eine Zuordnung zum Vorstandsressort Produktion typisch ist. Hier zeigt sich die unterschiedliche umweltschutzbezogene Betroffenheit der jeweiligen Branchen. Während die erstgenannten Branchen hauptsächlich vom Absatzmarkt her mit Umweltschutzanforderungen konfrontiert werden, ist die Mineralölindustrie hauptsächlich durch gesetzliche Auflagen chemisch/technischer Art betroffen, denen im Bereich der Produktion mit dem entsprechenden Sachverstand begegnet werden kann. Branchenübergreifend ist auch eine Unterstellung unter den Vorstandsvorsitzenden oder den Personalbereich möglich. Der Vorteil dieser Möglichkeiten ist in der umweltschutzbezogenen Neutralität der Instanzen zu sehen.[4]

---

[1] Vergl. Frese, E. u. Kloock, J., 1989, a.a.O., S. 23 ff.; Antes, R., 1992, a.a.O., S. 502 ff.

[2] Vergl. Matzel, M., 1994, a.a.O., S. 135 ff.

[3] Vergl. Frese, E. u. Kloock, J., 1989, a.a.O., S. 24 f.

[4] Vergl. Dyckhoff, H. u. Jacobs, R., Organisation des Umweltschutzes in Industriebetrieben. Ergebnisse einer empirischen Untersuchung, in: ZfB, 64. Jg., H. 6, S. 725 f.

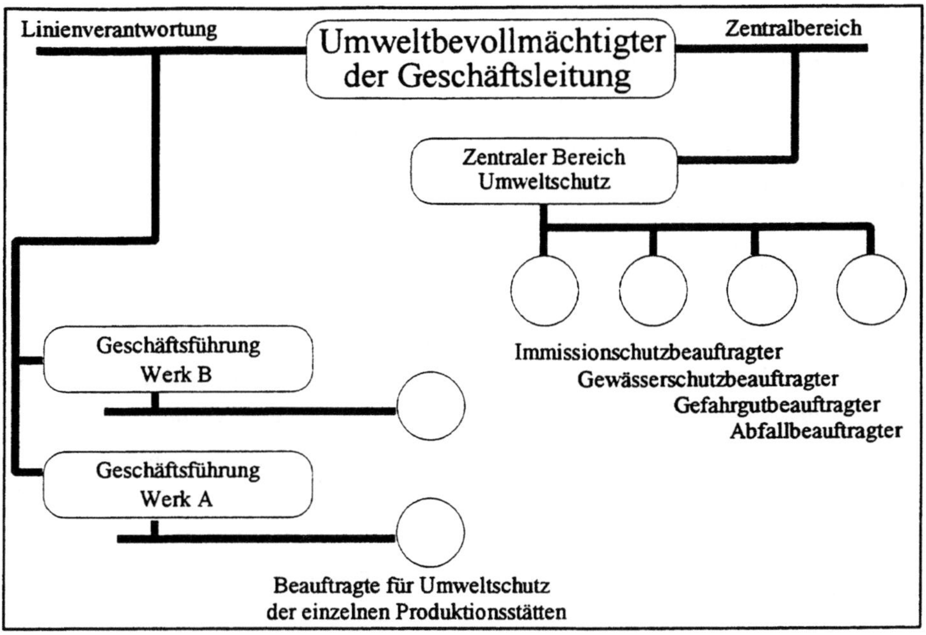

Abb. 3.6: Funktional - additive Umweltschutzorganisation
Quelle: eigene Darstellung

Entsprechend der jeweiligen Einordnung und der persönlichen Qualifikation der Mitarbeiter sind die Aufgaben dieser zentralen Stelle selbst innerhalb einer Branche sehr unterschiedlich. Besonders deutlich wird dies im Bereich der Mineralölindustrie, wo die Konzernbeauftragten für Umweltschutz der einzelnen Unternehmen ihr über die gesetzlich geforderten Funktionen hinausgehendes Aufgabengebiet entsprechend ihrer Berufsausbildung entwickelt haben. Ein Chemiker verwendet beispielsweise einen Großteil seiner Arbeitszeit auf die Prüfung innovativer Rezepturen, wohingegen der Maschinenbauingenieur den Schwerpunkt seiner Arbeit auf die Bearbeitung von Genehmigungsverfahren neuer Anlagen legt. Da die Unternehmen in gleicher Weise von Umweltschutzanforderungen betroffen sind, müssen die jeweils vom Zentralbereich vernachlässigten Aufgaben von den Fachabteilungen übernommen werden. Fraglich bleibt jedoch, ob die unterschiedliche Aufgabenverteilung in den einzelnen Unternehmen zu optimalen Ergebnissen führt.

Betrieblicher Umweltschutz beschränkte sich in der Praxis bisher auf das Durchführen von Maßnahmen durch die speziellen Umweltschutzeinheiten. Diese funktional - additive Umweltschutzorganisation zeichnet sich aufgrund ihrer Einfachheit durch hohe Flexibilität, klare Kompetenzverteilung und geringe Reibungsverluste aus. Ist ein Unternehmen hingegen durch die Interessengruppen, hauptsächlich durch eine verschärfte Gesetzgebung und wachsendem Umweltbewußtsein bei den Konsumenten, einem verstärkten Druck zu erweiterten Umweltschutzaktivitäten ausgesetzt, ist eine funktional additive Umweltschutzorganisation sowohl in qualitativer als auch in quantitativer Hinsicht überfordert. Der Umweltschutz muß dann in die gesamte Organisation integriert werden.[1]

3) Integrative Umweltschutzorganisation

Eine weitergehende Integration des Umweltschutzes in die Unternehmensorganisation ist durch die Matrixorganisation zu erreichen. In der Literatur werden zwei theoretische Möglichkeiten aufgezeigt, den Umweltschutz in einer Matrixform zu berücksichtigen: Umweltschutz als Teil einer Dimension oder Umweltschutz als eigenständige Dimension der Matrix.[2] Wird der Umweltschutz als Teil einer Dimension eingeordnet, tritt die Frage auf, welche Dimensionen die Grundstruktur der Matrix aufweist. Verfolgt man die Einteilung in primäre (F & E, Beschaffung. Produktion, Absatz) und sekundäre Verrichtungen (Logistik, Personal, Controlling), so ließe sich der Umweltschutz als zusätzliche sekundäre Verrichtung auffassen.[3] Zerlegt man den Umweltschutz in die einzelnen Bereiche seiner Innenstrukturierung, so daß diese eine eigenständige Dimension ergeben, folgt daraus das in Abb. 3.7 dargestellte Schema. Den Umweltschutz als eigenständige Dimension aufzufassen würde ihm nach Auffassung von Matzel soviel Bedeutung beimessen, daß diese Form nur theoretischen Charakter besitzt.[4] Dementgegen hält eine ganze Reihe an Autoren diese Organisationsform für gut geeignet, um den betrieblichen Umweltschutz zu organisieren, und messen ihr gegenwärtig und zukünftig praktische Relevanz bei.[5]

Die Matrixorganisation bringt gegenüber der Stab - Linien - Organisation die Nachteile mit sich, daß aufgrund des höheren Abstimmungsbedarfs die Gefahr eines

---

[1] Vergl. Dyckhoff, H. u Jacobs, R., 1994, a.a.O., S. 732

[2] Vergl. Schreiner, M., 1991, a.a.O., S. 304; Adams, H. W. u. Maier, B., 1993, a.a.O., S. 81 f.; Matzel, M., 1994, a.a.O., S. 123 ff.

[3] Vergl. Matzel, M., 1994, a.a.O., S. 123

[4] Vergl. Matzel, M., 1994, a.a.O., S. 125

[5] Vergl. Schreiner, M., 1991, a.a.O., S. 304; Meffert, H. u. Kirchgeorg, M., 1992, a.a.O., S. 281 f.; Adams, H. W. u. Maier, B., 1993, a.a.O., S. 81 f.

Zeitverlustes und die Störanfälligkeit hoch sind. Weil der Umweltschutz von seinen Aufgaben her aber eine betriebliche Querschnittfunktion ist, kann die Matrixorganisation den Anforderungen offensichtlich am besten gerecht werden.

Bislang ist der Umweltschutz in der Matrixorganisation als sekundäre Verrichtung

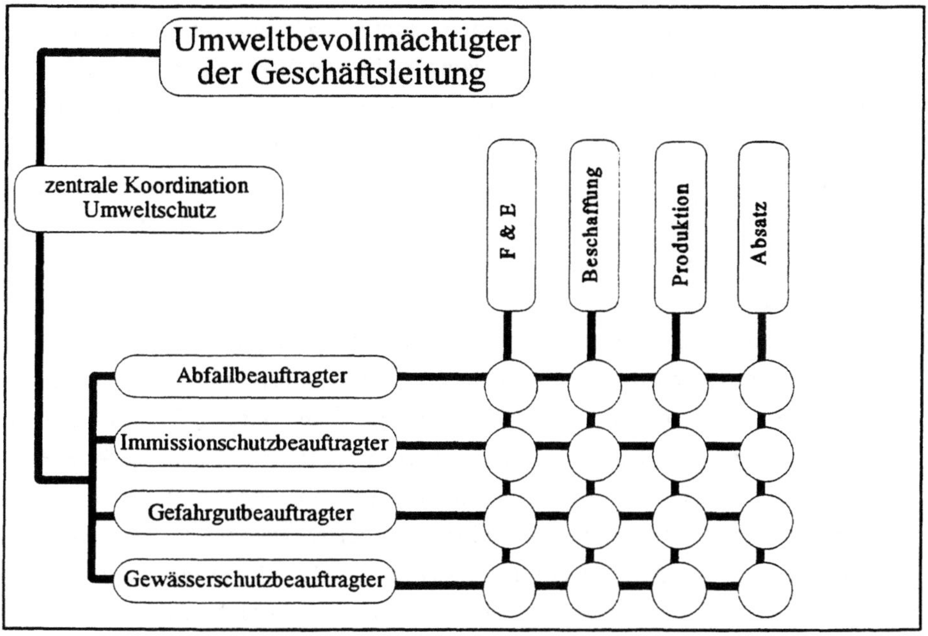

Abb. 3.7: Matrixorganisation des betrieblichen Umweltschutzes
Quelle: eigene Darstellung

aufgefaßt worden, die sich mit den Weisungssystemen der primären Verrichtungen in der Matrix überlagert. Dabei ist aber übersehen worden, daß die Aufgaben des Umweltschutzes große Interdependenzen mit den Aufgabengebieten der übrigen sekundären Verrichtungen aufweisen. Dies sind das ökologische Controlling, die umwelschutzorientierte Logistik und nicht zuletzt das umweltschutzorientierte Informationsmanagement. Um die vielschichtigen Interdependenzen des Umweltschutzes auch in seiner Organisationsstruktur abbilden zu können, muß der Umweltschutz im Falle der Matrixorganisation die Unternehmensorganisation als eigene Dimension überlagern.[1] Das Machtgleichgewicht zwischen den Dimensionen in der Matrix ist entsprechend der umweltschutzbezogenen Betroffenheit einzelner Organisationsbereiche individuell auszugestalten, wobei der Umweltschutz in der Regel den geringeren Einfluß besitzen wird, sodaß man wie Adams/Maier von einem "matrixartigen Zusammenwirken" der Weisungssysteme sprechen kann.[2]

Der praktische Entwicklungsstand von integrativen Organisationslösungen wird unterschiedlich beurteilt. Während Adams/Maier die Entwicklung hin zu einer Integration des Umweltschutzes bereits feststellen können, erkennen Dyckhoff/-Jacobs in ihrer empirischen Studie über die Umweltschutzorganisation in der metallerzeugenden - und verarbeitenden Industrie allenfalls erst eine angedeutete Umorientierung hin zu einer Integration in die einzelnen Fachbereiche. Bislang dominieren funktional - additive Umweltschutzorganisationen.[3]

4) Zusätzliche Umweltschutzgruppen und Ausschüsse

Die beschriebene Grundstruktur wird in vielen Unternehmen bei zeitlich befristeten Umweltschutzinvestitionen durch (a) Projektgruppen[4] und durch (b) Ausschüsse ergänzt. In beiden Fällen handelt es sich im Gegensatz zu den vorher beschriebenen Organisationstypen um multipersonale Institutionen, in denen die Entscheidungen von den beteiligten Mitarbeitern gemeinsam getroffen werden. In den folgenden Ausführungen sollen die umweltschutzspezifischen Konstituierungsmöglichkeiten der Gruppenarbeit diskutiert werden, auf die allgemeinen Fragen des Verhaltens in Gruppen soll hier nicht näher eingegangen werden.[5]

a) Umweltschutzbezogene Projektgruppen

Projektgruppen bearbeiten "... Aufgaben, die durch die Merkmale zeitliche Befristung, Komplexität und relative Neuartigkeit gekennzeichnet sind."[6] Die Projektgruppen besitzen eine besondere Bedeutung in der Umweltschutzorganisation, da

---

[1] Der Umweltschutz kann durchaus eine über die zweite Dimension hinausgehende weitere Dimension sein. Man spricht dann von einer Tensororganisation (vergl. Bleicher, K., Organisation, 2. Auflg., Wiesbaden 1991b, S. 566).

[2] Adams, H. W. u. Maier, B., 1993, a.a.O., S. 82

[3] Vergl. Adams, H. W. u. Maier, B., Die Organisation des Umweltschutzes, in: zfo, 62. Jg., 1993, H. 2, S. 74; Dyckhoff, H u. Jacobs, R., 1994, a.a.O., S. 732

[4] Vergl. Schmidt, R., 1993, a.a.O., S. 96

[5] Vergl. hierzu z. B.: Steinmann, G. u. Schreyögg, G., 1991, a.a.O., S. 455 ff.

[6] Frese, E., Grundlagen der Organisation, Wiesbaden 1987, S. 460 f.

sich Unternehmen derzeit häufig in der Übergangsphase zwischen Ignoranz von Umweltschutzaufgaben und fester organisatorischer Eingliederung befinden.[1] Vor allem bei einer funktional - additiven Umweltschutzorganisation fehlen häufig die erforderlichen Ressourcen und die Fachkenntnisse, um komplexe Umweltschutzprojekte ohne Hilfe aus den Linienbereichen zu planen und abzuwickeln. Steht ein Unternehmen vor ständig wiederkehrenden umweltschutzbezogenen Innovationsaufgaben, kann ein dauerhaftes Planungsteam bestellt werden, das bei akutem Bedarf zusammentritt.[2] Sinnvoll wäre die Einrichtung eines dauerhaften Projektteams beispielsweise dann, wenn ein Unternehmen permanent auf neue gesetzliche Reglementierungen des Produktionsprozesses reagieren muß, deren Konsequenzen auf das Unternehmen von den Teammitgliedern aus den betroffenen Bereichen des Unternehmens zu analysieren sind. Werden die Planungsaufgaben zu komplex, empfiehlt sich die Einrichtung mehrerer Projektteams, die möglichst autonome Teilaufgaben selbständig bearbeiten.

Die Projektteams werden untereinander vermascht durch Personen, die Mitglied in zwei Gruppen sind, so daß die Kommunikation der einzelnen Gruppen untereinander gewährleistet ist.[3] Organisatorische Ergebnisse der Projektorganisation des Umweltschutzes sind neben der Entlastung der bestehenden Umweltschutzorganisation eine Abflachung der hierarchischen Distanz sowie eine verstärkte Kommunikation unter den Mitarbeitern.[4] Aufgrund dieser Ergebnisse in der Kombination mit dem breiten Wissensspektrum von Gruppen bietet die Projektorganisation bei umweltschutzbedingten Innovationsaufgaben einen Vorteil, wohingegen die Übertragung von Kontrollaufgaben aufgrund der Tendenz von Gruppen zu risikoreicheren Entscheidungen als kritisch bewertet wird.[5] Eine dauerhafte Projektgruppe zur Planung und Steuerung von Umweltschutzinnovationen ist beispielsweise bei der Deutschen Aerospace Airbus GmbH unter der Bezeichnung Steuerungsgruppe Umweltschutz Entwicklung (SUSE) eingerichtet worden, die vernetzte Themen wie Produktinnovationen bearbeitet. Die umweltschutzbedingten Kontrollaufgaben sind

---

[1] Vergl. Meffert, H. u. Kirchgeorg, M., 1992, a.a.O., S. 283

[2] Vergl. Schreiner, M., 1991, a.a.O., S. 305

[3] Als grundlegendes Modell der vermaschten Projektteams bietet sich das Teamkonzept von Schnelle an (vergl. Frese, E. 1987, a.a.O., S. 479 f.).

[4] Vergl. Frese, E. 1987, a.a.O., S. 480

[5] Vergl. Matzel, M., 1994, a.a.O., S. 214 f.

fest in der Umweltschutzorganisation zu verankern, weil so eindeutige Verantwortlichkeiten festgelegt und Prüfroutinen gewährleistet werden können.

b) Umweltausschüsse

Neben den zeitlich begrenzt eingerichteten Projektgruppen werden zur Ergänzung der Umweltschutzorganisation ständige Umweltschutzausschüsse vorgeschlagen, deren Mitglieder die Ausschußarbeit neben ihren regulären Tätigkeiten durchführen.[1] Die Ausschußbildung ist von ihren Wesenszügen her, je nach Zusammensetzung und Kompetenzzuweisung, eine auch in der Umweltschutzorganisation sehr vielseitig einsetzbare Organisationsform. Neben der Bewältigung von Umweltschutzaufgaben kommt den Ausschüssen die Aufgabe zu, Umweltschutzmaßnahmen zu koordinieren, den umweltschutzbezogenen Erfahrungsaustausch voranzutreiben und die Sensibilität für umweltschutzspezifische Problemstellungen bei den beteiligten Mitarbeitern zu erhöhen.

Ausschüsse sind ein variables Instrument der funktionsübergreifenden Zusammenarbeit.[2] Die Mitgliedschaft in Ausschüssen kann freiwillig begründet sein oder die Mitglieder werden aufgrund ihrer Position und Fähigkeiten bestellt. Letzteres ist vor allem in Unternehmen mit breit gestreuter umweltschutzbezogener Betroffenheit als Ergänzung zu einer funktional - additiven Umweltschutzorganisation sinnvoll, da in einem Ausschuß die laufenden Umweltschutzmaßnahmen der zentralen und dezentralen Umweltschutzeinheiten auf den verschiedenen hierarchischen Ebenen und über die Ebenen hinweg koordiniert werden können.

Bei der Deutschen Aerospace Airbus GmbH ist beispielsweise unter der Bezeichnung AKU ein Arbeitskreis der Umweltschutzbeauftragten eingerichtet worden, der operative Umweltschutzziele abstimmt und für deren Realisierung und Fortschreibung sorgt. Die Elida Gibbs GmbH hat dementgegen Umweltausschüsse auf drei verschiedenen Hierachiebebenen eingerichtet, deren Koordination von einem Umweltreferenten wahrgenommen wird.

---

[1] Vergl. Seidel, E., 1990b, a.a.O., S. 338; Matzel, M., 1994, a.a.O., S. 128 ff.

[2] Vergl. Frese, E., Organisation des Umweltschutzes, in: Frese, E. (Hrsg.), Handwörterbuch der Organisation, 3. Auflg., Stuttgart 1992, Sp. 2446

Freiwillige Umweltschutzarbeitskreise werden derzeit unter dem Begriff der "Ecology - Circles" diskutiert.[1] Hierbei handelt es sich um eine auf Umweltschutzthemen spezialisierte Form des Qualitätszirkels. Entsprechend den Charakteristika der Qualitätszirkel besitzen auch die Ecology - Circles folgende Eigenschaften:[2]

* die Mitgliedschaft ist freiwillig,
* die Mitglieder stammen aus den unteren Ebenen der Unternehmenshierachie,
* dementsprechend beschäftigen sie sich mit überschaubare Problemstellungen,
* die Themen sind selbstgewählt und auf ihre Arbeit bezogen,
* ein geschulter Moderator führt die Gruppe,
* die Lösung, Präsentation, Umsetzung und Kontrolle erfolgt eigenverantwortlich.

Voraussetzung für den Erfolg von Ecology - Circles sind eine Reihe an flankierenden organisatorischen Maßnahmen, die die unternehmensweite Würdigung und Akzeptanz der Arbeit in den Circles unterstützen. Dies geschieht durch die Einrichtung einer Steuergruppe aus hochrangigen Entscheidungsträgern, die für die Einbindung der Arbeit in die Umweltschutzkonzeption des Unternehmens sorgen. Die Gruppe der Ecology - Circle - Koordinatoren stellt das Bindeglied zwischen Steuergruppe und den Circles dar und leistet organisatorische und fachliche Unterstützung für die einzelnen Teams.[3]

Das vorrangige Ergebnis der Ecology - Circle ist die Motivationswirkung auf die beteiligten Mitarbeiter, sich Umweltschutzthemen zu nähern und die damit verbundene Sensibilisierung für den Umweltschutz sowie die Erhöhung der Arbeitszufriedenheit.[4] In der Regel nachrangige Bedeutung dürften die direkten Verbesserungen der umweltschutzbezogenen Aufgabenerfüllung haben, da die behandelten Probleme eher unbedeutend sind.

---

[1] Vergl. Seidel, E., 1990, a.a.O., S. 338; Matzel, M., 1994, a.a.O., S. 218 ff.

[2] Vergl. Hutchins, D., Quality Circles Handbook, London 1985, S. 31 ff.; Zink, K. J. u. Schick, G., Qualitiy Circles 1, 2. Auflg., München, Wien1987, S. 43 ff., Matzel, M., 1994, a.a.O., S. 216

[3] Vergl. Zink, K u. Schick, G., 1987, a.a.O., S.. 48 ff.

[4] Vergl. Hopfenbeck, W., Allgemeine Betriebswirtschafts- und Managementlehre, 3. Auflg., 1991, Landsberg, S. 256

Insgesamt ist die praktische Relevanz von Projektgruppen und Ausschüssen als Elemente der Umweltschutzorganisation als hoch einzustufen.[1] Die Gründe für diese zahlreich institutionaliserten Umweltschutzgremien liegen zum einen in ihrer Leistungsfähigkeit in Bezug auf die Bewältigung neuartiger Umweltschutzprobleme begründet. Zum anderen tragen diese Gremien zur Verstärkung des umweltschutzbezogenen Problembewußtseins und zur Erhöhung der Arbeitszufriedenheit bei.

Betrachtet man die organisatorischen Eingliederungsmöglichkeiten des betrieblichen Umweltschutzes im Vergleich, so ist auffällig, daß in der funktional - additiven und der integrativen Umweltschutzorganisation die betriebswirtschaftlichen Organisationseinheiten in den Organissationskonzepten nicht berücksichtigt werden. Sie werden am betrieblichen Umweltschutz demzufolge höchstens in Arbeitsgruppen beteiligt sein. Dieses Ergebnis ist Ausdruck der Auffassung, daß im Umweltschutz derzeit vorrangig kein betriebswirtschaftliches Thema gesehen wird, sondern ein naturwissenschaftliches. Dementgegen ist in den bisherigen Ausführungen dieser Arbeit die betriebswirtschaftliche Betroffenheit durch Umweltschutzthemen verdeutlicht worden. Wie über den Weg der Integration von Umweltschutzinformationen in das betriebliche Informationssystem auch betriebswirtschaftliche Organisationseinheiten adäquat in das betriebliche Umweltmanagement eingebunden werden, ist Gegenstand des Kap. 8.3.

---

[1] Vergl. Umweltbundesamt (Hrsg.), 1991, a.a.O., S. 299 ff.

3.4 Zusammenfassung der wichtigsten Ergebnisse

Wie im Kap. 2 deutlich wurde, ist das Ziel der betrieblichen Umweltinformationssysteme eine an den Unternehmenszielen orientierte Informationsversorgung des Umweltmanagements. Das Ziel richtet sich dabei nicht nur auf die Planungs- und Entscheidungsunterstützung im engeren Sinne sondern auch auf die Gewährleistung der Willensdurchsetzung der Planungsträger und leistet ihnen Kontrollunterstützung. Zusammenfassend lassen sich die Anforderungen eines betrieblichen Umweltinformationssystems zur Erreichung dieses Ziels folgendermaßen systematisieren:

GRUNDAUFGABEN

1) Integration

a) Interdisziplinäre Kommunikation und Informationsverarbeitung

b) Tiefgreifende Integration in das betriebliche Informationssystem

c) Unterstützung der Kontrollfunktion des Umweltmanagement

d) Integration des Umweltschutzes in die Unternehmensorganisation

2) Reduktion der Dynamik und Komplexität

Bedarfsgerechte Aufbereitung der umweltschutzbezogenen Informationen

3) Schaffung von Kommunikationsschnittstellen zwischen dem Unternehmen und seiner wirtschaftlichen Umwelt

4) Dokumentation der Umweltschutzleistungen des Unternehmens zur Rechenschaftslegung

Neben den bereits am Ende des Abschnitts 3.1 festgehaltenen Grundaufgaben 1) Integration und 2) Reduktion ergibt sich aus der Betrachtung der funktionsweisen Betrachtung des betrieblichen Umweltmanagements die Aufgabe der Schaffung von

Kommunikationsschnittstellen insbesondere zum Staat, den Konsumenten, den Kapitalgebern und den Lieferanten. Die Schnittstellen sind so auszugestalten, daß die Informationsansprüche der Umwelt über Umweltschutzaktivitäten des Unternehmens erfüllt werden, ohne daß sich das Unternehmen durch die Preisgabe von Betriebsgeheimnissen wirtschaftlichen Schaden zufügt. Um die Informationsansprüche auch inhaltlich erfüllen zu können, muß ein Umweltinformationssystem zunächst die Aufgabe der Dokumentation der Umweltschutzleistungen übernehmen. Schließlich verdeutlicht die Betrachtung der bisherigen Umweltschutzorganisation die wachsende Notwendigkeit einer Integration von Umweltschutzaufgaben in die Unternehmensorganisation. Diese Integration ist von einem Umweltinformationssystem durch eine verbesserte Information und Kommunikation zwischen den Organisationseinheiten zu ermöglichen.

4 Zur Charakteristik umweltschutzorientierter Informationen

Bevor wir uns mit den konkreten Problemen der Informationsversorgung des Umweltmanagements befassen wollen, ist zunächst der Begriff "Information" näher zu erläutern (Kap. 4.1). Die allgemeinen Charakteristika des Informationsbegriffs lassen sich auf die umweltschutzorientierte Information übertragen (Kap. 4.2), so daß sich aus ihnen Anhaltspunkte für die Beurteilung und Planung von Umweltinformationssystemen ergeben.

4.1 Zum Begriff der Information im Rahmen der Unternehmensführung

4.1.1 Definition

Das Lateinische Wort informatio bedeutet zugleich **Gestaltung und Bildung.** Gestaltung oder Bildung werden im Zusammenhang mit Information jedoch erst erreicht, wenn Daten[1] in Bezug zueinander gebracht werden. Informationen bestehen aus Daten, die durch die Kenntnis ihrer Beziehungen zueinander an Aussagekraft gewinnen. Deutlicher wird dieser Zusammenhang bei Betrachtung der Abb. 4.1.[2] Auf der Grundlage der sprachtheoretischen Ebenen wird eine Systematisierung der verschiedenen Definitionen des Informations - Begriffes ermöglicht.[3] Der inhaltliche Schwerpunkt des Begriffes "Information" liegt für die Betriebswirtschaftslehre auf der Ebene der **Pragmatik**, wo vor allem die Wirkungen von Informationen im Arbeitsprozeß untersucht werden. Ergebnissen der Sozialpsychologie folgend haben Informationen auf der **pragmatischen Ebene** eine kognitive

---

[1] Die Begriffsbestimmung von Daten und deren definitorische Abgrenzung zu Informationen ist umstritten. Besonders in der älteren Literatur wird entgegen der hier vertretenen Auffassung nicht zwischen Informationen und Daten unterschieden. So verwendet Wacker die Begriffe synonym, wobei er jedoch darauf hinweist, daß dem Begriff "Daten" ein eher quantitativer Aspekt zugeordnet wird (vergl. Wacker, W. H., Betriebswirtschaftliche Informationstheorie, Opladen 1971, S. 39). "Mit dem aus der Technik der maschinellen Datenverarbeitung herkommenden Begriff ("Daten") wird im allgemeinen das Merkmal der unmittelbaren maschinellen Verarbeitungsfähigkeit von Daten, ohne zusätzliche Umsetz- und Codierungsprozesse verbunden (vergl. Schulz, A., Gedanken zu einer Informationsbetriebslehre, in: ZfB, 40. Jg., 1970, H. 2, S. 97).

[2] Vergl. Pfestorf, J., Kriterien für die Bewertung betriebswirtschaftlicher Informationen, Berlin 1974, S. 11 ff.

[3] Einen anderen Weg der Systematisierung (und einen guten Überblick über die Literatur vor 1970) gibt Wacker vor, der die Entwicklungsrichtung der Forschung im Bereich Information anhand der folgenden Schwerpunkte systematisiert: Integrale informationsökonomische (entscheidungs- und systemorientierte) Konzeptionen, informations- und kommunikations - analytische Ansätze, informationstechnologische Akzente und zentrale sozioökonomischer Ansätze (Wacker, W., 1971, a.a.O., S. 66 ff.).

und eine überwiegend motivationale Komponente. Die kognitive Komponente beschreibt den Aussagegehalt, während die motivationale Komponente[1] die Bewertung und die Wichtigkeit der Information entsprechend der Werthaltung des Empfängers zum Ausdruck bringt.[2] Auf der **semantischen Ebene** wird in Form von Daten[3] den Zeichen ein Begriffsinhalt zugewiesen. Gegenstand der **syntaktischen Ebene** ist die nachrichtentechnische Behandlung von Daten wie z. B. ihre Codierung oder physikalische Speicherung.[4] Daten dienen der Reduktion von Ungewißheit.[5] Da die menschlichen wie auch technischen Datenverarbeitungskapazitäten knapp sind, entsteht ein Engpaß, den es wirtschaftlich zu bewältigen gilt. Als Selektionskriterium wird die Zweckorientierung vorgeschlagen. Wie aus der Abb. 4.1 zu entnehmen ist, entstehen Informationen aus Daten oder Nachrichten[6] durch Kombination mit einer Zweckorientierung. Information dient dem Zweck, die Handlung des Empfängers der Information zu beeinflussen.[7] Würde man auf diese definitorische Eingrenzung verzichten, wäre der Begriffsinhalt "Information" mit dem allgemeinen Weltwissen gleichzusetzen und die Definition belanglos.[8] Der Kern der betriebswirt-

---

[1] Zum Begriff Motivation: ""Motivation" ist ein hypothetisches Konstrukt, mit dem man die Antriebe ("Ursachen") des Verhaltens erklären will" (Kroeber - Riel, W., Konsumentenverhalten, 5. Auflg., München 1992, S. 135). Vergl. zur Motivationsforschung: ebenda, S. 135 ff; ebenso: Bänsch, A., 1989, a.a.O., S. 17 ff.

[2] Nach neuerer Auffassung in der Motivationsforschung sind Motive im Rahmen von kognitiven Prozessen erlernt, so daß die Trennung in motivationale und kognitive Komponenten nur noch tendenziellen Bestand hat (vergl. neben o. a. Quellen zur Motivforschung insb.: Wiswede, G., Motivation und Verbraucherverhalten, München, Basel, 2. Auflg., 1973, S. 66 ff.).

[3] Daten Definiert Ott als "... Symbole (Zeichen, Zahlen, Buchstaben etc.), mit denen relevante Eigenschaften von Dingen, Lebewesen bzw. Sachverhalten der Welt (...) beschrieben werden"(Ott, H. J., Informationsmanagement, in: WISU, 21. Jg., 1992, H. 6, S. 477 f.).

[4] Vergl. Wacker, W. H.,1971, a.a.O., S. 37 f.; ebenso Rüttler, M., Information als strategischer Erfolgsfaktor, Berlin 1991, S. 27 ff.

[5] Vergl. Cappuro, R., 1987, a.a.O., S. 110

[6] Eine Verwendung des Begriffes "Nachricht" ist in der Betriebswirtschaftslehre im allgemeinen und insbesondere für diese Arbeit nicht erforderlich. Der Terminus ist von der Nachrichtentechnik und der mathematischen Informations- und Kommunikationstheorie belegt.

[7] Vergl. Pfestorf, J. 1974, a.a.O., S. 9 f.; Ott, H. J., 1992, a.a.O., S. 477; Wild bezeichnet Informationen nicht als per se zweckbezogen, vielmehr bedarf es einer zweckbezogenen Verwendung der Information (Wild, J., Zur Problematik der Nutzenbewertung von Informationen, in: ZfB, 41. Jg., 1971, H. 5, S. 317).

[8] Vergl. Wacker, W. H., 1971, a.a.O., S.38 f.

schaftlichen Definition des Begriffes "Information" als zweckorientiertes Wissen[1] (siehe auch Tab. 4.1) erfährt jedoch eine zunehmend kritische Betrachtung:

1) Es bedarf einer genauen Abgrenzung des Begriffes **Wissen**. Insbesondere die in letzter Zeit ausführlich geführte Diskussion um die Künstliche Intelligenz bzw. wissensbasierte Systeme macht recht kontroverse Begriffsauffassungen deutlich, so daß eine Verlagerung des Definitionsproblems erfolgt.[2]

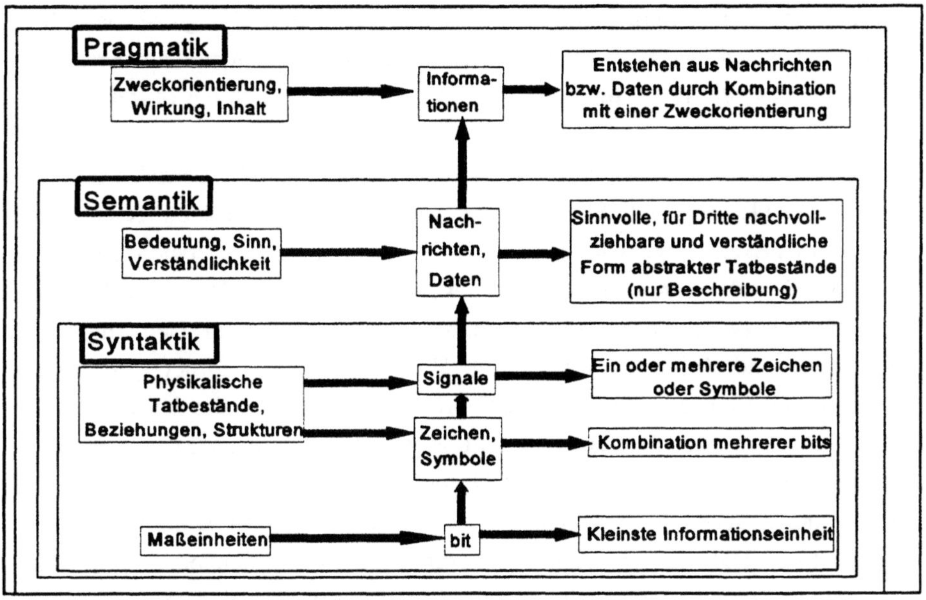

Abb. 4.1: Der Begriff Information auf den Ebenen der Sprachtheorie
Quelle: Rüttler, M., 1991, a.a.O., S. 28

-

[1] Vergl. Wittmann, W., Unternehmung und unvollkommene Information, Köln 1959, S. 14; ebenso die folgenden Autoren: Wacker, W. H., 1971, a.a.O., S. 38; Picot, A. u. Franck, E., 1988, a.a.O., S. 544; Rüttler, M., 1989, a.a.O., S. 29

[2] Vergl. zum Begriff Wissen in der Diskussion um wissensbasierte Systeme: Jarke, M., Wissensbasierte Unterstützung verteilter Entscheidungen und Modellierungsprozesse, in: SzU, Bd. 40, Wiesbaden 1989, S. 30 ff.

2) Der Terminus **zweckorientiert**[1] assoziiert eine Mittel - Zweck - Beziehung[2], die in Wirklichkeit gar nicht vorliegen muß. Insbesondere in den St. Galler Bestrebungen zur Konzeption einer integrierten Managementphilosophie wird eine Abkehr der Betriebswirtschaftslehre vom Mittel - Zweck - Denken hin zu einem System- bzw. vernetzten Denken propagiert, in dem die Wahl eines Mittels nicht nur zur Zweckerreichung, sondern auch in ihren Wechselwirkungen auf andere Entscheidungssituationen[3] untersucht wird.[4] In den Kap. 2 und 3 haben wir gesehen, daß gerade im Umweltmanagement die Analyse der Wirkung von Handlungen auf das Ganze und nicht nur in **einer einzigen** Mittel - Zweck - Beziehung erforderlich ist, sondern die Beachtung der Abhängigkeiten jeweils mehrerer Mittel zur Erreichung eines Zweckes oder die Erreichung mehrerer "Zwecke" durch ein Mittel.

3) Der Begriff zweckorientiert ist vor dem Hintergrund des betrieblichen Zielsystems **tautologisch**: Zur Entscheidung, welche Information zur Erreichung des jeweiligen Unterziels zweckorientiert ist, muß der gesamte Hierarchiebaum an Ziel - Mittel - Beziehungen nach oben hin abgearbeitet werden.[5] Welche Information letztendlich als zweckorientiert einzustufen ist, wird durch die der Zielformulierung zugrundeliegende Information bestimmt. Um die Tautologie in der Definition zu umgehen, wird entsprechend der Ausführungen des Kap. 2 die Information des Unternehmens in zwei Bereiche unterteilt: einerseits die Information, die nötig ist, das Zielsystem des Unternehmens auf Grundlage der Interessengruppen zu formulieren, andererseits die Information, die erforderlich ist, um die Unternehmensziele zu erreichen.[6] Die obersten Ziele im Hierarchiebaum sind dennoch häufig unklar oder unvollständig formuliert, so daß die Zweck - Mittel - Hierarchie selten eine

---

[1] Bei näherer Betrachtung wird der Begriff zweckorientiert außerdem in diesem Zusammenhang nicht hinreichend erklärt (vergl.. Kirsch, W., Entscheidungsprozesse 2. Bd., Wiesbaden 1971, S. 79).

[2] Siehe z. B.: "Maßstab (für den Wert von Informationen) ist...die...Zielsetzung und der damit in Verbindung stehende Informationszweck"(Werner, L., Entscheidungsunterstützungssysteme, Heidelberg 1992, S. 7).

[3] Den besonders engen Zusammenhang von Information und Entscheidung aufgrund der sachlichen Bedingtheit verdeutlicht: Mag, W., 1977, a.a.O., S. 4 f.

[4] Vergl. Ulrich, H. u. Krieg, W., St. Galler Management - Modell, 3. Auflg., Bern, Stuttgart 1974, S. 11 f.

[5] Vergl. Simon, H. A., Entscheidungsverhalten in Organisationen: Eine Untersuchung von Entscheidungsprozessen in Management und Verwaltung, 3. Auflg., Landsberg, 1981, S. 100

[6] Vergl. auch Abb. 4.2

vollständig integrierte Kette ist, um die Konsequenzen von Maßnahmen beurteilen zu können.

Diese wenig operationale Auffassung des Informationsbegriffes nährt die Einschätzung von Kirsch, nach der "Information" ein nicht zu definierender Begriff sei.[1] Hier soll dementsprechend nicht der Versuch unternommen werden, den zahlreichen Definitionsversuchen einen weiteren hinzuzufügen, sondern lediglich Charakteristika von Informationen zu verdeutlichen.[2]

Informationen sind in ihrer Bedeutung, ihrem Wert für den Empfänger und damit auch in ihrem Entstehen subjektiv. Ihr **Wert** hängt vom Vorwissen und den situativen Gegebenheiten ab.[3] Information ist kein freies Gut, die **Kosten** sind jedoch prinzipiell bestimmbar und hängen von der Informationsbeschaffung, - Produktion, - Nutzung und - Weiterleitung ab.[4] Information aus betriebswirtschaftlicher Sicht ist also immer kontextabhängig und wird deshalb als subjektiver Faktor bezeichnet.[5] Dementgegen steht eine objektivistische Auslegung des Informationsbegriffes, nach der Informationen unabhängig von potentiellen Nutzern generiert werden.[6] Vor dem Hintergrund der vorliegenden Arbeit erscheint keine der in Tab. 4.1 aufgeführten Definitionen als Ganzes geeignet. Grundlage des hier vertretenen Begriffsverständnisses bildet die eher als Begriffs - Charakterisierung denn als Definition zu verstehende Auffassung von Rüttler[7], in die die Definitionen von Picot[8], Lenk[9] und

---

[1] Kirsch, W., 1971, a.a.O, S. 79

[2] Siehe hierzu auch die recht ausführliche Übersicht bei Picot, A. u. Franck, E., 1984, a.a.O., S. 545

[3] Was nützt etwa eine Gebrauchsanleitung für ein technisches Gerät, wenn mir die verwendeten Fachbegriffe unbekannt sind oder das Gerät nicht zur Verfügung steht?

[4] Vergl. Picot, A.und Franck, E., 1988, a.a.O., S. 545. Picot und Franck geben hier eine gute Übersicht über die Charakteristika von Informationen.

[5] Vergl. zur subjektivistischen Auslegung auch die letzten drei Definition aus der Tab. 4.1.

[6] Vergl. zur subjektivistischen vs objektivistischen Auslegung des Informations - Begriffes: Werner, L., 1992, a.a.O., S. 8 f.

[7] Rüttler, M., 1991, a.a.O., S. 31

[8] Picot, A., 1991, a.a.O., S. 93

[9] Lenk, K., Querschnittsaufgabe Informationsmanagement, in: Online, 15. Jg., 1985, H. 6, S. 59

Szyperski[1] in ihren wesentlichen Bestandteilen eingehen. Die Definition von Ott[2] betont darüber hinaus den Neuigkeitsgrad von Informationen für ihren Empfänger. Heinrich/Burgholzer[3] machen besonders auf die doppelte Bedeutung von Information als Kenntnis über **Zustände und Vorgänge** aufmerksam. Aus der Definition von Klutmann[4] wird die auch für diese Arbeit sinnvolle Unterscheidung zwischen **unternehmensinterner und -externer** Information übernommen.

Autor:	**Hintergrund:**	**Definition/Charakterisierung:**
(1) Ott 1992	Betriebswirtschaftslehre	Informationen sind Nachrichten (bestehend aus einer Verknüpfung von Daten), die für den Empfänger neu sind und einen bestimmten Wert haben.
(2) Picot 1991 (in Anlehnung an Wittmann 1959)	Betriebswirtschaftslehre	Information in der Betriebswirtschaftslehre ist zweckorientiertes Wissen.
(3) Heinrich 1992	Wirtschaftsinformatik	Information ist handlungsbestimmende Kenntnis über historische, gegenwärtige und zukünftige Zustände der Realität und Vorgänge in der Realität.
(4) Lenk 1985	Informationsmanagement in der öffentlichen Verwaltung	Information... ist die Teilmenge des Wissens, die innerhalb einer Organisation für einen Handlungsträger in einer problematischen Situation neu und relevant ist.

[1] Szyperski, N., Informationsbedarf, in: Grochla, E. (Hrsg.), Handwörterbuch der Organisation (HWO), 2. Auflg., Stuttgart 1980, S. 904

[2] Ott, H. J., 1992, a.a.O., S. 477

[3] Heinrich, L. J., 1992, a.a.O., S. 7

[4] Klutmann, L., Integration eines strategischen Informations-. und Kommunikationsmanagements in alternativen Organisationsformen, Frankfurt, Berlin, u. a. 1992, S. 12

Autor:	Hintergrund:	Definition/Charakterisierung:
(5) Rüttler 1991	strategische Betrachtungsebene	Information ist auf der pragmatischen Ebene der Semiotik angesiedelt. Was Information ist, kann nur vor dem Hintergrund einer bestimmten Zweckorientierung beurteilt werden. Information ist umfassend auf jede Art von Nachricht und Datum bezogen, die aus Signalen, Zeichen und Symbolen besteht und der Bedeutung zugeschrieben werden kann. Information enthält eine subjektiv-individuelle Komponente, die nur einer individuellen Beurteilung zugänglich ist sowie eine intersubjektive Komponente, die im Konsens, zum Beispiel durch eine Gruppe von Personen oder eine Person beurteilt werden muß. Information ist handlungsorientiert, da sie den verhaltensbeeinflussenden Charakter hervorhebt, und zwar auch dann, wenn bisherige Verhaltensweisen durch neue Informationen lediglich bestätigt werden. Information ist system- und prozeßorientiert, indem sie die effektive Verknüpfung betrieblicher Teilbereiche und Aktivitäten betont, die eine Arbeitsteilung im Unternehmen erst ermöglichen.
(6) Szyperski 1980	Betriebswirtschaftslehre	Informationen sollen als Aussagen verstanden werden, die den Erkenntnis- bzw. Wissensstand eines Subjektes (Informationssubjekt oder Informationsbenüzter) über ein Objekt (Informationsgegenstand) in einer gegebenen Situation und Umwelt (Informationskontext) zur Erfüllung einer Aufgabe (Informationszweck) verbessern.
(7) Klutmann 1992	Betriebswirtschaftslehre, Organisation des Informationsmanagement	Informationen sind unternehmensinterne und -externe Nachrichten, die den Wissensstand eines Wirtschaftssubjektes über einen Informationsgegenstand in einer gegebenen betrieblichen Situation dergestalt erhöhen bzw. verbessern, daß eine Entschlußfassung hinsichtlich der Betriebsführung ermöglicht wird.

Tabelle 4.1: Ausgewählte Definitionen des Begriffes Information
Quelle: selbsterstellte Übersicht

4.1.2 Die Entstehung von Information nach dem Informations - Lebenszykluskonzept

Einen guten Einblick in das Entstehen von Informationen aus der Menge von Daten gibt das Information "Life Cycle" Modell von Levitan (siehe Abb. 4.2[1]), in dem verschiedene "Produktionsstufen" der Informationserstellung unterschieden werden.[2] Die Konzeption dient als Grundlage für die Planung eines integrierten Umweltinformationssystems (Kap. 9) in dieser Arbeit.

Zunächst werden unternehmensinterne und -externe Informationen aus der

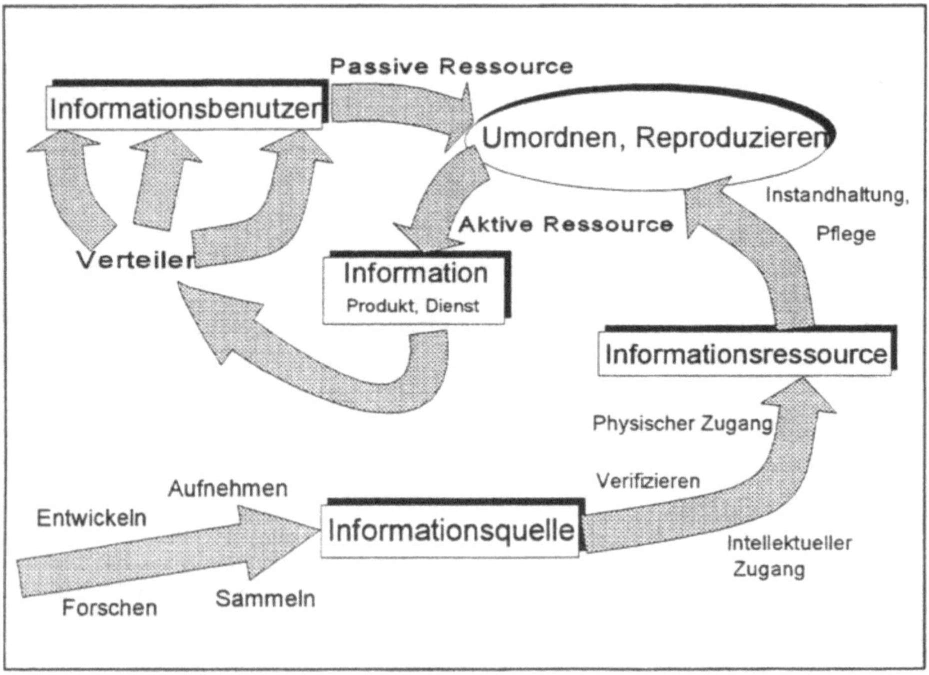

Abb. 4.2: Lebenszyklusmodell für die Produktion von Informationen
Quelle: Picot, A. u. Reichwald, R., 1991, a.a.O., S. 283

Datengesamtheit herausgefiltert. Es entstehen Informationsquellen, die durch

---

[1] Auf der Grundlage des Modells von Levitan (Levitan, K. B., Information Ressources as "Goods" in the Life Cycle of Information Production, in: Journal of the American Society for Information Science, 33. Jg., 1982, S. 48) wurden von Picot/Reichwald einige Abänderungen vorgenommen, durch die die Abb. gegenüber dem Original aussagekräftiger wird.

[2] Vergl. Levitan, K. B., 1982, a.a.O., S. 44 ff.

Verifizieren und durch Hinzufügen von Mechanismen für den physischen sowie logischen Zugang zu Informationsressourcen werden.[1] Informationsressourcen können auf zwei Wegen den Informationsbedarf beim Benutzer decken. Einerseits gehen Informationen in Produkte und Dienstleistungen ein, die an die Benutzer weiterverbreitet werden (aktiver Zustand), andererseits stehen sie dem suchenden Benutzer zur Verfügung (passiver Zustand).[2] Es wird bereits deutlich, daß Informationen sowohl als Produkte als auch als Ressource den Produktionsprozeß des Unternehmens beeinflussen.[3] Zu den Wechselbeziehungen von Information und Unternehmensführung im folgenden mehr.

4.1.3 Information und Unternehmensführung

Der Zusammenhang von Information und Betriebswirtschaftslehre ist elementar: Ohne Informationsvorsprung vor anderen Wirtschaftssubjekten in Form von wirtschaftlich nutzbaren Ideen ist unternehmerischer Erfolg undenkbar. "Unternehmerische Ideen sind also nichts anderes, als ein kreativer Brückenschlag zwischen zwei Informationssphären, nämlich zwischen den Informationen über auf Beschaffungsmärkten verfügbaren Ressourcen ... und den Informationen über Probleme und Zahlungsbereitschaft von potentiellen Kunden auf Absatzmärkten. Die Idee besteht im Erkennen einer problemgerechten und zugleich überlegenen Kombination der Ressourcen..."[4]. Aus dieser Erkenntnis heraus wird Information auch als die unternehmerische Ressource schlechthin bezeichnet,[5] da nicht nur die Ideen - Generierung, sondern sowohl deren Umsetzung innerhalb der Unternehmensstrategie als auch im operativen Bereich in höchstem Maße informationsintensive Tätigkeiten sind.[6]

---

[1] Dabei sind gesetzliche, organisatorische und ökonomische Bedingungen zu berücksichtigen (Vergl. Picot, A. u. Reichwald, R., 1991, a.a.O., S. 282).

[2] Vergl. zur Teilung in aktive und passive Informationsressourcen: Picot, A. u. Reichwald, R., 1991, a.a.O., S. 283 f.

[3] Vergl. Klutmann, L. 1992, a.a.O., S. 31 f.

[4] Picot, A. u. Franck, E., 1988, a.a.O., S. 544

[5] Vergl. z. B. Schwarze, J., Betriebswirtschaftliche Aufgaben und Bedeutung des Informationsmanagements, in: Wirtschaftsinformatik, 32. Jg., 1990, H. 2, S. 105

[6] Vergl. Schwarze, J., 1990, a.a.O., S. 544

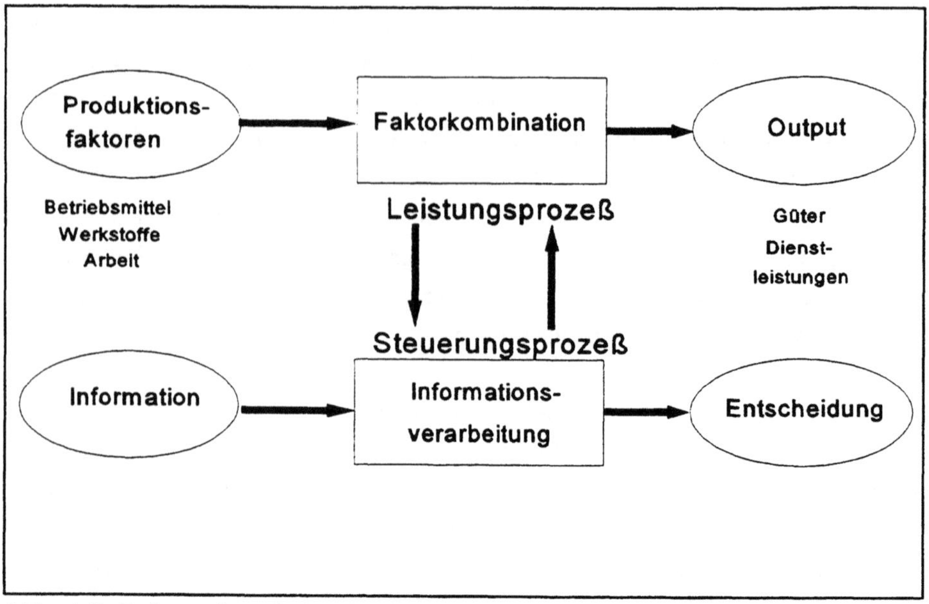

Abb. 4.3: Information als Produktionsfaktor
Quelle: Schüler, W., 1989, a.a.O. S. 183

In der Literatur wird Information auch als vierter **Produktionsfaktor**[1] bezeichnet. Demgegenüber wird eingewendet, daß das betriebswirtschaftliche Faktorsystem nach Gutenberg bereits zwischen elementarer (objektbezogener) und dispositiver Arbeit unterscheidet. Jeder Leistungsprozeß wird bei der Faktorkombination von einem Steuerungsprozeß überlagert (siehe Abb. 4.3), der die Transformation des Rohstoffes Information in Entscheidungen als Bestandteil der Informationsverarbeitung leistet. Darüber hinaus ist ein Substitutionseffekt zwischen den beiden Prozessen denkbar, der den Wert des Faktors Information deutlich werden läßt.[2] Gutenberg selbst sieht das betriebliche Interesse an Informationen in ihrem Bestandteil von Entscheidungen begründet.[3] Der "Faktor" Information wäre dementsprechend im dispositiven Teil des Faktors Arbeit enthalten. Daneben haben Infor-

[1] Vergl. Schulz, A., 1970, a.a.O., S. 98

[2] Vergl. Schüler, W., 1989, Informationsmanagement: Gegenstand und organisatorische Konsequenzen, in: Spremann, K. u. Zur, E. (Hrsg.), Informationstechnologie und strategische Führung, Wiesbaden 1989, S. 181 ff.

[3] Vergl. Gutenberg, E., Grundlagen der Betriebswirtschaftslehre, Bd. I, Die Produktion, 24. Auflg., Berlin, Heidelberg, New York, 1983, S. 267 ff.

mationen aber auch mit zunehmender Komplexität der Produkte und deren Erstellungsprozesse im elementaren Bereich an betrieblicher Bedeutung gewonnen. Z. B. muß ein Sachbearbeiter den Preis eines Produktes kennen, um überhaupt etwas verkaufen zu können. Die Effizienz betrieblicher Abläufe kann jedoch gesteigert werden, wenn der Sachbearbeiter darüber hinaus über die persönlichen Vorlieben des Kunden informiert ist.

Von der beschriebenen operativen Bedeutung der Informationen unterscheidet sich ihre strategische Bedeutung, die insbesondere in den Auswirkungen auf die Wettbewerbsfähigkeit des Unternehmens besteht.[1] Die "Profanisierung" der elektronischen Datenverarbeitung, d. h. die Zunahmen der Leistungsfähigkeit bei gleichzeitiger Senkung der Preise für Informationstechnologie, verursacht neue Marktchancen und -risiken, die in vielen Branchen zu einer starken Verschiebung der Wettbewerbsstrukturen führen.[2] Die Wettbewerbsvorteile durch aktives Umweltmanagement sind aufgrund der Informationsintensität des Umweltschutzes in Verbindung mit der Nutzung der Chancen, die sich aus der Entwicklung der Informations- und Kommunikationstechnlogie ergeben, zu erzielen.

In neueren Betrachtungen wird Information die Bedeutung als betriebliches Ziel, z. B. in der Formulierung "immer gut informiert sein", beigemessen.[3] Information dient in dieser Begriffsaufassung der Schaffung einer Unternehmenskultur, in der Unternehmenskommunikation in Form von Offenheit im Umgang mit Informationen von hervorragender Bedeutung ist. Umweltschutz als möglicher Bestandteil der Unternehmenskultur ist dann Gegenstand der Informationsbestrebungen innerhalb des Unternehmens. Wie wir im Kap. 2 gesehen haben, hängt die Umweltschutzorientierung eines Unternehmens wesentlich davon ab, welchen Stellenwert ein Unternehmen der Information über Umweltschutzbelange beimißt.

---

[1] Vergl. Ott, H. J., 1992, a.a.O., S. 477

[2] Vergl. Diebold, J., Informationstechnik: Aufbruch in ein neues Zeitalter wirtschaftlichen Wettbewerbs, in: zfo, 56. Jg., 1987, H. 2, S. 87 ff.

[3] Vergl. Macharzina, K., Informationspolitik: Unternehmenskommunikation als Instrument erfolgreicher Führung, Wiesbaden 1990, S. 63 ff.; Ott, H. J., 1992, a.a.O., S. 477

4.2 Was ist umweltschutzorientierte Information?

Zur Klärung des Begriffsinhaltes "umweltschutzorientierte Information" soll der Terminus in seine Bestandteile zerlegt werden. **"Umweltschutzorientiert"** ist entsprechend der Ausführungen in Kap. 2.2 auf die natürliche Umwelt bezogen. Dort wurde jedoch bereits auf die engen Verknüpfungen der natürlichen Umwelt mit der wirtschaftlichen Umwelt aufmerksam gemacht. Durch das Adjektiv "umweltschutzorientiert" wird der Begriff **"Information"**[1] auf die natürliche Umwelt betreffende Inhalte eingeschränkt. Sich daraus ergebende Konsequenzen sollen anhand der wichtigsten Eigenschaften des Informationsbegriffes erläutert werden:[2]

1) Umweltschutzorientierte Information ist **zielbezogen:**

Wie in Kap. 2.4.1 deutlich wurde, geben die Interessengruppen in der wirtschaftlichen Umwelt des Unternehmens die Unternehmensziele vor. Umweltschutzorientierte Information dient zur Orientierung der Unternehmenspolitik an den auf die natürliche Umwelt bezogenen Zielen der Interessengruppen und deren Transformation in Ziele für das Unternehmen sowie deren Durchsetzung. Darüber hinaus dient umweltschutzorientierte Information den Interessengruppen zur Kontrolle der Unternehmensführung im Hinblick auf den Zielerreichungsgrad der umweltbezogenen Unternehmensziele.

2) Umweltschutzorientierte Information besitzt neben einer **subjektiv individuellen eine besonders ausgeprägte intersubjektive Komponente:**

Wie die Ausführungen zur "Ökologie" als Wissenschaft im Kap. 2 gezeigt haben, ist die Forschung noch weit davon entfernt, die Vorgänge in der natürlichen Umwelt vollständig aufzuklären. Dennoch ist das insgesamt auf der Welt verfügbare Wissen über den Umweltschutz sehr komplex. Für den Einzelnen ergibt sich daraus, daß sein verfügbares Wissen weit hinter dem theoretisch möglichen Weltwissen zurückbleibt. Bei der Beurteilung von Informationen zur Aufklärung umweltschutzorientierter Sachverhalte ist in der Regel eine Person überfordert, so daß der

---

[1] Der Begriff "Information" bezieht sich hier auf die in der **Betriebswirtschaftslehre** verwendete Eingrenzung. Gerade in Bezug auf ökologische Tatbestände besitzt der Begriff "Information" eine wesentlich höhere Komplexität. Hinzuweisen ist z. B. auf Ansätze "Information" neben Materie und Energie als physikalische Größe des Universums zu definieren (vergl. Stonier, T, Information und die innere Struktur des Universums, Berlin u. a. 1991, S. 1 ff). Diese der Ökologie zugrundezulegende Begriffsauffassung bildet die Basis des hier verwendeten Informationsbegriffes.

[2] Vergl. auch die Ausführung des Kapitel 4.1.1

Aussagewert umweltschutzorientierter Informationen häufig nur durch eine Gruppe Sachverständiger beurteilt werden kann.[1]

3) Umweltschutzorientierte Information ist **handlungsorientiert:**
Umweltschutzorientierte Informationen wirken - bewußt oder unbewußt - handlungsbeeinflussend in Bezug auf ein umweltgerechtes Verhalten der Informationsempfänger. Dabei wird nicht ausgeschlossen, daß die Bestätigung, daß alles gut ist wie es ist, gerade eine weitere Handlung unterbleiben läßt.

4) Umweltschutzorientierte Information ist **systemorientiert:**
Die Weitergabe von Information ermöglicht generell die Arbeitsteilung im Unternehmen. Entsprechend der Betrachtungsweise fließen Informationen zwischen den einzelnen Subsystemen. Im Hinblick auf umweltschutzorientierte Information ist an die Ausführungen über die systemtheoretische Betrachtungsweise des Zusammenhangs von natürlicher Umwelt und Betriebswirtschaft zu erinnern, in denen die Wechselwirkungen der betrieblichen Subsysteme mit Ökosystemen untersucht werden.[2]

5) Umweltschutzorientierte Information ist **zustands- und prozeßorientiert:**
Im Umweltmanagement sind einerseits Daten über den Zustand der natürlichen Umwelt erforderlich, um Prioritäten für Maßnahmenkataloge und Budgetierungen festlegen zu können, andererseits dienen die selben Informationen als Grundlage zur prozeßorientierten Planung der zu veranlassenden Maßnahmen.[3]

6) Umweltschutzorientierte Information hat sowohl **unternehmensinterne als auch unternehmensexterne Komponenten:**
Die Trennung nach intern und extern kann sich sowohl auf den Empfänger als auch auf den Ursprung einer umweltschutzorientierten Information beziehen. Bezogen auf den Informationsempfänger wird dies am Beispiel des internen bzw. externen Rechnungswesens deutlich: Während die Aufgabe des externen Rechnungswesens insbesondere in der Rechenschaftslegungs- und Informationsfunktion für die Anspruchsgruppen besteht, dient das interne Rechnungswesen insbesondere der Dis-

---

[1] Vergl. Kap. 4.2.1

[2] Vergl. auch die Ausführungen im Kap. 2.3 der vorliegenden Arbeit.

[3] Vergl. die Ausführungen zur ökologischen Bilanz, Kap. 6.1.4.

positionsfunktion der Unternehmensleitung. Dieser Sachverhalt läßt sich, wie in Kap. 6.1 noch zu zeigen ist, auf das ökologische Rechnungswesen übertragen. Bezogen auf den Ursprung einer umweltschutzorientierten Information läßt sich die Unterscheidung beziehen auf Information über unternehmensinterne Vorgänge, die primär umweltschutzbezogene Stärken und Schwächen des Unternehmens kennzeichnen, versus unternehmensexterne Information, die Auskunft über Chancen und Risiken eines Umweltmanagements des Unternehmens gibt.[1]

[1] Vergl. Meffert, H., Bruhn, M., Schubert, F. u. Walter, T., 1986, a.a.O., S. 143 f.

5 Die Informationslücken der umweltschutzorientierten Unternehmensführung

Nachdem der grundlegende Charakter von Information und deren Bezug zur Unternehmensführung verdeutlicht worden ist, stellen sich die Fragen, welche generellen Problematiken sich insbesondere im Umgang mit umweltschutzorientierter Information ergeben und wie diese sich im Umweltmanagement auswirken. Beide Fragen sind bislang im Umweltmanagement nur punktuell und unzulänglich beantwortet worden, weil die Gestaltung des Faktors Information für die Planung und Durchsetzung von Umweltmanagementaktivitäten im Verhältnis zu anderen Bereichen wie beispielsweise der Organisation des Umweltschutzes nur am Rande Beachtung gefunden hat. Der Versuch, aus den Informationslücken des Umweltmanagements Gestaltungsmerkmale von Umweltinformationssystemen und ihren Instrumenten abzuleiten, wurde bislang noch gar nicht unternommen. Um eine Antwort auf die Fragen zu suchen, beziehen wir uns zunächst auf die Ergebnisse des Kap. 2. Verfügt das Umweltmanagement über vollständige Information über die Zukunft, ist auch die Erschöpfung nicht erneuerbarer Ressourcen dann kein wirtschaftswissenschaftliches Problem, wenn nach einer einfachen Regelung der Kompensation externer Effekte jeder Verursacher Kompensationszahlungen in Höhe der von ihm zu verantwortenden Umweltschäden leisten müßte.[1]

Ein wichtiger kritischer Parameter im Umweltmanagement ist demzufolge der Informationsstand, der die Gesamtheit aller bei den Akteuren tatsächlich vorhandenen Informationen umfaßt. Da die vollständige Information der Entscheidungsträger ein hypothetischer Zustand ist, soll im folgenden untersucht werden, durch welche Informationslücken der Informationsstand des Umweltmanagements in der Realität eingeschränkt wird.[2] Die aufzuzeigenden Informationslücken des Umweltmanagements unterscheiden sich prinzipiell nicht von denen traditioneller Unternehmensführung. Eine systematische Übertragung dieses vorhandenen Wissens auf das Umweltmanagement, aus der notwendige Maßnahmen zur Bewältigung der Infor-

---

[1] Vergl. Keck, O., Präventive Umweltpolitik als Abbau von Informationsrestriktionen, in: Simonis, U. E. (Hrsg.), Präventive Umweltpolitik, Frankfurt a. M., 1988, S. 108; Keck weist darauf hin, daß sich o. a. Problem auch bei vollkommener Voraussicht lösen läßt.

[2] Vergl. Wacker, W., H., 1971, a.a.O., S. 50 ff.

mationslücken abgeleitet werden könnten, fehlt bislang jedoch.[1] Sie muß deshalb in dieser Arbeit nachgeliefert werden, da sich aus der Kenntnis der umweltmanagementspezifischen Ausprägungen der Informationslücken grundlegende Anforderungen an den Leistungsumfang von Umweltinformationssystemen ergeben.

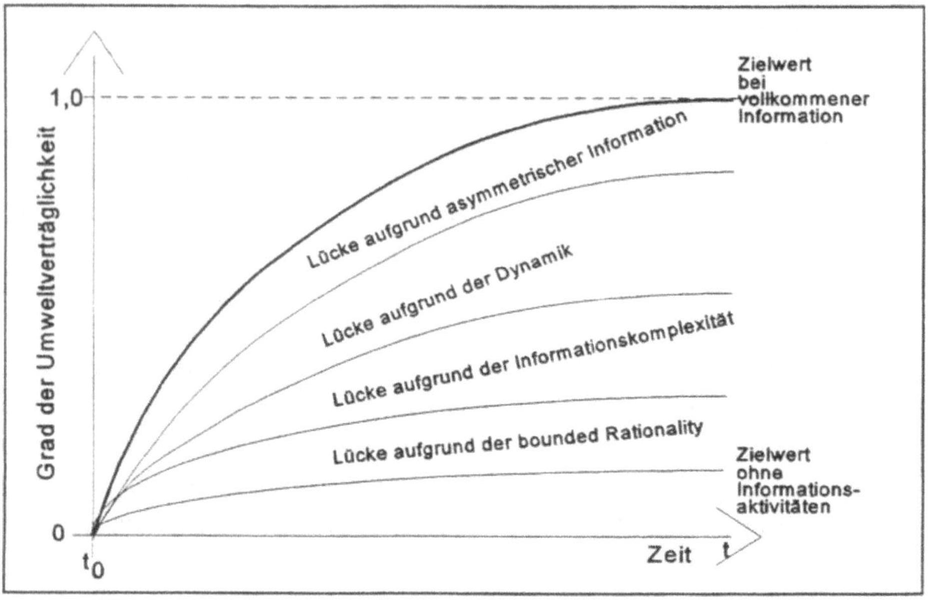

Abb. 5.1: Informationslücken der umweltschutzorientierten Unternehmensführung
Quelle: eigene Darstellung

Die nachfolgende Systematisierung der Informationslücken ist auch als Gap - Analyse aufzufassen (siehe Abb. 5.1).[2] Zum Entscheidungszeitpunkt t_0 wird das Unternehmen erstmalig mit Umweltschutzanforderungen konfrontiert. Der Erfolg der einzuleitenden Maßnahmen zeigt sich im Zeitablauf im zunehmenden Grad der Umweltverträglichkeit des Unternehmenshandelns. Durch Beseitigung der verschiedenen Informationslücken des Umweltmanagements werden die Ziele der umweltschutzorientierten Unternehmensführung schrittweise besser erfüllt. Die Zielwert-

[1] Eine erste Skizze zur Systematisierung ist zwar von Keck für den Bereich der staatlichen Umweltpolitik geliefert worden. Sie ist für die Verwendung im Umweltmanagement jedoch zu modifizieren und zu ergänzen (vergl. Keck, O., 1988, a.a.O., S. 108 ff.).

[2] Vergl. zur Gap - Analyse: Roventa, P., Portfolio Analyse und strategisches Management, München 1979, S. 77; Welge, M. u. Al - Laham, A., Planung, Wiesbaden 1992, S. 134

kurve des Umweltschutzerfolgs bei vollständiger Information steigt dabei aufgrund der im Zeitablauf durchgeführten Umweltschutzmaßnahmen degressiv an.[1] Die in Abb. 5.1 unterhalb der Zielwerte eingetragenen Kurven erklären die erwartete Bedeutung der jeweiligen Informationslücken für das Umweltmanagement aus **statischer Sicht** zum Zeitpunkt t_0. Die nachfolgend in diesem Abschnitt näher zu analysierenden Informationslücken führen die Unvollkommenheit der Information auf zwei Gruppen von Informationslücken zurück: Einerseits die mangelnden menschlichen Fähigkeiten der Informationsaufnahme und -verarbeitung und andererseits die objektiv feststellbare mangelnde Verfügbarkeit von Information. Mangelnde menschliche Fähigkeiten sind immer dann die Ursache für Informationslücken, wenn dem Individuum zu viele verfügbare Informationen zur Auswahl, Aufnahme und Verarbeitung angeboten werden. Die begrenzte menschliche Rationalität, der wir uns im Kap. 5.1 zuwenden wollen, wirkt dabei einerseits als Ursache weiterer Informationslücken, indem der umweltschutzorientierte Informationsbedarf aufgrund eines mangelnden Problemüberblicks als zu niedrig eingeschätzt wird. Andererseits würde sich ein Großteil der Informationslücken, die durch zu wenig Informationen verursacht wurden, im Umweltmanagement auch dann einstellen, wenn die Komplexität der Information dem Menschen keine Probleme bereiten würde. Letztgenannte Informationslücken liegen vor in Form von:

1) Informationsmangel oder Unwissen, aufgrund der Komplexität der natürlichen und gesellschaftlichen Realität (5.2.1).
2) Die hohe Dynamik umweltschutzorientierter Information, die das Komplexitätsproblem noch verstärkt (5.2.2).
3) Die Risiken der asymmetrischen Verteilung umweltschutzorientierter Information zwischen einzelnen Akteuren im Umweltschutz (5.2.3).

Auch wenn sie die auf zu wenig Information basierenden Informationslücken nicht verursachen, wirken die mangelnden menschlichen Fähigkeiten im Umgang mit Informationen in der Regel als Problemverstärker, wenn es darum geht, diese Informationslücken zu beseitigen.

---

[1] Es wird unterstellt, daß bei vollkommener Information die wirksamsten Maßnahmen zuerst ergriffen werden, die weniger wichtigen Maßnahmen dagegen erst zum Ende hin.

5.1 Das Problem der menschlichen Komplexitätsbewältigung umweltschutzorientierter Information und seine Folgen

In diesem Abschnitt sind die Begrenzungen der Informationsverarbeitungsfähigkeit (Kap. 5.1.1) und der subjektiven Problemwahrnehmung durch den Menschen (Kap. 5.1.2) als Informationslücken aufzuzeigen. Dabei kann die Abgrenzung zu den nachfolgend zu erörternden Informationslücken des Kap. 5.2 im Einzelfall problematisch sein, weil es sich um zwei vermaschte Betrachtungsebenen des prinzipiell selben Problems der Informationsversorgung handelt. Eine getrennte Betrachtung ist dennoch sinnvoll, weil sich aus den zwei Betrachtungsebenen unterschiedliche Implikationen für die Planung eines Umweltinformationssystems ergeben.

5.1.1 Bounded rationality, Vereinfachungsstrategien und kognitive Dissonanz

Die Grundlage der zunächst zu untersuchenden Informationslücke im Umweltmanagement ergibt sich aus der Divergenz zwischen der Komplexität der natürlichen und gesellschaftlichen Realität und der beschränkten menschlichen Kapazität zur Informationsverarbeitung, die H. Simon mit "bounded rationality" bezeichnet (1).[1] Neben den individuellen Informationsverarbeitungsproblemen ergeben sich Informationsprobleme aufgrund der Informationsverarbeitung in Organisationen (2), die anschließend näher erläutert werden.

1) Informationsverarbeitung und begrenzte Rationalität von Individuen

Als Konsequenz der "bounded rationality" geben sich Entscheidungsträger mit befriedigenden Lösungen zufrieden, "...weil sie nicht den Verstand haben zu maximieren."[2] Die Beurteilung aller zur Auswahl stehender Alternativen in der Gesamtheit ihrer Haupt- und Nebenwirkungen aus dem ihm ad hoc zur Verfügung stehenden Wissen überfordert die Fähigkeiten jedes Entscheidungsträgers. Die Grenzen der Rationalität von Entscheidungsträgern werden nach Simon durch ihre individuelle psychische und physische Leistungsfähigkeit, durch ihr Wertsystem und

---

[1] "Die Sozialwissenschaften leiden bei ihrer Behandlung der Rationalität unter akuter Schizophrenie. An dem einen Extrempunkt schreiben die Ökonomen dem homo oeconomicus eine widersinnige allwissende Rationalität zu. Der homo oeconomicus hat ein vollständiges und konsistentes Präferenzsystem, das es ihm immer erlaubt, aus den ihm verfügbaren Alternativen zu wählen; er ist sich immer vollständig bewußt, welche diese Alternativen sind; es gibt keine Grenzen für die Komplexität der Berechnungen, die er durchführen kann, um zu bestimmen, welche Alternativen die besten sind."..."Am anderen Extrempunkt gibt es jene auf Freud zurückführbaren Tendenzen in der Sozialpsychologie, die das gesamte Denken auf den Affekt zu reduzieren versuchen"(Simon, H. A., 1981, a.a.O., S. 29).

[2] Simon, H. A., 1981, a.a.O., S. 30

den Umfang ihres Fachwissens begrenzt.[1] Der Entscheidungsträger entwickelt dann Vereinfachungsstrategien[2], die ihm die Entschlußfassung auch ohne Überblick über die weitreichenden Konsequenzen der Handlungsalternativen ermöglichen. Diese Vereinfachungsstrategien bestehen in:

a) der Routinisierung von Handlungsabläufen und

b) der ideologischen Prüfung von Informationen.[3]

a) Bei der **Routinisierung von Handlungsabläufen** überprüft der Entscheidungsträger nicht sämtliche zur Verfügung stehenden Alternativen, sondern entscheidet sich solange anhand von Vorgängen aus der Vergangenheit, bei denen das Entscheidungsfeld ähnlich strukturiert war, bis ein überraschendes Ergebnis zu einer intensiveren Prüfung der Entscheidung führt.[4] Dabei ist sein Gedächtnis, insbesondere die Fähigkeit sich an Vorgänge zu erinnern, von entscheidender Bedeutung.[5] Wissenschaftlich fundiert wird die Routinisierung von Handlungsabläufen insbesondere in den Reiz - Reaktions - Theorien der psychologischen Lernforschung. Das Individuum bringt Reize mit als erfolgreich empfundenen Reaktionen aus der Vergangenheit in Verbindung und reagiert auf Wiederholung eines Reizes mit der gleichen Reaktion.[6] Im Umweltmanagement ist die Dynamik der Umweltänderungen und damit der Neuheitsgrad von Entscheidungssituationen tendenziell hoch, so daß die Routinisierung in diesen Situationen keine adäquaten Lösungen erbringt.

b) Bei der **ideologischen Bewertung** wird die Information auf Konsistenz mit dem kognitiven System[7] geprüft. Das kognitive System kann als Ansammlung von

---

[1] Siehe zu den letzten beiden Punkten auch die Ausführungen des Kap. 5.2.

[2] Als Strategie bezeichnet Simon ..."die Folge von solchen Entscheidungen (Auswahl von Alternativen), die das Verhalten über eine gewisse Zeitspanne bestimmen"(Simon, H. A., 1981, a.a.O., S. 104).

[3] Vergl. Keck, O., 1988, a.a.O., S. 109 f.

[4] Vergl. Keck, O., 1988, a.a.O., S. 109 f.

[5] Vergl. Simon, H. A., 1981, a.a.O., S. 122

[6] Vergl. zum Überblick: Bänsch, A., 1989, a.a.O., S. 44 ff.; spezieller: Pawlow, I. P., Die bedingten Reflexe, München 1972, S. 203 ff.; Skinner, B. F., Wissenschaftliches und menschliches Verhalten, München 1973, S. 66 ff.

[7] "By the term cognition...I mean any knowledge, opinion or belief about the environment, about oneself, or about one's behaviour"(Festinger, L., A Theory of Cognitve Dissonance, Stanford, Calif. 1957, zitiert bei Unger, F., Konsumenten- und Managementverhalten im Spiegel der kognitiven Dissonanz,

(Fortsetzung...)

Hypothesen interpretiert werden, die sich durch neue Informationen bestätigen oder verwerfen. Informationen über Sachverhalte, die gemäß des kognitiven Systems nicht sein können oder sein dürfen, lösen kognitive Dissonanzen aus. Aufgrund der prinzipiell hohen Unsicherheit und dem Neuheitsgrad umweltschutzorientierter Information ist zu vermuten, daß gerade im Umweltmanagement eine Vielzahl an kognitiven Dissonanzen auftritt. Beispielsweise dürften die Untersuchungsergebnisse des Bundesumweltamtes bei vielen kognitive Dissonanzen ausgelöst haben, daß der Betrieb von Fahrzeugen mit Rapsöl umweltbelastender ist als die Verwendung von Dieselöl.[1] Gemäß der Theorie der kognitiven Dissonanz sind Personen bestrebt, Dissonanzen zu vermeiden, zu reduzieren oder abzubauen. Vorzugsweise werden Informationen verarbeitet, die zum Wissen des Entscheidungsträgers passen oder seine Vermutungen bestätigen.[2]

Für das Umweltmanagement ergibt sich aus beiden Vereinfachungsstrategien eine Trägheit in der Reaktion von Entscheidungsträgern auf neue oder dissonante Informationen. Verstärkt wird diese Trägheit durch die Zeitdauer von Entscheidungsprozessen, die zur Reduktion der empfundenen Unsicherheit z. B. durch Informationssuche verstreicht und dem rationalen Entscheidungsverhalten inhärenten Zögern, das aufgrund des Bewußtseins der Unfähigkeit zur Erfassung der vollen Komplexität einer Entscheidungssituation zu Untätigkeit ausufern kann.[3] Auf neue Situationen wird erst dann mit Verzögerung reagiert, "... wenn die Defizite bisheriger Handlungsroutinen bestimmte Größenordnungen erreichen und bestimmte Aufmerksamkeitsschwellen überschreiten".[4]

In den Teilen B und C soll geprüft werden, ob durch den Einsatz der EDV in Umweltinformationssystemen die menschliche Informationsverarbeitungskapazität durch gezielte Aufbereitung der Informationen entlastet und Entscheidungsprozesse im Umweltmanagement beschleunigt werden. Es ist weiter zu fragen, ob durch

---

[7](...Fortsetzung)
in: Markenartikel, 46. Jg., 1984, H. 9, S. 454). Das kognitive System enthält sämtliche Kognitionen eines Entscheidungsträgers.

[1] Vergl. Troge, A., 1993, a.a.O., S. 14 ff.

[2] Vergl. Unger, F., 1988, a.a.O., S. 455 f.

[3] Vergl. Simon, H. A., 1981, a.a.O., S. 123 f.

[4] Keck, O., 1988, a.a.O., S. 110

Frühaufklärungssysteme, etwa durch die Verpflichtung zur Erstellung von Berichten, Trägheiten abgebaut werden können.

2) Komplexitätsprobleme der Information in Organisationen

In der Literatur wird das Informationsverhalten von Individuen und Organisationen unterschieden. Neben den bereits von Keck für die Umweltpolitik aufgezeigten Schwierigkeiten der Informationsgewinnung und -verarbeitung natürlicher Personen wirken sich in Organisationen darüber hinaus folgende für die Gestaltung von Umweltinformationssystemen wesentliche Aspekte erschwerend bei der adäquaten Informationsversorgung des Umweltmanagements aus:[1]

a) Es besteht immer dann die Gefahr, die Informationsnachfrager durch eine Flut der im Unternehmen vorhandenen Informationen zu überlasten, wenn die Gestaltung der Organisation keine oder eine suboptimale Informationsselektion oder Verdichtung an den einzelnen Organisationsstellen vorsieht. Daraus ergibt sich die Notwendigkeit, die Planung von Umweltinformationssystemen mit der betrieblichen Aufbauorganisation zu koordinieren.

b) Die in einer Organisation zur Verfügung stehende Information ist systematisch als Grundlage für Entscheidungen ungeeignet. "Limitation of analytical skill or coordination lead decision makers to collect information that cannot be used."[2] Eine Stabsabteilung bekommt z. B. den Auftrag, Informationen über die erwartete neue Elektronikschrottverordnung zu sammeln. Die stark überlastete Abteilung, die die in Vorbereitung befindliche Entscheidung nicht zu verantworten hat, sammelt daraufhin Zeitungsartikel, deren Aussagewert von der Qualität der Recherchen der Autoren der gesammelten Artikel und deren Intention abhängen. Die Trennung von Entscheidung und Entscheidungsvorbereitung erfordert bei der Planung und Durchführung von Umweltinformationssystemen eine ständige Abstimmung von Informationsnachfrage und -angebot. Die Abstimmung erfordert ein Anreiz- und Kontroll-

---

[1] Vergl. Feldmann, M. S. u. March, J. G., Information in Organizations as Signal and Symbol, in: ASQ, 26. Jg., 1981, June, S. 171 ff.; vergl. zu einer abweichenden Einteilung von Informationspathologien: Kirsch, W. u. Trux, W., Strategische Frühaufklärung und Portfolioanalyse, in: ZfB Ergänzungsheft 2/79, S. 53; die Autoren unterscheiden neben den o. a. Pathologien die "doktrinbedingte Informationspathologie", die auf einem durch Vorgesetzte vorgegebenen Informationsverhalten als Ursache für Informationslücken beruht. Die "doktrinbedingte Informationspathologie" ist hier jedoch unbedeutend.

[2] Feldmann, M. S. u. March, J. G., 1981, a.a.O., S. 175

system, mit dessen Hilfe der Entscheidungsträger im Umweltmanagement die Informationssammlung des gesamten Unternehmens wirkungsvoll beeinflussen kann.

c) Organisationen sammeln Informationen nicht auf eine Entscheidung hin zielgerichtet, sondern eher zur Überwachung ihrer Umwelt, um deren Entwicklung antizipieren zu können. Der Nutzen des Informationsangebots ist deshalb bestenfalls unbestimmt, die Kosten der Information sind aber entstanden. Die Abgrenzung, welche Information für eine Organisation von Wert sein wird und welche nicht, ist eine häufig unlösbare Aufgabe. Informationen über das Baujahr der im Produktionsprozeß verwendeten Anlagen eines Kreditnehmers mag für eine Bank noch von unbestrittener Bedeutung sein, bei Informationen über die Schadstoffemission der Anlagen ist der Wert für die Bank zumindestens zweifelhaft. In der Bewertung des Informationsnutzens ist das Kernproblem bei der Planung von Umweltinformationssystemen zu sehen. Eine Lösunghilfe des Problems liegt in der möglichst genauen Präzisierung des Informationsbedarfs anhand der im Kap. 3 skizzierten Aufgabenfelder des Umweltmanagement.

d) Auch innerhalb von Organisationen bestehen, wie bereits oben diskutiert, Asymmetrien bei der Informationsverteilung. Mitglieder von Organisationen betreiben in der Ausübung ihrer Tätigkeit auch immer Mikropolitik[1], um ihre persönliche Situation in der Organisation zu verbessern. Organisationsmitglieder sind ständig dem Risiko mikropolitischer Fehl- oder Desinformation ausgesetzt. Daraus entwickeln sich Regeln der Informationsweitergabe in Konfliktsituationen. "Decision makers learn not to trust overly clever people, and smart people learn not to be overly clever."[2] Bei der Planung von Umweltinformationssystemen sind daher Prüfroutinen vorzusehen, die die Vollständigkeit und den Wahrheitsgehalt des Informationsangebots gewährleisten.

Das Informationsverhalten von Individuen in Organisationen wirft für das Umweltmanagement Probleme auf, die vor allem die Notwendigkeit zur Verbesserung der Kommunikation innerhalb des Unternehmens durch ein Umweltinformationssystem verdeutlichen.

---

[1] Vergl. Küpper, W. u. Orthmann, G. (auch Hrsg.), Mikropolitik - Das Handeln der Akteure und die Zwänge der Systeme, in: Mikropolitik, 2. Aufl., Opladen 1992, S. 7 ff.

[2] Vergl. Feldmann, M. S. u. March, J. G., 1981, a.a.O., S. 177

5.1.2 Problemwahrnehmung

Bei den bisherigen Ausführungen ging es um die Grenzen der Aufnahme und Verarbeitung von Informationen durch den Menschen. Wann aber eine Information als Problem wahrgenommen wird, so daß überhaupt erst Informationslücken und -beschaffungstätigkeiten im Umweltmanagement wahrgenommen bzw. ausgelöst werden, wurde noch nicht diskutiert. Deshalb soll zunächst untersucht werden, welche Hemmnisse beim "Verursacher" auftreten, eine Umweltbelastung als Problem wahrzunehmen. Aber auch die Problemwahrnehmung durch die "Leidtragenden" ist für das Auslösen von Informationsbeschaffungsprozessen im Umweltmanagement von Bedeutung. Die empfundene Betroffenheit bei den Leidtragenden erhöht den Handlungsdruck bei den Verursachern, der seinerseits Informationsprozesse in Gang setzt.

1) "Verursacher"

Unternehmen als Verursacher von Umweltbelastungen besitzen in vielen Fällen Informationen über die von ihnen emittierten Schadstoffe. Angenommen, die Belastung hat bisher zu keiner Umweltschädigung geführt. Ab einer bestimmten Schadstoffbelastung ist die Natur in diesem Beispiel zu einer Regeneration aber nicht mehr in der Lage. Wenn diese kritische Schadstoffbelastung durch Akkumulation der Immission oder zusätzliche Belastung durch andere Unternehmen erreicht wird, ist es für den Entscheidungsträger beim verursachenden Unternehmen schwer, einen jahrelang als unproblematisch empfundenen Schadstoffausstoß wie die CO_2 -Produktion auf einmal als Problem anzuerkennen. Es ist für die heutigen Umweltschutzprobleme kennzeichnend, daß die Umweltverschmutzung häufig von ihrem Verursacher nicht als Problem erkannt wird und folglich keine Informationsaktivitäten bei ihm ausgelöst werden. Betriebswirtschaftliche Relevanz erlangt die Ignoranz der Folgen eigener Umweltverschmutzung deshalb, weil der Staat den Verzehr des öffentlichen Gutes "saubere Umwelt" mittlerweile recht vollständig durch Abgaben oder Verbote reguliert. Durch mangelhafte Problemwahrnehmung entsteht so das Risiko einer unkalkulierten Verschlechterung der Kostensituation des Unternehmens.

2) "Leidtragende"

Wie wir im Kap. 2 gesehen haben, handeln Unternehmen aufgrund von individuellen Zielen der Interessengruppen im wirtschaftlichen Umfeld umweltbewußt. Die bisherigen Ausführungen zu den Grenzen der menschlichen Verarbeitung umweltschutzorientierter Information treffen auf die Interessengruppen - insbesondere die

Öffentlichkeit - genauso zu wie auf Entscheidungsträger im Umweltmanagement. Unternehmen müssen sich zur Antizipation gesellschaftlichen Wertewandels in diesem Zusammenhang die Fragen stellen: wann und wie wird ein Umweltproblem und seine Ursache in der Öffentlichkeit bekannt? Dazu bedarf es in der Regel zunächst einer Kausalität zwischen Ursache und Wirkung, die ohne wissenschaftliche Erkenntnisse nicht herzustellen ist.[1] Die Wissenschaft neigt aber generell zu Theoriebildung, praktische Probleme werden zunächst nur von Außenseitern behandelt. Sobald ein Umweltproblem gesellschaftliche Beachtung findet, z. B. durch eine Aktion einer Bürgerinitiative, steigt auch das Interesse der Wissenschaft an der Problematik. Es kommt zu einer positiven Rückkoppelung zwischen gesellschaftlicher und wissenschaftlicher Problemwahrnehmung, die den Diffusionsprozeß der umweltschutzorientierten Information[2] in der Gesellschaft beschleunigen. "Die subjektive Betroffenheit wächst mit der Informiertheit der Betroffenen, und mit der Informiertheit der Betroffenen wächst die gesellschaftliche Nachfrage nach Information, dadurch wiederum die Produktion und Verbreitung von Informationen und dadurch schließlich wiederum die Betroffenheit."[3] Die Betroffenheit der Öffentlichkeit kommt in einer Änderung der Einstellung und des Wertesystems der Personen zum Ausdruck. Wie bereits in Kap. 3 gezeigt wurde, muß die Kenntnis über Diffusionsprozesse umweltschutzorientierter Information und deren Inhalte die Basis für Strategien im Rahmen aller Grundkonzeptionen eines aktiven Umweltmanagements bilden.

5.2 Das Problem der Unsicherheit umweltschutzorientierter Information

Die Unsicherheit von umweltschutzorientierten Informationen hat zwei Ursachen, die mangelnde Verfügbarkeit (5.2.1) solcher Informationen und deren hohe Dynamik (5.2.2), die nachfolgend behandelt werden.

5.2.1 Informationsmangel an umweltschutzorientierter Information

Die aus dem Mangel an Informationen entstehende Unsicherheit wird in exogene und endogene Unsicherheit unterteilt. Zunächst wenden wir uns der exogenen Unsi-

---

[1] Keck führt hierzu aus, daß selbst eine oberflächlich so manifeste Kausalität wie die Verursachung von Schlafstörungen durch Verkehrslärm durch Unterschiede in der menschlichen Empfindlichkeit nur schwer herstellbar ist (Keck, O., 1988, a.a.O., S. 112).

[2] Vergl. zur Diffusion von umweltschutzorientierten Informationen Kap. 7.2.2 der vorliegenden Arbeit und die dort zitierte Literatur.

[3] Keck, O., 1988, a.a.O., S. 113

cherheit zu: Die Naturwissenschaften verfügen zwar über ein nicht zu unterschätzendes Maß an ökologischem Wissen, das in seiner Gesamtheit im folgenden als Weltwissen bezeichnet werden soll. Dennoch müssen bisher unternommene Versuche, Vorgänge in der natürlichen Umwelt aus systemtheoretischer Sicht, d. h. insbesondere unter Berücksichtigungen ihrer Wechselwirkungen, global zu analysieren, als wenig erfolgreich eingeschätzt werden. Benötigt ein Unternehmen in einer Entscheidungssituation Informationen, die nicht im Weltwissen verfügbar sind, wird von exogener Unsicherheit gesprochen. Die auf dem Gebiet der Klimaforschung aufgestellten Weltmodelle beispielsweise berücksichtigen bereits eine enorme Zahl an Parametern, besitzen aber eine eingeschränkte Aussagefähigkeit, weil z. B. das Problem der Wolkenmodellierung zum jetzigen Zeitpunkt noch nicht gelöst ist. Ähnlich verhält es sich in der Diskussion um das FCKW, wo über die Reduzierung der Ozonschicht durch FCKW zwar Einigkeit besteht, über die Konsequenzen und deren Auswirkungen auf unternehmenspolitische Entscheidungen jedoch nicht.[1] "Jedes Handeln ist darum gleich einem Kalkül mit zwei Unbekannten: Man weiß nicht sicher, was geschieht, wenn man handelt, und ebenso wenig weiß man sicher, was geschieht, wenn man nicht handelt."[2] Die exogene Unsicherheit spielt im folgenden keine Rolle mehr, da sie durch eine verbesserte Informationsversorgung nicht reduziert werden kann.[3]

Anders verhält es sich mit der endogenen Unsicherheit: Endogene Unsicherheit beschreibt zwar im Weltwisssen vorhandene Informationen, über die ein einzelnes Wirtschaftssubjekt jedoch nicht verfügt.[4] Im Gegensatz zur exogenen kann die endogene Unsicherheit durch Informationsbeschaffungsaktivitäten abgebaut werden.

Der Mangel an umweltschutzorientierter Information tangiert unternehmerisches Handeln in zwei Bereichen. Zunächst ist aus unternehmensinterner Sichtweise die Möglichkeit umweltverträglichen Handelns vom Wissen über umweltverträglichen

---

[1] Vergl. die Beiträge von Loske, R. u. Vorholz, F., Blauer Planet im roten Bereich, in: ZEIT-Schriften, 1992, H. 1, S. 36 ff.; Graßl, H., Wenige Grade bewirken viel, ebenda, S. 41 f.; Lindzen, R. S. 1992, a.a.O., S. 42

[2] Keck, O., 1988, a.a.O., S. 108

[3] Vergl. Kaas, K. P., Marketing für umweltfreundliche Produkte, in: DBW, 52. Jg., 1992, H. 4, S. 478.

[4] Vergl. Kaas, K. P., 1992, a.a.O., S. 478. Kaas unterscheidet weiterhin die Verhaltensunsicherheit, vergleiche dazu Kap. 5.2.3.

Ressourceneinsatz abhängig. Andererseits muß das Unternehmen prognostizieren, über welche derzeitigen Informationen bezüglich der natürlichen Umwelt die Interessengruppen derzeit verfügen bzw. in Zukunft verfügen werden.

5.2.2 Das Problem der Dynamik umweltschutzorientierter Information

Verschärft wird das Problem der Komplexität umweltschutzorientierter Information durch deren Dynamik.[1] Unter Dynamik wird die Veränderungsrate (Variabilität) von entscheidungsrelevanten Faktoren im Zeitverlauf verstanden, wohingegen mit Komplexität die steigende Zahl dieser Faktoren zum Ausdruck gebracht wird. Die Aktionsfelder des Umweltmanagements im Umsystem des Unternehmens sind zeitlich nicht stabil, sondern müssen, wie es schon in dem Heraklit zugeschriebenen Hauptsatz "alles fließt" zum Ausdruck kommt, als ständig in Bewegung aufgefaßt werden. Alle Änderungen im Umsystem bedürfen eines möglichst zutreffenden Rezipierens, um problemadäquate Handlungsalternativen zu entwickeln und Entscheidungen zu treffen.[2] Auch wenn bereits von Steger auf die "Zeit" als kritischen Erfolgsfaktor im Umweltmanagement hingewiesen wurde, fanden Modelle und Verfahren zur Handhabung der besonderen Dynamik der Umweltschutzthematik bislang in der Umweltmanagementliteratur kaum Beachtung.[3] Bezogen auf die Informationsverarbeitung im Umweltmanagement ergeben sich aus der Dynamik folgende Prolemstellungen, die sich an der Einteilung in unternehmensinterne und unternehmensexterne Informationen orientieren:

Hinsichtlich der unternehmensinternen Situation verändern sich ständig **potentielle Stärken und Schwächen** auf dem Gebiet der umweltschutzorientierten Unternehmensführung. Durch Forschung und Entwicklung werden fortwährend neue Produkte und Verfahren entwickelt, die auf ihre Umweltverträglichkeit hin untersucht und bewertet werden müssen. In der Praxis stellt es dabei den Regelfall dar, daß über die Verwendung von Neuentwicklungen entschieden wird, ohne daß ein damit verbundenes Umweltrisiko mit Sicherheit auszuschließen ist. Es entsteht das o. a. Dilemma einer Entscheidung mit zwei Ungewißheiten: den umweltschutzinduzierten

---

[1] Vergl. Duncan, R. B., Characteristics of Organizational Environments and Perceived Environmental Uncertainty, in: ASQ, 17. Jg., 1972, S. 316. Ansoff faßt beide Begriffe unter dem Begriff "wachsender Umweltturbulenz" zusammen (Vergl. Ansoff, H. I., Strategic Management, London 1979, S. 31).

[2] Vergl. Kern W., Die Zeit als Dimension betriebswirtschaftlichen Denkens und Handelns, in: DBW, 52. Jg., 1992, H. 1, S. 45 f.

[3] Vergl. Steger, U., 1988, a.a.O., S. 242

Folgekosten des Einsatzes von Neuentwicklungen einerseits und dem aus ihrem Einsatz resultierenden ungewissen Nutzen z. B. als vermeindlich umweltverträglichem Surrogat zu einem umweltschädlichen Produkt oder Verfahren.[1]

Vor dem Hintergrund des Umweltmanagements ist eine Entscheidung über den Einsatz von neuentwickelter Technologie immer mit der erwarteten Entwicklung der **Chancen und Risiken** verbunden, die sich aus dem zukünftigen Verhalten der Interessengruppen in der wirtschaftlichen Umwelt des Unternehmens ergeben. Das Verhalten wird maßgeblich von der Entwicklung der ökologischen Forschung und der Diffusion ihrer Ergebnisse beeinflußt.[2]

Die Dynamik im Umsystem besitzt für das Handeln des Umweltmanagements in zweierlei Hinsicht Relevanz. Einerseits benötigen Umweltschutzoperationen Zeitspannen z. B. für das Entwickeln umweltverträglicher Technologie, andererseits müssen die Zeitspannen im Zeitvektor terminiert werden. Die Frage des Timings stellt sich z. B. bei der Entscheidung, umweltverträgliche Technologie als Innovator oder erst nach Einführung durch Konkurrenten einzusetzen.[3] Die Verkürzung von Zeitspannen und das richtige Timing im Vergleich zur Konkurrenz sind die Grundlage für das Schaffen von Wettbewerbsvorteilen durch ein strategisches Management,[4] demzufolge auch eines strategischen Umweltmanagements, das wie oben gezeigt wurde in einer sehr dynamischen Umwelt agiert. Die tendenzielle Verkürzung von Produktlebenszyklen[5] bietet die Chance einer schnelleren Einführung umweltverträglicher Produkte. Durch die damit verbundene wachsende Dynamik des Wettbewerbs werden jedoch die Informationsanforderungen höher. Für den Faktor umweltschutzorientierte Information ergibt sich, daß neben dem Sachinhalt auch Informationen über die Zeitdauer z. B. von umweltgerechten Neuentwick-

---

[1] Vergl. Keck, O., 1988, a.a.O., S. 109

[2] Bezogen auf das oben verwendete Beispiel des Einsatzes von FCKW ist hier aufgrund der von Wissenschaftlern festgestellten rapiden Vergrößerung des Ozonloches hinzuweisen. Daraus resultierte eine Verschärfung der gesetzlichen Auflagen in Form einer Verkürzung der Frist bis zum vollständigen Verbot der FCKWs. Wahrscheinlich ist auch eine Erhöhung des Absatzmarktrisikos für FCKW - haltige Produkte (solange die Produkte noch angeboten werden dürfen) durch die Diskussion der Thematik in den Medien.

[3] Vergl. Kern, W., 1992, a.a.O., S. 46 ff.

[4] Vergl. Simon, H., Die Zeit als strategischer Erfolgsfaktor, in: ZFB, 59. Jg., 1989, H. 1, S. 70 ff.

[5] Vergl. Simon, H., 1989, a.a.O., S. 79 ff.

lungen und das Timing zum Erfolg der Umweltschutzmaßnahmen bereitgestellt werden müssen.

Zur Handhabung der Dynamik stehen in der Betriebswirtschaft eine Reihe an Modelltypen[1] zur Verfügung, die sich gegenseitig ergänzen.[2] In dieser Arbeit sind besonders die dynamischen Ermittlungsmodelle relevant, da sie sich mit der Informationsversorgung befassen. Mit ihrer Hilfe soll zukünftiges Geschehen prognostiziert und dessen Antizipation ermöglicht werden. Im Kap. 7 wird zu klären sein, ob dem Umweltmanagement ausreichend leistungsfähige dynamische Ermittlungsmodelle in der umweltschutzorientierten Frühaufklärung zur Verfügung stehen.Im Zusammenhang mit der Dynamik umweltschutzorientierter Information soll auf eine Forschungslücke des bisherigen Umweltmanagements verwiesen werden: Zur Berücksichtigung einer aus der unvollkommenen Voraussicht resultierenden Dynamik von Chancen und Risiken in der Unternehmensführung dient neben der Risikotheorie[3] die Variation des Flexibilitätsgrads eines Unternehmens[4]. Die bisher existierenden Modelle zur Handhabung der Flexibilität beziehen sich auf eine ganze Reihe an Aktionsparametern, jedoch findet der Umweltschutz bislang keine Berücksichtigung. Sie sind für eine Verwendung im Umweltmanagement mit einem Aktionsparameter bezüglich der Umweltverträglichkeit des unternehmerischen Handelns zu modifizieren.

5.2.3 Asymmetrische Verteilung der umweltschutzorientierten Information und Verhaltensunsicherheit

Von **asymmetrisch verteilter Information** spricht man immer dann, wenn ein Akteur vergleichbar besser informiert ist als der andere.[5] Bezogen auf die Markt-

---

[1] Darüber hinaus gibt es als weitere Modelltypen, in denen die Dynamik Berücksichtigung findet, Entscheidungs-, Beschreibungs- und Erklärungsmodelle.

[2] Vergl. Kern, W., 1992, a.a.O., S. 50 f.

[3] Vergl. Streitferdt, L., 1973, a.a.O., S. 1 ff.

[4] Vergl. Jacob, H., Unsicherheit und Flexibilität. Zur Theorie der Planung bei Unsicherheit. Teil I - III, in: ZfB, 44. Jg., 1974, H. 5, S. 299 ff., H. 6, S. 405 ff., H. 7, S. 505 ff.; ders., Die Bedeutung von Flexibilität und Diversifikation bei Realinvestitionen, in: Mellewig, W. (Hrsg.), Unternehmenstheorie und Unternehmensplanung, Wiesbaden 1979, S. 33 ff.; ders., Die Bedeutung der Flexibilität im Rahmen der strategischen Planung, in: Koch, H. (Hrsg.), Neuere Entwicklungen in der Unternehmenstheorie, Wiesbaden 1982, S. 69 ff.; ders., Flexibilität und ihre Bedeutung für die Betriebspolitik, in: Adam, D. u. a. (Hrsg.), Integration und Flexibilität, Wiesbaden 1989, S. 15 ff.

[5] Vergl. Spremann, K., 1990, a.a.O., S. 562

seiten z. B. weiß der Anbieter in der Regel mehr über umweltrelevanten Eigenschaften seiner Produkte und Produktionsprozesse, der Nachfrager ist hingegen besser über seine Lebensbedingungen, Verbrauchsusancen und Bedürfnisse informiert. Ähnliche Beispiele asymmetrischer Informationsverteilung lassen sich in der Realität zwischen dem Unternehmen und Mitgliedern aller Interessengruppen der wirtschaftlichen Umwelt des Unternehmens ebenso wie zwischen den Beschäftigten eines Unternehmens untereinander häufig beobachten. Es gibt Situationen, in denen Anreize bestehen, Informationen z. B. über die Umweltverträglichkeit von P-rodukten oder Verbrauchsgewohnheiten zurückzuhalten oder sogar gezielt zu verfälschen. Der Informationsempfänger unterliegt aufgrund seines schlechteren Informationsstandes in so einem Fall einer Unsicherheit über das Verhalten seines Partners, die im folgenden Abschnitt näher betrachtet wird.[1]

"Fassen wir alle Faktoren, die das Ergebnis der Kooperation (AP: zweier Partner) beeinflussen und die man gemeinhin als Fähigkeit, Kompetenz, Fleiß, Anstrengung, Sorgfalt, Fitness, Offenheit, Ehrlichkeit, Entgegenkommen und Kulanz bezeichnet, unter dem Sammelbegriff **"Verhalten"** auf, so zeigt sich: gerade derartige **Verhaltensmerkmale** verursachen im Wirtschaftsleben den großen Informationsunterschied zwischen Geschäftspartnern, der vom jeweils anderen als **"Verhaltensunsicherheit"** wahrgenommen wird."[2] Liegen die Verhaltensmerkmale innerhalb von Wirtschaftsbeziehungen offen, können sie als Inputs in ökonomischen Modellen im üblichen Sinn behandelt werden. Verhaltensmerkmale, die die betreffende Person und ihren Partner gleichermaßen überraschen, werden in ökonomischen Modellen als exogener Zufall modelliert .[3] Verhaltensunsicherheit liegt bei einer Person A dementgegen nur dann vor, wenn ihr eine Reaktion auf Verhaltensmerkmale einer Person B abverlangt wird, die A **verborgen** sind, B aber sehr wohl bewußt. Ursprünglich wird der Begriff der Verhaltensunsicherheit in der Verhandlungstheorie oder der

---

[1] Vergl. Kaas, K. P., Marketing als Bewältigung von Informations- und Unsicherheitsproblemen am Markt, in: DBW, 50. Jg., 1990, H. 4, S. 542

[2] Spremann, K., Asymmetrische Information, in: ZfB, 60. Jg., 1990, H. 5/6, S. 562

[3] Vergl. Spremann, K., a.a.O., 1990, S. 562

Theorie des Arbeitsmarktes angewandt.[1] Aber auch die umweltverträglichen Eigenschaften von Produkten sind durchaus Gegenstand von Verhaltensunsicherheiten. Die Verhaltensunsicherheit, neben exogener und endogener Unsicherheit die dritte Unsicherheit über umweltschutzrelevante Eigenschaften von Produkten und Produktionsprozessen, soll zunächst an einem Beispiel verdeutlicht werden (1), bevor ihre Typologie herausgearbeitet wird (2) und auf grundsätzliche Reaktionsmöglichkeiten im Umweltschutz eingegangen wird (3).

1) Ein Beispiel für Verhaltensunsicherheit

Die Konsumenten verhalten sich z. B. "...beim Kaufen und Konsumieren bei weitem nicht so umweltbewußt, wie sie sich in Befragungen geben."[2] Ökonomisch befindet man sich häufig in dem Dilemma der Internalisierung externer Effekte, da für das Individuum die Kosten des Umweltschutzes nicht durch den Nutzen aufgewogen werden, gesamtwirtschaftlich hingegen überwiegt der Nutzen des Umweltschutzes gegenüber seinen Kosten. In obigem Beispiel gilt für die Konsumenten folgendes Kalkül: Da die Kosten des umweltverträglichen Konsums den für die Konsumenten entstandenen Nutzen übersteigen, werden sie solange auf umweltverträglichen Konsum verzichten, wie sie keine zusätzlichen Kosten etwa durch gesellschaftliche Ächtung oder Bußgelder erwarten. Da sie eben diese Ächtung im Rahmen der Befragung fürchten, geben sie trotzdem an, sich umweltgerecht zu verhalten.

Aber auch dann, wenn der Nutzen des Umweltschutzes die Kosten in der Betrachtung eines einzelnen Wirtschaftssubjektes übersteigt, führt dies nicht unbedingt zu umweltschonendem Verhalten der Konsumenten. Weil die Unsicherheit über die Umweltverträglichkeit von Produkten oder Prozessen in der Regel hoch ist, sind Transaktionskosten[3] in Form von Informationskosten zu berücksichtigen. Die Konsumenten müssen im voraus eine Entscheidung über die Beschaffung von Informationen fällen. Zur Entscheidung ist der Informationswert den Informationskosten gegenüberzustellen. Die Bewertung des Nutzens von Informationen setzt ihre

---

[1] Vergl. zu einer Übersicht: Alewell, D., Interne Arbeitsmärkte, Hamburg 1992, S. 109 ff.

[2] Kaas, K. P., Marketing für umweltfreundliche Produkte, in: DBW, 52. Jg., 1992, H. 4, S. 473

[3] Auf unvollkommenen Märkten fallen immer auch Transaktionskosten an. Die Theorie der Transaktionskosten geht auf Coase zurück (vergl. Coase, R., the Nature of the Firm, 1937, vergl. auch Albach, H., Kosten, Transaktionskosten und externe Effekte im betrieblichen Rechnungswesen, in: Albach, H. (Hrsg.), Organisation, Wiesbaden 1989, S. 36 ff.).

Bekanntheit voraus. Bekannt sind jedoch nur Informationen, die bereits beschafft worden sind. Die Wertbestimmung einer Information kann dem beschriebenen Informationsparadoxon zufolge erst ex post vorgenommen werden.[1] Die Informationskosten sind dementgegen für Konsumenten, die umweltfreundliche Produkte kaufen wollen, häufig hoch, weil die Unsicherheit über die umweltrelevanten Eigenschaften groß ist.[2] Im Ergebnis unterbleibt das umweltverträgliche Verhalten, da die umweltschutzbedingten Kosten inklusive Informationskosten von den Konsumenten höher als der Nutzen erwartet werden oder die Transaktionskosten eingespart werden, indem sie auf eine Reduktion der Unsicherheit verzichten. In beiden Fällen unterliegen die Konsumenten einer Verhaltensunsicherheit über das Verhalten der Anbieter. Sie müssen dann eine Entscheidung unter Unsicherheit treffen, bei der das Risiko eines nicht beabsichtigten umweltschädlichen Verhaltens besteht.

Bevor die drei Grundtypen der Verhaltensunsicherheit diskutiert werden, sei daran erinnert, daß Verhaltensunsicherheiten über umweltschutzorientiertes Verhalten nicht nur im Verhältnis zu den Konsumenten sondern auch in allen anderen Vertragsbeziehungen des Unternehmens mit seiner Umwelt sowohl zugunsten als auch zu ungunsten des Unternehmens auftreten können. Es gilt deshalb, durch gezielten Einsatz der Informations- und Kommunikationspolitik des Unternehmens aus den Verhaltensunsicherheiten der Kontraktpartner wirtschaftlichen Nutzen zu ziehen bzw. die eigene Unsicherheit über das Verhalten der Vertragspartner abzubauen. In der Umweltmanagementliteratur sind bisher jedoch - insbesondere in den Arbeiten von Kaas[3] - erst Teilaspekte der Verhaltensunsicherheit thematisiert worden. Eine systematische Übersicht über die unterschiedliche Ausprägungen und Bedeutungen der Verhaltensunsicherheit für das Umweltmanagement fehlt bislang. Da von ihr aber Anhaltspunkte für die Bewältigung von Verhaltensunsicherheiten zu erwarten sind, soll diese Übersicht im folgenden geliefert werden. Dazu betrachten wir den oben beispielhaft dargestellten Zusammenhang genauer. Im Anschluß werden prinzipielle Möglichkeiten zur Reduktion von Verhaltensunsicherheit aufgezeigt.

---

[1] Vergl. Picot, A. u. Reichwald, R., 1991, a.a.O., S. 260

[2] Vergl. Kaas, K. P., 1992, a.a.O., S. 478

[3] Vergl. Kaas, K. P., 1992, a.a.O., S. 473 ff.; Kaas, K. P., Informationsprobleme auf Märkten für Umweltfreundliche Produkte, in: Wagner, G. R. (Hrsg.), 1993, a.a.O., S. 36 ff.

2) Grundtypen der Verhaltensunsicherheit

Verhaltensunsicherheiten treten in drei wirtschaftlich relevanten Erscheinungsformen auf. In der Informationsökonomie haben sich zu den drei Grundtypen unterschiedliche Forschungsrichtungen relativ unabhängig voneinander entwickelt:[1]

a) Moral Hazard,

b) Qualitätsunsicherheit und

c) Holdup.

Sie wurden erst in jüngerer Zeit voneinander abgegrenzt und ihre Unterschiede analysiert.[2] Spremann systematisiert die Unterschiede der drei Grundtypen anhand von zwei Kriterien:[3]

aa) Sind die Verhaltensmerkmale des besser informierten Akteurs (im folgenden mit B bezeichnet) feststehend oder unterliegen sie seinem Willen?

bb) Wird dem schlechter informierten Akteur (im folgenden A genannt) die Verhaltensmerkmale ex post bekannt, oder bleibt es ihm selbst ex post verborgen?

Wie sich zeigen wird, bedürfen die jeweiligen Ausprägungen der beiden Kriterien zur Systematiserung von Verhaltensunsicherheit unterschiedliche Maßnahmen des Unternehmens, Verhaltensunsicherheiten auszunutzen bzw. abzubauen.

a) **Moral Hazard** oder "hidden action" ist eine Verhaltensunsicherheit, die das Risiko beschreibt, dem opportunistischen Verhaltens, das heißt der bewußten Irreführung, durch den Kontraktpartner zu unterliegen.[4] Dem opportunistisch agierenden Kontraktpartner ist sein Verhalten sehr wohl bewußt und unterliegt seiner Beeinflussung. Im o. a. Beispiel verhalten sich die Konsumenten opportunistisch. Sie sind sich einerseits über ihren Informationsvorsprung bezüglich ihres eigenen "geringen" Umweltbewußtseins gewiß, andererseits befürchten sie daraus resultierende Sanktionen. Planen Unternehmen ihre Produktpalette aufgrund der Ergebnisse dieser Befragung, unterliegen sie einem Moral Hazard. Entscheidend für die Abgrenzung gegenüber dem unten zu erklärenden Holdup ist, daß die Verhaltensunsicherheit auch ex post erhalten bleibt. Es wird dem Kontraktpartner ex post

---

[1] Vergl. zu Moral Hazard, Qualitätsunsicherheit und Holdup: Spremann, K., 1990, a.a.O., S. 566 ff.

[2] Eine Übersicht gibt hier: Alewell, D., 1993, a.a.O, S. 104 ff.

[3] Vergl. Spremann, K., 1990, a.a.O., S. 566

[4] Vergl. Kaas, K. P., 1992, a.a.O., S. 478

nicht deutlich, zu welchen Teilen er einem exogenen Risiko und zu welchen Teilen er einem Moral Hazard unterlegen war. Er erfährt lediglich das Ergebnis. Im Beispiel sind die Unternehmen auch ex post nicht in der Lage zu entscheiden, welcher Teil ihrer Unsicherheit beispielsweise auf das Untersuchungsdesign der Befragung und welcher Teil auf opportunistisches Verhalten der Konsumenten zurückzuführen ist.[1] Ähnlich ergeht es Versicherungsgesellschaften, die Umweltschutzrisiken z. B. in Form der Umwelthaftpflichtversicherung abdecken. Die Versicherungsnehmer haben Anreize, ihr wahres Umweltrisiko zu verbergen, um die Versicherungsprämie niedrig zu halten.[2] Bei der Planung von umweltschutzorientierten Informationssystemen ist nach Möglichkeiten zu suchen, durch verbesserte Informationsbeschaffung, Moral Hazard Situationen für das Unternehmen als Opfer zu vermeiden. Im Gegensatz zu den nachfolgend zu untersuchenden Situationen der Qualitätsunsicherheit kann es für Unternehmen sinnvoll sein, als besser informierter Akteur Moral Hazard Situationen gezielt auszunutzen. Auch dieser Aspekt ist bei der Planung von Informationssystemen zu berücksichtigen. Auswirkungen ergeben sich insbesondere auf die Informationsinhalte der externen Unternehmenskommunikation.

b) **Qualitätsunsicherheit** oder "hidden characteristics" liegt in Situationen vor, in denen das Verhalten eines Kontraktpartners B von vorneherein festliegt und nicht mehr seiner Kontrolle unterliegt, dem Kontraktpartner A jedoch ex ante verborgen ist. Ex post wird A das Verhaltensmerkmal des B aber sehr wohl bewußt. Konsumenten unterliegen bei der Markenwahl z. B. regelmäßig einer hohen Qualitätsunsicherheit, was die Umweltverträglichkeit der Produkte betrifft. Qualitätsunsicherheit liegt aber nur dann vor, wenn die Konsumenten nach dem Kauf die umweltschutzbezogene Qualität feststellen können.[3] Die Möglichkeit besteht zum Beispiel bei Waschmittelkonzentraten, die etwa mit dem Slogan "umweltverträglich, da bei gleicher Waschkraft nur das halbe Verpackungsvolumen" beworben werden. Der Konsument wird nach Verbrauch Gewißheit über die Sauberkeit seiner Wäsche und damit den Wahrheitsgehalt des Werbeversprechens haben.

---

[1] Vergl. zu Verhaltensunsicherheit und Moral Hazard: Spremann, K., 1990, a.a.O., S. 571 f.; ebenso: Kaas, K. P., 1991, a.a.O., S. 363

[2] Vergl. Eisen, R., Versicherungsmäßige Lösungsmodelle für Umweltprobleme in ökonomischer Analyse, in: Wagner, G. R., (Hrsg.), Ökonomische Risiken und Umweltschutz, München 1992, S. 72 ff.

[3] Vergl. Spremann, K., 1990, a.a.O., S. 567 f.

Ackerlof[1] analysierte die Qualitätsunsicherheit auf Gebrauchtwagenmärkten und stellte einen Prozeß der adversen Selektion fest, der im Ergebnis zu Marktversagen führen kann: Auf dem Gebrauchtwagenmarkt haben die Verkäufer als bisherige Nutzer ihrer Autos recht gute, aber keineswegs vollkommene Information über die Qualität ihrer Wagen. Die Käufer haben hingegen Schwierigkeiten, die Qualität der angebotenen Wagen zum Zeitpunkt des Kaufes zu bewerten. Die Qualität wird ihnen im Laufe der Zeit nach dem Kauf bewußt. Unterstellt man einen einheitlichen Preis für Gebrauchtwagen, werden die Anbieter nur solche Fahrzeuge offerieren, die bei einer Einzelbewertung höchstens diesen oder einen geringeren Preis erzielt hätten. Durch ein solches Verhalten sinkt die Qualität des Angebots. Die Nachfrager sind in einem nächsten Schritt nicht mehr bereit, den geforderten Preis zu zahlen. Der Preis sinkt. Es findet eine Negativauslese statt, die dazu führt, daß die Wagen mit bisher höchster Qualität bei einem niedrigeren Preis vom Markt zurückgezogen werden. Theoretisch führt die Informationsasymmetrie in Form der Qualitätsunsicherheit zu Marktversagen. Unterstellt man, daß die Qualität der Produkte auch in ihrer Umweltverträglichkeit zum Ausdruck kommt,[2] werden umweltverträgliche Produkte früher aus dem Angebot genommen.[3] Auf dem Gebiet der Arbeitsmärkte, auf die der Ackerlofsche Gebrauchtwagenmarkt mit Einschränkungen übertragbar ist, ziehen qualifiziertere Arbeitskräfte ihr Angebot in der adversen Selektion zuerst zurück.[4] Wie bereits o. a. Untersuchungen ergeben haben, steigt mit der Qualifikation der Arbeitskräfte auch ihr Umweltbewußtsein.[5]

Das Unternehmen muß mit seiner Informations- und Kommunikationsstrategie versuchen, die Unsicherheit bei den Interaktionspartnern über sein eigenes umweltverträgliches Verhalten zu reduzieren, wenn es aus einer umweltschutzorientierten

---

[1] Ackerlof, G. A., The Market for "Lemons": Qualitative Uncertainty and the Market Mechanism, in: Quarterly Journal of Economics, 84. Jg., 1970, S. 488 ff.

[2] Bei den Gebrauchtwagen sind Defekte häufig mit umweltschädigenden Begleiterscheinungen in Form von z.B. erhöhtem Bezin- oder Ölverbrauch etc. verbunden.

[3] Vergl. zu ökologischen Qualitätsmerkmalen auch: Türk, R., Das Ökologische Produkt, 2. Auflg., Ludwigsburg 1991, S. 8 ff.

[4] Vergl. Alewell, D., a.a.O., 1992, S. 109 ff.

[5] Vergl. die Ausführungen zum Arbeitnehmerinteresse im Kap. 2.3.1 und die dort zitierte Literatur.

Wettbewerbsstrategie Vorteile ziehen will.[1] Eine objektiv höhere Umweltverträglichkeit der eigenen Produktionsprozesse oder Produkte im Vergleich zur Konkurrenz verbessert die Wettbewerbsposition an den Arbeits-, Finanz-, Absatz und Besschaffungsmärkten nur dann, wenn der Öffentlichkeit diese Position auch deutlich gemacht wird und es gelingt, Vertrauen in die Wirksamkeit der umweltschutzbezogenen Strategien des Unternehmens aufzubauen. Im Gegensatz zu Moral Hazard Situationen kann bei Qualitätsunsicherheit im Umweltschutzbereich kaum Nutzen aus der Vorspiegelung falscher Tatsachen gezogen werden, da ein Hauptziel von Umweltmanagementstrategien der langfristige Aufbau von Reputation ist.[2]

c) **Holdup** oder "hidden intention" beschreibt als dritte Form von Verhaltensunsicherheit das opportunistische Ausnutzen von Vertragslücken. Entgegen der Situation des Moral Hazard, bei der für den Kontraktpartner die Unsicherheit auch ex post erhalten bleibt, wird das Verhalten ex ante - nach der Entscheidung - bekannt. Der Kontraktpartner A setzt ein Verhalten von B in Holdup - Situationen als natürlich voraus, so daß er nicht auf vertraglicher Regelung besteht. Die vertragliche Regelung kann ferner fehlen, weil sich seit der Vertragsschließung der Zustand der Umwelt geändert hat. Der Kontraktpartner B hat die Möglichkeit, die entstandene Vertragslücke zu seinem eigenen Vorteil und zum Nachteil des A zu nutzen. Gründe für die Vorteilsnahme des B liegen in seinem opportunistischen Verhalten, ohne bösen Willen aufgrund mangelnder Kommunikation der Vertragspartner oder zur Abwälzung eines B entstanden exogenen Risikos.[3]

Bestellt ein Unternehmen A beispielsweise eine aufwendige Kläranlage für eine Produktionsanlage bei dem Maschinenbauunternehmen B, so orientieren sich die Vertragsparteien wahrscheinlich am Stand der zum Vertragszeitpunkt gängigen Technik. Ein Jahr später zeichnet sich ab, daß die bestellte Reinigungsstufe zum Liefertermin technisch bereits überholt sein wird. A befindet sich in einer Holdup Situation, wenn B auf Vertragserfüllung besteht, so daß A nach Erstellung der

---

[1] Alternativ könnte es versuchen die bestehenden Marktgrenzen zu verändern, indem ein Marktsegment für speziell umweltverträgliche Güter geschaffen wird. Insgesamt ist die Marktabgrenzung das Hauptproblem in der Ackerlofschen Theorie.

[2] Vergl. Spremann, K., Reputation, Garantie, Information, in: ZfB, 58. Jg., 1988, H. 5/6, S. 617 ff.; Kaas, K. P. 1992, a.a.O., S. 481 f.

[3] Vergl. Spremann, K., 1990, a.a.O., S. 568 ff.

Reinigungsstufe diese gleich nach Fertigstellung erneut aufwendig modernisieren muß.

Bei der Planung von Umweltinformationssystemen müssen Maßnahmen ergriffen werden, um solche Holdup Situationen für das Unternehmen bestmöglich zu vermeiden oder eigene zu gewinnen. Vor allem in der Vorbereitungsphase von Investitionsentscheidungen muß eine gezielte Informationsaufbereitung gewährleistet sein.

3) Grundsätzliche Möglichkeiten zur Reduktion von Verhaltensunsicherheit

Zur Reduktion aller drei Arten von Verhaltensunsicherheit werden, falls der Nutzen aus der Reduktion der Unsicherheit höher bewertet wird als die Transaktionskosten der Informationsbeschaffung, Informationsaktivitäten ausgelöst, die man als **Screening** bezeichnet. Die Informationsbeschaffung geht im Screening von der schlechter informierten Seite aus. Screening grenzt sich von der ungezielten Informationsbeschaffung des Scanning ab durch ein gezieltes Prüfen, Inspizieren und Aussondern von Informationen. Mit **Signaling** bezeichnet man Informationstransfers, die der besser informierte Akteur von sich aus anbietet.[1] Die Informationsübertragung im Signaling muß nicht auf direktem Wege stattfinden, sie kann sich auch indirekt über gezielte Handlungen des besser informierten Akteurs äußern, die dieser in dem Bewußtsein vollzieht, seinem Partner allein durch seine Handlung ohne gesprochene oder geschriebene Worte eine Information zu übermitteln. Ballwieser stellt fest, daß z. B. die Kommunikationspolitik des Unternehmens generell einem aus der Moral Hazard Situation heraus entstandenen Vertrauensproblem unterliegt: Umweltschutzmaßnahmen können nicht glaubwürdig dokumentiert werden, "...wenn den Adressaten lediglich Fakten über das (vermeintlich positive) Verhalten des Unternehmens oder umweltpolitische Leitmaximen mitgeteilt werden."[2] Aber auch die Qualitätsunsicherheit beeinträchtigt die Glaubwürdigkeit des Unternehmens. Wenn z. B. die Recyclingfähigkeit eines Fahrzeuges in einer Werbebotschaft herausgestellt wird, so kann diese vom Normalverbraucher weder ex ante noch ex post verifiziert werden. Für das Unternehmen bestehen mit Hilfe des Signaling aber die Möglichkeit, seine Glaubwürdigkeit zu steigern und sich von Opportunisten abzusetzen. In

---

[1] Vergl. Kaas, K. P., 1991, a.a.O., S. 358 ff.

[2] Ballwieser, W., Information und Umweltschutz aus Sicht der betriebswirtschaftlichen Theorie, in: Wagner, G. R. (Hrsg.), 1993, a.a.O., S. 260

der Agency - Theorie werden drei Wege zur Steigerung der Glaubwürdigkeit gegenüber dem Kontraktpartner vorgeschlagen:

a) Der Aufbau von Reputation,

b) die Stellung von Garantien und

c) eine gezielte Informationspolitik.[1]

a) Der Aufbau von Vertrauen in die umweltschutzbezogene Leistungsfähigkeit des Unternehmens mit Hilfe der Kommunikationspolitik führt bei oberflächlicher Betrachtung in ein Dilemma, denn umweltschutzbezogene Qualitätsbehauptungen lassen sich nur selten nachvollziehen. Sie setzen Vertrauen voraus, das durch direkte Kommunikationsmaßnahmen allein nicht zu erzielen ist. Zur Auflösung des Dilemmas sind indirekte Kommunikationsmaßnahmen in der Form des Signaling vorzunehmen. Der Aufbau von umweltschutzbezogener Reputation durch Signaling wird von Kaas als langwieriger und kostspieliger Prozeß beschrieben. Maßnahmen, die dem Aufbau von Reputation dienen, sind Selbstbindungen.[2] Kurzfristige Maßnahmen der Selbstbindung sind Garantien (siehe auch b)) oder Gütesiegel wie der "Blaue Engel". Langfristig wird Reputation durch Maßnahmen aufgebaut, die für Trittbrettfahrer zu teuer sind.[3] Langfristige Selbstbindung geschieht so z. B. durch den Aufbau eines von dritten kontrollierbaren Recyclingsystems. Die Maßnahmen der Selbstbindung zielen auf das umweltschutzbezogene Urteil des Marktes ab, denn Vertrauen wird dann, wenn Erfahrungen nicht vorliegen, im allgemeinen durch ein positives Urteil des Marktes hervorgerufen.[4] Hat ein Unternehmen eine umweltschutzbezogene Reputation aufgebaut, so besitzt es einen Pfand, den es auf das Spiel setzt, falls die zugesicherte Umweltverträglichkeit nicht eingehalten wird. Die Kontrolle und der "Entzug des Pfandes" wird durch dritte in Form von Umweltschutzinstitutionen (z. B. Greenpeace), Wissenschaftler oder den Staat übernommen.

b) Garantien richten sich im Gegensatz zu Reputation nicht nur auf die vorbeugende Wirkung des Vertrauensbruchs sondern sichern den Schaden im Verlustfall ab. Das Unternehmen verpflichtet sich gegenüber seinen Partnern, im Verlustfall

---

[1] Eine Überblick gibt: Spremann, K., 1988, a.a.O., S. 618 ff.

[2] Vergl. zu Formen der Selbstbindung: Hüser, A., Institutionelle Regelungen und Marketinginstrumente zur Überwindung von Kaufbarrieren auf ökologischen Märkten, in: ZfB, 63. Jg., 1993, H. 3, S. 274 ff.

[3] Vergl. Kaas, K. P., 1993, a.a.O., S. 36 ff.

[4] Vergl. Kaas, K. P., 1992, a.a.O., S. 482

Schadenersatz oder Nachbesserung zu leisten.[1] Garantien können zum Aufbau von Reputation beitragen. Im Umweltschutzbereich sind beispielsweise Garantien über die Lösungsmittelfreiheit von Lacken weit verbreitet. Insgesamt ist die Bedeutung von Garantien im Umweltschutzbereich aber vergleichsweise gering, da Schäden aufgrund mangelnder Umweltverträglichkeit in der gesetzlich festgelegten Gefährdungshaftung auch ohne kausalen Nachweis dem Verursacher angelastet werden können.

c) Schließlich können Unternehmen zur Steigerung ihrer Glaubwürdigkeit die Informationsasymmetrien abbauen, in denen die Unsicherheit bei den Vertragspartnern begründet liegt. Im Umweltschutz werden hierzu Instrumente der umweltschutzbezogenen Rechnungslegung wie beispielsweise die ökologische Bilanzierung diskutiert, die im folgenden Abschnitt Gegenstand der Untersuchung sein werden. Im Einzelfall bleibt aber fraglich, ob eine effiziente Kontrolle des Unternehmens durch die Vertragspartner auf der Basis einer umfangreicheren Informationsgrundlage möglich ist oder ob der Abbau des Informationsvorsprunges durch die Auswertung der Informationen zu hohe Kosten verursachen würde. Andererseits könnten sich im Umweltschutz unterlegene Unternehmen in Moral Hazard und Holdup Situationen des Signaling bedienen, um ihre Situation gegenüber den Kontraktpartnern zu verschleiern.

In der Abb. 5.2 sind alle in Frage kommenden Vertragspartner des Unternehmens, wie wir sie bereit aus dem Kap. 3 als Interessengruppen kennen, in ihrer Kommunikationsbeziehung zum Unternehmen dargestellt. Die Pfeile symbolisieren jeweils den Informationsfluß vom informierten zum uninformierten Akteur. Einerseits unterliegt das Unternehmen der durch die asymmetrische Informationsverteilung entstandenen Unsicherheit über das Verhalten seiner wirtschaftlichen Umwelt, andererseits kann es Informationslücken anderer für sich wirtschaftlich ausnutzen, so daß die Instrumentarien des Screening und Signaling im Umweltmanagement von großer Bedeutung sind. Wenn hier die Informationslücken des Umweltmanagements untersucht werden, wird das Unternehmen als schlechter informierter Akteur angesehen (graue Pfeilspitze führt zum Unternehmen hin), so daß, im Gegensatz zu den oben beschriebenen Maßnahmen des Signaling, Screening Aktivitäten zur Informationsaufnahme initiiert werden müssen.

---

[1] Vergl. Spreemann, K., 1988, a.a.O., S. 620 f.

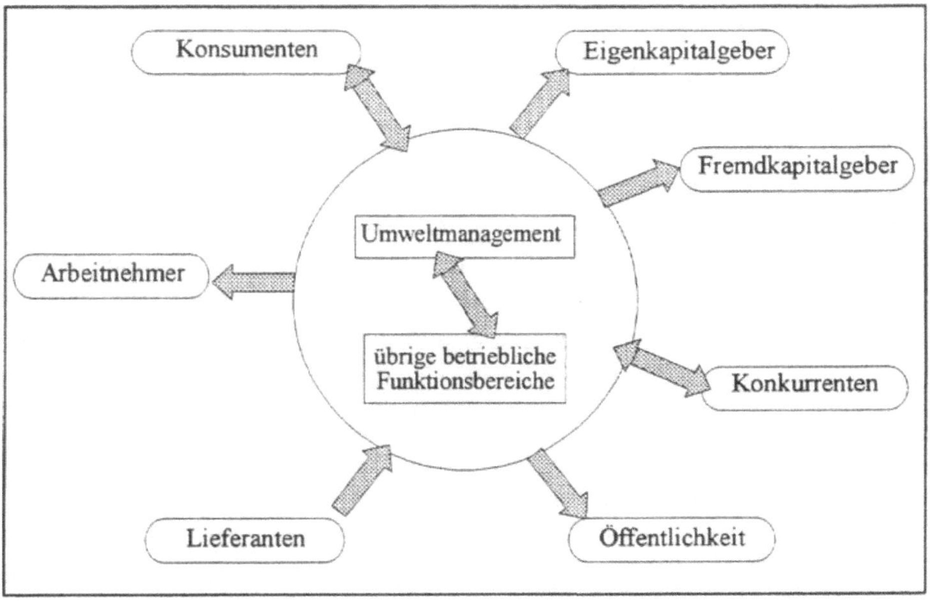

Abb. 5.2: Informationsfluß im Umweltmanagement
Quelle: eigene Darstellung

Aus der Abb. 5.2 ist ersichtlich, daß dieser Zustand insbesondere im Verhältnis des Umweltmanagements zu Lieferanten, zu Konsumenten, zu Konkurrenten und den anderen Funktionsbereichen des Unternehmens von ständiger Bedeutung ist. Deshalb müssen häufig Entscheidungen unter unvollständiger Information getroffen werden, in denen das Umweltmanagement der Gefahr des opportunistischen Verhaltens des Kontraktpartners (Moral Hazard Situation) ausgesetzt ist, einer Qualitätsunsicherheit über gelieferte Waren unterliegt oder Verträge nicht hinreichend präzisiert werden (Holdup Situation). Das Umweltmanagement des Unternehmens besitzt andererseits potentielle Informationsvorteile gegenüber allen Gruppen, die durch Signaling insbesondere in Moral Hazard Situationen auszunutzen sind.[1] Signaling wird gegenüber den Interessengruppen ferner zum Abbau von disfunktionalen Verhaltensunsicherheiten der Kontraktpartner genutzt.

[1] Lediglich bei Lieferanten sind diese als nicht so bedeutsam einzustufen.

5.3 Zwischenergebnis - Information als kritischer Parameter des Umweltmanagements

Bevor wir auf das Ergbnis dieses Abschnitts inhaltlich näher eingehen, soll zunächst die bisherige Argumentation des Kapitels 5 in den Zusammenhang des Gangs der Untersuchung gestellt werden. Zunächst wurde festgestellt, daß aus dem Begriff der Ökologie und den damit in Zusammenhang stehenden Wissenschaften keine direkten, stichhaltig zu begründenden Normen für die Betriebswirtschaftslehre abgeleitet werden können, ganz zu schweigen von Begründungen für das beobachtbare Umweltbewußtsein der Unternehmen. Grund dafür ist die exogene Unsicherheit oder anders ausgedrückt das mangelnde ökologische Weltwissen. Sowohl Erklärungsansätze als auch Normen für umweltbewußtes Verhalten lassen sich durch das interessentheoretische Erklärungsmodell aus der Theorie der Unternehmensverfassung begründen. Verantwortlich für umweltschutzorientiertes Verhalten der Unternehmen sind nach der ersten Grundfrage der Unternehmensverfassung die Umweltschutzziele der Interessengruppen, die in einem Zielbildungsprozeß in Ziele des Unternehmens transformiert werden. Die Ziele der Interessengruppen sind wiederum abhängig von den Einstellungen und Wertesystemen ihrer Mitglieder. Einstellung und Wert sind Konstrukte, die der begrenzten Fähigkeit zur Komplexitätsbewältigung durch den Menschen unterliegen und sind daher nur begrenzt rational zu begründen. Deshalb liegt hier eine Differenz zwischen objektiv realisiertem und subjektiv empfundenem Umweltschutz vor. Die Ziele der Interessengruppen und damit auch die Ziele des Unternehmens sind auf den subjektiv empfundenen Umweltschutz gerichtet. Ein kontinuierlicher Interessenausgleich zwischen den einzelnen Gruppen durch die Unternehmensleitung erfordert zusätzlich eine Berücksichtigung der Dynamik des gesellschaftlichen Umweltbewußtseins, die sich in den Zielen der Interessengruppen widerspiegelt.

Zur Ausgestaltung der zweiten Grundfrage der Unternehmensverfassung wurde die Frage nach der Durchsetzung der Ziele der Interessengruppen im Rahmen der Unternehmenspolitik gestellt. Unterstellt, daß das Unternehmen vor dem Hintergrund des Oberziels der langfristigen Marktwertmaximierung ein gewisses Ausmaß an aktivem, umweltverträglichen Verhalten von den Interessengruppen vorgegeben bekommt, steht das Umweltmanagement des Unternehmens vor den Problemen der

Unsicherheit und der Komplexitätsbewältigung umweltschutzorientierter Information. Verstärkt werden die Probleme durch die Subjektivität des Begriffes umweltverträglich. In Planungsprozessen längeren Horizonts wird das Umweltmanagement mit den in diesem Kapitel aufgezeigten Informationslücken konfrontiert. Zunächst ist dann der sich kontinuierlich vollziehende gesellschaftliche Wertewandel, der in der Einstellung von Personen zum Ausdruck kommt, zu prognostizieren. Befindet sich eine Person in der Rolle des Konsumenten, kann die geänderte Einstellung zu einem Produkt sich in seinem Kaufverhalten[1] zugunsten subjektiv umweltschutzfreundlicher Produkte oder Produzenten niederschlagen.[2] Ebenso kann von den anderen Interessengruppen ein Anpassungsdruck z. B. über Gesetze oder Gesetzesverordnungen (Staat) auf das Unternehmen ausgehen. Für das Unternehmen stellen sich bei der Ausgestaltung der zweiten Grundfrage insbesondere die Aufgaben der Ausgestaltung und des Timings der zu vollziehenden Anpassungsmaßnahmen. Die Qualität der Beantwortung beider Fragen hängt wiederum von der Schließung der aufgezeigten Informationslücken durch das Umweltmanagement ab (siehe zusammenfassend Abb. 5.3). Information ist ein kritischer Parameter des Umweltmanagements.

In welchem Verhältnis steht dieses Ergebnis aber zu den bisherigen Ergebnissen der Umweltmanagementliteratur? Steger identifiziert die Faktoren "Zeit" und "Technologie" als die kritischen Parameter des Umweltmanagements.[3] Betrachtet man den Faktor "Technologie" aus einem wirkungsorientierten Blickwinkel der Prozeß- und Produktinnovation, läßt sich einerseits die Technologie durch Information substantiell erklären, andererseits greift der Faktor Information darüber hinaus in den Durchsetzungsprozeß der Innovation im Betrieb oder der Volkswirtschaft ein. Umweltschutzorientierte Information beinhaltet also nicht nur den Stand der Umwelttechnik, ihre Verteilung ist für die Durchsetzung von Umweltschutzmaßnahmen in der Praxis entscheidend.

---

[1] Vergl. Six, B., 1974, a.a.O., S. 270 ff.

[2] Vergl. zur wissenschaftlichen Erklärung des Kaufverhaltens insbesondere das Total - Modell von Howard und Shet 1969 (wiedergegeben bei: Schulz, R., Kaufentscheidungsprozesse des Konsumenten, Wiesbaden 1972, S. 70 ff.).

[3] Vergl. Steger, U., 1988, a.a.O., S. 242

Informationslücken im Umweltmanagement

Informationsmangel

Gegenmaßnahmen: → Bereitstellen von Information zur fachinhaltlichen Generierung von Umweltmanagementstrategien, -maßnahmen
→ Prognose der Diffusion umweltschutzbezogenen Wissens

Informationsdynamik

→ Informationen über Zeitdauer und Timing von Umweltschutzmaßnahmen

Asymmetrische Informationsverteilung

Moral Hazard
→ Abbau von Informationsdefiziten des Unternehmens
→ gezieltes Aufspüren und Ausnutzen von Informationsvorteilen

Qualitätsunsicherheit
→ Verringerung der Unsicherheit bei den Partnern durch Kommunikationsaktivitäten

Holdup
→ gezielte Informationsaufbereitung als Grundlage zur Ausgestaltung von Verträgen mit Umweltschutzbezug

Begrenzte Rationalität

→ Entlastung der Informationsverarbeitungskapazitäten durch EDV
→ Abbau von Trägheit durch gezielte Umfeldbeobachtungsroutinen

Abb. 5.3: Übersicht: Informationslücken im Umweltmanagement
Quelle: selbsterstellte Übersicht

In diesem Zusammenhang wurden die Chancen und Risiken asymmetrischer Informationsverteilung für das Umweltmanagement in Kap. 5.2.3 untersucht. Was den Faktor "Zeit" anbetrifft, ist auf die im Kap. 5.2.2 aufgezeigte Verknüpfung von Zeit in seinen Ausprägungen "Zeitspanne" und "Timing im Zeitvektor" und dem Grad der Informationserfordernis zu verweisen. Im Ergebnis wächst die Informationsanforderung bei zunehmender Berücksichtigung des kritischen Erfolgsfaktors "Zeit". Das bedeutet, Umweltschutzmaßnahmen können um so schneller erfolgreich abgeschlossen werden, umso besser man zu Beginn über die Situation informiert ist. Die Phasen der Problemanalyse und Alternativensuche werden verkürzt und die Gefahr zeitaufwendiger Fehlplanungen verringert sich. Durch einen hohen Informationsstand läßt sich Zeit bei der Durchführung zukünftiger Maßnahmen sparen. Da Information jedoch kein freies Gut ist, sondern ihre Bereitstellung immer mit Kosten verbunden ist (Kap. 4.1), wird die Arbitrage von "Zeit" und "Information" durch Wirtschaftlichkeitsüberlegungen bestimmt.

Die wirtschaftliche Bereitstellung von Informationen über den ökologischen Wertewandel der Gesellschaft und seine Auswirkungen, Informationen über den technologischen Fortschritt im Umweltschutz und die Bewältigung von In-

formationsasymmetrien sind aus dem Blickwinkel dieser Arbeit die Erfolgsfaktoren des betrieblichen Umweltmanagements. Inwieweit diese kritischen Erfolgsfaktoren dem Umweltmanagement zur Verfügung gestellt werden können, ist Gegenstand der folgenden Kapitel.

B UMWELTSCHUTZORIENTIERTE INFORMATIONS-INSTRUMENTE - EINE BESTANDSAUFNAHME

Nachdem im Teil A das Problem der Informationsversorgung des Umweltmanagements in seinen Wurzeln und Erscheinungsformen erklärt worden ist, wenden wir uns nun einer Bestandsaufnahme der verfügbaren Instrumente zur Bewältigung der Informationsprobleme zu, die der betriebliche Umweltschutz mit sich bringt. Bevor die Instrumente im einzelnen betrachtet werden, gibt die folgende Systematisierung einen einführenden Überblick über die Einordnung der zu behandelnden umweltschutzbezogenen Instrumente (siehe auch Tab. 6.1) in das betriebliche Informationssystem. Umfangreiche Überblicke über umweltschutzorientierte Informationsinstrumente gibt es in der Literatur von Senn (1986) und Meffert/-Kirchgeorg (1992).[1] Bei der Auswahl der Informationsinstrumente, die im folgenden Teil dieser Arbeit vorgestellt werden, sind folgende Einschränkungen gemacht worden:

1) Es werden nur diejenigen Instrumente des Umweltmanagements vorgestellt, die primär dem Zweck der informationsmäßigen Abbildung des Entscheidungsraumes und nicht der Strukturierung des Verfahrens zur Entscheidungsfindung dienen. Deshalb wird das Verfahren der ökologischen Portfolioanalyse, das sich auf die Ableitung von Strategien und damit primär auf das Entscheidungsverfahren bezieht, hier nicht als Informationsinstrument behandelt.

2) Neben den aufgeführten Informationsinstrumenten wird bei der Informationsversorgung des Umweltmanagements auf weitere Instrumente zurückgegriffen, die hier nicht diskutiert werden sollen, da sie keine Umweltschutzspezifika aufweisen. Der Bereich der Marktforschung ist bei der Informationsversorgung des Umweltmanagements von großer Bedeutung, jedoch ergeben sich kaum Besonderheiten für die umweltschutzorientierte Marktforschung gegenüber den gängigen Methoden. Auf die EDV - technischen Instrumente wie dem online Zugriff auf externe Datenbanken oder dem Datenaustausch mit vor- oder nachgelagerten Wertschöpfungsstufen wird hier aus gleichem Grund nicht näher eingegangen.[2] Ebenso werden die betriebswirtschaftlich ausgerichteten Informationsinstrumente Check-

---

[1] Vergl. Senn, F. J., 1986, a.a.O., S. 172 ff.; Meffert, H. u. Kirchgeorg, M., 1992, a.a.O., S. 85 ff.

[2] Vergl. hierzu jedoch die Ausführungen des Kap. 8.3.

listen, Stärken/Schwächen - Analysen, Kosten - Nutzen - Analysen und Wirtschaftlichkeitsprüfungen im Umweltmanagement eingesetzt.[1] Deren Darstellung würde keine spezifisch umweltschutzrelevanten Erkenntnisse erbringen, so daß auf eine detaillierte Beschreibung verzichtet wird.

Die verbleibenden umweltschutzorientierten Informationsinstrumente des Umweltmanagements dienen hauptsächlich der Informationsaufnahme umweltschutzspezifischer Informationen und der Herstellung des intellektuellen Zugangs zu diesen Informationen. Aus der letzten Spalte der Tabelle 6.1 ist ersichtlich, ob ein Informationsinstrument nur den Zugang zu Informationen ermöglicht, oder auch an der Informationsaufnahme beteiligt ist. Anhand der Fragestellung, woher die Informationen im wesentlichen stammen, wird eine Einteilung in Informationsinstrumente zur Sammlung und Aufbereitung von Informationen mit unternehmensinternem Ursprung und solche Instrumente zur Handhabung von Informationen unternehmensexternen Ursprungs vorgenommen. Im folgenden wird verkürzt von internen und externen Informationsinstrumenten gesprochen. Die präzise Trennung in interne und externe Instrumente ist unmöglich, weil Informationen neben Mengen- auch Bewertungskomponenten enthalten. Eine Bewertung ist in der Regel aber nur bei Kenntnis interner und externer Sachverhalte möglich. Die ökologische Buchhaltung beinhaltet beispielsweise im Unternehmen gesammelte Informationen über Stoff- und Energiemengen, die durch Gewichtungsfaktoren hinsichtlich ihrer Umweltrelevanz bewertet werden. Die Bewertungsinformationen stammen dabei von unternehmensexternen Stellen, vor allem wissenschaftlichen Institutionen. Trotzdem sollen die Informationsinstrumente des Umweltmanagements ihrem jeweiligem Hauptzweck folgend in interne und externe untergliedert werden, zumal die unterschiedlichen Entstehungsgeschichten der eher marketingorientierten Frühwarnsysteme und des Rechnungswesens diese Trennung anbietet.

Eine weitere Unterscheidung der Instrumente des umweltschutzorientierten Informationsmanagements kann hinsichtlich ihres zeitlichen Betrachtungsgegenstandes vorgenommen werden. Das Umweltmanagement benötigt für Planungsaktivitäten neben ex - post - Informationen zur Aufdeckung von Schwachstellen auch ex - ante - Informationen in Form von Prognosen, während die Interessengruppen zur Kon-

[1] Vergl. Senn, F. J., 1986, a.a.O., S. 172 ff.

trolle des Umweltmanagements hauptsächlich an ex - post - Informationen über die vergangene Berichtsperiode interessiert sind.[1]

Die nachfolgend relevanten Informationsinstrumente sind in Tabelle 6.1 getrennt nach unternehmensinternen und -externen Instrumenten gegenübergestellt und sollen zunächst im Überblick erläutert werden:[2]

1) Zu den unternehmensinternen Informationsinstrumenten des Umweltmanagements werden die Sozialbilanzkonzeptionen gerechnet. Ihre ursprüngliche Aufgabe ist die Erfassung der sozialen Kosten des Unternehmens. Die Sozialbilanzen sollten von ihrer Grundkonzeption her als Rechenschaftsbericht des Unternehmens gegenüber den Interessengruppen dienen. Heutzutage sind sie, gegenüber ihrer ursprünglich angestrebten Aussagefähigkeit wesentlich eingeschränkt, nur noch Teil des Geschäftsberichtes.

2) Aufgabe der ökologischen Buchhaltung ist es, Informationen über die Umweltverträglichkeit bisherigen Unternehmenshandelns hauptsächlich für unternehmensinterne Empfänger bereitzustellen. In der ökologischen Buchhaltung soll durch Erfassung und kardinale Bewertung aller Umweltbelastungen eine Schwachstellenanalyse durchgeführt werden.

3) Das gleiche Ziel der Schwachstellenanalyse wird mit der ökologischen Bilanzierung verfolgt, die sich als eine Weiterentwicklung der ökologischen Buchhaltung versteht. Jedoch wird hier auf eine kardinale Bewertung verzichtet. Statt dessen wird vermehrt auf eine strukturierte Erfassung (in der Stoff- und Energiebilanz) sowie Aufbereitung und Interpretation der Informationen (in der Produktlinienanalyse) Wert gelegt. Die Ergebnisse richten sich sowohl an unternehmensinterne als auch an -externe Adressaten.

---

[1] Vergl. Freimann, J., Zur Implementation betrieblicher Umweltinformationssysteme, unveröffentlichtes Vortragsmanuskript v. 04./05.10.1991, o. S.

[2] Zu Literaturhinweisen vergl. die jeweiligen Kap. der vorliegenden Arbeit.

Instrument	Betrachtungszeitpunkt	strategisch	operativ	Adressaten der Information	Leistung des Instruments
intern:					
(1) Sozialbilanz	ex post		X	extern	intellektueller Zugang (Bewertung)
(2) Ökologische Buchhaltung	ex post		X	intern	intellektueller Zugang (Bewertung)
(3) Ökologische Bilanz (3.1) Stoff- und Energiebilanz (3.2) Produktlinienanalyse	ex post		X	intern, extern	Informationsaufnahme (3.1), intellektueller Zugang (3.2)
(4) Umweltkostenrechnung	ex post, ex ante		X	intern	intellektueller Zugang
(5) Öko-Controlling	ex post, ex ante	X	X	intern	intellektueller Zugang
(6) Umwelt - Auditing	ex post	X	X	intern, extern	Informationsaufnahme, intellektueller Zugang
extern:					
(7) Ökologische Frühwarnsysteme	ex ante	X	(x)	intern	Informationsaufnahme, intellektueller Zugang
(8) Umweltschutzbezogene Prognoseverfahren (8.1) Diffusionsfunktion (8.2) Umwelt-Szenario-Analyse (8.3) Vereinfachte Verfahren (8.3.1) Cross-Impact-Analyse (8.3.2) STAR - Ansatz (8.3.3) Delphi - Methode (8.3.4) Diskontinuitätenanalyse (8.3.5) Netzwerkarbeit	im wesentlichen ex ante, teilweise unter Berücksichtigung von ex post	X X X X X X X X X	(x) (x) (x) (x) (x) (x) (x) (x)	intern intern intern intern intern intern intern intern intern,extern	Informationsaufnahme, intellektueller Zugang (gilt für alle Instrumente)

Instrument	Betrachtungszeitpunkt	strategisch	operativ	Adressaten der Information	Leistung des Instruments
(9) Integrierte umweltschutzorientierte Frühaufklärung	ex ante	X	(x)	intern	Informationsaufnahme, intellektueller Zugang

Tabelle 6.1 Übersicht über Informationsinstrumente des Umweltmanagement
*Quelle: selbsterstellte Übersicht*mweltmanagements

4) Ziel der Umweltkostenrechnung ist die Erfassung aller mit Umweltschutzinvestitionen verbundenen monetären Vorgänge. Sie dient der Ermittlung der Wirtschaftlichkeit von Umweltschutzinvestitionen. In Analogie zum herkömmlichen Rechnungswesen sind die Informationen für unternehmensinterne Verwender bestimmt.

5) In Anlehnung an das konventionelle Controlling soll auch das ökologische Controlling den Entscheidungsträgern im richtigen Maß umweltschutzorientierte Informationen zum richtigen Zeitpunkt und im richtigen Verdichtungsgrad zur Verfügung stellen.[1] So gesehen stellt das umweltschutzorientierte Informationsmanagement, das nichts anderes bezweckt, einen Teilbereich des ökologischen Controllings dar. Betrachtet man jedoch die in Kap. 6.2 vorgestellten Konzepte eines ökologischen Controllings genauer, so decken sie lediglich Teilbereiche der zu bewältigenden Informationsversorgung ab. In der gegenwärtig vorliegenden Form besitzt das ökologische Controlling deshalb einen ausgeprägten instrumentellen Charakter, weshalb es hier als Instrument zur Informationsversorgung des Umweltmanagements aufzufassen ist.[2]

6) Im Gegensatz zum permanent durchzuführenden ökologischen Controlling besteht die Aufgabe des Umweltschutzauditing in einer Ermittlung der stichtagsbezogenen Umweltschutzsituation des Unternehmens, einschließlich der Revision

---

[1] Vergl. Günther, E. u. Wagner, B., Ökologieorientierung des Controlling (Öko - Controlling), in: DBW, 53. Jg., 1993, H. 2, S. 143 ff.

[2] Vergl. auch die zu Beginn gegebenen Definitionen (Kap. 1.3).

des betrieblichen Umweltmanagements. Auditingberichte sind sowohl zur internen als auch externen Verwendung bestimmt.

7) Die unternehmensexternen Informationsinstrumente des Umweltmanagements dienen der umweltschutzorientierten Umfeldanalyse. Mit einem ökologischem Frühwarnsystem wird eine geschlossene Konzeption von Krystek/Behrendt bezeichnet, die den vollen Umfang dieser Aufgabe wahrnehmen soll.

8) Die umweltschutzbezogenen Prognoseverfahren dienen dementgegen nur zur Prognose der Entwicklung einzelner Themenbereiche. Sie geben keine Auskunft über die umweltschutzbezogene Gesamtsituation des Unternehmens, sind dafür aber weniger aufwendig als ein ökologisches Frühwarnsystem.

9) Da das ökologische Frühwarnsystem nur eine vage und, wie gezeigt werden wird, teils irrige Konzeption ist, die keine konkrete Vorgehensweise aufzeigt, wird eine Konzeption zur integrierten Frühaufklärung vorgeschlagen, die diese Mängel beseitigt.

6 Instrumente zur Verarbeitung unternehmensinterner Information: Konzeption und Leistungsumfang

In diesem Kapitel werden die im oberen Teil der Tabelle 6.1 aufgeführten internen Informationsinstrumente des Umweltmanagements in ihrer Funktionsweise erläutert und vor dem Hintergrund der in den Kap. 2 und 3 aufgestellten Anforderungen bewertet.

6.1 Ökologisches Rechnungswesen

Bevor auf das spezielle Instrumentarium des "ökologischen Rechnungswesens" eingegangen wird, sind einige Vorbemerkungen zur (Nicht-) Berücksichtigung der natürlichen Umwelt im klassischen Rechnungswesen erforderlich. Die Beschaffung von Produktionsfaktoren, die innerbetriebliche Leistungserstellung sowie der Absatz von Produkten werden dabei vom betrieblichen Rechnungswesen stets hinsichtlich ihrer monetären Wirkungen erfaßt, verarbeitet und ausgewertet. Diese Betrachtungsweise führt insbesondere dann zu falschen Aussagen und Entscheidungen, wenn die vom Rechnungswesen erfaßten Werte nur einen Teil des gesamten aus Produktion, Distribution und Konsumption resultierenden Wertzuwachses oder Werteverzehrs beinhalten. Sowohl in mengenmäßiger als auch in wertmäßiger Dimension des herkömmlichen Rechnungswesens geht man davon aus, daß Leistungen prinzipiell mit Gegenleistungen verknüpft sind. Anders jedoch bei der zum großen Teil kostenlos zur Verfügung gestellten Ressource "natürliche Umwelt": Die natürliche Umwelt findet aus der Sicht des Umweltschutzes im traditionellen Rechnungswesen nur unzureichende Berücksichtigung, da vielfach die ökologischen Wirkungen des Unternehmens entweder gar nicht oder nur zum Teil mit den Kosten verbunden werden, die gesamtgesellschaftlich anfallen; das Unternehmen für empfangene Leistungen keine Gegenleistung aufbringt.[1] Durch die Erhebung eines Preises für den Verzehr der natürlichen Umwelt wird in der Diskussion die saubere Umwelt als öffentliches Gut geführt. Aufgabe des Staates ist es, diese Bepreisung so zu gestalten, daß die einzelwirtschaftlichen Ziele zur Förderung der ge-

---

[1] Budäus weist darauf hin, daß eine vom Kostenbegriff Schmalenbachs ausgehende Betriebswirtschaftslehre "...tendenziell nur "marktgängige" Produktionsfaktoren des betrieblichen Leistungserstellungsprozesses" berücksichtigt (Budäus, D., Sozialbilanzen - Ansätze gesellschaftsbezogener Rechnungslegung als Ausdruck einer erweiterten Umweltorientierung? in: ZfB, 47. Jg., 1977, H. 3, S. 187).

meinwirtschaftlichen Ziele beitragen.[1] Wenn die saubere Umwelt als öffentliches Gut knapp wird, so muß auch der Preis für Umwelt steigen, vorausgesetzt die gemeinwirtschaftlichen Zielsetzung beinhaltet die Sicherung der Umwelt als Existenzgrundlage des Menschen. Die Knappheit der natürlichen Umwelt ist, wie im vorigen Abschnitt über die Informationsprobleme im Umweltschutz deutlich wurde, in der Realität aber nur äußerst schwierig feststellbar und meßbar. In der Folge sind die gesetzlichen Regulierungen, die im politischen Willensbildungsprozeß beschlossen werden, in Abhängigkeit von der jeweiligen Aktualität der Umweltschutzdebatte, teils verspätet oder unzureichend verabschiedet worden. Die Bepreisung der natürlichen Umwelt hat zwar in den letzten zwanzig Jahren erheblich zugenommen, dennoch ist zu vermuten, daß der Verzehr an natürlicher Umwelt mit erheblich höheren Kosten verbunden ist, als gegenwärtig dafür bezahlt wird. Immlers 1975 getroffene Aussage hat deshalb noch immer Gültigkeit, nach der das traditionelle, betriebliche Rechnungswesen vom einzelbetrieblichen Interesse her als "...völlig rational, vom Standpunkt des gesamtgesellschaftlichen Interesses dagegen (als) irrational..."[2], angesehen werden muß, da das Interesse des Einzelkapitals an natürlicher Umwelt beschränkt ist. Die verursachten, aus volkswirtschaftlicher Sicht negativen externen Effekte oder Folgekosten werden aus der Wirtschaftsrechnung der Unternehmen ausgeschlossen.[3] Erst wenn Umweltaspekte als Aufwand relevant werden, ist eine Berücksichtigung auf der betrieblichen Ebene durch das klassische Rechnungswesen unumgänglich.[4] Diese Haltung der Unternehmen wird auch durch die recht spärlichen handels- und steuerrechtlichen Möglichkeiten zur Berücksichtigung von Umwelteinwirkungen des Unternehmens verursacht.[5] Dementgegen haben

---

[1] Siehe zur Gemeinwirtschaftlcihkeit Kap. 2.4 der vorliegenden Arbeit und die dort zitierte Literatur.

[2] Immler, H., Die Notwendigkeit von Stoff- und Energiebilanzen im Betrieb, in: Das Argument, 1975, Nr. 93, S. 828

[3] Vergl. zur Bewertung von ökologischen Folgekosten: Horlitz, T., Monetäre Bewertung von Umweltschäden - Ein geeignetes Instrument zur Erfassung ökologischer Folgekosten? in: Donner, H. u. a. (Hrsg.), Umweltschutz zwischen Staat und Markt, Baden - Baden 1989, S. 125 ff.

[4] Vergl. Ridder, H. - G., Die Integrationsfähigkeit der Allgemeinen Betriebswirtschaftslehre am Beispiel der Ökonomisierung ökologischer Fragestellungen, in: Freimann, J. (Hrsg.), Ökologische Herausforderung der Betriebswirtschaftslehre, Wiesbaden 1990, S. 148

[5] Vergl. hierzu: Friedrichs, R., Rechnungslegung bei Umweltschutzmaßnahmen, in: DB, 40. Jg., 1987, H. 51/52, S. 2580 ff.; Bordewin, A., Umweltschutzrückstellungen - Einzelfragen zur Konkretisierung und wirtschaftlichen Verursachung bei Sanierungs- und Anpassungsverpflichtungen, in: DB, 45. Jg., 1992, H. 22, S. 1097 ff.; Bartels, P., Bilanzielle Berücksichtigung von Altlastenfällen, in: WPg, 45. Jg., 1992, H. 3, S. 74 ff.; Förschle, G. u. Scheffels. R., Die Bilanzierung von Umweltschutzmaßnahmen aus bilanztheoretischer Sicht, in: DB, 46. Jg., 1993, H. 24, S. 1197 ff.; Herzig, N., Aktivische Abwer-

(Fortsetzung...)

wir eine Reihe betriebswirtschaftlicher Gründe zur Berücksichtigung ökologischer Aspekte innerhalb des betrieblichen Rechnungswesens im Kap. 2.3 aus der Unternehmensverfassung abgeleitet. Verwiesen sei hier nochmals auf die zahlreichen gesetzlichen Umweltschutzauflagen, die die Dokumentation von Umweltbelastungen durch das Unternehmen und Umweltschutzmaßnahmen zur Reduzierung von Umweltbelastungen unverzichtbar machen.[1]

Ähnlich dem klassischen Rechnungswesen läßt sich auch im ökologischen Rechnungswesen eine Trennung in internes und externes Rechnungswesen vornehmen. Das interne ökologische Rechnungswesen hat die Aufgabe, systematisch ökologische Schwachstellen im Unternehmen zu identifizieren und Ansatzpunkte für die Beseitigung dieser Schwachstellen durch eine Änderung von betrieblichen Handlungen und Entscheidungen herbeizuführen.[2] Das interne Rechnungswesen bildet die Grundlage des Umweltmanagementprozesses. Das externe Rechnungswesen hat zum Ziel, eine offensive Informationspolitik gegenüber externen Kommunikationspartnern zu ermöglichen. Also hauptsächlich gegenüber den Interessengruppen in der wirtschaftlichen Umwelt des Unternehmens, in ökologischen Fragen Kompetenz und Vertrauen zu beweisen und ein Instrumentarium zur Beschaffung und Befriedigung der von außen an das Unternehmen herangetragenen Informationsansprüche bereitzustellen.[3]

Zur Erfüllung der Aufgaben des ökologischen Rechnungswesens sind zwei unterschiedliche Verfahrensweisen zur Erfassung und Verarbeitung von umweltschutzorientierter Information entwickelt worden. Entsprechend des ersten Ansatzes werden die ökologischen Auswirkungen eindimensional in Geldeinheiten quantifiziert, vergleichbar dem Vorgehen im klassischen Rechnungswesen. Das Ziel dieser Verfahrensweise ist, verschiedene Umweltwirkungen wie Wasser- und Luftverschmutzung rechnerisch addierbar zu machen und gegebenenfalls Arbitragen zwischen den

---

[5](...Fortsetzung)
tung versus Rückstellungsbildung bei Umweltschutzverpflichtungen, in: Wagner, G. R. (Hrsg.), 1993, a.a.O., S. 161 ff.; Siegel, T., Umweltschutz im Jahresabschluß: Probleme und Lösungsansätze, in: ebenda, S. 129 ff.; Roeder, G., Rückstellungen für Umweltschutzmaßnahmen aufgrund öffentlichrechtlicher Anpassungsverpflichtungen, in: DB, 48. Jg., 1993, H. 39, S. 1933 ff.

[1] Vergl. Frese, E. u. Kloock, J., 1989, a.a.O., S. 7

[2] Vergl. Hallay, H., Die Ökobilanz, Ein betriebliches Informationssystem, Schriftenreihe des IÖW, Nr. 27, Berlin 1990, S. 9

[3] Vergl. Hallay, H., 1990, a.a.O., S. 17

verschiedenen Umweltbelastungen vornehmen zu können. Dem gegenüber stehen die mehrdimensionalen Verfahren, die die Umweltwirkungen in verschiedenen physikalisch - technischen (und eventuell auch monetären) Größen erfassen und verarbeiten. Die mehrdimensionalen Verfahren sind als Ergebnis der Diskussion um Sozialbilanzen zuerst in den USA entwickelt worden und bilden die Grundlage der später zu diskutierenden Umweltinformationssysteme.

Die Vorgehensweise bei der folgenden Darstellung der Informationsinstrumente des betrieblichen umweltschutzorientierten Rechnungswesens folgt im wesentlichen der historischen Abfolge ihres Entstehens. Diese Vorgehensweise bietet sich an, da in den jeweils moderneren Konzeptionen vielfach Bezug auf vorangegangene Ergebnisse genommen wurde.

6.1.1 Sozialbilanzen

Die Sozialbilanzierung besitzt in ihrer ursprünglichen Form heute kaum noch praktische Relevanz. Trotzdem soll auf die Darstellung in dieser Arbeit nicht verzichtet werden, da sich die wesentlichen Problembereiche moderner Umweltinformationssysteme in diesen ersten konzeptionellen Ansätzen zur Berücksichtigung ökologischer Vorgänge in der Rechenschaftslegung bereits zeigen.

1) Entwicklungsgeschichtlicher Hintergrund der Sozialbilanzierung

Sozialbilanzen wurden in den USA unter dem Begriff "Corporate Social Accounting" entwickelt. In Deutschland stellte das Energieversorgungsunternehmen STEAG die erste Sozialbilanz 1971/72 auf.[1] Als Sozialbilanzen werden Rechnungs- bzw. Berichtssysteme bezeichnet, die über soziale Kosten und soziale Nutzen der Unternehmenstätigkeit informieren. Sozialbilanzen sind Ausdruck der damaligen Tendenz weg von der interessenmonistischen (kapitalgesteuerten) hin zur interessenpluralistischen Unternehmensverfassung.[2] Neben Umweltschutz sind Begriffe wie Lebensqualität, Internalisierung sozialer Kosten und Verursacherprinzip in den

---

[1] Abdruck der STEAG Sozialbilanz bei Heigl, A., Konzepte betrieblicher Umweltrechnungslegung, in: DB, 27. Jg., 1974, o. H., S. 2266; vergl. zur Entwicklung der Sozialbilanzen auch Dierkes, M., Sozialbilanzen - Einige Gedanken zur konzeptionellen und politischen Entwicklung der letzten Jahre, in: Pieroth, E. (Hrsg.), Sozialbilanzen in der Bundesrepublik Deutschland, Düsseldorf, Wien, 1978, S. 202 ff.

[2] Vergl. zu Interessenmonismus versus -pluralismus: Steinmann, H. u. Gerum, E., 1988, a.a.O., S. 181 ff. und Kap. 2.4 der vorliegenden Arbeit.

siebziger Jahren als Nebenziele der Unternehmensführung diskutiert worden.[1] Über die ökonomische Rechnungslegung hinaus bildet die Sozialbilanz den "...Inbegriff sämtlicher Versuche und Vorschläge zur Darstellung der gesellschaftlichen und physischen Umweltbeziehungen eines Unternehmens."[2] Bilanz bedeutet in diesem Zusammenhang nicht, daß eine ausgeglichene Gegenüberstellung von Aktiva und Passiva vorgenommen wird, sondern daß eine regelmäßige Rechnungslegung zur Darstellung der Beziehungen des Unternehmens zur wirtschaftlichen und natürlichen Umwelt im weitesten Sinne stattfindet.

2) Darstellung der Konzeptionen zur Sozialbilanz

Die bestehenden Sozialbilanzkonzepte lassen sich in Gesamtrechnungen (a) und Teilrechnungen (b) unterscheiden.[3] Die Teilrechnungen ergänzen in mehrdimensionaler Form den herkömmlichen Jahresabschluß, wobei nicht die Gesamtheit der Beziehungen des Unternehmens zur Umwelt sondern nur bewußt gewählte Ausschnitte dokumentiert werden.[4] Die Gesamtrechnung ist dagegen eine eindimensional monetäre Darstellung, in der ein Sozialsaldo aus sämtlichen sozialen Nutzen und Kosten der Unternehmenstätigkeit in einer Periode errechnet wird

a) Gesamtrechnungskonzeptionen

Zur Ermittlung des Sozialsaldos gibt es zum einen **Input - orientierte Ansätze**[5], bei denen die Aufwendungen des Unternehmens für soziale Leistungen die Grundlage der Berechnung bilden.[6] Die sozialen Aufwendungen der Unternehmen werden zum einen durch gesetzliche Vorschriften ausgelöst, zum anderen stellen sie freiwillige Leistungen des Unternehmens dar, von denen man sich Anreizwirkungen auf die Partner verspricht. Hoher Input an Aufwendungen für den Umweltschutz wirkt sich

---

[1] Vergl. Budäus, D., 1977, a.a.O., S. 187 f.

[2] Wysocki, K. von, Das Unternehmen in seiner Umwelt: Möglichkeiten und Grenzen der Sozialbilanz, in: Bericht über die Fachtagung 1974 des Instituts der Wirtschaftsprüfer in Deutschland e. V., Düsseldorf 1975, zitiert bei Budäus, D. a.a.O., S. 184; sinngemäß: ders., Sozialbilanzen: Inhalt und Formen gesellschaftsbezogener Berichterstattung, Stuttgart, New York 1981, S. 1

[3] Vergl. Budäus, D. 1977, a.a.O., S. 190 ff.

[4] Vergl. Borkowski, T., Ein Beitrag zur Entwicklung pragmatischer Grundsätze für die gesellschaftsbezogene Berichterstattung, Osnabrück 1988, S. 52

[5] Vergl. z. B. die Ansätze von Linowes, D. F., Socio - economic Accounting, in: Journal of Accountancy, 1968, Nov., S. 37 ff. und Abt, C. C., Analysing and Planning Corporate Social Investment, Cambridge Mass., 1972.

[6] Vergl. Wysocki, K. von, 1981, a.a.O., S. 83 ff.

auf den Sozialsaldo positiv aus, ohne daß die Effizienz des Input - Einsatzes berücksichtigt wird. Hier ist eine Schwäche des inputorientierten Ansatzes zu sehen, denn hohe Aufwendungen für Umweltschutz bedeuten im Falle freiwilliger Maßnahmen nicht gleichzeitig hohe Nutzenstiftung.[1]

Des weiteren gibt es **Output - orientierte Ansätze**[2], mit deren Hilfe der Sozialsaldo durch Saldierung der Beschaffungsrente zuzüglich der bewerteten negativen externen Effekte und der Absatzrente zuzüglich der bewerteten positiven externen Effekte ermittelt wird (siehe Abb. 6.1).[3] Die Kritik an den Output - orientierten Ansätzen bezieht sich im wesentlichen auf die praktische Ermittlung der Zahlungsbereitschaft, die in einem wirtschaftlich vertretbaren Rahmen für ein Unternehmen mit komplexen Umweltbeziehungen wohl nur schwer durchführbar ist, da die Konsumentenrente eines **jeden** Produktes für **alle** Käufer festgestellt werden müßte. Darüber hinaus wurde in Frage gestellt, daß der Nutzen bzw. Schaden veränderter Umweltbedingungen kardinal meßbar ist.[4] Abschließend ist zu bezweifeln, daß in Gesamtrechnungskonzeptionen "...gesellschaftliche Bezüge überhaupt durch eindimensionale Geldbeträge dargestellt werden können."[5] Praktische Ansätze zur Umsetzung von Gesamtrechnungskonzeptionen fehlen nicht zuletzt wegen der hier skizzierten Kritik. Allerdings sind in jüngerer Zeit in der finanzwirtschaftlichen Literatur die Verfahren der Präferenzerfassung öffentlicher Güter stark verfeinert worden, so daß differenziertere Aussagen über soziale Kosten und Nutzen des unternehmerischen Handelns getroffen werden können.[6] Diese sind bislang jedoch noch nicht in die Konzeptionen der Sozialbilanzierung einbezogen worden.

---

[1] Vergl. Budäus, D., 1977, a.a.O., S. 190 f.

[2] Vergl. den Ansatz von Eichhorn, P., 1974, a.a.O., S. 93 ff.

[3] Unter Beschaffungsrente versteht man die Differenz aus dem Betrag, den das Unternehmen für einen Input-Faktor bereit ist zu zahlen und dem tatsächlichen Preis, die Absatzrente bezeichnet dagegen die über den Absatzpreis hinausgehende Zahlungsbereitschaft der Kunden (vergl. Eichhorn, P., 1974, a.a.O, S. 85). Vergl. zum Begriff der Absatzrente als marktmäßiger externer Effekt: Picot, A., Betriebswirtschaftliche Umweltbeziehungen und Umweltinformationen, Berlin 1977, S. 69 ff.

[4] Vergl. Budäus, D., 1977, a.a.O., S. 192. Allerdings bietet die in jüngerer Zeit populär gewordene Methode des Conjoint Measurement eine praktikable Lösung zur Bestimmung der individuellen Preisbereitschaft. Vergl. zur Konzeption des Conjoint Measurement: Simon, H., 1992, a.a.O., S. 116 ff..

[5] Wysocki, K. von, 1974, a.a.O., S. 212, zitiert bei: Budäus, D., 1977, a.a.O., S. 192

[6] Vergl. Pommerehene, W. W., u. Römer, A. U., Ansätze zur Erfassung der Präferenzen für öffentliche Güter, in: Jahrbuch für Sozialwissenschaft, 43. Jg., 1992, S. 171 ff.

Gesellschaftsbezogene Erfolgsrechnung soziale Kosten	sozialer Nutzen
I. Beschaffungsrenten für	I. Absatzrenten für
1. Arbeitsleistungen	1. Produkt A
2. Betriebsmittel	2. Produkt B
3. Werkstoffe	3. Produkt C
4. Kapital	4. Produkt D
5. Unternehmensleistungen	
6. Vorleistungen	
II. Wert der negativen externen Effekte auf	II. Wert der positiven externen Effekte auf
1. Betriebsangehörige	1. Betriebsangehörige
2. Bevölkerung	2. Bevölkerung
3. Unternehmen	3. Unternehmen
4. Öffentliche Haushalte	4. Öffentliche Haushalte
III. Sozialer Nettonutzen als Saldo	III. Sozialer Nettonutzen als Saldo

Abb. 6.1: Schema einer sozialen Erfolgsrechnung nach Eichhorn
Quelle: Budäus, D., 1977, a.a.O., S. 191

b) Teilrechnungskonzeptionen

Teilrechnungen bauen entweder auf den in der Finanzbuchhaltung des klassischen Rechnungswesens erfaßten Informationen auf oder sie beziehen sich in Form von Nebenrechnungen auf bisher im herkömmlichen Rechnungswesen nicht erfaßte Daten.[1] Im folgenden werden diejenigen Teilrechnungskonzeptionen näher betrachtet, die Wechselwirkungen zwischen unternehmerischem Handeln und der natürlichen Umwelt darstellen. Dabei handelt es sich um technische (aa) und betriebswirtschaftlich - finanzwirtschaftliche (bb) Konzepte.

aa) Technischen Datenkonzepten ist gemeinsam, daß sie auf chemisch - physikalischen Daten beruhen. Die ermittelte Ist - Umweltinanspruchnahme durch den Produktionsprozeß oder die Produkte eines Unternehmens werden nach Art und Umfang Soll Werten gegenübergestellt (siehe Abb. 6.2). Soll - Werte lassen sich durch das Unternehmen selbst oder den Gesetzgeber festlegen. Alternativ können

[1] Vergl. Wysocki, K. von, Das Unternehmen in seiner Umwelt: Möglichkeiten und Grenzen der Sozialbilanz, in: Pieroth, E. (Hrsg.), Sozialbilanzen in der Bundesrepublik Deutschland, Düsseldorf, Wien, 1978, S. 26

die im Unternehmen vorhandenen Umweltschutzeinrichtungen mit dem neuesten Stand der Technik verglichen werden.[1] Die Beurteilung des Soll - Ist - Vergleichs sollte extern z. B. durch Berufsverbände vorgenommen werden, um einen einheitlichen, (im Unternehmen und extern) anerkannten Maßstab anzulegen.[2]

Werk XY	Abwässerbelastung	Luftbelastung
Ursachen	....	....
chem.-phys. Benennung der Stoffe und ihre Form	....	....
Meßwerte (Ist)	....	....
zulässige Grenzwerte (Soll)	....	....
Unter-/Überschreitungen	....	....
notwendige techn. Einrichtungen bis...	....	....

Abb. 6.2: Beispiel für ein technisches Datenkonzept
Quelle: Heigl, A., 1974, a.a.O., S. 2265

bb) Betriebswirtschaftlich - finanzwirtschaftliche Konzepte beinhalten als Indikatoren der Umweltverträglichkeit des unternehmerischen Handelns Aufwands- bzw. Ausgabegrößen oder beschreiben die Umweltprobleme und Gegenmaßnahmen verbal. Als einfachste Form der finanziellen Berichterstattung gilt der gesonderte Ausweis der Investitionsausgaben für den Umweltschutz. In erweiterter Form können neben den Investitionsausgaben z. B. auch die Gesamtaufwendungen für den Umweltschutz oder mögliche zukünftige Belastungen aufgrund von Umweltschutz-

---

[1] Vergl. Fronek, R. u. Uecker, P., Umweltrechnungslegung - Jahresabschluß - Social Accounting, in: Seidel, E. u. Strebel, H. (Hrsg.), 1991, a.a.O., S. 286 ff.

[2] Vergl. Marlin, J. T., Accounting in Pollution, in: Journal of Accountancy, 1973, Feb., S. 42 f.

maßnahmen ausgewiesen werden.[1] Abenso wie bei den Input - orientierten Gesamtrechnungskonzeptionen besteht die Gefahr, daß die Rechnungslegung nichts über den Erfolg und die verbliebenen Schädigungen aussagt.[2]

Neben rein finanziellen Umweltdaten können Sozialbilanzkonzepte auch verbale oder kombinierte Beschreibungen der gesellschaftlichen Auswirkungen unternehmerischer Aktivitäten enthalten.[3] Als Ergebnis der zielbezogenen Berichterstattung (Goal Accounting and Reporting)[4] publiziert das Unternehmen seine Zielvorstellungen und deren Erreichungsgrad. Voraussetzung für das Goal Accounting ist ein bestehender Zielkatalog für das Unternehmen, der neben ökonomischen auch auf die anderen Interessengruppen bezogene, etwa ökologische Ziele enthält.[5] Die praktische Leistungsfähigkeit echter Goal Accounting Konzepte ist gering, da für die Probleme der Auswahl von Zielen und ihre konkrete Formulierung bisher keine Lösungen bestehen.[6] Zwar weist Streitferdt nach, daß sich einzelwirtschaftliche Zielsetzungen aus der vorgegebenen Wirtschaftsordnung sehr wohl ableiten lassen und daraus auch auf Umweltschutz gerichtete Unterziele ableitbar wären, jedoch ist dazu das Problem der Motivation der Unternehmensleitung für eine solche Zielsetzung zu lösen.[7] Hier zeigt sich, was Schmalenbach schon 1926 festgestellt hat: "Wer die löbliche Absicht hat, die Privatwirtschaften dahin zu bringen, den gemeinwirtschaftlichen Nutzen zu pflegen, der kann nicht beim Rechnungswesen anfangen. Er muß dahin wirken, daß gemeinwirtschaftlicher und privatwirtschaftlicher Nutzen

---

[1] Vergl. Heigl, A., 1974, a.a.O., S. 2267 f.; vergl. zur praktischen Ausgestaltung eines betriebswirtschaftlich - finanzwirtschaftlichen Konzeptes: Mineralölwirtschaftsverband e. V., Mineralöl und Umweltschutz, 3. Auflg., Hamburg 1989, S. 39 ff.

[2] Vergl. Freimann, J., 1990, a.a.O., S. 183

[3] Vergl. zu kombinierten Konzeptionen etwa die Sozialbilanz der Deutschen Shell (Geschäftsbericht 1988 der Deutschen Shell AG, Hamburg 1989, S. 5 + 30 f.) oder der STEAG (Schulte, H., Die Sozialbilanz der STEAG Aktiengesellschaft, in: BFuP, 26. Jg., 1974, H. 4, S. 277 ff.).

[4] Vergl. Dierkes, M. u. Koopmann, U., Von der Sozialbilanz zur gesellschaftsbezogenen Unternehmenspolitik - Ansätze zu einem Management System for Social Goals, in: BFuP, 26. Jg., 1974, H. 2, S. 295 ff.

[5] Siehe etwa das Zielsystem der Deutschen Shell AG, das die folgenden ökonomischen und gesellschaftspolitischen Ziele enthält: Angemessene Rendite erwirtschaften, Verbraucher marktgerecht versorgen, Interessen der Mitarbeiter berücksichtigen, Belange des Gemeinwesens beachten (das Gemeinwesen verlangt eine geringere Umweltbelastung durch Produkte und industrielle Tätigkeit). Geschäftsbericht der Deutschen Shell AG 1988, 1989, a.a.O., S. 5.

[6] Vergl. Budäus, D., 1977, a.a.O., S. 197

[7] Vergl. Streitferdt, L., 1981, a.a.O., S. 241 ff.

immer zusammenfallen; das ist im wesentlichen eine Frage der Wirtschaftspolitik. Zweitens ist das eine Frage der Erziehung."[1] Wieso Unternehmen über das staatlich geforderte Maß hinaus Umweltschutz betreiben sollten, ließe sich Schmalenbach zufolge nur noch durch ethische Aspekte erklären. Neben ethischen Erwägungen der Entscheidungsträger in Unternehmen mag das Wettbewerbserfordernis für die Reihe an Sozialbilanzen verantwortlich gewesen sein, die am Anfang der achtziger Jahre erstellt worden sind.

In der Praxis hat sich dazu das Gliederungssystem des "Arbeitskreises Sozialbilanzpraxis"[2] durchgesetzt, das als Elemente der Sozialbilanz den Sozialbericht, die Wertschöpfungsrechnung und die Sozialrechnung enthält. Der Sozialbericht ist Teil des erweiterten Lageberichtes[3], der in die Bereiche "Wirtschaftsberichterstattung" und "Sozialberichterstattung" unterteilt wird. Die Wertschöpfungsrechnung zeigt die Entstehung und Verteilung des Beitrages zum Bruttoinlandsprodukt. Die Sozialrechnung ist eine quantifizierte Darstellung der gesellschaftsbezogenen Aufwendungen.[4] Umweltschutzaufwendungen werden in der so gegliederten Sozialbilanz verbal im Sozialbericht und monetär in der Sozialrechnung angegeben; die Wertschöpfungsrechnung ist hinsichtlich des Umweltschutzes von untergeordneter Bedeutung.

3) Bewertung der Konzeptionen zur Sozialbilanz

Die Sozialbilanz wendet sich hauptsächlich an externe Adressaten mit dem Ziel der Bildung eines positiven sozialen Images des berichtenden Unternehmens in der Öffentlichkeit.[5] Auf das Schema des klassischen Rechnungswesens übertragen hat die Sozialbilanz ähnliche Bedeutung wie die G + V, wobei auf die Sozialbilanz verzichtet werden kann aber auf die G + V nicht. Sie dokumentiert für externe Stellen die positiven und negativen Einflüsse des Unternehmens auf die Umwelt. Eine Schwachstellenanalyse für die Unternehmensleitung bietet lediglich das techni-

---

[1] Schmalenbach 1926, zitiert bei: Streitferdt, L., 1981, a.a.O., S. 259

[2] Vergl. "Rahmenempfehlung des Arbeitskreises Sozialbilanz" wiedergegeben bei: Heymann, H. - H., Die Sozialbilanz als Instrument der Unternehmensführung. Das gesellschaftsbezogene Rechnungswesen der Unternehmung in der sozialen Marktwirtschaft, Frankfurt a. M. 1981, S. 241 ff.

[3] Gem. Paragraph 60 AktG

[4] Vergl. Hopfenbeck, W., 1990, a.a.O., S. 484 ff.

[5] Vergl. Zünd, A., Die Sozialbilanzen - Versuch einer Standortbestimmung, in: Der Schweitzer Treuhänder, 52. Jg., 1978, H. 5/6, S. 5

sche Datenkonzept, weil es die Verbesserungsmöglichkeiten der verwendeten Umwelttechnik ansatzweise offenlegt. Die kritische Diskussion um die Sozialbilanzierung und ihre Konzeptionen in der Literatur ist reichhaltig. An dieser Stelle soll aufgrund der derzeit geringen praktischen Relevanz der Sozialbilanzkonzeptionen in Deutschland die Kritik in Anlehnung an Freimann auf zwei Hauptkritikpunkte begrenzt werden:[1]

a) Die praktischen Teilrechnungskonzeptionen der Sozialbilanz knüpfen konzeptionell an die Daten der Finanzbuchhaltung an, die auf oft undurchschaubare Weise zu monetären Inputs des Unternehmens in ihre unterschiedlichen sozialen Beziehungsfelder umdefiniert werden.

b) Die fehlende verbindliche Normierung der Sozialbilanzen führt zu einer Beliebigkeit der ausgewiesenen mengen- und wertmäßigen Sachverhalte. Die meisten Unternehmen stellen demzufolge nur die aus ihrer Sicht positiven Anstrengungen in Richtung auf ihre Umwelt dar. Dabei wird häufig nicht auf gesetzliche Auflagen verwiesen, die Unternehmen zu den angegebenen Leistungen verpflichten.[2]

"Beides zusammen erzeugt und verstärkt aber vor allem beim Adressaten der Sozialbilanz das Mißtrauen, das abzubauen dieses Informationswerk eigentlich leisten sollte."[3] Insgesamt übersehen alle theoretischen Sozialbilanzkonzeptionen, daß der Zusammenhang von gesamtwirtschaftlicher und einzelwirtschaftlicher Zielsetzung nur von staatlicher Seite herbeigeführt werden kann. Sozialbilanzen können lediglich Instrumente der Kontrolle zur Einhaltung gesetzlicher Vorschriften sein.

d) Alternative Ansätze zur Sozialbilanz

Aus der politischen Diskussion um die Sozialbilanzierung in den USA und Europa sind eine Reihe theoretischer Alternativkonzepte hervorgegangen. Neben einem Konzept des DGB ergab die Diskussion in Frankreich 1977 ein Gesetz, das allen

---

[1] Vergl. Freimann, J., Instrumente sozialökologischer Folgenabschätzung im Betrieb, Wiesbaden 1989, S. 54 ff.; ebenso: ders., 1990, a.a.O., S. 182 f.

[2] Vergl. Bergh, R. van den, Fragen der Rechnungslegung in der Sozialbilanz im Zusammenhang mit dem deutschen Modellversuch, in: Der Schweitzer Treuhänder, 52. Jg., 1978, H. 6/7, S. 26

[3] Bergh, R. van den, 1978, a.a.O., S. 183

Unternehmen mit mehr als 300 Mitarbeitern die Veröffentlichung einer Sozialbilanz vorschreibt. Die Anzahl der Indikatoren in der Französischen Sozialbilanzierung steigt mit der Zahl der Beschäftigten an. Sie ist mit fünfzig bis über hundert zu veröffentlichenden Positionen jedoch deutlich höher als in den oben beschriebenen Konzeptionen. Eine Bewertung der Angaben z. B. in monetären Größen ist nicht vorgesehen. Die Unternehmen können die veröffentlichten Fakten auf eigenen Wunsch kommentieren. In Anbetracht der Vielzahl von einzelnen Informationen fällt dem Leser ohne Interpretationshilfe die Auswertung der Bilanz schwer. Andererseits bildet die bloße Auflistung von Grunddaten ohne Bewertung die Grundlage für eine politische Diskussion der Interessengruppen.[1]

Freimann bewertet die Französischen Ansätze zur Sozialbilanzierung abschließend wie folgt: "Obwohl als Instrument der ex - post - Rechenschaftslegung nicht unmittelbar handlungsbezogen, kann doch vor dem Hintergrund der Erfahrungen mit der französischen Sozialbilanzierung davon ausgegangen werden, daß sowohl der Publikationszwang als solcher, als auch die über Medienrezeption und -verbreitung bewirkten öffentlichen Rückwirkungen in erheblichem Umfang handlungswirksam sind."[2]

Nach Ansicht des Verfassers zeichnet sich ab, daß die Sozialbilanz aufgrund der gegenwärtigen Diskussion um die Veröffentlichungspflicht von Umweltschutzinformationen einerseits und die zunehmende Wettbewerbswirksamkeit von Umweltschutz - Unfällen andererseits ein comeback erleben wird. Der Titel kann dann durchaus Umweltschutzbericht lauten, jedoch weisen die Grundelemente dieses Kommunikationsinstruments große Ähnlichkeit mit den betriebswirtschaftlich - finanzwirtschaftlichen Konzeptionen der Sozialbilanz auf. Im Unterschied zu den ursprünglichen Sozialbilanzkonzeptionen und ihren diffusen Zielen sind die Ziele in Zukunft klar umrissen. Sie bestehen erstens in der Erfüllung gesetzlicher Auflagen und zweitens in der Durchsetzung der umweltschutzbezogenen Kommunikationsstrategie des Unternehmens. Gerade als Signaling Instrument zum Aufbau von umweltschutzorientierter Reputation bei asymmetrischer Informationsverteilung[3] erscheinen

---

[1] Vergl. Freimann, J. ,1990, a.a.O., S. 183; ebenso Freimann, J., 1989, a.a.O., S. 60 ff.

[2] Vergl. Freimann, J., 1990, a.a.O., S. 192

[3] Vergl. insbesondere die Ausführungen zur Qualitätsunsicherheit im Kap. 5.1.3 der vorliegenden Arbeit.

Sozialbilanzen unverzichtbar.[1] Als solches sind sie dann jedoch ein Instrument der Kommunikationspolitik des Unternehmens und nicht mehr in den Bereich des Rechnungswesens einzuordnen.

6.1.2 Kriterien zur Beurteilung eines ökologischen Rechnungswesens

Anhand der Diskussion der Sozialbilanzen sind die Problembereiche des ökologischen Rechnungswesens im allgemeinen deutlich geworden. Bevor wir uns praktisch relevanteren Informationsinstrumenten zuwenden, ist zu fragen, welchen Anforderungen ein ökologisches Rechnungswesen gerecht werden muß. Die Beurteilung hinsichtlich der Zielerreichung durch ein ökologisches Rechnungswesen erfolgt anhand der Kriterien

1) Vollständigkeit,
2) Überprüfbarkeit,
3) Vergleichbarkeit und
4) Wirtschaftlichkeit.[2]

Auf die Bewertung der Sozialbilanzkonzepte wurde verzichtet, weil aufgrund ihrer inhomogenen Teilkonzepte und geringen praktischen Relevanz eine Bewertung anhand obiger Kriterien wenig sinnvoll ist.

1) Vollständigkeit

Ein ökologisches Rechnungswesen sollte sämtliche sowohl positive als auch negative Auswirkungen auf die natürliche Umwelt erfassen, ohne daß dabei sämtliche, auch verschwindend geringe, Nebeneffekte erfaßt werden müssen. Entscheidend ist, daß die essentiellen Wirkungen erfaßt und keine einem speziellen Managementinteresse dienende Auswahl von Wirkungen durchgeführt wird.[3] Dieses Risiko entsteht immer dann, wenn die Einhaltung umweltpolitischer Zielgrößen mit Kostensteigerungen

---

[1] Vergl. die Ausführungen des Kap. 5.1.3; dort wurde als Ausweg aus der Problematik der mangelnden Glaubwürdigkeit bei asymmetrisch verteilter Information die Erhöhung von Umweltschutzaufwendungen vorgeschlagen. Mit der Erhöhung der Aufwendungen muß zwangsläufig deren Publikation einhergehen, die im Rahmen der Sozialbilanz zu leisten wäre.

[2] Die Kriterien an ein ökologisches Rechnungswesen sind grundsätzlich von den Kriterien, die zur Beurteilung eines betrieblichen Umweltinformationssystems angelegt werden, zu unterscheiden (vergl. Kap. 9), da die Ziele des Rechnungswesens von denen des Umweltinformationssystems abweichen.

[3] Vergl. Eichhorn, P., Gesellschaftsbezogene Unternehmensrechnung, Göttingen 1974, S. 17

verbunden ist, die nicht über die Preise an die Abnehmer weitergegeben werden können.[1]

2) Überprüfbarkeit

Die Ergebnisse eines ökologischen Rechnungswesens dienen sowohl als Entscheidungsgrundlage für die Unternehmensführung als auch als Kontrollinstrument für Dritte, vor allem dem Staat. Beide Aufgaben setzen eine eindeutige Begriffsbildung und Richtlinien für die qualitative, quantitative und monetäre Erfassung der ökologischen Wirkungen des Unternehmens voraus. Die Schwierigkeiten der Monetarisierung bestehen in erster Linie darin, daß nicht die unternehmerischen Maßnahmen, sondern die aus ihnen entstandene ökologische Wirkungskette Betrachtungsgegenstand ist.[2] Um die Überprüfbarkeit zu vereinfachen, werden in der Literatur für alle Unternehmen verbindliche Verfahren entsprechend den Grundsätzen ordnungsgemäßer Buchführung (GOB) gefordert.[3]

3) Vergleichbarkeit

Die Vergleichbarkeit des ökologischen Rechnungswesens sollte auf drei Ebenen gewährleistet sein: Erstens sollten die Ergebnisse eines Unternehmens im Zeitablauf vergleichbar sein, zweitens sollten die Ergebnisse verschiedener Unternehmen miteinander vergleichbar sein und drittens müssen die ökologischen Wirkungen von Umweltschutzmaßnahmen sowie deren Unterlassungen mit den betriebswirtschaftlichen Ergebnissen möglichst vergleichbar, bzw. saldierbar gemacht werden.[4] Dadurch kann der Erfolg des Unternehmens unter Berücksichtigung der Umweltbelastung ermittelt werden.

4) Wirtschaftlichkeit

Die Installation und Durchführung eines ökologischen Rechnungswesens ist zum Teil mit erheblichen Kosten verbunden. Daraus ergibt sich das Dilemma, daß mit zunehmender Genauigkeit in der Datenerfassung auch die Kosten steigen. Bei einem

---

[1] Vergl. Beschorner, D., Öko - Bilanz: Entscheidungshilfe für eine umweltfreundlichere Wirtschaftsweise, in: Freimann, J. (Hrsg.), 1990, a.a.O., S. 163

[2] Vergl. Eichhorn, P., 1974, a.a.O., S. 20

[3] Vergl. Heigl, A., 1974, a.a.O., S. 2265; Müller-Wenk, R., Die ökologische Buchhaltung, Frankfurt, New York, 1978, S. 69 ff.; Piller, G. K., Sozialbilanz, Frankfurt a. M., 1980, S. 111; Freimann, J., Plädoyer für die Normierung von betrieblichen Öko - Bilanzen, in: ders. (Hrsg.), 1990, a.a.O., S. 177 ff.

[4] Vergl. Eichhorn, P., 1974, a.a.O., S. 22

nach Gewinn strebenden Unternehmen muß innerhalb des Planungshorizontes ein die Kosten übersteigender Nutzen (z. B. in Form eines Wettbewerbsvorteils) entstehen.[1]

6.1.3 Ökologische Buchhaltung

Das ursprüngliche Konzept der ökologischen Buchhaltung stammt von Müller - Wenk (1978).[2] Die Konzeption der ökologischen Buchhaltung ist in der Literatur ausgiebig diskutiert worden,[3] obwohl sie ähnlich den Gesamtrechnungskonzeptionen der Sozialbilanz hauptsächlich theoretische Bedeutung erlangt hat.[4] Im Gegensatz zur Sozialbilanz ist das ursprüngliche Ziel der ökologischen Buchhaltung nicht, als Public - Relations - Instrument gegenüber den Interessengruppen zu dienen.[5] Nach Müller - Wenk stellt die ökologische Buchhaltung vielmehr in erster Linie ein "Meßsystem dar, welches die vom einzelnen Unternehmen ausgehende Umwelteinwirkung umfassend, kontinuierlich und nach verbindlichen Verfahrensvorschriften erfaßt."[6] r begründet die Notwendigkeit zur Führung einer ökologischen Buchhaltung durch Unternehmen allein durch die Knappheit des Faktors Umwelt: "Neuerdings ist die natürliche Umwelt knapp geworden."[7] Um diese Knappheit zu bewältigen, ist von den Unternehmen eine ökologische Buchhaltung zu führen.[8] Müller - Wenk schreibt damit den Unternehmen die Verantwortung für die Probleme um die Erhaltung der Umwelt zu, die aber nur durch regulierende Maßnahmen

---

[1] Vergl., Pfriem, R., Ökologische Unternehmensführung, Berlin 1988a, S. 11

[2] Vergl. Müller - Wenk, R., 1978, a.a.O.; vergl. auch eine Kurzfassung: ders., "Ökologische Buchhaltung" - Eine Einführung, in: Seidel, E. u. Strebel, H. (Hrsg.), 1990, a.a.O., S. 257 ff.

[3] Vergl. Simonis, U. E.(auch Hrsg.), 1983, Die Ökologische Buchhaltung im Kreuzfeuer der Meinungen, in: Ökonomie und Ökologie, 2. Auflg., Karlsruhe 1983, S. 35 ff.; Pfriem, R., Ökobilanzen für Unternehmen, in: ders. (Hrsg.), Ökologische Unternehmenspolitik, Frankfurt a. M., New York, 1986, S. 219 ff.; Freimann, J., 1989, a.a.O., S. 82 ff.; Manski, E., Ökologische Buchhaltung und Umweltbilanz, in: Die Bank, o. Jg., 1991, H. 7, S. 369 ff.; Braunschweig, A., Ökologische Buchhaltung, in: Wechselwirkungen, Nr. 51, Oktober 1991, S. 24 ff.; Roth, U., Umweltkostenrechnung, Wiesbaden 1992, S. 238

[4] Auch wenn Müller - Wenk sein Konzept bei der Firma Roco - Konserven in den Jahren 1973 bis 1975 praktisch erprobt hat und Braunschweig von ökologischen Buchhaltungen in den Städten Bern, Zürich und St. Gallen berichtet (vergl. Braunschweig, A., 1991, a.a.O., S. 24 ff.).

[5] Vergl. Wachta, H., Umweltbilanzen - Ein neues PR - Instrument, in: Werbeforschung und Praxis, 35. Jg., 1990, o. H., S. 47 ff.

[6] Müller - Wenk, R., 1978, a.a.O., S. 17

[7] Müller - Wenk, R., 1991, a.a.O., S. 257

[8] Vergl. Müller - Wenk, R., 1991, a.a.O., S. 257

des Staates gelöst werden können, wie bereits im vorangegangenen Kapitel über die Sozialbilanz erläutert wurde. Trotzdem die Begründung für die Durchführung einer ökologischen Buchhaltung nur unzureichend ist, wird auf die Grundkonzeption näher eingegangen, da sie einerseits breite Beachtung in der Literatur gefunden hat und andererseits einige im folgenden wichtige Aspekte enthält.

1) Darstellung der Grundkonzeption der ökologischen Buchhaltung

Die ökologische Buchhaltung basiert auf einer physikalischen Input - Output Betrachtung.[1] Die in den Produktionsprozeß einfließenden Rohstoffe und Energie werden den als Output übrigbleibenden Abfällen und Emissionen gegenübergestellt. Dazu werden die Einwirkungen auf den natürlichen Umweltzustand nach jeweils spezifischen Kategorien, in Anlehnung an das klassische Rechnungswesen mit Kontenklassen bezeichnet, erfaßt. Die Kontenklassen der ökologischen Buchhaltung sind

1. Energieverbrauch,
2. Materialverbrauch,
3. Denaturalisierung von Boden,
4. feste Abfälle,
5. Abwasser,
6. gas- und staubförmige Abfälle,
7. Abwärme sowie
8. Umwelteinwirkungen in Haushalten abzüglich
9. Materialweiterlieferungen.[2]

Wird das Produkt von einem im Wertsystem nachgelagerten Unternehmen weiterverarbeitet, so kommt es zu einer Buchung auf dem Materialweiterlieferungskonto. Die Hersteller von Endprodukten, die direkt in den privaten Konsum fließen, erhalten die volle Belastung des Materialverbrauchs. Dieser buchhalterische Ablauf ist mit dem Überwälzungsverfahren bei der Mehrwertsteuer vergleichbar.[3] Auf die Erfassung von Lärm, Umwelteinwirkungen, elektromagnetischen Strahlen und Einwirkungen auf die Tier- und Pflanzenwelt wird bewußt verzichtet.[4] Das Konzept ist insoweit den technischen Datenkonzepten der Sozialbilanz ähnlich, als die Daten

---

[1] Vergl. Ullmann, A. A., Versuch einer ökologischen Buchhaltung bei Roco, in: Der Schweizer Treuhänder, 50. Jg., 1976, H. 6/7, S. 20

[2] Vergl. Müller - Wenk, R., 1978, a.a.O., S. 31 ff.

[3] Vergl. Müller - Wenk, R., 1978, a.a.O., S. 25

[4] Vergl. Müller - Wenk, R., 1978, a.a.O., S. 18; Müller - Wenk ist der Auffassung, daß Lärm und elektromagnetische Strahlen keine nachhaltigen Wirkungen über den Zeitraum ihres Auftretens hinaus auf die natürliche Umwelt ausüben. Sie lassen sich deshalb durch gesetzliche Verordnungen wirkungsvoll reglementieren. Einwirkungen auf die Tier- und Pflanzenwelt sind Sekundärwirkungen, die bereits über die vorhandenen Kontenklassen erfaßt werden.

zunächst in unterschiedlichen technisch - physikalischen Einheiten gemessen werden.[1] Eine Kompatibilität der erfaßten Daten wird dadurch erzielt, daß "...die jeweilige Einheitsmenge mit einem Gradmesser der ökologischen Knappheit der betreffenden Einwirkungsart (Erschöpfungsgrad, Rohstoffreserven, Beanspruchung des Aufnahmegrades der Umwelt bei Emission) gewichtet wird. Dieser Gradmesser wird Äquivalenzkoeffizient (AeK) genannt; die zahlenmäßige Berechnung des AeK bildet ein zentrales Element des Konzeptes der ökologischen Buchhaltung."[2] Der AeK mit seiner Dimension Rechnungseinheit pro physikalischer Einheit übernimmt die Funktion des Knappheitsindikators[3], wie sie in den monetären Konzepten der Sozialbilanz der Preis (bzw. die Preisbereitschaft) übernommen hat.[4] Sie sind damit das Maß der umweltbezogenen Kosten einer Aktivität. Braunschweig bezeichnet den AeK als "Ökopreis", der durch das Verhältnis von Nachfrage nach "Umweltgütern" durch den Menschen und dem Angebot der Natur determiniert ist.[5] AeK "...stellen also ökologische Artenpräferenzen im Sinne von ökologischen Gewichtungskoeffizienten aus entscheidungstheoretischer Sicht dar."[6] Müller - Wenk hat die Vorstellung, daß unabhängige Wissenschaftler die AeK unter Bezug auf die naturwissenschaftlich genau bestimmbaren ökologischen Knappheiten von Umweltgütern festlegen.[7] Eine moderne Methode zur Bestimmung der AeK besteht in der Bestimmung mit Hilfe des Statistischen umweltökonomischen Berichtssystems (Stubs). Mit Hilfe einer umweltökonomischen Gesamtrechnung werden zunächst alle gemessenen Umweltbelastungen in physikalischen Einheiten erfaßt und z. B. durch Schadensvermeidungskosten bewertet.[8]

---

[1] Im Rahmen der Sozialbilanzkonzeptionen war jedoch keine Vollständige Input - Output - Rechnung vorgesehen.

[2] Müller - Wenk, R., 1978, a.a.O., S. 17

[3] Müller - Wenk unterscheidet generell zwei Arten von ökologischer Knappheit: Ratenknappheit und Kumulativknappheit. Ratenknappheit gilt für Umweltgüter, welche sich mittels der ökologischen Kreisläufe selbst erneuern (z. B. Grundwasser). Die kumulative Knappheit liegt dagegen bei nicht regenerierbaren Gütern (z. B. Erdöl) vor (vergl. Müller - Wenk, R., 1978, a.a.O., S. 37 ff.).

[4] Neben den AeK gibt es eine Reihe weiterer Versuche der Indikatorenbildung zur Skalierung der Umweltbelastung durch verschiedene Stoffe oder Energien (vergl. Strebel, H., 1980, a.a.O., S. 137 f.; ebenso: Pfriem, R., 1986, a.a.O., S. 210 ff.).

[5] Vergl. Braunschweig, A., 1991, a.a.O., S. 25

[6] Frese, E. u. Kloock, J., 1989, a.a.O., S. 17

[7] Vergl. Müller - Wenk, R., 1978, a.a.O., S. 37 ff.

[8] Vergl. Balzer, A., Der große Wurf. Das Statistische Bundesamt stellt seine Ökorechnung vor. Bringt das Konzept den Durchbruch in der Umweltpolitik? in: Wirtschaftswoche, 44. Jg., 1990, H. 26, S. 24
(Fortsetzung...)

2) BEWERTUNG

Die Leistungsfähigkeit der ökologischen Buchhaltung soll anhand der oben aufgeführten Kriterien (a) Vollständigkeit, (b) Überprüfbarkeit, (c) Vergleichbarkeit und (d) Wirtschaftlichkeit beurteilt werden:

a) Vollständigkeit

Die besonderen Qualitäten der ökologischen Buchhaltung werden in ihrer vollständigen Erfassung der Umweltinanspruchnahme gesehen. Es werden - bis auf die in der Grundkonzeption gemachten Einschränkungen - sämtliche Einwirkungen des Unternehmens auf die ökologische Umwelt erfaßt, soweit sie dem Unternehmen bekannt sind.[1] Das Konzept der ökologischen Buchhaltung sieht eine zielgerichtete Suche nach den im Unternehmen bekannten Möglichkeiten der Umweltbelastungen vor. Eine Einschränkung der Vollständigkeit ergibt sich deshalb aus den exogenen Informationsrestriktionen des Unternehmens, aufgrund derer Umweltbelastungen gar nicht erst als solche erkannt werden. Darüber hinaus werden mögliche qualitative Auswirkungen der erfaßten Umweltbelastungen in ihren Kumulations- und Kombinationswirkungen nicht erfaßt.[2] Die Berücksichtigung dieser indirekten Wirkungen wäre mit einer hohen Komplexitätssteigerung des Systems verbunden.

b) Überprüfbarkeit

Der Hauptansatzpunkt für Kritiker der Müller - Wenkschen Konzeption sind die AeKs. Einerseits ermöglichen die AeKs in idealtypischer Weise eine vergleichende Bewertung der Umweltverträglichkeit von Produkten und Produktionsverfahren, andererseits erscheint ihre realistische Bestimmung als unmöglich. Schwierigkeiten der Bestimmung treten auf bei

- aa) der Bestimmung zulässiger bzw. unschädlicher Belastungsgrenzen,
- bb) der Festlegung der weltweit vorhandenen Rohstoffe,
- cc) der erforderlichen Eingrenzung des räumlichen Bezugsbereiches für die Koeffizienten,
- dd) der Einigung auf Zeiträume der erwünschten Nutzung von Vorräten,[3]
- ee) und der Prognose der technologischen Entwicklung.

---

[8](...Fortsetzung)
f.

[1] Vergl. Freimann, J., 1990, a.a.O., S. 184

[2] Vergl. Freimann, J., 1989, a.a.O., S. 87 f.

[3] Vergl. insbesondere Freimann, J., 1989, a.a.O., S. 87

Die Ursache für diese Probleme ist in den bereits diskutierten Wissensrestriktionen in Form von mangelndem ökologischen Fachwissen und Informationsasymmetrien zu suchen, die die Lobbyisten der verschiedenen Interessengruppen für sich auszunutzen bestrebt sind.[1] Die Ansätze des Umweltbundesamtes zur Erarbeitung einer ökologischen Gesamtrechnung sind zwar ein Schritt zur Objektivierbarkeit der AeKs, jedoch dürfte sich auch hier der Einfluß von Lobbyisten bemerkbar machen. Je nachdem, wie z. B. die Deponierbarkeit der radioaktiven Abfälle beurteilt wird (von ungefährlich bis unlösbar), ergeben sich AeKs von null bis unendlich. Die Bewertung ist ein politischer, subjektiver Prozeß,[2] in dem die Koeffizienten zu einem unternehmensexternen Steuerungsinstrument der Politik werden könnten.[3] Das Umweltbundesamt hält aus diesem Grund einen ökologischen Gesamtindex für nicht geeignet, vielmehr müssen die Bewertungen in ihren Einzelpositionen offen diskutierbar sein.[4] Die streng wissenschaftliche Überprüfbarkeit geht damit jedoch verloren.

c) Vergleichbarkeit

Die Vergleichbarkeit der ökologischen Buchhaltung ist insbesondere in zeitlicher Dimension problematisch. Um Aussagen über die Entwicklung der Umweltbelastung durch ein Unternehmen über einen Zeitraum machen zu können, müssen die jeweiligen Rechnungseinheiten in Relation zum qualitativen und quantitativen Output gestellt werden. Eine zwanzigprozentige Senkung der Rechnungseinheiten kann beispielsweise durch einen dreißig prozentigen Produktionsrückgang erzielt worden sein und bedeutet damit nicht zwangsläufig eine positive Entwicklung der Umweltbelastung. Die Vergleichbarkeit der Ergebnisse im Zeitablauf und im Unternehmensvergleich ist ferner bei stark schwankenden AeKs gefährdet. Die Summe der ökologischen Recheneinheiten eines Unternehmen wird z. B. bei Heraufsetzung der AeKs ceteris paribus größer. In der Folge verliert die ökologische Buchhaltung durch Schwankungen der AeKs als Steuerungs- und Planungsinformation für das Umweltmanagement an Wert. Der Vergleich bzw. die Verrechnung des ökologischen mit dem ökonomischen Ergebnis eines Betriebes ist prinzipiell möglich, da die ökologischen Rechnungseinheiten in Relation zu absoluten Größen wie

---

[1] Vergl. die Ausführungen des Kap. 5 der vorliegenden Arbeit.

[2] Vergl. Schreiner, M., 1988, a.a.O., S. 269

[3] Vergl. Pfriem, R., 1986, a.a.O., S. 220

[4] Vergl. Troge, A., Lügen die Ökobilanzen, in: Absatzwirtschaft, 36. Jg., 1993, H. 1, S. 16

Umsatz, Gewinn etc. gesetzt werden können.[1] Eine generelle Vergleichbarkeit der Ergebnisse setzt in jedem Fall eine Einbettung in gesetzliche Regelungen voraus.[2] Damit sind die oben genannten Meßprobleme jedoch nicht zu lösen.

d) Wirtschaftlichkeit

Der aufwendigste Teil der ökologischen Buchhaltung ist die Messung und Erfassung der physikalischen Daten, die bisher im betrieblichen Rechnungswesen nur teilweise zur Verfügung stehen. Die Weiterverarbeitung der Informationen ist mit Hilfe der EDV einfach, vorausgesetzt, die AeKs sind bekannt. Bei der Firma Roco - Konserven hielt sich der Personalaufwand mit zwei Arbeitsplätzen in Grenzen.[3] Die Ermittlung von AeKs erfordert Expertenwissen, das in der Regel in Unternehmen nicht vorhanden ist. Die Festlegung der AeKs ist deshalb mit so hohen Kosten verbunden, daß die ökologische Buchhaltung nur in einigen Modellversuchen realisiert worden ist.[4]

In der Interpretation der Ergebnisse der ökologischen Buchhaltung steht man vor dem informationsökonomischen Dilemma der Wertaggregation. Bei zu geringer Aggregation, etwa bei Betrachtung der einzelnen, mit ihren AeKs bewerteten Umweltbelastungen, bleiben über die menschliche Informationsverarbeitungsfähigkeit hinaus Details bestehen, die nicht verarbeitet werden können. Bei zu hoher Aggregation, etwa bei Betrachtung der ökologischen Rechnungseinheiten, gehen wichtige Informationen verloren.[5] Trotz aller Kritik war es Müller - Wenks Verdienst, als erster der Idee und Realisierung eines ökologischen Informationsinstruments für Unternehmen in wissenschaftlicher Weise nachgegangen zu sein und ein in sich geschlossenes System entwickelt zu haben, das nicht den Weg der Monetarisierung der Umweltbelastung gegangen ist.[6] Implizit ist die Monetarisierung in Müller - Wenks Konzept jedoch über die AeKs ebenfalls enthalten. Ein Großteil der geäußerten Kritik bezieht sich direkt oder indirekt auf Restriktionen im

---

[1] Vergl. Ullmann, A. A., 1976, a.a.O., S. 23

[2] Vergl. Manski, E., 1991, a.a.O., S. 370

[3] Vergl. Manski, E., 1991, a.a.O., S. 370

[4] Vergl. Ullmann, A. A., 1976, a.a.O., S. 23

[5] Vergl. Freimann, J., 1990, a.a.O., S. 184

[6] Vergl. Pfriem, R., Ökologische Unternehmensführung, Berlin 1988, S. 58 ff.

Bereich des ökologischen Fachwissen. "Solche Kritik trägt die Gefahr völliger umweltpolitischer Blockierung in sich."[1]

6.1.4 Ökologische Bilanz: Stoff- und Energiebilanz, Produktlinienanalyse

Um die Konzeption der ökologischen Bilanz näher untersuchen zu können, sollen zunächst ihre Grundlagen, die Material- (bzw. Stoff-) und Energiebilanzen (1) und die Produktlinienanalyse (2), einer kurzen Betrachtung unterzogen werden. Zwar ist bereits in der ökologischen Buchhaltung der Grundgedanke der seit langem bekannten Material- und Energiebilanzen aufgegriffen worden, doch scheint eine Betrachtung an dieser Stelle der Arbeit sinnvoll, da die Konzeption der ökologischen Bilanz des Instituts für Ökologische Wirtschaftsforschung (IÖW) (3) sich als Weiterentwicklung der Material- und Energiebilanzen versteht.[2]

1) Stoff- und Energiebilanzen[3]

"Der Versuch durch Erfassung, Bewertung und Internalisierung externer Effekte der privaten Produktion die bestehenden Widersprüche bei der Aneignung von Natur und natürlichen Ressourcen zu beseitigen, hat eine ganz grundsätzliche ideologische Bedeutung. Es ist der Versuch, die Rationalität privater Produktion auf sämtliche gesellschaftlichen Prozesse zu erweitern."[4] Dieser Begründungsansatz von Stoff- und Energiebilanzen Immlers aus dem Jahr 1975 kann aus heutiger Sicht bestätigt werden. Die aus marktlichen und rechtlichen externen Steuerungssystemen entstandene Notwendigkeit zur umweltschutzorientierten Unternehmensführung kann als begründet angesehen werden. In der Konsequenz ist die Erweiterung der Informationsgrundlage des Betriebes in stofflichen und energetischen Dimensionen erforderlich. Außer für die Öko - Bilanz können Material- und Energiebilanzen die Informationsgrundlage für die gesetzlich vorgeschriebenen Umweltverträglichkeitsprüfungen bilden.[5] Stoff- und Energiebilanzen sind im Gegensatz zur Bilanz des

---

[1] Braunschweig, A., 1991, a.a.O., S. 29

[2] "Ausgangspunkt der Ökobilanz ist die Erfassung der Stoff- und Energieflüsse im Zusammenhang mit den Aktivitäten eines Unternehmens..."(Hallay, H., Die Öko Bilanz. Ein betriebliches Informationssystem, Berlin 1989, S. 30).

[3] Analog wird auch von Material- und Energiebilanzen gesprochen.

[4] Immler, H., 1975, a.a.O., S. 829

[5] Vergl. zum praktischen Nutzen von Material- und Energiebilanzen: Hofmeister, S., Stoff- und Energiebilanzen - Ein Instrument der Umweltverträglichkeitsprüfung, Praxisbeispiele aus der Industrie, in: (Fortsetzung...)

klassischen Rechnungswesens keine zeitpunkt- sondern zeitraumbezogene Rechnungen mit Material- bzw. Energiemengen pro Zeitabschnitt als Strömungsgrößen.[1] Zugrunde liegt dem Konzept die Gesetzmäßigkeit, daß die in einen Produktions- und Konsumprozeß eingebrachten Stoffe und Energien grundsätzlich erhalten bleiben und lediglich in andere Formen und Zustände umgewandelt werden.[2]

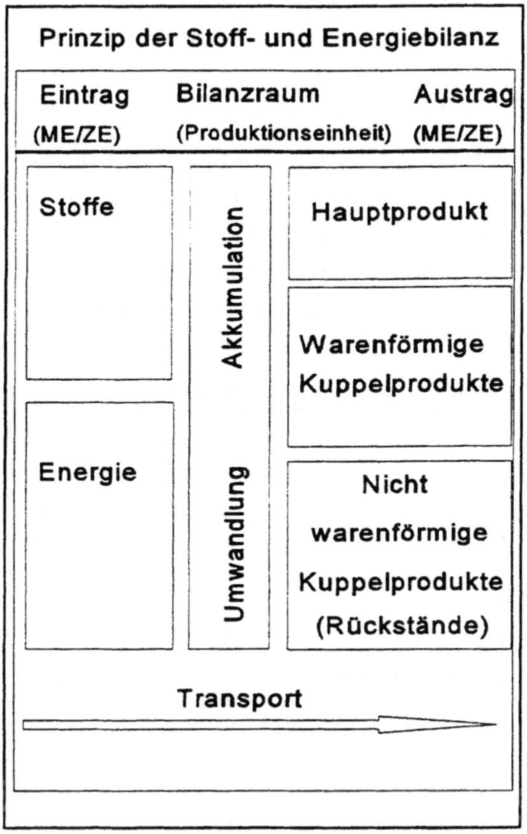

Abb. 6.3: Prinzip der Stoff- und Energiebilanz
Quelle: Strebel, H., 1992, a.a.O., S. 6

"Unter einer Materialbilanz versteht man ... die Gegenüberstellung eingebrachter und ausgebrachter Stoffmengen, wobei ein formaler Ausgleich nach dem Bilanzprinzip erzielt werden muß."[3] "Analog zur Materialbilanz stellt die Energiebilanz die ein- und ausgebrachten Energiemengen einander gegenüber."[4] Die Material- und Energiebilanzen sind deshalb im Sinne der oben beschriebenen Systematik eines umweltschutzorientierten Informationsmanagements tendenziell eher Instrumente der Erfassung und Speicherung von Informationen, als Instrumente zur Herstellung des intellektuellen Zugangs. Der Betrachtungsgegenstand der Stoff- und Energiebilanz wird Bilanzraum

[6](...Fortsetzung)
Schmidt, E. (Hrsg.), 1989, a.a.O., S. 24 ff.

[1] Vergl. Strebel, H., 1992, a.a.O., S. 2

[2] Vergl. Meffert, H. u. Kirchgeorg, M., 1992, a.a.O., S. 113

[3] Kölbel, H. u. Schulze, J., Projektierung und Vorkalkulation in der chemischen Industrie, Berlin, Heidelberg, New York 1982, S. 60 zitiert bei: Strebel, H. 1992, a.a.O., S. 1

[4] Kölbel, H. u. Schulze, J., 1984, a.a.O., S. 69, zitiert bei: Strebel, H., 1992, a.a.O., S. 2

genannt. Bilanzräume können Produkte, Produktionsprozesse oder Betriebe sein, für die eine nach Input und Output getrennte Analyse durchgeführt wird (siehe auch Abb. 6.3).[1] Bei Materialbilanzen gilt dabei die Bilanzgleichung, nach der die Masse des Inputs gleich der Masse des Outputs ist. In der Materialbilanz müssen deshalb auch Stoffe, die keinen ökonomischen Preis haben, bilanziert werden. Materialbilanzen können als Mengengerüst der Kostenrechnung in das ökonomische Kalkül des Unternehmens einbezogen werden. Material- und Energiebilanzen geben neben ihrem Einsatz im Umweltmanagement auch im klassisch betriebswirtschaftlichen Bereich Anhaltspunkte bei der Suche nach bisher ungenutzten Kostensenkungspotentialen in der Produktion. Durch die vollständige Erfassung des Outputs können Hinweise auf die Weiterverarbeitungsfähigkeit bisher nicht genutzter Stoffe, Leckagen und Materialvergeudung gegeben werden.[2] Ebenso können aus Energiebilanzen Erkenntnisse über den nach ökonomischen Kriterien effizienteren Einsatz von Energie im Produktionsprozeß gewonnen werden.[3]

	Dimension Natur			Dimension Gesellschaft			Dimension Wirtschaft	
	Mitwelt	Umweltmedien	Rohstoffe	Gesellschaftliche Aspekte	Individuelle Freiheiten	Arbeitsqualität	Verteilungsaspekte	Allokationsaspekte
Rohstofferschließung und Verarbeitung								
Transport								
Vorleistungsproduktion								
Transport								
Produktion								
Handel/Vertrieb								
Ge- und Verbrauch								
Transport								
Beseitgung								

Abb. 6.4: Matrix zur Produktlinienanalyse in vereinfachter Darstellung
Quelle: in Anlehnung an Rubik, F. und Harmsen, A., 1989, a.a.O., S. 45

---

[1] Ein Beispiel für den Bilanzraum "Verpackungsmaterial" ist bei Beschorner wiedergegeben (vergl. Beschorner, D., 1990, a.a.O., S. 165 ff.).

[2] Zu näheren Ausführungen siehe Strebel, H., 1992, a.a.O., S. 11 f. und die dort zitierte Literatur.

[3] Vergl. zu näheren Ausführungen: Layer, M. u. Strebel, H., Energie als produktionswirtschaftlicher Tatbestand, in: ZfB, 54. Jg., 1984, H. 7/8, S. 638 - 663, insbesondere S. 647 ff.

2) Produktlinienanalyse

Das Öko - Institut in Freiburg hat die Produktlinienanalyse 1987 entwickelt.[1] Mittels einer Vielzahl von Kriterien wird der Einfluß der einzelnen Stufen des ökologischen Produktlebenszyklusses auf die Dimensionen Natur, Gesellschaft und Wirtschaft untersucht.[2] Die Auswirkungen werden mit Hilfe eines Wirkungsrasters in Matrixform dargestellt (siehe Abb. 6.4). Die vertikale Struktur der Matrix umfaßt die Stufen der Rohstofferschließung und -verarbeitung, des Transportes, der Produktion, des Handels bzw. des Vertriebs, des Konsums und der Beseitigung. Die horizontale Struktur umfaßt die drei genannten Dimensionen, auf die die einzelnen vertikal dargestellten Stufen Auswirkungen haben.[3] Zum Ausfüllen der Felder der Produktlinienmatrix sind vielfältige Recherchen nötig. Um den Aufwand in Grenzen zu halten, werden als unwichtig erachtete Felder vorher selektiert und nicht weiter bearbeitet.[4] Dieses Vorgehen wirft die bereits diskutierten Probleme der Bewertung und Wertaggregation auf.[5] Ziel der Produktlinienanalyse ist dementsprechend auch keine quantitative Erfassung der Umweltbelastung durch ein Produkt, sondern die primär verbal - qualitative Beschreibung der Umwelteinwirkungen. Das Einsatzgebiet der Produktlinienanalyse dürfte daher insbesondere im relativen Vergleich mit Konkurrenzprodukten liegen.[6] Die Anliegen bei der Entwicklung der Produktlinienanalyse waren ursprünglich durchaus politischer Art. Sie sollte weniger den Unternehmen bei der Produktentwicklung umweltgerechte Hinweise geben, als vielmehr Grundlage für eine politische Diskussion der Interessengruppen über die Umweltverträglichkeit von Produkten sein.[7] Die Produktlinienanalyse "...ist eher Programm, als Instrument, da sie zwar mit der Absicht einer ganzheitlichen

---

[1] Vergl. zu näheren Ausführungen Öko - Institut (Hrsg.), Produktlinienanalyse, Köln 1987

[2] Die Dimensionen sind durchaus mit den Beziehungsfeldern der Gesamtrechnungskonzeptionen der Sozialbilanzierung zu vergleichen.

[3] Vergl. Öko - Institut (Hrsg.), 1987, a.a.O., S. 33 ff.

[4] Vergl. Rubik, F. und Harmsen, A., Die Produktlinienanalyse, in: Schmidt, E. (Hrsg.), 1989, a.a.O., S. 40 - 56, insb. S. 43 ff.

[5] "Eine abschließende Aggregation der Bewertungen schließlich über alle Lebenszyklen und alle Dimensionen zu einer einzigen eindimensionalen Maßgröße...ist kaum vorstellbar" (Rubik, F. und Harmsen, A.,1989, a.a.O., S. 48).

[6] Vergl. Rubik, F. und Harmsen, A.,1989, a.a.O., S. 48 ff.

[7]"Unser Ansatz versucht, über gesellschaftliche Auseinandersetzungen, über Diskussionen und Partizipation aller Beteiligten und Betroffenen Veränderungen in Gang zu setzen"(Rubik, F. und Harmsen, A.,1989, a.a.O., S. 54).

Betrachtung entwickelt wurde, ...(diesen) Vorteil aber nicht instrumentalisieren kann."[1] Vor diesem Hintergrund wäre eine Bewertung der Leistungsfähigkeit unter den aufgestellten ökonomischen Kriterien nicht gerechtfertigt. Dennoch sind die Grundgedanken der Produktlinienanalyse auch in die im folgenden zu diskutierende Öko - Bilanz eingeflossen.

3) Darstellung der Grundkonzeption der Öko - Bilanz (IÖW)

Die theoretische Grundkonzeption stammt vom IÖW, das sein Modell auch als Prototyp bei der Firma Bischoff und Klein verwirklichen konnte.[2] Die Öko - Bilanz des IÖW erfüllt eine doppelte Zielsetzung: Einerseits soll sie Informationsgrundlage für Planungs- und Entscheidungsträger im Umweltmanagement sein, andererseits dient sie als Informationsgrundlage der Interessengruppen in der wirtschaftlichen Unternehmensumwelt.[3] Mit der Öko - Bilanz wird ein umfassender Ansatz verfolgt, der möglichst alle Umweltwirkungen erfaßt, die im Zusammenhang mit den betrieblichen Tätigkeiten stehen, und nicht nur einige ausgewählte Parameter berücksichtigt. Ziel ist damit auch, die ökologischen Wirkungen des Unternehmens in vor- und nachgelagerten Stufen des Stoff- und Energiekreislaufes zu erfassen. Bei der

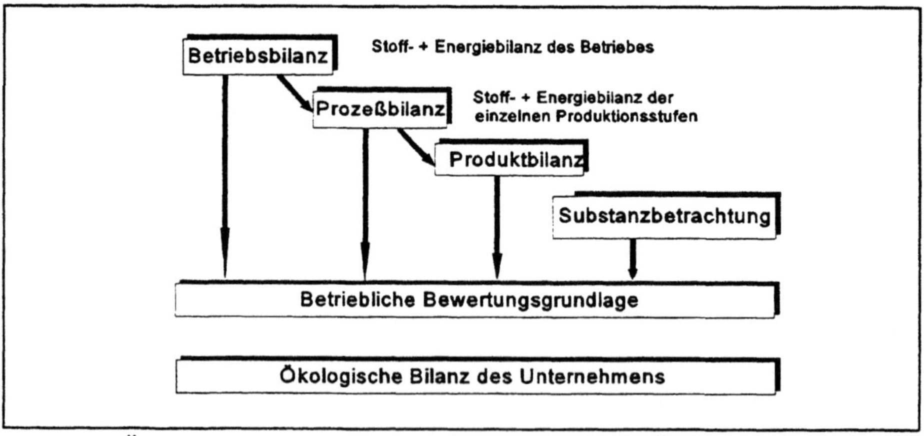

Abb. 6.5: Öko-Bilanz Systematik nach dem Konzept des IÖW
Quelle: in Anlehnung an Hallay, H., 1989, a.a.O., S. 33

---

[1] Günther, K., 1991, a.a.O., S. 70 f.

[2] Gefördert wurde das Projekt vom Land Nordrhein - Westfalen und dem Förderkreis Umwelt future e. V..

[3] Vergl. Beschorner, 1990, a.a.O., S. 163

Konzeption der Öko - Bilanz wurde auf eine Reihe bereits bestehender Konzeptionen und Methoden zuurückgegriffen.[1] Die Erfassung der umweltschutzorientierten Information erfolgt in vier Bilanzelementen, der Betriebsbilanz (a), der Prozeßbilanz (b), den Produktbilanzen (c) und der Substanzbetrachtung (d).[2]

a) Betriebsbilanz

Die Betriebsbilanz dient als Ausgangspunkt der Betrachtung. Sie stellt den stofflichen und energetischen Inputs auf Unternehmensebene die stofflichen und energetischen Outputs gegenüber. In dieser Input - Output - Analyse stellt sie das Unternehmen als Black - Box dar. Auf der Input-Seite werden die Roh-, Hilfs- und Betriebsstoffe sowie Energien, auf der Output - Seite die Produkte und stofflichen sowie energetischen Emissionen dargestellt. Durch die Betriebsbilanz wird ein quantitativer Überblick über die im Unternehmen eingesetzten Stoffe und Energien geschaffen.[3]

b) Prozeßbilanz

Die Prozeßbilanz wird entsprechend der Betriebsbilanz für die innerbetrieblichen Abläufe erstellt und erfaßt damit die Energie- und Stoffpfade einzelner Verfahrensschritte der Produktion. Durch die Prozeßbilanz wird eine stärkere Transparenz der innerbetrieblichen Produktionsvorgänge aus stofflicher und energetischer Sicht erreicht, eine Schwachstellenanalyse wird dadurch ermöglicht.[4]

---

[1] Neben den oben beschriebenen ökologische Buchhaltung, Material- und Energiebilanz und Produktlinienanalyse sind dies die Produktfolgematrix, Studien zum Vergleich der Umweltverträglichkeit von Papier- und Polyethylentragetaschen, Ökoprofile und Untersuchungen zu Umweltauswirkungen durch Getränkeverpackungen (vergl. Hallay, H., 1989, a.a.O., S. 21).

[2] Vergl. zur Darstellung der Bilanzelemente: Hallay, H., 1989, a.a.O., S. 30 ff.; Lehmann, S. u. Clausen, J., 1991, a.a.O., S. 12 f.. Den Zusammenhang der einzelnen Bilanzelemente verdeutlicht Günther anhand der Austauschbeziehungen von Unternehmen und Umwelt in Form eines Schaubildes (vergl. Günther, K., Öko - Bilanzen als Grundlage eines Umwelt - Auditings, in: Steger, U. (Hrsg.), Umwelt - Auditing, Frankfurt 1991, S. 66).

[3] Vergl. zum Aufbau eines Kontenrahmens der Betriebsbilanz am Beispiel des Textilherstellers Kunert AG: Wagner, B., Vom Öko - Audit zur betrieblichen Öko - Bilanz, in: Prisma Industrie Kommunikation (Hrsg.), 1992, a.a.O., Teil B 1, o. S.; vergl. zum "Kontoplan" der Öko - Bilanz bei der Swissair: Keller, L., Handlungsorientierte Ökobilanz im Unternehmen - das Führungsinstrument für umweltbewußte Unternehmen am Beispiel Swissair, ebenda, Teil B 3, o. S.

[4] Vergl. zur Erstellung einer Prozeßbilanz in der Praxis: Mosthaf, H., Aufgabe und Struktur einer Ökobilanz, in: WiSt, 20. Jg., 1991, H. 4, S. 193

c) Produktbilanz

In der Produktbilanz werden die "Lebensläufe" der das Unternehmen verlassenden Produkte bzw. der in das Unternehmen eingebrachten Vorprodukte analysiert. Dazu werden alternative Vorleistungen auf der Einlieferungsseite wie auch die weiteren Umweltwirkungen der abgegebenen Produkte und Emissionen erfaßt, systematisiert und bewertet.[1] Das Vorgehen orientiert sich dabei am "ökologischen Produktlebenszyklus".[2]

d) Substanzbetrachtung

Die bisher nicht berücksichtigten Umweltbeeinträchtigungen durch dauerhafte, betriebliche Nutzungen werden in der Substanzbetrachtung erfaßt. Diese umfassen strukturelle Eingriffe, wie Nutzung der Bodenoberfläche, Eingriffe in die Landschaftsstruktur sowie die umweltschutzorientierte Betrachtung von Anlagevermögen und Lagerbeständen. Bei der Neumarkter Lammsbräu Brauerei ersetzt eine Standortbilanz in der praktischen Durchführung die Substanzbetrachtung des theoretischen Konzepts, in der "...alle übrigen standortbezogenen Bereiche und Aktivitäten eines Unternehmens analysiert"[3] werden.

Die vier Elemente der Öko - Bilanz bilden auch die Informationsbasis für eine Öko - Controlling - Konzeption, die im folgenden noch zu untersuchen sein wird. Neben der Pilotanwendung sind bereits in einer ganzen Reihe an Unternehmen Öko - Bilanzen durchgeführt worden.[4]

---

[1] Die Klassifikation der Öko - Bilanz als Instrument zur Verarbeitung unternehmensinterner Informationen im Rahmen dieser Arbeit widerfährt hier insofern einer Einschränkung, da die Produktbilanz nur mit Hilfe von externen Informanten wie z. B. Lieferanten, Kunden, Entsorgungsunternehmen etc. aufgestellt werden kann.

[2] Vergl. Osterod, S., Einführung einer Ökobilanz in einem Industriebetrieb, in: Schmidt, E. (Hrsg.), 1989, a.a.O., S. 14. Der Autor gibt ferner ein praktisches Beispiel für den ökologischen Produktlebenszyklus einer Polyethylentragetasche (ebenda, S. 15).

[3] Ehrnsperger, F., Öko - Bilanz und Öko - Controlling, in: Prisma Industrie Kommunikation (Hrsg.), 1992, a.a.O., Teil B 2, o. S.; gemeint sind hier bspw. Betriebswerkstätten, Abwasserreinigungsanlagen, allgemeine Verwaltungseinrichtungen, externe Dienstleistungen (Gebäudereinigung) etc. (vergl. ebenda).

[4] Vergl. folgende Übersicht: Teichert, V., Betriebliche Umweltinformationssysteme und Möglichkeiten der Arbeitnehmervertretung, in: WSI Mitteilungen, 46. Jg., 1993, H. 6, S. 361

4) Konzeptionelle Erweiterungen

Ein Vorschlag von Freimann[1] ist als Erweiterung des IÖW - Konzeptes im Hinblick auf die externe Funktion und insbesondere auf die in diesem Zusammenhang erforderliche Normierung von Öko - Bilanzen zu verstehen. Im Grundkonzept von Freimann sind die Berichtsteile wie folgt eingeteilt:

1. Produktionsinputs,
2. Produktionsprozesse,
3. Produkte,
4. Kuppelprodukte,
5. sozial - ökonomischer Maßnahmenbericht und
6. Stellungnahmen.

Neben den Teilen eins bis vier, die in ihren wesentlichen Inhalten denen des IÖW - Konzeptes entsprechen,[2] dient ein sozial - ökologischer Maßnahmenbericht über Maßnahmen des Naturschutzes, des Sponsoring aber auch der Produkt- und Produktionsumstellung der Rechenschaftslegung gegenüber den Interessengruppen. Der komplettierten Bilanz wird eine Stellungnahme des Betriebsrates und einer externen Umweltschutz - Organisation angefügt, bevor sie veröffentlicht wird.

5) Bewertung

Zur Bewertung der Leistungsfähigkeit der Öko - Bilanz als Informationsinstrumentarium des Umweltschutzes sollen zunächst die Elemente der Öko - Bilanz anhand der bereits erläuterten Kriterien bewertet werden, bevor auf die Grundkonzeption als Ganzes eingegangen wird.

a) Vollständigkeit

Aufgrund der vier Teilbilanzen, die die Öko - Bilanz bilden, wird das Ziel einer vollständigen Erfassung sämtlicher ökologischer Auswirkungen betrieblichen Handelns zumindest theoretisch erreicht. Die Frage, inwieweit Überschneidungen bzw. Doppelzählungen ausgeschlossen sind, bleibt unbeantwortet. Die Einbeziehung des gesamten ökologischen Produktlebenszyklusses in der Produktbilanz erlaubt die Berücksichtigung ökologischer Kriterien z. B. bei der Beschaffungspolitik oder bei der Entscheidung über Entsorgungsmaßnahmen bzw. Recycling - Möglichkeiten.[3]

---

[1] Vergl. Freimann, J., 1990, a.a.O., S. 189 ff.

[2] Die Spezifizierung zu den Berichtsteilen bei Freimann sind vage und bedürfen nach Aussage des Autors näherer Ausarbeitung. Verglichen mit der IÖW - Konzeption sind die Angaben wohl nicht so detailliert, aber ebenso vollständig anzugeben.

[3] Vergl. Pfriem, R., Die Ökobilanz - Ein betriebliches Informationsinstrument, in: Förderkreis Umwelt future e. V. (Hrsg.), Von der Öko - Bilanz zum Öko - Controlling, Lengerich 1989, S. 43.

Problematisch erscheint dabei die Abgrenzung der relevanten Informationen und ebenso deren Gewinnung.[1] Nahezu alle mittlerweile als umweltschädlich erkannten Stoffe wie DDT, Asbest etc. sind ehemals als unbedenklich klassifiziert gewesen. Woher stammen Informationen über zukünftig als bedenklich einzustufende Stoffe und deren Altenativen? Daß sich neben den exogenen auch die volle Bandbreite der in Kapitel 5 dargestellten endogenen Wissensrestriktionen bezüglich umweltschutzorientierter Information bei der Informationsbeschaffung für die Produktbilanz auswirkt, demonstriert folgender Sachverhalt. Hallay selbst räumt ein, daß "ein nicht unwichtiger Teil der Ökobilanz (...) nur mit Hilfe externer Informationsquellen zu erstellen (ist).... Allerdings zeigt sich, daß diese (Lieferanten) zum Teil aus Angst vor der Preisgabe eigener Betriebsgeheimnisse (Rezepturen etc.) nur bedingt bereit sind, Informationen weiterzugeben".[2]

b) Überprüfbarkeit

Die Entwicklung einer Öko - Bilanz Systematik steht noch am Anfang. Um eine Überprüfbarkeit zu gewährleisten, werden gesetzliche Vorschriften gefordert, die die Unternehmen dazu verpflichten, Informationen in Form einer einheitlich strukturierten Öko - Bilanz zu veröffentlichen. Aufgrund der hohen Komplexität und des verhältnismäßig geringen Kenntnisstandes über die Umweltverträglichkeit von Produkten und Prozessen sind gesetzliche Normierungen für die nähere Zukunft nicht zu erwarten. Das Umweltbundesamt stellt statt dessen selbst Ökobilanzen für ausgewählte Stoffe auf, um Verfahrensgrundlagen vorzugeben, an denen sich Unternehmen auf freiwilliger Basis orientieren können.[3] Darüber hinaus institutionalisiert das Bundesumweltamt international besetzte Normierungsgremien zur Erarbeitung von Methoden - Konventionen. Da die Öko - Bilanz als ein intern gerichtetes Informationsinstrument ausgelegt ist, liegt es im Interesse des Unternehmens, die Öko - Bilanz zunächst für den internen Gebrauch nach ordnungsge-

---

[1] Vergl. Hopfenbeck, W., 1990, a.a.O., S. 499 f.

[2] Hallay, H., 1989, a.a.O., S. 111

[3] Vergl. Troge, A., 1993, a.a.O., S. 14 ff.; die Komplexität der Ökobilanz - Erstellung wird am Beispiel "Rapsöl als Dieselersatz" in dem Interview herausgestellt. Vergl. ebenso: Lersner, H. von, Ökobilanzen: Neue Wegweiser für den Umweltschutz, in: WISU, 22. Jg., 1993, H. 5, S. 399 f.; von Lersner betont, daß das Umweltbundesamt nicht Gutachter für die Qualität von Ökobilanzen sein kann, sondern lediglich durch die Aufstellung einheitlicher Bilanzierungsregeln und die Bereitstellung einer Datenbank zur Unterstützung der Bewertung tätig werden kann.

mäßen Kriterien nachvollziehbar zu erstellen.[1] Welcher Teil dann jedoch an die Interessengruppen kommuniziert wird, bleibt fraglich.

c) Vergleichbarkeit

Stichhaltige Kriterien zur Begrenzung der im Prinzip unendlichen Komplexität der stofflichen und energetischen Wirkungen sind in der Konzeption zur Öko - Bilanz nicht festgeschrieben. Die Abgrenzung ist den jeweiligen, an ihrer Konstruktion beteiligten Experten überlassen, so daß eine überbetriebliche Vergleichbarkeit erschwert wird. Ziel der Öko - Bilanz ist wohl eher, eine Vergleichbarkeit im Zeitablauf zu gewährleisten. Die Bewertung der gesammelten Daten, wie sie in der Sozialbilanz und der ökologischen Buchhaltung erfolgt, ist in der Konzeption bisher noch nicht vorgenommen worden. Eine Saldierung und ebenso eine Priorisierung der Handlungsbedarfe ist deshalb nicht möglich. Zur Ableitung von Handlungsempfehlungen ist zumindestens eine Priorisierung von Handlungsfeldern für das Umweltmanagement zwingend erforderlich.

d) Wirtschaftlichkeit

Die Beurteilung der Öko - Bilanz Konzeption hinsichtlich ihrer Wirtschaftlichkeit ist problematisch. Konkrete Angaben über die Kosten des Pilotprojektes bei B-ischoff und Klein sind nicht veröffentlicht worden. Die Kosten werden hauptsächlich durch den Aufwand der zusätzlichen Datenbeschaffung und -haltung bestimmt. Kostentreiber sind beispielsweise Befragungsaktionen und technische Meßverfahren zur Erlangung der Daten innerhalb und außerhalb des Unternehmens. Demgegenüber ist der aus der Bilanzierung entstandene Nutzen zu bewerten. Im Pilotprojekt konnte etwa auf geplante Investionen in Abwasserreinigungsanlagen verzichtet werden, da präventive Maßnahmen z. B. durch die Änderung der Zusammensetzung von Vorprodukten aufgezeigt werden konnten.[2]

Die generelle Problematik der Öko - Bilanz des IÖWs ist bereits in der bisherigen Bewertung angeklungen: Aufgrund ihres unscharf umrissenen Aufgabenbereichs ist sie als "eierlegende Wollmilchsau" zu bezeichnen. Einerseits soll die Öko - Bilanz gegenüber den Interessengruppen als eine Art ökologischer Rechenschaftsbericht dienen, andererseits versteht Pfriem sie mehr und mehr als Baustein eines zentralen

---

[1] Vergl. Pfriem, R., Ansatzpunkte für ein ökologisches Rechnungswesen im Unternehmen, in: Umweltschutz, Gewinn für die Zukunft, Förderkreis Umwelt future e. V., Lengerich, 1987, S. 68 f.

[2] Vergl. Hallay, H., 1989, a.a.O., S. 113

Management - Informationssystems, der die Möglichkeit für ein vorausschauendes, langfristiges, strategisches, vorbeugendes und innovatives Agieren bietet.[1] Daß kein Unternehmen derartig brisante Daten, wie sie die Öko - Bilanz enthält, ohne weitere Bedenken kommuniziert, haben ihre Entwickler selbst erfahren.[2] Als an externe Adressaten gerichtetes Informationsmedium ist sie demzufolge zumindest unzensiert nicht einsetzbar. Eine Zensierung würde jedoch die Vollständigkeit der Bilanz gefährden. Es muß die Frage gestellt werden, warum im herkömmlichen Rechnungswesen eine stringente Trennung in intern und extern vorgenommen wird, im umweltschutzorientierten Rechnungswesen jedoch nicht?

Die Hoffnung, daß sich Unternehmen aus ethischen Erwägungen heraus für die durch sie verursachte Umweltbelastung verantwortlich fühlen, muß zumindest in unserem Wirtschaftssystem als Utopie angesehen werden. Eine ehrliche und vollständige Rechenschaftslegung im Umweltbereich ist damit ohne gesetzliche Reglementierung nicht zu erwarten. Das Ziel des Bundesumweltamtes ist daher vielmehr, die Öko - Bilanz als Informationsinstrument für die Marktbeteiligten einzusetzen, um mehr Sicherheit über ökologische Urteile zu geben.[3]

6.1.5 Umweltkosten- und Umweltleistungsrechnung

Analog zur klassischen Kosten- und Leistungsrechnung bildet auch die Umweltkosten- und Umweltleistungsrechnung die Informationsgrundlage für Planungs-, Entscheidungs- und Kontrollaufgaben des Managements und bleibt damit im wesentlichen unternehmensinternen Adressaten vorbehalten.[4] Die Aufgabe der Umweltkosten- und Umweltleistungsrechnung ist die Erfassung, Systematisierung und Verrechnung von Kosten und Leistungen umweltschutzorientierter Maßnahmen aus Sicht des Unternehmens. Durch Umweltschutzmaßnahmen verursachte Kosten und Erlöse führen zu einer **Differenzierung** der finanzwirtschaftlichen Rechnungsle-

---

[1] Vergl. Pfriem, R., 1987, a.a.O., S. 68 f.

[2] Vergl. hierzu auch die o. a. Diskussion der Vollständigkeit und insbesondere: Hallay, H., 1989, a.a.O., S. 111.

[3] Vergl. Troge, A., 1993, a.a.O., S. 16

[4] Dementgegen zählen nach allgemeiner Auffassung auch Publikationsaufgaben zu den Aufgaben der Kostenrechnung (vergl. Kloock, J., Sieben, G. Schildbach, T., Kosten- und Leistungsrechnung, 5. Aufl., Düsseldorf 1990, S. 17 f.; Roth, U., 1992, a.a.O., S. 69 f.). Im Vergleich zu den bereits vorgestellten übrigen Bestandteilen eines umweltschutzorientierten Rechnungswesens ist die Umwelt - Kostenrechnung jedoch ein primär an unternehmensinternen Erfordernissen orientiertes Informationsinstrument.

gung, wie sie in Abb. 6.6[1] innerhalb des schraffierten Bereiches skizziert worden ist.[2] **Erweiterungen** der Rechnungslegung zur Abbildung der Umweltbe- und Umweltentlastungen durch betriebliche Tätigkeit werden dann notwendig, wenn bisher nicht berücksichtigte Umweltkosten und Umweltleistungen internalisiert werden sollen. Solche Erweiterungen sind die oben abgehandelten Sozialbilanzen, die ökologische Buchhaltung und die ökologische Bilanzierung. Sie bilden eine Informationsgrundlage für die traditionelle Umweltrechnungslegung, sobald in ihnen erfaßte Umweltwirkungen aus Unternehmenssicht für erfolgswirksam erachtet und internalisiert werden. Im Unterschied zur ökologischen Bilanz und der ökologischen Buchhaltung stehen in der Umweltkosten- und Umweltleistungsrechnung nicht die naturwissenschaftlichen und technischen Ergebnisse im Vordergrund der Betrachtung, sondern die von Umweltschutzmaßnahmen bzw. deren Unterlassung verursachten Kosten und Leistungen.[3] In der umweltschutzbezogenen Kosten- und Leistungsrechnung geht es vorrangig darum, die Interdependenzen von Umweltschutzzielen und finanzwirtschaftlichen Zielen transparent zu manchen.[4] Zu untersuchen sind die Wirkungen von Umweltschutzmaßnahmen bzw. deren Unterlassung auf die Liquidität und Rentabilität des Unternehmens. Freimann verwendet deshalb an Stelle des Begriffes "Umweltkosten- und Umweltleistungsrechnung" den Begriff der "erweiterten Wirtschaftlichkeitsrechnung".[5]

Das Schwergewicht bisheriger Arbeiten liegt auf der Erfassung und Systematisierung der Umweltschutzkosten.Das methodische Grundgerüst der Einbeziehung umweltschutzorientierter Kosten und Leistungen in die traditionelle Rechnungslegung ist damit zwar vorhanden, die Präzisierung des Verfahrens macht jedoch aus zweierlei Hinsicht Probleme, die im folgenden zunächst näher untersucht werden sollen, bevor wir uns der Einbeziehung von Kosten und Leistungen in betriebswirtschaftliche Kostenrechnungskonzeptionen zuwenden:

---

[1] bezogen auf die Kostenseite gibt Kloock einen differenzierteren Überblick: vergl. Kloock, J., Neuere Entwicklungen betrieblicher Umweltkostenrechnung, in: Wagner, G. R.(Hrsg.), 1993, a.a.O., S. 183

[2] Vergl. z. B. Wagner, G. R., Kosten der Umwelterhaltung in ihrer Bedeutung für die Unternehmenspolitik, in: Männel, W. (Hrsg.), Handbuch Kostenrechnung, Wiesbaden 1992, S. 918; Frese, E. u. Kloock, J.,1989, a.a.O., S. 16 f.; Wagner, G. R., 1991, a.a.O., S. 124 ff.

[3] Im folgenden wird anstatt des Begriffes Umweltkosten- und Umweltleistungsrechnung immer dann von Umweltkostenrechnung gesprochen, wenn die Systematisierung der Kosten im Mittelpunkt der Analyse steht.

[4] Vergl. Schreiner, M., 1992, a.a.O., S. 470

[5] Vergl. Freimann, J., 1989, a.a.O., S. 38 ff.

1) Die Abgrenzungsproblematik hinsichtlich erfolgswirksamer, zu internernalisierender und externer Umweltkosten und -nutzen.

2) Die richtige Bewertung aller Wirkungen und Nebenwirkungen als Ergebnis der Differenzierung der traditionellen Rechnungslegung.

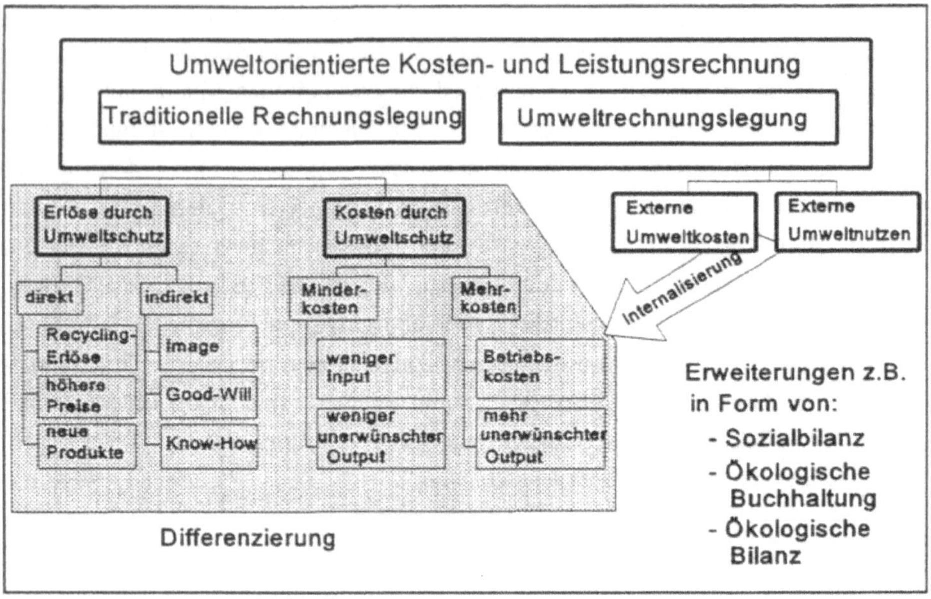

Abb. 6.6: Gegenstand der umweltschutzorientierten Kosten- und Leistungsrechnung
Quelle: in Anlehnung an Schreiner, M., 1992, a.a.O., S. 471

1) Abgrenzung von Umweltschutzkosten (und -Erlösen)

"Als Umweltschutzkosten im Unternehmen seien - moderner Fassung des Kostenbegriffs folgend - sämtliche ökonomischen Nachteile bezeichnet, die durch Entscheidungen im Unternehmen, die die ökologische Umwelt tangieren, ausgelöst werden."[1] Die wahrheitsgemäße Berücksichtigung von Umweltschutzleistungen in der finanzwirtschaftlichen Sphäre des Unternehmens setzt eine korrekte zeitliche und sachliche Abgrenzung der Kosten und Erlöse voraus. Aufgrund der im Kap. 5 beschriebenen Informationsrestriktionen im Umweltmanagement stellen diese

[1] Wagner, G. R., 1992, a.a.O., S. 920. Erlöse lassen sich demzufolge als ökonomische Vorteile in obiger Definition deuten.

Abgrenzungen die eigentlichen Probleme der umweltschutzorientierten Kosten- und Leistungsrechnung dar.[1] Insbesondere im Bereich der Planungsrechnung von Umweltschutzmaßnahmen sind die verursachten Einzahlungs- und Auszahlungsströme aufgrund der großen Dynamik von umweltschutzorientierter Information nur schwer **zeitlich** zurechenbar. Ein heute für umweltverträglich gehaltenes Produktionsverfahren kann z. B. durch neuere Forschungsergebnisse in der Zukunft überholt werden, so daß unsicher ist, wann sich die erhofften Image - Effekte für das Unternehmen einstellen. Die Wirkung insbesondere von freiwilligen Umweltschutzinvestitionen auf die langfristige Wettbewerbsposition und damit auf zukünftige Zahlungsströme ist kaum prognostizierbar. Noch stärkere Probleme bereitet die **sachliche** Abgrenzung bei der Zurechnung von Einzahlungen und Auszahlungen zu umweltschutzbedingten Entscheidungen, da häufig neben der ökologischen auch andere Qualitäts- und Quantitätskategorien z. B. der Betriebsmittel beeinflußt werden. Bei Neuinvestitionen bedingt der technische Fortschritt beispielsweise in der Regel neben umweltrelevanten auch Qualitätsverbesserungen ohne Umweltwirkungen.[2] Deutlich wird dies am Beispiel von Kraftfahrzeugen, deren Verbrauch in den letzten Jahren kontinuierlich gesunken ist. Angenommen diese Verbrauchssenkung ist auf technische Verbesserungen zurückzuführen, die gleichzeitig die Haltbarkeit des Motors erhöhen, so bereitet die Beantwortung der Frage, welcher Anteil der mit der technischen Verbesserung einhergehenden Kostenerhöhung auf Umweltschutzmaßnahmen zurückzuführen ist, erhebliche Schwierigkeiten.

Zur Verdeutlichung der Abgrenzungsproblematik im Bereich der Kostenrechnung ist eine grobe Unterteilung der Umweltschutzkosten in folgende Kostenkategorien hilfreich:[3]

---

[1] Vergl. Schreiner, M., 1992, a.a.O., S. 477 f.; Schreiner weist in diesem Zusammenhang richtigerweise darauf hin, daß Kosteneinsparungen im Zuge von Umweltschutzmaßnahmen stets aus einem Mangel der bisherigen Unternehmensführung resultieren. Der häufig verwendete Terminus "Kosteneinsparung durch Umweltschutz" ist deshalb grundsätzlich problematisch.

[2] Vergl. zur sachlichen Abgrenzung von Umweltschutzkosten: Sprenger, R. - U., Struktur und Entwicklung von Umweltschutzaufwendungen in der Industrie, in: Schriftenreihe des Ifo - Instituts für Wirtschaftsforschung, Nr. 85, Berlin, München 1975, S. 16 f.; Keiter, H., Umweltschutzkosten, in: Umwelt und Energie, Freiburg i. B., 1980, Gruppe 3/96, S. 4; Heigl, A., Abrechnung der Umweltschutzkosten, in: Kosiol, E., Chmielewicz, K., Schweitzer, M. (Hrsg.), Handwörterbuch des Rechnungswesens, 2. Aufl., Stuttgart 1981, Sp. 1593

[3] Vergl. Stölzle, W., Ansätze zur Erfassung von Umweltschutzkosten in der betriebswirtschaftlichen Kostenrechnung, in: Zeitschrift für Umweltpolitik und Umweltrecht, 13. Jg., 1990, H. 4, S. 384 ff.; ebenso: Wagner, G. R., 1992, a.a.O., S. 920 f.

a) Investitionskosten

Unter Investitionskosten für Umweltschutzmaßnahmen fallen alle Kosten, die in unmittelbarem Zusammenhang mit Investitionen zur Verbesserung der Umweltverträglichkeit des Unternehmens stehen.[1]

b) Kalkulatorische Kosten

Kalkulatorische Kosten werden auf Basis der Investitionskosten für Umweltschutzmaßnahmen in Form von kalkulatorischen Abschreibungen, kalkulatorischen Wagnissen, kalkulatorischen Gewinnen und kalkulatorischen Zinsen ohne große Besonderheiten gegenüber dem traditionellen Rechnungswesen veranschlagt. In betriebswirtschaftliche Entscheidungen müssen aber auch die positiven Wirkungen im Verhältnis zu alternativen Lösungen als eine Gegenposition zu den verursachten Kosten einbezogen werden. Diese Opportunitätskosten von umweltschutzorientierten Investitionsentscheidungen treten z. B. in Form von Ersparnissen bei der Faktorbeschaffung (z. B. beim Recycling) oder vermiedenen Sanktionskosten[2] auf.

c) Betriebsabhängige Kosten

Betriebsabhängige Kosten sind die anteilig durch die Umweltschutzmaßnahme verursachten laufenden Kosten. Insbesondere fallen auch höhere Kosten für umweltverträglichere Roh-, Hilfs- und Betriebsstoffe oder zusätzliche Prüfungen der Umweltqualität unter diese Kostenkategorie.[3]

d) Folgekosten des Umweltschutzes

Folgekosten des Umweltschutzes entstehen immer dann, wenn außergewöhnliche, nur schwer vorhersehbare Kosten in der Folge von umweltschutzorientierten Entscheidungen entstehen. Dies könnte der Fall sein, wenn die Anschaffung einer umweltverträglichen Produktionsanlage zu unvorhergesehenen Produktivitätsminderungen in nachgelagerten Produktionsstufen führt, deren Beseitigung erneute Investitionen nach sich zieht.

---

[1] Vergl. zu Anfangsauszahlungen für Umweltschutzinvestitionen: Terhart, K., 1986, a.a.O., S. 110 ff.

[2] Vergl. Terhart, K., 1986, a.a.O., S. 48 ff.

[3] Vergl. zur Berechnung von betriebsabhängigen Kosten: Terhart, K., 1986, a.a.O., S. 114 ff.

e) Sonstige Kosten

Die sonstigen Kosten stehen nur indirekt in Bezug zu umweltschutzorientierten Investitionen. Sie treten z. B. in Form von Personalkosten für den Betriebsbeauftragten für Umweltschutz oder für externe Beratungsleistungen auf.

Insbesondere die ex ante sachliche und zeitliche Abgrenzung der auf die Positionen (b), (c) und (d) entfallenden Kosten bereitet aufgrund der zahlreichen technisch - physikalischen Wechselwirkungen Schwierigkeiten.

Die Abgrenzung der durch Umweltschutzmaßnahmen verursachten Erlösveränderungen dürfte noch größere Probleme bereiten, als dies bei der Kostenabgrenzung der Fall ist. Sowohl die ex ante als auch die ex post Quantifizierung von good - will - oder Image - Effekten in Form von Mehr- oder Mindererlösen ist aufgrund der hohen Dynamik umweltschutzorientierter Information selbst näherungsweise äußerst problematisch.[1] Die bislang nur mangelhafte Nutzenerfassung von Umweltschutzmaßnahmen wirkt sich in der Praxis als innerbetriebliche Bremse für das Umweltmanagement aus. Die häufig von Naturwissenschaftlern geführten Umweltschutzabteilungen sind nicht in der Lage, die Notwendigkeit von Umweltschutzmaßnahmen wirtschaftlich vor der Unternehmensleitung zu begründen. Besonders eklatant ist dieser Sachverhalt in Branchen mit homogenen Produkten wie beispielsweise der Mineralölindustrie oder der Stromversorgung. Hingegen ist im Bereich der Markenartikler die Umweltverträglichkeit als Differenzierungsvorteil tendenziell eher zu quantifizieren.

2) Bewertung von Umweltschutzkosten

Die Bewertung von Umweltschutzmaßnahmen hängt entscheidend vom Stellenwert des Umweltschutzes im betrieblichen Zielsystem ab. Die Problematik der eindeutigen Bewertung soll anhand von zwei unterschiedlichen Zielauffassungen des Umweltschutzes verdeutlicht werden. Frese/Kloock unterscheiden zwischen Umweltschutz als Formalziel oder Sachziel, die je nach Charakter der betrieblichen Umweltschutzpolitik jeweils passiv oder aktiv verfolgt werden können.[2] Sie beschreiben die aktive Verfolgung eines Formalziels "Umweltschutz" wie folgt: "Für solche Unternehmen wird der Umweltschutz zu einem originären Bestandteil des

---

[1] Vergl. Schreiner, M., 1992, a.a.O., S. 478

[2] Vergl. zu unterschiedlichen Zielauffassungen des betrieblichen Umweltschutzes: Frese, E. u. Kloock, J., 1989, a.a.O., S. 4 ff.

Formalziels und stellt somit ein endogenes Formalziel dar. Allerdings werden zur Sicherung der Unternehmensexistenz auch monetäre Gewinnziele im Formalziel verankert sein."[1] Daraus ergibt sich für Frese/Kloock folgender Zielplan: "Minimierung der aggregierten Nutzenbelastungsmengen in Abhängigkeit betrieblicher Umweltschutzmaßnahmen und Prozeßtätigkeiten unter der zielbedingten Nebenbedingung eines Satisfizierungsziels für den Gewinn."[2] Dieser Auffasung des Umweltschutzes als endogenem Formalziel folgend wird eine Internalisierung der bislang externen Umweltkosten und -nutzen mit Hilfe der ökologischen Buchhaltung erforderlich, um Entscheidungssituationen vollständig abbilden zu können. Die Bewertungvorschrift bei Umweltschutzmaßnahmen bezieht sich dann primär auf die Minimierung der Umweltbelastung.[3] Gemäß der Argumentation im Kap. 2 ist es jedoch unzweckmäßig und unrealistisch, den Umweltschutz als endogenes Formalziel aufzufassen. Das größte Problem dieser Zielauffassung sehen Günther/Wagner darin, ein ökologisches Oberziel in die notwendigen operationalen Teilziele zu zerlegen.[4] Betrachtet man Umweltschutz dementgegen als Unterziel zur Erhöhung monetärer Gewinne, wie es dem Ergebnis des Kap. 2 entspricht, so sprechen Frese/Kloock vom Umweltschutzes als endogenem Sachziel.[5] Die Bewertungsvorschrift richtet sich dann nicht auf die Minimierung der Umweltbelastung in physikalisch - technischen Größen sondern auf die Maximierung des Gewinnes der finanzwirtschaftlichen Betrachtung. Die unterschiedliche Bewertung einer Umweltschutzmaßnahme vor unterschiedlichen Zielauffassungen liegt auf der Hand: Eine Kosten - und Erlös - neutrale Umweltschutzmaßnahme wird aufgrund der von ihr verursachten Reduzierung der Umweltbelastung je nach Zielauffassung indifferent (endogenes Sachziel) oder positiv (endogenes Formalziel) beurteilt werden.[6] Der Umweltschutz als endogenes Formalziel soll uns im folgenden aufgrund der geringen Zweckmäßigkeit nicht weiter beschäftigen.

---

[1] Frese, E. u. Kloock, J., 1989, a.a.O., S. 6

[2] Frese, E. u. Kloock, J., 1989, a.a.O., S. 17

[3] Vergl. Frese, E. u. Kloock, J., 1989, a.a.O., S. 17

[4] Vergl. Günther, E. u. Wagner, B., 1993, a.a.O., S. 145 f.

[5] Vergl. Frese, E. u. Kloock, J., 1989, a.a.O., S. 6

[6] Roth differenziert unterschiedliche Kostenrechnungskonzeptionen anhand der verschiedenen Zielgewichtungen des Umweltschutzes. Die Kostenrechnungssysteme "umweltschutzorientierte Kostenrechnung, ökologieorientierte Kostenrechnung und umweltschutzorientierte Kosten - Nutzen - Rechnung unterscheiden sich durch zunehmende Reichweite der erfaßten Daten (vergl. Roth, U., 1992, a.a.O., S. 73 ff.).

Die Bewertung von Umweltschutzwirkungen bei der Auffassung des Umweltschutzes als endogenem Sachziel wird in der Literatur unterschiedlich problematisch beurteilt. Schreiner kommt zu dem Urteil, daß "...die Bewertung der Umweltschutzwirkungen auf die erfolgs- und finanzwirtschaftliche Sphäre des Unternehmens ... keine über die allgemeinen Bewertungsprobleme des Rechnungswesens hinausgehenden Fragen auf(wirft), da ausschließlich mit bekannten Rechengrößen operiert wird."[1] Dementgegen sieht Wagner "... speziell bei der Bewertung umweltschutzrelevanter Investitionskosten ... gravierende Schwierigkeiten, die aus dem häufig hochinnovativen und zugleich ausgeprägt individuellen Charakter umweltschutztechnischer Problemlösungen resultieren."[2] Es fehlen folglich sowohl Marktpreise als auch Erfahrungen als Grundlage der Kalkulation zur Selbsterstellung solcher Anlagen.

Läßt der Gesetzgeber den Unternehmen in seinen Auflagen Spielräume der technischen Ausgestaltung des Umweltschutzes (Grenzwertvorgaben anstatt Technikvorgaben), bekommt die Wahlentscheidung zwischen unterschiedlich leistungsfähigen Umweltschutztechnologien und damit auch die Bewertung der alternativen Kostenverursachung besondere Bedeutung. Wagner schlägt als Lösung des Bewertungsproblems in solchen Fällen die Ermittlung der "subjektiven Ausgabenbereitschaft" vor. Sie gibt Auskunft darüber, welchen Betrag ein Unternehmen bereit ist, zur Lösung eines Umweltschutzproblems, von dem es als Verursacher betroffen ist, zu bezahlen. Zur Bestimmung der subjektiven Ausgabenbereitschaft orientiert man sich, je nach umweltschutzorientierter Grundeinstellung des Unternehmens, an drei Kostenkategorien: den Kosten für die Vermeidungsinvestitionen, für die Beseitigung von Umweltschäden oder der Höhe der Sanktionen im Fall der Ignoranz der Grenzwerte.[3] Die richtige monetäre Bewertung von Umweltschutzkosten mag sich wohl im Einzelfall insbesondere in hochinnovativen Bereichen als schwierig herausstellen, insgesamt weichen die Bewertungsprobleme jedoch kaum von denen bei herkömmlichen Investitionen ab.

Die Problematik der wahrheitsgemäßen Bewertung von Umweltschutzerlösen geht einher mit ihrer oben diskutierten sachlichen Abgrenzung. Falls Umweltschutzerlöse nicht zu direkt nachweisbaren Erlöserhöhungen führen, sind die good - will oder

---

[1] Schreiner, M., 1992, a.a.O., S. 478

[2] Wagner, G. R., 1992, a.a.O., S. 922

[3] Vergl. Wagner, G. R., 1992, a.a.O., S. 922 f.

Image - Effekte weder verursachungsgerecht den Umweltschutzanstrengungen zuweisbar noch quantifizierbar.

3) Einbeziehung in betriebswirtschaftliche Kostenrechnungskonzeptionen

Nachdem die grundlegenden Probleme der betriebswirtschaftlichen Umweltkostenrechnung diskutiert worden sind, soll der Frage nach Lösungsansätzen in unterschiedlichen Kostenrechnungskonzeptionen nachgegangen werden. Dazu müssen die grundlegenden Konzeptionen nach zeitlichem Bezug in Istkosten- und Plankostenrechnung sowie nach Umfang der Zurechnung in Vollkosten- und Teilkostenrechnung[1] unterschieden werden.[2] Wagner/Janzen wählen aufgrund der häufig in Projektform durchgeführten Umweltschutzmaßnahmen, einem Ansatz aus der Projektrechnung folgend, den Weg der Umwelt - Budget - Rechnung, der abschließend vorzustellen ist.

Gemäß der üblichen Gliederung der traditionellen Kostenrechnung in Kostenarten-, Kostenstellen- und Kostenträgerrechnung läßt sich auch in der Umweltkostenrechnung eine Aufschlüsselung der umweltrelevanten Kosten auf die einzelnen Positionen vornehmen.[3] In der **Kostenartenrechnung** werden Umweltschutzkosten separat als eigene Kostenart ausgewiesen, um alle umweltschutzbedingt angefallenen Kosten im gesamten Unternehmen zu identifizieren.[4] Die Kostenartenrechnung als Grundrechnung der Erfassung aller Umweltschutzkosten bildet die Ausgangsbasis der **Kostenstellenrechnung**. Die Kostenstellenrechnung dient der Ermittlung, von welchen Kostenstellen Umweltschutzkosten in welcher Höhe verursacht worden

---

[1] Es hat sich gezeigt, daß Umweltschutzkosten ohne größere Probleme in die traditionelle Teilkostenrechnung sowohl als Istkostenrechnung als auch als Plankostenrechnung (Grenzplankostenrechnung in Standardform) einbezogen werden können. Zu näheren Ausführungen vergl. Kloock, J., Umweltkostenrechnung, in: Scheer, A. W. (Hrsg.), Rechnungswesen und EDV, 11. Saarbrücker Arbeitstagung 1990, Heidelberg 1990, S. 149; Roth, U., 1991, a.a.O., S. 111 ff.

[2] Vergl. Schweitzer, M. u. Küpper, H. - U., Systeme der Kostenrechnung, 5. Auflg., Landsberg 1991, insb. S. 121 ff.; Schaltegger/Sturm halten es demgegenüber für wenig ratsam, die Rechnung in Teil- und Gemeinkostenrechnung zu untergliedern, da die Schadschöpfung zu einem großen Teil im Gemeinkostenbereich anfällt (vergl. Schaltegger, S. u. Sturm, A., Ökologische Entscheidungen im Unternehmen, Bern u. a. 1992, S. 177).

[3] Vergl. Fleischmann, E. u. Plaudtke, H., Rechnungswesen: Kosten des Umweltschutzes, in: Handbuch des Umweltschutzes, Vogel, J., u. a. (Hrsg.), Bd. 7, Kap. 7, München 1977, S. 1 ff.; Schaltegger/-Sturm ordnen die "ökologische Schadschöpfung" den Elementen obigen Systems zu (vergl. Schaltegger, S. u. Sturm, A., a.a.O., S. 177 ff.).

[4] Vergl. Schreiner, M., 1992, a.a.O., S. 117 f.

sind.[1] Die primären Umweltschutzgemeinkosten[2] werden zunächst auf die einzelnen Kostenstellen verteilt. Die beschäftigungsproportionalen Umweltschutzgemeinkosten werden mittels der innerbetrieblichen Leistungsverrechnung[3] weiterverrechnet. Umweltschutzkostenarten, die keiner einzelnen Kostenstelle zugerechnet werden können, wohl aber Aufträgen oder Kostenträgern (z. B. durch Umweltschutzentscheidungen verursachte Einzelkosten) werden simultan in bestimmten Dokumentationstabellen abgespeichert, um die Informationen für nachrangige Rechnungen nicht zu verlieren.[4] In der **Kostenträgerrechnung** sind die aus Umweltschutzmaßnahmen resultierenden Kosten je Kostenträger auszuweisen.[5] Umweltschutzinduzierte Einzelkosten (z. B. Material) sind dabei direkt dem Kostenträger zuzurechnen. Die Gemeinkosten müssen in der innerbetrieblichen Leistungsverrechnung überwälzt werden. Schreiner hält die mehrstufige Teilkostenrechnung zur Behandlung von Umweltschutzkosten als besonders geeignetes Rechensystem, da sie bei der erzeugnisgruppenweisen Zuordnung von Fixkosten die verursachungsgerechte, überschneidungsfreie Kostenverrechnung ermöglicht.[6]

Wagner/Janzen haben unter besonderer Berücksichtigung der planerischen Komponente des internen Rechnungswesens ein Rechensystem vorgestellt, das zwar ebenfalls auf der traditionellen Gliederung in Kostenarten-, Kostenstellen- und Kostenträgerrechnung basiert, jedoch von der Vorstellung des Umweltschutzes als Erbringen permanenter Projektleistungen geprägt ist. Demzufolge wurde auf Grundlage des Projektkostenrechnungssystems der **"Pool - Rechnung"** eine Umwelt - Budget - Rechnung entwickelt (Abb. 6.7).[7] Basis der Umwelt - Budget - Rechnung ist die möglichst umfassend angelegte Grundrechnung der Kosten und Erlöse, die auch bisher nicht in der Grundrechnung enthaltene **potentielle** Nutzen und Kosten

---

[1] Eine detaillierte Beschreibung der Vorgehensweise bei der Verrechnung der betrieblichen Umweltschutzkosten und den damit verbundenen Abgrenzungsproblemen ist im Rahmen dieser Untersuchung nicht sinnvoll; vergl. Roth, U., 1992, a.a.O., S. 118 ff.

[2] Neben primären Gemeinkosten können Umweltschutzmaßnahmen auch sekundäre Gemeinkosten verursachen. Zu deren Behandlung im Rahmen der innerbetrieblichen Leistungsverrechnung vergl. Roth, U., 1992, a.a.O., S. 126 ff.

[3] Zur Diskussion um kostenmäßige Verrechnungsprobleme vergl. Roth, U., a.a.O., S. 129 f.

[4] Vergl. Wagner, G. R., 1992, a.a.O., S. 924 f.

[5] Vergl. Roth, U., 1991, a.a.O., S. 130 ff.

[6] Vergl. Schreiner, M., 1991, a.a.O., S. 267; ebenso: ders., 1992, a.a.O., S. 480

[7] Vergl. zu einer umfassenderen Darstellung der Umwelt - Budget - Rechnung: Wagner, G. R. u. Janzen, H., 1991, a.a.O., S. 125 ff.

beinhaltet. Sie unterscheidet sich insofern von der Grundrechnung des traditionellen Rechnungswesens, da deren Wesenzug die prinzipielle Zweckneutralität der enthaltenen Informationen ist. Eine Trennung in Kosten und Erlöse läßt die traditionelle Grundrechnung demzufolge nicht zu.[1] Aus der Grundrechnung der Poolkostenrechnung werden die entsprechenden Nutzen und Kosten in Umweltnutzen- und Umweltkostenpools geleitet, die als Zwischenspeicher für die eigentliche Projekterechnung dienen. Die durch Umweltschutzprojekte verursachten Erlöse und Kosten werden in der umweltschutzbezogenen Projektrechnung auf die jeweiligen Projekte verrechnet. Keinem konkreten Projekt zurechenbare Gemeinkosten verbleiben zunächst in den Umweltkosten- und Umweltnutzenpools, bis absehbar ist, daß ihre Zuordnung zu spezifischen Projekten auch zu einem späteren Zeitpunkt nicht mehr möglich sein wird. Sie werden dann in den Ausgleichspool übertragen. Werden umweltschutzspezifische Projekte abgeschlossen, sind ihre Salden ebenfalls

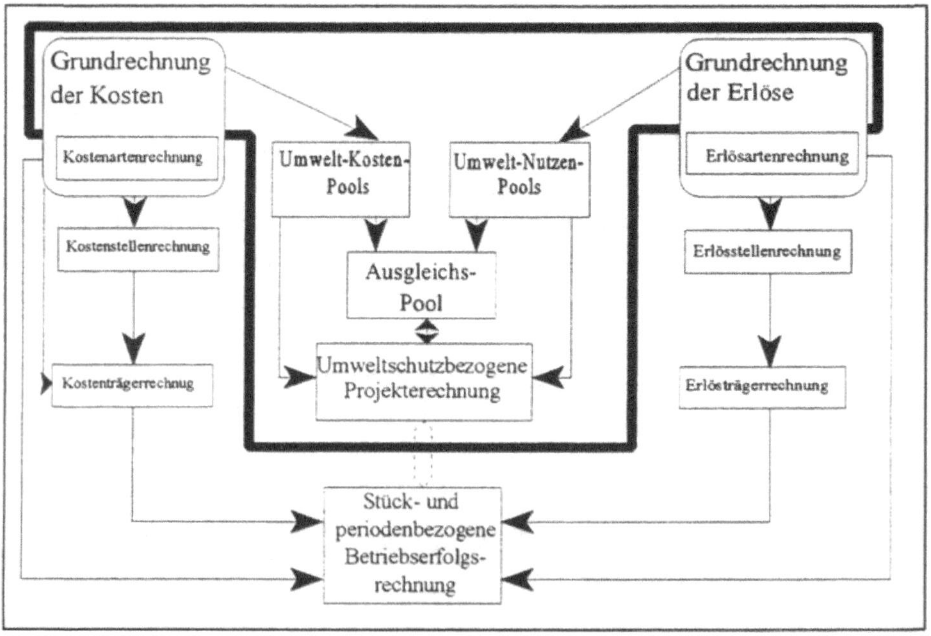

Abb. 6.7: Schema der Poolkostenrechnung
Quelle: Wagner, G. R. u. Janzen, H., 1991, a.a.O., S. 125

[1] Vergl. Ewert, R. u. Wagenhofer, A, Interne Unternehmensrechnung, Berlin 1993, S. 604 f.

auf den Ausgleichspool zu übertragen. Der Ausgleichspool speichert ferner Projektinformationen für den Fall, daß bereits beendete Projekte aufgrund nicht geplanter Folgewirkungen wieder aufgegriffen werden oder Anschlußprojekte erfordern. Die Pools werden entsprechend ihrer Aufgaben in mindestens zwei Pooltypen niedrigerer Hierarchie untergliedert. Der erste Pooltyp gibt einen Überblick über den Erfolg bislang initiierter Umweltschutzprojekte, der zweite Pooltyp erfaßt die bislang als nicht entscheidungsrelevant erachteten externen Nutzen- und Kostenpotentiale. Der Pooltyp zwei soll Anhaltspunkte für die Planung von Umweltschutzmaßnahmen geben. "So könnte sich beispielsweise durch Einbeziehung externer Kosten und Erlöse Deckungsbeitragsrangfolge von Produkten ändern, was dann in längerfristigen Produktprogramm- und Prozeßplanungen angemessen zu berücksichtigen wäre."[1] Durch die Poolrechnung sollen Tragfähigkeitsreserven im kalkulatorischen Ausgleich zwischen verschiedenen Projekten deutlich werden.

4) Bewertung

Bei der Bewertung der Umweltkosten- und Umweltleistungsrechnung wird auf die Kriterien des Kap. 6.1.2 zurückgegriffen. Eine Bewertung hinsichtlich der Überprüfbarkeit ist nicht zweckmäßig, da es sich hier um ein Informationsinstrument zur internen Verwendung handelt.

a) Vollständigkeit

Konzeptionell erfüllt die Erweiterung der Kosten- und Leistungsrechnung den Anspruch auf Vollständigkeit. Von der Poolrechnung wird dieser Anspruch nicht gestellt, da sie sich auf einzelne Umweltschutzprojekte bezieht. Sowohl die Erweiterung der Kosten- und Leistungsrechnung um Umweltschutzgrößen als auch die Umwelt - Budget - Rechnung sind aber in ihrer Leistungsfähigkeit von der vollständigen Verfügbarkeit der Eingangsdaten in der Grundrechnung abhängig. Hauptproblem dürfte insbesondere die Gewinnung von verwertbarer Information über zukünftige Kosten und Erlöse sein. Die Beantwortung der Frage, bei welchen externen Effekten in Form von Umweltbelastungen in Zukunft mit einer Internalisierung zu rechnen ist, ist nicht zu beantworten.

b) Vergleichbarkeit

Die Aufnahme und Bewertung zukünftiger Kosten und Erlöse erfordert zumindest in Teilbereichen die Bewältigung der enormen Komplexität ökologischer Sach-

---

[1] Wagner, G. R. u. Janzen, H., 1991, a.a.O., S. 128

verhalte, die wohl auf den meisten Anwendungsgebieten der Umwelt - Budget - Rechnung kaum geleistet werden kann. Es steht zu vermuten, daß insbesondere bei Projekten mit langer Laufzeit, wie der Errichtung von Großanlagen, kaum zwischen umweltschutzspezifischen Kosten- und Nutzen und Wirkungen aus dem übrigen technischen Fortschritt unterschieden werden kann. Neben der oben angesprochenen Abgrenzungsproblematik der Umweltschutzkosten ist auch die Abgrenzungsproblematik zwischen einzelnen Projekten zu bewältigen. Zwar besteht nicht die Notwendigkeit der Umlegung von Nutzen und Kosten auf einzelne Projekte, da nicht zurechenbare Größen auf den Ausgleichspool übertragen werden können, jedoch steigt die Aussagefähigkeit der Umwelt - Budget - Rechnung mit der exakten Adressierung zu einzelnen Projekten.

Eine Saldierbarkeit des "Umweltschutzerfolgs" mit dem traditionellen betriebswirtschaftlichen Erfolg ist zwar das Ziel der Umweltkosten- und Nutzenrechnung, bleibt aber trotzdem problematisch. Die Vergleichbarkeit der Ergebnisse im Zeitablauf ist ebenfalls problematisch, jedoch eher möglich, weil systematische Fehlbewertungen von Kosten und Nutzen den Zeitvergleich weniger verzerren.

c) Wirtschaftlichkeit

Die Wirtschaftlichkeit der Umweltkosten- und Nutzenrechnung hängt auf der Kosten- und der Nutzenseite von der Verfügbarkeit der benötigten Eingangsdaten ab. Wird die Umweltkostenrechnung parallel zu einer ökologischen Bilanz betrieben, kann ein Großteil der benötigten Daten ohne großen Aufwand übernommen werden. Zur Bewertung im Bereich der Planungsrechnungen sind jedoch Informationen über Potentiale zukünftiger Kosten und Erlöse erforderlich, die durch ein umweltschutzorientierten Frühaufklärungssystems (siehe Kap. 7.3 - 7.5) bereitgestellt werden müssen. Die Kosten der Weiterverarbeitung der Informationen im Rahmen der Umweltschutzkosten- und Umweltschutzleistungsrechnungen fallen dementgegen bei Einsatz moderner EDV - Technologie in Relation zu den Kosten der Datenbeschaffung gering aus. Insgesamt hängt die Wirtschaftlichkeit einer solchen Rechnung von der Komplexität und der Dynamik des Leistungserstellungsprozesses und der jeweiligen Umwelt eines Unternehmens ab. Einerseits steigen die Kosten der Informationsbeschaffung in Abhängigkeit von der Komplexität der Eingangsdaten und die Genauigkeit nimmt ab, andererseits ist die Gegenüberstellung von Kosten und Leistungen eine Voraussetzung zur Realisation von Wettbewerbsvorteilen durch marktorientiertes Umweltmanagement. Die Wirtschaftlichkeit einer Umweltkosten- und Umweltleistungsrechnung hängt davon ab, ob der Umweltschutz für das betreffende Unternehmen ein Wettbewerbsfaktor ist bzw. werden kann und die Kosten der Informationsbeschaffung vergleichsweise gering sind.

5) Abschließende Kritik am umweltschutzorientierten Rechnungswesen als Informationsinstrument des Umweltmanagements

Betrachtet man alle vorgestellten Informationsinstrumente eines umweltschutzorientierten Rechnungswesens gemeinsam, bleibt festzuhalten, daß sie zur Darstellung der Umweltschutzsituation des Unternehmens aus betriebswirtschaftlicher Sicht nur begrenzt geeignet sind. Die Probleme ergeben sich aus den Bewertungsverfahren zur Gewichtung der Umweltbelastungen durch Produkte und Produktionsprozesse. Zunächst läßt der wissenschaftliche Kenntnisstand die objektive und exakte Bewertung aller Umweltgefährdungen ohnehin nicht zu. Selbst eine näherungsweise Bewertung unterschiedlicher Umweltbelastungen ist aber immer abhängig vom angestrebten Ziel des Umweltschutzes. Kap. 2 hat gezeigt, daß die einzelwirtschaftlichen Ziele des Umweltschutzes vom gesamtwirtschaftlichen Interesse "Produktion des öffentlichen Gutes saubere Umwelt" regelmäßig abweichen. Für Unternehmen besteht das Ziel des Umweltschutzes dementgegen in der Sicherung des wirtschaftlichen Erfolgs. Bei der Bewertung von Umweltschutzmaßnahmen innerhalb des umweltschutzorientierten Rechnungswesens müssen die Indikatoren deshalb Auskunft über die Erreichung der einzelwirtschaftlichen ökonomischen Ziele geben und nicht über den naturwissenschaftlichen Erfolg wie die AeKs der ökologischen Buchhaltung.

6.2 Ökologisches Controlling

Der Begriff des ökologischen Controllings oder verkürzt "Öko - Controlling"[1] ist in letzter Zeit - ähnlich der Entwicklung des traditionellen Controlling - Begriffes - mannigfaltig mit den verschiedensten Inhalten gefüllt worden.[2] Die Sichtung der

---

[1] Wagner/Janzen bezeichnen den Ausdruck "Öko - Controlling" als..."rein sprachlich recht unglücklich gewählt. Es müßte vom Sachinhalt vielmehr "ökologie-" oder umweltbezogenes Controlling" heißen (Wagner, G. R. und Janzen, H., Ökologisches Controlling mehr als nur ein Schlagwort, in: Controlling, 3. Jg., 1991, H. 3, S. 120). Im folgenden soll trotz der Vorbehalte zur Verwendung des Adjektivs "ökologisch" (vergl. Kap. 2.1) der Konsistenz mit der Literatur halber von "ökologischem Controlling" oder "umweltorientiertem Controlling" gesprochen werden. "Öko - Controlling" bezeichnet die Konzeption des IÖW (vergl. Pfriem, R., Öko - Controlling und Organisationsentwicklung von Unternehmen, in: Informationsdienst IöW und VöW, 1991, Nr. 1, S. 1 ff.).

[2] Eine Übersicht geben: Hoitsch, H. - J. u. Kals, J., Zur Abgrenzung und Ausgestaltung des umweltorientierten Controlling, in: JfB, 43. Jg., 1993, H. 2, S. 76 ff.; Günther, E. u. Wagner, B., Ökologieorientierung des Controlling (Öko - Controlling), in: DBW, 53. Jg., 1993, H. 2, S. 147 ff.; (Fortsetzung...)

Literatur zum ökologischen Controlling ergibt eine Vielzahl von Abgrenzungen der Aufgabeninhalte und ist im wesentlichen eher von praktischen Anforderungen als wissenschaftstheoretischen Ansprüchen bestimmt. Wagner/Janzen sehen die Aufgabe des ökologischen Controllings in der "... Unterstützung der Unternehmensführung zur Sicherung ihrer auf Umweltaspekte jeglicher Art bezogenen Koordinationsfähigkeit..."[1] als zentrale Aufgabe.[2] Diese Aufgabenzuweisung eines ökologischen Controllings ist identisch mit der des betrieblichen Umweltmanagements. Angesichts dieser unscharfen Eingrenzung, die sich in der Literatur vielfach fortsetzt,[3] drängt sich der Eindruck auf, daß das Schlagwort "ökologisches Controlling" als universelle Trägerrakete dient, um den Trend zur Umweltorientierung in allen Funktionsbereichen den nötigen Schub zu verleihen. Einerseits wird in allen Beiträgen die apostrophierte Ganzheitlichkeit des Controlling Standpunktes deutlich,[4] andererseits fehlen umfassendere Bezugsrahmen, da die Untersuchungen sich den genannten "speziellen Teilgebieten" eines ökologischen Controllings widmen.[5] Gemeinsam ist den Konzepten zum ökologischen Controlling der Anspruch, eine Informationsgrundlage für das Umweltmanagement zu schaffen. Das ökologische Controlling wird hier als Instrumentenbaukasten aufgefaßt,[6] der einen willkom-

---

[2](...Fortsetzung)
Wagner, G. R., Das Ökologische Controlling als Konzeption interner Unternehmensrechnung, in: ders. (Hrsg.), 1993, a.a.O., S. 207 ff.; Wünsche, I. u. Wünsche, S., Ökologisch orientiertes Controlling - Ein Überblick, in: krp, Sonderheft 1/93, S. 88 ff.

[1] Wagner, G. R. u. Janzen, H., 1991, a.a.O., S. 121

[2] Später sieht Wagner einen konsensfähigen Kern in der betriebswirtschaftlichen Controlling - Konzeption, der die Koordination von Informationsversorgung und Informationsverwendung im unternehmerischen Führungssystem umfaßt (vergl. Wagner, G. R., 1993, a.a.O., S. 209 ff.).

[3] Siehe z. B. folgende Vielfalt an Veröffentlichungstiteln: Reiter, U., **Organisation** des betrieblichen Umweltschutzes als Umwelt-Controlling, Bremen 1989; Seidel, E. u. Behrens, S., Ökologisches Controlling als Instrument moderner betrieblicher **Abfallwirtschaft**, in: BFuP, 44. Jg., 1992, H. 2., S. 132 ff.; Peemöller, V. H. u. König, G., Aufgaben eines umweltorientierten Controlling in der **strategischen Materialbeschaffung**, in: Controlling, 4. Jg., 1992, H. 6, S. 312 ff.; Pfriem, R. u. Hallay, H., 1992b, a.a.O., Öko - Controlling als Baustein einer **innovativen Unternehmenspolitik**

[4] Vergl. Seidel, E., Ökologisches Controlling, in: Seidel, E. u. Strebel, H. (Hrsg.), 1991, a.a.O., S. 307 ff.; und vor allem: Wagner, G. R., 1993, a.a.O., S. 209 ff.

[5] Am ehesten wird dieses Problem von Günther/Wagner erkannt, die zumindestens das Spannungsfeld des Öko - Controlling ausleuchten, eine weiterführende Konzeption geben sie jedoch nicht (vergl. Günther, E. u. Wagner, B., 1993, a.a.O., S. 144).

[6] Vergl. Fischer, R., Ökologisch orientiertes Controlling, in: Controlling, 5. Jg., 1993, H. 3, S. 141 (insb. Abb. 2); Klich, T., Eignung qualititativer Planungs- und Analyseinstrumente für Zwecke des Umweltschutz - Controllings, in: Albach, H. (Hrsg.), 1993, a.a.O., S. 109 ff.; Günther, E. u. Wagner, (Fortsetzung...)

menen Rahmen bietet, die bisher noch nicht besprochenen Informationsinstrumente im Zusammenhang zu behandeln.

Bei der weiteren Vorgehensweise sind

1) zunächst die Aufgaben des ökologischen Controllings vorzustellen, wie sie dem Entwicklungsschwerpunkt des internen Rechnungswesens entsprechen.
2) Anschließend ist die Konzeption des IÖW vorzustellen, weil sie die bislang einzig existierende geschlossene Konzeption zur Realisation des ökologischen Controllings darstellt.
3) Abschließend werden alle Bemühungen eines ökologischen Controllings im Zusammenhang gewürdigt.

1) Ziele und Aufgaben des ökologischen Controllings

Eine globale Abgrenzung des ökologischen Controllings stellt die Einordnung in die Konzeptionen zur Verarbeitung von unternehmensinternen Informationen, wie in diesem Kapitel geschehen, in Frage. So fassen Wagner/Janzen auch die Ausgestaltung des Koordinationsfeldes zwischen Unternehmen und Umweltkontrollbehörden als Aufgabe des ökologischen Controllings auf.[1] Der entwicklungsbedingte Schwerpunkt des ökologischen Controllings ist aber entgegen der ganzheitlichen Auffassung von Wagner/Janzen auf die **unternehmensinterne** Sichtweise konzentriert. Dies wird auch in der Einschätzung von Seidel/Behrens deutlich: In seiner funktionalen Ausgestaltung ist die "Kernaufgabe eines ökologischen Controllings als Informationsmanagement ... die Entwicklung einer ökologischen Buchhaltung."[2] Die inhaltliche Dimension des ökologischen Controllings besitzt einen **defensiven, risikoscheuen Grundzug,** der das stärker offensive, marktanteilsorientierte Marketing konterkariert.[3] Im Verhältnis zur ökologischen Buchhaltung als zeitlich starrem Informationsinstrument wird dem ökologischen Controlling auch die Aufgabe der **Steuerung** der betrieblichen Emissionen und die daraus resultierenden Wechselwirkungen auf die Unternehmensplanung zugesprochen.[4] Dieser Aufgabenzuweisung

---

[6](...Fortsetzung)
Umweltschutz - Controllings, in: Albach, H. (Hrsg.), 1993, a.a.O., S. 109 ff.; Günther, E. u. Wagner, B., 1993, a.a.O., S. 147 ff.

[1] Vergl. Wagner, G. R. u. Janzen, H., 1991, a.a.O., S. 123 f.

[2] Seidel, E. u. Behrens, S., 1992, a.a.O., S. 144

[3] Seidel, E. u. Behrens, S., 1992, a.a.O., S. 143

[4] Vergl. Manski, E., 1991, a.a.O., S. 371

folgt auch die Konzeption des IÖW, auf die im folgenden näher eingegangen werden soll.

2) Das Öko - Controlling Konzept des IÖW

Ein erstes in sich geschlossenes, wenn auch noch nicht vollständig ausgereiftes Konzept zum ökologischen Controlling ist von den Mitarbeitern des IÖW als Fortführung ihrer Öko - Bilanz Aktivitäten entwickelt worden.[1] Die Mitarbeiter des IÖW verstehen "Öko - Controlling" als "Informations-, Analyse- und Steuerungsinstrumentarium zur **operativen Durchsetzung**"[2] eines strategischen Umweltmanagements. Als solches trifft das Öko - Controlling auf bereits bestehende Strukturen und Strategien, an die es einerseits angepaßt werden muß. Andererseits soll das Öko - Controlling hier Schwachstellen und Optimierungspotentiale kritisch reflektieren,[3] so daß es auch **strategische Bedeutung** erlangt. Zur Verdeutlichung der gestellten Anforderungen auf den betrieblichen Hierarchieebenen dient folgende Tabelle:

[1] Schriftlich fixiert in: Hallay, H. u. Pfriem, R., Öko - Controlling, Frankfurt a. M. 1992a

[2] Vergl. Pfriem, R. u. Hallay, H., 1992b, a.a.O., S. 297

[3] Vergl. Pfriem, R. u. Hallay, H., 1992b, a.a.O., S. 298

Hierarchieebene	betriebliche Aufgabe	Öko - Controlling	
		Funktion der Ökobilanz	**Anforderung an die Bewertung**
Management	Unternehmens-strategie	allgemeine Übersicht über die ökologische Relevanz von Produkten und Verfahren	* entscheidungs-orientiert * integrierend * globalisiert
Fachfunktionsträger	Planung	Einbeziehung von Umweltaspekten	* funktionsorientiert
	Kontrolle	Kontrolle der Umweltrelevanz betrieblichen Handelns	* detailliert
Administration	Durchführung	aufgabenbezogene Hilfestellung	* aufgabenbezogen
		Motivation und Kontrolle zu umweltgerechtem Handeln	* sinnstiftend * motivierend

Tabelle 6.2: Öko - Controlling Konzeption des IÖW
Quelle: in Anlehnung an Pfriem, R. u. Hallay, H., 1992b, a.a.O., S. 299

Die Spalten drei und vier der obigen Tabelle beziehen sich auf die zwei zentralen Bausteine des Öko - Controllings, die bereits diskutierte Ökobilanz (Kap. 6.1.4) und das Bewertungsverfahren (ABC - Analyse), das im folgenden weitere Beachtung finden wird (a). Dabei wird sich zeigen, daß die ABC - Analyse eine entscheidungsorientierte Aufbereitung aufgrund der Flut an Ergebnisdaten nicht leisten kann, so daß sie sinnvoller Weise um eine RSU - Analyse erweitert wird, die Anhaltspunkte für eine selektivere Informationsverarbeitung gibt (b). Anschließend wird die Vorgehensweise des Öko - Controllings anhand eines Phasenmodells behandelt (c).

a) Das ABC Rasterverfahren

Die Öko - Bilanz des IÖW sieht im Gegensatz zu Müller - Wenks ökologischer Buchhaltung und einer Reihe der Sozialbilanzkonzeptionen keine Bewertung der erfaßten Daten vor. Um wirksam Entscheidungsunterstützung leisten zu können, ist die Vergabe von Prioritäten mit Hilfe eines Bewertungsverfahrens unumgänglich. Das ABC Rasterverfahren ermöglicht anders als die ökologische Buchhaltung oder die monetären Sozialbilanzkonzeptionen jedoch nicht die Bildung einer kardinal sondern nur einer ordinal skalierten Reihenfolge der Umweltwirkungen. Auf eine kardinale Skalierung, die die Verrechnung und Saldierung verschiedener Umweltbeeinträchtigungen ermöglicht, wurde verzichtet, um die Probleme bei der Ermittlung des Äquivalenzziffernkoeffizienten der ökologischen Buchhaltung zu umgehen.[1] Dem Aggregationsproblem, die große Menge an Daten einerseits zu verdichten, andererseits aber keine wesentlichen Informationen bei der Verdichtung zu eliminieren, wird im ABC Rasterverfahren folgendermaßen begegnet (siehe Abb. 6.8):

Stoffe I. Input/ I.2. Hilfsstoffe I.2.4. Farben

Stoffe I. Input/ I.2. Hilfsstoffe I.2.3. Lösemittel

Kriterien	Isopropanol	Methanol	Ethylacetat	Ethanol		
K 1 Gesetze	C	C	C	C		
K 2 Diskussion	B	B	B	B		
K 3.1 Luft	B	B	B	B		
K 3.2 Wasser	B	B	C	B		
K 3.3 Boden	?	?	?	?		
K 3.4 Toxizität	B	A	B	B		
K 4 Störfall	A	A	A	A		
K 5 Int. Kosten	?	?	?	?		
K 6.1 Vorstufen	B	A	B	B		
K 6.2 Entsorgung	A	A	A	A		
K 7 Verluste	A	A	A	A		

Abb. 6.8: Beispiel einer ABC Bewertungsmatrix
Quelle: Hallay, H. u. Pfriem, R., 1992, a.a.O., S. 94

Für jede Input- und Outputposition der Elemente der Öko - Bilanz (Produkt-, Prozeß- und Betriebsbilanz) werden Matrizen aufgestellt, in denen die stofflichen und energetischen In- und Outputs anhand von Kriterien hinsichtlich ihrer Umweltverträglichkeit bewertet werden. Die Bewertung erfolgt mit Hilfe eines dreistufigen Rasters (A-B-C), das sowohl Ausdruck des Handlungsbedarfs als auch der Umweltrelevanz ist. In absteigender Reihenfolge weisen die Buchstaben auf Hand-

[1] Vergl. die Diskussion der ökologischen Buchhaltung im Kap. 6.1.3.

lungsbedarf und Problemrelevanz hin (A = groß).[1] Fragezeichen stehen für bislang nicht geklärte Wirkungszusammenhänge, denen verstärkte Aufmerksamkeit zu widmen ist.

Das ABC Rasterverfahren ist ein praktikableres Verfahren als die Bewertung mittels Äquivalenzziffernkoeffizienten in der ökologischen Buchhaltung. Es erscheint als grundsätzlich gut geeignet, einen Überblick über die umweltrelevanten Risiken der im Unternehmen eingesetzten Stoffe, Energien und Verfahren zu geben. Zweifel sind jedoch hinsichtlich der produzierten Datenmenge und des Erstellungsaufwandes angebracht, insbesondere bei Einsatz des Verfahrens in einem Großunternehmen. Die Bewertung sämtlicher Stoffe und Energien auf der niedrigsten Aggregationsebene anhand von 11 Kriterien (bezogen auf Abb. 6.8) setzt erhebliches Expertenwissen auf rechtlichen, betriebswirtschaftlichen und chemisch - technischen Gebieten voraus, das ständig aktualisiert werden muß. Die gewonnene Flut an Matrizen gibt ohne weitere Aufbereitung noch keine Hinweise auf Handlungsbedarf oder zu ergreifende Maßnahmen. Wie eine strukturierte Problemfeldanaylse und entscheidungsorientierte Aufbereitung zu erfolgen hat, bleibt in der IÖW - Konzeption offen.[2]

b) Die RSU - Analyse

Corsten/Götzelmann erweitern zu diesem Zweck die ABC Analyse um die RSU Analyse, die Anhaltspunkte für eine selektive Informationsbeschaffung ergibt.[3] Die Kürzel R, S und U stehen für:[4]

R - Emissionen: permanenter/s Ausstoß/Risiko;

S - Emissionen: fallweiser Ausstoß, beispielsweise bei Reinigung und Verfahrensumstellungen, kritisch zu Zeiten von Spizenbelastungen;

U - Emissionen: kritisch bei Störfällen.

In einer Matrix mit den Dimensionen Problem**bedeutung** (ABC) und Problem**verlauf** (RSU) machen die einzelnen Felder deutlich, wie die Informationsbeschaffungsaktivitäten voranzutreiben sind, d. h. wie der Aggregationsgrad

---

[1] Vergl. Hallay, H. u. Pfriem, R., 1992a, a.a.O., S. 94

[2] Vergl. Pfriem, R. u. Hallay, H., 1992b, a.a.O., S. 304

[3] Vergl. Corsten, H. u. Götzelmann, F., 1993, a.a.O., S. 31 f.

[4] Übernommen aus: Zahn, E. u. Steimle, V., 1993, a.a.O., S. 237

der Informationen beschaffen sein muß, und in welchen Zeitabständen die Informationsbeschaffung zu wiederholen ist.[1]

c) Phasenmodell des Öko - Controllings

Die Konzeption des Öko - Controllings läßt sich am besten mit Hilfe eines Phasenmodells (siehe Abb. 6.9) veranschaulichen:[2]

Phase 1: Zielfestlegung

In der ersten Phase werden die Ziele des Unternehmens um ökologische Ziele erweitert. Aufgrund dieser Neudefinition des betrieblichen Zielsystems werden auch Schwerpunkte für die folgenden Projektphasen bestimmt, um die erkannten Problemfelder konzentriert zu bearbeiten.

Phase 2: Erfassung der Stoff- und Energieströme

Auf der Grundlage der festgelegten Schwerpunkte erfolgt im zweiten Schritt die Erfassung der Stoff- und Energieströme. Mit Hilfe der Öko - Bilanz werden die Emissionen klassifiziert.[3]

Phase 3: Ist - Analyse

Nach der Erfassung des Ist - Zustandes erfolgt dessen Bewertung mit Hilfe des ABC - Rasterverfahrens. Das Ergebnis des ABC - Rasterverfahrens ist eine Schwachstellenanalyse, die als Grundlage zur operationalen Konkretisierung der Ziele dient.

Phase 4: Maßnahmenplanung

In der vierten Phase werden Alternativen und Maßnahmen gesucht und anhand des konkretisierten Zielkatalogs bewertet. Ergebnis ist ein Umweltschutzprogramm, das die konkret zu ergreifenden Maßnahmen im Hinblick auf technische Optimierungspotentiale oder die Verbesserung des Informationsmanagements festlegt.

---

[1] Vergl. zu näheren Ausführungen: Corsten, H. u. Götzelmann, F., 1993, a.a.O., S. 32

[2] Vergl. Pfriem, R., 1991, a.a.O., S. 63 ff.

[3] Als Zwischenschritt ist vor der Erfassung noch eine Abgrenzung des Unternehmens und der Unternehmensteile anhand der Kriterien Produkte, Verfahren, Räumlichkeiten etc. erforderlich.

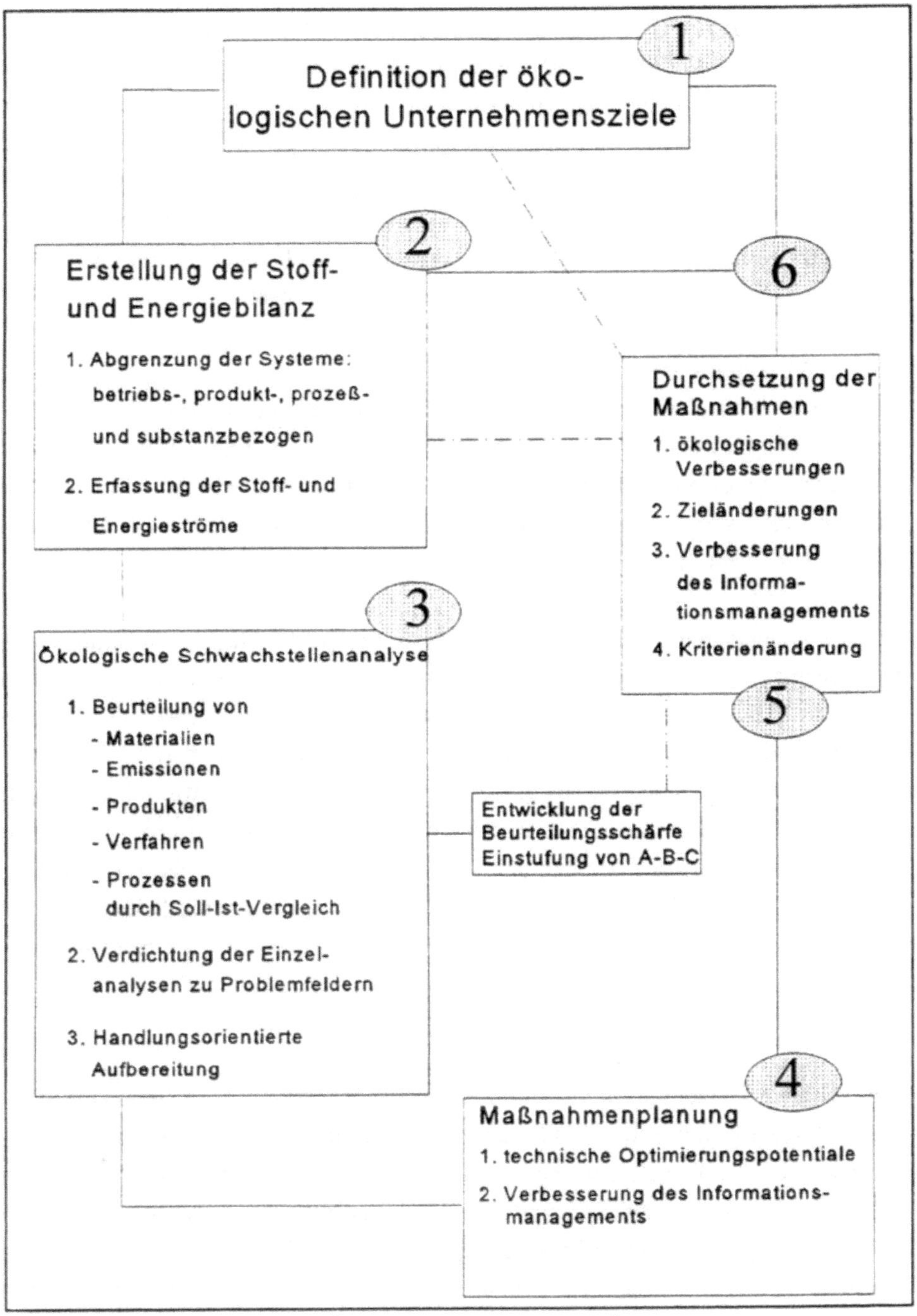

Abb. 6.9: Phasenmodell des Öko - Controllings vom IÖW
Quelle: in Anlehnung an Lehmann, S. u. Clausen, J., a.a.O., 1991, S. 13

Phasen 5. + 6: Durchsetzung der Maßnahmen und Kontrolle
Die Maßnahmen sind im Schritt 5 umzusetzen. Während der Umsetzung ergeben sich Erkenntnisse auf Rückkoppelungen, die das Verfahren der bereits vollzogenen Schritte im nächsten Durchlauf beeinflussen. Nach der Umsetzung geeigneter Maßnahmen muß im Schritt 6 ihre Kontrolle anhand der Veränderungen von Stoff- und Energieströmen kontrolliert werden, die mit Hilfe einer erneuten Öko - Bilanz aufgezeigt werden. Aus den Resultaten können sich Anhaltspunkte für eine Änderung des Zielsystems ergeben. Der Kreislauf ist geschlossen.

3) Würdigung des Öko - Controllings
Die Leistungsfähigkeit der Öko - Controlling Konzeption des IÖW muß unter Berücksichtigung der Schwächen der verwendeten Instrumente Öko - Bilanz und ABC - Rasteranalyse erfolgen. Dazu sei auf die vorangegangenen Abschnitte verwiesen. Konzeptionell soll das Öko - Controlling anhand der zuvor für ein ökologisches Controlling formulierten Ziele und Aufgaben beurteilt werden:

Auf der strategischen Ebene wird ein wichtiger Aspekt des Öko - Controllings vernachlässigt: Wie und woraus ergeben sich die Chancen eines umweltverträglichen Handelns? Die Ergebnisse des Öko - Controllings lassen vor allem auf die umweltbezogenen Schwächen des Unternehmens schließen. Zur Sicherung der Unternehmensplanung ist es jedoch von großer Bedeutung, auch die umweltschutzbezogenen Stärken des Unternehmens wettbewerbswirksam einzusetzen und Chancen zu nutzen. Die Bestandteile des ökologischen Controllings in Form der Öko - Bilanz und der ABC / RSU - Analyse richten sich vornehmlich auf die Schwächen des Unternehmens. Ein Instrument, das auf die Erfassung der Chancen eines umweltverträglichen Wirtschaftens gerichtet ist, ist im ökologischen Controlling nicht erkennbar.

Darüber hinaus bleibt im Öko - Controlling unbeantwortet, mit welchem **zukünftigen** wettbewerbspolitischen Risiko die erkannten Schwachstellen verbunden sind. Das Öko - Controlling richtet sich mit seinen Informationsinstrumenten hauptsächlich in die Vergangenheit. Zwar werden mit der ABC / RSU - Analyse Bewertungen vorgenommen, die durch Prognosen gestützt werden können, doch bleibt in der Konzeption offen, woher diese Prognosen stammen. Ohne ein Frühaufklärungsinstrumentarium, wie es im Kap. 7 Gegenstand der Untersuchung sein wird, bleibt der zukünftige Wandel von Konsumgewohnheiten, die Änderung von Gesetzen oder

der umweltbezogene Einstellungswandel bei Arbeitnehmern in den Bewertungsvorgängen weitgehend unberücksichtigt.

Die Ableitung von Handlungsempfehlungen setzt ein klar vorgegebenes Zielsystem des Unternehmens voraus. Wie bereits im Kap. 2 aufgezeigt worden ist, muß sich ein wirtschaftlich rational handelndes Unternehmen bei der Formulierung seines Zielsystems stets an den Interessengruppen orientieren. Auch das Öko - Controlling basiert auf der Definition ökologischer Unternehmensziele (Vergl. Abb. 6.9). Das Zielsystem wird jedoch als gegeben angesehen. Wie sich das Zielsystem auf die Notwendigkeit einer umweltschutzorientierten Erweiterung prüfen läßt, wie stark Umweltschutzziele im Zielsystem zu gewichten sind und wie sie konkret zu formulieren sind, bleibt in den Ausführungen offen.[1]

Trotz aller Kritik bietet die Öko - Controlling Konzeption eine in sich geschlossene Vorgehensweise zur Aufdeckung ökologischer Schwachstellen und deren Beseitigung. Gerade in mittelständischen Unternehmen, für die das Öko - Controlling konzipiert wurde,[2] sind umweltorientierte Stärken und Chancen des Unternehmens aufgrund der größeren Marktnähe des Unternehmens häufig auch ohne detaillierte Analysen zu erkennen. Herrscht darüber hinaus in der Unternehmensorganisation eine eher missionarische Unternehmenskultur,[3] wie dies in den Pilotanwendungen des Öko - Controllings wohl der Fall gewesen sein dürfte, besteht über die Formulierung der ökologischen Ziele unter den Betroffenen Einigkeit. Aber die Übertragbarkeit des Konzepts auf ein Großunternehmen der Chemiebranche ist stark zu bezweifeln, weil sich die zukünftigen Wettbewerbschancen und -risiken nicht ohne detaillierte Prognosen für die jeweiligen Marktsegmente erkennen lassen und die Prüfung der Notwendigkeit sowie der gegebenenfalls expliziten Formulierung umweltschutzorientierter Ziele unüberschaubar sind.

6.3 Umwelt - Auditing als Informationsgrundlage des betrieblichen Risikomanagements

In einem Positionspapier der Internationalen Handelskammer (ICC) zum Umweltschutz wird Umwelt - Auditing wie folgt definiert:

---

[1] Ebenso: Wagner, G. R., 1993, a.a.O., S. 203

[2] Vergl. Hallay, H. u. Pfriem, R., 1992a, a.a.O., S. 10

[3] Vergl. Mintzberg, H., Mintzberg on Management. Inside Our Strange World of Organizations, New York, London 1989, S. 221

"Ein Management - Instrument, das einer systematischen, dokumentierten, periodischen und objektiven Beurteilung dient, wie gut Umweltschutzorganisation, -management und -einrichtungen funktionieren, um den Schutz der Umwelt zu fördern durch:

(I) Erleichterung der Kontrolle von Umweltschutzmaßnahmen durch die Unternehmensführung;

(II) Feststellung der Erfüllung unternehmenspolitischer Vorgaben, was auch die Einhaltung behördlicher Auflagen umfaßt."[1]

Ein wesentlicher Grund für die Durchführung von Umwelt - Audits besteht in der zunehmenden Verschärfung nationalen wie internationalen Umweltrechts. Konkret wirkt sich die Verschärfung der Gesetze auf Unternehmen im Übergang von der Verschuldens- zur Gefährdungshaftung aus.[2] Durch eine nachweisliche, strukturierte Überprüfung durch das Auditings muß sich das Unternehmen gegenüber externen Ansprüchen aufgrund einer Gefährdungshaftung absichern.[3] Die Audits sind hier vergleichbar mit den bei größeren Investitionsvorhaben gesetzlich vorgeschriebenen einmaligen Umweltverträglichkeitsprüfungen.[4]

Das Umwelt - Auditing wird im folgenden zunächst anhand seiner (1) **Aufgaben** beschrieben, bevor deren (2) **praktische Umsetzung** betrachtet wird. Besondere Bedeutung kommt dem Umwelt - Auditing aufgrund der (3) **Normierungsbestrebungen der Europäischen Gemeinschaft** zu. Abschließend wird das Umwelt - Auditing einer (4) **Würdigung** als Informationsinstrument des Umweltmanagements unterzogen.

---

[1] O. V., Dokumentation des ICC - Positionspapier zu Umweltschutz - Audits, in: Steger, U. (Hrsg.), 1992, a.a.O., S. 186

[2] Vergl. zur Übersicht über die Tendenzen im Umwelthaftungsrecht: Schilling, H., Erweiterte Unternehmenshaftung durch das neue Umweltrecht, in: Steger, U. (Hrsg.), 1991, a.a.O., S. 81 ff.

[3] Vergl. Moschke, H. - J., Organisationsverschuldensanalyse. Grundlage für ein erfolgreiches Umwelt - Auditing, in: Steger, U. (Hrsg.), 1991, a.a.O., S. 53 ff.; beispielhaft auch: Specht, L., The Auditor, SAS 54 and Environmental Violations, in: Journal of Accountancy, December 1992, S. 67 ff.

[4] Vergl. zur gesetzlichen Grundlage: Gesetz über die Umweltverträglichkeitsprüfung, in: BGBl, Teil I, 6/1990 S. 205 ff.; vergl. zum Vorgehen der Umweltverträglichkeitsprüfung: König, M., Umweltverträglichkeitsprüfung (UVP), in: Prisma Industrie - Kommunikation (Hrsg.), 1992, a.a.O., Teil J 3, S. 7 ff.; Klich, T., 1993, a.a.O., S. 111 ff.. Die UVP ist eine externe Prüfung des Unternehmens durch Dritte, die Informationsanforderungen definiert, selbst aber kaum als Informationsinstrument aufgefaßt werden kann.

1) Aufgaben des Umwelt - Auditings

Das Umwelt - Auditing nimmt im Vergleich zum Umwelt - Controlling weniger planerische und durchführende Aufgaben wahr. Es dient im wesentlichen der Bestandsaufnahme latenter Umweltrisiken des Unternehmens.[1] Unter Risiko wird hier die Unsicherheit von Werten verstanden. Die Werte sind in dieser Definition ein Maß für den Zielbeitrag eines Tatbestandes.[2] Risiken grenzen sich von Chancen dadurch ab, daß sie als negativ erwartete Zielbeiträge behandeln, Chancen hingegen positive.[3] Wie wir im Kap. 5 gesehen haben, ist die Unsicherheit über den Zielbeitrag derjenigen Tatbestände groß, die im Bereich des Umweltschutzes relevant sind. Es wurde auch deutlich, daß umweltschutzbezogene Risiken in Bezug auf die Wahrnehmung des Tatbestandes und der Bewertung in der Regel subjektiv sind. Aufgabe des Umwelt - Auditings ist die Erstellung einer Momentaufnahme der umweltschutzorientierten Situation des Unternehmens, das heißt die Beschaffung von Primärinformationen. Es wird geprüft, inwieweit das Unternehmen den umweltschutzbezogenen Anforderungen seiner Umwelt entspricht und welches Risiko sich aus möglichen Abweichungen ergibt. Aufgrund der hohen Komplexität der Primärinformationen kommt dem Umwelt - Auditing die Aufgabe der Erstellung einer Umwelt - Risikoanalyse zu, in der die Primärinformation verdichtet wird.[4] Hauptbestandteil der Umwelt - Risikoanalyse ist die Strukturierung des Risikos, einfach umschrieben also die Streuung um den Erwartungswert. Das Umwelt - Auditing dient als Instrument des betrieblichen Risikomanagements.[5] Im Risikomanage

---

[1] Um eine begriffliche Konsistenz durch die gesamte Arbeit hindurch zu gewährleisten, muß hier auf den Unterschied der Begriffspaare "Risiko und Chance" und "Stärken und Schwächen" eingegangen werden: Risiken und Chancen ergeben sich für Unternehmen aufgrund der situativen Gegebenheiten in der Unternehmensumwelt. Dagegen spricht man von Stärken und Schwächen in Bezug auf unternehmensinterne Gegebenheiten oder Potentiale. Von einer Umwelt - Risiko - Analyse zu sprechen ist auf Grundlage o. a. Begriffsverständisses verwirrend, da eigentlich die Schwächen des Unternehmens analysiert werden. Um die Schwächen beurteilen zu können, müssen allerdings Informationen, die Risiko und Chance abbilden, herangezogen werden.

[2] Vergl. Streitferdt, L., 1973, a.a.O., S. 7

[3] Vergl. Streitferdt, L., 1973, a.a.O., S. lo f.; Streitferdt weist auf den engen Zusammenhang von Risiko und Chance hin: Chancen ergeben sich sinnvoll nur dann, wenn auch negative Zielverfehlungen denkbar sind und damit Risiken.

[4] Vergl. zu näheren Ausführungen der Risikoanalyse: Streitferdt, L., 1973, a.a.O., S. 129; vergl. zur Umwelt Risikoanalyse als Bestandteil von Umwelt - Audits: Niemeyer, A. u. Satorius, B., Umwelt - Auditing, in: Steger, U. (Hrsg.), 1992, a.a.O., S. 315

[5] Vergl. zum Umweltmanagement als Bestandteil des betrieblichen Risikomanagements: Haller, M., Risiko - Management - Eckpunkte eines integrierten Konzeptes, in: SzU, Bd. 33, Wiesbaden 1986, S.
(Fortsetzung...)

ment wird über die Aufdeckung von Risiken hinaus ein Sicherheitsniveau entsprechend der jeweiligen Risikobereitschaft eines Unternehmens festgelegt und eine Strategie zur Einhaltung dieses Niveaus erarbeitet. Prinzipiell mögliche Strategien sind: Risiken vermeiden, vermindern, überwälzen, versichern und selber tragen.[1] Betriebliches Umwelt- und Risikomanagement weisen an dieser Stelle eine breite Schnittfläche auf.[2] Innerhalb dieser Schnittfläche entstehen Risiken hauptsächlich auf zwei Analysefeldern:

a) in Bezug auf gesetzliche Grundlagen und

b) in Bezug auf markt-/wettbewerbsbezogene Grundlagen.

Zu a) gesetzliche Grundlagen

Die Grundaufgabe des Umweltschutz - Auditings ist die Kontrolle des Unternehmens auf Einhaltung der gesetzlichen Erfordernisse. Steger/Antes beschreiben diese Grundaufgabe als eine **an der Vergangenheit orientierte** Analyse der umweltrelevanten Schwachstellen eines Unternehmens. Ein primär ex post und unternehmensintern angelegtes Auditing beinhaltet vor allem

"- die Überwachung der ordnungsgemäßen Einhaltung bzw. Umsetzung der gesetzlichen, behördlichen oder unternehmensintern definierten Sicherheitsniveaus;
- die Prüfung der Angemessenheit der Risikostrategien- und -maßnahmen sowie
- die Prüfung der Güte der Kontrollmechanismen."[3]

Diese Grundaufgabe kann durch die Berücksichtigung des Risikos aus zukünftig erwarteten Gesetzen erweitert werden. Dazu ist das Auditing jedoch um ein Frühwarnsystem zu ergänzen.[4]

---

[5](...Fortsetzung)
7 ff.; die Beiträge des folgenden Sammelwerkes: Knoepfel, P. (Hrsg.), Risiko und Risikomanagement, Basel, Frankfurt a. M. 1988; Steger, U. u. Antes, R., Unternehmensstrategie und Risikomanagement, in: Steger, U. (Hrsg.), 1991, a.a.O., S. 13 ff.

[1] Vergl. Steger, U. u. Antes, R., 1991, a.a.O., S. 18 ff.

[2] Vergl. Bodenstein, G. u. Spiller, A., Umwelt - Auditing als Instrument unternehmerischer Umwelt- und Risikopolitik, in: WISU, 21. Jg., 1992, H. 12, S. 953

[3] Steger, U. u. Antes, R., 1991, a.a.O., S. 36

[4] Vergl. Steger, U. u. Antes, R., 1991, a.a.O., S.21 ff.

Zu b) markt-/wettbewerbsbezogene Grundlagen

Neben dieser engen Aufgabenzuweisung umfaßt das Umwelt - Auditing in der Abgrenzung von Niemeyer/Satorius auch die Erkennung von Marktrisiken.[1] Die Schwächen eines Unternehmens müssen dann auf ihr Gefährdungspotential hinsichtlich der Marktsituation des Unternehmens bewertet werden. Als Bewertungsgrundlage dient dabei Expertenwissen aus dem Unternehmen selbst und von externen Beratern. Aufgabe des Umwelt - Auditings ist, dieser weiteren Begriffsauffassung folgend, nicht nur das Unternehmen auf Haftungs- sondern auch auf erkennbare Marktrisiken im Umweltbereich zu überprüfen. Bezüglich der Haftungsrisiken ist die Versicherungswirtschaft zur Kalkulation der Haftpflichtprämie ebenso ein wichtiger Adressat der Audit Ergebnisse wie Banken zur Ermittlung des Kreditausfallrisikos.

2) Praktische Umsetzung

Die Durchführung von Umweltschutz - Audits ist nicht gesetzlich vorgeschrieben. Die praktische Umsetzung des Umwelt - Auditings besitzt in Abhängigkeit vom Umfang der zugedachten Aufgaben deshalb eine breite Spannbreite von denkbaren alternativen Verfahrensweisen und organisatorischen Einbindungen. Die einfachste Form ist das Erstellen von Checklisten durch die betroffenen Mitarbeiter.[2] Aufwendiger wird das Auditing Verfahren, wenn eigens dafür eingestellte Revisoren oder externe Berater die Prüfung vollziehen und der Umfang von Checklisten in Abhängigkeit von der Breite und Gründlichkeit der Prüfung stark zunimmt. Für eine unabhängige Prüfung durch unbeteiligte Revisoren oder externe Berater spricht, daß mit zunehmender Nähe zum eigenen Handlungsfeld von Steger/Antes eine zunehmend unkritischere Haltung gegenüber Umweltbelastungen festgestellt wurde. Für eine Integration des Umweltschutz - Auditings in betriebliche Abläufe spricht hingegen das spezielle Fachwissen der jeweiligen Mitarbeiter, das Voraussetzung einer sachkundigen Prüfung ist.[3] Die praktische Umsetzung eines aufwendigeren Verfahrens könnte entsprechend des folgenden Vier - Phasen - Schemas erfolgen:

---

[1] Vergl. Niemeyer, A. u. Satorius, B., 1992, a.a.O., S. 312 ff.

[2] Vergl. zu Muster - Checklisten: Sietz, M. u. Sondermann, W. D., Umwelt - Audit und Umwelthaftung, Taunusstein 1990, S. 43 ff.

[3] Vergl. Steger, U. u. Antes, R., 1991, a.a.O., S. 35

Phase I	Einstiegs - Checkliste	Eingrenzung des Auditbereichs, Organisation, Methoden, Führung, Budgetierung der Auditmaßahme
Phase II	Grob- Analyse	Bereichs - Checklisten erstellen, Stellungnahmen der Bereichsleiter, Bericht über öffentliche Beschwerden, Dokumentenanalyse, Betriebsbegehungen
Phase III	Detail-Analyse	eigentliches Umwelt - Audit: Zuordnung aller bestehenden Gesetze, Soll - Ist - Vergleich der realisierten Umweltstandards, Szenario: Einfluß anstehender gesetzlicher Maßnahmen.
Phase IV	Ergebnisse	Abfassung der Ergebnisse in einem Environmental Auditing Manual incl. eines Maßnahmenkataloges zum Abbau der betrieblichen Umweltdefizite.

Tabelle 6.3: 4 - Phasen - Schema des Umweltschutzauditings
Quelle: in Anlehnung an Sietz, M., Methoden des Umwelt - Auditing, in: Steger, U. (Hrsg.), 1991, a.a.O., S. 46 ff.

Die Ergebnisse des Audits sollten in die Durchführung eines Öko - Controllings, sofern ein solches durchgeführt wird, eingebunden werden, um Verbesserungen der erkannten Schwachstellen durchzusetzen.

3) Normierungsbestrebungen

Die besondere Aktualität des Umwelt - Auditings ist auf die ernstzunehmenden Bestrebungen der Normierung des Vorgehens verbunden mit einer Testierung der Ergebnisse durch externe Prüfer zurückzuführen. Aufbauend auf der o. a. Definition der ICC[1] hat sich die Kommission der Europäischen Gemeinschaft mit einem Verordnungsvorschlag[2] um die Vereinheitlichung von Umwelt - Audits bemüht, dessen Vorgehensweise in Abb. 6.10 verdeutlicht wird.[3]

---

[1] Vergl. zur Vorgehensweise nach dem Verfahren der ICC von 1989: O. V., ICC - Positionspapier zu Umweltschutz - Audits, 1991, a.a.O., S. 189 ff.

[2] Vorschlag für eine Verordnung (EWG) des Rates über die freiwillige Beteiligung gewerblicher Unternehmen an einer gemeinschaftlichen Umweltmanagement- und -betriebsprüfungsregelung ("Öko-Audit"), Kommissionsvorschlag Nr. 5218/92 ENV 64 KOM (91) 459 endg., Brüssel, vom 18.12.1992

[3] Vergl. Bodenstein, G. u. Spiller, A., 1992, a.a.O., S. 949 ff.

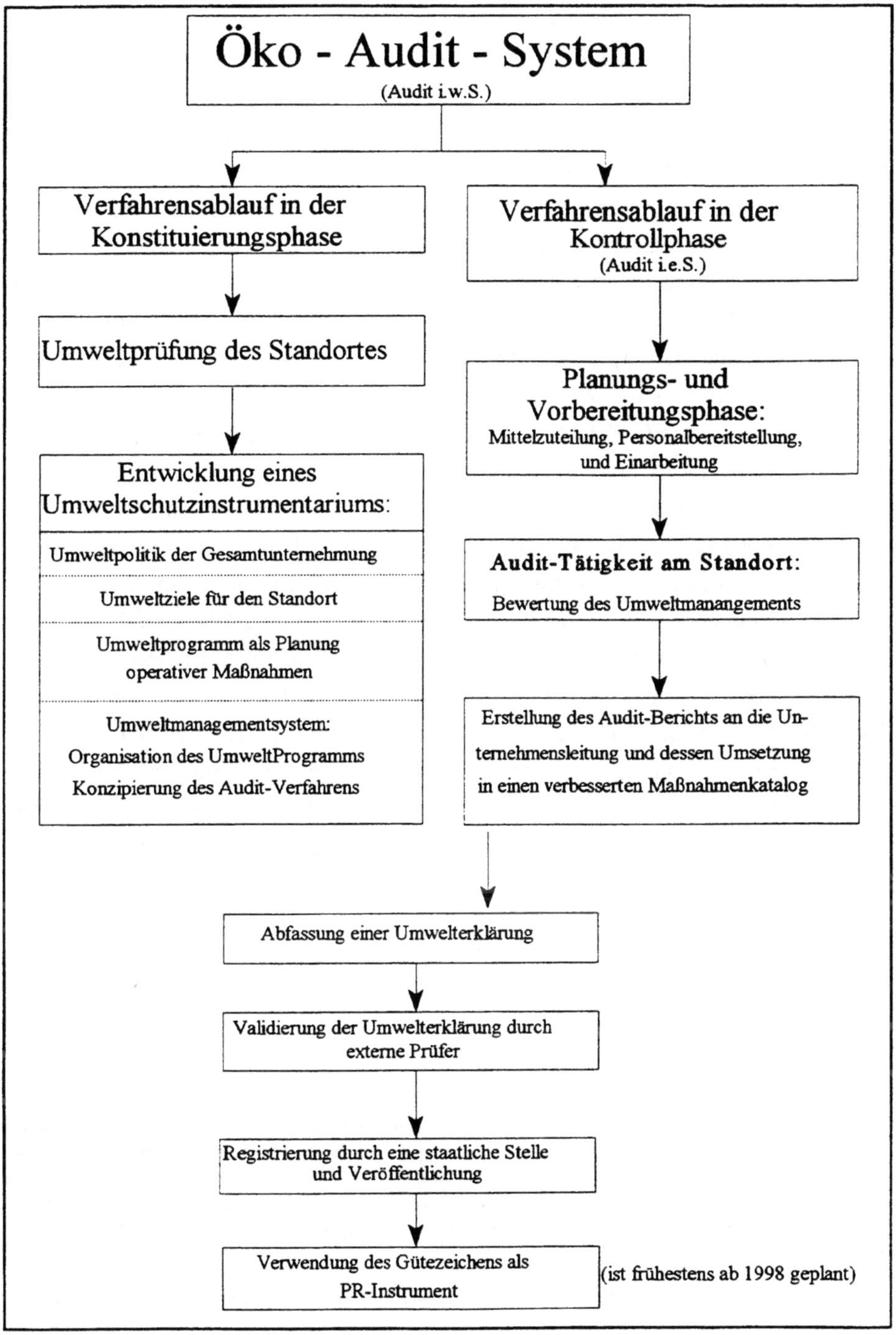

Abb. 6.10: Grundkonzept des Umweltschutz - Auditing

Quelle: Bodenstein, G. u. Spiller, 1992, a.a.O., S. 953

Das Umwelt - Audit - System der EG besteht aus zwei Verfahrensabläufen, die in der Abbildung nebeneinander dargestellt sind. Zum einen wird der Ablauf der erstmaligen Einrichtung des Systems in einem Unternehmen festgelegt und zum anderen die Durchführung als Kontrollverfahren in regelmäßigen Abständen. Die Ergebnisse des Audits werden in einer schriftlichen Umwelterklärung zusammengefaßt und einem unternehmensexternen Prüfer zur Testierung vorgelegt. Für die unternehmensinternen Abläufe des Audits werden explizit auch die Interessen der Arbeitnehmer nach mehr Arbeitssicherheit durch Beteiligung an dem Prüfverfahren einbezogen.[1] Neben die unternehmensinterne Komponente tritt eine unternehmensexterne Komponente dergestalt hinzu, daß das Unternehmen die testierten Ergebnisse des Audits zu PR - Zwecken veröffentlichen kann. Unterstützend soll sich dabei ein von der EG - Kommission vergebenes Gütezeichen auswirken. Entsprechend der "Verordnung des Rates über die freiwillige Beteiligung gewerblicher Unternehmen an einem Gemeinschaftssystem für das Umweltmanagement und die Umweltbetriebsprüfung" ist im Gegensatz zum ursprünglichen Entwurf das geplante Umwelt - Logo zunächst aufgrund politischer Unstimmigkeiten entfallen. Der Rat der EG hat jedoch festgelegt, daß 1998 erneut über die mögliche Einführung eines Umwelt - Zeichens diskutiert wird.[2] Von der Möglichkeit zum Erwerb eines Gütezeichens erhofft man sich eine Anreizwirkung auf die Durchführung von Umweltschutz- Audits in möglichst vielen Unternehmen. Da von dem Umweltzeichen eine erhebliche Wettbewerbswirkung ausgehen wird, erscheint diese Hoffnung begründet. Die erarbeitete EG Richtlinie ist trotz anfänglich gegenteiliger Absichten für kein Unternehmen verbindlich. Die Beteiligung an dem vorgeschlagenen Verfahren ist freiwillig. Gegen das am 29.06.93 vom EG - Ministerrat verabschiedete Verfahren[3] sprechen folgenden Kritikpunkte:[4]

a) Im Verordnungsvorschlag fehlen verpflichtende Standards, er ist lediglich ein Controlling - Konzept für die Wirksamkeit des bestehenden Umweltmanagements.

---

[1] In vielen Unternehmen liegen die für Arbeitsschutz und Arbeitssicherheit zuständigen Abteilungen organisatorisch sehr eng bei den Umweltschutzabteilungen. Auditing - Maßnahmen werden in der Regel gemeinsam durchgeführt, da häufig Interdependenzen zwischen den Belangen der Arbeitssicherheit und der Umweltverträglichkeit von Produktionsprozessen bestehen. Vergl. zur Berücksichtigung von Arbeitnehmerinteressen im Rahmen des Umwelt - Auditing: Küppers, F. u. Assel, D., 1993, a.a.O., S. 58 ff.

[2] Vergl. Amtsblatt der Europäischen Gemeinschaft, Nr. L 168, 36. Jg., vom 10. Juli 1993, S. 1 ff.

[3] Vergl. o. V., Amtsblatt der Europäischen Gemeinschaft, 1993, a.a.O., S. 1 ff.

[4] Vergl. Bodenstein, G. u. Spiller, A., 1992, a.a.O., S. 952 f.

b) Das Verfahren beschränkt sich auf eine Betrachtung der Produktionssphäre. Die Umweltverträglichkeit der erstellten Produkte wird nicht berücksichtigt.

c) Ein Unternehmen kann sich mit frei wählbaren Standorten am Verfahren beteiligen. Auf dem zu vergebenden Gütezeichen ist der betreffende Standort zu vermerken. Dieser Standortbezug des Verfahrens führt zur Irreführung der Verbraucher.

Die betrachteten Kritikpunkte stellen keine reinen Verfahrensprobleme dar, sie sind vielmehr auf Kompromisse im politischen Willensbildungsprozeß zurückzuführen. Die Schutzwürdigkeit des öffentlichen Gutes "saubere Umwelt" wird in den Mitgliedsländern der EG unterschiedlich beurteilt. Deutlich wird der politische Charakter auch in der o. a. Vertagung der Einführung eines Gütezeichens.

4) Würdigung des Umwelt - Auditings

Das Umwelt - Auditing bietet von seiner ursprünglichen aus dem Finanz - Auditing abgeleiteten Konzeption als reines Kontrollinstrument her die Möglichkeit zur Festlegung von überbetrieblichen Standards durch Lenkungsinstanzen, für die im Zusammenhang mit den bereits diskutierten Informations - Instrumentarien insbesondere der ökologischen Bilanz bislang vergeblich plädiert wurde. Voraussetzung dafür ist jedoch eine klare Aufgabendefinition für das Umwelt - Auditing, die nicht nach dem Vorbild des ökologischen Controllings für sich beansprucht, Hauptinstanz für alle Aufgaben in Bezug auf umweltorientierte Unternehmensführung zu sein. Da sich viele Unternehmensberatungen auf dem Umweltschutzsektor um die praktische Einführung von Umwelt - Audits bemühen, werden die Kontrollkonzeptionen häufig um ex ante, planerische Elemente ergänzt, so daß von den Consultants komplette Strategiekonzeptionen mit Kontrollinstrumentarium angeboten werden.[1] Im Bemühen um eine klare Aufgabenabgrenzung des Auditing entsteht hieraus ein Zielkonflikt, der anhand der Aufgaben des Auditing verdeutlicht werden soll:

Die Einhaltung gesetzlich oder vertraglich vorgeschriebener Standards der Umweltverträglichkeit von Produkten und Produktionsverfahren auf betrieblicher Ebene muß von externen Prüfern kontrolliert werden. Hier liegt zunächst die primäre Aufgabe eines Umwelt - Auditing in der externen Unternehmenskommunikation. Intern dient das Umwelt - Auditing, wie in obiger Abgrenzung von Steger

---

[1] Vergl. z. B. den Beitrag von Niemeyer/Satorius (Niemeyer, A. u. Satorius, B., 1992, a.a.O., insbesondere S. 319 ff.) und Advena (Advena, H. - J., Umweltsicherheits - Management als Konsequenz des Umwelthaftungsrechts, in: UWF, H. 2, März 1993, S. 43 ff.), die das Umwelt - Auditing Konzept aus Sicht der Gerling Unternehmensberatungsgruppe vorstellen.

deutlich wurde, als ex post orientiertes Informationsinstrument, das einerseits die bisherigen Schwächen des Unternehmens aufzeigt und andererseits Informationen über die Leistungsfähigkeit des Umweltmanagements in Form von Soll - Ist - Vergleichen liefert. Als solches stellt das Umwelt - Auditing neben dem ökologischen Rechnungswesen und dem ökologischen Controlling **eine** der umweltschutzorientierten Informationsgrundlagen für die Planung des betrieblichen Risiko- und Umweltmanagements dar. Ein Konflikt droht aufgrund der unterschiedlichen Ziele der Informationsempfänger. Die Unternehmensführung strebt nach Wirtschaftlichkeit, der Staat nach Einhaltung der Gesetzesverordnungen, deren Ziel eher die Durchsetzung des aus der gesamtwirtschaftichen Zielsetzung abgeleiteten Schutzes des öffentlichen Gutes "saubere Umwelt" ist.[1] Entsprechend der unterschiedlichen Ziele müssen auch die Informationen unterschiedlich zielgruppenspezifisch aufbereitet sein. Dabei dürfte die an Behörden übermittelte Information über die Einhaltung der Gesetzgebung eine Teilmenge der Information an die Unternehmensführung sein, da sie eine Grundlage für die zukünftige Wettbewerbssituation des Unternehmens darstellt. Zur Unternehmensplanung benötigt das Management darüber hinaus jedoch Informationen über die wirtschaftliche Unternehmensumwelt und deren zukünftige Entwicklungen, die das Auditing nicht bereitstellt. Im Idealfall wird das Auditing als Bestandteil des Risikomanagements deshalb um ein umweltorientiertes Frühwarninstrumentarium ergänzt.

Zusammenfassend soll die Leistungsfähigkeit des Umwelt - Auditing als ex post, unternehmensinternes Informationsinstrumentarium gewürdigt werden. Als solches enthalten die Audits einen Teil der Informationsbasis des betrieblichen Umwelt- und Risikomanagements. Das Umwelt - Auditing bildet als punktuelle Schwachstellenanalyse die Grundlage für weitere Informationsbeschaffungsaktivitäten des Umweltmanagements. Einerseits kann die Beseitigung der erkannten Schwachstellen zusätzliche Informationen erfordern, andererseits ergeben sich Hinweise darauf, welche Beobachtungsfelder einer permanenten Überwachung unterzogen werden müssen, weil beispielsweise die dauerhafte Einhaltung eines gesetzlichen Grenzwertes nicht sichergestellt werden kann.

---

[1] Bei Banken und Versicherungen - als weitere Informationsempfänger - dürfte ein Interesse an beiden Informationsinhalten bestehen, sowohl über die Umweltverträglichkeit von Produkten und Produktionsprozessen als auch über die daraus resultierenden Auswirkungen auf die Wettbewerbsposition des Unternehmens.

Als Kontroll- und Steuerungsinstrument für die Anspruchsgruppen in der wirtschaftlichen Unternehmensumwelt, insbesondere Behörden, hängt die Qualität der Umwelt - Audits von der Normierung der inhaltlichen Ausgestaltung der Audit - Berichte und den mit ihnen verbundenen Sanktionsmechanismen ab.

6.4 Zusammenfassender Überblick über unternehmensinterne Informationsinstrumente

Die Abb. 6.11 gibt einen Überblick über die bisher abgehandelten Informationsinstrumente zur Verarbeitung unternehmensinterner Information. Das Umweltmanagement bereitet die umweltschutzrelevanten Entscheidungen der Unternehmensführung vor, setzt die Entscheidungen um und kontrolliert die Ergebnisse. Dazu müssen die Informationen aus der Grundrechnung entsprechend der Bedürfnisse der Benutzer zur Verfügung gestellt werden. Ein Teil der Grundrechnung enthält Informationen zur finanzwirtschaftlichen Sphäre des Unternehmens. Zur Aufbereitung der umweltschutzorientierten Informationen dienen die in diesem Kapitel beschriebenen Informationsinstrumente. Ziel des finanzwirtschaftlichen Umweltinformationsinstrumentariums ist die Systematisierung und Gegenüberstellung von Kosten-, Risiko- und Leistungswirkungen des Umweltschutzes als Beitrag zum Gesamtergebnis des Unternehmens. Um diesen Beitrag ermitteln zu können, sind Informationen aus dem energetisch - stofflichen Bereich erforderlich. Die energetisch - stofflichen Informationen werden von der ökologischen Buchhaltung, der Ökobilanz, der Sozialbilanz, dem Umwelt - Auditing und dem Öko - Controlling für das Umweltmanagement aufbereitet. In die Auswertungen der Sozialbilanz, des Umwelt - Auditings und des Öko - Controllings fließen neben energetisch - stofflichen auch finanzwirtschaftliche Informationen ein. Dementgegen beschränken sich die ökologische Buchhaltung und die Ökobilanz auf die Verwertung energetisch - stofflicher Informationen. Mit Ausnahme des Öko - Controllings sind die genannten Informationsinstrumente hauptsächlich vergangenheitsorientiert und dienen daher in erster Linie der Lageanalyse und Kontrolle.

Wie der Doppelpfeil symbolisiert, bereiten die ökologische Buchhaltung und die Ökobilanz Informationen nicht nur auf, sondern stellen auch energetisch - stoffliche Informationen in die Grundrechnung ein. Bei der Durchführung des Umwelt - Auditings werden sowohl finanzwirtschaftliche als auch energetisch - stoffliche Informationen in die Grundrechnung aufgenommen.

Der Doppelpfeil zwischen Öko - Controlling und Ökobilanz steht für die enge Beziehung beider Instrumente: Die Ökobilanz stellt energetisch - stoffliche Informationen für das Öko - Controlling zur Verfügung, umgekehrt bestimmt das Öko - Controlling maßgeblich den Aufbau der Öko - Bilanz. Prinzipiell sind Überschneidungen dieser Art zwischen allen Informationsinstrumenten denkbar. Die eben geschilderte wurde deshalb herausgegriffen, weil das IÖW als Entwickler beider Konzepte das Öko - Controlling als Fortführung ihrer Öko - Bilanz Aktivitäten verstehen.

Die Abbildung 6.11 beinhaltet als Informationsempfänger nur das Umweltmanagement. Dementgegen enthalten die Ökobilanz, die Sozialbilanz und das Umwelt - Auditing Auswertungen als Bestandteil des externen Rechnungswesens, die den Interessengruppen in der wirtschaftlichen Umwelt des Unternehmens Informationen über die Umweltschutzsituation des Unternehmens zur Verfügung stellen.

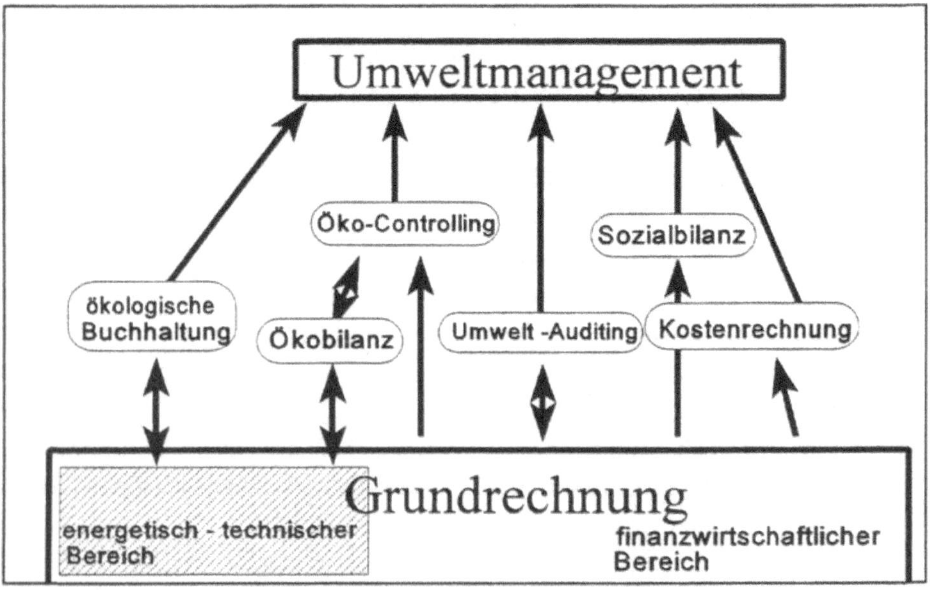

Abb. 6.11: Interne Informationsinstrumente des Umweltmanagements im Überblick
Quelle: eigene Darstellung

Alle bislang vorgestellten Instrumente ermöglichen die Abbildung von Stärken und Schwächen des Unternehmens im Bereich des Umweltschutzes. Im nächsten Kapitel soll der Teil des Informationsinstrumentariums näher analysiert werden, der die Chancen und Risiken des Unternehmens durch Veränderungen der Umwelt verdeutlicht. Insbesondere zur Bestimmung der Risiko- und Leistungswirkungen von Umweltschutzmaßnahmen ist ein umweltschutzorientiertes Frühaufklärungssytem unverzichtbar.

7 Instrumente zur Verarbeitung unternehmensexterner Information: Konzeption und Leistungsfähigkeit

Zunächst erscheint es sinnvoll, die folgenden Ausführungen in den Gesamtzusammenhang der vorliegenden Arbeit einzugliedern (Kap. 7.1). Es wird deutlich, daß Änderungen im gesellschaftlichen "Umweltbewußtsein" (Kap. 7.2) die Hauptursache für Art und Ausprägung von Umweltschutzmaßnahmen des Unternehmens sind. Die Unsicherheit in der zukünftigen Entwicklung des Umweltbewußtseins läßt sich mittels ganzheitlicher Ansätze in Form des ökologischen Frühaufklärungssystems (Kap. 7.3) oder partial, hauptsächlich mittels qualitativer Prognosemethoden (Kap. 7.4), reduzieren.[1] Dabei verstehen sich Frühwarnsysteme mehr im Sinne einer Methode, die sich der einzelnen Prognoseverfahren durchaus als Instrumente bedienen kann.[2] Da die Gesamtkonzeption der ökologischen Frühaufklärung bislang recht vage formuliert ist und teilweise den an sie gestellten Anforderungen nicht gerecht wird, wird abschließend auf Grundlage der Ergebnisse dieses Kapitels ein Grundkonzept zum Einsatz eines umweltschutzorientierten Frühaufklärungssystems vorgestellt (Kap. 7.5), bevor die Ergebnisse des Teils B kurz zusammengefaßt werden (7.6).

7.1 Einführung: Wirkungskette zur Entscheidungsrelevanz unternehmensexterner ökologischer Information

Im folgenden ist das Thema der umweltschutzorientierten Frühaufklärung zunächst in den Zusammenhang der bisherigen Ergebnisse zu stellen (Kap. 7.1.1). Daraus wird ersichtlich, daß sich die umweltschutzorientierte Frühaufklärung nicht nur auf die ökologische Dimension der Unternehmensumwelt konzentrieren kann. Deshalb ist der Frage nachzugehen, welche weiteren Umweltdimensionen in der umweltschutzorientierten Frühaufklärung zu berücksichtigen sind (Kap. 7.1.2). In der Literatur wird hierzu keine einheitliche Auffassung vertreten. Aus der Diskussion der unterschiedlichen Meinungen ergibt sich ein bislang nicht beachteter Wirkungszusammenhang ausgehend von einer Änderung des Zustands der ökologischen Umwelt bis hin zur Konfrontation des Unternehmens mit Umweltschutzerforder-

---

[1] Vergl. Voigt, K. - I., 1992, a.a.O., S. 561 ff.

[2] Vergl. Krampe, G. u. Müller, G., Diffusionsfunktionen als theoretisches und praktisches Konzept zur strategischen Frühaufklärung, in: zfbf, 33. Jg., 1981, H. 5, S. 384 ff.

nissen (Kap. 7.1.3), der die Grundlage der in den folgenden Abschnitten zu diskutierenden Frühaufklärung bildet.

7.1.1 Einordnung in die bisherige Untersuchung

Im vorausgegangenen Kap. 6 sind die Instrumente zur Handhabung unternehmensinterner Information diskutiert worden. Das dort vorgestellte Instrumentarium dient der Ermittlung von Stärken und Schwächen, die sich im Hinblick auf Umweltschutzaspekte für das betrachtete Unternehmen ergeben. Zur Beurteilung der Stärken und Schwächen aus ökonomischen und auch aus ökologischen Gesichtspunkten müssen die Stärken und Schwächen eines Unternehmens im Zusammenhang mit den Chancen und Risiken, das heißt dem zukünftigen wirtschaftlichen Potential aus umweltschutzbezogenen Änderungen des Umfeldes, gesehen werden. Zur Ermittlung von Chancen und Risiken (oder auch Bedrohungen) muß die Umwelt des Unternehmens auf ökonomisch oder ökologisch relevante Änderungen hin näher analysiert werden. Dies geschieht durch die Verarbeitung unternehmensexterner Informationen.

Ziel der Umweltanalyse ist die Versorgung des Unternehmens mit hauptsächlich ex ante orientierter Information in einem Ausmaß, wie es zur Erreichung der Unternehmensziele gerade notwendig ist. Wie im Kap. 2.4 gezeigt wurde, werden die Unternehmensziele von den Interessengruppen in der wirtschaftlichen Unternehmensumwelt bestimmt (1. Grundfrage der Unternehmensordnung). Dabei dient das Informationssystem

1) der Ermittlung der Ziele der Interessengruppen,
2) der Unterstützung der Unternehmensführung zur Erreichung der Ziele sowie
3) der Übermittlung von Kontrollinformationen an die Interessengruppen (2. Grundfrage).

In dem hier betrachteten Zusammenhang sind die ersten zwei Aufgaben des Informationssystems von Interesse.[1]

Die individuellen Ziele der Mitglieder der Interessengruppen können durchaus hinsichtlich ihrer Fristigkeit miteinander konkurrieren. Während ein Teil der Kapitalgeber etwa kurzfristige Gewinnmaximierung als Ziel präferiert, drängen die Beschäftigten oder ein anderer Teil der Kapitalgeber auf langfristige Unternehmens-

---

[1] Vergl. auch die Ausführungen am Ende dieses Kap., in dem die nachfolgend besprochenen Informationsinstrumente zusammenfassend in den Zusammenhang eingeordnet werden.

erhaltung oder Marktwertmaximierung. Sind die kurzfristigen Ziele im Zielsystem eines Unternehmens dominant, ist die Beschaffung von externer, ex ante Information zur umweltschutzorientierten Unternehmensführung primär auf die Prognose der Absatzmarktentwicklung und die Aufnahme neuer Umweltschutzgesetze als Handlungsrestriktionen für das Unternehmen begrenzt. Diese Informationen sind mit Hilfe des traditionellen Analyseinstrumentariums wie beispielsweise den Marktforschungsmethoden relativ problemlos bereitzustellen.

In deutschen Großunternehmen dominieren jedoch eher langfristig orientierte Ziele das Zielsystem des Unternehmens. Es bedarf deshalb einer langfristigen Unternehmensplanung und den dazu erforderlichen strategischen Informationen über relevante Änderungen in der Unternehmensumwelt.[1] Kap. 5 hat gezeigt, daß mit zunehmendem Horizont umweltorientierte Informationen verstärkt den dargelegten Informationsproblemen unterlegen sind. Insbesondere trifft dies für die Problembereiche der Auswahl und der entsprechenden Aufbereitung (Verdichtung) der umweltorientierten Informationen zu, die im folgenden näher zu untersuchen sind.

Entscheidend für die Qualität der Unternehmensplanung ist ein Informationssystem, das sich abzeichnende Änderungen im Bereich von Marktchancen wie -risiken möglichst

1) frühzeitig aufzeigt,
2) systematisch aufbereitet und
3) frühzeitiges Handeln ermöglicht.

Neben den Chancen, die Umweltmärkte für Unternehmen bieten, gründen weitere Chancen und Risiken in einem wachsenden Umweltbewußtsein. Es ist wahrscheinlich, daß das Umweltbewußtsein neben den Märkten auch durch staatliche Verordnungen, technologische Neuerungen und die sozio - kulturelle Entwicklung Einfluß auf die Situation des Unternehmens erlangt. Wie bei der Marktstrategieentwicklung ist auch hier die Informationsbeschaffung von entscheidender Bedeutung. Eine umweltschutzbezogene Frühaufklärung benötigt deshalb neben marktlichen auch außermarktliche Prognosebereiche, die im folgenden abzugrenzen sind.[2]

---

[1] Vergl. zum Zusammenhang von Umweltanalyse und Unternehmensstrategie: Steinmann, H. u. Schreyögg, G., 1991, a.a.O., S. 135 ff.

[2] Vergl. Steger, U., 1988, a.a.O., S. 177 ff.

7.1.2 Gliederung der Unternehmensumwelt

Bevor wir uns der Prognose der Umweltänderungen zuwenden, stellt sich die Frage, wie die Umwelt des Unternehmens in verschiedene Dimensionen zu zerlegen ist, die eine systematische Bereitstellung entscheidungsrelevanter Informationen erlauben. In der Literatur finden sich insbesondere unter dem Stichwort "strategische Unternehmensplanung" eine Reihe von Ansätzen zur Strukturierung der verschiedenen Umwelten, im Sprachgebrauch der Kybernetik "Umsysteme", des Unternehmens.[1] Gemeinsam ist den Modellen die Unterscheidung in "general environment" (globale Umwelt, Makro - Umwelt) und "task environment" (aufgabenspezifische Umwelt, Interaktionsumwelt, Wettbewerbsumwelt). Dabei fließt die "globale Umweltanalyse und -prognose...- der Idee nach - als Prämisse in den weiteren Entscheidungsprozeß ein als die Situation, die für die Strategieformulierung maßgeblich sein soll."[2] Um die individuell subjektive Wahrnehmung bei der globalen Umweltanalyse zu berücksichtigen, wird in der Literatur die "perceived Environment" (Wahrnehmungsumwelt) von der tatsächlichen Makro - Umwelt unterschieden.[3] Ausgehend von diesen Hauptaspekten zur Gliederung der Unternehmensumwelt gibt es zahlreiche Ansätze zur konkreten Abgrenzung von Analysefeldern.[4] Bislang ist der unterschiedlichen Einordnung der ökologischen Umwelt in alternative Gliederungssystematiken in der Literatur bislang keine Beachtung geschenkt worden. Für diese Arbeit ist sie jedoch von großer Bedeutung, weil sich daraus grundlegende Konsequenzen auf die Prognose zukünftiger umweltschutzorientierter Umweltänderungen ergeben werden. In der Literatur findet man zwei grundsätzlich unterschiedliche Einordnungsmöglichkeiten der ökologischen Umwelt. Die Unterschiede sollen anhand der stellvertretend

---

[1] Vergl. Hahn, D., Stand und Entwicklungstendenzen der strategischen Planung, in: Hahn, D. u. Taylor, B. (Hrsg.), Strategische Unternehmensplanung - Strategische Unternehmensführung, 5. Auflg., Heidelberg 1990, S. 3; ders., Strategische Unternehmensführung, in: Hahn. D. u. Taylor, B. (Hrsg.), 1990, a.a.O., S. 31 f.; oder aus dem Blickwinkel der Informationssystemplanung: Lütolf, D., Entwicklung und Einführung entscheidungsunterstützender Computermodelle für das strategische Management: Konzepte und praktische Anwendungen, Bern, u. a. 1989, S. 6

[2] Schreyögg, G., Unternehmensstrategie, Berlin, New York 1984, S. 107

[3] Vergl. Flippo, E. B. u. Munsinger, G. M., Management, 5. Auflg., Boston/Mass. 1982, S. 40

[4] Vergl. z. B. die Übersicht über verschiedene Analysefelder der aufgabenspezifischen Umwelt in: Kreilkamp, E., Strategisches Management und Marketing, Berlin, New York 1987, S. 71

ausgewählten Umweltmodelle von Raffee/Wiedmann[1] und Steinmann/Schreyögg[2] herausgestellt werden.

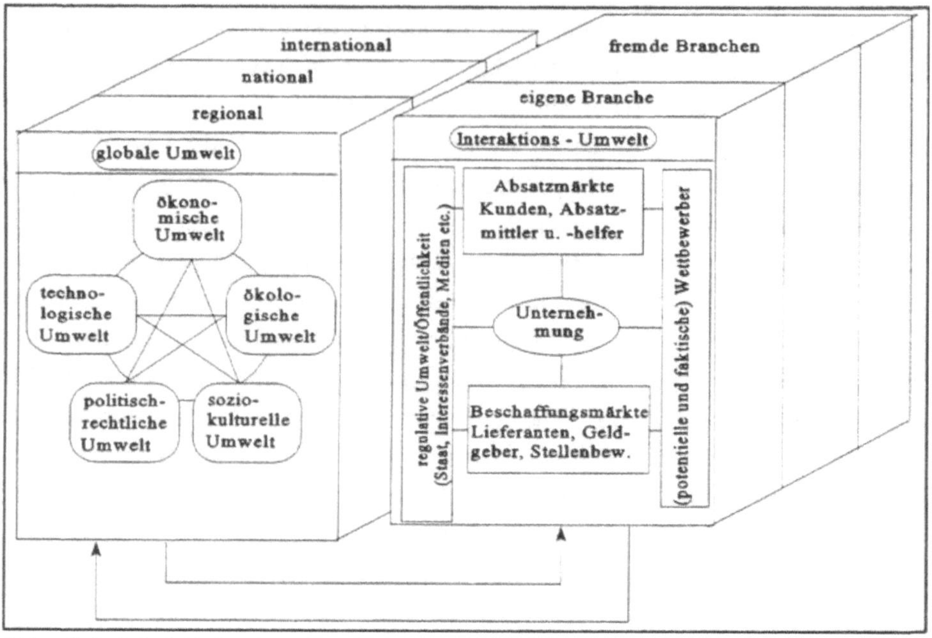

Abb. 7.1: Modell der Marketingumwelt nach Raffee/Wiedmann
Quelle: Raffee, H. u. Wiedmann, K. - P.,1987, a.a.O., S. 187

Raffee/Wiedmann unterteilen die Umwelt des Unternehmens zunächst in eine globale und eine Interaktionsumwelt. Veränderungen der globalen Umwelt wirken über die Interaktionsumwelt auf das Unternehmen ein (siehe Abb. 7.1).[3] Die Interaktionsumwelt wird durch die Interessengruppen verkörpert. Bei der Aufdeckung der Wirkungskette von Umweltänderungen bis hin zum Unternehmen ist zu beachten, daß Änderungen in jeder der Umweltdimensionen der globalen (Makro-) Umwelt

[1] Vergl. Raffee, H. u. Wiedmann, K. - P., Marketingumwelt 2000. Gesellschaftliche Mega-Trends als Basis einer Neuorientierung von Marketing - Praxis und Marketing - Wissenschaft, in: Schwarz, C. (Hrsg.), Marketing 2000, Wiesbaden 1987, S. 186 ff.

[2] Vergl. Steinmann, H. u. Schreyögg, G., 1991, a.a.O., S. 135 ff.

[3] Vergl. Raffee, H. u. Wiedmann, K. - P., 1987, a.a.O., S. 186 ff.; leicht verändert: Meffert, H. u. Kirchgeorg, M., 1992, a.a.O., S. 61 ff.

- ökonomische Umwelt,
- ökologische oder natürliche Umwelt,
- technologische Umwelt,
- sozio - kulturelle Umwelt und
- politisch - rechtliche Umwelt
sowohl die übrigen Umweltdimensionen der globalen Umwelt als auch die Bereiche der Interaktionsumwelt beeinflussen können. Aus systemtheoretischer Sicht muß somit die Vernetzheit der Subsysteme untereinander hervorgehoben werden. Interaktiv wirken auch die verschiedenen Betrachtungsgebiete (räumlich, marktmäßig) sowie die in der Abb. 7.1 nicht berücksichtigten Zeithorizonte aufeinander ein.

Die Systematik von Steinmann/Schreyögg unterscheidet sich von der eben vorgestellten darin, daß die ökologische Umwelt keine explizite Berücksichtigung findet (siehe Abb. 7.2). Implizit können ökologische Umweltänderungen jedoch über jede der Dimensionen der globalen Umwelt auf die Wettbewerbsumwelt und damit auf das Unternehmen einwirken.[1] Steinmann/Schreyögg haben unter Bezug auf das Analyseraster von Porter die Wettbewerbsumwelt so strukturiert, daß die zentralen Einflußgrößen der Marktstruktur und damit auch der Attraktivität eines Marktes abgebildet werden. Hinsichtlich der Umweltschutzstrategie eines Unternehmens ist die gewählte Struktur der Wettbewerbsumwelt des Unternehmens um umweltschutzrelevante Einflußgrößen zu erweitern. Als zusätzliche Einflußgrößen sind insbesondere die Arbeitnehmer, die Kapitalgeber und die Öffentlichkeit zu berücksichtigen.[2]

Steinmann/Schreyögg stellen im Gegensatz zu Raffee/Wiedmann die ökologische Umwelt in ihrer Systematik nicht auf eine Stufe mit den vier Sektoren der globalen Umwelt. Dadurch werden sie der Tatsache gerecht, daß ökologische Faktoren stets über eine Veränderung der globalen Umwelt auf die Wettbewerbsumwelt und damit auf das Unternehmen wirken.[3] Diese Sichtweise der Verschachtelung der einzelnen Umweltsegmente entspricht durchgängig dem Verständnis von Ökologie in den

---

[1] Vergl. Steinmann, H. u. Schreyögg, G., 1991, a.a.O., S. 135 ff.

[2] Bei großzügiger Auslegung der bei Steinmann/Schreyögg genannten Einflußgrößen sind die Ergänzungen bereits in dem Modell enthalten (vergl. Steinmann, H. u. Schreyögg, G., 1991, a.a.O., S. 144 ff.).

[3] Vergl. ebenso: Mercer D. (Hrsg.), Managing the External Environment, Section 2 Environmental Analysis, London u. a., 1992, S. 74 ff.

einzelnen Wissenschaften.[1] So berücksichtigen die technischen Wissenschaften (1) die Abhängigkeiten von ökologischen Faktoren ebenso, wie die Verhaltenswissenschaften (2), die Politikwissenschaften (3) und die Volkswirtschaftslehre (4).[2]

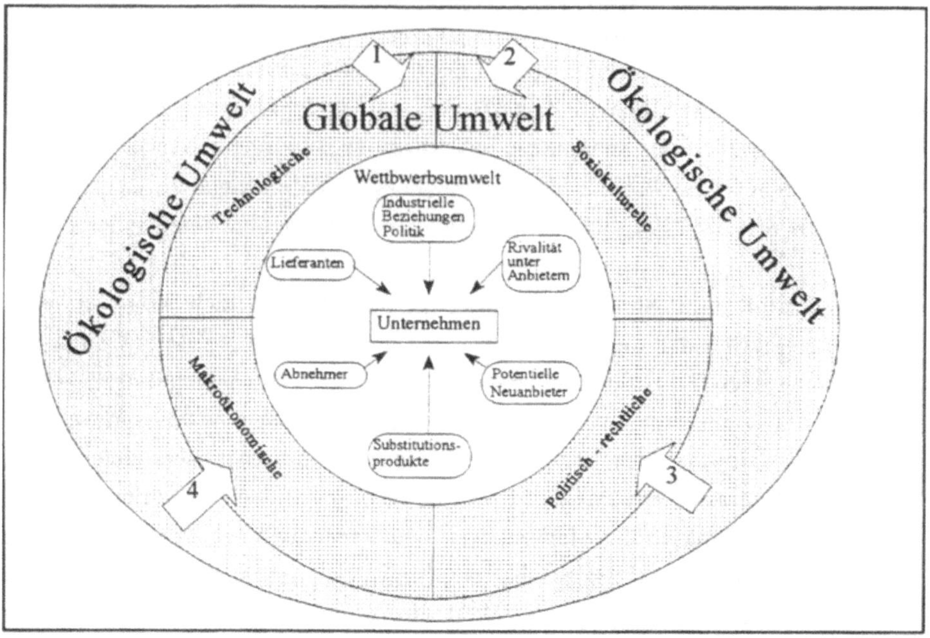

Abb. 7.2: Die ökologische, die globale und die Wettbewerbsumwelt
Quelle: in Anlehnung an Steinmann, H. u. Schreyögg, G., 1991, a.a.O., S. 138 u. 145

7.1.3 Wirkungszusammenhang und dessen Prognose-/Analyseebenen

Es ist in diesem Abschnitt zu klären, welcher Zusammenhang zwischen einer Änderung der ökologischen Umwelt und der Umweltmanagementstrategie eines Unternehmens besteht, da die Instrumente zur Prognose/Analyse[3] der umweltschutzorien-

---

[1] Vergl. zum Ökologiebegriff Kap. 2.1.

[2] Vergl. zur Berücksichtigung ökologischer Einflußfaktoren in der Verhaltenswissenschaft: Luhmann, N., Ökologische Kommunikation - Kann die moderne Gesellschaft sich auf ökologische Gefährdung einstellen? 3. Auflg., Opladen 1990; der Politik: Krämer, A., Ökologie und politische Öffentlichkeit, München 1986; der Makroökonomie: Wicke, L., 1991, a.a.O., S. 11 ff.; Gawel, E., 1994, a.a.O., H. 1, S. 37 ff.

[3] Während die Analyse ein Abbild der Vergangenheit und des gegenwärtigen Zustandes von Unternehmung und Umwelt aufzeigt, gibt die Prognose eine bewußte, auf definierte Fragestellungen abzielende Aussage (hypothetischen Charakters) über die künftige Entwicklung von realen Systemen (vergl. zu Pro-

(Fortsetzung...)

tierten Umweltänderungen dann auf ihre Eignung hin bewertet werden können. Dem Zusammenhang von ökologischen Umweltänderungen und Umweltmanagementstrategie, der die Grundlage umweltschutzorientierter Frühaufklärung bildet, ist bislang keine Beachtung geschenkt worden. Es schien auch nicht erforderlich, da man wie Raffee/Wiedmann die ökologische Umwelt auf einer Ebene mit den übrigen Umweltdimensionen betrachtete und nicht als denen vorgelagert.[1] Aus dieser Einschätzung ergibt sich kein spezifisches Vorgehen bei der Prognose ökologischer Änderungen gegenüber Änderungen der anderen Umweltdimensionen.

Faßt man die ökologische Umwelt aber als Metasystem der globalen Umwelt auf, so ergibt sich der in Abb. 7.3 veranschaulichte Wirkungszusammenhang. Eine Änderung der ökologischen Gegebenheiten führt nach deren Wahrnehmung durch den Menschen dann zu einer Änderung des Umweltbewußtseins, wenn sie Betroffenheit verursacht.[2] Unter Umweltbewußtsein sei hier zunächst "...das Erkennen und negative Bewerten von Umweltproblemen verstanden."[3] Dabei ist zu beachten, daß das gesellschaftliche Umweltbewußtsein in verschiedenen gesellschaftlichen Gruppen durchaus sehr unterschiedlich ausgeprägt sein kann.

Der Wandel im Umweltbewußtsein schlägt sich vielfältig z. B. in Form von Preisänderungen, innovativen Technologien, neuen Gesetzen oder verändertem Konsumentenverhalten auf der Ebene der globalen Umwelt nieder, wobei dieser Prozeß nicht selten selbstverstärkende Wirkung hat. Das gesellschaftliche Umweltbewußtsein und seine Auswirkungen auf die globale Umwelt werden durch eine Änderung des Präferenzsystems der Interessengruppen in der Interaktions- oder Wettbewerbsumwelt des Unternehmens und ihrem Verhalten reflektiert. Hier spielt auch das Konkurrenzverhalten, das bisher in dieser Arbeit als eigenständiges Interesse kaum Berücksichtigung fand, eine wesentliche Rolle, da das Umweltschutzverhalten der Konkurrenz in der Regel positiv mit dem gesellschaftlichen Umweltbewußtsein korreliert sein dürfte. Die Präferenzänderung bei den Interessengruppen beeinflußt je nach Bedeutungsgewicht entweder über eine Verschiebungen im Zielsystem die

---

[3](...Fortsetzung)
gnosen: Wild, J., Unternehmerische Entscheidungen, Prognosen und Wahrscheinlichkeit, in: ZfB Ergänzungsheft 2/1969, S. 60).

[1] Vergl. Meffert, H. u. Kirchgeorg, M., 1992, a.a.O., S. 60 ff.

[2] Vergl. zur persönlichen Betroffenheit durch Umweltprobleme: Wimmer, F., 1988, a.a.O., S. 59 ff.

[3] Wimmer, F., 1988, a.a.O., S. 47; vergl. auch die Ausführungen im Rahmen des folgenden Kap. 7.2.

notwendige Anpassung der Unternehmenspolitik oder direkt den Planungsprozeß der Umweltmanagementstrategie des Unternehmens. Als Grundlage für die Beurteilung von Chancen und Risiken ergeben sich aus der Abb. 7.3 vier Ebenen, auf denen das Unternehmen notwendige Informationen über Potentiale einholen kann: die Ebene ökologischer Änderungen, die Ebene der Prognose des Umweltbewußtseins und die Ebenen der Präferenz- und Verhaltensänderungen der Interessengruppen.

Bevor der Einfluß ökologischer Änderungen auf die Umweltmanagementstrategie prognostiziert werden kann, ist eine Entscheidung darüber zu fällen, auf welcher Ebene denn eigentlich Informationen erhoben werden sollen, die anschließend als Prognosegrundlage dienen. Einer Informationserhebung auf allen Ebenen steht in der Regel

1) die damit verbundene Komplexität und
2) Dynamik umweltschutzorientierter Informationen im Wege.

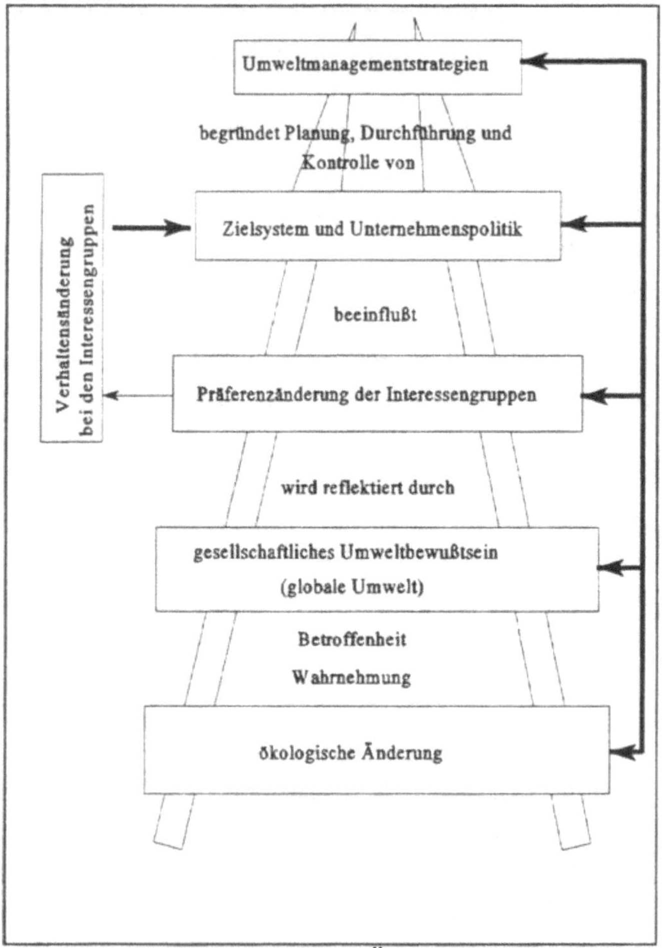

Abb. 7.3: Einfluß ökologischer Änderungen auf die Umweltschutzstrategie des Unternehmens
Quelle: eigene Darstellung

1) Das größte Problem bei der Erfassung von Umweltinformationen aus der Unternehmensumwelt ergibt sich aus der Notwendigkeit zur Aggregation und Selektion der Informationen. Umweltinformationen sind insbesondere bis zur

Schwelle der zweiten Prognoseebene "...nicht - monetär, oft sogar nicht quantifizierbar. Es handelt sich um "schwache Signale" (im Sinne Ansoffs)."[1] Benötigt wird ein "strategisches Radar" zur rechtzeitigen Erfassung und Verdichtung der schwachen Signale entsprechend ihrer Relevanz für das Unternehmen.[2]

2) Ebenso bedeutend wie in der Prognose problematisch ist das Tempo, mit dem wahrgenommene Änderungen ökologischer Zustände über die vier genannten Ebenen tatsächlichen Handlungsdruck auf ein Unternehmen ausüben. Als starker Beschleuniger erweist sich die Sicherheit, mit der Ursache - Wirkungs - Zusammenhänge identifiziert werden können. Große Umweltkatastrophen wie etwa der Tankerunfall der Exxon Valdez haben auf das verursachende Unternehmen praktisch sofort ökonomische Konsequenzen, während vage Vermutungen der ursächlichen Zusammenhänge wie z. B. die Krebsverursachung durch Glasfasermatten für die betroffenen Unternehmen erst allmählich an ökonomischer Relevanz gewinnt.

Bei der Bewältigung dieser zwei Probleme stellt sich die Frage, auf welcher Ebene ein Unternehmen ökonomisch sinnvoll die benötigten Umweltinformationen abgreifen sollte. Zur Beantwortung dieser Frage hilft zunächst die notwendige Zielorientierung jeder Informationsbeschaffung. In der Regel fördern umweltschutzorientierte Ziele als Funktionalziele die Erreichung ökonomischer Ziele. Das Verhalten der Interessengruppen bestimmt das Zielsystem des Unternehmens. Abb. 7.3 zeigt, daß Verhaltensänderungen der Interessengruppen von ihrem Präferenzsystem abhängen. Änderungen im Präferenzsystem spiegeln ihrerseits ein verändertes gesellschaftliches Umweltbewußtsein wider. Das Umweltbewußtsein in der Gesellschaft wird geprägt durch die Wahrnehmung und Betroffenheit durch ökologische Zustandsänderungen, wie beispielsweise einer Abnahme der Wasserqualität. In einem retrograden Vorgehen ist fallweise zu entscheiden, bis auf welche Ebene die Wirkungskette bei der Prognose zukünftiger Verhaltensänderungen der Interessengruppen zurückverfolgt werden soll.

Gegen eine Erhebung von Informationen auf der untersten, der ökologischen Ebene, sprechen insbesondere die häufig schwer prognostizierbaren Rückkoppelungen innerhalb der Wirkungskette, die Unsicherheit des Wissens über ökologische Zusammenhänge und die mit der Informationsgewinnung und - auswertung verbun-

---

[1] Steger, U., 1988, a.a.O., S. 178

[2] Vergl. Steger, U., 1988, a.a.O., S. 179

denen Kosten. Ein Beispiel für die Planung aufgrund von Informationen der ökologischen Ebene wäre ein Unternehmen der Mineralölindustrie, das sich bei seiner Umweltmanagementstrategie an der prognostizierten Abnahme der Ozonschicht orientieren würde. Von wirtschaftlicher Bedeutung für die Zielbildung der Interessengruppen ist vielmehr die gesellschaftliche **Reaktion** auf die ökologischen Zustandsänderungen. Es ist fraglich, ob die Abnahme der Ozonschicht von der Gesellschaft bemerkt wird oder ob vielleicht die Abnahme überinterpretiert wird.

Die Erhebung von Informationen auf der ökologischen Ebene empfiehlt sich immer dann, wenn die Reaktionen der Interessengruppen auf Umweltverschmutzungen für das Unternehmen gut vorhersehbar sind. Dies ist häufig der Fall, wenn ein Unternehmen selbst für die offensichtliche Emission von umweltgefährdenden Stoffen verantwortlich ist. Informationen über Änderungen der ökologischen Zustände sind ferner dann erforderlich, wenn das Unternehmen Umweltschutz als eigenständiges Formalziel verfolgt. Eine Umweltanalyse auf der ökologischen Ebene ist in diesem Fall als Grundlage des Umweltmanagementprozesses notwendig, weil nicht die Ausnutzung von finanziellen Gewinnpotentialen, sondern die Verbesserung der ökologischen Umwelt in naturwissenschaftlichen Größen von Bedeutung ist. Wie bereits bei der Überprüfung der internen Informationsinstrumente auf ihre Zielorientierung gezeigt wurde, ist der Umweltschutz in dieser rein ethisch - moralisch begründeten Form wenig realistisch. Im folgenden sollen deshalb ökologische Informationen als Prognosebasis für Chancen und Risiken trotz der fallweise nicht zu unterschätzenden Bedeutung nicht näher betrachtet werden.

Unter der realistischen Annahme, daß ein Unternehmen zukünftigen umweltschutzspezifischen Anforderungen bei einer Zunahme der Reaktionszeit wirtschaftlicher gerecht werden kann, ist es sinnvoll, die geänderten Umweltbedingungen möglichst frühzeitig zu erkennen. In der Wirkungskette ist dem tatsächlichen "Sein" des Zustandes der ökologischen Umwelt zeitlich am nächsten ist die Ebene des gesellschaftlichen Umweltbewußtseins. Es sind deshalb Veränderungen des Umweltbewußteins der globalen Umwelt sowie deren Wirkungen auf die Interaktionsumwelt bezüglich Umweltschutzthemen zu prognostizieren.

Fraglich bleibt, ob die meßbare Ausprägung des gesamtgesellschaftlichen Umweltbewußtseins das Verhalten der Interessengruppen gegenüber dem Unternehmen realitätsnah erklärt. Nach den Ergebnissen des Berichtes 11/91 des Bundesumweltamtes scheinen Unternehmen dies eher zu verneinen.[1] Nur 9,1 % der befragten Unternehmen gaben an, gesellschaftliche Trends, die am ehesten über das Umweltbewußtsein Auskunft geben, abzufragen. In anbetracht der Tatsache, daß 64% von 103 auskunftsbereiten Unternehmen 1991 umweltschutzbezogene Informationen als Bestandteil ihrer Marktforschung erhoben haben, ist diese Zahl eher gering. Ein Blick auf die stärker abgefragten Prognosefelder zeigt, daß in der Praxis hauptsächlich tatsächliches Verhalten in den einzelnen Dimensionen der Makro- und Interaktionsumwelt abgefragt wird. Die Informationsfelder im einzelnen waren: Technologieentwicklung (22,5%), Konkurrenz (21,4%), Marktentwicklung (17,6%), Marktnischen/neue Märkte (16,6%), Handel (8,0%) und volkswirtschaftliche Rahmendaten (7,0%).

Wieso das Umweltbewußtsein bislang keine praktische Bedeutung erlangt hat, liegt in der Komplexität und dem mangelnden Verständnis dieses theoretischen Konstruktes, auf dessen Bedeutung unter 7.2 noch näher eingegangen wird, begründet. Die daraus resultierenden Prognoseprobleme werden im folgenden Exkurs näher erläutert. Es wird aber auch deutlich, daß das Umweltbewußtsein als Teil des Wert- und Einstellungssystems das Präferenzsystem und damit auch zukünftige Handlungen der Interessengruppen maßgeblich determiniert. Aus einer groben Prognose der Trends im gesellschaftlichen Umweltbewußtseins können deshalb durch die umweltschutzorientierte Frühaufklärung trotz der Prognoseprobleme Anzeichen auf Präferenz- und Verhaltensänderungen der Interessengruppen ersichtlich werden.

Zusammenfassend läßt sich feststellen, daß eine Prognose der umweltschutzorientierten Umweltänderungen nicht durch die Prognose der Umweltdimension "ökologische Umwelt" erfolgen kann. Relevante Prognosefelder sind vielmehr die übrigen Umweltdimensionen: technologische, soziokulturelle, makroökonomische und politisch - rechtliche Umwelt, die allesamt durch ein verändertes gesellschaftliches Umweltbewußtsein ausgelöste Umweltänderungen aufweisen können.

7.2 Exkurs: Umweltbewußtsein

Bevor Möglichkeiten zur Frühaufklärung von ökologischen Chancen und Bedrohungen untersucht werden, soll zunächst das theoretische Konstrukt des Umweltbewußtsein und dessen empirische Ausprägung in einem Exkurs erläutert werden. Dies erscheint aufgrund der großen Bedeutung des Umweltbewußtseins im

---

[1] Vergl. Bundesumweltamt, 1991, a.a.O., S. 564 f.

oben erläuterten Wirkungsmechanismus als unumgänglich. Das Umweltbewußtsein ist die Wurzel aller ökologisch begründeten Änderungen in der Interaktionsumwelt des Unternehmens. Einerseits bestimmt die Ausprägung des Umweltbewußtseins bei den Interessengruppen das Bedeutungsgewicht umweltschutzbezogener Ziele im Zielsystem des Unternehmens. Andererseits wird durch die folgenden Ausführungen deutlich werden, daß das Umweltbewußtsein ein derart komplexes, theoretisches Konstrukt ist, daß seine Prognose nicht zur Ableitung von konkreten Handlungsempfehlungen herangezogen werden kann. Vielmehr wird ersichtlich, daß die Ergebnisse empirischer Studien zur Ermittlung des Umweltbewußtseins durch die verschiedenen sozialpsychologischen Ebenen der jeweiligen Erhebungen stark beeinträchtigt wurden. Zur **empirischen Erforschung** des Umweltbewußtseins eignen sich Partialmodelle, die das Umweltbewußtsein je nach Forschungskonzeption mit unterschiedlichen intervenierenden Variablen in Zusammenhang stellen.[1] Hingegen bedarf es zur **Erklärung des Verhaltens** der Integration des Umweltbewußtseins als Variable in Totalmodelle wie bei denen von Howard/Shet oder Engel/Kollat/Blackwell.[2]

Bei der Durchsicht der Literatur zur Diffusion des Umweltbewußtseins findet man von der Warnung, das Umweltbewußtsein nicht zu überschätzen[3] bis zur Warnung,[4] es nicht zu unterschätzen, eine große Bandbreite an unterschiedlichen Ergebnissen. Der Grund für diese unterschiedlichen Ergebnisse liegt neben dem "wie" der Erhebung, also den Erhebungsprozessen, auch in Differenzen darüber, "was" erhoben worden ist.

---

[1] Vergl. z. B. Iwata, O., The Relationship of Personality to Environmental Vulnerability and Proenvironmental Orientation, in: Maher, B. A., Maher, W. B. (Hrsg.), Progress in Experimental Personality Research, Orlando 1986, S. 165 ff.; Hines, J. M., u. a., Analysis and Synthesis of Research on Responsible Environmental Behavior: A Meta - Analysis, in: Journal of Environmental Education, 1986/87, Winter, S. 1 ff.; Herker, A., Eine Erklärung des umweltbewußten Konsumentenverhaltens, Frankfurt a. M., u. a. 1993, S. 63 ff.

[2] Vergl. Howard, J. A. u. Shet, J. N., 1969, The Theory of Buyer Behaviour, New York, S. 24 ff.; Engel, J. F., Kollat, D. T. u. Blackwell, R. D., Consumer Behavior, 3. Auflg., Hinsdale 1978, S. 554 ff.

[3] Vergl. zu näheren Ausführungen: Heyder, H., 1990, a.a.O., S. 346 ff.

[4] Vergl. Rosenberger, G., Umwelt und Konsum - große Chancen und große Barrieren, in: Markenartikel, 54. Jg., 1992, H. 5, S. 174

7.2.1 Theoretische Konzeption

Umweltbewußtsein wird als ein mehrdimensional skalierbares Konstrukt des Wert - Einstellungs - Systems des Menschen verstanden. Einigkeit besteht darüber, das tatsächliche umweltbezogene Handeln als Dimension aus dem Konstrukt Umweltbewußtsein auszugliedern.[1] Dies ist insbesondere deshalb erforderlich, da bisher keine konsistente Beziehung zwischen umweltbewußter Einstellung und dem Verhalten aufgezeigt werden konnte.[2] Entsprechend der Begriffsdefinition von "Bewußtsein" in der Psychologie hat das Umweltbewußtsein eine **affektiv - emotionale**, eine **kognitive** und eine **konative** Komponente.[3] Einige Autoren unterscheiden darüber hinaus die **sozial - normative Komponente**, die die Gesamtheit der formellen und informellen Sozialnormen als verhaltenssteuernde Größe erfaßt.[4] "Umweltbewußtsein in dieser allgemeinen Definition kann, muß sich aber keineswegs auch intentional ausdrücken, also eine Bereitschaft zu umweltverantwortlichem Handeln beinhalten."[5] In den oben angesprochenen Studien sind bewußt oder unbewußt unterschiedliche sozialpsychologische Elemente des Umweltbewußtseins erhoben worden. Strittig ist, in welchem Ausmaß die einzelnen Elemente das Umweltbewußtsein beeinflussen. Der Rat von Sachverständigen für Umweltfragen definiert Umweltbewußtsein als "Einsicht in die Gefährdung der natürlichen Lebensgrundlagen des Menschen durch diesen selbst, verbunden mit der Bereitschaft zur Abhilfe."[6] Die Bereitschaft zu umweltbewußtem Handeln hängt in dieser Definition lediglich von der Wissensdimension (kognitive Komponente) des Menschen ab, seine Gefühle (emotionale Komponente) werden nicht berücksichtigt. Empirisch besitzt derzeit eine rein wissensbestimmte Einstellungsdimension des Umweltbe-

---

[1] Vergl. Fietkau, H. - J., Umweltbewußtsein, in: Seidel, E. u. Strebel, H. (Hrsg.), 1991, a.a.O., S. 145

[2] Vergl.: Meffert, H. u. Bruhn, M., Die Beurteilung von Konsum- und Umweltproblemen durch Konsumenten, in: DBW, 38. Jg., 1978, H. 3, S. 372 f.; ebenso: Urban, D., Was ist Umweltbewußtsein? in: Zeitschrift für Soziologie, 15. Jg., 1986, H. 5, S. 363 ff.

[3] Vergl. Wimmer, F., 1988, a.a.O., S. 46 ff.

[4] Vergl. z. B. Winter, G., Umweltbewußtsein im Licht sozialpsychologischer Theorien, in: Fietkau, H. J. u. Kessel, H. (Hrsg.), Umweltlernen, Königstein 1981, S. 62 ff.; ebenso: Pichler, C., Das Umweltbewußtsein von Konsumenten - Implikationen für das Marketing, in: der markt, 28. Jg., 1989, H. 2, S. 63

[5] Wimmer, F. 1988, a.a.O., S. 47

[6] Rat von Sachverständigen für Umweltfragen (Hrsg.), 1978, a.a.O., S. 445

wußtseins keine Relevanz. Die kognitive Umweltforschung[1] geht vielmehr davon aus, daß affektiv/emotional geprägte Werthaltungen und Überzeugungen der umweltbezogenen Einstellung zugrunde liegen und somit das umweltbezogene Verhalten bestimmen (siehe zu diesen Ausführungen auch Abb. 7.4).[2]

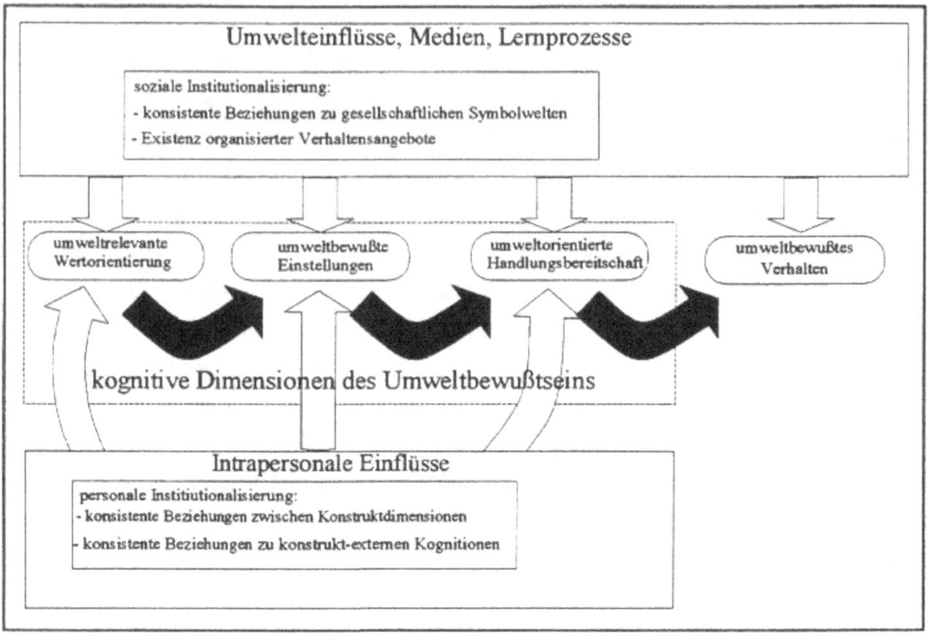

Abb. 7.4: Struktur des kognitiv geprägten Konstrukts "Umweltbewußtsein"
Quelle: in Anlehnung an Urban, D., a.a.O., 1986, S. 365

Die umweltbezogenen Einstellungen sind in zwei Ebenen zu unterteilen, die Ebene der Grundeinstellungen oder Überzeugungen und die Ebene der auf konkrete Objekte bezogenen Einstellungen, die häufig, wie auch in der Abb.7.4 ersichtlich, mit umweltorientierter Handlungsbereitschaft charakterisiert werden.[3] Die Verankerung (Institutionalisierung) des Umweltbewußtseins in der menschlichen Psyche ist

---

[1] Vergl. Cotgrove, S. u. Duff, A., Environmentalism, middleclass radicalism and politics, in: Sociological Review, 28. Jg., 1980, S. 333 ff.; ebenso: Balderjahn, I., Strukturen sozialen Konsumbewußtseins. Reanalyse und Versuch einer Bestimmung, in: Marketing ZFP, 4. Jg., 1985, H. 7, S. 253 ff.

[2] Vergl. Urban, D., 1986, a.a.O., S. 364; ebenso: Adelt, P. u. a., 1990, a.a.O., S. 169 ff.

[3] Vergl. Wimmer, F., 1988, a.a.O., S. 49. Als Beispiel für eine umfassende umweltbewußte Einstellung wird hier der Wunsch eines Verbrauchers nach intakter Umwelt genannt, Beispiele für die objektbezogene Einstellung wären die Bevorzugung von Mehrwegverpackungen oder phosphatfreien Waschmitteln.

abhängig zum einen von der intrapsychischen Konsistenz der Wert- und Einstellungsmuster.[1] Ursache hierfür ist das menschliche Streben nach Konsistenz der gespeicherten Kognitionen. Hinderlich wirkt sich z. B. aus, wenn Preisbewußtsein oder Bequemlichkeit zugunsten von Umweltverträglichkeit aufgegeben werden müssen.[2] Zum anderen ist die Verankerung des Umweltbewußtseins abhängig von der Konsistenz mit dem weiteren und näheren sozialen Umfeld in Form von z. B. Umwelteinflüssen, Medien und den durch sie angestoßenen Lernprozessen.[3]

Zusammenfassend läßt sich festhalten, daß die Prognose des Umweltbewußtseins erschwert wird durch seine Abhängigkeit vom sozialen Umfeld und der Einbindung des Umweltbewußtseins in das Bewußtseinssystem. Die Abhängigkeit des Umweltbewußtsein vom sozialen Umfeld wird in Abb. 7.4 als soziale Institutionalisierung bezeichnet. Im Rahmen der sozialen Institutionalisierung prägt das gesellschaftliche Umweltbewußtsein das Präferenzsystem der Interessengruppen. Die Einbindung des Umweltbewußtseins in das Bewußtseinssystem wird in Abb. 7.4 als personale Institutionalisierung bezeichnet. Hier tritt es in Konkurrenz zu anderen Konstrukten wie dem Wirtschaftlichkeitsbewußtsein oder dem Sozialbewußtsein.

7.2.2 Empirische Befunde der Diffusion des Umweltbewußtseins in der Gesellschaft und deren Folgen für das Marketing

Adelt/Zitzmann/Sanke vermuten, daß die derzeit beobachtbare Dominanz emotionaler Betroffenheit, wie z. B. das Erleben von Bedrohlichkeit, gegenüber dem ökologischen Wissen hinsichtlich der umweltbezogenen Verhaltenswirksamkeit in Zukunft einer Veränderung unterliegen wird. Einerseits verändert sich die emotionale Betroffenheit stärker als die Wissensinhalte. Andererseits wird eine Gewöhnung an Umweltkatastrophen die gefühlsmäßige Betroffenheit zurückdrängen.[4] "Geht man davon aus, daß diese Abstumpfung nicht immer in Apathie münden muß, ist anzunehmen, daß künftiges Umweltverhalten in stärkerem Maße als heute von rationaler Betrachtung geprägt ist und stärker von Wissensmerkmalen getragen

---

[1] Urban berichtet z. B. von Ergebnissen, nach denen Unternehmer und Umweltschützer weitaus geringere umweltbezogene Einstellungs- als Wertunterschiede aufweisen (vergl. Urban, D., 1986, a.a.O., S. 366).

[2] Vergl. Bänsch, A., 1990, a.a.O., S. 360 ff.

[3] Vergl. Adelt, P. u. a., 1990, a.a.O., S. 168 f.

[4] Vergl. Adelt, P. u. a., 1990, a.a.O., S. 169 f.

wird - was nicht heißen soll, daß Emotionen gar keine Rolle mehr spielen."[1] Es ist zu vermuten, daß mit der zunehmenden Versachlichung des Umweltbewußtseins auch die Prognosefähigkeit verbessert wird, da die Diffusion von Informationen grundsätzlich leichter zu prognostizieren ist als emotional gesteuertes Verhalten. Nicht berücksichtigt wird in der Einschätzung der Autoren jedoch, daß die Unsicherheit bezüglich Informationen über die Umweltverträglichkeit tendenziell steigt. Sind sich z. B. die Konsumenten über eine angepriesene umweltverträgliche Produkteigenschaft unsicher, werden sie mißtrauisch und meiden die häufig mit Preisnachteilen behafteten Öko - Produkte.[2]

Nach einem Ausblick auf eine zukünftig verbesserte Prognosefähigkeit des Umweltbewußtseins folgt ein kurzer Überblick über bisherige empirische Befunde.[3] In den bisherigen Studien steht die Diskrepanz zwischen Umweltbewußtsein und Konsumentenverhalten und deren Entwicklung im Vordergrund der Analyse.[4] Zu den empirischen Wirkungszusammenhängen des Umweltbewußtseins auf betriebswirtschaftlich relevante technologische Innovationen oder gesetzliche Regelungen liegen in der Literatur derzeit keine nennenswerten Ergebnisse vor.

Die anschließenden Ausführungen geben plausibel erscheinende Tendenzen der Diffusion des Umweltbewußtseins und dessen wirtschaftliche Wirkungen wieder. Auf eine methodische Bewertung der zitierten Studien wird deshalb verzichtet. Im folgenden werden zunächst globale Trends aufgezeigt (1), bevor Ergebnisse gegen-

---

[1] Adelt, P. u. a., 1990, S. 170. Den gestiegenen Wissensstand hinsichtlich ökologischer Sachverhalte dokumentiert Bruhn (vergl. Bruhn, M., Das ökologische Bewußtsein der Konsumenten - Ergebnisse einer Befragung im Zeitvergleich, in: Meffert, H. u. Wagner, H. (Hrsg.), Ökologie und Unternehmensführung, Arbeitspapier Nr. 26 der wissenschaftlichen Gesellschaft für Marketing und Unternehmensführung, S. 58).

[2] Vergl. z. B. Gierl, H., Ökologische Einstellungen und Kaufverhalten im Widerspruch, in: Markenartikel, 49. Jg., 1987, H. 1, S. 3; vergl. zur Problematik der asymmetrischen Informationsverteilung bei der Bewertung von umweltrelevanten Produkteigenschaften und deren Überwindung: Kaas, K. - P., 1992, a.a.O., S. 473 ff., ebenso: Hüser, A., Institutionelle Regelungen und Marketinginstrumente zur Überwindung von Kaufbarrieren auf ökologischen Märkten, in: ZfB, 63. Jg., 1993, H. 3, S. 269 ff.

[3] Vergl. zur ausführlichen Übersicht über bisherige Studien zur Erforschung des Umweltbewußtseins und deren Ergebnissen: Herker, A., 1993, a.a.O., S. 41 ff.; in verkürzter Form: Wimmer, F., Empirische Einsichten in das Umweltbewußtsein und Umweltverhalten der Konsumenten, in: Wagner, G. R. (Hrsg.), 1993, a.a.O., S. 51 ff.

[4] Zur ausführlicheren Systematisierung von Forschungsansätzen speziell zum umweltbewußten Kaufverhalten vergl.: Monhemius, K., Umweltbewußtes Kaufverhalten von Konsumenten, Frankfurt a. M., u. a. 1993, S. 23 ff.

wärtiger, detaillierterer Studien insgesamt (2) und die Beeinflußbarkeit durch das Marketing - Mix (3) erläutert werden.

1) Globale Trends

Adelt/Müller/Zitzmann identifizieren für den Zusammenhang von Umweltbewußtsein und umweltgerechtem Verhalten folgende globale Subtrends:[1]

a) Individuelles Konsumverhalten wird breitflächig umweltverträglicher. Deutlich wird das steigende Umweltbewußtsein z. B. in der jährlichen Befragung der GfK Marktforschung, die belegt, daß die Umweltverschmutzung in den Augen der Bevölkerung in zunehmendem Maße als Problem empfunden wird. Die Gruppe derer, bei denen in den letzten Jahren Verhaltensrelevanz bezüglich des Umweltbewußtseins festgestellt worden ist, ist kontinuierlich gewachsen.[2]

b) Bei insgesamt geringer werdenden Unterschieden im umweltgerechten Verhalten der Bevölkerungsgruppen stellt sich in Zukunft nicht mehr die Frage des "ob", sondern "wo" sich umweltgerecht verhalten wird.

c) Die Umweltproblematik wird mittelfristig brisanter, langfristig tendenziell aber weniger gewichtig. Die Umweltthematik tritt langfristig als Thema der Medien in den Hintergrund, da allgemein umweltverträgliches Verhalten den Bedarf an umweltbezogener Informations- und Überzeugungsarbeit abnehmen läßt.

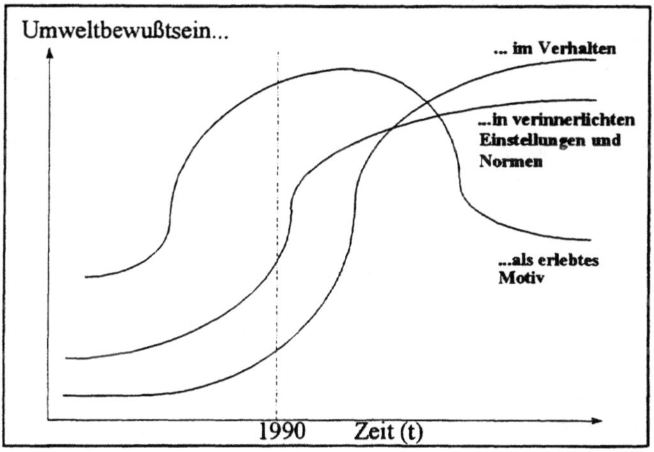

Abb. 7.5: Prognose verschiedener Aspekte des Umweltbewußtseins

Quelle: Adelt, P., u. a., 1990, a.a.O., S. 178

Langfristig ergibt sich nach Ansicht der Autoren der in Abb. 7.5

[1] Vergl. Adelt, P., u. a., 1990, a.a.O., S. 176 ff.

[2] Vergl. Heyder, H., 1990, a.a.O., S. 341 ff.

wiedergegebene Zusammenhang von Umweltbewußtsein im Verhalten, in verinnerlichten Einstellungen und Normen und als erlebtes Motiv. Der prognostizierte Zusammenhang der Konstrukte läßt auf eine zunehmende Gewöhnung im Umgang mit der Umweltthematik schließen, umweltverträgliches Handeln wird habitualisiert. Umweltbewußtsein wirkt sich im Verhalten aus, ohne daß es als Motiv erlebt wird. Diese für das Umweltbewußtsein von den Autoren ermittelten Ergebnisse dürften symptomatisch für bedeutende Bewußtseinswandelungen wie auch das derzeit in Deutschland zunehmende Nationalbewußtsein sein.

2) Ergebnisse aktueller Studien

Monhemius kommt in ihrer detaillierten empirischen Studie über das umweltbewußte Kaufverhalten von Konsumenten zu folgenden Ergebnissen: "Das innere ökologieorientierte Engagement der Konsumenten ist ... nicht auf bestimmte Produktbereiche begrenzt, sondern stellt ein produktübergreifendes Phänomen dar, das sich in dem individuellen Bewußtsein für die ökologischen Konsequenzen des Kauf- und Konsumverhaltens äußert."[1] Demgegenüber stellten frühere Studien eine vom Produktbereich abhängige, stark schwankende Bereitschaft zur Berücksichtigung der Umweltverträglichkeit fest.[2] Den stärksten Einfluß auf das umweltorientierte Kaufverhalten üben laut Monhemius die wahrgenommenen Kaufrisiken aus.[3] Andere Autoren betonen die mit dem Kaufrisiko eng verbundene wahrgenommene Verantwortung für die ökologischen Folgen der Konsumentscheidung.[4] Ein Großteil (gut zwei Drittel) der Befragten der GfK - Studie sehen jedoch nicht bei sich selbst sondern der ndustrie die Hauptverantwortung für Umweltschäden,[5] so daß häufig der Eindruck von Irrelevanz des eigenen Handelns entsteht.

---

[1] Monhemius, K., 1993, a.a.O., S. 259 f.. Dies bestätigen auch die Ergebnisse von Herker, nach denen sich aus der Erklärungsgröße "Bedeutung globaler umweltbezogener Werte" auf eine positive Bewertung umweltbezogener Produkteigenschaften schließen läßt (vergl. Herker, A., 1993, a.a.O., S. 145 ff.).

[2] In der von Rosenberger ausgewerteten Studie des EMNID - Institutes war die Bereitschaft in den Produktbereichen Wasch- und Reinigungsmittel sowie Lebensmittel besonders stark ausgeprägt (vergl. Rosenberger, G., 1992, a.a.O., S. 175); ebenso: Gierl, H., 1987, a.a.O., insbesondere S. 6 f.

[3] Monhemius, K., 1993, a.a.O., S. 260 f.

[4] Vergl. Adlwarth, W. und Wimmer, F.: Umweltbewußtsein und Kaufverhalten - Ergebnisse einer Verbraucherpanel - Studie, in: Jahrbuch der Absatz- und Verbraucherforschung, 32. Jg., 1986, H. 2, S. 173 ff.; ebenso: Rosenberger, G., 1992, a.a.O., S. 176

[5] Vergl. Heyder, H. 1990, a.a.O., S. 349 f.. Diese Einschätzung der befragten Konsumenten steht im Gegensatz zu Schätzungen, nach denen die privaten Haushalte zu 35 - 40 Prozent an der Belastung der Umweltmedien beteiligt sind (vergl. Rosenberger, G., 1992, a.a.O., S. 174 f.).

Ausgehend von der Frage, welche Kaufbarrieren den Erwerb umweltverträglicher Produkte verhindern, wurde nach Konzeptionen zur Ausnutzung des Umwelttrends mittels umweltschutzorientierter Marketinginstrumente gesucht.[1] In dem Denkmodell von Bänsch[2] erstellt jedes Individuum eine Rechnung des individuell wahrgenommenen Nutzens und der Kosten umweltverträglicher Produkte. "Typischerweise vermitteln UWF (AP: umweltfreundlichere) Produkte der einzelnen Person keinen merkbaren Vorteil sondern einen Nutzen für die Allgemeinheit."[3] Die Umweltschutzanstrengungen werden von den Konsumenten hingegen als kostensteigernd wahrgenommen.[4] Empirisch ermittelte Gründe für den Nichtkauf umweltschutzorientierter Produkte sind:[5]

- der Preisvorbehalt gegenüber umweltfreundlichen Produkten,
- die mit der teils schwierigen Verfügbarkeit umweltfreundlicher Produkte verbundenen Zugänglichkeitsmühe,
- Gewohnheitsbarrieren,
- Effizienznachteile umweltfreundlicher Produkte,
- Ästhetikdefizite,
- negative Imagebelastung umweltfreundlicher Produkte
- und Echtheitszweifel an der Umweltfreundlichkeit.

Von den genannten Gründen erwies sich der Preisvorbehalt als die gravierendste Barriere gegen den Kauf umweltfreundlicher Produkte. Losgelöst davon, ob umweltverträgliche Produkte tatsächlich teurer sind als herkömmliche, befürchten die Verbraucher, Umweltschutz teuer bezahlen zu müssen.

3) Umweltbewußtsein und Marketing - Mix

Neben den Bestrebungen, die Trends der Umweltorientierung zu erfassen, sind in diversen Studien auch die Zusammenhänge zwischen den Instrumenten
a) Produktpolitik,

---

[1] Siehe zu weiteren Ausführungen: Ostmeier, H., Ökologieorientierte Produktinnovationen, Frankfurt a. M., u.a. 1991; ebenso: Türck, R., 1991, a.a.O., S. 31 ff.; im allgemeinen Zusammenhang: Bruhn, M., Produkt 2000 - Produktpolitik im Spannungsfeld zwischen Technologie und Ökologie, in: Markenartikel, 49. Jg., 1987, H. 12, S. 576 ff.; ebenso veröffentlicht in: Schwarz, C. (Hrsg.), Marketing 2000, Wiesbaden 1987, S. 15 ff.

[2] Vergl. Bänsch, A.: Marketing für umweltfreundliche(re) Güter - Prinzipielle Möglichkeiten und Grenzen, in: UWP, 1. Jg., 1993, H. 2, S. 13 ff.

[3] Bänsch, A., 1993, a.a.O., S. 13

[4] Vergl. Bänsch, A., 1993, a.a.O., S. 16

[5] Vergl. Bänsch, A., 1990, a.a.O., S. 362 ff.

b) Kommunikationspolitik und
c) Preis- und Kontrahierungspolitik
des Marketinginstrumentarium sowie dem Umweltbewußtsein/ökologischem Konsumentenverhalten untersucht worden.

a) Besondere Beachtung wurde der umweltverträglichen **Produktpolitik** zu Teil. Die Ergebnisse von Herker zeigen, daß Konsumenten in Deutschland umweltbezogene Produkteigenschaften zwar als sehr positiv beurteilen, dies in anderen europäischen Ländern jedoch nicht zwingend der Fall sein muß.[1] Wicke identifiziert in Deutschland neben dem umweltverträglichen Kaufverhalten der Konsumenten auch eine gestiegene umweltbetonte Nachfrage bei der Beschaffung durch die öffentliche Hand und die Unternehmen.[2]

Im Rahmen der umweltschutzorientierten Produktpolitik besitzt die Verpackung besondere Bedeutung für das Konsumentenverhalten der Verbraucher. Bei der Verpackung wird das Auseinanderklaffen von Umweltbewußtsein und Verhalten besonders deutlich. Auf eine Umverpackung bei Zahnpasta mochten die Konsumenten beispielsweise jahrelang nicht verzichten, obgleich die mit der Verpackung einhergehende Umweltbelastung jedem Konsumenten deutlich sein sollte. Als Ausdruck eines zunehmenden Umweltbewußtseins wird die Entsorgungsphase des Konsumprozesses zunehmend mehr die Kaufentscheidung zugunsten umweltfreundlicher Verpackungen beeinflussen.[3]

b) Ansätze zur Überwindung der umweltschutzorientierten Kaufbarrieren identifizieren insbesondere den gezielten Einsatz der **Kommunikationspolitik** als geeignete Maßnahme zum Abbau der Kaufbarrieren.[4] Im Bereich Werbung als

---

[1] Vergl. Herker, A., 1993, a.a.O., S. 141 ff.

[2] Vergl. Wicke, L.: Chancen und Probleme der Betriebe durch umweltfreundliche Produkte, Teil I + II, in: Markenartikel, 51. Jg., 1989, H. 12, S. 608 ff. und 52. Jg., 1990, H. 1 S. 21 ff., insbesondere: H. 12, S. 608 ff.

[3] Vergl. insbesondere Hansen, U., Verpackung und Konsumentenverhalten, in: Marketing ZFP, 8. Jg., 1986, H. 1, S. 5 ff.

[4] Vergl. Hüser, A., 1993, a.a.O., S. 270 ff.; ebenso: Bänsch, A., 1993, a.a.O., S. 15 ff.; Adelt/Sauke haben in ihrer 1988 angefertigten Studie zur Eignung des Markenartikelkonzeptes bei der Vermarktung ökologisch relevanter Produkte einerseits die Bedeutung von Kommunikations- und Produktpolitik hervor, andererseits warnen sie auch vor der Überbewertung der ökologischen Thematik (vergl. Adelt, P. u. Sauke, C., 1988, a.a.O., S. 362 ff.).

Teilgebiet der Kommunikationspolitik werden von den Unternehmen bereits Umweltschutzthemen in hohem Maße zur Ansprache der umweltorientierten Bedürfnisse der Verbraucher eingesetzt. Laut einer Umfrage der GfK zum Werbeklima 1991 sahen 95% der befragten Werbeleiter den Umweltschutz als ein an Bedeutung gewinnendes Werbethema an.[1]

c) Im Bereich der umweltschutzorientierten **Preis- und Kontrahierungspolitik** liegen derzeit keine dezidierten empirischen Studien vor. Es sind jedoch Ergebnisse vorhanden, die auf eine niedrige Preiselastizität hinsichtlich ökologischer Qualitäten von Konsumgütern schließen lassen.[2]

Die Ergebnisse zum Zusammenhang von Umweltbewußtsein und dem Marketinginstrumentarium unterstützen das Ergebnis von Adelt u. a., demzufolge das Umweltbewußtsein derzeit stärker von emotionaler Betroffenheit als vom Wissen über ökologische Zusammenhänge beeinflußt wird. Deshalb werden die Bereiche Kommunikations- und Verpackungspolitik, in denen kein ökologisches Fachwissen beim Verbraucher vorausgesetzt wird, als besonders wirksam eingeschätzt.

Bevor der Exkurs zum Umweltbewußtsein beendet wird, soll der Zusammenhang zu den weiteren Ausführungen kurz hergestellt werden. Das gestiegene Umweltbewußtsein der Gesellschaft ist die Ursache für den vielschichtigen umweltschutzorientierten Wandel des Umfeldes, an den sich die Unternehmen anpassen müssen. Die Prognose dieses Wandels bereitet jedoch aufgrund der Komplexität des theoretischen Konstruktes Umweltbewußtsein erhebliche Schwierigkeiten. Wenn in umweltschutzorientierten Frühaufklärungssystemen der Versuch unternommen wird, das umweltschutzorientierte Verhalten der Interessengruppen zu prognostizieren, erfordert dies auch die Prognose der Ursachen des gesamtgesellschaftlichen Umweltbewußtseins und dessen Einfluß auf das Präferenzsystem der Interessengruppen. Der Exkurs erschien notwendig, um die enorme Komplexität und Variabilität des theoretischen Konstruktes "Umweltbewußtsein" zu verdeutlichen. Jeder Versuch einer Prognose des umweltschutzorientierten Verhaltens der Interessengruppen ist zwangsläufig mit den Problemen der gravierenden Reduktion des Konstruktes "Umweltbewußtsein" verbunden.

---

[1] Vergl. Lorenz, U., Sorge um den Stern, in: WirtschaftsWoche, 45. Jg., 1991, Nr. 3, v. 11.1.1991, S. 39; ebenso: Heisig, C., 1987, a.a.O., S. 8 ff.

[2] Vergl. Meffert, H., u. a., 1986, a.a.O., S. 156; ebenso: Bänsch, A., 1990, a.a.O., S. 363 ff.

7.3 Das ökologische Frühaufklärungssystem von Krystek/Behrendt als ganzheitlicher Ansatz zur Prognose eines ökologieorientierten Handlungsbedarfs

"Ökologische Frühaufklärung" bedeutet die Erkennung von Chancen und Bedrohungen, verursacht durch Forderungen nach Umweltschutzmaßnahmen aus der wirtschaftlichen Umwelt des Unternehmens. Die Frühaufklärung muß zu einem Zeitpunkt erfolgen, zu dem noch ausreichend Zeit für Planung und Realisation von präventiven Umweltschutzmaßnahmen verbleibt.[1] Hier zeigt sich jedoch das Dilemma jeglicher Arten von Frühaufklärung, denn je eher ein Sachverhalt im voraus prognostiziert wird, um so unsicherer ist sein tatsächliches Eintreten.

Bevor eine Konzeption zur ökologischen Frühaufklärung diskutiert wird, werden zunächst (1) die drei Generationen bisheriger strategischer Frühaufklärung vorgestellt. Die ökologische Frühaufklärung stellt in dieser Generationenfolge keine eigenständige Konzeption dar, sondern läßt sich mit einzelnen Elementen unterschiedlichen Generationen zuordnen. Die Konzeption von Krystek/Behrendt ist der bislang einzig bekannte Vorschlag einer ganzheitlichen Frühaufklärung umweltschutzorientierter Umfeldänderungen. Im Teil b) dieses Abschnitts wird sie dargestellt anschließend erfolgt unter Punkt c) eine kritische Würdigung.

1) Drei Generationen von strategischen Frühaufklärungssystemen

Die Entwicklung der Frühaufklärungssysteme vollzog sich bis heute in drei Generationen. Die Frühaufklärungsansätze der **ersten Generation** basieren auf Kennzahlen- und Hochrechnungen, die mit Schwellenwerten belegt werden, deren Überschreiten zu einer Meldung führt. Betriebliche Kennzahlen sind nicht geeignet, um Fehlentwicklungen rechtzeitig zu erkennen, so daß zur nötigen Einleitung von Gegenmaßnahmen noch genügend Zeit verbleibt. Die verarbeitete Information steht erst ex post zur Verfügung, was eine Erkennung von zukünftigen Chancen praktisch unmöglich macht, so daß sie zur Erfüllung des hier angestrebten Zwecks keine Bedeutung haben. Frühaufklärungsansätze der **zweiten Generation** werden auch als indikatororientiert bezeichnet. In dieser Generation ist die Frühaufklärung systematisch und gerichtet[2]. Die Ausprägung der Indikatoren wird auch qualitativ ausge-

---

[1] Vergl. Krystek, U. u. Behrendt, I., Ökologieorientierte Frühaufklärung, in: Gablers Magazin, 5. Jg., 1991(a), H. 6, S. 16

[2] Unter gerichteter Frühaufklärung versteht man die systematische Suche nach relevanten Erscheinungen oder Entwicklungen. Folglich werden aus bislang für unwichtig erachteten Tatbeständen auch keine (Fortsetzung...)

drückt. Für jeden Indikator wird eine Toleranzgrenze eingerichtet, bei dessen Überschreiten eine Frühwarninformation abgegeben wird. Frühaufklärung der **dritten Generation** ist an Erfolgspotentialen orientiert und wird auch als "strategisches Radar" bezeichnet. In den Systemen der dieser Generation wird das Konzept der schwachen Signale[1] zumeist mit der Theorie der Diffusionsfunktionen[2] verbunden.[3] Die Frühaufklärung ist ungerichtet. Das bedeutet, es werden möglichst zweckfrei Informationen über Umweltänderungen aufgenommen, die für das Unternehmen in der Zukunft bedeutsam werden können. Grundlage der strategischen Frühaufklärungssysteme ist die Erkenntnis, daß "bestehende Systemzustände ...oft nicht aufgrund eines singulären Ereignisses zerstört (AP: werden), sondern als Reaktion auf eine Kumulation vieler Ereignisse, deren letztes dann bildlich gesprochen "das Faß zum Überlaufen" bringt."[4]

2) Das Ökologische Frühaufklärungssystem von Krystek/Behrendt

Frühaufklärungssysteme der dritten Generation leisten die Erfassung und Verarbeitung von ex ante orientierten Informationen, die hauptsächlich auf die Unternehmensumwelt gerichtet sind. Das Modell einer ökologischen Frühaufklärung von Krystek/Behrendt macht jedoch deutlich, daß zur Überwachung der Unternehmensumwelt auch Beobachtungsbereiche im Unternehmen selbst herangezogen werden, die die Verhältnisse der wirtschaftlichen Umwelt reflektieren (Abb. 7.6). Das von Krystek/Behrendt entworfene Konzept ist ein indikatororientiertes Frühaufklärungssystem (2. Generation), das aber auch Elemente von strategischen Frühaufklärungssystemen in Form "schwacher Signale" (3. Generation) ent-

---

[2](...Fortsetzung)
Chancen und Bedrohungen erkannt.

[1] Vergl. zum Konzept der Schwachen Signale: Ansoff, H. I., Managing Surprise and Discontinuity - Strategic Response to Weak Signals, in: zfbf, 28. Jg., o. H., 1976, S. 129 ff.. Auf die ausführliche Diskussion des Konzepts der schwachen Signale soll in den folgenden Ausführungen verzichtet werden, vergl. hierzu insb.: Kirsch, W. u. Trux, W., Strategische Frühaufklärung und Portfolio Analyse, in: ZfB - Ergänzungsheft 2/1979, insb. S. 53; Arnold, U., Strategische Unternehmensführung und das Konzept der "schwachen Signale", in: WiSt, 10. Jg., 1981, H. 6, S. 290 ff.; Koch, H, Integrierte Unternehmensplanung, Wiesbaden 1982, insb. S. 151; Simon, D., Schwache Signale, Wien 1986; Dolata, B., Betriebliche Früherkennungssysteme und deren strategische Bedeutung, München 1987, insb. S. 92 ff.

[2] Vergl. Krampe, G. u. Müller, G., 1981, a.a.O., S. 389 ff.

[3] Vergl. Krystek, U. u. Müller - Stevens, G., Grundzüge einer Strategischen Frühaufklärung, in: Hahn, D. u. Taylor, B. (Hrsg.), 1990, a.a.O., S. 338 ff.

[4] Krystek, U. u. Müller - Stevens, U., 1990, a.a.O., S. 344, detaillierter: Voigt, K. - I., 1992, a.a.O., S. 569 ff.

hält.[1] Krystek/Behrendt sprechen von ihrem Modell als neuem, umfassendem Ansatz eines Systems ökologieorientierter Frühindikatoren.[2] "Hierbei handelt es sich

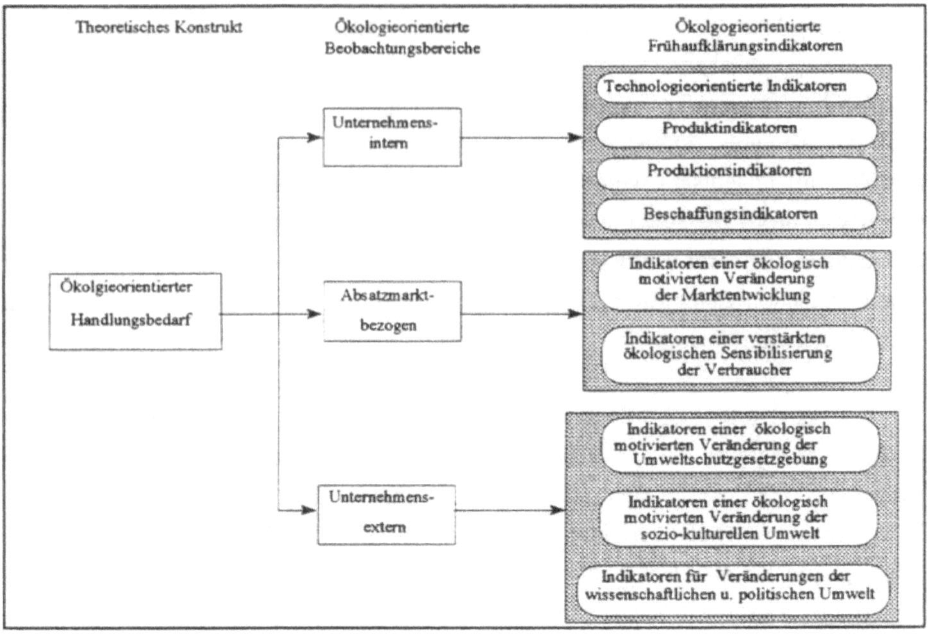

Abb. 7.6: Grundkonzept eines ökologischen Frühaufklärungssystems nach Krystek/-Behrendt
Quelle: in Anlehnung an Krystek, U. u. Behrendt, I., 1991(a), a.a.O., S. 17

um Indikatoren, die in der Lage sind, den ökologischen Handlungsbedarf einer Unternehmung mit zeitlichem Vorlauf vor dessen tatsächlichem Eintritt erkennbar zu machen."[3] Zur Bestimmung der Zielgröße "ökologieorientierter Handlungsbedarf", den die Autoren als theoretisches Konstrukt verstehen, werden zunächst ökologieorientierte Beobachtungsbereiche festgelegt. In einem zweiten Schritt werden die Beobachtungsbereiche mit Indikatoroberbegriffen eingegrenzt. Die Indikatoroberbegriffe werden in einem dritten Schritt durch individuell an das jeweilige Unternehmen angepaßte Indikatoren konkretisiert. Die bislang nur theoretisch

---

[1] Vergl. Krystek, U. u. Behrendt, I., 1991(a), a.a.O., S. 17

[2] Vergl. Krystek, U. u. Behrendt, I., Früherkennung ökologisch orientierter Chancen und Bedrohungen (Teil 1), in: FÖB, o. Jg., 1991(b), 12. Ausgabe, Nov./Dez., S. 16

[3] Krystek, U. u. Behrendt, I., 1991(b), a.a.O., S. 16

vorgestellte ökologische Frühaufklärung läßt sich durch einige praktische Beispiele der Indikatorgenerierung gut veranschaulichen:[1]

a) **Technologieorientierte Frühindikatoren**

Als besonders geeignet wird die Verwendung von Wird - Technologie - Portfolios herausgestellt, mit dessen Hilfe Entscheidungen über die zur Verfügung stehenden Investitionsprojekte alternativer Umwelttechnologien getroffen werden.[2] Durch die Dimensionen "**Technologieattraktivität**" und "**Ressourcenstärke**" wird die Notwendigkeit zum Einsatz von moderner Umweltschutztechnologie dargestellt. Die Technologieattraktivität hängt dabei in der Minimalstruktur ab von[3]

- der Akzeptanz der Technologie durch die Marktteilnehmer,
- der Entwicklung der Umwelteinwirkungen durch den Einsatz neuer Technologie,
- die Kompatibilität mit bereits vorhandenen technischen Systemen
- und dem Potential an Kosteneinsparungen und/oder Produktverbesserungen.

Die Ressourcenstärke wird in der Minimalstruktur determiniert durch

- den bestehenden technisch - qualitativen Beherrschungsgrad (Vorsprung/Defizit gegenüber der Konkurrenz) einer Technologie, der sich in der Zukunft erfahrungsgemäß eher verstärkt,
- die verfügbaren finanziellen, personellen, sachlichen und rechtlichen Ressourcen, die zur Weiterentwicklung einer Umweltschutztechnologie notwendig sind,
- und die Reaktionsgeschwindigkeit, mit der im Vergleich zur Konkurrenz eventuelle technische Weiterentwicklungsmöglichkeiten ausgeschöpft werden können.

  Mit Hilfe von Recherchen in internationalen Patentdatenbanken können relative Zuwachsraten von Patent - Neuanmeldungen in relevanten Patentklassen ausgewertet werden, um auf zukünftig verstärkt eingesetzte Umwelttechnologie zu schließen.[4]

---

[1] Vergl. Krystek, U. u. Behrendt, I., 1991(a), a.a.O., S. 17 ff.

[2] Vergl. Krystek, U. u. Behrendt, I., 1991(b), a.a.O., S. 18

[3] Vergl. Pfeiffer, W. u. Dögl, R., Das Technologie - Portfolio - Konzept zur Beherrschung der Schnittstelle Technik und Unternehmensstrategie, in: Hahn, D. u. Taylor, B. (Hrsg.), 1990, a.a.O., S. 259 ff.

[4] Vergl. zu Patentanalysen am Beispiel des Bereiches Abgaskatalysatoren: Krystek, U. u. Behrendt, I., 1991(b), a.a.O., S. 18 f.

b) Produktindikatoren

Als Indikatoren einer vom Produkt verursachten Umweltbelastung werden die in Kap. 6.1.3 bereits vorgestellte stofflich - energetische Bilanzierung und die ABC - Analyse angesehen. Aus der Ermittlung der umweltbelastenden Inhaltsstoffe von Produkten kann durch Kombination mit anderen Informationen auf Bedrohungen durch beispielsweise gesetzliche Sanktionierungen geschlossen werden.[1]

c) Indikatoren einer verstärkten ökologischen Sensibilisierung

Als mögliche Indikatoren für das im Verhalten wirksame Umweltbewußtsein nicht nur der Konsumenten, sondern auch der Lieferanten oder der Konkurrenten sind die umweltorientierte Anpassung der Werbebotschaften, des Produktsortiments, der Unternehmensphilosophie oder der Investitionen in den Umweltschutz zu nennen. Auch geänderte Kontraktmodalitäten können hier Aufschlüsse über zukünftiges Marktverhalten bringen. So werden beispielsweise Zulieferer immer häufiger mit der Forderung nach ökologischen Unbedenklichkeitsbescheinigungen konfrontiert.

d) Indikatoren einer ökologisch motivierten Veränderung der Umweltschutzgesetzgebung

Indikatoren für die Frühaufklärung der Umweltschutzgesetzgebung lassen sich anhand des folgenden Fünf - Phasen - Schemas der Entwicklung öffentlicher Themen erkennen:

Phase I: Erste öffentliche Aufmerksamkeit
Phase II: Aktivitäten von Interessengruppen
Phase III: Diskussion in politischen Parteien
Phase IV: Einleitung des Gesetzgebungsprozesses
Phase V: Inkrafttreten des Gesetzes

Aus der Phase I lassen sich schwache Signale gewinnen, während Indikatoren der Phasen II und III schon als deutliches Zeichen für Gesetzesinitiativen gewertet werden müssen. Indikatoren aus den Phasen IV und V kommen nur noch Spätwarncharakter zu.

---

[1] Bei den Produktindikatoren verwischt die in dieser Arbeit gewählte Gliederungssystematik, da die genannten Instrumente unter der bereits abgehandelten Kategorie der unternehmensinternen Informationsinstrumente aufgeführt worden sind. Da die Wesenszüge des ökologischen Frühaufklärungssystems nach Krystek/Behrendt jedoch auf die Analyse der Unternehmensumwelt gerichtet sind, soll an der vorliegenden Gliederung festgehalten werden.

e) Indikatoren für eine ökologisch motivierte Veränderung der sozio-kulturellen Umwelt

Indikatoren, die das umweltbezogene Wertesystem der Gesellschaft widerspiegeln, lassen sich mit Hilfe der Diffusionsfunktionen[1] von Umweltinformationen ableiten. Voraussetzung eines solchen Vorgehens ist, daß sozio - kulturelle Veränderungen durch Vorreiter oder Ereignisse angekündigt werden, die zunächst in Form von schwachen Signalen aufgenommen werden können.[2]

Der Generierung und Beobachtung von Indikatoren kommt in dem Konzept von Krystek/Behrendt als weitere wichtige Aufgabe die Sensibilisierung der Mitarbeiter für den Umweltschutz zu. Die nötigen Beobachtungen der Umwelt müssen von dezentral über das gesamte Unternehmen verteilten Organisationseinheiten durchgeführt werden, um sie anschließend zusammenzuführen und zu Führungsinformationen zu verdichten.[3] Auf diese Weise soll der Umweltschutz als internalisierte Entscheidungsdeterminante auf allen Hierrachieebenen aufgenommen werden.

3) Diskussion des Modells von Krystek/Behrendt

Der Vorschlag zur ökologischen Frühaufklärung von Krystek/Behrendt ist nur recht vage ausformuliert. Der Schwerpunkt des Konzeptes liegt überwiegend auf der Generierung von Indikatoren. Wichtige Probleme bleiben jedoch ungeklärt. Dies sind

a) die genaue Bestimmung der Zielgröße "ökologischer Handlungsbedarf",

b) die Berücksichtigung von Wechselwirkungen zwischen einzelnen Indikatoren,

c) die Frage, ob die Indikatoren tatsächlich das messen, wozu sie eingerichtet wurden.

a) Krystek/Behendt lassen in ihrem Modell zur ökologischen Frühaufklärung die Zielgröße des "ökologischen Handlungsbedarfes" offen. Wann soll ein Unternehmen Maßnahmen im Umweltschutzbereich ergreifen und was soll mit den

---

[1] Siehe zu Diffusionsfunktionen umweltorientierter Information auch Kap. 7.4.1.

[2] Vergl. zu typischen Verbreitungsmustern ökologischer Ereignisse: Krystek, U. u. Behrendt, I., Früherkennung ökologisch orientierter Chancen und Bedrohungen (Teil 2), in: FÖB, o. Jg., 1992, 13. Ausgabe, Sept., S. 12

[3] Vergl. Krystek, U. u. Behrendt, I., 1991(a), a.a.O., S. 20

Maßnahmen bezweckt werden oder wann liegt dieser Handlungsbedarf tatsächlich vor? Ein Frühindikatorensystem dient auch immer der strategischen Kontrolle der Unternehmensstrategie. Die Kontrolle der Umweltmanagementstrategien ist jedoch nur im Hinblick auf von Krystek/Behrendt nicht näher definierte Ziele des Unternehmens möglich.[1] Wie bereits mehrfach gezeigt wurde, macht es für die Informationsversorgung des Umweltmanagements einen Unterschied, welche konkreten Ziele ein Unternehmen mit seinen Umweltschutzaktivitäten verfolgt.

b) Die Wirkungszusammenhänge innerhalb des Modells und auch mit etwaigen äußeren Einflußgrößen werden im Modell von Krystek/Behrendt nicht aufgeklärt. Gewiß vorhandene Interdependenzen zwischen den einzelnen Indikatoren z. B. in Form von Rückkoppelungen werden aus dem Modell nicht ersichtlich. Beispielsweise bestehen mit Sicherheit Interdependenzen zwischen den Indikatoren einer verstärkten ökologischen Sensibilisierung und den Indikatoren, die Veränderungen in der Umweltschutzgesetzgebung aufzeigen. Weisen beide Indikatoren isoliert hohe Werte aus, so ist es wahrscheinlich, daß sie sich zukünftig gegenseitig noch weiter verstärken werden. Auch wäre es denkbar, daß zwar dem Modell exogene, aber anderweitig vorhandene Indikatoren starke Wechselwirkung mit endogenen Indikatoren aufweisen. Beispielsweise dürfte die im Modell nicht erhobene konjunkturelle Entwicklung einen Einfluß auf das umweltschutzorientierte Verhalten der Verbraucher haben.

Im voranstehenden Exkurs zum "Umweltbewußtsein" wurden die verschiedenen Ebenen von einer ökologischen Zustandsänderung bis hin zur Verhaltensänderung und deren wechselseitiger Beeinflussung aufgezeigt. Zwar werden mittels der vorgestellten Frühaufklärungsindikatoren Informationen auf allen identifzierten Ebenen[2] erhoben, doch bleiben Interdependenzen zwischen den Indikatoren verschiedener Ebenen, die auf besonderen Handlungsdruck schließen lassen, ungeklärt. Zu beheben wäre dieses Problem durch das Einführen einer Indikatorverkettung, die die Ursache - Wirkungsbeziehungen über mehrere Beobachtungsbereiche hinweg verknüpft.

---

[1] Vergl. Steinmann, H. u. Schreyögg, G., 1991, a.a.O., S. 202 ff.

[2] Bereits genannte Ebenen: ökologische Ebene, Ebene des Umweltbewußtseins der globalen Umwelt, Ebene des Umweltbewußtseins der Interaktionsumwelt und die Ebene des umweltbewußten Verhaltens; wobei sich das Umweltbewußtsein in die Konstrukte umweltorientierte Wertorientierung, umweltbewußte Einstellung und umweltorientierte Handlungsbereitschaft aufgliedert.

c) Das Umweltbewußtsein ist in seiner Struktur wesentlich komplexer als von den Autoren angenommen. Die Indikatoren einer verstärkten ökologischen Sensibilisierung (2c) und einer ökologisch motivierten Veränderung der sozio - kulturellen Umwelt messen keine sozial - psychologischen Konstrukte, sondern das Umweltbewußtsein in seiner konativen, d. h. handlungsrelevanten, Form. Ein Wertewandel als dessen Ausprägung kann nur bedingt festgestellt werden, da ein geändertes Verhalten nicht zwangsläufig auch eine ökologische Werte- oder Einstellungsänderung bedeutet.

Beachtenswert erscheinen die Wirkungen der Prognose umweltschutzorientierter Umfeldänderungen auf die Durchsetzung von Umweltschutzmaßnahmen. Durch das Einbinden eines breiten Querschnittes an betrieblichen Funktionsbereichen über alle Hierarchieebenen zur Informationsbeschaffung dürfte das Verständnis und die Motivation der Mitarbeiter für zukünftige und gegenwärtige Umweltschutzaktivitäten positiv beeinflußt werden. Die folgenden Instrumente der umweltschutzorientierten Frühaufklärung dienen zunächst der Konkretisierung des Modells von Krystek/Behrendt. Sie lassen sich in die Grundkonzeption problemlos integrieren. Darüber hinaus eignen sich einige der im folgenden vorzustellenden Instrumente zur Beseitigung der aufgezeigten Mängel.

Das Konzept von Krystek/Behrendt liefert dem Umweltmanagement insbesondere auch durch die **Tätigkeit der Datenerhebung und Auswertung** einen recht komplexen Überblick über die Chancen und Bedrohungen aus der ökologischen Umwelt. Zwar werden nicht alle möglichen Potentiale eines ökologischen Frühaufklärungssystems genutzt und die Ausformulierung der Konzeption ist sehr vage, doch bietet die Konzeption bei individueller Ausgestaltung in seiner Anwendung die Möglichkeit, auch bisher unbeachtete Themen als Chance oder Bedrohung zu erkennen. Fraglich ist jedoch, ob der Nutzen aus den gewonnen Informationen den erforderlichen Aufwand rechtfertigt. Der Nutzen wird tendenziell steigen, je stärker die Turbulenzen in der ökologischen Umwelt eines Unternehmens sind, da Umweltänderungen auch Wettbewerbsverschiebungen erwarten lassen, die von besser informierten Unternehmen zu ihrem Vorteil genutzt werden können. Die Stärke der Turbulenzen hängt im wesentlichen von der Branche, der Häufigkeit aufgetretener Störfälle und der Entwicklung der Umweltschutzthematik in der öffentlichen Diskussion ab. Die Kosten der Durchführung der ökologischen Frühaufklärung hingegen steigen mit zunehmender Komplexität der Unternehmensumwelt. Je einfacher aber die Umwelt eines Unternehmens ist, umso eher kann die Prognose der Unternehmensumwelt ohne das aufwendige Vorgehen der ökologischen Frühaufklärung mit Hilfe der im folgenden vorzustellenden Verfahren zur themenspezifischen Prognose bewältigt werden. Wirtschaftlich dürfte die ökologische Frühaufklärung am ehesten in Unternehmen mit komplexer Umwelt und gleichzeitig starker Betroffenheit durch Umweltschutzthemen wie der Automobilindustrie und der chemischen Industrie sein.

7.4 Prognoseverfahren als Grundlage eines Issue - orientierten Umweltmanagements

Bei der Verarbeitung zukunftsorientierter Information wird in vielen Unternehmen ein Issue - Management praktiziert. Die Auswirkungen eines veränderten Umweltbewußtseins werden nicht, wie in den Frühaufklärungskonzeptionen üblich, in ihrer Gesamtheit betrachtet, sondern in relevante Themengebiete (Key - Issues)[1] untergliedert.[2] Ein besonders wichtiges Thema für die Versorgungsindustrie ist beispielsweise die Atomkraftdiskussion. Die Informationsaufnahme und -verarbeitung erfolgt dabei eher spezifisch auf das Thema gerichtet, von einer ganzheitlichen Umfeldanalyse wird abgewichen.[3] Der Vorteil dieses Vorgehens ist die Komplexitätsreduktion der relevanten Information. Fraglich ist jedoch, ob die Betrachtung einzelner Issues nicht die Wechselwirkungen der einzelnen Themenbereiche untereinander vernachlässigt. Auch dürfte die rechtzeitige Identifizierung der Key - Issues nicht immer leicht sein.

Im Bereich der Betriebswirtschaftslehre finden sich bereits Anwendungen für eine ganze Reihe von Verfahren, die zur Prognose der zukünftigen Entwicklung von Sachverhalten eingesetzt werden. Die Prognoseverfahren beruhen auf einer Zeitreihe an Beobachtungswerten, aus deren Verlauf durch die Aufdeckung von Gesetzmäßigkeiten auf die zukünftige Entwicklung dieser Zeitreihe geschlossen werden

---

[1] Vergl. Meffert, H., Planung und Durchsetzung ökologiegerechter Marketingkonzeptionen, in: Belz, C. (Hrsg.), Realisierung des Marketing, St. Gallen, 1986, S. 44 f.. Meffert versteht unter Key - Issue Analyse sowohl die Analyse der Stärken und Schwächen (unternehmensintern) als auch der Chancen und Risiken (unternehmensextern).

[2] Vergl. zur Diskussion des themenweisen "Classical forecasting" vs dem ganzheitlichen Ansatz des "Prospective Approach": Godet, M., From forecasting to "la prospective" - a new way of looking at futures; in: Mercer, D. (Hrsg.), 1992, a.a.O., S. 52 ff.

[3] Man spricht in diesem Zusammenhang auch von "**Monitoring**", bei dem im Gegensatz zum "**Scanning**" bereits ein für beobachtenswert gehaltenes schwaches Signal vorliegt. Im Rahmen des Scanning wird dagegen in einem quasi 360 - Grad - Radar die Umwelt des Unternehmens ohne festen Themenbezug abgetastet (vergl. Krystek, U. u. Müller - Stevens, G., 1990, a.a.O., S. 350 ff.).

soll. Prognoseverfahren sind damit von ihrem Wesen her immer ex post orientierte Informationsinstrumente. Entsprechend der Zeitstabilitätshypothese wird unterstellt, daß die aus der Vergangenheit abgeleiteten Gesetzmäßigkeiten auch in der Zukunft Gültigkeit haben.[1] Neben qualitativen Prognoseverfahren finden auch quantitative Prognoseverfahren, bei denen die Verknüpfung von Daten mittels mathematischer Operationen erfolgt, in vielen Gebieten Anwendung. Da diese Verfahren

- erstens die Quantifizierbarkeit der Daten voraussetzen und
- zweitens aufgrund ihrer Starrheit in der Formulierung stark ausgebildete Theorien benötigen und
- drittens vor allem eine Zeitreihe als Datenbasis voraussetzen, die nicht auf subjektiver Schätzung beruht,[2]

erscheinen sie zur Prognose von ökologischen Sachverhalten im wesentlichen ungeeignet. Im folgenden werden die heuristischen, qualitativen Prognosemethoden, die sich auf subjektive Einschätzungen der Entwicklung beziehen, im Mittelpunkt stehen.[3] Aus dem umfangreichen Spektrum der heuristischen Prognoseverfahren sind im folgenden zunächst mit der Diffusionsanalyse (7.4.1) und der Umwelt - Szenario - Analyse (7.4.2) diejenigen ausgewählt worden, die in der Literatur bereits auf die Umweltschutzproblematik bezogen worden sind. Anschließend werden vereinfachte, d. h. weniger aufwendige heuristische Prognoseverfahren diskutiert (7.4.3). Aufgrund der unterschiedlichen Leistungscharakteristika erweist es sich als zweckmäßig, neben dem Verfahren der Cross - Impact - Analyse, das bereits auf Umweltschutzthemen bezogen wurde, auch die Leistungsfähigkeit der Diskontinuitätenanalyse, des STAR - Ansatzes, der Delphi - Methode und des Netzwerkansatzes auf ihre Leistusngsfähigkeit in der Prognose umweltschutzorientierter Themen zu untersuchen.

7.4.1 Diffusionsfunktion umweltorientierter Information

Die Diffusionstheorie beschäftigt sich mit der "... Erforschung des Weges der Ausbreitung neuer Verhaltensformen."[4] Grundlegende Hypothese der aus der Medizin stammenden Diffusionstheorie ist, daß sich neue Erkenntnisse über den

---

[1] Vergl. Hansmann, K. - W., Kurzlehrbuch Prognoseverfahren, Wiebaden 1983, S. 11

[2] Vergl. zum Auswahlverfahren einer geeigneten Prognosemethode: Hansmann, K. - W., 1983, a.a.O., S. 141 ff.

[3] Vergl. zur Systematisierung von Prognosemethoden: Hansmann, 1983, a.a.O., S. 12 f.; ebenso: Voigt, K. - I., 1992, a.a.O., S. 561 ff.

[4] Krampe, G. u. Müller, G., 1981, a.a.O., S. 391

Weg der Ansteckung von Subjekt zu Subjekt ausbreiten. Hier soll unter Diffusion die Ausbreitung einer Nachricht in einem sozialen System verstanden werden.[1] Das Verbreitungsmuster der Infektion wird in mathematischen Funktionen formalisiert, deren Verlauf in Abhängigkeit von den unterstellten Übertragungsmodalitäten differiert. Die Diffusionstheorie, deren Anwendung im hier betrachteten Zusammenhang von Dyllick auch als "Lebenszykluskonzept für gesellschaftliche Anliegen" bezeichnet wird, hat in der Betriebswirtschaftslehre ebenso wie in anderen Wissenschaftsdisziplinen bereits vielfache Anwendung gefunden. Analog des nachfolgend vorgestellten Konzeptes zur Verbreitung umweltorientierter Information wird die Diffusionstheorie beispielsweise im Produktlebenszykluskonzept zur Abbildung der Marktdurchdringung eines Produktes eingesetzt.[2] Neben der Wirtschaftswissenschaft ist die Diffusionstheorie vor allem in der Politologie, Soziologie und Publizistik angewandt worden.[3] Krampe/Müller kombinieren die Diffusionstheorie mit der Theorie des Paradigmenwechsels.[4] Durch die Aufdeckung der Verbreitungsmuster neuer, bahnbrechender Erkenntnisse bis hin zu einem allgemeingültigen Paradigmawechsel aus der Vergangenheit, kann in ähnlichen strukturierten Fällen auf ein analoges Verbreitungsmuster aktueller Erkenntnisse für die Zukunft geschlossen werden.[5]

1) Grundkonzeption der Diffusionsfuktion umweltschutzorientierter Themen

In der praktischen Anwendung werden die Diffusionsfunktionen strukturelle Trendlinien genannt. Bei der Erstellung struktureller Trendlinien wird häufig von einer mathematischen, etwa regressionsanalytischen Vorgehensweise, bei der Festlegung des Verbreitungsmusters abgesehen. Sie werden vielmehr aufgrund von Plausibiltätsüberlegungen skizziert. "In wissenschaftstheoretischer Sicht handelt es sich um das, was Hayek als "Mustererklärung" oder "Erklärung des Prinzips" bezeichnet, die lediglich eine Klasse von Ereignissen zu erklären erlauben, nicht jedoch notwen-

---

[1] Vergl. Kroeber - Riel, W., 1992, a.a.O., S. 515

[2] Vergl. vor allem das Modell von Bass: A New Product Growth Model for Consumer Durables, in: Management Science, 15. Jg., 1969, H. 5, S. 215 ff.

[3] Vergl. Dyllick, T., 1988, a.a.O., S. 232

[4] Vergl. Kuhn, 1973, a.a.O., S. 43 ff.

[5] Vergl. Krampe, G. u. Müller, G., a.a.O., S. 389 ff.; ebenso Krampe, G., Ein Früherkennungssystem auf der Basis von Diffusionsfunktionen als Element des strategischen Marketing, in: Raffee, H., u. Wiedmann, K. - P. (Hrsg.), 1985, a.a.O., S. 349 ff.

digerweise das individuelle Ereignis."[1] Dabei stellt die Auswahl des richtigen Kurventyps zur Abbildung der Trendlinie das Kernproblem dar.[2] Grundsätzlich eignen sich Polynome zweiten Grades, exponentielle, logarithmische, oder zweifach exponentielle Funktionen zur Approximation des Diffusionsprozesses. Das Battelle Institut[3] beobachtet in der Praxis für ein Unternehmen relevante Themengebiete hinsichtlich der Bereiche[4]

- unternehmensrelevante Ereignisse bzw. Ereignishäufungen (z. B. die Zahl der aufgedeckten illegalen Müllexporte),
- Meinungen und Stellungnahmen von Schlüsselpersonen (z. B. bezüglich Einweg - vs. Mehrweg - Verpackungen),
- Verlautbarungen wichtiger Institutionen und Organisationen (z. B. ebenfalls zur Verpackungsdiskussion),
- die Verbreitung von Meinungen, Ideen usw. in den Medien (z. B. über die Umweltgefährdung von Packstoffen) und
- die Gesetzgebung und Rechtsprechung im In- und Ausland (z. B. die Entwicklung der unterschiedlichen nationalen Regelungen zur Einführung eines Mehrwegsystems). Für jeden der verfolgten Bereiche werden nach der Battelle - Konzeption, wie in Abb. 7.7 für Ereignishäufigkeit an Medienberichten über ein Umweltthema exemplarisch vorgestellt, strukturelle Trendlinien ermittelt, die über die weitere Verbreitung der Thematik Aufschluß geben.

---

[1] Dyllick, T., 1988, a.a.O., S. 242

[2] Vergl. zu näheren Ausführungen: Makidakis, S., Reschke, H. u. Wheelwright, S. C., Prognosetechniken für Manager, Wiesbaden 1980, S. 211 f.

[3] Siehe zu näheren Ausführungen: Battelle - Institut (Hrsg.), Frühwarnsysteme für die strategische Unternehmensplanung. Ein Radar zur Erkennung von technologischen, wirtschaftlichen, politischen und sozialen Veränderungen im Umfeld der Unternehmungen, Frankfurt a. M. 1980

[4] Vergl. Krampe, G. u. Müller, G., 1981, a.a.O., S. 395 ff.

1 Außenseiter - Meinungen
2 Erste Berichte über Forschungsergebnisse in wissenschaftlichen Fachzeitschriften über Umweltrisiken von P-rodukten, Stoffen
3 Berichte von Umwelt - Fachzeitschriften
4 Grüne greifen das Thema auf
5 Erste Berichte in Tagespresse über Störfälle, Gesundheitsrisiken
6 Erste Behördenreaktionen (Umweltbundesamt, Bundesgesundheitsamt)
7 Problem wird zum "Gift der Woche"
8 Verbände leugnen Problem
9 Problem hält sich als "Gift des Monats", erster "Spiegel Artikel"
10 Berichte über Maßnahmen in anderen Ländern (z. B. Japan)
11 Erste Kundenanfragen
12 Verbände spielen Arbeitsplatz - Argument (Defensive)
13 "Zeit" - Dossiers, FAZ - Wissenschaftsteil berichtet fachlich - kritisch
14 Parlaments - Anfrage einer großen Oppositionspartei
15 Zunehmende Berichte auch in Lokalpresse, Sensibilisierung der Öffentlichkeit unübersehbar
16 Erste Kunden verlangen genaue Stoffauskünfte, Risikoausschluß, Substitutionskonkurrenz beginnt mit unterschwelliger Werbung
17 Verbände beginnen "Verhinderungsverhandlungen". Problem wird zum "Gift des Jahres"
18 Regierung kündigt Maßnahmen an.

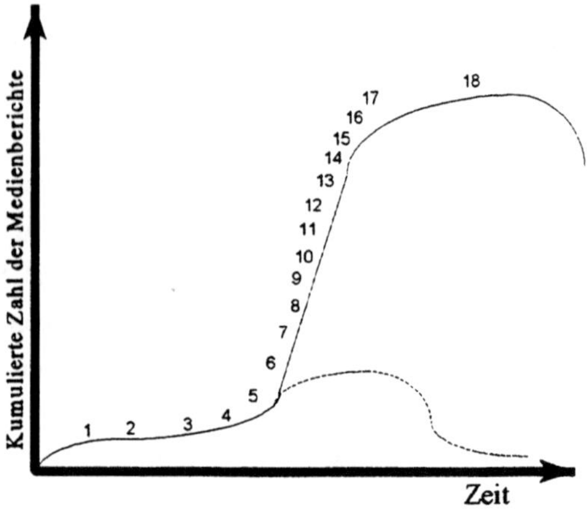

Abb. 7.7: Typischer Verlauf einer Diffusionskurve öffentlicher Meinungsdynamik im Umweltschutzbereich

Quelle: Steger, U., 1988, a.a.O., S. 189

Steger beschränkt sich bei seiner Konzeption eines "strategischen Radars" auf die Erstellung einer Trendlinie der **kumulierten Medienberichte** zu einem Umweltthema. Er legt einen s - förmigen Kurvenverlauf als typisch für die Diffusion von Umweltschutzthemen zugrunde. Dieser Verlauf zeigt gewisse Analogien zum idealtypischen Produktlebenszyklus und zur idealtypischen Verbreitung von Informationen in der Kommunikationsforschung, die beide ebenfalls s - förmige Verläufe zugrunde legen. Die Kommunikationsforschung begründet den s - förmigen Verlauf der Verbreitung neuer Informationen in einem sozialen System wie folgt: In einer Gemeinschaft werden zunächst nur einige wenige (Meinungsführer) die neue Information kennen. In Abhängigkeit vom allgemeinen Interesse werden sie diese Information in der Gesellschaft verbreiten, so daß die Zahl der Informierten, die die Information übernehmen (Adoption) und auch weitergeben können, steigt. Die Zahl der Uninformierten hingegen nimmt ab. Zur Verbreitung einer Information ist keine persönliche Kommunikation erforderlich. Häufig reicht die bloße Beobachtung von sozialem Verhalten wie dem umweltgerechtem Konsum bei anderen aus. Durch die lawinenartige Ausbreitung der Information nimmt die Zahl der Informierten solange überproportional zu, wie ausreichend Uninformierte vorhanden sind. Ist die Mehrzahl der Individuen eines Systems jedoch mit der neuen Information vertraut, sinkt die Wahrscheinlichkeit, daß Informierte auf Uninformierte treffen, zunehmend und geht schließlich gegen null. Betrachtet man die kumulierte Anzahl der Informierten kann sich, wie von Steger angenommen, ein s - förmiger Kurvenverlauf ergeben. Im Zeitablauf kann es durch Vergessen zu einer Abnahme der Informierten kommen. Das zugrundeliegende Polynom zweiten Grades ist jedoch in der Gestalt des Kurvenverlaufes äußerst anpassungsfähig.[1] Die Beschleunigung der Diffusion ist abhängig von den geografischen und sozialen Distanzen zwischen den Kommunikationspartnern, der Glaubwürdigkeit der Kommunikatoren (Sender), der Einstellung der Kommunikanten (Empfänger) und vom Einsatz von Massenmedien.[2] Zur Festlegung einer strukturellen Trendlinie folgt auf die Auswahl des hier beschriebenen Kurventyps die Prognose des genauen Verlaufs.

Nach Auffassung Stegers ist "...für Umweltprobleme ein Verlauf typisch, der gekennzeichnet ist durch eine lange Vorlaufzeit, ein steiles Ansteigen der Aufmerksamkeit, Verharren auf hohem Niveau und Absacken des Interesses, wenn die Maßnahme ergriffen wurde, um das Problem zu lösen."[3] Dabei sind Wechsel in der Beschleunigung der Verbreitung eines Umweltthemas durchaus typisch.[4] Sobald ein

---

[1] Vergl. Schmalen, H., Binninger, F. - M., Pechtl, H., Diffusionsmodelle als Entscheidungshilfe zur Planung absatzpolitischer Maßnahmen bei Neuprodukteinführungen, in: DBW, 53. Jg., 1993, H. 4, S. 514 ff.

[2] Vergl. zu weiteren Ausführungen: Kroeber - Riel, W., 1992, a.a.O., S. 515 ff.

[3] Steger, U., 1988, a.a.O., S. 188

[4] Steger weist darauf hin, daß allein die Recherche nach Fundorten umweltbelastender Stoffe ständig Medienberichte nach sich zieht (vergl. Steger, 1988, a.a.O., S.188). Ebenso ist nach dem ersten Störfall bei der Hoechst AG im Frühjahr 1993 die Sensibilität der Medien derart angestiegen, daß eine ganze

(Fortsetzung...)

Unternehmen die Trendlinie in der Diffusion eines Key Issues erkannt hat, muß es entsprechend der Umweltmanagementstrategie den Zeitpunkt von Maßnahmen bestimmen. In der Abb. 7.7 wäre dies kurz nach dem Ereignis 5 der Fall. Würde das Unternehmen beispielsweise zu diesem Zeitpunkt auf einen als gesundheitsschädlich identifizierten Betriebsstoff verzichten, verliefe die Kurve der kumulierten Medienberichte entsprechend des unteren Verlaufes der eingezeichneten Linien.[1] Die Anzahl der Image - schädigenden Nachrichten über das Unternehmen würde rapide sinken. Einen Überblick über prinzipiell ähnliche Lebenszykluskonzeptionen gesellschaftlicher Anliegen aus der Literatur gibt Dyllick. Vor dem Hintergrund der ökologischen Thematik besonders interessant sind die Ergebnisse von Downs[2], der feststellt, daß die"...Sensibilitätsschwelle für die gleichen oder ähnliche Ereignisse nach erfolgtem Durchlaufen des Zyklusses i. d. R. tiefer als vorher (angesiedelt ist), so daß neue Vorfälle viel schneller wieder im Zentrum der öffentlichen Aufmerksamkeit stehen."[3] Beispiele hierfür sind die gestiegene Sensibilität gegenüber Kernenergie - Unfällen nach Harrisburg und Tschernobyl und die Störfälle in der chemischen Industrie bei Sandoz oder Hoechst, die in den betroffenen Bereichen zu einer erhöhten Sensibilität der Öffentlichkeit geführt haben.

2) Diskussion der Diffusionskurve als Informationsinstrument im Umweltmanagement

Die grundsätzliche Einsetzbarkeit der Diffusionstheorie als Bestandteil der strategischen Prognose wird durch die Umsetzung der Battelle - Konzeption nachgewiesen.[4] Die Anwendung der Diffusionstheorie ermöglicht es, den Entwicklungsprozeß "schwacher Signale" darzustellen, und basiert insofern auf der Ansoffschen Konzeption.[5] Der Grundgedanke der Evaluation von Diffusionsfunktionen oder strukturellen Trendlinien hat eindeutig dynamischen Charakter und beinhaltet in hohem Maße die Leitidee des Prozeßdenkens. Negativ wirkt sich für das Verfahren jedoch aus,

---

[4](...Fortsetzung)
Kette von weiteren vergleichsweise harmlosen Störfällen die Schlagzeilen der Presse bestimmte.

[1] Vergl. Steger, U., 1988, a.a.O., S. 190

[2] Downs, A., Up and Down with Ecology - the "Issue - Attention Cycle", in: The Public Interest, Summer 1972, S. 38 ff., zitiert bei Dyllick, T., 1988, a.a.O, S. 234

[3] Dyllick, T., 1988, a.a.O., S. 234

[4] Vergl. Hammer, R. M., Strategische Planung und Frühaufklärung, München, Wien 1988, S. 239

[5] Vergl. Trux, W., Müller, G. u. Kirsch, W., Das Management strategischer Programme, München 1984, S. 360

daß mit der Diffusionskurve Brüche oder Sprünge innerhalb einer Trendlinie nicht darstellbar sind. Die Diffusionskurve stellt nur ein Erklärungsmuster mit idealtypischem Charakter dar, deren individueller Ausgang jedoch nicht mit prognostizierbarer Genauigkeit vorhergesagt werden kann. "Ungeklärt und unsicher bleibt insbesondere:

- wie lange das Anliegen in den einzelnen Phasen des Lebenszyklusses verbleibt?
- wie lang der gesamte Lebenszyklus ist?
- ob das Anliegen alle Stufen des Lebenszyklusses bis zum Ende durchläuft oder ob es schon vorher an Bedeutung verliert und "herausfällt"?
- ob nach einmaligem Durchlauf des Lebenszyklusses das Anliegen effektiv "vom Tisch" ist oder ob es jederzeit zu einem neuen Durchlauf starten kann?"[1]

Zur Prognose der Entwicklung speziell von Umweltschutzthemen erscheint die Beschränkung Stegers auf die Prognose der Medienberichte generell als nicht günstig. Vielmehr sollte die volle Bandbreite der Unternehmensumwelt als Beobachtungsbereich genutzt werden, wie es in dem Verfahren des Battelle - Instituts praktiziert wird. Hier werden neben den Medienberichten auch die direkt erhebbaren Veränderungen der technologischen, wirtschaftlichen, politisch - juristischen und sozialen Umwelt berücksichtigt.[2] Für eine breitere Prognose spricht, daß sich die Diskussion von Umweltschutzthemen erfahrungsgemäß mit der technischen Möglichkeit diese zu beheben verstärkt.[3] In einer bereiteren Prognose könnte auch berücksichtigt werden, daß sich die Umweltschutzgesetzgebung in Deutschland regelmäßig an die Entwicklung der Gesetzgebung anderer Länder anlehnt. Hier sei nochmals an die Katalysatorpflicht in Neuwagen erinnert, die bereits Jahre vor der Einführung in Deutschland in den USA verbindliche Vorschrift war.

---

[1] Dyllick, T., 1988, a.a.O., S. 242

[2] Vergl. zu näheren Ausführungen: Battelle Institut (Hrsg.), Frühwarnsysteme für die strategische Unternehmensplanung, Frankfurt a. M. 1980

[3] Hier sind gewisse Analogien mit der Verbreitung von EDV - Verfahren festzustellen. Ähnlich dem EDV - Sektor ist zu vermuten, daß die Entwicklung von Technologien tendenziell eher auf Einsatzgebiete schließen läßt, als das Probleme die Entwicklung von Technologien zu deren Lösung hervorbringen (vergl. zu dieser Analogie: Brinckmann, H. u, Kuhlmann, S., Computerbürokratie, Opladen 1990, S. 25 ff.).

Für Produzenten von homogenen Produktionsprogrammen oder mit einfach strukturierten Produktionsprozessen, wie etwa der Packstoffindustrie, ist die Diffusionskurve zur Aufklärung von Umweltschutzproblembereichen vergleichsweise leicht einsetzbar, da es eine sehr begrenzte Anzahl an relevanten Themengebieten gibt. Komplizierter gestaltet sich der Einsatz dagegen für Unternehmen mit aufwendigen Produktionsprozessen oder heterogenen Produktionsprogrammen, wie z. B. im Flugzeugbau, wo die relevanten Themengebiete aufgrund der höheren Komplexität der Produktion wesentlich vielschichtiger sind.

Die bisherigen Anwendungen der Diffusionskurve als "strategisches Radar" sind nach Einschätzung von Krampe "außerordentlich ermutigend", jedoch stark von der Qualifikation und Motivation der involvierten Mitarbeiter abhängig.[1] Gerade im Umweltschutzsektor gibt es eine Reihe von Beispielen, in denen der Handlungsdruck auf Unternehmen sich parallel zum Verbreitungsmuster der Thematik entwickelte. Rückblickend auf das Konstrukt Umweltbewußtsein läßt sich feststellen, daß s - förmige strukturelle Trendlinien die erwartete Entwicklung des Umweltbewußtseins wiedergeben können. Durch eine treffsichere Evaluation der Trendlinien wird die themenspezifische Entwicklung des Umweltbewußtseins als Grundlage aller Umweltschutzaktivitäten der Unternehmen in seiner Struktur offengelegt.[2]

7.4.2 Umwelt - Szenario - Analyse

Die Szenario Analyse unterscheidet sich von anderen Prognoseverfahren dadurch, daß sie sowohl quantitative als auch qualitative Informationen verarbeitet. Darüber hinaus können Störereignisse aus der Makro - Umwelt des Unternehmens berücksichtigt werden, so daß Trendbrüche und gänzlich neue Entwicklungen einbezogen werden können. Die Diffusionsfunktion umweltorientierter Information setzt dagegen auf die kontinuierliche Entwicklung von Trends, Trendbrüche sind mit ihr nicht darstellbar. Streng genommen ist die Szenario - Analyse gar keine Prognosemethode, da das Einbeziehen von Störereignissen den bewußten Verzicht auf Gesetzmäßigkeiten bedeutet. Hier soll sie dennoch als Bestandteil der heuristischen Prognoseverfahren behandelt werden, da sich auch die Szenario - Methode einer

---

[1] Vergl. Krampe, G., 1985, a.a.O., S. 363; ebenso: Hammer, R. M., 1988, a.a.O., S. 239

[2] Vergl. zu Foren gesellschaftlicher Auseinandersetzung und den Reaktionsstrategien von Unternehmen: Dyllick, T., 1988, a.a.O., S. 251 ff.

wenn auch stellenweise nur schwach ausgebildeten Theorie bedient und viele subjektive Elemente enthält.[1]

Die Szenario - Analyse ist ein Informationsinstrument, bei dem mehrere alternative, d. h. sich eindeutig voneinander unterscheidende Szenarien erstellt werden. Der Zweck besteht darin, Konsequenzen für die Gegenwart abzuleiten.[2] In der betriebswirtschaftlichen Zukunftsanalyse ist ein Szenario "...sowohl die Beschreibung einer möglichen zukünftigen Situation als auch das Aufzeigen des Entwicklungsverlaufs, der zu dieser zukünftigen Situation hinführt."[3] "Der Begriff Szenario ist der Bühnensprache entlehnt und soll eine Analogie ausdrücken: Wie auch bei einer Theaterszene durch das Bühnenbild und die Kulissen das Geschehen einen thematischen Rahmen findet und in der Grundtendenz festgelegt wird, sollen Szenarien in der Planung Rahmenbedingungen setzen, für die verschiedene Strategien durchgespielt werden können."[4] Die Ableitung der Rahmenbedingungen verdeutlicht das Denkmodell zur Darstellung von Szenarien (siehe Abb. 7.8).

Die heutige Situation bestimmt durch Fortpflanzung von gesellschaftlichen, technischen oder wirtschaftlichen Strukturen das Geschehen in der nahen Zukunft (etwa 2 - 5 Jahre), von Strukturbrüchen abgesehen. Je weiter aber diese Entwicklung in die Zukunft projiziert wird, desto geringer wird der Einfluß der Gegenwart. Der Bereich möglicher Zukunftsentwicklungen erweitert sich trichterförmig. Zieht man durch diesen Trichter einen vertikalen Schnitt (etwa nach 5 - 10 Jahren), erhält man auf der Schnittfläche alle denkbaren Szenarien zu einem bestimmten Zeitpunkt. Durch die trendmäßige Entwicklung aufgrund bestimmter Einflußfaktoren erhält man z. B. das Szenario A. Verhindert aber ein Störereignis auf dieser Trendlinie die

---

[1] Vergl. zu den Wesenszügen von Prognoseverfahren: Kap.7.4 und die dort angegebene Literatur.

[2] Vergl. Von Reibnitz, U., Szenario - Technik: Instrumente für die unternehmerische und persönliche Erfolgsplanung, Wiesbaden 1991, S. 14

[3] Geschka, H. u. von Reibnitz, U., Die Szenario - Technik - ein Instrument der Zukunftsanalyse und der strategischen Planung, in: Töpfer, A. u. Afheldt, H. (Hrsg.), Praxis der strategischen Unternehmensplanung, Frankfurt a. M. 1983, S. 128. Mit dieser Definition wird der Begriff des Szenarios aus der Zukunftsforschung, als "...eine hypothetische Folge von Ereignissen..., ...die Aufmerksamkeit auf kausale Prozesse und Entscheidungsmomente lenken" (Kahn, H. u. Wiener, A. J., Ihr werdet es erleben, Voraussagen der Wissenschaft bis zum Jahr 2000, 3. Auflg., München, Wien, Zürich 1968, S. 21) soll, um den Zweck des Szenarios erweitert (vergl. Götze, U., Szenario Technik in der strategischen Unternehmensplanung, Wiesbaden 1991, S. 37).

[4] Geschka, H. u. Hammer, R., Die Szenario-Technik in der strategischen Unternehmensplanung, in: Hahn, D. u. Taylor, B. (Hrsg.), 1990, a.a.O., S. 314

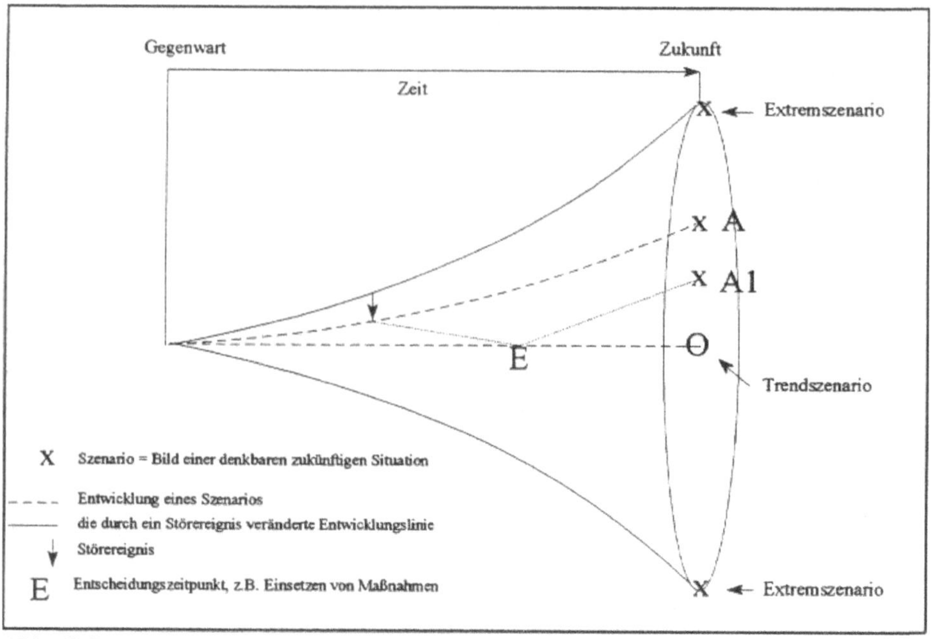

Abb. 7.8: Denkmodell zur Darstellung von Szenarien
Quelle: Geschka, H. u. Hammer, R., 1990, a.a.O., S. 315

weitere kontinuierliche Entwicklung, erreicht man Szenario A1.[1] Gerade die Störereignisse treten im Bereich der natürlichen Umwelt immer wieder auf, z. B. in Form von Atomreaktorkatastrophen (Tschernobyl), Tankerunfällen (Exxon Valdez) oder Waldsterben. Das Denkmodell verdeutlicht, daß Maßnahmen, die aufgrund des Störereignisses eingeleitet werden, zu spät kommen, um ein Abweichen vom Trend zu verhindern. Sie können lediglich die neue Entwicklungsrichtung beeinflussen, nicht aber verhindern, daß eine andere Zukunftssituation entsteht, als ursprünglich abzusehen war. Dadurch wird die Spannbreite der möglichen Zukunftsentwicklungen zwischen den beiden Extremszenarien sehr groß.[2]

---

[1] Vergl. Geschka, H. u. Hammer, R., 1990, a.a.O., S. 314 ff.. Anmerkung des Verfassers: Die dreidimensionale Darstellung des Trichters ist nicht schlüssig, da sich die Entwicklung nur in Abhängigkeit von der Zeit zweidimensional vollzieht.

[2] Vergl. Geschka, H. u. von Reibnitz, U., 1983, a.a.O., S. 129

Die praktische Umsetzung der Szenario - Analyse wurde erstmals von der Royal Dutch/Shell 1971 eingeführt,[1] bevor durch die Ölkrise 1973 eine größere Anzahl an Unternehmen insbesondere aus der Automobil- und Mineralölindustrie auf die Unsicherheit der Zukunftsentwicklung aufmerksam wurde.[2] Der Prozeß der Szenario - Erstellung soll am Vorgehen von v. Reibnitz betrachtet werden (siehe Abb. 7.9).[3] In der Literatur zum Umweltmanagement wurde dieser Prozeß der Szenario - Technik von Steger im wesentlichen übernommen, wobei die Verfahrensschritte etwas anders angeordnet sind.[4]

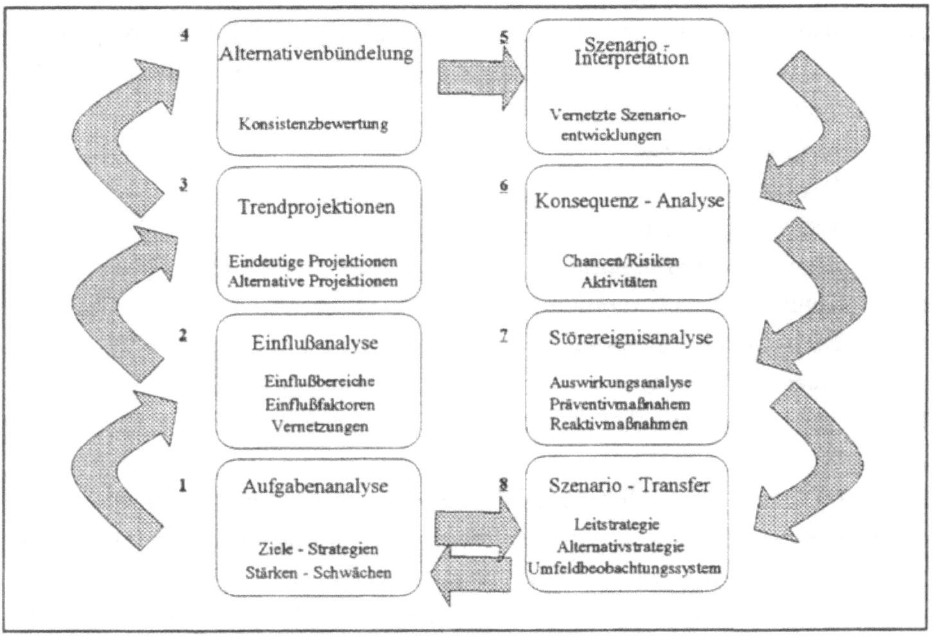

Abb. 7.9: Ablauf der Szenario Technik nach von Reibnitz
Quelle: von Reibnitz, U., 1991, a.a.O., S. 30

---

[1] Vergl. von Ilsemann, W., Szenarioplanung bei Shell: Die geteilte Zukunft, in: Manager Magazin, 1980, H. 5, S. 115 ff.; ebenso: Stümke, W., Strategische Planung bei der Deutschen Shell AG, in: Steinmann, H. (Hrsg.), Planung und Kontrolle - Probleme der strategischen Unternehmensplanung, München 1981, S. 331 ff.

[2] Vergl. von Reibnitz, U., Szenarien - Optionen für die Zukunft, Hamburg, New York 1987, S. 13 f.

[3] Vergl. von Reibnitz, U., 1991, a.a.O., S. 32 ff.; ältere Vorgehensweisen sind diesem Prozeß sehr ähnlich bzw. bilden seine Grundlage (vergl. z. B. Segner, M., Szenario - Technik: Methodische Darstellung und kritische Analyse, Forschungsreihe Systemtechnik, Bericht Nr. 8, TU Berlin 1976, S. 23 ff.; Oberkampf, V., Szenario - Technik: Darstellung der Methodik, Frankfurt a. M., 1976, S. 12 ff.; Geschka, H u. Hammer, R., 1990, a.a.O., S. 318 ff.).

[4] Vergl. Steger, U., 1988, a.a.O., S. 180 ff.

1) Methodik der Umwelt - Szenario - Analyse

Bevor die einzelnen Schritte der Szenario - Analyse erläutert werden, soll zunächst die Frage nach der Anzahl der zu erstellenden alternativen Szenarien diskutiert werden. Während Steger die Erstellung von drei Szenarien empfiehlt, die die optimistischsten, die pessimistischsten und die plausibelsten Annahmen enthalten,[1] wird in der Literatur häufig empfohlen, nur zwei möglichst stark voneinander abweichende Szenarien zu erstellen, die die ganze Bandbreite möglicher Entwicklungen aufzeigen. Es besteht die Befürchtung, daß ein drittes, sogenanntes "Trendszenario" durch den Hang zur Mitte bei den Entscheidungsträgern das Denken in Alternativen verhindert und als eine eventuell unangebrachte Kompromißlösung angesehen wird.[2] Die Szenario - Analyse vollzieht sich in den acht im folgenden näher zu erläuternden Schritten:

1) **Aufgabenanalyse,**
2) **Einflußanalyse,**
3) **Trendprojektion,**
4) **Alternativenbündelung,**
5) **Szenario - Interpretation,**
6) **Konsequenz - Analyse,**
7) **Störereignisanalyse,**
8) **Szenario - Transfer.**

Zu 1) Im ersten Schritt der **Aufgabenanalyse** wird die Ausgangssituation eines Unternehmens analysiert. Die umweltorientierten Informationssysteme des Unternehmens stellen dazu sowohl unternehmensinterne als auch -externe Informationen innerhalb der Grundrechnung zur Verfügung, um zukünftige Problembereiche erkennen und formulieren zu können.[3]

Zu 2) Im Rahmen der **Einflußanalyse** werden zum einen die Abhängigkeiten einzelner Unternehmensteilbereiche von bestimmten Einflußbereichen ermittelt, z. B. ob ein wahrscheinlich stärker umweltbewußtes Verbraucherverhalten sich auf die Distributionsstrategie oder die Produktionsprozesse des Unternehmens auswirkt.

---

[1] Vergl. Steger, U., 1988, a.a.O., S. 180

[2] Vergl. von Reibnitz, U., 1991, a.a.O., S. 28 f.; ebenso Geschka, H. u. Hammer, R., 1990, a.a.O., S. 316

[3] Zu näheren Ausführungen siehe: von Reibnitz, U., 1987, a.a.O., S. 32; auf Umweltproblematik bezogen: Steger, U., 1988, a.a.O., S. 180

Zum anderen werden mit Hilfe der System - Analyse auch Rückschlüsse auf die Systemdynamik des Umfeldes eines Unternehmens gezogen. Ziel ist, die Wechselwirkung einzelner Einflußbereiche so aufzudecken, daß abhängige und unabhängige Größen offensichtlich werden. So dürfte etwa eine geänderte Umweltschutzgesetzgebung nicht ohne Folgen für das Verbraucherverhalten bleiben.[1]

Zu 3) Auf der Basis der festgestellten Einflußfaktoren werden in der **Trendprojektion** Deskriptoren ermittelt, die bestimmte Aspekte der Unternehmensumwelt charakterisieren. Deskriptoren sind Kenngrößen, die den gegenwärtigen und zukünftigen Zustand der Einflußfaktoren beschreiben. Deskriptoren des umweltorientierten Konsumentenverhaltens könnten beispielsweise der relative Anteil an Altpapier oder an Mehrwegverpackungen sein.[2]

Zu 4) In der **Alternativenbündelung** werden die erstellten Projektionen zu konsistenten Annahmenbündeln zusammengefaßt. Abhängig von der Anzahl der Deskriptoren kann dies intuitiv oder formalisiert erfolgen. Zur formalisierten Analyse der Beziehungen werden die Cross - Impact - Analyse[3] und die Konsistenzmatrix[4] als Verfahren vorgeschlagen. In der Konsistenzmatrix wird die Korrelation aller Deskriptorausprägungen paarweise festgehalten. Ein Computerprogramm wie das CAS (Computer Aided Scenarios) errechnet aus allen möglichen Szenario - Bündeln diejenigen mit der größten Konsistenz. In einem weiteren Auswahlverfahren werden 2 oder 3 alternative Szenarien ausgewählt, die einerseits über einen langen Zeitraum gültig sind und sich andererseits stark voneinander unterscheiden.[5]

---

[1] Vergl. allgemein: von Reibnitz, U., 1987, a.a.O., S. 37; ebenso: dieselbe, 1991, S. 36 ff.; speziell: Steger, U., 1988, a.a.O., S. 181 ff.

[2] Vergl. allgemein: von Reibnitz, U., 1987, a.a.O., S. 46 f.; speziell: Steger, U., 1988, a.a.O., S. 184

[3] Vergl. allgemein: Gomez, P. u. Escher, F., Szenarien als Planungshilfen, in: Management Zeitschrift io, 49. Jg., 1980, H. 9, S. 419 f.; ebenso: Oberkampf, V., 1976, a.a.O., S. 24; speziell: Den Abschnitt über die Cross - Impact - Analyse im Kap. 7.4.3 und die dort angegebene Literatur.

[4] Vergl. von Reibnitz, U., 1987, a.a.O., S. 47

[5] Vergl. von Reibnitz, U., 1991, a.a.O., S. 52; vergl. zu CAS: von Reibnitz, U., 1987, a.a.O., S. 232 ff.

Zu 5) Im fünften Schritt erfolgt eine möglichst plastische, verbale **Szenario - Interpretation.**[1] Die Szenario - Alternativen werden in der **Konsequenzanalyse** auf mögliche Auswirkungen für das Unternehmen untersucht. Als Ergebnis der Konsequenzanalyse ergeben sich aus möglichen Chancen und Bedrohungen wie einer verschärften Umweltschutzgesetzgebung Ansatzpunkte für die jeweilige alternative Umweltmanagementstrategie.[2]

Zu 6) In der **Störereignisanalyse** werden mögliche Störereignisse zusammengetragen, hinsichtlich ihrer Bedeutung für das Unternehmen analysiert und zur Weiterverfolgung selektiert. Als Reaktion auf jedes wichtige Störereignis wird anschließend ein Eventual- oder "Schubladenplan" erstellt. Abschließend wird im **Szenario - Transfer** eine auf alle Szenario - Alternativen passende Leitstrategie und je eine auf ein spezielles Szenario passende Alternativstrategie entwickelt. Darüber hinaus wird vorgeschlagen, ein Umfeldbeobachtungssystem zu installieren, das die Entwicklung der Faktoren beobachtet, um gegebenenfalls die Leitstrategie entsprechend anzupassen.[3]

2) Diskussion der Szenario - Analyse als Informationsinstrument im Umweltschutz

Die hier vorgestellte Umwelt - Szenario - Analyse geht über die Aufgaben eines Umwelt - Informationssystems hinaus. Sie bietet neben der Informationsversorgung des Umweltmanagements auch Hilfestellung bei der Generierung der Umweltschutzstrategien. Im wesentlichen dient sie jedoch der Aufnahme und Verarbeitung unternehmensexterner Informationen, so daß sie an dieser Stelle der Arbeit behandelt wird.

Durch die Berücksichtigung von Störereignissen ist die Szenario - Analyse besonders gut geeignet, die durch den Informationsmangel und die Dynamik umweltorientierter Information auftretenden Informationslücken zu bewältigen.[4] Die Unsicherheit über die zukünftige Entwicklung kann zwar nicht reduziert werden, doch dient die Szenario - Analyse der Strukturierung des Risikos. Im Einsatzbereich

---

[1] Vergl. allgemein: von Reibnitz, U., 1987, a.a.O., S. 51 f.; speziell: Steger, U., 1988, a.a.O., S. 184

[2] Vergl. allgemein: von Reibnitz, U., 1987, a.a.O., S. 53 f.; speziell: Steger, U., 1988, a.a.O., S. 184

[3] Vergl. von Reibnitz, U., 1991, S. 68

[4] Vergl. zum Informationsmangel Kap. 5.2.1 und zur Dynamik Kap. 5.2.2.

des Umweltmanagements wirkt sich die mögliche Berücksichtigung qualitativer Daten positiv aus. Durch die forcierte Denkweise in Alternativen dürfte das Erkennen und die Argumentation mit Nutzenpotentialen von Umweltschutzmaßnahmen - für das Umweltmanagement erleichtert werden. Die Position des Umweltmanagements im Wettbewerb um die unternehmensinterne Ressourcenvergabe wird gestärkt. Ebenso wirkt die Szenario - Erstellung auf die Kommunikation der unterschiedlichen Organisationseinheiten eines Unternehmens förderlich, die an der Erstellung des Szenarios beteiligt sind. Die Einsicht in Zukunftsperspektiven des Unternehmens ruft Verständnis für die Maßnahmen des Umweltmanagements bei den beteiligten Mitarbeitern hervor und forciert die aktive Auseinandersetzung mit Umweltschutzthemen im allgemeinen.

Gerade im sehr dynamischen Bereich des Umweltschutzes liegen die Grenzen der Szenario - Analyse im Betrachtungshorizont begründet. Zum einen verliert mit zunehmendem Zeithorizont die Eintrittswahrscheinlichkeit beschriebener Faktoren an Bedeutung und zum anderen resultiert daraus eine kaum mehr vorhandene Überprüfbarkeit der für die Zukunft getroffenen Aussagen.[1] Bei der Durchführung der Szenario - Analyse liegen weitere Grenzen in der Nutzen - Kosten - Abwägung und dem im Vergleich zu anderen Verfahren erheblichen zeitlichen Aufwand begründet.[2] Es besteht insbesondere im Umweltmanagement die Gefahr, daß der aktuelle Bezug gewonnener Erkenntnisse durch ein langwieriges Verfahren verloren geht. Die Umwelt - Szenario - Analyse ist "...zwar eine relativ aufwendige, zugleich aber wohl die angemessendste Methode bei weitreichenden Entscheidungen unter Unsicherheit..., einer Situation, wie sie bei der Strategieentwicklung für (neue) Umwelt - Märkte typisch ist."[3] In der Kosten - Nutzen - Analyse muß ein Unternehmen in der konkreten Situation abwägen, ob die durch die gewonnen Informationen ermöglichten Wettbewerbsvorteile und Kosteneinsparungen durch frühzeitige Antizipation erwarteter gesetzlicher Verpflichtungen die entstandenen Kosten rechtfertigen.

---

[1] Vergl. Segner, M., 1976, a.a.O., S. 79

[2] Vergl. Segner, M., 1976, a.a.O., S. 80

[3] Steger, U., 1988, a.a.O., S. 184, wobei Steger von der erweiterten Umwelt - Szenario - Analyse spricht, die sich aber im wesentlichen nur in ihrer Bezeichnung von dem hier vorgestellten Verfahren unterscheidet.

7.4.3 Vereinfachte, kollektive Verfahren zur Prognose von Umweltschutzthemen

In der Literatur zum strategischen Management finden sich eine ganze Reihe an Verfahren zur Frühaufklärung, die weniger Aufwand erfordern, als die oben beschriebenen Verfahren der ökologischen Frühaufklärung, der Diffusionsfunktion umweltorientierter Information oder der Szenario - Analyse. Ebenso wie die bereits vorgestellten Verfahren sollen auch die nachfolgend dargestellten Verfahren Antworten auf die Fragestellungen geben, welche themenspezifische Entwicklung Auswirkungen auf den zukünftigen Unternehmenserfolg hat und wo sich Ansätze zur Begegnung dieser Entwicklung finden lassen. Im einzelnen wird es in diesem Kapitel um die folgenden Verfahren gehen:

1) **Delphi - Methode,**
2) **Cross - Impact - Analyse,**
3) **Diskontinuitätenanalyse,**
4) **STAR - Ansatz,**
5) **Netzwerkarbeit.**
6) Den Abschluß diese Abschnitts bildet eine **zusammenfassende Bewertung** der Instrumente.

Neben den genannten existiert eine ganze Anzahl ähnlicher Verfahren zur qualitativen Prognose,[1] die sich neben der Verfahrensweise grundlegend unterscheiden hinsichtlich:

- der Breite des Beobachtungsbereiches und
- dem Detaillierungsgrad, mit dem Auswirkungen auf einzelne Unternehmensteilbereiche festgestellt werden sollen.

Im Zusammenhang mit der umweltschutzorientierten Frühaufklärung wurde bisher lediglich das Verfahren der Cross - Impact - Analyse angesprochen.[2] Darüber hinaus sind aus der großen Anzahl qualitativer Prognoseverfahren exemplarisch die obigen ausgewählt worden, da sie entweder engere oder weitere Beobachtungsbereiche abdecken und den Auswirkungen prognostizierter Umweltänderungen auf einzelne Unternehmensteilbereiche größere/kleinere Bedeutung beimessen. Die Gesamtheit der Prognoseverfahren stellt einen Baukasten dar, aus dem sich ein Unternehmen entsprechend seiner Situation die geeigneten Verfahren heraussuchen

---

[1] Vergl. zu einem Überblick: Makidakis, S., Reschke, H. u. Wheelwright, 1980, a.a.O., S. 207 ff.; Bundesministerium für Forschung und Technologie (Hrsg.), Deutscher Delphi - Bericht zur Entwicklung von Wissenschaft und Technik, Bonn 1993, S. 11 ff.

[2] Vergl. Steger, U., 1988, a.a.O., S. 185 ff.

kann. Kriterien der Auswahl sind die erforderliche Genauigkeit der Methode, das zur Verfügung stehende Budget und der angestrebte Vorhersagezeitraum.[1]

Die Delphi - Methode eignet sich zur intensiven Beschäftigung mit der zukünftigen Entwicklung **enger umrissener Themenbereiche**. Das Schwergewicht der Cross - Impact - Analyse und Diskontinuitätenanalyse liegt dementgegen auf der genaueren Prognose der **Auswirkungen** bereits als wichtig identifizierter Umweltänderungen auf die einzelnen Unternehmensteilbereiche. Zwischen diesen beiden Verfahren weist die Cross - Impact - Analyse das gröbere Prognoseraster aus, die Diskontinuitätenanalyse eignet sich eher zur Analyse spezifischer Umweltänderungen. Eine breit angelegte Beobachtung des Unternehmensumfelds (Monitoring) wird durch diese drei Instrumente im Gegensatz zum STAR - Ansatz nicht unterstützt. Der STAR - Ansatz deckt einen recht **breiten Beobachtungsbereich** ab, wobei einzelne, als besonders wichtig identifizierte Faktoren einer vertiefteren Analyse unterzogen werden. Die umweltschutzbezogene Netzwerkarbeit, bei der das Unternehmen sich als Element eines vermaschten Netzes vielfältiger Kommunikationsbeziehungen zu seiner Umwelt sieht, orientiert sich mehr an den meinungsbildenden Institutionen als Informationsquellen, denn an Themenbereichen. Zentrale Frage ist, mit welchen unternehmensrelevanten Themen sich diese Institutionen beschäftigen. Aus der Beantwortung dieser Frage ergeben sich Anhaltspunkte zukünftiger Wettbewerbschancen und Risiken für das Unternehmen. Wesenszug der Netzwerkarbeit ist der Dialog über spezifischere Themen, obwohl durch den Dialog mit den Meinungsbildnern auch das Monitoring unterstützt wird.

Den hier ausgewählten Verfahren ist neben dem verhältnismäßig geringen Aufwand gemeinsam, daß sie durch ein Expertenkollektiv durchgeführt werden, deren Mitglieder nicht unbedingt aus dem Unternehmen stammen müssen. Gerade die Vielfältigkeit der Umweltschutzproblematik bedingt Fachleute aus Disziplinen wie Umweltrecht, Chemie, Physik, Psychologie, Wirtschaft oder Maschinenbau, um die jeweils relevanten Entwicklungen ebenso auf der gesellschaftlichen Ebene wie auf der Ebene der Forschung in den Prognosen zu berücksichtigen. Da Informationen aufgrund ihrer Neuartigkeit im Umweltschutzbereich üblicherweise sehr unsicher sind, ist es häufig auch notwendig, deren Aussagegehalt von Expertengruppen gleicher Disziplin, wie es in der nachfolgend beschriebenen Delphi - Methode

[1] Vergl. Makidakis, S., Reschke, H. u. Wheelwright, 1980, a.a.O., S. 224 ff.

praktiziert wird, beurteilen zu lassen. Dies gilt allemal auch im Bereich der langfristigen Prognose von Umweltschutzthemen.

Im Bereich der Prognose zukünftiger Umfeldentwicklung ist es gängige Praxis, von Unternehmensberatungen oder Forschungsinstituten entwickelte Verfahren in Zusammenarbeit mit den Entwicklern durchzuführen.[1] Das Heranziehen externen Know Hows erscheint bei Zukunftsprognosen im Umweltmanagementbereich aufgrund der Vielschichtigkeit und Spezialität der Themen notwendig. Die Umweltschutzbeauftragten finden in ihren Unternehmen wohl eher selten ebenso kompetente wie der Thematik aufgeschlossen gegenüberstehende Spezialisten. Auf der anderen Seite ist die Einbindung möglichst vieler "Betroffener" im Unternehmen selbst aus motivationalen Gründen anzustreben.

1) Die Delphi - Methode

Die Delphi - Methode ist eine spezielle Technik der Gruppenprognose, die Anfang der 60er Jahre entwickelt wurde.[2] Da sich hinter dem Begriff der Delphi - Methode eine Vielzahl unterschiedlicher interaktiver Befragungsmethoden verbirgt, soll hier das übliche Standardmodell aufgezeigt werden. Die Standard Delphi - Methode ist eine von einem Untersuchungsleiter "...gesteuerte, mehrere Runden umfassende Befragung einer untereinander anonymen Gruppe von Experten, für deren subjektiv - intuitive Prognosen ein Konsens angestrebt wird."[3] Nach jeder Befragungsrunde ermittelt der Projektleiter aus den Prognosen den Median und Interquartilsbereich als statistisches Gruppenurteil.[4] Der Ablauf einer Delphi - Prognose könnte, nachdem die Auswahl des Prognoseproblems und des Expertenteams erfolgt ist, folgendermaßen aussehen:[5]

a) Individuelle Befragung der Teilnehmer durch einen Fragebogen,
b) Informationssammlung der Teilnehmer und Beantwortung der Fragen,

---

[1] Siehe z. B. den unten vorgestellten STAR - Ansatz des Instituts für Strategie und Zukunftsstudien; vergl. Müller, G., , Die Verwirklichung einer strategischen Frühaufklärung durch das STAR - System, in: Trux, W., Müller u. G., Kirsch, W. (Hrsg.), 1984, a.a.O., S. 431 ff.; ebenso: ders., STAR, ein Ansatz zur Verwirklichung einer strategischen Frühaufklärung, in: Raffee, H. u. Wiedmann, K. - P. (Hrsg.), 1985, a.a.O., S. 370 ff.

[2] Vergl. Hansmann, K. - W., a.a.O., 1983, S. 22

[3] Wechsler, W., Delphi - Methode, München 1978, S. 23 f.

[4] Vergl. Wechsler, W., 1978, a.a.O., S. 23 f.

[5] Vergl. Brockhoff, K., Delphi - Prognosen im Computer - Dialog, Tübingen 1979, S. 2; ein praktisches Beispiel liefert Hansmann, K. - W., 1983, a.a.O., S. 23 ff.

c) Auswertung der Antworten zu einem statistischen Gruppenurteil (Median, Mittelwert, Streuung),

d) Aufforderung einiger Teilnehmer zur Kommentierung ihrer Antworten im Hinblick auf das bekanntgegebene Gruppenergebnis,

e) Bekanntgabe dieser individuellen Kommentare und weiterer Ergebnisse der vergangenen Runde,

f) mehrfache (meist drei- bis fünffache) Wiederholung des Befragungsablaufes.

Die Delphi - Methode hat im wesentlichen zwei Funktionen:[1] die kollektive Erstellung von Lageprognosen der Aktionsparameter und den sich daraus ergebenden Konsequenzen für das Unternehmen. Die Delphi - Methode bringt nicht zwangsläufig ein einstimmiges Prognoseurteil, vielmehr sollen auch Mindermeinungen, sofern sie gut begründet sind, deutlich werden.[2] Hauptsächlich dient die Delphi - Methode jedoch der Konsensbildungsfunktion zwischen den Teilnehmern, da widersprüchliche subjektiv - intuitive Expertenprognosen nur eine geringe Reduktion der Ungewißheit mit sich bringen. Man verspricht sich durch ein Gruppenurteil auf Konsensbasis Konvergenzeffekte, die die Ungewißheit reduzieren.[3] Voigt weist jedoch darauf hin, daß insbesondere in bislang nicht recht zu begründenden Minderheitenmeinungen Frühaufklärungsinformationen enthalten sein können.[4] Durch die angestrebte Konvergenz im Gruppenurteil gehen diese Frühaufklärungsinformationen verloren.

Die Aussagefähigkeit der Delphi - Methode ist umstritten. Dies ist vor allem auf häufige Änderungen des Verfahrens zurückzuführen, so daß die Basis der kritischen Würdigung durch unterschiedliche Autoren stark differiert.[5] Während Dalkey die Arbeitseffizienz der Delphi - Gruppe im Vergleich zu "round table" - Diskussionen

---

[1] Vergl., Bamberger, I. u. Mair, L., Die Delphi - Methode in der Praxis, in: Management International Review, 16. Jg., 1976, H. 2, S. 83 f.

[2] Vergl. Makidakis, S., Reschke, H. u. Wheelwright, 1980, a.a.O., S. 219

[3] Vergl. Wechsler, W., 1978, a.a.O., S. 30

[4] Vergl. Voigt, K. - I., 1992, a.a.O., S. 564, Fußnote 5 und die vorangegangenen Ausführungen zur - Cross - Impact - Analyse

[5] Vergl. Bundesministerium für Forschung und Technologie (Hrsg.), a.a.O, 1993, S. 15

als hoch einstuft,[1] sieht Brockhoff die Überlegenheit der Delphi - Gruppe generell als nicht bewiesen an, so daß er zu einer kritischen Überwachung des Verfahrens rät.[2] Die Leistungsfähigkeit der Delphi - Methode hat bei mittel- bis langfristigen Prognosen grundsätzliche Anerkennung gefunden.[3] Im Vergleich zu mathematisch statistischen Verfahren wird die Delphi - Methode dann bevorzugt, wenn auch qualitative Daten Berücksichtigung finden sollen, so insbesondere bei der technologischen Prognose.[4] So greift auch das Bundesministerium für Forschung und Technologie (BMFT) auf die Delphi - Methode bei seiner Prognose der Bundesdeutschen Forschungs- und Technologieentwicklung zurück.[5] Nach Einschätzung des BMFT ist die Delphi - Methode anderen Gruppenprognoseverfahren in der Summe der Vorzüge und Nachteile methodisch gleichwertig. Grundsätzlich werden die Verfahren der Gruppenprognose Einzelbefragungen als überlegen angesehen.[6] An der Studie des BMFT sind nicht nur die bislang diskutierten methodischen Aspekte interessant, auch inhaltlich befaßt sich die Studie mit dem Prognosesegment "Ökologie und Umwelttechnik." In fünfzig Fragen werden sowohl globale als auch regionale Umweltschutzaspekte prognostiziert.[7] Unternehmen können sich bei einer unternehmensindividuellen Delphi - Prognose an den Ergebnissen des BMFT grob orientieren.

Die Delphi - Methode erscheint auch für ausgewählte, eng umrissene Aufgabenstellungen im Umweltmanagement als Prognoseinstrument gut geeignet. Neben der Prognose der Umwelttechnikentwicklung ist das Verfahren auch auf die anderen Prognosefelder dann anwendbar, wenn eine ausreichend präzise Formulierung der Fragestellungen möglich ist. Die Einsatzmöglichkeit der Delphi - Methode umfaßt die Prognose der Entwicklung der nationalen und internationalen Umweltschutzgesetzgebung, die Prognose der umweltschutzrelevanten makroökonomischen Entwicklung und die Prognose der Absatzchancen zukünftiger Umweltschutzprodukte.

---

[1] Vergl. Dalkey, N. C., The Delphi - Method, RAND Corporation RM 5888-PR, Santa Monica/Cal., June 1969, S. 46 ff.

[2] Vergl. Brockhoff, K., Prognoseverfahren für die Unternehmensplanung, Wiesbaden 1977, S. 81 ff.

[3] Vergl. Hansmann, K. - W., 1984, a.a.O., S. 26

[4] Vergl. Brockhoff, K., 1977, a.a.O., S. 80

[5] Vergl. Bundesministerium für Forschung und Technologie (Hrsg.), a.a.O, 1993, S. 11 ff.

[6] Vergl. Bundesministerium für Forschung und Technologie (Hrsg.), a.a.O, 1993, S. 15 ff.

[7] Vergl. Bundesministerium für Forschung und Technologie (Hrsg.), a.a.O, 1993, S. 373 ff.

2) Cross - Impact - Analyse

Steger empfiehlt als weniger aufwendige Alternative zur Szenario - Analyse die Cross - Impact - Analyse als "strategisches Radar" im Umweltmanagement einzusetzen.[1] Als Bestandteil der Cross - Impact - Analyse wird eine Matrix erstellt, in der die Beziehungen zwischen Unternehmenszielen und potentiellen Umweltentwicklungen dargestellt werden (vergl. Tab. 7.1).

Potentielle Umweltentwicklung bezogen auf die Produkte ------------------------------ Unternehmensaspekte	Öffentliches Kritikpotential	Umweltfreundliche Substitutionsmöglichkeit der Abnehmer	Höhere Auflagen für Umweltschutz und Sicherheit	Eigene Innovationsmöglichkeiten
Sicherung der Wettbewerbsfähigkeit	-	-	-	+
Gewinn	0	-	-	?
Qualifizierte/motivierte Mitarbeiter	-	-	?	+
Qualitätsstandards der Produkte	0	0	?!	+
Diversifikation	+	+	+	?
Internationalisierung	0	0	-	+/-
Absatzwege	?	?!	?	0

+ = positiver Einfluß, ? = Einfluß mit unbekannter Wirkungsrichtung, - = negativer Einfluß, ?! = unbekannt, ob Einfluß gegeben und gegebenenfalls in welcher Wirkungsrichtung, 0 = neutral.

Tabelle 7.1: Beispiel einer Cross - Impact - Analyse
Quelle: Steger, U., 1988, a.a.O., S. 186

Eine Gruppe von unternehmensinternen und -externen Experten, die durchaus auch Mindermeinungen vertreten sollten, werden zur Bewertung der einzelnen Felder herangezogen. "Unklare oder widersprüchliche Wirkungszusammenhänge sind Indizien dafür, daß sich hierunter Änderungen für das Unternehmensumfeld verbergen können, die für die weitere Strategie von höchstem Interesse sind."[2] Im Gegensatz zur nachfolgend vorgestellten Delphi - Methode wird mit der Cross -

---

[1] Vergl. Steger, U., 1988, a.a.O., S. 185 ff.

[2] Steger, U., 1988, a.a.O, S. 187

Impact - Analyse versucht, über bekannte Ursache - Wirkungszusammenhänge hinaus, neuartige Einflußfaktoren von zukünftig gewichtiger Bedeutung für den Unternehmenserfolg zu identifizieren.

3) Diskontinuitätenanalyse

Die Diskontinuitätenanalyse ist eine der Cross - Impact - Analyse sehr eng verwandte Methode zur möglichen Konkretisierung einer Gefahr oder Gelegenheit, die dann zu einem Risiko oder einer Chance für das Unternehmen werden könnte.[1] Die Diskontinuitätenanalyse dient jedoch der im Verhältnis zum Cross - Impact - Verfahren tieferen Analyse ausgewählter Themengebiete. Die Durchführung der Diskontinuitätenbefragung erfolgt anhand eines Fragebogens, auf dem jede für möglich und relevant erachtete Diskontinuität erfaßt und durch Experten beurteilt wird.[2] Von den befragten Experten soll unabhängig voneinander die Eintrittswahrscheinlichkeit der Ereignisse und deren Auswirkungsgrad auf die beeinflußte Unternehmensgröße eingeschätzt werden.[3] In den Grundzügen könnte ein Fragebogen etwa entsprechend der tabellarischen Übersicht (Tab. 7.2) aufgebaut sein:

Diskontinuität	Einfluß auf Absatzchancen	Einfluß auf Kostensituation	Wahrscheinlichkeit des Ereigniseintritts
Verschärfung der Emissionsgesetze			
neuartiges Mehrwegverpackungssystem			
Störfall bei einem Konkurrenzunternehmen			

Bewertungsskala für den Einfluß: von -4 (sehr ungünstig) bis +4 (sehr günstig), Skala für die Wahrscheinlichkeitsangabe: von 0 bis 100.

Tabelle 7.2: Grundstruktur der Diskontinuitätenbefragung
Quelle: In Anlehnung an den Fragebogen von Müller, G. u. Zeiser, 1980, a.a.O., S. 607

---

[1] Vergl. Müller, G., Strategische Frühaufklärung, München 1981, S. 212

[2] Vergl. zur Gestaltung des Fragebogens z. B. Müller, G. u. Zeiser, B., Zufallsbereiche zur Beurteilung frühaufklärender Signale, in: ZfB, 50. Jg., 1980, H. 6, S. 607

[3] Vergl. Müller, G. u. Zeiser, B., 1980, a.a.O., S. 606

Das Ziel einer anschließenden grafischen Darstellung der Expertenmeinungen ist die Ermittlung von Ausreißern, die Hinweise auf mögliche zukünftige diskontinuierliche Entwicklungen geben. Die ermittelten Ausreißer können neben dem Vorliegen bisher nicht erkannter Grundstrukturen im Zusammenhang mit dem untersuchten Problemfeld auch eine Reihe an methodischen Ursachen haben, die es bei der Analyse zu eliminieren gilt.[1]

Wie bei der Cross - Impact - Analyse besteht auch der Vorteil der Diskontinuitätenanalyse darin, daß Meinungsaußenseiter der Expertengruppe nicht durch Konsensbildung angeglichen werden, sondern explizit nach den Grundlagen ihrer Einschätzung gefragt werden und somit als Auslöser weiterer Untersuchungen fungieren können. Die aufgetretene Meinungsstreuung determiniert den Grad der Unsicherheit in der Beurteilung möglicher Ereignisse.[2]

4) Der STAR - Ansatz des ISZ

Der STAR (Strategischer - Trend - Analyse - Report) - Ansatz ist ein Prognoseinstrument, das auf drei Beobachtungsebenen angesiedelt sein kann. Neben der Ebene des einzelnen Unternehmens können die durchzuführenden Scanning - und Monitoring - Aufgaben auch von einem zu diesem Zweck erfolgten Zusammenschluß von Unternehmen durchgeführt werden. Auf der dritten Ebene könnten Unternehmensverbände ihr Frühaufklärungssystem gemeinsam koordinieren. Dabei stellt jede Ebene ein Informationsnetz dar, das sich mit anderen Netzwerken überlappen kann. Auf der ersten Ebene interagieren Mitarbeiter des Unternehmens mit einem professionellem Berater, hier dem Institut für Strategie- und Zukunftsstudien (ISZ). Die Aufgabe der internen Mitarbeiter ist dabei die standardisierte Informationserfassung (Scanning), der als Quelle hauptsächlich Zeitschriften dienen. Dem steht die permanent betriebene Frühauklärung des ISZ gegenüber, die einen Abgleich der intern ermittelten Trends ermöglicht. Für den Bereich des Umweltschutzes besonders interessant erscheinen die Ebenen zwei und drei, auf denen das ISZ die Koordination der gemeinsamen Frühaufklärung mehrerer Unternehmen

[1] Müller nennt hier die ungenaue Problemformulierung, Mißverständnisse oder ein "pseudo Expertentum" als mögliche Ursachen (vergl. Müller, G., 1981, a.a.O., S. 221).

[2] Vergl. Kreilkamp, E., 1987, a.a.O., S. 284

übernimmt. Auf die detaillierte Vorgehensweise soll im einzelnen nicht näher eingegangen werden.[1]

Der Vorteil einer Kostenteilung unter den beteiligten Unternehmen dürfte eventuelle Nachteile, die aus der Verfügbarkeit der Information bei der Konkurrenz erwachsen, häufig überwiegen. Insbesondere deshalb, da das Ziel des STAR - Ansatzes nicht die Strategieplanung sondern lediglich die Suche nach schwachen Signalen ist, die von den beteiligten Unternehmen individuell ausgewertet und in Strategien umgesetzt werden müssen. Insbesondere im Bereich relativ eng kooperierender Unternehmensverbände wie beispielsweise dem Mineralölwirtschaftsverband wäre ein gemeinsames Vorgehen bei der Frühaufklärung im Umweltschutzbereich zumindest im generellen Stadium vorteilhaft.[2] Eine weitere Kooperationsmöglichkeit innerhalb der Frühaufklärung von Chancen und Bedrohungen eröffnen sich im Zuge des Lean - Managements durch die verstärkte Zusammenarbeit von Unternehmen innerhalb derselben Wertschöpfungskette.[3]

5) Netzwerkarbeit

Die Netzwerkarbeit kann kaum als geschlossene Methode der Frühaufklärung von Umweltschutzthemen denn eher als generelle Herangehensweise an die Problematik charakterisiert werden. In ihren Wesenszügen ist sie darauf ausgerichtet, Umweltschutzthemen mit Mitgliedern zukunftsprägender Institutionen wie Wissenschaftlern, Vertretern von Umweltschutzorganisationen, Medienvertretern, Politikern etc. offen zu diskutieren. Ziel ist die Institutionalisierung von vielseitigen netzförmigen Kommunikationsbeziehungen des Umweltmanagements eines Unternehmens. Voraussetzung für die Netzwerkarbeit ist die grundsätzliche Bereitschaft zum offenen Dialog auch über brisante, dem Unternehmen unangenehme Themen.[4]

---

[1] Vergl. Müller, G., a.a.O., 1985, S. 375 ff.

[2] Müller verweist auf das Beispiel des American Council of Life Insurance, deren 572 Mitgliedsunternehmen das "Trend Analysis Program" (TAP) betreiben (vergl. Müller, G., 1985, a.a.O., S. 377).

[3] Vergl. insbesondere: Pfeiffer, W. und Weiß, E., Lean Management, Berlin 1992, S. 65 ff.

[4] Vergl. zur Netzwerkarbeit: Wiedmann, K. - P., Gesellschaft und Marketing - Neuorientierung der Marketingkonzeption im Zeichen des gesellschaftlichen Wandels, in: Specht, G. u. a. (Hrsg.), Marketing-Schnittstellen, Stuttgart 1989, S. 227 ff.; vergl. zu einem praktischen Beispiel des Unternehmensdialogs des Unternehmens Procter & Gamble mit dem Netzwerk der Interessengruppen: Steinmann, H. u. Zerfaß, A., Privates Unternehmertum und öffentliches Interesse, in: Wagner, G. R. (Hrsg.), 1993, a.a.O., S. 7 ff.

6) Zusammenfassende Bewertung:

Die Ergebnisse der vereinfachten Methoden sollten in einer Gesamtkonzeption zur Frühaufklärung umweltschutzbezogener Sachverhalten, wie sie etwa anhand der Konzeption von Krystek/Behrendt im Kap. 7.3 dargestellt wurde, einen Beitrag zur Beurteilung der Entwicklung von Umweltschutzthemen liefern, der kritisch mit den Ergebnissen alternativer Methoden verglichen wird.[1] Die Abb. 7.10 faßt alle hier vorgestellten Prognoseverfahren entsprechend ihrer unterschiedlichen konzeptionellen Charaktere noch einmal zusammen.

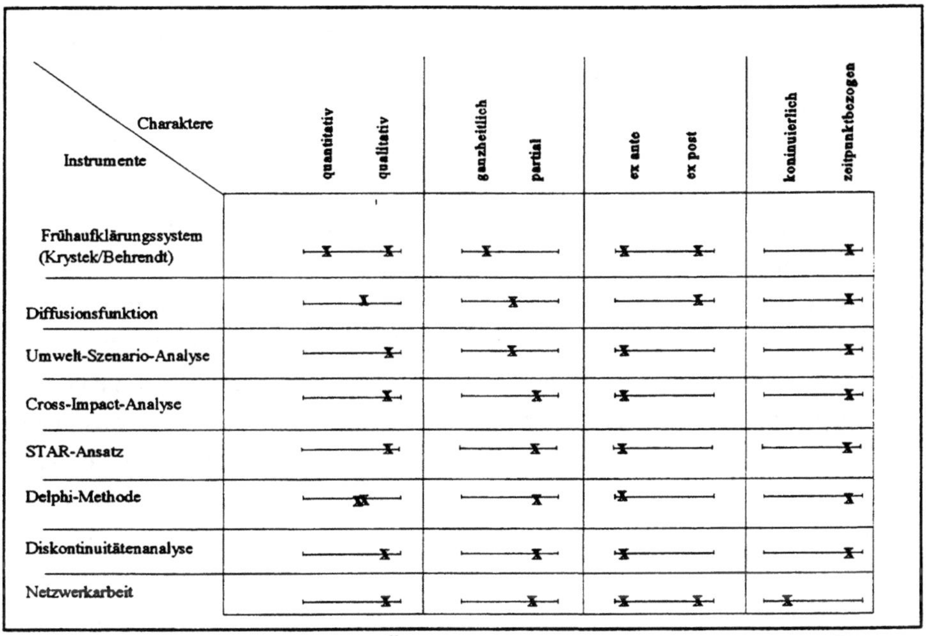

Abb. 7.10: Zusammenfassende Übersicht über Verfahren zur Frühaufklärung umweltschutzrelevanter Themen
Quelle: selbsterstellte Übersicht

Eine idealtypische umweltschutzorientierte Frühaufklärung

- findet kontinuierlich statt, was nicht bedeutet, daß keine zeitpunktbezogenen Verfahren zu bestimmten Stichtagen wiederkehrend verwendet werden könnten,
- ist sowohl ex post als auch ex ante orientiert,

[1] Vergl. Müller, G. u. Zeiser, B., 1980, a.a.O., S. 616

- differenziert die Umweltschutzthematik in einzelne Key - Issues ohne den Zusammenhang aus den Augen zu verlieren, um die Interdependenzen zwischen den einzelnen Umweltschutzthemen zu berücksichtigen
- und macht vor allem qualitative Aussagen mit stark heuristischem Charakter.

Die idealtypische Frühaufklärung macht aufgrund der nach Art und Umfang eingeschränkten Leistungsfähigkeit einzelner Instrumente eine Kombination mehrerer Instrumente erforderlich. Die Konzeption von Krystek/Behrendt stellt zwar einen Rahmen dar, in den die Instrumente eingegliedert werden können, jedoch bleibt die Frage der Durchführung der Frühaufklärung ungeklärt. Krystek/Behrendt stellten die Auswahl geeigneter Frühaufklärungsindikatoren in den Vordergrund ihrer Bemühungen. Deshalb wird im folgenden ein Vorschlag erarbeitet, welcher Vorgehensweise eine umweltschutzorientierte Frühaufklärung folgen sollte.

7.5 Vorgehensweise zur integrierten umweltschutzorientierten Frühaufklärung

Nach einer kurzen Einordnung dieses Abschnitts in den Gesamtzusammenhang der Arbeit, wird anschließend ein Vorschlag zur Vorgehensweisen einer schrittweisen umweltschutzorientierten Frühaufklärung abgegeben, der einerseits Fehler der Konzeption von Krystek/Behrendt vermeidet und andererseits die bisher nicht näher betrachtet Durchführung der Frühaufklärung ausführt. Zunächst jedoch eine kurze Einführung, die den nachfolgenden Vorschlag in den Zusammenhang der bisherigen Ergebnisse stellt.

Das **Ziel** der vom Umweltmanagement durchgeführten Frühaufklärung ist die Erstellung einer "Makro - Diffusionsfunktion" der Entwicklung des Umweltbewußtseins in den für das Unternehmen wirtschaftlich relevanten Bereichen. Wie eingangs dieses Kapitels bereits ausgeführt ist der **Zweck** des gesamten Informationssystems eines Unternehmens und damit auch des Frühaufklärungsinstrumentariums zweigeteilt (vergl. Abb. 7.11):

1) Ermittlung der Unternehmensziele,
2) Informationsgrundlage für unternehmerische Entscheidungen.

1) Erstens legt das Umweltmanagement die umweltschutzbezogenen Ziele des Unternehmens als Bestandteil des Unternehmenszielsystems auf der Grundlage der

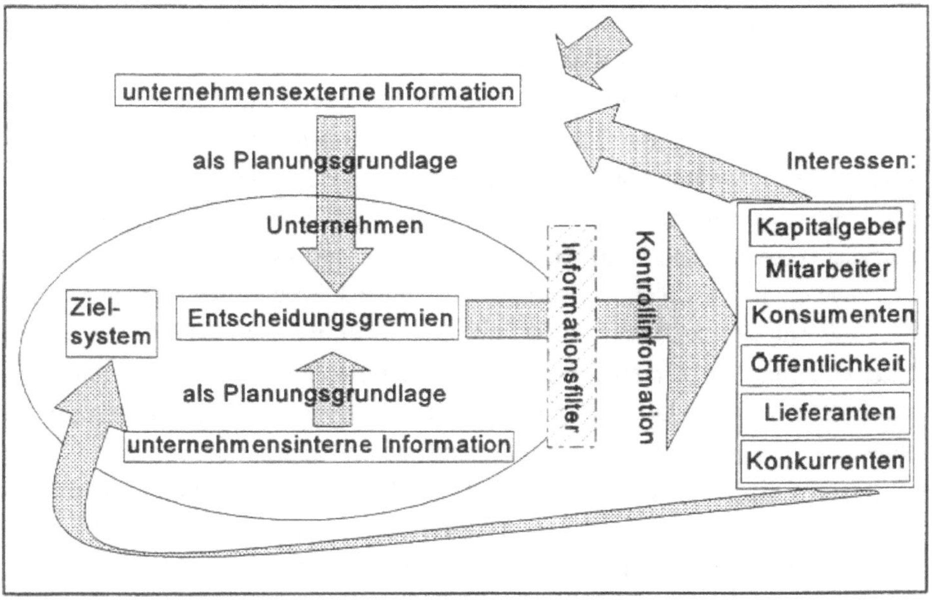

Abb. 7.11: Aufgaben des Informationssystems entsprechend der Unternehmensverfassung
Quelle: eigene Darstellung

Ziele der Interessengruppen fest.[1] Das Frühaufklärungssystem gibt dem Umweltmanagement hierzu Informationen über die vermutete Entwicklung der Ziele der Interessengruppen, woraus sich der zukünftige Erwartungshorizont der Interessengruppen gegenüber den Umweltschutzaktivitäten des Unternehmens ablesen läßt.[2]

2) Die zweite Aufgabe eines umweltschutzorientierten Frühaufklärungssystems besteht in der Informationsbereitstellung für die Entscheidungsfindung innerhalb des

---

[1] Vergl. zur dynamischen Veränderung von Zielen im Zeitablauf: Streitferdt, L., Entscheidungsregeln zur Abweichungsauswertung, Würzburg, Wien 1983, S. 23

[2] Bei der Berücksichtigung zukünftiger Entwicklungen zur Erstellung des Zielsystems des Unternehmens entsteht jedoch aufgrund eines Defizits in der Theorie der Unternehmensordnung folgendes Dilemma: Entsprechend der Theorie der Unternehmensordnung werden die Ziele der Interessengruppen in Ziele des Unternehmens transformiert. Dabei wird nicht berücksichtigt, daß die Ziele der Interessengruppen ebenso dynamisch sind wie ihr Einstellungs- und Wertesystem. Prognostiziert man die zukünftigen Ziele der Interessengruppen, so werden sich die momentan zu verzeichnenden Zielvorstellungen in der Zukunft veränderten Umweltbedingungen anpassen. Orientiert sich ein Unternehmen bei seiner Zielbestimmung an dieser Prognose, wird die Theorie der Unternehmensordnung außer Kraft gesetzt, da nicht mehr die Interessengruppen die Unternehmensziele vorgeben, sondern die erwartete Entwicklung bestimmter Themen in der Öffentlichkeit.

operativen und strategischen Umweltmanagements.[1] Sowohl das strategische als auch das operative Umweltmanagement legt das Verhalten des Unternehmens gegenüber den Individuen in seiner wirtschaftlichen Umwelt fest. Dazu sind genauere Informationen über die Unternehmensumwelt erforderlich, als sie die Orientierung bei der Informationsaufnahme an den Interessengruppen hervorbringen kann. Die Interessengruppen lassen sich nicht personell voneinander abgrenzen, da einzelne Personen gleichzeitig Mitglieder mehrerer Interessengruppen sind. Außerdem sind die Interessen der einzelnen Gruppen in sich nicht homogen genug, um sie als Zielgruppen von Unternehmensstrategien zu betrachten. Erforderlich ist eine Segmentierung der Unternehmensumwelt, wie sie im Stakeholder Management durchgeführt wird.[2] Die Stakeholder werden personell in Anspruchsgruppen zusammengefaßt, gegenüber denen das Unternehmen in gleicher Weise agieren sollte. Zusammenfassend läßt sich die zweite Aufgabe des umweltschutzorientierten Frühaufklärungsinstrumentariums als Informationsgrundlage zur Ableitung von Reaktionsstrategien gegenüber den Anspruchsgruppen bezeichnen.

Gäbe es keine Informationsrestriktionen der Art, wie sie in Kap. 5 aufgezeigt worden sind, wäre das Informationssystem einer betrieblichen Frühaufklärung nicht erforderlich. In einer längerfristigen Betrachtung verursachen jedoch

1) der ständige Wandlungsprozeß im Einstellungs- und Wertesystem der Anspruchsgruppen und
2) die Verhaltensunsicherheit

Probleme bei der Prognose der Ziele der Interessengruppen.

1) Aufgrund des Mangels an umweltschutzorientierten Informationen und der begrenzten menschlichen Fähigkeit, Informationen zu verarbeiten, werden die Einstellungen und das Verhalten der Anspruchsgruppen auf einer großen Anzahl an Fehleinschätzungen bezüglich umweltschutzrelevanter Sachverhalte beruhen. Die spätere Einsicht in Fehleinschätzungen führt dann zu Einstellungs- und Verhaltensänderungen bei den Anspruchsgruppen. Ihre gegenüber dem Unternehmen vertretenen umweltschutzbezogenen Ziele unterliegen daher einer hohen Dynamik, die es zumindest in ihren Tendenzen für das Unternehmen zu prognostizieren gilt.

---

[1] Im Bereich des Umweltmanagements ist vor allem die Nutzen - Kosten Analyse bezogen auf einzelne Umweltschutzstrategien und deren Maßnahmen von Bedeutung.

[2] Vergl. die Abgrenzung zwischen Stakeholder - Management und der Theorie der Unternehmensverfassung im Kap. 2.4 und die dort zitierte Literatur.

2) Das zweite Problem der Bestimmung von umweltrelevantem Verhalten der Anspruchsgruppen stellt die mit der asymmetrischen Verteilung von Informationen verbundene Verhaltensunsicherheit dar. Verfolgt man jedoch die meinungsbildenden Faktoren der Anspruchsgruppen, wie es durch die Frühaufklärung geschieht, wird die Gefahr, Opfer einer gezielten Desinformation zur Ausnutzung der Informationsasymmetrie durch die Interessengruppen zu werden, reduziert.

Ein Vorschlag für die Schrittfolge zur Realisation einer umweltschutzorientierten Frühaufklärung, die sowohl den gestellten Aufgaben gerecht werden als auch die dargelegten Probleme überwinden soll, ist in Abb. 7.12 übersichtsartig dargestellt. Die einzelnen Schritte werden nachfolgend unter (1) erläutert, anschließend wird (2) auf die Durchführung des Verfahrens eingegangen und (3) die Verbesserungen gegenüber der Konzeption von Krystek/Behrendt aufgezeigt.

1) Schritte der integrierten umweltschutzorientierten Frühaufklärung

1. Identifikation der Anspruchsgruppen
2. Festlegung von Prognosesegmenten
3. Systematische Identifikation von schwachen Signalen
4. Analyse möglicher Wechselwirkungen zwischen den Prognosesegmenten
5. Bestimmung der Bedeutungsgewichte einzelner Prognosesegmente
6. Analyse zukünftigen Verhaltens der Anspruchsgruppen gegenüber dem Unternehmen
7. Überprüfung der umweltschutzorientierten Unternehmensziele
8. Ausarbeitung einer präventiven Umweltmanagementstrategie

Abb. 7.12: Schritte der integrierten umweltschutzorientierten Frühaufklärung
Quelle: selbsterstellte Übersicht

Schritt 1: **Identifikation von Anspruchsgruppen**

Zur Umsetzung der umweltschutzorientierten Ziele entwickelt das Unternehmen gegenüber den verschiedenen Anspruchsgruppen differenzierte Reaktionsstrategien, die je nach Gruppe auch unterschiedliche Umweltschutzthemen verschieden stark berücksichtigen können. Deshalb ist es zweckmäßig, das Frühaufklärungsinstrumentarium nicht nur auf einzelne Beobachtungsbereiche sondern auch auf die verschiedenen Anspruchsgruppen auszurichten. Zur Auswahl von Anspruchsgruppen ist die Bedeutsamkeit der Gruppe für den Unternehmenserfolg das erste Kriterium.[1] Befindet sich ein Unternehmen z. B. häufig im öffentlichen Interesse, so empfiehlt es sich, die Gruppe der Medienvertreter als Anspruchsgruppe aufzufassen. Das zweite Kriterium ist die Homogenität der Ansprüche der jeweiligen Gruppe gegenüber dem Unternehmen. Dieses Kriterium könnte eine Aufteilung z. B. in Großkunden und private Kleinabnehmer erforderlich machen, um unterschiedliche Ansprüche an das umweltschutzorientierte Verhalten des Unternehmens zu berücksichtigen.

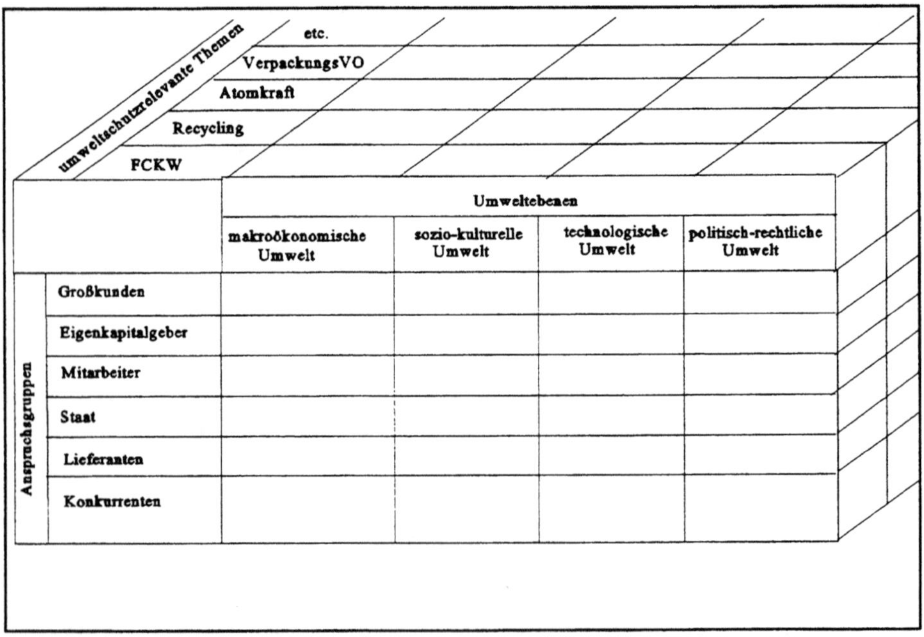

Abb. 7.13: Prognosesegmente der umweltschutzorientierten Frühaufklärung
Quelle: eigene Darstellung

[1] Vergl. Böhi, D., 1993, a.a.O., S. 24 f.

Schritt 2: **Festlegung von Prognosesegmenten**

Zur systematischen Identifizierung von Ereignissen, die umweltschutzrelevante Einstellungen und Verhalten der Anspruchsgruppen beeinflussen, ist zunächst eine Zerlegung der Umwelt in Prognosesegmente (bei Krystek/Behrendt: "Beobachtungsbereiche") erforderlich (siehe Abb. 7.13). Dazu sind **relevante Umweltschutzthemen** zu identifizieren, deren Entwicklung separat prognostizierbar ist. Zur erleichterten Schätzung von Rückkoppelungen und um qualifiziertere Anknüpfungspunkte für spätere Reaktionsstrategien zu erhalten, werden die **verschiedenen Umweltebenen** der Makroumwelt vor der Prognose unterteilt. Eine Zerlegung der Umweltebenen ist vor allem deshalb erforderlich, um Experten jeder Ebene die Entwicklung der Themen beurteilen zu lassen. Die getrennte Behandlung der Umweltebenen erleichtert die Informationssammlung bei der späteren Fortschreibung der Frühaufklärung. In einer dritten Ebene wird die Entwicklung umweltschutzspezifischer Themen in ihren Ebenen der Makroumwelt auf ihr Potential hin untersucht, das Verhalten der **Anspruchsgruppen** gegenüber dem Unternehmen zu beeinflussen.

Schritt 3: **Systematische Prognose der Entwicklung einzelner Segmente**

Nachdem die Grundstruktur der umweltschutzorientierten Frühaufklärung durch die Einteilung der Umwelt in Prognosesegmenten festgelegt ist, müssen diese Segmente inhaltlich gefüllt werden. Zunächst ist mithilfe der im vorangegangenen Abschnitt vorgestellten Prognoseverfahren die themenspezifische Entwicklung einzelner Umweltebenen vorzunehmen. Dazu eignen sich besonders diejenigen Verfahren, deren Leistung eher in der Prognose der Umweltänderungen, denn in der Analyse der Auswirkungen dieser Änderungen auf das Unternehmen besteht. Dies sind die bereits vorgestellten Verfahren

* Diffusionsfunktion,
* Umwelt - Szenario - Analyse,
* STAR - Ansatz,
* Delphi - Methode,
* Netzwerkarbeit.

Wenn in bestimmten Bereichen keine relevanten Umweltänderungen aufgetreten sind, bleiben die entsprechenden Felder bei der Ereignissuche leer. Sie werden in den folgenden Schritten nicht mehr berücksichtigt. Abgrenzungsprobleme zwischen einzelnen Segmenten spielen keine größere Rolle, da im nächsten Schritt explizit die Folge von Wechselwirkungen zwischen den Segmenten untersucht wird.

Schritt 4: **Analyse der Wechselwirkung zwischen den durch Anspruchsgruppen, Umweltebenen und Umweltschutzthemen aufgespannten Prognosesegmenten**

Nach der Prognose zukünftiger Entwicklungen in den einzelnen Segmenten werden die Wechselwirkungen zwischen den Segmenten nach Art, Stärke und Richtung ermittelt und in Form einer verbalen Beschreibung dokumentiert. Einerseits können so Wechsel in der Diffusionsbeschleunigung der Themen festgestellt werden. Vor allem verstärkt aber das Auftreten verwendeter Themen in verschiedenen Segmenten deren Bedeutung, weil Schwellen in der Wahrnehmung mit zunehmender Häufigkeit der Diskussion von Themenkreisen in der Öffentlichkeit eher durchbrochen werden. Zur Prognose der Wechselwirkungen ist es sinnvoll, die zur Prognose der einzelnen Segmente herangezogenen Experten in die Beurteilung mit einzubeziehen. Wurde im Schritt 3. beispielsweise das Delphi - Verfahren verwendet, so könnten in einer späteren Runde des Verfahrens bislang erzielte Ergebnisse auf ihre Wechselwirkungen hin untersucht werden.

Schritt 5: **Bestimmung der Bedeutungsgewichte der Ausprägung einzelner Prognosesegmente**

Unter Berücksichtigung der Wechselwirkungen werden die Bedeutungsgewichte der Prognosesegmente für die umweltschutzrelevanten Einstellungen und Verhalten der Interessengruppen ermittelt. Die Gewichtung der einzelnen Prognosesegmente ergibt sich aus den Ergebnissen der im Schritt 2 durchgeführten isolierten Prognose der Segmente. In diesem Schritt werden die bisherigen Ergebnisse um die Wechselwirkungen zwischen den einzelnen Segmenten korrigiert.

Schritt 6: **Analyse des zukünftigen Verhaltens der Interessengruppen gegenüber dem Unternehmen**

Nachdem in den bisherigen Schritten ein Hintergrund über erwartete Umweltänderungen geschaffen wurde, kann jetzt prognostiziert werden, wie sich die Dynamik der globalen Umwelt in einem veränderten Verhalten oder geänderten Erwartungen der Anspruchsgruppen gegenüber dem Unternehmen niederschlägt. Mit Hilfe der im vorangegangenen Abschnitt dargestellten Verfahren

* Cross - Impact - Analyse,
* Diskontinuitätenanalyse,
* Netzwerkarbeit

werden die möglichen Auswirkungen der prognostizierten Einstellungs- und Verhaltensänderungen jeder Anspruchsgruppe auf den zukünftigen Unternehmenserfolg ermittelt. Ziel der Aufsplittung des Prognoseergebnisses anhand der Anspruchsgruppen ist die Präzisierung des Konstrukts "ökologischer Handlungsbedarf" aus dem Frühaufklärungssystem von Krystek/Behrendt. Da die Anspruchsgruppen entsprechend ihres Einflusses auf den Unternehmenserfolg ausgewählt wurden, wird deutlich, gegenüber welchen Gruppen Handlungsbedarf hinsichtlich welcher Themen besteht. Dabei können unterschiedliche Interessenlagen der Anspruchsgruppen Konfliktpotentiale für das Unternehmen darstellen, die in der Umweltmanagementstrategie vermieden bzw. kontrolliert werden müssen. Beabsichtigt beispielsweise ein Unternehmen aufgrund der enormen Erfolgsaussichten der hergestellten Erzeugnisse, seine Kapazitäten durch die Errichtung einer neuen Produktionsanlage zu verdoppeln, so dürfte dies durchaus im Sinne der Kapitalgeber sein, jedoch kann es zu Konflikten mit der Landschaftspflegebehörde oder Bürgerinititativen kommen, die aufgrund der befürchteten Belastung der Umwelt die Ausdehnung der Kapazitäten an dem geplanten Standort zu verhindern suchen. Je rechtzeitiger solche Konfliktpotentiale bekannt sind, desto eher können kostenintensive Fehlplanungen einerseits vermieden werden und sich bietende Chancen andererseits durch Maßnahmen des Interessenausgleichs ausgenutzt werden.

Schritt 7: **Überprüfung der umweltschutzorientierten Unternehmensziele**

Gravierende Umweltänderungen dürften in der Regel auch Änderungen des Zielsystems eines Unternehmens erforderlich machen. Konkret können einerseits Änderungen der Gewichtung von Umweltschutzzielen im Rahmen des Gesamtzielsystems erforderlich werden. Andererseits kann eine Umformulierung der umweltschutzorientierten Ziele notwendig werden, ohne dabei ihr Gewicht im Gesamtsystem zu verändern.

Schritt 8: **Ausarbeitung einer präventiven Umweltmanagementstrategie**

Die Ausarbeitung einer präventiven Umweltmanagementstrategie auf Basis der bisherigen Ergebnisse des Frühaufklärungssystems geht über die hier zu behandelnde Problemstellung hinaus. Es wird jedoch deutlich, daß eine auf die Anspruchsgruppen gerichtete Umweltmanagementstrategie eng an die Ergebnisse der Umweltprognose angelehnt ist.

2) Durchführung der integrierten umweltschutzorientierten Frühaufklärung

Die hier vorgeschlagene Systematik einer umweltschutzorientierten Frühaufklärung ist als folgerichtiges Ergebnis der bisherigen Ausführungen dieser Arbeit zunächst eher ein Denkmodell denn eine Beschreibung zur praktischen Vorgehensweise. Dennoch dürfte sie sich als Gerüst für eine praktische Umsetzung insbesondere dann eignen, wenn anstelle der Interessengruppen Stakeholder identifiziert werden, die in der Praxis durchaus als gut abgrenzbare Zielgruppen einer Umweltmanagementstrategie existieren.[1] Der arbeitsintensivste und zugleich prägendste Teil ist die Informationsbeschaffung zur Prognose der einzelnen Felder (3.). Sinnvoll ist eine Beteiligung möglichst vieler Unternehmensteilbereiche vor allem derer mit vielen Umweltkontakten. Im Umweltmanagement werden die Informationen gesammelt und den Prognosesegmenten zugeordnet. Die Bestimmung der Wechselwirkungen zwischen den Segmenten ebenso wie die Bestimmung der Bedeutungsgewichte der einzelnen Segmente bedarf dagegen einer kleinen Arbeitsgruppe aus Mitgliedern unterschiedlicher Fachrichtungen unter Federführung des Umweltmanagements. Bei der Prognose möglicher Konsequenzen der Umweltänderungen für das Unternehmen sind neben den extern orientierten Unternehmensteilbereichen auch die eher unternehmensinternen Teilbereiche des Unternehmens wie z. B. die Produktion einzubeziehen. Dabei werden den Unternehmensteilbereichen nur die jeweils besonders relevanten Segmentgruppen zur Prognose der Folgewirkungen auf ihren Bereich vorgelegt. Änderungen in den Segmenten der technologischen Umwelt sind beispielsweise für den F & E - Bereich oder die Produktion in der Regel relevanter als für den Absatzbereich.

Das hier vorgeschlagene Verfahren der Frühaufklärung läßt neben der auf Anspruchsgruppen bezogenen Auswertung der Frühaufklärungsinformationen noch zwei abweichende Aufbereitungen der vorhandenen Informationen zu, die dem Umweltmanagement wichtige Planungshilfen geben. Zur Strategieentwicklung werden Auswertungen, die auf einzelne **Themenbereiche** oder auf einzelne **Umweltebenen** bezogen sind, insbesondere dann hilfreich sein, wenn Budgets auf einzelne Maßnahmenpakete zum Umweltschutz verteilt werden sollen. Zweitens sind Auswertungen bezogen auf die Auswirkungen der Prognoseergebnisse auf **betriebliche Funktionsbereiche** sinnvoll, um funktionsbereichsbezogene Strategien, etwa für die Beschaffung, ableiten zu können.[2]

---

[1] Vergl. die Ausführungen im Abschnitt über das Stakeholdermanagement des Kap. 2.3 der vorliegenden Arbeit und die dort zitierte Literatur.

[2] Vergl. z. B. zu Beobachtungsfeldern für die strategische Materialbeschaffung: Peemöller, H. u. König, G., 1992, a.a.O., S. 317

Ist ein solches Vorgehen zur umweltschutzorientierten Frühaufklärung einmal durchlaufen worden, kann anschließend ein **Berichtssystem institutionalisiert** werden, in dem laufend von vorher festgelegten Stellen die Prognosesegmente durch Scanning nach schwachen Signalen abgesucht werden und im Rahmen des Monitoring die schwachen Signale in ihrer Entwicklung weiterverfolgt werden. Bei Überschreiten vorher festgelegter Schwellenwerte und beim Auftreten von besonders erfolgswirksam erachteten Umweltentwicklungen ist dann über präventive Maßnahmen zu beraten. In der Regel periodisch könnten zusätzlich weitere Auswertungsrunden der erhobenen Frühaufklärunginformationen erfolgen. Zur Bewältigung des durch das hier vorgeschlagene System entstehenden Verwaltungsaufwandes bietet sich eine Implementation des Verfahrens als Bestandteil des EDV - gestützten Umweltinformationssystems an.[1]

3) Verbesserungen gegenüber der Konzeption von Krystek/Behrendt

Grundsätzlich stellt das oben beschriebene Vorgehen die Konzeption zur ökologischen Frühaufklärung von Krystek/Behrendt, wie sie im Kap. 7.3 wiedergegeben worden ist, nicht in Frage. Ebenso wie das Modell von Krystek/Behrendt sind die einzelnen Instrumente der ökologischen Frühaufklärung in einem System integrierbar. Verbesserungen/Ergänzungen gegenüber dem Modell von Krystek/Behrendt sind aber hinsichtlich folgender Punkte erreicht worden:

a) **Klärung des diffusen Konstruktes "ökologieorientierter Handlungsbedarf",**

b) **Berücksichtigung von Wechselwirkungen zwischen den Prognosesegmenten**

c) **Schrittfolge der Verfahrensweise.**

a) Das hier vorgestellte Vorgehen basiert nicht auf der Vorstellung, daß bei Überschreiten eines Indikatorwertes ökologieorientierter Handlungsbedarf ausgelöst wird. Vielmehr ist es das Ziel des obigen Vorgehens, aus einer systematischen Prognose einzelner Umweltsegmente Chancen und Bedrohungen der Erfolgssituation des Unternehmens abzuleiten. Im Mittelpunkt steht damit vielmehr das Verständnis der komplexen, erfolgswirksamen Umweltbeziehungen des Unternehmens, um aus den gewonnenen Einsichten direkt Umweltmanagementstrategien gegenüber einzelnen Anspruchsgruppen zu entwickeln. Über das bloße Anzeigen

[1] Vergl. hierzu die Ausführungen des nächsten Abschnitts C. der vorliegenden Arbeit.

von ökologischem Handlungsbedarf hinaus werden gleichzeitig Ansatzpunkte für präventive Strategien des Interessenausgleichs aufgezeigt.

b) Im Modell von Krystek/Behrendt finden die Wechselwirkungen zwischen einzelnen Prognosesegmenten keine Berücksichtigung. In dem hier vorgeschlagenen Vorgehen hingegen stellen die Wechselwirkungen ein wichtiges Element dar. Um Wechsel der Beschleunigung der Diffusion von Umweltschutzthemen und vor allem Verschiebungen der Bedeutungsgewichte einzelner Themen für die Anspruchsgruppen zu erkennen, wird im 4. Schritt des Verfahrens eine Prognose der Wechselwirkungen zwischen den Prognosesegmenten durchgeführt.

c) Die hier vorgeschlagene Schrittfolge orientiert sich am zu Beginn dieses Kapitels beschriebenen Prozesses von einer Änderung ökologischer Zustände über die Wahrnehmung dieser Umweltbelastung durch die Menschen bis hin zur Auswirkung auf die Erfolgssituation des Unternehmens. Anders als die Konzeption von Krystek/Behrendt ist das Ergebnis der Frühaufklärung damit nicht nur das Erkennen eines Handlungsbedarfes. Durch die strukturierte Beobachtung der Ausbreitung von Umweltschutzthemen durch die Prognosesegmente hindurch und deren Auswirkungen auf das Verhalten der Anspruchsgruppen wächst auch das Verständnis der Zusammenhänge der sozialen Prozesse des Umweltschutzes, so daß zukünftige Chancen und Bedrohungen besser und schneller zu Wettbewerbsvorteilen ausgenutzt werden können.

Das hier vorgeschlagene Vorgehen ist einerseits praxisferner als das Modell von Krystek/Behrendt, da es durch die Erklärungsversuche insgesamt komplexer wird und in seinen Handlungsanweisungen der Indikatorgenerierung weniger detailliert ausformuliert ist, andererseits ist es in der Hinsicht praxisgerechter, da es mehr auf die relevanten praktischen Problemstellungen eingeht. So lassen sich insbesondere Chancen/Risiken und Kosten/Nutzen Überlegungen zukünftiger Umweltschutzmaßnahmen auf der Basis des hier vorgeschlagenen Vorgehens ebenso fundierter anstellen, wie detaillierte Hinweise auf zu vollziehende Maßnahmen und deren Prioritäten gewonnen werden. Ob dieser Nutzen den erhöhten Aufwand dieses Verfahrens rechtfertigt, ist von der konkreten Situation des Unternehmens abhängig. Je größer die grundsätzliche Bedeutung von Umweltschutzthemen für den Unternehmenserfolg ist, je höher die Dynamik dieser Themen und je komplexer die Umwelt, d. h. je zahlreicher die relevanten Anspruchsgruppen und Themen, desto sinnvoller wird das hier vorgeschlagene Vorgehen.

Ebenso, wie es bereits Krystek/Behrendt für ihr Modell erkannt haben, ist die Sensibilisierung der beteiligten Mitarbeiter für den Umweltschutz als wichtiger "Nebenerfolg" zu verzeichnen. Die Entwicklung und unternehmensinterne Durchsetzung von Umweltschutzstrategien kann auf diese Weise durch den möglichen betrieblichen Konsens begünstigt werden.

7.6 Zwischenergebnis

Dem Bereich der umweltschutzorientierten Frühaufklärung ist bisher in der Literatur kaum Beachtung geschenkt worden. Aus Sicht des angewandten Umweltmanagement besteht hier noch erheblicher Handlungsbedarf, da nur mit Hilfe der zukunftsgerichteten Umweltanalyse insbesondere der Nutzen von Umweltschutzmaßnahmen erkennbar wird. Im Zusammenspiel mit den gewonnen unternehmensinternen Informationen können Nutzen - Kosten - Analysen über den Stellenwert von Umweltschutzmaßnahmen im Rahmen der unternehmensweiten Ressourcenaufteilung angestellt werden. Im Bereich des Umweltschutzes wird deutlich, daß die etwas aus dem Blickfeld der Wirtschaftswissenschaften geratenen Bemühungen einer unternehmensweiten Frühaufklärung im Rahmen des strategischen Managements nichts von ihrer Bedeutung verloren haben.

Die unternehmensinternen Informationsinstrumente insbesondere der Öko - Bilanzierung und des ökologischen Controlling sind per se nicht auf präzise formulierte, betriebswirtschaftliche Umweltschutzziele ausgerichtet. Vielmehr besteht die Gefahr, daß diese Instrumente sich auf eine nicht näher bestimmte ökologische Zielsetzung beziehen, die eher der politischen Ökologiediskussion entstammen, denn aus der wirtschaftlichen. In der Konsequenz besteht die Gefahr, daß die notwendige Informationsselektion und -aggregation zu diffus erfolgt, um auf die Erreichung der betriebswirtschaftlichen Umweltschutzziele des Unternehmens hinzuwirken.

Um die Informationslücken des Umweltmanagements, die sich aufgrund der asymmetrischen Informationsverteilung, der Dynamik, der Komplexität umweltschutzorientierter Informationen sowie der beschränkten menschlichen Rationalität ergeben, zu handhaben, müssen sich unternehmensinterne und -externe Informationsinstrumente gegenseitig ergänzen. Die exogene Unsicherheit aufgrund mangelnden Weltwissens über ökologische Sachverhalte ist auch bei perfekter Ausgestaltung des betrieblichen Informationssystems nicht zu reduzieren. Sie muß in Entscheidungsmodellen als Zufall modelliert werden. Die endogene Informationsunsicherheit aufgrund von Informationsmangel, hoher Dynamik der Information und

Verhaltensunsicherheit kann mithilfe der Instrumente eines betrieblichen Umweltinformationssystems verringert werden. Dabei tragen alle internen und externen Instrumente zur Beseitigung des Informationsmangels bei. Die ex ante orientierten externen Informationsinstrumente der umweltschutzorientierten Frühaufklärung verringern zusätzlich die Informationsrestriktionen aufgrund der hohen Dynamik umweltschutzorientierter Information. Die Bewältigung von Verhaltensunsicherheit mithilfe von Screening- und Signalingaktivitäten setzt ein funktionsfähiges Informations- und Kommunikationssystem des Unternehmens voraus, in dem die vorgestellten Informationsinstrumente zu integrieren sind.

Alle Aktivitäten zur Beseitigung der Informationsrestriktionen des Umweltmanagements sind mit Kosten verbunden, die im wirtschaftlichen System durch entsprechende Erlöse gerechtfertigt sein müssen. Das zunehmende Erfordernis zum wirtschaftlichen Umgang mit Informationen hat in der Informationswirtschaft die Einrichtung eines eigenen Managements, dem Informationsmanagement, nach sich gezogen. Wie umweltschutzorientierte Informationen mit Hilfe des Informationsmanagements wirtschaftlich zur Verfügung gestellt werden können, ist im Teil C zu untersuchen.

C INTEGRATION VON UMWELTSCHUTZINFORMATIONEN IN DAS BETRIEBLICHE UMWELTINFORMATIONSSYSTEM

1) Ziel und Einordnung des Teils C in den Gesamtzusammenhang der Arbeit

Im Teil C der vorliegenden Arbeit sollen die bisher erarbeiteten **einzelnen Elemente** eines umweltschutzorientierten Informationssystems **zusammengefügt** werden, um Anhaltspunkte für die Gestaltung eines integrierten betrieblichen Umweltinformationssystems zu erhalten. Das Ziel der Ausführungen des kommenden Abschnitts ist es, einen allgemeingültigen Weg zur Einrichtung eines integrierten Umweltinformationssystems in einem beliebigen Unternehmen aufzuzeigen. Die detailliertere Konzeption eines betrieblichen Umweltinformationssystems kann und soll an dieser Stelle nicht erfolgen. Die unterschiedlichen Einsatzbedingungen in Abhängigkeit von Branche und Unternehmensgröße sind so groß, daß ein detaillierteres System keine allgemeingültigen Aussagen zuläßt. Vielmehr soll unter Berücksichtigung der bisherigen Ergebnisse der Abschnitte A und B verdeutlicht werden, in welchen Schritten ein integriertes Umweltinformationssystem konzeptionell zu planen ist und welche Konsequenzen sich daraus für die Organisation des betrieblichen Umweltschutzes ergeben.

Legt man den im Kap. 4.1.2 vorgestellten Informationslebenszyklus zugrunde, besteht das Grundkonzept eines integrierten Informationssystems aus Überlegungen zur Auswahl geeigneter Informationsquellen, zur zweckmäßigen Erstellung von Informationsressourcen und zur Planung des Informationsangebots. Die Ziele eines Umweltinformationssystems werden durch die im Kap. 2.3 abgeleiteten Ziele der umweltorientierten Unternehmensführung bestimmt. Zur Erreichung der Ziele wurden im Kap. 3 der Informationsbedarf und die Anforderungen des Umweltmanagements an das betriebliche Informations- und Kommunikationssystem zusammengestellt, die in den folgenden Ausführungen zu berücksichtigen sind. Corsten/Götzelmann[1] haben die inhaltlich gleichen Anforderungen an ein integriertes betriebliches Informationssystem entsprechend der Tabelle 8.1 systematisiert:

Anforderungen an ein integriertes betriebliches Umweltinformationssystem:	
Unspezifische Anforderungen:	Problemfelder (Verweis auf Passagen der vorliegenden Arbeit):
Offenheit Kompatibilität Realisationsbedingte Anforderungen	Diese Anforderungen beziehen sich auf EDV - technische Problemfelder wie die Schnittstellendefinition des Umweltinformationssystems zu anderen Informationssystemen sowie organisatorische Aspekte.
Spezifische Anforderungen:	
Vollständigkeit	Selektionsproblem (siehe Kap. 5.2.1 zum Informationsmangel)
Universalität	Aggregationsproblem (siehe Kap. 5.1 zur menschlichen Komplexitätsbewältigung umweltorientierter Information)
Bestimmtheit	Meß-/Bewertungsproblem (siehe Kap. 2 zum Ökologiedilemma und den Zielen von Umweltinformationssystemen)
Aktualität	Erfassung, Verfügbarkeit (siehe Kap. 5.2.2 zur Dynamik umweltorientierter Information)

Tabelle 8.1: Anforderungen an ein integriertes betriebliches Umweltinformationssystem
Quelle: selbsterstellte Übersicht

Die Leistungsfähigkeit eines betrieblichen Umweltinformationssystems wird determiniert durch die Bewältigung der im Kap. 5 aufgezeigten grundsätzlichen Informationsrestriktionen, so daß sich auch aus diesen Ausführungen wichtige Gestaltungshinweise ergeben. Das Grundgerüst eines integrierten betrieblichen Umweltinformationssystems bilden die in den Kap. 6 und 7 vorgestellten Informationsinstrumente, die Bausteine eines Gesamtsystems verkörpern.

---

[1] Quelle der Tab. C.1: Corsten, H. u. Götzelmann, F., 1993, a.a.O., S. 23 ff., leicht verändert: Haasis, H. - D., Hackenberg, D. u. Hillenbrand, R., Betriebliche Umweltinformationssysteme, in: Information Management, 4. Jg., 1989, H. 4, S. 47 ff.; vergl. zu einer differenzierteren Systematik der Anforderungen auch: Schaltegger, S. u. Sturm, A., 1992, a.a.O., S. 47 ff.; die Anforderung entsprechend der Organisationseinheiten systematisiert: Müller - Witt, H., Betriebliche Umweltinformationssysteme, in: Organisationsform Wirtschaftskongreß e. V., OFW (Hrsg.), Umweltmanagement im Spannungsfeld zwischen Ökologie und Ökonomie, Wiesbaden 1991, S. 204 ff.

8 Umweltschutzbezogene Erweiterung des betrieblichen Informationsmanagements

Beabsichtigt man, die Integration von Umweltschutzinformation in das betriebliche Informationssystem zu untersuchen, muß zunächst das Erkenntnisobjekt näher präzisiert werden. Die Informationsversorgung des Unternehmens obliegt nach moderner Auffassung der Institution des Informationsmanagements, das im Kap. 8 zunächst in seinen Grundzügen vorgestellt werden soll, um Notwendigkeiten und Möglichkeiten einer umweltschutzbezogenen Erweiterung aufzuzeigen. Um konkrete Vorschläge der Integration von Umweltschutzinformationen in das Informationssystem zu machen, ist eine Betrachtung der Institution Informationsmanagement ungeeignet, vielmehr ist im Kap. 9 zu überlegen, wie der Umweltschutz im betrieblichen Informationssystem abzubilden ist, mit dessen Gestaltung, Betrieb und Instandhaltung sich das Informationsmanagement befaßt.

"Der Einbezug ökologischer Belange in die Unternehmenspolitik stellt sich für das erste als ein höchst umfassendes Informationsproblem, das fraglos eines eigenen spezifischen Managements bedarf."[1]

Dieser Forderung, die auch durch die Ergebnisse der bisherigen Untersuchung getragen wird, soll im folgenden durch die Beschreibung der umweltschutzbezogenen Erweiterung des betrieblichen Informationsmanagements Rechnung getragen werden. Dazu ist zunächst die Philosophie des Informationsmanagements kurz zu erläutern (Kap. 8.1) und die Notwendigkeit sowie die Möglichkeiten zur Integration des Umweltschutzes in das betriebliche Informationsmanagement aufzuzeigen (Kap. 8.2). Neben der Problematik des wirtschaftlichen Umgangs mit Informationstechnik ist die organisatorische Eingliederung von Informationssystemen das zweite große Betätigungsfeld des Informationsmanagement. Im Kap. 8.3 wird deshalb gezeigt, wie ein Umweltinformationssystem in die betriebliche Aufbauorganisation einzubinden ist und welche Konsequenzen sich daraus für das Umweltmanagement

---

[1] Seidel, E., "Wollen" und "Können" - Auf dem Wege zu einer ökologisch verpflichteten Unternehmensführung, in: zfo, 58. Jg., 1989, H. 2, S. 78

ergeben.[1] Die Erweiterung des Informationsmanagements bildet die Grundlage für das Kapitel 9, die Planung und Gestaltung des integrierten Umweltinformationssystems.

8.1 Informationsmanagement

Das Informationsmanagement ist im folgenden kurz zu skizzieren (Kap. 8.1.1), da es sowohl aus institutioneller als auch aus prozeßorientierter Betrachtungsweise den Rahmen für ein integriertes Umweltinformationssystem darstellt. Es ist zu zeigen, daß der Bereich des Umweltmanagements auch aus Sicht des Informationsmanagements im Vergleich zu den alternativen Möglichkeiten des Ressourceneinsatzes ein potentiell priorisiertes Einsatzgebiet ist (Kap. 8.1.2), bevor auf seine Gestaltungsobjekte, die Informationssysteme, eingegangen werden kann (8.1.3).

8.1.1 Der Begriff des Informationsmanagements

In der Tabelle 8.2[2] sind verschiedene, vor unterschiedlichen fachlichen Hintergründen gegebene Definitionen des Informationsmanagements[3] aufgeführt.

---

[1] Vergl. Picot, A. u. Franck, E., Aufgabenfelder eines Informationsmanagement (I), in: WISU, 22. Jg., 1993, H. 5, S. 433

[2] Quellen der Definitionen: Finke, W., Informationsmanagement in Organisationen, in: zfo, 56. Jg., 1987, H. 6, S. 365; Zahn, E. u. Rüttler, M., Informationsmanagement - Eine strategische Antwort auf kritische Herausforderungen der Unternehmensumwelt, in: Controlling, 1. Jg., 1989, H. 1, S. 36; Biethahn, J., Mucksch, H. u. Ruf, W., Ganzheitliches Informationsmanagement Bd. 1, München 1990, S. 1; Schwarze, J., 1990, a.a.O., S. 106; Seibt, D., Informationsmanagement und Controlling, in: Wirtschaftsinformatik, 32. Jg., 1990, H. 2, S. 117; Heinrich, L., 1992, a.a.O, S. 7; Ott, H. J., 1992, a.a.O., S. 479; Vergl. Picot, A. u. Franck, E., 1993, a.a.O., S. 433

[3] Die Auswahl ist bei weitem nicht vollständig, sie soll das Spektrum der Begriffsinhalte verdeutlichen. Der historische Ursprung des Begriffes lag in der Diskussion um den informationstechnologischen Nachholbedarf der amerikanischen öffentlichen Verwaltung ("Paperwork Reduction Act"). Aus der Diskussion ging ein Gesetz hervor, in dem die Bildung spezieller Zuständigkeiten für das "Information Ressource Management" vorgeschrieben wurde (vergl. Eschenröder, G., Planungsaspekte einer ressourcenorientierten Informationswirtschaft, Bergisch Gladbach 1985, S. 114 ff.).

Autor:	Definition:	Hintergrund der Def.:	Aufgabeneinteilung:
(1) **Finke** 1987	Der Begriff IM bezeichnet den unter **aufbauorganisatorischen Aspekten** die Stelle, der die Führungsverantwortung für das computergestützte Informations- und Kommunikationssystem mit den Subsystemen Benutzersystem, Informations- und Kommunikationssystem mit den Subsystemen Benutzersystem, Informations- und Kommunikationstechnik, Anwendungssystemen, Daten- und Wissensbasis einer Organisation zugeordnet ist und die Leitungsaufgaben in diesem Bereich wahrnimmt.	systemorientierte Betrachtung mit organisatorischem Schwerpunkt	- Festlegung von strategischen Zielen von IKS - Durchsetzung eines informationsorientierten Organisationskonzeptes - Entscheidung über alternative System- und Prozeßkonzepte - Budget- und Ressourcenmanagement einschließlich Überwachung der Beiträge der IKS-Funktionen im Hinblick auf die gesetzten strat. Ziele
(2) **Zahn/-Rüttler** 1989	Informationsmanagement beinhaltet eine ganzheitliche und **umfassende Managementphilosophie** unter Mitwirkung der U.leitung und anderen hierarchischen Ebenen sowie die systematische Planung, Gestaltung, Organisation, Koordination und Kontrolle aller Informationsaktivitäten mit dem Ziel, den Unternehmenserfolg nachhaltig zu steigern.	betriebswirtschaftlich, ganzheitlicher Ansatz	Hauptanliegen: Aufbau einer unternehmensweiten Informationskultur: Informationspotential (Ressource Information) - Informationsfähigkeit (Technologie) - Informationsbereitschaft (Mensch und Kultur)
(3) **Schwarze** 1990	Das IM ist das ganzheitliche **Management des** gesamten betrieblichen **Informationssystems** und seiner einzelnen Komponenten.	konzeptionelle und organisatorische Überlegungen, technikorientiert	strategisch: - Entwicklung einer Informationsinfrastruktur - technologisches Informationsmanagement - Datenmanagement - Systemkonzeption und -Organisation administrativ: - Datenmanagement - Personalmanagement - Sicherungs- und Katastrophenmanagement

Autor:	Definition:	Hintergrund der Def.:	Aufgabeneinteilung:
(4) **Seibt** 1990	IM ist das **Dach für** alle betrieblichen I+K betreffenden **Führungsaufgaben**	praxisorientierte Sichtweise	Management der - Rechner- und Ressourcennetze - Systemlebenszyklen - betrieblichen Informations- und Wissensversorgung
(5) **Biethahn u. a.** 1992	Informationsmanagement soll eine **Integration der Bereiche** der Organisation, der Informationstechnik, der Informationsverarbeitung und der Kommunikation sein.	informatikorientiert	- Planung des Informationsbedarfs, - Sicherstellung eines wirtschaftlichen Informationssystems, - Ausbau und Wartung des Informationssystems
(6) **Heinrich** 1992	Das Konstrukt IM meint also das **Leitungshandeln** in einer Organisation in bezug auf Information und Kommunikation, also alle die **Information und Kommunikation** betreffenden Führungsaufgaben.	alle Arten von Leitungshandeln in Bezug auf Information und Kommunikation	<u>strategische Aufgaben:</u> - Informationsfunktion - Informationsinfrastruktur <u>administrative Aufgaben</u> <u>operative Aufgaben</u>
(7) **Ott** 1992	Informationsmanagement umfaßt die Management - Vorgänge, die notwendig sind, um alle **Zielgruppen** mit wertvollen Informationen zu versorgen.	Rahmenkonzeption für die BWL unter zugrundeliegender ganzheitlichen Sichtweise.	Festlegung und Realisation - der Informationsplanung, - Informationsziele, - Informationskontrolle
(8) **Picot/-Franck** 1993	Aufgabe des Informationsmanagement ist es, dafür zu sorgen, daß das Gut **Information effektiv und effizient eingesetzt** wird. Zu diesem Zweck sind insbesondere die organisatorischen, personellen und technischen Bedingungen, die den Einsatz des Faktors Information beeinflussen, zu gestalten	betriebswirtschaftlich	Gestaltung von: - übergreifenden Organsiationsstrukturen - Informations- und Kommunikationssystemen - Informationstechnische Inforastrukturen

Tabelle 8.2: Ausgewählte Definitionen des Informationsmanagements
Quellen: selbsterstellte Übersicht

Bevor die Wesenszüge des Informationsmanagements kurz erläutert werden, ist anzumerken, daß bislang keine allgemein anerkannte Grundkonzeption existiert, obgleich in der Praxis bereits vielschichtige Ansätze zur Nutzung der mit dem Einsatz des Informationsmanagements verbundenen Potentiale vorhanden sind.[1]

1) Wesenszüge des Begriffes

Das Informationsmanagement ist aus der Bestrebung heraus entstanden, der gestiegenen Bedeutung der Ressource Information gerecht zu werden.[2] Alle oben zitierten Autoren bringen in ihren Definitionen deshalb die Notwendigkeit zum Ausdruck, die Handhabung des Faktors Information als Führungs-/Managementaufgabe zu institutionalisieren. Dazu ist unter aufbauorganisatorischen Aspekten eine Stelle zur Übernahme der Führungsverantwortung einzurichten.[3] Andererseits kristallisiert sich in der jungen Geschichte der Literatur zum Informationsmanagement eine Tendenz heraus, im Informationsmanagement darüber hinaus eine Philosophie zu sehen, deren Wesenszug in der Ganzheitlichkeit der Betrachtung von Informationsaktivitäten liegt und damit eine das gesamte Unternehmen betreffende Querschnittfunktion darstellt.[4] Neben den institutionellen Charakter tritt die Sichtweise des Informationsmanagements als Prozeß. Dieser prozeß- und ebenso systemorientierten Betrachtungsweise kommt auch die Auffassung nahe, das Informationsmanagement als Management des gesamten betrieblichen Informationssystems mitsamt seiner Subsysteme zu sehen.[5] In Anlehnung an den Übergang von Daten zu Informationen wird auch der Übergang vom Daten- zum Informationsmanagement in einer verstärkten Beachtung der Wirtschaftlichkeit im Umgang mit Informationen gesehen. Die Steigerung von Effizienz und Effektivität im Umgang mit Informationen durch Verbesserung der organisatorischen, personellen und technischen Bedingungen ist

---

[1] Vergl. Bromann, P., Erfolgreiches Strategisches Informationsmanagement, Landsberg 1987, S. 22 ff.; Meyer - Piening, A., Informationsmanagement in erfolgreichen Firmen, in: online, 26. Jg., 1988, H. 12, S. 18 ff.; Krüger, W. u Pfeiffer, P., Eine konzeptionelle und empirische Analyse der Informationsstrategien und der Aufgaben des Informationsmanagement, in: zfbf, 43. Jg., 1991, H. 1, S. 22 ff.; Hildebrand, K., Informationsmanagement - Status quo und Perspektiven, in: Wirtschaftsinformatik, 34. Jg., 1992, H. 5, S. 465 ff.; zum Berufsbild des Informationsmanager: Gazdar, K., Informationsmanagement für Führungskräften, Frankfurt a. M. 1989, S. 21 ff.

[2] Vergl. zur gestiegenen Bedeutung des Faktors Information: Kap. 4 der vorliegenden Arbeit und die dort zitierte Literatur. Vergl. zu Implikationen für das Informationsmanagement: Picot, A., 1992, a.a.O., S. 265 ff..

[3] Vergl. Finke, W.,1987, a.a.O., S. 365

[4] Vergl. insbesondere Zahn, E. u. Rüttler, M., 1989, a.a.O., S. 36

[5] Vergl. Schwarze, J., 1990, a.a.O., S. 106

das vorrangige Ziel des Informationsmanagements.[1] Information und Kommunikation werden stets als zusammenhängend betrachtet,[2] so daß eigentlich von Informations- und Kommunikationsmanagement gesprochen werden müßte.

2) Ebenen des Informationsmanagements

Die Ebenen des Informationsmanagements in der von Wollnik vorgenommenen Einteilung (vergl. Abb. 8.1) verdeutlichen auch seine Aufgabenbereiche. Die einzelnen Ebenen sind durch Beziehungen, die sich idealisiert als Anforderungen und Unterstützungsleistung charakterisieren lassen, verknüpft. Dies bedingt einen Funktionalzusammenhang der Ebenen, der gleichzeitig einen Qualitätszusammenhang entstehen läßt. "Die Qualität des Informationseinsatzes ist abhängig von der Qualität der Informationssysteme. Die Qualität dieser Verfahren wird bedingt von der Qualität der vorhandenen Infrastrukturen."[3] Jeder dieser Ebenen werden bestimmte Aufgabenfelder zugewiesen. Die **erste Ebene** plant, organisiert und kontrolliert die Deckung des Informationsbedarfs.[4]

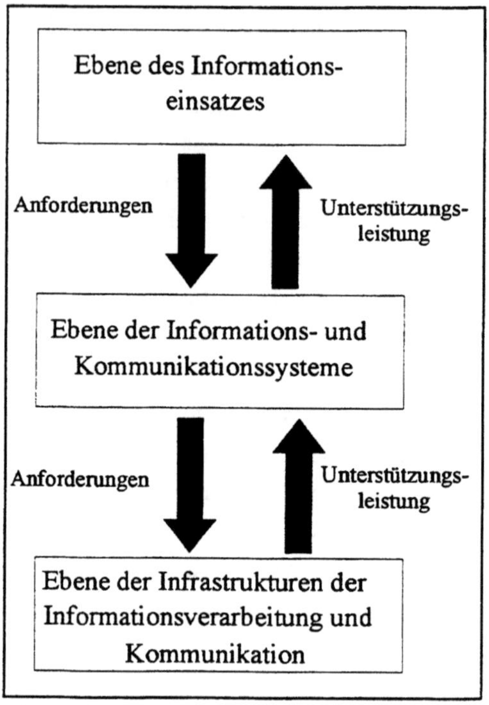

Abb. 8.1: Ebenen des Informationsmanagements
Quelle: Wollnik, M., 1988, a.a.O., S. 39

---

[1] Vergl. Picot, A. u. Reichswald, R., a.a.O., S. 264; siehe auch o. a. Definition von Picot/Franck (Picot, A. u. Franck, E., 1993, a.a.O., S. 433).

[2] Vergl. Heinrich, L., 1992, a.a.O., S. 7

[3] Wollnik, M., Ein Referenzmodell des Informationsmanagement, in: Information Management, 3. Jg., 1988, H. 3, S. 39

[4] Vergl. zu den Aufgabenbereichen der drei Ebenen auch Picot, A. u Franck, E., 1993, a.a.O., S. 433 ff.

In dieser Arbeit wird auf Aufgabenbereiche der ersten Ebene an zwei Stellen eingegangen. Die Setzung von **Prioritäten für den Informationseinsatz** wird in Kap. 8.1.2 bezogen auf das Umweltmanagement näher ausgeführt. Auf die **organisatorischen Konsequenzen** für das Informations- und Umweltmanagement wird im Kap. 9.1 eingegangen. Die umweltschutzbezogene Ausgestaltung der Aufgabenbereiche der **zweiten Ebene**, das **Management von Informationssystemen**, sind das eigentliche Thema dieser Arbeit.[1] Die **dritte Ebene** des Informations-managements beinhaltet die Festlegung der DV - technischen Ressourcen, deren Zusammenwirken, und die Regelungen über Zuständigkeit von Betrieb und Wartung.[2] Sie ist im wesentlichen kein spezifisches Problem des umweltschutzbezogenen Informationsmanagements, so daß auf eine nähere Betrachtung verzichtet wird.

Welche der drei Ebenen bei den in Tab. 8.2 zitierten Autoren im Vordergrund ihrer Betrachtung des Informationsmanagements stehen, geht aus der zweiten und dritten Spalte der Tabelle hervor.

8.1.2 Priorisierung des Umweltmanagements als Betätigungsfeld des Informationsmanagements

Es ist zu prüfen, ob nach den Definitonen des Informationsmanagements nicht auch das Problemfeld der umweltschutzorientierten Informationen, das im Abschnitt A dieser Arbeit skizziert wurde, dem Informationsmanagement zumindest teilweise obliegen müßte. Die Hauptaufgabe des Informationsmanagements wird in der wirtschaftlichen Versorgung seiner Zielgruppen (Mitarbeiter, Eigenkapitalgeber etc.) mit Informationen gesehen.[3] Gleichzeitig ist das Informationsmanagement der Umsetzung der Unternehmensziele verpflichtet, indem es der Umsetzung von Unternehmensstrategien dient.[4] Finden Umweltschutzaspekte im Zielsystem des Unternehmens Berücksichtigung, ist der Bereich des Umweltmanagements ein potentielles Betätigungsfeld des Informationsmanagements. Entsprechend müßten die im Kap. 3 aufgestellten Informationsanforderungen dann vom Informationsmanagement des Unternehmens berücksichtigt werden. Obwohl umweltschutzbezo-

---

[1] Genauer: "einiger" der Aufgabenbereiche der zweiten Ebene (vergl. zur präziseren Abgrenzung Kap. 8.1.3).

[2] Vergl. Preßmar, D. B., u. Wall, F., Technologische Gestaltungsansätze für das betriebliche Informationsmanagement, in: SzU, Bd. 49, Wiesbaden 1993, S. 94

[3] Vergl. Ott, H. J., 1992, a.a.O., S. 479 f.

[4] Vergl. Picot, A. u. Reichswald, R., a.a.O., S. 266 f.

gene Ziele in letzter Zeit verstärkte Beachtung gefunden haben,[1] so daß dem Umweltmanagement finanzielle und personelle Ressourcen vermehrt zur Verfügung gestellt werden, ist in keiner Systematik der Aufgabenbereiche des Informationsmanagements die Umweltschutzproblematik berücksichtigt.

Zur systematischen Suche nach Einsatzfeldern des Informationsmanagements steht ein auf dem Portfolio - Konzept gestütztes Verfahren zur Verfügung. Dieses Verfahren bezieht sich dem Grundsatz nach auf die Priorisierung von Geschäftsfeldern als Einsatzbereich des Informationsmanagements.[2] Da der Bereich Umweltschutz für die meisten betroffenen Unternehmen kein Geschäftsfeld darstellt, ist dieses Verfahren nicht ohne weiteres zur Beantwortung der Frage einsetzbar, ob das Umweltmanagement ein priorisiertes Einsatzfeld des Informationsmanagements bildet. Aus den Wesenszügen der Analyse können jedoch tendenzielle Aussagen abgeleitet werden. Dem Kern nach geht es bei dieser Portfolio - Analyse um die Festlegung der Informationsintensität eines Geschäftsfeldes und dessen Erfolgsposition. Die Informationsintensität ergibt sich wiederum aus der Beurteilung der Informationsinstensitäten der Wertkette und der erstellten Leistung.[3] Umweltschutzaktivitäten, wie am Beispiel des Recyclingsystems CAR von BMW deutlich wurde,[4] zeichnen sich aufgrund ihrer hohen prozeßorientierten Integrationsanforderungen tendenziell durch eine hohe Informationsintensität der Wertkette aus. Die Informationsintensität der durch das Umweltmanagement erstellten Leistungen ist ebenfalls als tendenziell hoch einzustufen, da insbesondere in die Bewertungsvorgänge hinsichtlich der Umweltverträglichkeit ein hohes Maß an Fachwissen einfließen.

Die zweite Dimension des Portfolios, die Erfolgsposition des Geschäftsfeldes, wird durch die Wettbewerbsposition des Geschäftsfeldes und die Branchenattraktivität gemessen. Ein ähnliches Portfolio wird zur Entwicklung der Umweltmanagementstrategie eingesetzt, das Ökologie - Portfolio. Immer dann, wenn die Umweltgefährdung und die Vorteile ökologischen Verhaltens hoch sind, wird das Umweltmanagement, dem Ökologie - Portfolio zufolge, besonders stark tätig. Entsprechend der

---

[1] Vergl. Kap. 2.3 der vorliegenden Arbeit und die dort zitierte Literatur.

[2] Vergl. Picot, A., 1991, a.a.O., S. 273 ff.

[3] Vergl. Porter, M. E. u. Milar, V. E., How information gives you competitive advantage, in: HBR, 63. Jg., 1985, H. 4, S. 153 f.

[4] Vergl. die Abb. 3.3 der vorliegenden Arbeit sowie die zugehörigen Erläuterungen.

Positionierung des Umweltmanagements mit tendenziell hoher Informationsintensität und starker Erfolgsposition des Geschäftsfeldes wird dann eine aggressive Entwicklungsstrategie für den Einsatz von Informations- und Kommunikationssystemen vorgeschlagen.[1]

8.1.3 Grundlagen von Informationssystemen

Nachdem gezeigt wurde, daß der Umweltschutz durchaus ein priorisiertes Einsatzgebiet des Informationsmanagements ist, stellt sich die Frage, inwieweit er im Informationsmanagement derzeit tatsächlich Berücksichtigung findet. Um diese Frage zu beantworten, wird ein Überblick über die bisher existierenden Umweltinformationssysteme gegeben. Um ein Urteil über die Leistungsfähigkeit von Umweltinformationssystemen abgeben zu können, ist es zunächst erforderlich, einige allgemeine Grundlagen zu Informationssystemen zu geben.

Wie im vorangegangenen Abschnitt deutlich wurde, werden Informationssysteme als Gestaltungsobjekte des Informationsmanagements bezeichnet. "Solche Systeme sind aufeinander abgestimmte Arrangements personeller (Qualifikation, Motivation), organisatorischer (Aufbau-, Ablaufregeln) und technischer (Hardware, Software) Elemente, die der Deckung des Informationsbedarfs dienen."[2] Picot subsummiert unter dem Begriff Informationssystem das System des betrieblichen Rechnungswesen ebenso wie Systeme der Produktionsplanung und -steuerung. Die Planung von Informationssystemen steht generell im Spannungsfeld zwischen betriebswirtschaftlicher Theorieorientierung und Technikorientierung.[3] Die Bewältigung komplexer Informationsprobleme, wie sie im Bereich des Umweltmanagements vorliegen, ist einerseits nur mit Hilfe der EDV - Technologie (oder deren Fortschritten) möglich, andererseits sind dabei Kriterien der Wirtschaftlichkeit zu erfüllen. Bezogen auf die Planung von Informationssystemen gibt es zwei Extrema in der Vorgehensweise:

1) Entweder man plant den bestmöglichen Einsatz einer vorgegebenen (eventuell schon vorhandenen) Informationstechnologie oder

---

[1] Vergl., Picot, A. u. Reichwald, R., 1991, a.a.O., S. 275

[2] Vergl. Picot, A. u. Reichwald, R., 1991, a.a.O., S. 267

[3] Vergl. Picot, A., Zur Bedeutung allgemeiner Theorieansätze für die betriebswirtschaftliche Information und Kommunikation: Der Beitrag der Transaktionskosten- und Principal - Agent - Theorie, in: Kirsch, W. (Hrsg.), Die Betriebswirtschaftslehre im Spannungsfeld zwischen Generalisierung und Spezialisierung, Wiesbaden 1989, S. 376 ff.

2) man erstellt ein am Fachproblem orientiertes Konzept, dessen Realisierung den Einsatz einer EDV - Ausstattung bedingt, die entsprechende Kosten verursacht.

Scheer wählt einen Mittelweg, der sich aber eher am (2) Vorgehen orientiert (vergl. Abb. 8.2). In drei aufeinander folgenden Schritten, dem Fachkonzept, dem DV - Konzept und der Implementierung, beschreibt er die Verbindung von BWL und Informationstechnik.[1] Grundsätzlich wird in diesem Stufenprozeß die direkte Abhängigkeit der exakten Beschreibung des betriebswirtschaftlichen Fachproblems von der Informationstechnologie anerkannt.[2] Ohne Kenntnis des EDV - technisch Machbaren ist die Erstellung eines Fachkonzeptes als Teil der Planung eines Umweltinformationssystems nicht denkbar, dennoch wird auf detaillierte technische Ausführungen im Rahmen dieser Arbeit verzichtet.[3]

Vielmehr werden die Grundstrukturen der Fachkonzeption zur Lösung der Informationsprobleme des Umweltmanagements entwickelt. Wie die vergleichsweise dünne Verbindung von Fach- und DV - Konzept in Abb. 8.2 symbolisiert, wird der Zusammenhang als lose angenommen,[4] so daß diese Schnittstelle eine klare Abgrenzung für die vorliegende Arbeit ergibt. Bevor aber die Planung des Fachkonzeptes eines integrierten Umweltinformationssystems näher erläutert wird (Kap. 8.3), sollen zunächst die Grundlagen des DV - Konzeptes kurz dargestellt werden, um die Schnittstellen zu verdeutlichen.

---

[1] Eine prinzipiell ähnliche Struktur wurde von der IBM Deutschland GmbH bei der Entwicklung einer "Umwelt - Anwendungsarchitektur" zugrunde gelegt. Die Implementationsphase dient hier der Festlegung der funktionalen Struktur und der Mensch - Maschine - Kommunikation (vergl. Hallay, H. u. Pfriem, R., 1992, a.a.O., S. 178).

[2] Vergl. Scheer, A. - W., Konsequenzen für die Betriebswirtschaftslehre aus der Entwicklung der Informations- und Kommunikationstechnologie, in: Heinrich, L. u. a. (Hrsg.), Die Informationswirtschaft im Unternehmen, Linz 1991, S. 38 ff.

[3] Einen recht vollständigen Überblick über den gegenwärtigen Stand der Umweltinformatik liefert die folgende Aufsatzsammlung: Page, B. u. Hilty, L. M. (Hrsg.), Umweltinformatik: Informationsmethoden für Umweltschutz und Umweltforschung, München, Wien 1994.

[4] Vergl. Scheer, A. - W., 1991, a.a.O., S. 38

Im Fachkonzept eines Informationssystems sind Lösungen für die Fragestellungen der anwendungsorientierten Aufbereitung von Informationen gefragt. Aus der historischen Enwicklung heraus sind die Anwendungen mit wachsender Leistungsfähigkeit der Informationstechnologie von den Aufgabenstellungen der operativen

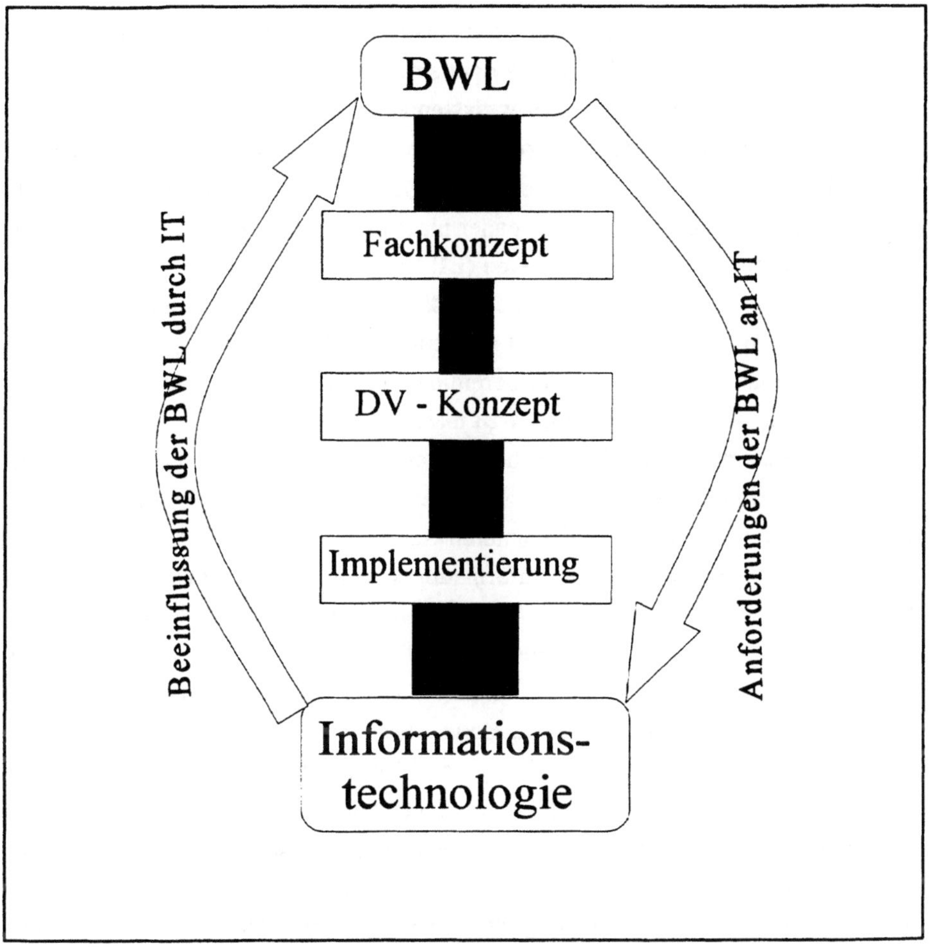

Abb. 8.2: Stufenprozeß der Informationssystemplanung
Quelle: Scheer, A. - W., 1991, a.a.O., S. 39

Datenverarbeitung bis in die Ebene des Top Managements vorgedrungen.[1] Informa-

---

[1] Vergl. zu Entwicklungen in den Basisitechnologien betrieblicher Informatiuonssysteme: Preßmar, D. B., u. Wall, F., 1993, a.a.O., S. 95 ff.

tionssysteme lassen sich nach der Unterstützung der Unternehmenshierarchien in vier Ebenen unterscheiden:[1]

1) **Basisdatenverarbeitung oder Transaction Processing Systems (TPS)** leisten in ihrem Funktionsumfang nur einfache Rechenoperationen.
2) **Managementinformationssysteme (MIS) oder Executive Information Systems (EIS)** unterstützen das untere Management durch vordefinierte Informationen und Berichte zu gut strukturierten Aufgabengebieten.
3) **Entscheidungsunterstützungssysteme (DSS)** unterstützen das mittlere Management bei schlecht strukturierten Entscheidungssituationen, erfordern jedoch spezifische EDV - technische Kenntnisse beim Benutzer, so daß das Top - Management als Anwender nicht in Betracht kommt.
4) **Führungsinformationssysteme (EIS)** unterstützen das Top - Management. Sie dienen der bedarfsgerechten, individuellen Informationsversorgung von Führungskräften. Ihr Ziel ist es, dem Top - Management jede gewünschte Information in optimaler Aufbereitung ohne Einsatz von EDV - technischen Spezialkenntnissen verfügbar zu machen.

Die vier Ebenen bilden eine Informationssystempyramide, an deren Spitze die Führungsinformationssysteme stehen und deren unterste Ebene die Basisdatenverarbeitung bildet. Dabei sind die unteren Schichten der Pyramide die Basis der jeweils oberen Schichten. Die vier Informationssystemtypen ergänzen sich untereinander, indem sie den jeweiligen Anforderungen unterschiedlicher Benutzergruppen gerecht werden, aber mit einer gemeinsamen Datenbasis arbeiten. Hieraus ergeben sich unmittelbar Voraussetzungen an das Datenmanagement, das sich mit der Strukturierung, der räumlichen Lagerung, den technischen und wirtschaftlichen Rahmenbedingungen der Datenhaltung beschäftigt.[2] Je weiter oben die Informationssysteme in der Pyramide angeordnet sind, umso größer werden die Anforderungen an die Integration der Datenhaltung und die Gestaltung der Benutzerschnittstelle.[3] Zentrales Element eines Führungsinformationssystems ist eine relationale physische Datenhaltung, aus der sich der Benutzer online die Daten in

---

[1] Vergl. Hummeltenberg, W., Führungsinformationssysteme - Nutzen und Trends, Vortragsmanusskript des COMSHARE EIS - Seminars v. 10.03.1992, Hamburg 1992, S. 3 ff.; ebenso: Jahnke, B., Entscheidungsunterstützung der oberen Führungsebene druch Führungsinformationssysteme, in: SzU, Bd. 49, 1993, a.a.O., S 125 f.

[2] Vergl. Fischer, J., Datenmanagement, Datenbanken und betriebliche Datenmodellierung, München, Wien 1992, a.a.O., S. 17 ff.

[3] Vergl. Hummeltenberg, W., 1992, a.a.O., S. 10

wunschgemäßer Aufbereitung auf den Bildschirm holen kann.[1] Solche Datenmodelle basieren auf dem Relationenmodell von Codd[2] und stellen die zur Zeit wohl am häufigsten implementierte Form dar.[3] Sie besitzen im Gegensatz zu den älteren hierarchischen und Netzwerk - Datenmodellen den Vorzug der weitgehenden Datenunabhängigkeit. Vereinfacht ausgedrückt bedeutet dies die Möglichkeit, Anwendungsprogramme und Datenbanken getrennt zu behandeln. Ein zusätzliches oder geändertes Anwendungsprogramm bedingt keine Anpassung der Datenbank, auf die es zugreift und umgekehrt bedeutet eine Änderung der Datenbank keine Änderung der Programme. Anwendungen aller Ebenen von Informationssystemen lassen sich durch relationale Datenbanken vom Datenmodell weitgehend abkoppeln, was sie flexibler werden läßt.[4] Von Seiten der Datenhaltung wird dadurch die bisher herrschende Redundanz in der Datenhaltung verringert, da eine relationale Datenbank von beliebig vielen Anwendungsprogrammen genutzt werden kann. Gleichzeitig wird ein hohes Maß an Integrität, d. h. Korrektheit der Daten, erzielt, weil Datenänderungen gleichzeitig im gesamten Datenbestand vorgenommen werden. Komplexe Informationsanforderungen, die auf mehrere Dateien zugreifen, können durch relationale Datenhaltung einfach und eindeutig bewerkstelligt werden.[5]

8.1.4 Implementationsformen von Umweltinformationssystemen

Bezogen auf betriebliche Umweltinformationssysteme ist die Entwicklung noch nicht soweit vorangeschritten, daß alle vier Ebenen der Informationssystempyramide durch umweltschutzbezogene Systemkomponenten abgedeckt wären. Die wenigen bereits vorhandenen betrieblichen Umweltinformationssysteme, auf die im folgenden kurz eingegangen wird (1), reichen in ihrem Funktionsumfang nicht über die Transaktionsverarbeitung hinaus. In einem Überblick wird anschließend die zu erwartende Entwicklung skizziert (2).

---

[1] Vergl. Biethahn, J., Mucksch, H. u. Ruf, W., Ganzheitliches Informationsmanagement, Bd. II, München, Wien 1991, S. 194 ff.

[2] Vergl. Codd, E. F., A relational model of data for large shared data banks, in: CACM, 13. Jg., 1970, H. 6, S. 377 ff.

[3] Alternativen sind die älteren Formen hierarchisches Modell und Netzwerkmodell (vergl. Biethahn, J., Mucksch, H. u. Ruf, W., 1991, a.a.O., S. 191 ff.).

[4] Vergl. Diemer, W., Relationale Datenbanken kurz und bündig, 2. Auflg., Würzburg 1989, S. 103 ff.

[5] Vergl. Diemer, W., 1989, a.a.O., S. 15 ff.

1) Umweltinformationssysteme in der Praxis

Der Planung und Gestaltung betrieblicher Umweltinformationssysteme, unter denen in dieser Arbeit nur diejenigen Systeme mit ökonomischen Komponenten verstanden werden, ist bislang kaum Beachtung geschenkt worden.[1] Mit keinem System liegen derzeit praktische Erfahrungen in einem Umfang vor, der eine fundierte Beurteilung der Leistungsfähigkeit zuläßt. Der Markt für betriebliche Umweltinformationssysteme unterliegt jedoch einer großen Dynamik. Bei vielen Softwarehäusern befinden sich Umweltinformationssysteme in der Entwicklung.

Das von der Firma PSI und dem IÖW gemeinsam entwickelte PC Software System UCS 1 ist der Prototyp - Vorläufer für ein EDV - gestütztes Öko - Controlling System.[2] Die Version UCS 1 unterstützt die in Kap. 6.1.3 beschriebene Vorgehensweise zur Erstellung der Ökobilanz einschließlich einer Bewertung nach dem ABC - Raster Verfahren. Die parallel von der Firma PSI derzeit unter der Bezeichnung PIUSS-Oecos entwickelte Version eines modularen EDV - gestützten Controlling Systems erhält über die Funktionen von UCS 1 hinaus Schnittstellen zum PPS -, Laborinformations-, Lager- und Kostenrechnungssystem des Unternehmens, um auf die dort gehaltenen Informationen direkt zugreifen zu können.[3] Andererseits soll der Funktionsumfang zukünftig um Entscheidungsunterstützungssysteme in Form von Simulationsmodellen erweitert werden.[4] Der Systembaukasten enthält die Bausteine Faktendatenbank (z. B. Gesetze), individuelle Unternehmensdaten (z. B. Stamm- und Prozeßdaten des Unternehmens) und Anwenderfunktionen (z. B. Entsorgungsnachweis, Öko - Controlling). PIUSS - Oecos verdeutlicht durch seine speziell auf die öffentliche Verwaltung zugeschnittenen Module die Vorreiterrolle der öffentlichen Verwaltung im Bereich der Umweltinformationssysteme.[5]

"Process/1" ist ein Software Baukasten der Firma Andersen Consulting, der ein Ökologiemodul enthält, "...der durch seinen ganzheitlichen Ansatz aus dem Rah-

---

[1] Vergl. Ellringmann, H. (Hrsg.), Softwareführer Umweltschutz, Berlin 1994, Kap. 11

[2] Vergl. Roenick, C., EDV - Unterstützung für Öko - Controlling und Ökobilanzierung, in: Prisma Industrie Kommunikation (Hrsg.), 1992, a.a.O., Teil I 3, Kap. 3 f., ohne Seitenangabe

[3] Vergl. PSI, Piuss - Oecos: Informationstechnologie für den Umweltschutz, Velbert 1993, S. 6

[4] Vergl. Roenick, C., 1992, a.a.O., Kap. 4, ohne Seitenangabe

[5] Vergl. Krauskopf, F., EDV - gestützt planen und entscheiden, in: Umwelt, 23. Jg., 1993, H. 10, S. 559

men fällt."[1] Der ganzheitliche Ansatz soll sich auf die möglichst vollständige Erfassung aller zu erwartenden Emissionen sowie chemischen Kuppel- und Nebenprodukte beziehen. Eine Pilotanwendung in der chemischen Industrie weist Schnittstellen des Systems zu Umweltmeßsystemen auf, die sicherstellen sollen, daß jede Überschreitung von Abluft- oder Abwassergrenzen sofort zu Gegenmaßnahmen führt. Eine nähere Beschreibung und Bewertung des Andersen Ökologiemoduls ist nicht möglich, da derzeit keine weiteren Informationen verfügbar sind. Jedoch ist erkennbar, daß der Gegenstand dieses Ökologiemoduls auf die Erfassung von Stoff und Energiemengen begrenzt ist und nicht die umweltschutzorientierte Frühaufklärung umfaßt.

Es läßt sich feststellen, daß die bislang realisierten betrieblichen Umweltinformationssysteme[2] Insellösungen sind, die sich auf Sachthemen, vor allem die Unterstützung der ökologischen Buchhaltung und das ökologische Controlling, konzentrieren.[3]

2) Ausblick auf die Entwicklung von betrieblichen Umweltinformationssystemen

In einem Ausblick auf die erwartete Entwicklung unterscheiden Haasis u. a. drei Ebenen zukünftiger Umweltinformationssysteme:[4]

I) Dokumentation

Die Dokumentation übernimmt die Erfassung und Darstellung umweltschutzorientierter Information. Sie ist vergleichbar mit der Stufe der Transaktionsverabeitung.

II) Entscheidungsunterstützungssystem

In einer ersten Ausbaustufe soll ein Entscheidungsunterstützungssystem weitgehend standardisierte Auswertungen zu den Aufgabenstellungen des ökologischen Controlling liefern.[5]

---

[1] Froitzheim, U. J., Eine DATEV für die Umwelt, in: TopBusiness, 1. Jg., 1993, H. 2, S. 83; die Ausführungen konnten vom Verfassers nicht verifiziert werden.

[2] Vergl. zur Übersicht auch Hopfenbeck, W., 1990, a.a.O., S. 77 ff.

[3] Vergl. Krauskopf, F., 1993, a.a.O., S. 556

[4] Vergl. Haasis, H. - D. u. a., 1989, a.a.O., S. 53

[5] Vergl. Kap. 6.2 der vorliegenden Arbeit und die dort angegebene Literatur.

III) Expertensystem

Das umweltschutzorientierte Expertensystem wird in seinem Funktionsumfang von den Verfassern nicht näher beschrieben. Es soll spezifiziertere Informationsauswertungen zur Entscheidungsunterstützung ermöglichen.[1]

Expertensysteme werden überwiegend auf den unteren, operativen Unternehmensebenen eingesetzt, um enge, präzise formulierte Problemstellungen zu lösen. Sie dienen als Wissensmultiplikator, d. h. das einmal eingegebene Wissen wird an mehreren Stellen im Unternehmen jederzeit verfügbar.[2] Expertensysteme bilden deshalb nicht die Spitze der oben beschriebenen hierarchischen Informationssystempyramide, sie befinden sich vielmehr auf der Ebene der Managementinformationssysteme. Expertensysteme erzeugen sehr problemspezifische Auswertungen mit hohem Detaillierungsgrad. Die von Expertensystemen angegangene Problemstellung muß wohl definiert sein und darf keiner Dynamik unterliegen. Probleme, die mit Expertensystemen zu lösen sind, müssen genügend oft bereits gelöst worden sein, um gesichertes Expertenwissen zur Verfügung zu haben. Der Adressatenkreis ist aufgrund dieser Voraussetzungen an das Einsatzgebiet nur in den seltensten Fällen das Top - Management, sondern die operativen Einheiten, die sich direkt mit der Umweltschutzproblematik auseinandersetzen müssen. Über den Einsatz von Expertensystemen im betrieblichen Umweltschutz ist zwar derzeit noch nichts bekannt, jedoch lassen die Erfahrungen im kommunalen Umweltschutz darauf schließen, daß der Umweltschutz dann ein sinnvolles Einsatzgebiet für diese Systeme sein kann, wenn bereits gesichertes Wissen vorliegt.[3]

Zahn/Steimle schlagen vor, umweltbezogene Entscheidungsunterstützungssysteme (UEUS) in Form von Computersimulationsmodellen zu implementieren, die zum Verständnis der dynamischen Wechselwirkungen von Unternehmensentscheidungen, Umweltzustand und den Reaktionen im sozio - ökonomischen Umfeld beitragen sollen.[4] Probleme, die mit einem Entscheidungsunterstützungsproblem zu lösen sind, zeichnen sich im Gegensatz zum Einsatzbereich von Expertensystemen durch begrenzte Strukturiertheit aus. Entscheidungsunterstützungssysteme müssen rasche

---

[1] Vergl. Haasis u. a., 1991, a.a.O., S. 53

[2] Vergl. Werner, L., 1992, a.a.O., S. 158 ff.

[3] Vergl. Simon, K. - H., Jaeschke, A. u. Manche, A., Anforderungen an Expertensysteme, in: Page, B. u. Hilty, L. M. (Hrsg.), 1993, a.a.O., S. 188 ff.

[4] Vergl. Zahn, E. u. Steimle, V., 1993, a.a.O., S. 233 ff.

Wandlungen der Einsatzgebiete und mehrfach Zielsetzungen unterstützen. Sie werden typischerweise in mittleren Unternehmensebenen eingesetzt.[1] Entscheiungsunterstützungssysteme in Form von Simulationsmodellen sind vom Anwendungsgebiet her ein geeignetes Instrument des Umweltmanagements zur Prognose von Zielbeiträgen alternativer Umweltschutzstrategien und -maßnahmen.

Aus den Ausführungen zu unterschiedlichen Einsatzgebieten wurde deutlich, daß sich beide Implementationsformen von Umweltinformationssystemen gegenseitig ergänzen können. Während Entscheidungsunterstützungssysteme das Umweltmanagement in der Strategie- und Maßnahmenplanung unterstützt, dient das umweltschutzbezogene Expertensystem hauptsächlich der Durchsetzung von Maßnahmen auf der operativen Ebene. Vergleicht man Umweltinformationssysteme mit der generellen Informationssystempyramide wird deutlich, daß die oberste Ebene der Führungsinformationssysteme bislang den Bereich des Umweltschutzes bislang noch nicht erschlossen hat. Aufgrund der Ausrichtung solcher Systeme auf die Steuerung des gesamten Unternehmens erübrigt sich die Forderung nach einem umweltschutzspezifischen Führungsinformationssystem. Jedoch sollten umweltschutzspezifische Informationen immer dann, wenn der Umweltschutz das Unternehmensergebnis maßgeblich beeinflußt, so aufbereitet werden, daß sie in die Auswertungen von Führungsinformationssystemen einbezogen werden können. Die Einbindung von umweltschutzorientierten Informationen in ein Führungsinformationssystem setzt innerhalb des Datenmanagements die relationale Datenhaltung voraus. Die komplexen Informationsanforderungen der Führungsinformationssysteme können so unkompliziert bedient werden.

In der vorliegenden Arbeit sollen prinzipiell alle drei Ebenen von Umweltinformationssystemen sowie deren Datenbanken unter dem Begriff integriertes Umweltinformationssystem zusammengefaßt werden.

Die bislang realisierten Umweltinformationssysteme sind Insellösungen. Wie aber gerade aus den Einsatzgebieten des Umweltmanagements hervorgeht, sind Umweltschutzmaßnahmen nur dann effektiv, wenn sie integriert geplant werden, d. h. alle vom Planungsgegenstand ausgehenden, relevanten Wechselwirkungen mit der ökologischen, technologischen, sozio - kulturellen, politisch - rechtlichen und wirtschaftlichen Umwelt möglichst Berücksichtigung finden. Ein integriertes Umwelt-

---

[1] Vergl. Werner, L., 1992, a.a.O., S. 158 ff.

management ist nur so erfolgreich, wie es seine Informationsgrundlage zuläßt. Dementsprechend ist der zentrale Engpaßfaktor des derzeitigen betrieblichen Umweltmanagements die Qualität und Quantität der Versorgung mit umweltschutzorientierter Information.

8.2 Zur Integration umweltschutzorientierter Informationssysteme

Wie aus der Diskussion um die Wesenszüge des Informationsbegriffes deutlich wurde, richtet sich die Zweckorientierung der Information an den Zielen des zu informierenden Subjektes aus.[1] Zur Bestimmung der Unternehmensziele bedarf es seinerseits einer Informationsgrundlage. Die in Informationssystemen enthaltenen Informationen werden, wie wir im Kap. 2.4 gesehen haben, im Prozeß der unternehmensinternen Zielfindung ebenso Berücksichtigung finden wie bei deren Durchsetzung. Beide Aufgaben eines Informationssystems erfordern eine informationelle Erfassung der Wirkungsbeziehungen zwischen den Unternehmen und deren Umweltdimensionen. Aufgrund der systemischen Verkettung der einzelnen Subsysteme ökologische Umwelt, technologische Umwelt, politische Umwelt, rechtliche Umwelt und sozio - kulturelle Umwelt müssen auch die Wirkungsbeziehungen der verschiedenen Umweltdimensionen untereinander Berücksichtigung finden, um die Konsequenzen aus Umweltänderungen für das Unternehmen exakt absehen zu können. Aus entscheidungsorientierter Sicht lassen sich erst durch die Integration der unternehmensinternen und -externen Informationsinstrumente die Kosten und Nutzen von alternativen Umweltschutzmaßnahmen oder deren Unterlassung erfassen.

Ähnlich den im Kap. 3.1 aufgezeigten Bestrebungen im Bereich des Umweltmanagements wird auch auf dem Sektor des Informationsmanagements die Integration als zentraler Begriff angesehen.[2] Integration wird definiert als die Wiederherstellung eines Ganzen. Das "Ganze" in der Informationsverarbeitung ist die betriebliche Realität, die durch die Summe der Anwendungssysteme mit ihren Schnittstellen

---

[1] Vergl. Kap. 4.1.1 der vorliegenden Arbeit und die dort zitierte Literatur.

[2] Vergl. Grochla, E., Drei Dimensionen der informationstechnischen Integration, in: Office Management 33. Jg., 1985, H. 4, S. 350 ff.; Plattner, H., Ein Erfolgsfaktor der integrierten Informationsverarbeitung ist der Grad der Integration, in: Proceedings Compas 1987, Erfolgsfaktoren der integrierten Informationsverarbeitung, Berlin 1987, S. 3 ff.; Heilmann, H., Integration: Ein zentraler Begriff der Wirtschaftsinformatik im Wandel der Zeit, in: HMD, 26. Jg., 1989, H. 150, S. 46 ff.; Krcmar, H., 1991, a.a.O., S. 4 ff.

korrekt abgebildet werden soll.[1] In dieser Arbeit bezieht sich das Ganze auf den Ausschnitt der umweltschutzbezogenen Realität, der durch Integrationsbemühungen wiederhergestellt werden soll. Die Übersicht (Tab. 8.3) gibt einen Überblick über die relevanten Ausrichtungen und Gegenstände der Planung des Leistungsumfanges integrierter Umweltinformationssysteme.[2]

Ausrichtung der Integration: Gegenstand der Integration:	horizontal (inner-/überbetrieblich)	vertikal	prozeßorientiert (zeitlich)
Datenintegration	Gestaltung der Schnittstelle zum Austausch von Informationen innerhalb des Unternehmens und mit der Umwelt	Gestaltung von Schnittstellen zum Austausch von Informationen des strategischen und operativen Umweltmanagement	Gestaltung von Schnittstellen zum Austausch von Informationen im gesamten Wertschöpfungsring
Anwendungsintegration	Gestaltung der Schnittstelle zwischen unternehmensinternen und externen Informationsinstrumenten (z. B. zur Kosten - Nutzen - Analyse von Umweltschutzmaßnahmen)	Gestaltung der Schnittstellen der Informationsinstrumente entsprechend ihres Aggregationsgrades	Gestaltung der Schnittstellen zwischen Informationsinstrumenten entlang des Wertschöpfungsringes z. B. der Input - Output - Analysen der Wertschöpfungsstufen (Produktlinienanalyse)
Benutzerschnittstelle	EDV spezifisches Problem: einheitliche Schnittstellengestaltung für den Endbenutzer hinsichtlich der Softwareergonomie (einheitlicher Aufbau von Ein-/Ausgaben, einheitliche Kommandos, Funktionstastenbelegung, Dialogformen...)		

Tabelle 8.3: Übersicht über Ausrichtung und Gegenstände der Integration
Quelle: selbsterstellte Übersicht

[1] Vergl. Heilmann, H., 1989, a.a.O., S. 47 ff.

[2] Vergl. zu umfangreicheren Übersichten der Integration: Heilmann, H., 1989, a.a.O., S. 48 ff.; Krcmar, H., 1991, a.a.O., S. 5 ff.; die Autoren unterscheiden ferner die Integrationsbereiche technische, organisatorische Integration und Integration des Entwicklungsprozesses.

Die **Ausrichtung** der Integration von Umweltinformationssystemen wird analog zur Ausrichtung des Umweltmanagements in horizontal, vertikal und prozeßorientiert unterschieden.[1] Wie aus der Abb. 3.1 deutlich wird, beinhaltet die prozeßorientierte Integration eine Integration über die Ebenen der vertikalen und horizontalen Ausrichtungen, wobei die Komplexität der Realität auf die Betrachtung der Segmente entlang des Wertschöpfungsprozesses reduziert wird. Diese Einteilung wird zugrundegelegt, um den erforderlichen Leistungsumfang von Umweltinformationssystemen zu verdeutlichen.

Hinsichtlich der **Realisierung** des geplanten Leistungsumfanges wird die prozeßorientierte Integration durch die Vorgangskettenintegration ersetzt. Die Vorgangskettenintegration wird als Lösung des Dilemmas zwischen vollständiger Abbildung der betrieblichen Realität einerseits und der Wirtschaftlichkeit im Umgang mit den Ressourcen der Datenverarbeitung andererseits diskutiert.[2] Zur Realisiserung von Umweltinformationssystemen ist eine prozeßorientierte Integration nicht ausreichend, da insbesondere bei Bewertungsvorgängen außerhalb der Wertschöpfungskette befindliche Informationen erforderlich sind. Die Vorgangskette wird deshalb auf der Grundlage von Arbeitsabläufen im Umweltmanagement gebildet und unterscheidet sich von der prozeßorientierten Dimension des Leistungsumfanges von Umweltinformationssystemen.

Nach dem **Gegenstand** der Integration von Umweltinformationssystemen werden die Daten- und Anwendungsintegration unterschieden.[3] Die Integration der Daten legt fest, "... welche Daten gemeinsam genutzt werden und wie sie redundanzarm und zugriffsfreundlich strukturiert und gespeichert werden können."[4] Die Ausgestaltung der Datenintegration von Umweltinformationssystemen ist im Kap. 9.1.2 näher

---

[1] Vergl. die Ausführungen zu Integrationsausrichtungen des betrieblichen Umweltmanagements im Kap. 3.1 der vorliegenden Arbeit.

[2] Vergl. Scheer, A. W., EDV orientierte Betriebswirtschaftslehre, 4. Auflg., Berlin u.a. 1990, S. 20 ff.; vergl. zur Umsetzung der Integration von Vorgangsketten aus Sicht der Wirtschaftsinformatik: ders., Architektur integrierter Informationssysteme, Berlin u. a., S. 3 ff.

[3] Die Schaffung einheitlicher Benutzerschnittstellen zu allen Bereichen eines Umweltinformationssystems soll als EDV spezifisches Problem hier nicht weiterverfolgt werden (vergl. Polke, M., Information als kritische Ressource, in: Henzler, H. A. (Hrsg.), Handbuch Strategische Führung, Wiesbaden 1988, S. 372 f.).

[4] Krcmar, H., 1991, a.a.O., S. 6

zu untersuchen.[1] Die Integration der Anwendungen legt das dem Benutzer offerierte Informationsangebot nach Art und Umfang fest. Diese Problematik wird im Kap. 9.1.3 weiterverfolgt.

8.3 Organisatorisches Potential der umweltschutzbezogenen Erweiterung des Informationsmanagements

Ein wesentlicher Bestandteil von Informationssystemen ist das Zusammenwirken von Mensch und Informationstechnologie. Aufgabe des Informationsmanagements ist es demzufolge, neben den technologischen auch die personellen Komponenten von Informationssystemen so zu gestalten, daß das Informationssystem möglichst effizient funktioniert. Im folgenden wird untersucht, wie sich durch die Integration von Umweltschutzinformationen in das betriebliche Informationsmanagement neue Möglichkeiten der Einbindung des Umweltmanagements in die betriebliche Organisation ergeben.

Grundsätzlich wird der Einführung von computergestützten Informationssystemen ein Einfluß auf den Spezialisierungsgrad und die Koordination innerhalb von Organisationsstrukturen zugeschrieben. Im Ergebnis steigt tendenziell sowohl der Spezialisierungsgrad als auch die Koordination innerhalb einer Organisation mit zunehmendem Einsatz von EDV - Technologie.[2] Wie das Beispiel CIM zeigt, ermöglicht die EDV - Technologie durch ihren Einfluß auf den Spezialisierungsgrad und die Koordination in einer Organisation die Integration von komplexen, über das Unternehmen verteilt anfallenden Aufgaben.[3] Die Verteilungsbeziehungen zwischen Personen, Aufgaben und technischen Hilfsmitteln werden verändert.

Wie im Kap. 3.3 gezeigt wurde, werden die Aufgaben des Umweltschutzes derzeit überwiegend von zentralen Einheiten wahrgenommen, die einer zunehmenden umweltschutzinduzierten Betroffenheit der Unternehmen jedoch nicht gerecht werden können. Es ist aufgrund dieser unbefriedigenden Situation einerseits und dem organisatorischen Gestaltungspotential der Informationstechnologie andererseits zu überlegen, ob durch die Integration von Umweltschutzinformationen in das Informationsmanagement Umweltschutzaufgaben von dezentralen Einheiten des

---

[1] Vergl. zur EDV - technischen Realisierung der Integration von Umweltdaten: Denzer, R. u. Güttler, R., Integration von Umweltdaten, in: Page, B. u. Hilty, L. M., 1994, a.a.O., S. 227 ff.

[2] Vergl. Kieser, A. u. Kubicek, H., Organisation, Berlin, New York 1976, S. 268 ff.

[3] Vergl. Bleicher, K., 1991, a.a.O., S. 38 f.

Unternehmens übernommen werden können. Informationssysteme enthalten zur Entfaltung ihrer Leistungsfähigkeit neben technologischen auch personelle Komponenten, um deren Gestaltung es im folgenden geht. Entsprechend der Zielsetzung dieser Arbeit sollen die Möglichkeiten einer Dezentralisierung des Umweltschutzes auf breiter Front nur in drei Teilaspekten aufgegriffen werden. Ein Aspekt betrifft natürlich das organisatorische Verhältnis von Umweltschutz und Informationsmanagement. Ein weiterer Aspekt betrifft die im Umweltschutz herausragende Bedeutung der Information und Kommunikation der/mit den Interessengruppen. Als dritter Aspekt wird, entsprechend der fachlichen Orientierung dieser Arbeit, die verbesserte Einbindung kaufmännischer Abteilungen in die Problemfelder des Umweltschutzes zu untersuchen sein. Nicht näher erörtert werden sollen dementgegen die Potentiale zur umweltschutzbezogenen Verbesserung von Produkten und Produktionsprozessen. Diese werden jedoch ansatzweise aus dem abschließenden Vorschlag einer Gesamtkonzeption der Umweltschutzorganisation erkennbar. Im folgenden werden folgende vier Punkte abgehandelt:

1) **Gestaltungsempfehlung: Umweltschutz und Informationsmanagement**,
2) **Gestaltungsempfehlung: Umweltschutz und Umweltkommunikation**,
3) **Gestaltungsempfehlung: Umweltschutz und Betriebswirtschaft**,
4) **Gesamtkonzeption**.

1) Gestaltungsempfehlung: Umweltschutz und Informationsmanagement

Gleichgültig, ob für Unternehmen Anreize bestehen, über die gesetzlichen Verpflichtungen hinaus Umweltschutzmaßnahmen zu ergreifen, ist eine Unterstützung des Umweltmanagements durch elektronische Informations- und Kommunikationstechniken vielfach sinnvoll. Das wachsende Ausmaß an gesetzlichen Dokumentationsverpflichtungen und die zunehmende Komplexität der Planungsinformation im Umweltschutzbereich machen die Unterstützung des Umweltmanagements durch EDV - Technologien wirtschaftlich sinnvoll.

Soll in einem Unternehmen darüber hinaus die Konzeption eines integrierten Umweltschutzes durchgesetzt werden, bildet das nachfolgend im Kap. 9 skizzierte integrierte Umweltinformationssystem eine Grundlage. Die Systemplanung, -einführung und -pflege ist Aufgabe des Informationsmanagements.[1] Organisatorische Konsequenz ist eine enge Beziehung zwischen den betrieblichen Querschnittfunktionen Umwelt- und Informationsmanagement, die eine fachinhaltliche Kon-

---

[1] Siehe Kap. 8.1.2 der vorliegenden Arbeit.

zeption des Umweltinformationssystems federführend erarbeiten. Die fachinhaltlichen Aufgaben des Umweltmanagements werden in stärkerem Maße als bisher von den Experten der jeweils betroffenen Funktionsbereiche übernommen, die in Arbeits- und Projektgruppen gemeinsam mit den zuständigen Mitarbeitern im Informationsmanagement geeignete Probleme auswählen und analysieren, die mithilfe eines Umweltinformationssystems gelöst werden können. Die Auffassung "Umweltschutz ist Chefsache"[1] wird durch die Charakterisierung "Umweltschutz ist Expertensache" ergänzt, um der komplexen Problematik des Umweltmanagements gerecht zu werden.[2]

Durch das integrierte Umweltinformationssystem, das die fachinhaltliche Kommunikation zwischen den betroffenen Organisationseinheiten und die Willensdurchsetzung der Instanzen übernimmt, werden die Voraussetzungen der dezentralisierten Bearbeitung des Umweltschutzes geschaffen. Empfohlen wird daher, eine Stelle auf Referentenebene zu schaffen, die auf der Seite der EDV und des Umweltschutzes gleichermaßen kompetent und in Weisungssysteme eingebunden ist, um die Integration von Umweltschutzinformationen in das Informationsmanagement sicherzustellen.

2) Gestaltungsempfehlung: Umweltschutz und Umweltkommunikation

Unter Umweltkommunikation soll hier diejenige Organisationseinheit verstanden werden, die für die Gestaltung der Kommunikationsbeziehung zu den Interessengruppen in der wirtschaftlichen Umwelt des Unternehmens zuständig ist. Im hauptsächlich technisch orientierten Bereich des Informationsmanagements sind die Aufgaben der Kommunikation bisher vernachlässigt worden, obwohl sich die o. a. Definitionen des Informationsmanagements explizit auch auf die Kommunikation des Unternehmens beziehen. Der Bereich des Umweltschutzes ist ein Musterbeispiel für die wachsenden Anforderungen der Umwelt einerseits und der einzelnen Funktionsbereiche des Unternehmens andererseits an die Kommunikationspolitik des

---

[1] Vergl. zur in der Literatur weit verbreiteten These "Umweltschutz ist Chefsache" z. B.: Siegmann, H. P., Umweltschutz ist Chefsache, in: Albach, H. (Hrsg.), 1990, a.a.O., S. 56; vergl. zur Abgrenzung der Führungsentscheidungen im betrieblichen Umweltschutz: Antes, R., 1992, a.a.O., S. 494 ff.

[2] Die Umsetzung eines betrieblichen Informationssystems erfordert die aktive Mitarbeit sehr vieler Stellen in der Unternehmensorganisation. Dies erfordert die Bereitstellung von Ressourcen und die Schaffung von Freiräumen für die beteiligten Mitarbeiter in einem Umfang, wie sie nur die Unternehmensleitung gewähren kann. In diesem Sinne ist die Umsetzung eines Umweltinformationssystems "Chefsache", ansonsten ermöglicht das Umweltinformationssystem die Verteilung der Umweltschutzaufgaben auf die einzelnen betrieblichen Organisationseinheiten.

Unternehmens,[1] die den Vorstellungen des Informationsmanagements entsprechend durch den verstärkten Einsatz von EDV - Technologie erfüllt werden sollen. Wie den Kap. 2 und 3 entnommen werden konnte, betreffen diese Anforderungen sowohl den elektronischen Datenaustausch beispielsweise mit kommunalen Umweltinformationssystemen als auch Kontroll und PR - Information in Papierform. Um den umweltschutzbezogenen Kommunikationsanforderungen gerecht zu werden, ist das Umweltmanagement einiger Unternehmen, wie im Kap. 3.3 gezeigt wurde, bereits dem Ressort Öffentlichkeitsarbeit unterstellt oder mit Kommunikationsfachleuten (Journalisten, PR - Spezialisten) besetzt. In vielen Unternehmen ist die umweltschutzbezogene PR - Arbeit mangelhaft, weil die organisatorisch festgelegten Kommunikationswege zwischen PR - Abteilung und Umweltschutzbereich zu lang sind, um wie z. B. im Falle der Hoechst AG 1993 schnell genug, verbindlich und argumentativ überzeugend reagieren zu können. Bei Hoechst wurde die Öffentlichkeit 1993 über den Störfall zu spät und über Art und Menge der freigesetzten Chemikalien in sich widersprüchlich informiert, was zu einer Pressekampagne gegen das Unternehmen führte, aus der ein erheblicher Imageschaden resultierte. Um Imageschäden zu vermeiden, erfordert die umweltschutzbezogene Kommunikationspolitik eine klare Kompetenzzuweisung, kurze innerbetriebliche Kommunikationswege und eine Vereinheitlichung der Informationsinhalte, die an die Interessengruppen weitergegeben werden. Sind die für Umwelt- und Kommunikationsmanagement zuständigen Organisationseinheiten bislang voneinander getrennt, wirkt das Umweltinformationssystem hier auf eine Integration der Aufgabenbereiche hin, da die fachliche Information als Grundlage der Pressearbeit aus dem System entnommen werden kann, für Rückfragen und Interpretation wendet sich die Umweltkommunikation insbesondere im Krisenfall an das Umweltmanagement. Zur Sicherstellung einer reaktionsschnellen und zielgerechten umweltschutzorientierten Kommunikation wird empfohlen, eine Organisationseinheit als personelle Komponente des Umweltinformationssystems zu schaffen, die sowohl in das Weisungssystem der Unternehmenskommunikation als auch in das Weisungssystem des Umweltmanagements eingebunden ist, um eine Abstimmung der umweltschutzbezogenen Kommunikation mit der Kommunikations- und der Umweltmanagementstrategie sicherzustellen und die Informations- und Entscheidungswege kurz zu halten.

---

[1] Vergl. von Grebmer, K., 1991, a.a.O., S. 151 ff.

3) Gestaltungsempfehlung: Umweltschutz und Betriebswirtschaft

Die betriebswirtschaftlichen Abteilungen werden dann nicht in die Organisationsstruktur des Umweltmanagements eingebunden, wenn der Zweck des Umweltschutzes allein in der Verfolgung naturwissenschaftlicher Ziele gesehen wird. Demzufolge ist es Aufgabe der Naturwissenschaftler und Ingenieure, die gesetzlichen Auflagen zu erfüllen, oder mit einem gegebenen Etat ein Maximum an "ökologischer" Wirkung zu erzielen. Das Etat - Volumen für Umweltschutzmaßnahmen richtet sich nach der Betroffenheit des Unternehmens durch die Umweltschutzgesetzgebung bzw. nach dem Bedeutungsgewicht des Umweltschutzes in der Unternehmensphilosophie.[1] Der Nutzen von Umweltschutzauflagen wird in solchen Unternehmen hauptsächlich in der Vermeidung von Sanktionierungen infolge der Nichtbeachtung von Umweltschutzauflagen bzw. im ethischen Handeln gesehen. Sobald ein Unternehmen jedoch präventiven Umweltschutz betreibt, befindet es sich in einer Entscheidungssituation, in der Nutzen und Kosten von freiwilligen Umweltschutzmaßnahmen aus kaufmännischer Sicht beurteilt werden müssen. Wird die betriebswirtschaftliche Begründung entsprechend aller in Abb. 2.3 dargestellten Zusammenhänge von Umweltschutz und Unternehmen zugrunde gelegt, ergibt sich die Notwendigkeit, vielfältigere Nutzen- und Kostenpotentiale von Umweltschutzmaßnahmen gegenüberzustellen. Die Potentialanalyse wird prinzipiell durch das oben in seinen Grundzügen beschriebene integrierte Umweltinformationssystem ermöglicht. Bei der unternehmensinternen Verteilung der Ressourcen werden Umweltschutzinvestitionen mit alternativen Investitionsplänen anderer Unternehmensteilbereiche verglichen. Um gegenüber den alternativen Investitionsplänen konkurrenzfähig zu sein, sind neben den fachlichen Plänen auch detaillierte Kosten- und Nutzen Abwägungen der geplanten Umweltschutzmaßnahmen vorzulegen. Ohne eine Einbindung der kaufmännischen Sphäre des Unternehmens wie beispielsweise den Abteilungen des betrieblichen Risikomanagements, des Beschaffungsmanagements oder des Marketing sind die Kosten- und Nutzenpotentiale von Umweltschutzmaßnahmen nicht zu ermitteln. Dem betriebswirtschaftlichen Bereich kommt demzufolge eine Schlüsselrolle für die Realisation geplanter Umweltschutzüberlegungen zu, die in den oben beschriebenen Organisationsmodellen des Umweltmanagements nicht berücksichtigt worden ist. Es ist zu vermuten, daß ein Großteil des wirtschaftlichen Potentials von Umweltschutzmaßnahmen aufgrund der organisatori-

---

[1] Vergl. auch die Übersicht über theoretische Begründungsansätze des Umweltschutzes in Unternehmen in der Abb. 2.3. Die Grundlage der gesetzlichen Befolgung von Umweltschutzauflagen gibt die Konzeption 5a wieder, eine Erhöhung des Budgets über den gesetzlich notwendigen Rahmen hinaus erfolgt aufgrund der Konzeption 3, d. h. aufgrund der ethischen Grundposition von Entscheidungsträgern.

schen Trennung von Umweltschutz und betriebswirtschaftlicher Sphäre noch unerschlossen ist. Diese Einschätzung wird durch Aussagen von Praktikern aus den Umweltschutzbereichen bestätigt, die aus mangelhafter Kenntnis der Nutzenpotentiale von Umweltschutzmaßnahmen keine finanziellen und personellen Ressourcen von der Unternehmensleitung zugeteilt bekommen. Aus Sicht der Instanz durchaus verständlich, da den sehr wohl ermittelbaren Kosten nur ein diffuser, hauptsächlich "ökologischer" Nutzen gegenüber gestellt werden kann.

Empfohlen wird deshalb eine verstärkte Einbindung umweltschutzbezogener Tatbestände in das betriebswirtschaftliche System des Unternehmens, vor allem ein Einbezug von Umweltschutzinformationen in das Controllingsystem und die Budgetierungsprozesse. Grundlage dafür ist die Aufhebung der derzeit vorhandenen Informationsbarrieren zwischen Umweltschutz und betriebswirtschaftlicher Sphäre mit Hilfe eines integrierten Umweltinformationssystems. Um eine Durchsetzung der Umweltmanagementstrategie zu gewährleisten, ist der Umweltschutz auf betriebswirtschaftlicher Seite im Controlling/Unternehmensplanung durch eine Stelle, die sowohl in das Weisungssystem des Umweltschutzes als auch in das Weisungssystem des Controllings eingebunden ist, zu institutionalisieren.

4) Gesamtkonzeption

Ziel des Einbezugs von Umweltschutzinformationen in das Informationsmanagement ist es, die Rahmenbedingungen der organisatorischen Einordnung der Umweltmanagementaufgaben zwischen Zentralisation und Dezentralisation zugunsten der Dezentralisation zu verändern. Dazu müssen beide Voraussetzungen der vertikalen Dezentralisation, die Formulierbarkeit von Teilzielen und deren Durchsetzung im Sinne der Unternehmensziele durch das Umweltinformationssystem unterstützt werden. In Bezug auf die horizontale Organisation des Umweltmanagements kann das integrierte Umweltinformationssystem die Dezentralisation der Umweltschutzaufgaben unterstützen, da Interdependenzen zwischen den Unternehmensteilbereichen durch verstärkte Koordination aufgelöst werden.[1] Voraussetzung der Verteilung der Aufgaben der Umweltschutzabteilungen klassischen Zuschnitts auf die einzelnen Fachbereiche ist neben einem technischen Informationssystem jedoch auch die personelle Komponente eines Umweltinformationssystems.

---

[1] Vergl. zur Zentralisation/Dezentralisation sowie Konzentration/Diffusion von Umweltschutz - Aufgaben: Frese, E. u. Kloock, J., 1989, a.a.O., S. 22 ff.

Das Organigramm des durch ein integriertes Informationssystem unterstützten Umweltmanagements könnte musterhaft wie in Abb. 8.3 aussehen. Der Abteilungleiter Umweltmanagement - Koordination könnte in der Matrixorganisation auch als "Produktmanager Umweltschutz" bezeichnet werden. Die Unterstellung im Bereich der jeweiligen Fachabteilungen gewährleistet die Einbindung der Umweltmanagementaktivitäten in die jeweiligen Bereichsstrategien und schafft Synergieeffekte. Unbenommen davon bleibt die Notwendigkeit, Umweltschutz in jeder Stelle des Unternehmens zu betreiben. Die in zwei Weisungssysteme eingebundenen Mitarbeiter dienen als personelle Komponente eines Umweltinformationssystems der Integration von Planung, Durchführung und Kontrolle des Umweltschutzes in die einzelnen Fachabteilungen. Neben den in Abb. 8.3 eingezeichneten Stellen können je nach unternehmensindividuellen Notwendigkeiten weitere dezentrale Umweltschutzkoordinatoren die Zusammenarbeit des Umweltmanagements mit Fachabteilungen wie Produktion, Marketing etc. gewährleisten. Die gesetzlichen Verpflichtungen zur Ernennung von Betriebsbeauftragten sind darüber hinaus zu erfüllen. Neben der festen aufbauorganisatorischen Installation des Umweltmanagements wird ein flexibles Netzwerk an Ausschüssen, Gremien und Projektgruppen eingerichtet, die unter Anleitung des Umweltmanagements die einzelnen Aktivitäten planen und

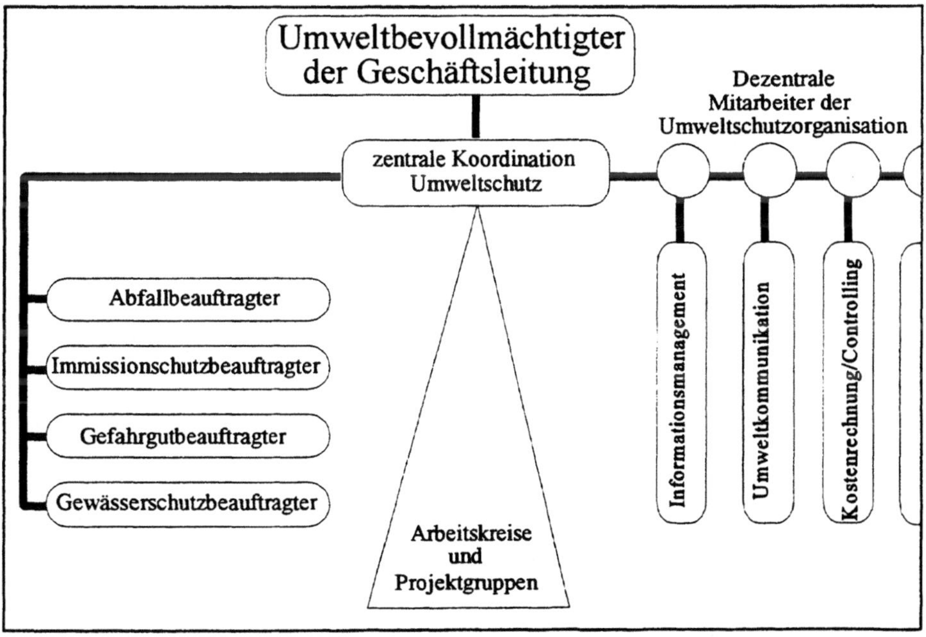

Abb. 8.3: Aufbauorganisation des integrierten Umweltmanagements
Quelle: eigene Darstellung

durchführen. Technische Informationssysteme allein sind nicht in der Lage, für eine Integration des Umweltschutzes in die Fachabteilungen zu sorgen. Zur Integration von Umweltinformationen in das Informationsmanagement sind deshalb neben technischen Systemen auch Umweltschutzstellen in den Fachabteilung als aufbauorganisatorischer Bestandteil eines Umweltinformationssystems einzurichten.

8.4 Zwischenergebnis

Im Kap. 8 wurde zunächst das Informationsmanagement als Institution der Informationsversorgung des Unternehmens beschrieben. Es wurde festgestellt, daß der Umweltschutz bislang kein Betätigungsfeld für das Informationsmanagement ist. Die vorhandenen Umweltinformationssysteme sind bislang weitgehend Prototypen und lediglich Insellösungen, die nicht in das betriebliche Informationssystem integriert sind. Zur Integration von Umweltinformationen in das betriebliche Informationssystem bedarf es einer personellen Komponente in Form von dezentralen Mitarbeitern des Umweltschutzes in den Fachabteilungen, die sowohl in die Weisungssysteme der jeweiligen Fachabteilung als auch des Umweltmanagements eingebunden sind. Offen bleibt die konkrete Planung und Gestaltung eines integrierten Umweltinformationssystems. Sie ist Gegenstand des folgenden Kap. 9.

9 Planung und Gestaltung eines integrierten Umweltinformationssystems

Zur Planung integrierter Umweltinformationssysteme sind aus betriebswirtschaftlicher Sicht derzeit keine Arbeiten bekannt. Diese Lücke soll hier geschlossen werden. Als Gerüst für die folgenden Ausführungen dient die Vorgehensweise des im Kap. 4.1.2 vorgestellten Informationslebenszykluskonzepts, anhand dessen die Planungsschritte zu einem idealtypischen integrierten Umweltinformationssystems dargelegt werden.

Grundsätzlich ist zwischen dem Systemaufbau und dem Systemablauf von integrierten Umweltinformationssystemen zu unterscheiden. Im Systemaufbau werden die Elemente der Informationsbeschaffung, d. h. die Beschaffungsobjekte, -quellen, -wege, -instrumente und -organe festgelegt. Aufgabe der Ablaufgestaltung ist demgegenüber, die Informationsbeschaffungsprozesse, d. h. die einzelnen Schritte und deren inhaltliche und zeitliche Verknüpfung zu gestalten.[1] Durch die **Gestaltung des Systemaufbaus**, der die Wesenszüge eines integrierten umweltorientierten Informationssystems festlegt, wird der Spielraum für die Ablaufgestaltung bereits stark eingeschränkt (Kap. 9.1). Zunächst ist in diesem Kapitel deshalb primär auf die Gestaltung des Systemaufbaus einzugehen. Die konkreten Gegenstände der Informationssystemplanung sind die Gestaltung des **Informationsangebots**, der **Informationsressourcen** und der **Informationsquellen**. Das Ziel dieser Planung ist die Deckung des **Informationsbedarfs**, den es vorab zu ermitteln gilt. Fragen der **Systemablaufgestaltung** werden anschließend im Kap. 9.2 aufgegriffen. Nachdem die Gestalt eines integrierten Umweltinformationssystems dargelegt wurde, sind im Kap. 9.3 prinzipielle Überlegungen zur Wirtschaftlichkeit eines solchen Systems möglich. Abschließend werden die Ergebnisse im Kap. 9.4 kritisch gewürdigt.

9.1 Elemente eines integrierten Umweltinformationssystems

Die Leistungsfähigkeit eines Umweltinformationssystems hängt im wesentlichen von der Bewältigung der im Kapitel 5 näher beschriebenen Problembereiche der Informationsversorgung des Umweltmanagements ab. Die Problembereiche sind in der Tabelle 9.1 den hier vorgeschlagenen Ansatzpunkten zur Bewältigung gegenübergestellt worden.

---

[1] Vergl. Corsten, H. u. Götzelmann, F., 1993, a.a.O., S. 24

Problembereiche:	**Ansatzpunkte zur Bewältigung:**
Mangel an umweltschutzorientierter Information (endogenes Problem)	Suche von geeigneten Informationsquellen (Kap. 9.1.1)
Unsicherheit umweltschutzorientierter Information aufgrund von Dynamik, Komplexität und asymmetrischer Informationsverteilung	Verifizierungsmaßnahmen bei der Ressourcenbildung (Kap. 9.1.2)
Probleme menschlicher Komplexitätsbewältigung	nachfrageorientierte Angebotsgestaltung (Kap. 9.1.3)

Tabelle 9.1: Ansatzpunkte zur Bewältigung der Informationsprobleme im Rahmen eines integrierten Umweltinformationssystems
Quelle: selbsterstellte Übersicht

Entsprechend des Lebenszyklus - Modells für die Entstehung von Informationen sind zur Planung des Informationsangebots folgende, in diesem Kapitel näher zu erläuternde Planungsschritte notwendig:[1]

* **die Planung der Informationsquellen (9.1.1),**
* **die Planung der Informationsressourcen (9.1.2) und**
* **die Planung des Informationsangebotes (9.1.3).**

Während der Planungsschritte wird der Outputbezug der Planung ständig im Auge behalten. Bereits bei der Planung der Informationsquellen wird der zu erwartende Informationsbedarf berücksichtigt. Ziel der Quellenplanung ist ein möglichst ökonomischer Ressourcenaufbau, der wiederum die Erstellung des Informationsangebots mit möglichst wenig Aufwand erlauben soll. Auf den Planungsablauf eines integrierten Informationssystems, der entgegengesetzt zur Entstehung des Informationsangebotes verläuft, wird im Kap. 9.2 eingegangen. Wege zur Ermittlung des Informationsbedarfs des Umweltmanagements wurden im Kap. 3 der vorliegenden

[1] Vergl. Picot, A. u. Franck, E., a.a.O., 1988, S. 611 ff.

Arbeit aufgezeigt. Ihn gilt es durch die Planung des Informationsangebots mit möglichst geringem Aufwand zu decken.[1]

Bevor auf die drei Planungsschritte näher eingegangen wird, sei darauf hingewiesen, daß die EDV - technische Ausgestaltung der Umweltinformationssysteme nicht Gegenstand der vorliegenden Arbeit sein kann, da in diesem Problembereich kein Spezifikum der Umweltinformationssysteme zu sehen ist.[2] Gerade, wenn es im folgenden um den physischen Zugang zu Daten geht, beschränken sich die Ausführungen auf allgemeine Erläuterungen und entsprechende Literaturhinweise.

9.1.1 Die umweltschutzorientierten Informationsquellen

Bei der Planung der Informationsquellen zur Informationsversorgung des Umweltmanagements ist die Frage zu beantworten, woher die nötigen Informationen zur Speisung der Datenbasis des integrierten Umweltinformationssystems zu beziehen sind. Gestützt wird die Einschätzung der jeweiligen Bedeutung alternativer Informationsquellen durch eine vom Verfasser durchgeführte Befragung von 15 Umweltschutzbeauftragten, die jedoch keinen repräsentativen Charakter besitzt. Die möglichen Informationsquellen des integrierten Umweltinformationssystems sind in Abb. 9.1 systematisch dargestellt. Umweltschutzorientierte Informationen sind zum großen Teil im Unternehmen oder seiner Umwelt bereits verfügbar. Verfügbare Informationen sind aus folgenden Quellen innerhalb des Unternehmens zu beziehen: Außerhalb des Unternehmens können folgende Informationsquellen erschlossen werden:

1) **CIM,**
2) **Finanzbuchhaltung,**
3) **Mitarbeiterwissen.**
4) **überbetrieblicher Datenaustausch.**

Von besonderer praktischer Bedeutung sind derzeit die in der wirtschaftlichen Umwelt gepflegten

---

[1] Vergl. Picot, A. u. Franck, E., a.a.O., 1988, S. 611

[2] Vergl. Corsten, H. u. Götzelmann, 1993, a.a.O., S. 24

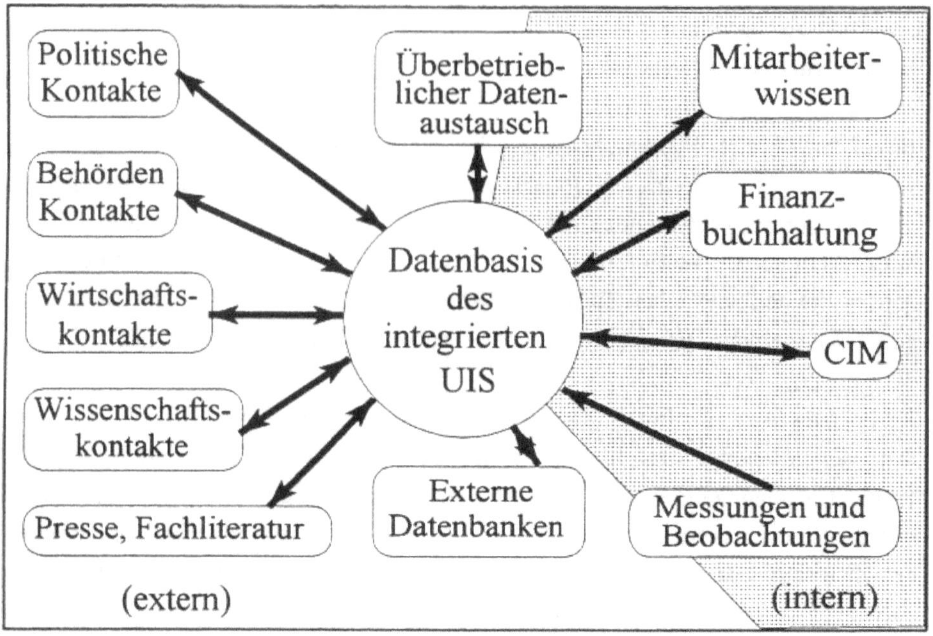

Abb. 9.1: Umweltschutzbezogene Informationsquellen
Quelle: eigene Übersicht

5) politischen Kontakte,

6) Behördenkontakte,

7) Wirtschaftskontakte und

8) wissenschaftlichen Kontakte.

Weitere Informationsquellen in der Unternehmensumwelt sind:

9) externe Datenbanken,

10) Presse und Fachliteratur.

In besonderen Fällen müssen Informationen durch

11) Messungen und Beobachtungen generiert werden.

1) Im Unternehmen sind umweltschutzrelevante Daten über den Produktionsprozeß, den computergestützten Produktionsplanungs- und Steuerungssystemen (PPS) oder dem neben dem kaufmännischen auch den technischen Bereich umfassenden **Computer Integrated Manufacturing (CIM)** - System zu entnehmen, in dem die Mengen- und Kostendaten der Inputfaktoren und des Outputs enthalten

sind.[1] Fraglich ist allerdings, ob das gesamte materielle Grundgerüst der Input - Output Analyse des Produktionsprozesses im CIM - System verfügbar ist. Wahrscheinlich ist, daß eine vollständige Aufstellung aller mengenmäßigen Inputs und Outputs der Produktionsprozesse im Rahmen von Stoff- und Energiebilanzen der zusätzlichen Erfassung von bisher vernachlässigten Kuppelprodukten, die zu negativen Umweltwirkungen führen, bedarf.[2] Sind jedoch Entsorgungs- und Recycling - Konzeptionen im CIM System eines Unternehmens bereits integriert,[3] so können die Mengendaten zur Erstellung von Stoff- und Energiebilanzen aus dem CIM - System des Unternehmens in ein Umweltinformationssystem übernommen werden. Dieser Zustand ist gegenwärtig noch nicht absehbar. Auf dem Weg dorthin dient umgekehrt das Umweltinformationssystem als Lieferant für die bislang nicht im CIM - System enthaltenen Mengeninformationen. Dazu sind die unter (11) beschriebenen Messungen und Beobachtungen durchzuführen und als Informationsressource an das CIM - System weiterzugeben.

2) Ein Teil der monetären, umweltschutzorientierten Informationen ist bereits in der **Finanzbuchhaltung** auf elektronischen Medien verfügbar. Dabei handelt es sich um Informationen, die Eingang in die Umweltkosten- und Umweltleistungsrechnung sowie die umweltschutzorientierte Investitionsrechnung finden. Beide umweltschutzorientierten Rechnungssysteme trennen die umweltschutzinduzierten Kosten und Leistungen bzw. Zahlungen heraus, um Antworten auf die Frage der Ergebniswirksamkeit von Umweltschutzmaßnahmen bzw. -investitionen zu geben. Vergangenheitsorientierte Informationen aus der Finanzbuchhaltung bilden die Grundlage der Nachkalkulation von Umweltschutzmaßnahmen. Darüber hinaus können sie Erfahrungswerte für umweltschutzorientierte Planungsrechnungen vorgeben. Fehlen werden in der Finanzbuchhaltung jedoch umweltschutzorientierte Informationen, die nicht aus Vergangenheitsdaten abzuleiten sind. Umweltschutz-

---

[1] Vergl. zur Integration von PPS - Systemen bzw. CIM - Konzepten und Umweltinformationssystemen: Hallay, H. u. Pfriem, R., 1992, a.a.O., S. 177 f.; detaillierter: Nüttgens, M. u. Scheer, A. - W., 1993, a.a.O., S. 959; vergl. zum grundsätzlichen Aufbau des CIM: Scheer, A. - W., Der computergestützte Industriebetrieb, 4. Auflg., Berlin, u. a. 1990, S. 3 ff.; vergl. zur Konzeption von PPS - Systemen: Adam, D., Aufbau und Eignung klassischer PPS - Systeme, in: SzU, Bd. 38, Wiesbaden 1988, S. 5 ff.

[2] Vergl. Strebel, H., Material- und Energiebilanzen als umweltpolitische Instrumente, auszugsweiser Vorabdruck des Tagungsbandes Liesegang, W. (Hrsg.), Wirtschaften im Einklang mit der Natur, Heidelberg u. a., 1992, S. 3 ff.

[3] Vergl. zur Integration von CIM und PPS Systemen in Umweltschutzmaßnahmen: Nüttgens, M. u. Scheer, A. - W., Integrierte Entsorgungssicherung als Bestandteil des Informationsmanagements in Industriebetrieben, in: ZfbF, 45. Jg., 1993, H. 11, S. 959 ff. und Kap. 9.1.2 der vorliegenden Arbeit.

maßnahmen und Investitionen weisen aber häufig einen hohen Neuigkeitsgrad auf, so daß die durch sie verursachten Kosten und Erlöse nicht aus Vergangenheitsdaten ableitbar sind. Die benötigte Planungsinformation muß dann aus dem Mitarbeiterwissen (3), den Kontakten in der Unternehmensumwelt (5) - (8) oder durch Beobachtungen (11) in der umweltschutzorientierten Frühaufklärung erschlossen werden.

3) Unter **Mitarbeiterwissen** soll hier spezifisches, nur bei einzelnen Personen im Unternehmen vorhandenes Wissen verstanden werden, das bislang nicht die nötige Bedeutung gefunden hat, um es in weiten Teilen des Unternehmens verfügbar zu machen. Mitarbeiterwissen ist dann erforderlich, wenn die benötigten Informationen nicht aus dem umweltschutzorientierten Rechnungswesen gewonnen werden können und eine externe Informationsbeschaffung zu teuer, zu langwierig oder unmöglich ist. Mitarbeiterwissen besitzt deshalb besonders hohen Wert bei:

a) Umweltschutzinnovationen,
b) groben Einschätzungen der Erfolgsfaktoren von Umweltschutzmaßnahmen,
c) Chancen - Risiken Bewertung im Rahmen der umweltschutzorientierten Frühaufklärung und
d) ablauforganisatorischen Problemstellungen von Umweltschutzmaßnahmen.

Informationen in Form von Mitarbeiterwissen liegen entweder in Form von Berichten oder Dokumentationen bereits vor oder müssen durch Befragung gewonnen werden.

4) Unter **überbetrieblichem Datenaustausch** soll hier die standardisierte Weitergabe von Informationen etwa in Form von Berichten, Formularen oder Dateien zwischen Unternehmen verstanden werden. Auf die Quelle des überbetrieblichen Datenaustausches stützen sich die umweltschutzorientierte Frühaufklärung, sofern sie im Unternehmensverbund überbetrieblich betrieben wird, und die Stoff- und Energiebilanz bei der Erfassung des Inputs. Zwar werden Zusammensetzungen von Vorprodukten in der Regel von den Lieferanten aus Gründen des Geheimnisschutzes nicht bekanntgegeben.[1] Besitzt der Abnehmer jedoch genügend Marktmacht, so wird er auf vertragliche Vereinbarungen dringen, die den Lieferanten verpflichten, qualitative und quantitative Angaben zu bestimmten umweltrelevanten Eigenschaften wie z. B. (Schad)stoffanteilen offenzulegen. Beson-

---

[1] Vergl. Günther, K., 1988, a.a.O., S. 127

ders relevant ist der überbetriebliche Austausch umweltschutzbezogener Daten in Handelsunternehmen wie etwa dem Otto Versand, deren Sortiment häufig millionen Artikel enthält, von denen jeder ein potentielles Ertragsrisiko darstellt. Gerät eine Substanz negativ in die öffentliche Umweltschutzdiskussion ist nicht nur ein Umsatzeinbruch bei allen Produkten, die diesen Stoff enthalten, zu erwarten, sondern es droht auch eine nachhaltige Schädigung der Reputation des Handelsunternehmens. Artikelleitkarten, auf denen die jeweiligen Inhaltsstoffe festgehalten werden, erleichtern die zügige Identifikation aller betroffenen Produkte innerhalb des Sortiments. EDV - Recherchen ermöglichen eine schnelle Identifizierung aller Produkte, in denen ein bestimmter Stoff enthalten ist oder aller Artikel, von denen eine vermutete Umweltgefährdung ausgeht. Zur Pflege der Artikelleitkarten sind die Handelsunternehmen auf die Mitarbeit ihrer Lieferanten angewiesen. Dieselbe Gefahr droht für produzierende Unternehmen, wenn die Produkte umweltbelastende Inputs enthalten. Jedoch dürfte in der Regel das Wissen über die verarbeiteten Rohstoffe aufgrund der geringeren Vielfalt auch ohne überbetrieblichen Datenaustausch größer sein.

Zu (5) - (8) Kontakte

Durch die hohe Dynamik und Vielfältigkeit der Themenentwicklung im Umweltschutzbereich sind die Umweltschutzbeauftragten auf direkte Informationen aus der Politik, den Behörden, der Wirtschaft oder Wissenschaft angewiesen, da Informationen sich auf dem Weg der persönlichen Kommunikation häufig am schnellsten und zuverlässigsten in Erfahrung bringen lassen. Aufgrund der Geschwindigkeit der Themenentwicklung geht es bei der Berücksichtigung von persönlichen Kontakten als Bestandteil der Planung von Umweltinformationssystemen nicht nur darum, bestimmte Informationsinhalte zu erschließen, vielmehr ist festzulegen, über welche Kontakte die gewünschte Information zu erhalten ist und wie die erforderlichen - Kontakte hergestellt werden können. Die Kontakte des Unternehmens werden in der umweltschutzorientierten Frühaufklärung systematisch ausgenutzt. Die Informationswege sowie die gewonnenen Informationen werden anhand der im Kapitel 7.5 vorgeschlagenen Systematik abgespeichert.

5) Die **politischen Kontakte** umfassen die institutionalisierten Vertreter des öffentlichen Interesses. Dies sind sowohl die politischen Parteien als auch Interessenverbände und Bürgerinitiativen. Zum Schutz des öffentlichen Gutes "saubere Umwelt" werden verstärkt Gesetzesinitiativen vorangetrieben, die eine maßgebliche Triebfeder des Umweltschutzes in Unternehmen darstellen. In Vorbereitung befind-

liche Gesetzesverschärfungen beeinflussen die umweltschutzinduzierten Chancen und Risiken des Unternehmens maßgeblich, so daß eine systematische Dokumentation der in persönlichen Kontakten gewonnen Informationen als Bestandteil der umweltschutzorientierten Frühaufklärung nötig wird.

6) Die **Behörden** stellen den Vollzug der durch die Legislative vorgegebenen Umweltschutzgesetze sicher. Aufgrund der Heterogenität der Umweltschutzgesetzgebung ist eine Vielzahl von verschiedenen Behörden mit der Durchsetzung von Umweltrecht betraut. Zunächst lassen sich die Behörden anhand ihres Hoheitsbereichs in EU-, Bundes-, Landes- und Kommunalbehörden unterteilen. Auf jeder Ebene gibt es neben der Umweltbehörde mindestens die folgenden weiteren Verwaltungsbereiche, die für die Durchsetzung der Umweltschutzgesetzgebung Sorge tragen: Finanzbehörden, Landschaftspflegebehörden, Stadtentwicklungsbehörden, Gesundheitsbehörden, Behörden für Wissenschaft und Forschung, Ordnungsbehörden, Baubehörden und Wirtschaftsbehörden. Eine Übersicht über gegenwärtige gesetzliche Regelungen ist für Großunternehmen mit generell hoher umweltschutzbezogener Betroffenheit, wie sie z. B. in der Großchemie vorliegt, durch die Vielzahl an zu beachtenden Gesetzen und Vollzugsbehörden kaum noch zu erlangen. Durch Vollzugsdifferenzen zwischen den für die einzelnen Standorte zuständigen Behörden wird die Übersicht über Umweltschutzverpflichtungen sowie Bezuschussungsmöglichkeiten zusätzlich erschwert. Persönliche Kontakte in die für das jeweilige Unternehmen relevanten Behörden tragen zur Klärung der Betroffenheitssituation des Unternehmens bei.

7) Unter **Wirtschaftskontakten** soll der Informationsaustausch mit Unternehmen innerhalb derselben oder einer vor- bzw. nachgelagerten Wertschöpfungsstufe verstanden werden. Im Umweltschutz sind prinzipiell Kontakte zu folgenden Unternehmen erforderlich:

a) Zur umweltschutzorientierten Investitionsgüterindustrie, um die Entwicklung in der Umwelttechnik zu verfolgen.

b) Zur Konkurrenz, um die eigene Umweltschutzstrategie zu positionieren. Es besteht prinzipiell die Möglichkeit, das umweltschutzbezogene Verhalten gegenüber der Umwelt mit der Konkurrenz zu koordinieren. Die Koordinierungsaufgabe wird in diesem Fall häufig von Unternehmerverbänden übernommen. Andererseits kann für ein Unternehmen auch ein Wettbewerbsvorteil daraus entstehen, sich entgegengesetzt zu den Mitbewerbern zu verhalten. Auch hier helfen Kontakte zur Konkurrenz, mögliche Chancen und Risiken der Alternativen aufzuzeigen. Unabhängig von einem koordinierten Vorgehen hilft ein Erfahrungsaustausch in jedem Fall, Zeit und Kosten zu sparen.

c) Zu Lieferanten und zu Abnehmern, um eventuelle Nutzen- und Kostenvorteile gemeinsamer Umweltschutzstrategien und Maßnahmen auszunutzen. Kap. 3.1.1 hat hier die Notwendigkeit zur Integration der Umweltschutzstrategie innerhalb einer Wertkette aufgezeigt.

Zu den Wirtschaftschaftskontakten zählt streng genommen auch der überbetriebliche Datenaustausch (4). Beide Informationsquellen erfordern jedoch eine unterschiedliche Behandlung bei der Planung eines Umweltinformationssystems, da die Informationsbeschaffung beim überbetrieblichen Datenaustausch inhaltlich und bezogen auf den Beschaffungsweg standardisiert ist.

8) **Wissenschaftskontakte** besitzen für das Umweltmanagement des Unternehmens aus zweierlei Hinsicht besondere Bedeutung:

a) aufgrund ihrer Rolle bei der Diffusion umweltschutzorientierter Informationen. Forschungsinstitutionen beschäftigen sich in nahezu allen Disziplinen mit ökologischen Fragestellungen. Ihre Ergebnisse stehen im Lebenszyklus umweltschutzorientierter Themenentwicklungen in der Regel ganz am Anfang. Wissenschaftliche Institutionen besitzen als Meinungsbildner auch in späteren Stadien der öffentlichen Diskussion besonderen Einfluß auf deren weitere Entwicklung.

b) aufgrund der Inhalte ihrer Ergebnisse. Durch Kooperationen mit wissenschaftlichen Institutionen werden eigene Forschungs- und Entwicklungsvorhaben der Unternehmen auf dem Umweltschutzsektor vorangetrieben. Aus betriebswirtschaftlicher Sicht sind hier z. B. die Kooperationen der Praxis mit dem Institut für Ökologische Wirtschaftsforschung (IÖW) im Rahmen der Aktivitäten zum Öko - Controlling und zur Öko - Bilanzierung zu erwähnen.[1]

Grundsätzlich verursachen Wissenschaftskontakte einen recht hohen Aufwand beim Unternehmen. Vorab ist zu prüfen, ob der erwartete Nutzen der angebahnten

---

[1] Vergl. die Kap. 6.1 und 6.2 der vorliegenden Arbeit.

Kontakte den Aufwand rechtfertigt oder ob die benötigten Informationen nicht wirtschaftlicher aus Publikationen (10) zu beziehen sind.

9) Eine zunehmende Bedeutung als Informationsquelle des Umweltmanagements spielen **externe Datenbanken**. Umweltschutzbezogene Datenbanken, die für Unternehmen zugänglich und potentiell interessant sind, werden in Deutschland vom Bundesumweltamt, von Behörden und von den TÜVs der Bundesländer unterhalten.[1]

Unter dem Oberbegriff UMPLIS stellt das Umweltbundesamt ein Informations- und Dokumentationssystem Umwelt online zur Verfügung.[2] In einzelnen Datenbanken werden dem Benutzer ein Umweltforschungskatalog (UFOKAT), eine Umweltliteraturdatenbank (ULIDAT) und ein Informationssystem für Umweltchemikalien, Chemieanlagen und Störfälle (INFUCHS) angeboten.

Auf kommunaler und auf Landesebene setzen sich Umweltmonitoring Systeme immer mehr durch, deren Aufgabe in der kontinuierlichen und automatisierten Beobachtung des Zustandes der natürlichen Umwelt in einem Areal versteht.[3] Aus diesen Systemen können Unternehmen online Informationen über die Wirkung der von ihnen verursachten Umweltverschmutzung in ihrem mittelbaren- und unmittelbaren Umfeld beziehen. Nach Einschätzung von Corsten/Götzelmann nimmt die Zahl der Online - Datenbanken, die umweltorientierte Information anbieten, ständig zu.[4]

Datenbanken über die technische Entwicklung im Umweltschutz werden von den verschiedenen TÜVs in der Bundesrepublik Deutschland unterhalten. Diese Organi-

---

[1] Vergl. zu einer Übersicht der Umweltdatenbanken: Ottahal, A., Umweltdatenbankführer - Verlag TÜV Rheinland, Köln 1989; Baumewerd - Ahlmann, A. u. Zink, L., Umweltdatenbanken - Sachstand und Zukunftsperspektiven, in: Page, B. u. Hilty, L. M. (Hrsg.), 1994, a.a.O., S. 83 ff.; vergl. zur Nutzung von externen Datenbanken im Rahmen des Informationsmanagements: Winand, U., Externe Datenbanken für betriebliches Informationsmanagement - Ein noch unerschlossenes Potential - in: zfbf, 40. Jg., 1988, H. 12, S. 1130 ff.; Pillmann, W., Austausch von Umweltinformationen, in: Page, B. u. Hilty, L. M. (Hrsg.), 1994, a.a.O., S. 37 ff.

[2] Vergl. Bundesumweltamt (Hrsg.), UMPLIS, 9. Ausgabe, Berlin 1992

[3] Vergl. Günther, O., Radermacher, F. J. u. Riekert, W., Umweltmonitoring: Modelle, Methoden und Systeme, in: Page, B.. u. Hilty, L. (Hrsg.), Umweltinformatik, S. 51

[4] Vergl. Corsten, H. u. Götzelmann, F., 1993, a.a.O., S. 31

sationen sind Ansprechpartner für Unternehmen bei der Suche nach bestimmten Informationsquellen, wobei die TÜVs sich auch selbst als technische Unternehmensberatungen im Umweltbereich etabliert haben.

Neben den hier genannten gibt es eine Vielzahl externer Datenbanken, die im Einzelfall relevante umweltschutzorientierte Informationen bereitstellen können. Sinnvoll für FCKW - Verwender/Hersteller könnte etwa die Informationsbeschaffung aus den Datenbanken globaler Klimamodelle sein.

10) In den vom Verfasser geführten Gesprächen gaben die Umweltschutzbeauftragten verschiedener Branchen an, daß insbesondere umweltschutzbezogene Fachzeitschriften wie etwa Umwelt aktuell, Zeitschrift für angewandten Umweltschutz (ZAU) etc. ihre wichtigsten Informationsquellen seien. Veröffentlichungen zu umweltschutzspezifischen Fragestellung im Bereich der **Presse und Fachliteratur** stehen in kaum überschaubarem Umfang zur Verfügung und die Zahl der Neupublikationen steigt gegenwärtig sprunghaft an. In anbetracht des großen Angebots ist zu prüfen, welche Publikationen gehalten werden und nach welchem System diese zu katalogisieren sind. Zur Literaturrecherche steht ein leistungsfähiges Angebot an EDV - Unterstützung durch Literaturing Programme[1] und Information Retrieval Systeme[2] zur Verfügung, das bislang im Umweltmanagementbereich von Unternehmen kaum zum Einsatz kommt.

11) Für den Fall der Verfügbarkeit von Daten bei den Informationsquellen (1) - (10) ist lediglich die Frage der physikalischen Datenübermittlung zu klären, wohingegen der andere Teil der Daten erst durch **Messungen** oder **Beobachtungen** vom Unternehmen selbst oder durch beauftragte Dienstleister erzeugt werden muß. Im wesentlichen handelt es sich bei den neu zu gewinnenden Informationen um

a) E- bzw. Immisionsdaten und
b) Absatzmarktinformationen.

---

[1] Unter Literaturing Programmen wird Software verstanden, die die Katalogisierung von Literatur elektronisch unterstützt, um den manuellen Zugriff auf Quellen zu gesuchten Themen etwa über ein Schlagwortregister zu beschleunigen.

[2] Information Retrieval Systeme ermöglichen über die Funktionen der Literaturing Systeme hinaus die elektronische Ablage von Dokumenten, so daß die Quellen direkt am Bildschirm zur Verfügung gestellt werden können. Vergl. zu Information Retrieval Systemen: Heilmann, H., Document Retrieval - Einführung in den Themenkreis, in: HMD, 24. Jg., 1987, H. 133, S. 3 ff. und die übrigen Beiträge in diesem Heft; vergl. speziell zu Information Retrieval im Umweltschutz: Fuhr, N., Umweltinformationssysteme aus Sicht des Information Retrieval, in: Page, B. u. Hilty, L. M. (Hrsg.), 1994, a.a.O., S. 127 ff.

Es wird in der Praxis häufig bemängelt, daß nicht alle benötigten Informationen zur Erstellung von Stoff- und Energiebilanzen aus den betrieblichen und überbetrieblichen Informationssystemen in das Umweltinformationssystem des Unternehmens übernommen werden können. Dabei handelt es sich hauptsächlich um Informationen über den Verbrauch bzw. die Freisetzung von bisher nicht mit Preisen belegten Stoffen wie Luft oder Abgasen.

Als Ergebnis von Marktbeobachtungen sind Informationen über umweltschutzbezogenes Angebot und Nachfrage zwar häufig verfügbar. Es wird aber eine andere Aufbereitung oder Uminterpretation der Ergebnisse erforderlich. Aus der bereits ermittelten Einstellung zu Grundbedürfnissen der Konsumenten wie Sicherheitsstreben, Bequemlichkeit etc. lassen sich häufig Aussagen über die umweltschutzorientierte Einstellung möglicher Zielgruppen ableiten. Ergibt die Uminterpretation nicht die gewünschte Qualität der Ergebnisse, müssen mithilfe der gängigen Marktforschungsmethoden gegenwärtige Chancen umweltverträglicher Produkte und Produktionsprozesse ermittelt werden.[1] Wenn eigene Analysen nicht möglich oder zu aufwendig sind, müssen Informationen über die Umweltverträglichkeit von Stoffen aus externen Informationsquellen wie Datenbanken (11), Literaturquellen (1o) oder von Forschungsinstituten (8) bezogen werden.[2]

In den voranstehenden Ausführungen wurden die bedeutsamsten Informationsquellen des Umweltmanagements beschrieben. Im Einzelfall stehen dem Umweltmanagement sowohl im Unternehmen selbst als auch in seiner Umwelt eine Reihe weiterer Informationsquellen zur Verfügung. Wie die Bewertung bei der Auswahl alternativer Informationsquellen vollzogen wird und wer für die Informationsbeschaffung verantwortlich ist, wird im Kap. 8.4 über die Planung eines Umweltinformationssystems näher betrachtet. Zunächst sollen jedoch die weiteren Planungsgegenstände Generierung von umweltschutzorientierten Informationsressourcen (9.1.2) und das Informationsangebot (9.1.3) erörtert werden.

---

[1] Vergl. zu Methoden der Marktforschung: Backhaus, K., Erichson, B., Plinke, W. u. Weiber, R., Multivariate Analysemethoden, 6. Auflg., Berlin, u. a. 1990, S. 1 ff.

[2] Vergl. auch die Übersicht über bestehende Informationsquellen bei: Stahlmann, V., 1992, a.a.O., S. 435

9.1.2 Die umweltschutzorientierten Informationsressourcen (Datenintegration)

Eine Informationsressource ist im Gegensatz zu einer Information ein "stock of information that was been societally institutionalized for repeated use by one or many classes of users."[1] Das Charakteristische ist der Semantik des Wortes "Ressource" entsprechend die Mehrfachnutzung einer bestimmten Information. Die Voraussetzung einer mehrfachen Nutzung ist ein erleichterter physischer und intellektueller Zugang zu Informationen durch Datenintegration. Ebenso ist es vor einer Mehrfachnutzung erforderlich, die Informationsressource inhaltlich zu verifizieren.[2] Die Frage nach dem physischen Zugang von Informationen zielt einerseits auf die Speichermedien und deren Abfragemöglichkeiten ab, die für bestimmte Informationsquellen einzuführen sind, andererseits muß die Frage nach dem Geheimnisschutz gestellt werden. Beide Probleme sollen hier, da sie im wesentlichen EDV - Probleme allgemeiner Art sind, nicht weiter verfolgt werden.[3] In den Mittelpunkt des betriebswirtschaftlichen Interesses rückt die Ausgestaltung der intellektuellen und nicht der physischen Sicht auf Informationen. Dazu sind die verschiedensten Typen umweltschutzorientierter Informationen in eine systematische Datenbasis zu überführen, die nach ihrem Aufbau ständiger Pflege bedarf, um die Ressourcen aktuell und wahrheitsgetreu zu erhalten.[4] Während der Pflege ist die Gesamtheit aller, aus den unterschiedlichen Quellen gewonnenen, umweltschutzbezogenen Informationen auf ihre Konsistenz hin zu prüfen. Die Datenbasis wird in Analogie zum betrieblichen Rechnungswesen als Grundrechnung bezeichnet, deren Wesensmerkmal ihre Zweckneutralität ist. Ohne diese Eigenschaft würde ihre Mehrfachnutzung erheblich erschwert, insbesondere dann, wenn neue Anwendungen auf die Datenbasis zugreifen sollen. Informationsinstrumente, die für die Unterhaltung einer systematischen Datenbasis umweltschutzbezogener Informationsressourcen eingesetzt werden können, sind in Abb. 9.2 systematisiert worden.

---

[1] Levitan, K. B., a.a.O., 1982, S. 44

[2] Vergl. Picot, A. u. Reichwald, R., 1991, a.a.O., S. 284; die Autoren zeigen an einem Beispiel den Unterschied zwischen Informationsquelle, -ressource, und Informationsangebot auf.

[3] Vergl. zur Konstruktion von Datenbanken als Medium von Informationsressourcen: Fischer, J.,1992, a.a.O., insb. S. 77 ff.; speziell bezogen auf den Umweltschutz: Page, B. u Hilty, L. M. , Umweltinformatik als Teilgebiet der Angewandten Informatik, in: dieselben (Hrsg.), 1994, a.a.O., S. 18 ff.; Baumewerd - Ahlmann, A. u. Zink, L., 1994, a.a.O., S. 92 ff.; vergl. zu Informationssicherungsprogrammen wie dem System RACF der IBM: Boll, H., Schutz vor Manipulationen im Rechenzentrum (Teil 1), in: Online, o. Jg., Nr. 11, S. 57 f.

[4] Vergl. Picot, A. u. Reichwald, R., 1991, a.a.O., S. 285

Die Abb. 9.2 gibt drei unterschiedliche Sichten auf ein integriertes Umweltinformationssystem wieder:

* Erstens symbolisieren die Pfeile am oberen Rand der Abbildung den Bezug zu den in der vorigen Abb. 9.1 systematisierten Informationsquellen.
* Zweitens gibt die Abb. 9.2 auch den Zusammenhang zum Auswertungsinstrumentarium wieder, das zur Erstellung des konkreten Informationsangebots eingesetzt wird.
* Der dritten Sicht auf die im weißen Kasten abgebildeten Instrumente, die
  1) den intellektuellen Zugang und
  2) die Verifizierung von Informationen

  bei der Ressourcenbildung ermöglichen, sollen die folgenden Ausführungen gelten.

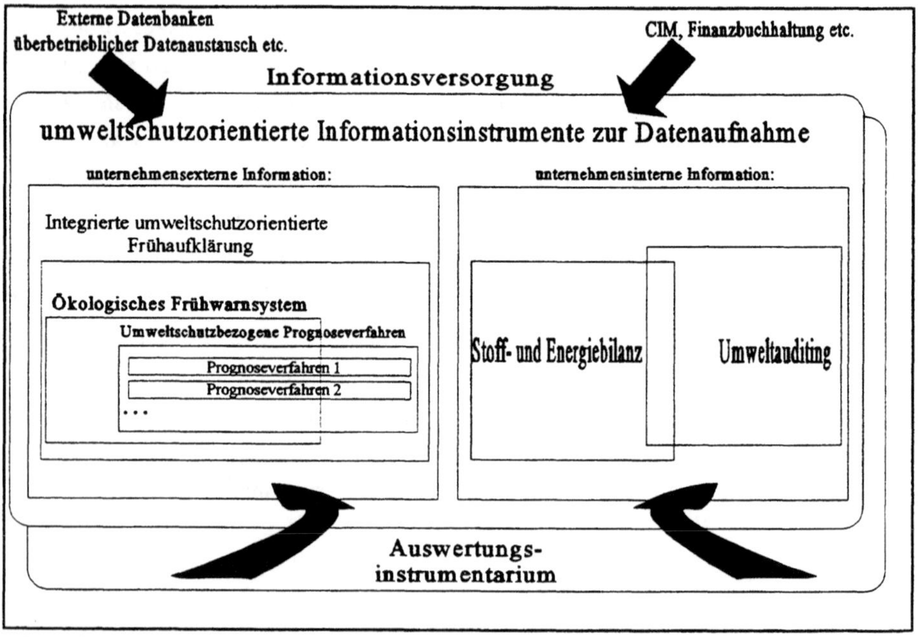

Abb. 9.2: Instrumentarium zur Generierung umweltschutzorientierter Informationsressourcen
Quelle: eigene Darstellung

1) Herstellung des intellektuellen Zugangs zu Informationen bei der Ressourcengenerierung

Die Herstellung des intellektuellen Zugangs zu umweltschutzorientierter Information wird erreicht durch eine sachlogische Strukturierung aller Informationen der

Datenbasis. Einzelne Informationen werden in einen Zusammenhang gestellt, ohne den sie für den Betrachter unverständlich wären. Dabei geht es nicht um die Interpretation des Zusammenhangs, sondern um die innere Bedeutung der einzelnen Ressourcen. Hintergrund der Beschreibung einzelner Ressourcen ist die Notwendigkeit, auf einzelne Ressourcen in verschiedenen Auswertungen zugreifen zu können, was ohne eine weitgehend zweckfreie Definition der Ressourcen nicht möglich ist.

Der Ressourcengenerierung dienen unter den in Abschnitt B der Arbeit vorgestellten umweltschutzorientierten Informationsinstrumenten zur Generierung von Informationsressourcen aus unternehmensexternen Quellen die Instrumente der **umweltschutzorientierten Frühaufklärung** zur Generierung von umweltschutzorientierten Informationsressourcen aus unternehmensinternen Quellen die **Stoff- und Energiebilanz** und **Umweltaudits**. Die Instrumente Umweltkosten- und Umweltleistungsrechnung, ökologisches Controlling, Sozialbilanz und ökologische Bilanz sind nicht an der systematischen Erstellung einer zweckneutralen Informationsbasis beteiligt. Hauptaufgabe dieser Informationsinstrumente ist die Erstellung des im nächsten Abschnitt 9.1.3 näher betrachteten Informationsangebots. Zunächst wenden wir uns der Problemstellung zu, wie aus

a) unternehmensexternen und
b) unternehmensinternen

Informationsquellen Informationsressourcen generiert werden.

a) Definition von Informationsressourcen aus unternehmensexternen Quellen

Den größten Beitrag zur Erstellung von Informationsressourcen, die die Unternehmensumwelt betreffen, liefert das Vorgehen zur integrierten umweltschutzorientierten Frühaufklärung unter Einsatz einzelner Prognoseverfahren.[1] Die Beschreibung der einzelnen Prognosesegmente als Elemente der Frühaufklärung kann als Definition der Informationsressourcen übernommen werden. Das Grundgerüst der Informationssammlung durch die umweltschutzorientierte Frühaufklärung spannen die drei Merkmale betroffene Umweltschutzthemen, betroffene Umweltebenen und beeinflußte Anspruchsgruppen auf.[2] Ein Segment bzw. eine Ressource enthält beispielsweise alle Information darüber, mit welchen ökonomischen Konsequenzen

---

[1] Einzelne Prognoseverfahren kommen ihrerseits teilweise im ökologischen Frühwarnsystem zum Einsatz.

[2] Vergl. Abb. 7.13

das Unternehmen durch staatliche Sanktionen infolge eines verstärkten Waldsterbens zu rechnen hat. Inhaltlich gefüllt wird die Informationsressource durch die Ergebnisse verschiedener Instrumente zur umweltschutzorientierten Frühaufklärung.

b) Definition von Informationsressourcen aus unternehmensinternen Quellen

Die Generierung von Informationsressourcen aus unternehmensinternen Informationsquellen wird hauptsächlich von den Instrumenten der Stoff- und Energiebilanzierung und des Umweltauditings geleistet. Mit Hilfe der Stoff- und Energiebilanzierung werden die bisher innerhalb des CIM nicht erfaßten stoff- und energiebezogenen Mengeninformationen systematisiert. Das Umweltauditing strukturiert insbesondere Expertenwissen über die Umweltverträglichkeit der Produkte und Produktionsprozesse. Je nach Umfang des betriebenen Umweltschutzauditings ergeben sich dabei Überschneidungen mit der Stoff- und Energiebilanzierung, da auch das Auditing bisher nicht erhobene Mengeninformationen strukturiert. Daneben werden Informationsressourcen aus den vorhandenen Systemen des CIM und Finanzbuchhaltungsbereiches übernommen bzw. auf diese durch das Auswertungsinstrumentarium zugegriffen. Die übrigen Informationsinstrumente greifen auf die Informationsressourcen als "quasi informationelle Grundrechnung" zu, ohne selbst in wesentlichem Umfang an der Generierung von Ressourcen beteiligt zu sein.

Eine Reihe an internen wie auch externen Informationsquellen liefert bereits derart aufbereitete Informationen, sodaß sie als Informationsressource direkt einsetzbar sind. Beispielsweise werden Vereinbarungen des überbetrieblichen Datenaustausches unter Berücksichtigung der innerbetrieblichen Informationsressourcenbildung geschlossen, d. h. die gewünschten Informationen werden in Form der Ressourcendefinition übermittelt. Es ist bei der Planung von Informationsressourcen häufig sinnvoll, die auf externen Datenbanken als Informationsquelle zur Verfügung stehenden Informationen als Ressource zu definieren. Hauptvoraussetzung dafür ist, daß das Auswertungsinstrumentarium ebenfalls auf diese Form der Informationsaufbereitung eingerichtet ist. Die Inhalte der vom Bundesumweltamt unterhaltenen Datenbank INFUCHS bezüglich der Gefährlichkeit von bestimmten Umweltchemikalien könnten beispielsweise als Informationsressource in die Bewertungsprozesse der umweltschutzbezogenen Frühaufklärung einfließen. Die Problematik der Ressourcengenerierung beschränkt sich in diesen Fällen auf die Herstellung des physischen Zugangs beispielsweise durch Methoden der Datenfernübertragung und die Verifizierung der Informationen.

2) Verifizierung umweltschutzorientierter Informationen

Der Verifizierung von Informationen kommt im Umweltschutzbereich eine besondere Bedeutung zu. Eine wichtige Ursache der im Kapitel 5 beschriebenen Informationslücken ist das hohe Maß an Unsicherheit, das durch die Dynamik sowie die asymmetrische Verteilung umweltschutzorientierter Informationen verursacht wird, deren Ausprägungen im folgenden kurz aufgegriffen werden sollen, um zu prüfen, ob sie durch Verifizierungsmaßnahmen vermieden werden können.

Wie im Kap. 5 gezeigt wurde, unterliegt das Unternehmen als schlechter informierter Akteur drei Typen von Verhaltensunsicherheit: Moral Hazard, Qualitätsunsicherheit und Holdup.[1] Holdup Situationen sind dadurch gekennzeichnet, daß in der Vergangenheit Verträge nicht ausreichend präzisiert worden sind, so daß für das Unternehmen ein nicht kalkulierter wirtschaftlicher Nachteil während der Vertragserfüllung entsteht. Die Ursache dieses Informationsproblems liegt in der falschen Einschätzung der Relevanz von Informationen bei Vertragsabschluß. Die Verifizierung ist hier kein probates Mittel, da die vorhandenen Informationen durchaus richtig, eben nur nicht ausreichend sind. Die zwei übrigen Formen der Verhaltensunsicherheit beruhen auf einer bewußten (Moral Hazard) oder unbewußten Irreführung (Qualitätsunsicherheit) durch den Vertragspartner, die bei der Ressourcenbildung durch Verifzierung verhindert werden kann.

Der Abgleich neuer Informationen mit dem bestehenden Wissen in Form von Plausibilitätsprüfungen trägt zur Reduzierung der Unsicherheit und Aktualität der Informationsgesamtheit bei. Grundlage der Plausibilitätsprüfung ist ein Vergleich der neuen mit bisherigen Informationen. Voraussetzung der Verifizierung neuer Informationen ist die Konsistenz aller in der bisherigen Datenbasis enthaltenen Informationen. Die Konsistenz von Informationen sagt etwas über den Grad ihrer Widerspruchsfreiheit aus. Widerspruchsfreiheit ist zu erreichen, indem die Beziehungen der Ressourcen zueinander aufgezeigt werden, die erfüllt sein müssen. Die Darstellung der vielfältigen Beziehungen in einer Datenbasis setzt auf der technischen Seite die relationale Datenhaltung voraus.

Gegenstand der Konsistenzprüfung sind vor allem umweltschutzorientierte Informationen, die mit dem unternehmensexternen Instrumentarium erhoben worden sind.

---

[1] Das Unternehmen als besser informierter Akteur kann andererseits Informationsvorteile gegenüber seinen Vertragspartnern ausnutzen. Darauf wird im Kap. 9.1.3 näher eingegangen.

Bei den Informationen aus unternehmensinternen Quellen handelt es sich hauptsächlich um Meßwerte, die auf Fehler in der Erhebung und auf Vollständigkeit abgeprüft werden müssen. Jedoch ergeben sich auch hier durchaus Anreize für einzelne Bereichsleiter, ihre Umweltschutzsituation durch verfälschte Ergebnisse der bei ihnen durchgeführten Audits gegenüber der Unternehmensleitung zu verschleiern. Dringender ist die Konsistenzprüfung bei Informationen aus unternehmensexternen Quellen, die ein starkes, von den Unternehmenszielen abweichendes Eigeninteresse am Umweltschutz besitzen. Generell besitzen solche Eigeninteressen weniger die Anbieter unternehmensexterner Datenbanken und die Wissenschaftskontakte als vielmehr die politischen und vor allem die wirtschaftlichen Kontakte eines Unternehmens.[1] Zur Abwendung wirtschaftlicher Risiken besonders bedeutsam sind Informationen von Lieferanten über umweltschutzbezogene Eigenschaften gelieferter Produkte. Beispielsweise können Angaben von Lieferanten über die Toxizität der von ihnen gelieferten Produkte durch einen Abgleich der Informationen mit Inhalten zuverlässiger interner oder externer Informationsquellen, die über Gefahrstoffe Auskunft geben (z. B. INFUCHS), verifiziert werden. Ein weiteres Beispiel der wirtschaftlichen Notwendigkeit zur Verifizerung von umweltschutzorientierten Informationen sind die Ergebnisse von Marktforschungen im Konsumbereich. Konsumenten geben in Befragungen regelmäßig stärkeres Umweltbewußtsein und -verhalten vor, als tatsächlich vorhanden. Um Fehlplanungen von Produkten und Produktionsprozessen zu vermeiden, sind die ermittelten Absatzmarktprognosen durch Beobachtungen oder Prognosen von Wissenschaftlern zu verifizieren. Die Beispiele verdeutlichen, daß ein Unternehmen im Einzelfall entscheiden muß, welche Zuverlässigkeit einer Informationsquelle beigemessen wird. Bei zweifelhaften Informationen empfiehlt es sich, diesen Elementen der Datenbasis ein Attribut z. B. in Form einer Prozentangabe über den Grad ihrer Ungewißheit zuzuordnen.

Die Dynamik umweltschutzorientierter Informationen fordert während der Verifizierung über die Konsistenzprüfung hinaus auch die ständige Prüfung der Datenbasis auf Aktualität. Mit Hilfe des Frühaufklärungsinstrumentariums werden Informationen erhoben, nach Inhalten systematisiert und miteinander verglichen, um gegebenenfalls eindeutige Fehleinschätzungen frühzeitig zu erkennen. Prognosefelder wie beispielsweise die Entwicklung des Umwelthaftungsrechtes oder die Entwicklung des umweltschutzorientierten Lebensmittelkonsums können mit Hilfe verschiedener Methoden wie Marktforschung oder Expertenbefragung nach der Delphi - Methode

---

[1] Bei Behördenkontakten und Medien ist eine differenziertere Betrachtung von Nöten.

inhaltlich gefüllt werden, wobei die Ergebnisse im Rahmen der Ressourcenbildung durch das Frühaufklärungsinstrumentarium auf Widersprüchlichkeit getestet und gegebenenfalls weiterverfolgt werden.

Abschließend bleibt festzuhalten, daß die Ressourcengenerierung als "Fütterung der Datenbasis" mit Informationen sicherstellen muß, daß die Datenbasis aktuelle, wahrheitsgemäße Informationen in einer Struktur enthält, die jede gewünschte Auswertung gleich welchen Aggregationsgrades ermöglicht. Die Bewältigung des Dilemmas um den optimalen Aggregationsgrad von Informationen erfordert für den Nachfrager die Möglichkeit, Informationen von der Ebene der Einzelwerte bis hin zur obersten Aggregationsebene abrufen zu können. Als technische Voraussetzung der Ressourcenverwaltung wird die Objektorientierung gesehen, "... da sie einen gezielten Zugriff bei komplexen Verknüpfungen einzelner Datensätze gewährleistet."[1] In der Weiterentwicklung der EDV zeichnet sich mit der Objektorientierung ein Ansatz ab, der die Aggregationsproblematik durch gezielte Strukturierung der Daten zu lösen im Stande sein kann.[2] Die Objektorientierung erleichtert auch die Klassifikation von Ressourcen nach ihrer Unsicherheit und, wie im nächsten Abschnitt noch deutlich wird, nach ihrer Geheimhaltungsstufe. Die Frage der Gestaltung des Informationsangebots, deren Beantwortung auch die Forderung nach der Objektorientierung der Datenbasis mit sich bringt, wird im folgenden näher betrachtet.

9.1.3 Das Informationsangebot als Grundlage des Umweltmanagementprozesses (Anwendungsintegration)

Die Planung des Angebotes an umweltschutzorientierter Information ist eine in hohem Maße unternehmensindividuelle Aufgabe. In den Kap. 2 und 3 wurde anhand der Notwendigkeit und der Aufgabenbereiche des Umweltmanagements - aufgezeigt, durch welche Einflüsse der umweltschutzorientierte Informationsbedarf eines Unternehmens bestimmt wird. In den folgenden Ausführungen soll das Interesse deshalb eher der allgemeingültigen Rahmen- denn der Detailplanung gelten. Die Rahmenplanung ordnet die Outputs der Informationsinstrumente jeweiligen

---

[1] Haasis, H. - D., Hackenberg, D. u. Hillenbrand, R., 1989, a.a.O., S. 50; sinngemäß ebenso: Page, B. u. Hilty, L. M., 1994, a.a.O., S. 19 f.

[2] Vergl. Corsten, H. u. Götzelmann, F., 1993, a.a.O., S. 28 ff.; vergl. zum gegenwärtigen Erfahrungsstand der Objektorientierung: König, W. u. Wolf, S., Objektorientierte Software - Entwicklung - Anforderungen an das Informationsmanagement, in: Scheer, A. - W. (Hrsg.), 1993, a.a.O., S. 871 ff.

Adressatenkreisen mit dem Ziel zu, eine Informationsüberlastung einzelner Entscheidungsträger zu vermeiden.

Generell beschäftigt sich die Planung des Informationsangebotes mit der Aufgabe, Ressourcen zu aggregrieren, umzuordnen oder zu reproduzieren. Durch optimale Aufbereitung des Informationsangebots an die jeweiligen Anwender werden die Probleme der eingeschränkten menschlichen Komplexitätsbewältigung verringert. Die Informationsversorgung der Unternehmensführung ist gemeinhin Gegenstand des Controllings.[1] Wie im Kap. 6.2 deutlich wurde, wird diese Aufgabenstellung jedoch von den bisherigen Konzeptionen des ökologischen Controllings nur eingeschränkt, bezogen auf die Versorgung mit unternehmensinternen Informationen, gelöst.[2] Neben der Unternehmensleitung, deren Informationsversorgung das Controlling sicherstellen soll, gibt es weitere Zielgruppen, die bei der umweltschutzorientierten Informationsversorgung Berücksichtigung finden müssen. In einem groben Raster lassen sich folgende Zielgruppen unterscheiden:

a) **Interessengruppen**,
b) **Unternehmensleitung**,
c) **Umweltmanagement i. e. S.**,
d) **mit der Durchführung des Umweltschutzes befaßte Stellen.**

Bei der Planung des Informationsangebots sind Entscheidungen darüber zu treffen, welche Informationsprodukte den jeweiligen Zielgruppen angeboten werden sollen, um den Informationsbedarf der Benutzer optimal zu decken, und welche Informationsressourcen in die jeweiligen Informationsprodukte und -dienste einfließen.[3] Zunächst werden die Informationsprodukte kurz vorgestellt (1), bevor aufgezeigt wird, wie das jeweilige umweltschutzorientierte Informationsangebot an die Zielgruppen ausgestaltet wird (2).

1) Unterschiedliche Informationsprodukte

Alle in dieser Arbeit vorgestellten umweltschutzorientierten Informationsinstrumente erfüllen den Zweck der Aufbereitung von Informationsressourcen zu Informationsprodukten oder diensten, die in ihrer Gesamtheit das Informations-

---

[1] Vergl. Horvath, P. 1990, a.a.O., S. 345 ff.

[2] Vergl. Kap. 6.2 der vorliegenden Arbeit und die dort zitierte Literatur, besonders deutlich bei: Seidel, E. u. Behrens, S., 1992, a.a.O., S. 143

[3] Vergl. Picot, A. u. Franck, E. 1988, a.a.O., S. 612

angebot ergeben. Ein umweltschutzorientiertes Informationsprodukt ist das Ergebnis der Instrumente, z. B. eine ökologische Bilanz, eine Sozialbilanz oder ein umweltschutzbezogenes Szenario. In Abb. 9.3 sind die Instrumente zur Auswertung umweltschutzorientierter Informationen gegenübergestellt. Die ökologische Buchhaltung ist zwar in der Abbildung enthalten, sie ist aber aufgrund der Schwierigkeiten bei der Ermittlung der Äquivalenzziffernkoeffizienten als Instrument für ein praxisgerechtes integriertes Umweltinformationssystem ungeeignet.[1] Die einzelnen Informationsprodukte unterscheiden sich insbesondere hinsichtlich des Aggregationsgrades der in ihnen verwendeten Ressourcen und der zeitlichen Herkunft der aufbereiteten Informationen. Je nach vertikaler Verschiebung/Ausdehnung der jeweiligen Kästen ist das Aggregationsspektrum der erstellten Informationsprodukte verschieden. Der Aggregationsgrad der Informationsaufbereitung durch die Instrumente Umwelt - Auditing und ökologische Bilanz ist eher gering. Diese Instrumente leisten eine systematische Aufbereitung von Detailinformationen. Dementgegen werden in der Sozialbilanz und dem instrumentellen ökologischen Controlling die Informationen in einer hoch aggregierten Form aufbereitet. Detaillierte Auswertungen sind nicht das Ziel dieser Instrumente. Die unternehmensinternen Informationsinstrumente verarbeiten im wesentlichen Informationen aus der Vergangenheit, sie sind ex post orientiert, was jedoch die Möglichkeit von Planungsrechnungen auf der Basis von Vergangenheitswerten nicht ausschließt. Dahingegen liegt der Schwerpunkt der umweltschutzorientierten Frühaufklärung auf der Aufbereitung zukunftsgerichteter (ex ante) Prognoseinformationen, auch hier werden in geringerem Maße Vergangenheitsinformationen verarbeitet.[2] Werden dem Benutzer Informationen ohne seine Aufforderung automatisch zur Verfügung gestellt, wie es bei Ökobilanzen, Umweltschutzberichten oder Grenzwertüberschreitungen der Fall ist, spricht man von **aktiven** Informationsressourcen. Darüber hinaus ist es für viele Planungs- und Kontrollaufgaben erforderlich, von dem starren, durch die umweltschutzorientierten Informationsinstrumente erzeugten Informationsangebot abweichende Auswertungen der Informationsressourcen vorzunehmen.

---

[1] Vergl. die Würdigung der ökologischen Buchhaltung im Kap. 6.1.3.

[2] Vergl. die Darstellung der Diffusionsfunktion umweltschutzorientierter Informationen im Kap. 7.4.1.

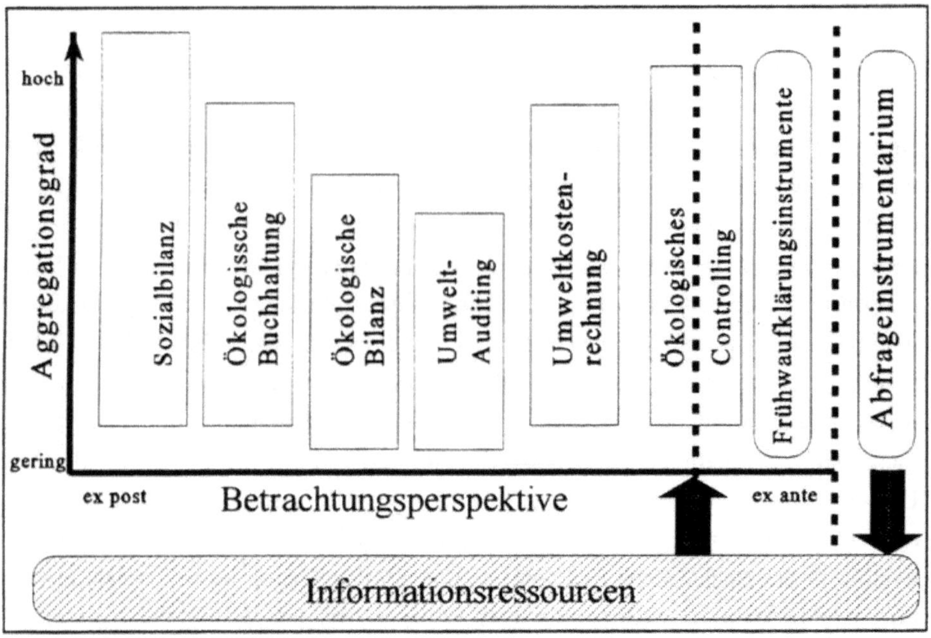

Abb. 9.3: Übersicht über Informationsinstrumente zur Informationsaufbereitung und deren Aggregationsspektrum
Quelle: eigene Darstellung

Greift der Benutzer von sich aus auf Informationsressourcen zu, z. B. wenn er eine Aufstellung der im letzten Jahr novellierten Gesetzesverordnungen benötigt, spricht man von einer **passiven** Ressource.[1] In der zielgruppenspezifischen Planung des Informationsangebotes ist festzulegen, zu welchen Informationsressourcen ein passiver Zugang auf Wunsch des Informationsbenutzers zu gewähren ist und wie dieser unterstützt werden kann. EDV - technisch können wissensbasierte Systeme[2],

[1] Vergl. zur Systematisierung von Informationsressourcen allgemein: Picot, A. u. Reichwald, R., 1991, a.a.O., S. 283 f.

[2] Isenmann u. a. zeigen die Vorteilhaftigkeit des wissensbasierten IBIS Konzeptes (Issue Based Information Systems) beim Einsatz im kommunalen Umweltschutzbereich auf (vergl. Isenmann, S. u. a., Diskursive Umweltplanung: computergestützte Behandlung "bösartiger" Umweltprobleme, in: ZAU, 5. Jg., 1992, H. 4, S. 470 ff.). Die Argumentation kann jedoch problemlos auf Einsatzgebiete im Bereich der Frühaufklärung in Unternehmen übertragen werden. IBIS basiert auf der Erkenntnis, daß die Umweltschutzplanung in besonderem Maße argumentativ verläuft. Die kontroversen Argumente einer Diskussionen werden im Rahmen einer Datenbank strukturiert festgehalten und die Konsensfindung wird unterstützt.

Entscheidungsunterstützungssysteme[1] und Abfrageroutinen im Rahmen von Datenbanksprachen[2] als Abfrageinstrumente zur Verbesserung der Performance herangezogen werden.

Vor allem zur umweltschutzorientierten Frühaufklärung sind für den Benutzer vertiefende Informationen interaktiv zur Verfügung zu stellen. Die unternehmensindividuelle Ausgestaltung der umweltschutzorientierten Frühaufklärung, etwa entsprechend des in Kap. 7.5 aufgezeigten Vorgehens, läßt dann eine Reihe an Informationsprodukten und -diensten jeglichen Aggregationsgrades zu.

2) Zielgruppenspezifisches Informationsangebot

Nachdem die einzelnen Zielgruppen und Informationsprodukte beschrieben worden sind, stellt sich die Frage, welche Produkte den jeweiligen Zielgruppen angeboten werden. Das Angebot wird dabei neben der Kombination von Informationsprodukten auch durch die bestehenden Informationssysteme zur Informationsversorgung der einzelnen Gruppen beeinflußt. Auf unternehmensinterner Seite (b) - (d) findet sich hier die in den Kap. 8.1.3/4 erläuterte Informationssystempyramide wieder.

a) Interessengruppen

Die unternehmensverfassungsrelevanten Interessengruppen benötigen Informationen zur Wahrung ihrer Interessen gegenüber dem Unternehmen. Teils ist die Auskunftspflicht von Unternehmen über ihre Umweltschutzsituation gesetzlich im Umweltinformationsgesetz (UIG) geregelt, teils basiert sie auf freiwilliger Basis zur Verbesserung der Reputation des Unternehmens.

Den Interessengruppen können Informationen über die Umweltverträglichkeit des Unternehmenshandelns mittels Sozialbilanzen und speziell auf diese unternehmensfremde Zielgruppe zugeschnittenen Umweltschutz - Auditingberichte in Form eines Jahresberichts aktiv angeboten werden. Da der umweltschutzorientierte Jahresabschluß bislang keine gesetzliche Verpflichtung ist, dient die moderne Fassung der Sozialbilanz ebenso wie die veröffentlichten Auditingberichte als PR - Instrumente, in denen eine ausgewählt positive Berichterstattung erfolgt. Zusätzlich sind nicht

---

[1] Vergl. z. B. Rockart, J. F. u. DeLong, D. W., Executive Support Systems, Homewood/Illinois 1988, Schmidhäusler, F. J., Das MIS ist tot, es lebe das EIS, in: Controlling, 2. Jg., 1990, H. 3, S. 156 ff; Werner, L., 1992, a.a.O., S. 29 ff.

[2] Vergl. Fischer, J., 1992, a.a.O., S. 248 ff.

standardisierte Broschüren als Bestandteil der PR zur Umweltschutzsituation des Unternehmens möglich. Echte Kontrollmöglichkeiten des Unternehmens durch die Interessengruppen, wie sie etwa der finanzielle Jahresabschluß ermöglicht, sind deshalb kaum gegeben. Dementgegen gibt es folgende Fälle/Situationen, in denen ein erhöhter gesetzlicher oder aus der Wettbewerbssituation heraus entstehender Offenlegungsdruck auf das Unternehmen ausgeübt wird:

aa) **Umweltverträglichkeitsprüfungen,**
bb) **Krisenkommunikation bei Unfällen,**
cc) **Datentransfer zwischen Umweltinformationssystemen,**
dd) **Informationsdienst Umweltzustand**

aa) Umweltverträglichkeitsprüfungen

Nach gesetzlichen Vorschriften ist bei größeren Neuinvestitionen (Anlagen und Gebäude) ein detaillierter Bericht zu den möglichen Umweltwirkungen an die zuständigen Behörden zu übermitteln.[1] Die Planungsunterlagen werden von den Kommunen zwar öffentlich ausgelegt, jedoch besitzt das Unternehmen das Recht, Betriebsgeheimnisse als solche zu markieren und von der Veröffentlichung auszuschließen.[2] Ein zweiter Adressatenkreis für Umweltverträglichkeitsprüfung sind die fremdkapitalgebenden Banken, die zunehmend eine Umweltverträglichkeitsprüfung als Vorbedingung der Kreditgewährung machen.

bb) Krisenkommunikation bei Unfällen

Wird eine vom Unternehmen verursachte Umweltverschmutzung offensichtlich, entsteht durch die Presse, Umweltschutzorganisationen und die Behörden ein erheblicher Offenlegungsdruck. Das Unternehmen muß dann genau abwägen, welche Informationen veröffentlicht werden, um einerseits in nachfolgenden Gerichtsverfahren keine Nachteile zu erleiden, andererseits negativer Publicity mit einer aktiven Informationsstrategie zu begegnen.

cc) Datentransfer zwischen Umweltinformationssystemen

Die direkte Einspeisung von Informationen über den Kuppelproduktausstoß der betrieblichen Produktion, den auf den Grundstücken des Unternehmens befindlichen Gefahrstoffen und der Meldung von Gefahrguttransporten in regionale Umwelt-

---

[1] UVP Gesetz vom 12.02.1990, vergl. zur Verfahrensbeschreibung: König, M., 1992, a.a.O., S. 14 ff.

[2] Vergl. zum Umweltinformationsgesetz (UIG) Kap. 3.2 der vorliegenden Arbeit und insb. Eilers, S. u. Schröder, T., 1993, a.a.O., S. 1025 ff.

informationssysteme ist zwar derzeit noch Zukunftsvision, jedoch läßt die zunehmende Verbreitung solcher Systeme auf die baldige Realisation entsprechender Datentransfers schließen.[1]

dd) Informationsdienst Umweltzustand

Aufgrund der Wettbewerbslage kann es in bestimmten Branchen für Unternehmen vorteilhaft sein, einen Verbraucherinformationsdienst einzurichten, der laufend über den Stand der umweltschutzbezogenen Produktqualität und Produktionsverfahren berichtet. Ein solches Informationssystem wird z. B. von Unternehmen der Touristikbranche angeboten, die über die Badewasserqualität an ihren Standorten berichten. Vorteilhaft kann ein solches System prinzipiell für alle Unternehmen mit schwankender umweltschutzbezogener Produktqualität sein. Neben der Touristik kommt vor allem die Nahrungsmittelindustrie als Anwender in betracht. Das Informationssystem kann schriftlich aber auch über elektronischen Datenaustausch (z. B. das BTX System oder das Datex P - Netz der Telekom) für Absatzmittler oder Endverbraucher angeboten werden.

In allen vier Fällen wird das Unternehmen präzise Detailinformationen an eine begrenzte Zielgruppe übermitteln müssen. In jedem Fall muß sichergestellt werden, daß nur den Unternehmenszielen förderliche Information das Unternehmen verläßt. Im Falle einer objektorientierten Ressourcenhaltung, wie sie im vergangenen Abschnitt empfohlen worden ist, ist dies durch eine Klassifikation der Ressourcen in einem extra Attributfeld zu erreichen.

b) Unternehmensleitung

Die Unternehmensleitung entscheidet über die Umweltmanagementstrategie sowie über größere Umweltschutzprojekte und kontrolliert diese. Das Steuerungsinstrument der Unternehmensleitung ist in erster Linie die Budgetierung. Über den Budgetierungsprozeß teilt die Unternehmensleitung den als erfolgswirksamsten erwarteten Projekten Ressourcen zu. Dementsprechend benötigt die Unternehmensleitung hauptsächlich hoch aggregierte Nutzen- und Kosteninformationen zur Entscheidung über geplante und zur Kontrolle der laufenden Umweltschutzstrategien.

Solche hoch aggregierten Auswertungen werden aus den Ergebnissen der Instrumente

---

[1] Vergl. Pillmann, W., 1993, a.a.O., S. 37 ff.

aa) Umweltkosten- und Umweltleistungsrechnung,
bb) Umwelt - Auditing,
cc) ökologisches Controlling
für den unternehmensinternen Bereich und der
dd) umweltschutzorientierten Frühaufklärung
für die Auswertung von Informationen aus dem unternehmensexternen Bereich erstellt.

aa) Eindeutige umweltschutzorientierte Kostenstellen und Kostenträgerrechnungen sind, wie von Seiten der Praxis berichtet wird, nur selten möglich. Als Führungsinformation relevanter ist dagegen die Kosten - Nutzen - Analyse umweltschutzbezogener Projekte mithilfe von Projektkostenrechnungsverfahren wie der im Abschnitt 6.1.5 vorgestellten Poolkostenrechnung, da mit diesem Instrument die präzisere Zurechnung des Erfolgs auf Umweltschutzmaßnahmen möglich wird.

bb) Die Ergebnisse des Auditing ermöglichen der Unternehmensleitung die ex post orientierte Kontrolle der Leistungsfähigkeit des Umweltmanagements sowie der Umweltmanagementstrategie. Bedeutung für die Unternehmensführung besitzen vorrangig außerordentliche Abweichungen, die auf dringenden Handlungsbedarf schließen lassen.

cc) Gleiches wie für das Auditing gilt prinzipiell auch für das ökologische Controlling mit dem Unterschied jedoch, daß das ökologische Controlling eine Übersicht über die umweltschutzorientierte Relevanz von Verfahren und Produkten aus der laufenden und nicht der ex post orientierten Perspektive des Auditing bietet. Die Controlling - Informationen dienen der prozeßbegleitenden Kontrolle des Umweltmanagements, um gegebenenfalls laufende Fehlsteuerungen zu korrigieren. Auf der Ebene der Unternehmensleitung sind prozeßbegleitend diejenigen Umweltschutzmaßnahmen zu überwachen, die für den Unternehmenserfolg bedeutend sind und die weite Bereiche des Unternehmens betreffen, so daß sie die Kompetenzen des Umweltmanagements oder einzelner Funktionsbereichsleiter übersteigen, wie beispielsweise die Einführung einer Recyclingkonzeption.

dd) Die Aufbereitung von Informationen aus der umweltschutzorientierten Frühaufklärung für die Unternehmensleitung ist besonders selektiv und aggregiert. Umweltschutzorientierte Frühaufklärungsberichte an die Unternehmensleitung enthalten eine Zusammenfassung bereits erhärteter Erkenntnisse umweltschutzorientierter Chancen und Bedrohungen, von denen das gesamte Unternehmen betroffen ist.

Besitzt der Umweltschutz in einem Unternehmen so großen Einfluß auf die Unternehmensziele und deren Durchsetzung, daß sich die Unternehmensleitung laufend mit dem Umweltschutz im Unternehmen auseinandersetzen muß, können Informationsressourcen der Unternehmensleitung über die Einbindung von umweltschutzorientierten Informationen in das Führungsinformationssystems angeboten werden. Mit Hilfe des Führungsinformationssystems besteht für die Unternehmensleitung die Möglichkeit, selbst definierte Informationsauswertungen auf beliebigem Aggregationsniveau zu erzeugen. So sind einerseits die Kosten- und Leistungswirkungen von Umweltschutzprojekten alternativer Investionsmöglichkeiten im Unternehmen gegenüberzustellen, andererseits sind die erzielten bzw. prognostizierten Ergebnisse bis auf die Aggregationsebene ihrer Entstehung zurückzuverfolgen. Die zweite Funktion ermöglicht zudem eine präzisere Kontrolle des Umweltmanagements und seiner Strategie durch die Unternehmensführung.

c) Umweltmanagement i. e. S.

Das Umweltmanagement im engeren Sinne ist die organisatorische Einheit im Unternehmen, die mit der Durchführung der Planung und Kontrolle von Umweltschutzmaßnahmen, Projekten und Strategien befaßt ist. Dementsprechend ist nicht nur ihr Informationsbedarf umfassend, sondern das **Umweltmanagement gestaltet auch das Angebot** an umweltschutzorientierten Informationen. Als "fachlicher Informationssystemarchitekt" hat das Umweltmanagement Zugang zu allen umweltschutzorientierten Informationsressourcen und -produkten, die den übrigen Zielgruppen angeboten werden. Im Idealzustand verfügt das Umweltmanagement über ein Entscheidungsunterstützungssystem aus der Informationssystempyramide, das vor allem zur computergestützen Planung von Umweltschutzmaßnahmen dient. Umweltschutzorientierte Entscheidungsunterstützungssysteme können mittels Simulationen die dynamischen Wechselwirkungen alternativ zur Entscheidung stehender Umweltschutzmaßnahmen aufzeigen.

d) Mit der Durchführung des Umweltschutzes befaßte Stellen

Hierunter fallen alle diejenigen Organisationseinheiten, die an der konkreten Ausgestaltung der im Umweltmanagement geplanten Maßnahmen und Projekte beteiligt sind. Vom Funktionsbereichsleiter bis hin zur untersten Ebene der Unternehmenshierarchie kommen hier prinzipiell alle Stellen im Unternehmen in Frage. Die

Informationen umfassen konkrete Zielvorgaben, Informationen zur Koordination und zur fachlichen Durchführung der Umweltschutzmaßnahmen.

Entsprechend der nur begrenzten Beschäftigung des Adressatenkreises mit umweltschutzorientierten Aufgabenstellungen ist es vordringliches Ziel, das bestehende Informationsangebot durch umweltschutzorientierte Informationsinhalte zu ergänzen und nicht ein parallel errichtetes umweltschutzorientiertes Berichtssystem zu schaffen. Dazu sind in Listen, Bildschirmmasken und Berichten Basisinformationen aus Umweltkostenrechnung, ökologischer Bilanz und dem ökologischen Controlling einzufügen. Schwerpunkte des Umweltschutzes in den betrieblichen Funktionsbereichen zeichnen sich entsprechend der Ausführungen in Kap. 3 derzeit ab in den Bereichen Personalmanagement, Finanzmanagement, Material- und Energiebeschaffung, Logistik, Produktionsplanung und -steuerung, F & E, Marketingmanagement und Marketing - Mix. Besteht beispielsweise im Einkaufsmanagement eine Liste mit Lieferanten, so könnte neben einer Kennziffer für die finanzielle Bonität auch eine Kennziffer für das umweltschutzbezogene Verhalten einzelner Lieferanten enthalten sein. Häufig bedarf es eines umfangreichen Fachwissens, um die tägliche Durchsetzung des Umweltschutzes durch die Funktionsbereiche zu bewältigen. Den Fachabteilungen können die benötigten Informationen dann mit einem Expertensystem zur Verfügung gestellt werden. Ein potentielles Einsatzgebiet der Expertensysteme im Umweltschutz, das diese Anforderung erfüllt, ist der Beschaffungsbereich, da hier eine Vielzahl an Forschungsergebnissen über die Umweltwirkungen von Stoffen allein oder in Kombination mit anderen vorhanden ist.

Eine genauere Beschreibung des Informationsangebots für jede Stelle ist hier aufgrund der sehr heterogenen Situation in einzelnen Unternehmen wenig sinnvoll. Insgesamt ist ebenso wie beim Informationsangebot an unternehmensexterne Adressaten auch intern dafür Sorge zu tragen, daß geheime Informationen über die umweltschutzorientierte Information nur dort, wo unbedingt erforderlich, verfügbar sind. Die Klassifizierung der Informationen wird durch die zunehmende Sensibilisierung der Öffentlichkeit für Umweltschutzprobleme der Unternehmen in Verbindung mit der zunehmenden Offenlegungspflicht der verursachten Umweltbelastungen notwendig.[1] Die Klassifizierung der Daten kann EDV - technisch bei der

[1] Die zunehmende Auskunftspflicht der Unternehmen manifestiert sich besonders deutlich durch den Referentenentwurf für ein Umweltinformationsgesetz (RefE-UIG)(vergl. den Abschnitt zu rechtlichen Aufgaben des Umweltmanagements im Kap. 3.2.1 der vorliegenden Arbeit.).

relationalen Datenspeicherung etwa durch die Vergabe eines zusätzlichen Attributes, das die Sensibilität der jeweiligen Informationen aufnimmt, gelöst werden.[1]

9.2 Der Planungsablauf eines integrierten Umweltinformationssystems

Im vorangegangenen Abschnitt sind die Inhalte der einzelnen Schritte zur Planung eines Umweltinformationssystems näher erläutert worden. Dabei ist jedoch der Zusammenhang zwischen den einzelnen Schritten vernachlässigt worden. Im Kap. 9.2.1 wird dieser Mangel behoben, indem auf die Planungsschritte in ihrer Abfolge und die jeweiligen Planungsträger näher eingegangen wird. Eine besondere Bedeutung kommt der Planung des integrierten Umweltinformationssystems aufgrund ihrer ablauforganisatorischen Wirkungen auf den Umweltschutz im Unternehmen zu. Kap. 9.2.2 veranschaulicht, wie bereits durch die Planung des Systems die Erreichung der umweltschutzorientierten Ziele gefördert wird. Das Umweltinformationssystem wird außerdem durch die positive Wirkung auf die Durchsetzung der Umweltschutzziele nach seiner Implementation begründet.

9.2.1 Schrittfolge der Planung eines integrierten Umweltinformationssystems

Das Planungsprogramm zur Realisierung eines integrierten Umweltinformationssystems vollzieht sich entlang folgender vier Schritte:

1) **Ermittlung des Informationsbedarfs,**
2) **Planung des Informationsangebots,**
3) **Planung der Informationsressourcen,**
4) **Planung der Informationsquellen.**

1) Ermittlung des Informationsbedarfs

Der Informationsbedarf beschreibt vereinfacht die objektiv nötige Menge an Informationen, um eine Aufgabe zu lösen. Szyperski grenzt den Begriff des Informationsbedarfs weiter ein, indem er einen Subjektbezug, Kontextbezug, Zeitbezug und Raumbezug zur exakten Informationsbedarfsermittlung fordert.[2] Dies ist grundsätzlich sinnvoll, erlaubt aber aufgrund des hohen Detaillierungsgrades nicht, einen Überblick über den Informationsbedarf des Umweltmanagements zu geben, auf den diese Untersuchung beschränkt ist. Wenn im folgenden von Informations-

---

[1] Vergl. zu relationalen Datenbanksystemen: Biethahn, J., Mucksch, H. u. Ruf, W., 1991, a.a.O., S. 194 ff.

[2] Vergl. Szyperski, N., Informationsbedarf, in: Grochla, E. (Hrsg.), Handwörterbuch der Organisation, 2. Auflg., Stuttgart 1980, Sp. 904

bedarf gesprochen wird, so ist damit vor allem der Bedarf im Hinblick auf den Aufgabenbezug von Informationen gemeint. Der Bedarf an Informationen geht zwar vom Planungs- und Kontrollprozeß aus, aber Informationen sollen auch auf Chancen und Risiken hinweisen. Da Planungs- und Kontrollprozeß in jedem Unternehmen stark unterschiedlich ausgeprägt sind, ist kein allgemeingültiger Rahmen zur Ermittlung des Informationsbedarfs gegeben.[1] Der Informationsbedarf zur Durchführung des betrieblichen Umweltschutzes orientiert sich zum einen an der Aufgabenanalyse, die im Kap. 3 dieser Arbeit durchgeführt wurde. Andererseits ist insbesondere im dynamischen Bereich des Umweltmanagements zusätzlich durch die umweltschutzorientierte Frühaufklärung Informationsbedarf für die strategische Planung aufzuzeigen, da hier völlig neue Aufgabenfelder entstehen können, die in einer Aufgabenanalyse nicht berücksichtigt werden.

Verantwortlich für die Aufgabenanalyse ist das Umweltmanagement unter Mitwirkung der einzelnen mit dem betrieblichen Umweltschutz befaßten Unternehmensteilbereiche. Aus der Aufgabenanalyse des Umweltmanagements ergeben sich Informationskataloge, die typische Informationen für bestimmte Planungshierarchieebenen auflisten. Führt ein Unternehmen eine Informationsbedarfsananlyse im Umweltmanagement durch, so müßten die Informationskataloge entsprechend der obigen Informationsbedarfs - Definition von Szyperski hinsichtlich des Subjektbezuges, Kontextbezuges, Zeitbezuges und Raumbezuges konkretisiert werden. Im folgenden sind beispielhaft zwei Informationskataloge für die (a) strategischen und (b) operativen Aufgaben des Umweltmanagements aufgelistet.

a) Informationsbedarf zur Planung und Kontrolle der Umweltmanagementstrategie

An Umweltinformationssysteme wird die Anforderung gestellt, zukünftige Wettbewerbschancen und -Risiken als Grundlage der Umweltmanagementstrategie aufzuzeigen. Dazu sind am Beispiel eines Industrieunternehmens Informationen hinsichtlich der folgenden Informationsfelder von besonderer Relevanz:[2]

1. Marktsituation

- Marktaufteilung der ökologisch relevanten Teilmärkte,
- Marktentwicklung von Teilmärkten mit Umweltproblemen,
- Marktentwicklung von Märkten mit ökologischen Produktvorteilen.

---

[1] Vergl. Horvath, P. 1990, a.a.O., S. 367 ff.

[2] Übernommen aus Bruhn, M., 1992, a.a.O., S. 538 ff.

2. Kundensituation
- Einstellung der Kunden zu Umweltthemen,
- Kundenverhalten bei Produkten mit Umweltproblemen,
- Kundenakzeptanz von ökologisch verbesserten Produkten und ökologischen Produktinnovationen,
- Preiselastizität bei Produkten mit ökologischen Vorteilen,
- Merkmale ökologischer Kundensegmente.

3. Handelssituation
- Forderungen des Handels nach ökologisch verbesserten Produkten/Verpackungen,
- Akzeptanz bzw. Ablehnung von ökologischen Produktinnovationen,
- Bereitschaft des Handels zum Aufbau von Retrodistributionssystemen,
- Profilierung von Handelskonzernen als umweltfreundliche Handelsbetriebe.

4. Konkurrenzsituation
- Ökologieorientierung des Hauptkonkurrenten,
- Konkurrenzintensität in ökologischen Teilmärkten,
- Markteintrittsbarrieren in ökologischen Teilmärkten,
- Marktaustrittsbarrieren in Teilmärkten mit Umweltproblemen,
- ausländischer Konkurrenzdruck durch ökologische Produktinnovationen,
- Bereitschaft der Konkurrenz zur gemeinschaftlichen Lösung von Umweltproblemen.

5. Umfeldsituation
- Staatliche Auflagen zur Berücksichtigung ökologischer Aspekte bei Produkten und Verpackungen,
- Normendruck der Bevölkerung zum ökologischen Unternehmensverhalten,
- Stand und Entwicklung der Umweltschutztechnologie,
- Reaktion der Medien und Öffentlichkeit auf ökologisch relevante Ereignisse.

6. Unternehmenssituation
- Grad der Betroffenheit von ökologischen Problemen bei den vorhandenen Produkten und Verpackungen,
- bisherige ökologische Ausrichtung des Leistungsprogrammes nach ökologischen Aspekten,
- Verankerung des Umweltschutzes in den Unternehmensgrundsätzen,
- Stand der Umweltschutztechnik im Unternehmen,
- Image bei den Konsumenten und im Handel als umweltfreundliches Unternehmen,
- Bewußtsein der Mitarbeiter für Umweltschutzthemen.

Aus der Informationsbeschaffung zu den sechs Gebieten wird die umweltschutzbezogene Betroffenheit eines Unternehmens als Ausgangssituation der Umweltschutzstrategie deutlich.

b) Informationsbedarf der Strategiedurchsetzung in den betrieblichen Funktionsbereichen

Der Informationsbedarf der Strategiedurchsetzung läßt sich erst nach Kenntnis der Aufgabenstellungen in den einzelnen Funktionsbereichen präzisieren. In Kap. 3.2 sind die Aufgabenstellungen der umweltschutzbezogenen Erweiterungen einzelner betrieblicher Funktionsbereiche systematisiert worden. Tabelle 9.2 faßt diese Ergebnisse für ein Industrieunternehmen noch einmal zusammen.

Betrieblicher Funktionsbereich	**umweltschutzorientierte Aufgabenstellungen**
Personalbereich	* Vermittlung umweltschutzbezogenen Fachwissens mittels Weiterbildungsmaßnahmen * Umweltschutzbezogene Kompetenz als Kriterium im Rahmen von Personalauswahlverfahren und Beurteilungsverfahren
Finanzbereich	* Art, Zeitpunkt und Finanzierung von Umweltschutzinvestitionen
Material- und Energiebeschaffungsbereich	* umweltschutzbezogene Schwachstellenanalyse bisher eingesetzter Materialien * Inhalte umweltschutzorientierter Beschaffungswerbung * Bewertung von Lieferanten hinsichtlich ihrer Umweltschutzanstrengungen
Logistik	* Umweltverträglichkeit alternativer Transportmittel und -wege * Möglichkeiten der Abfall- und Recyclingorientierung der Logistik * Diskussion des Just - in - Time Konzeptes unter Umweltverträglichkeitsgesichtspunkten
Produktionsbereich	* strategische Produktionsplanung: Planung herzustellenden Umweltschutzprodukte, der zur Herstellung notwendigen Technologien, deren Kapazität und Maßnahmen zur Vermeidung bzw. Reduzierung von Emissionen * taktische Produktionsplanung: Planung der alternativer Produktions- bzw. Schadstoffminderungsverfahren bei gegebener technologischer Ausstattung * operative Produktionsplanung: Handhabung oszillierender Schwankungen der Schadstoffemissionen im Produktionsprozeß
Recyclingkonzeptionen	* integrierte Wiederverwertung von Reststoffen wie beispielsweise im Kap. 3 beschriebenen System CAR der BMW AG

Betrieblicher Funktionsbereich	umweltschutzorientierte Aufgabenstellungen
F & E - Bereich	* prozeßorientierte F & E: Möglichkeiten zur Stoff- und Energieeinsparungen, Minderung von Emissionen, umweltverträgliche Substitutionen und Recycling - Verfahren * produktorientierte F & E: Möglichkeiten zur marktgerechten Verbesserung umweltschutzbezogener Produktqualität
Marketing	* umweltschutzorientierte Marketingstrategie: Konsequenzen des Rückzugs aus umweltbelastenden Marktsegmenten bzw. Eintritts in Umweltschutzmärkte * umweltschutzorientiertes Marketing - Mix: Möglichkeiten umweltschutzorientierter Produkt- und Preisdifferenzierung sowie Alternativen umweltschutzorientierter Kommunikationsinhalte sowie deren wirtschaftlicher Erfolg

Tabelle 9.2: Umweltschutzorientierte Aufgabenstellungen in den betrieblichen Funktionsbereichen
Quelle: vom Verfasser selbsterstellt

Durch die Einteilung der Aufgabenbereiche in operativ und strategisch ist bereits der Ansatz eines Subjektbezuges hergestellt. Die Zielgruppe der Unternehmensleitung benötigt vorrangig strategische Informationen, die der ausführenden Einheiten des Umweltschutzes vorrangig operative Informationen und das Umweltmanagement i . e. S. beide Informationsarten. Der nformationsbedarf der Zielgruppe der Interessengruppen wird von außen an das Unternehmen herangetragen, seine Ermittlung ist durch einfache Beobachtung der Gruppen oder aufgrund gesetzlicher Verpflichtung vergleichsweise unproblematisch.

2) Planung des Informationsangebots

Die konkrete Realisiserung der Angebotsstruktur eines betrieblichen Umweltinformationssystems ist ebenfalls ein in hohem Maße unternehmensspezifischer Vorgang. Die Beschreibung konkreter Ausgestaltungen ist nur unter Einbezug der speziellen Unternehmenssituation sinnvoll. Haasis u. a. empfehlen daher für ein computergestütztes Umweltinformationssystem einen modularen, menügesteuerten Aufbau, "...der eine Verlagerung einzelner Programmbausteine möglichst weit "nach unten" in der Programmierhierarchie unterstützt (siehe Abb. 9.4). Der in Abb. 9.4 abgebildete Menübaum ist im Hinblick auf das hier vorgeschlagene Umweltinformationssystem nicht vollständig. Es fehlt der Menüpunkt der umweltschutzorientierten Frühaufklärung vor allem in Bezug auf Marktinformationen. Aus dem Gesamtmenü lassen sich dann einzelne Module in Form von Funktionen, Prozeduren und Unterprogrammen realisieren, die an den Endstellen (Blätter) des Menübaumes aufgerufen werden.

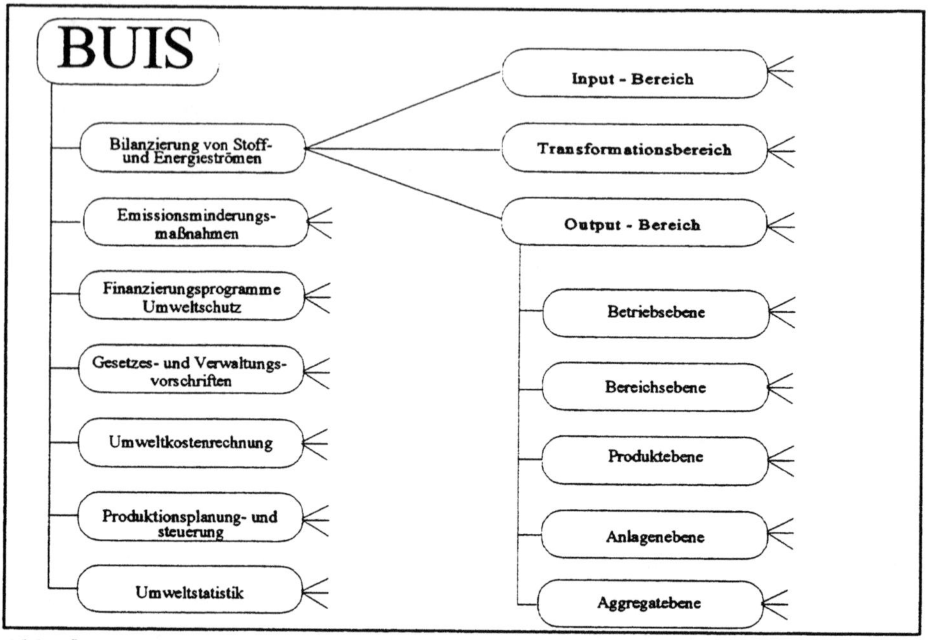

Abb. 9.4: Menübaum eines betrieblichen Umweltinformationssystems
Quelle: in Anlehnung an Haasis, H. - D., Hackenberg, D. u. Hillenbrand, R., 1989, a.a.O., S. 51

Durch modularen Programmaufbau lassen sich unter Zuhilfenahme einer geeigneten Menüsteuerung auch relativ große Programmsysteme für einen Benutzer transparent machen."[1] Einzelnen Benutzern werden entsprechend der Ausführungen im vorangegangenen Abschnitt nur die für sie relevanten Ausschnitte aus dem gesamten Menü zugänglich gemacht. Die Planung des Informationsangebots obliegt dem Umweltmanagement in Zusammenarbeit mit dem jeweiligen Anwender. In dieser Planungsstufe wird vom Umweltmanagement EDV - technischer Sachverstand insofern verlangt, daß die technischen Möglichkeiten in der Angebotsgestaltung Berücksichtigung finden müssen.

---

[1] Haasis, H. - D., Hackenberg, D. u. Hillenbrand, R., 1989, a.a.O., S. 50

Die Planung des Informationsangebots beinhaltet neben der Festlegung der inhaltlichen und technischen Ausgestaltung auch die Planung des organisatorischen Rahmens zur Unterstützungen des Benutzers bei der Beschaffung und individuellen Weiterverarbeitung von angebotenen oder nachgefragten Informationen.

3) Planung der Informationsressourcen

Aus der kumulierten Menge der Informationsbedarfe werden die Informationsressourcen geplant. Dieser 3. Planungsschritt ist im wesentlichen ein folgerichtiges Umsetzen der Anwenderwünsche auf der technischen Ebene der Datenspeicherung. Neben der technischen Datenhaltung sind der intellektuelle Zugang und die Verifizierung von Informationen die Hauptgestaltungsmerkmale, die bei der Planung von Ressourcen auszufüllen sind. Die Planung der Informationsressourcen erfolgt deshalb in enger Zusammenarbeit des Umweltmanagements mit der EDV - Abteilung.

4) Planung der Informationsquellen

Aus der prinzipiell unendlichen Menge möglicher Quellen sind nach Effizienz- und Gültigkeitsgesichtspunkten diejenigen auszuwählen, die in der konkreten Unternehmenssituation relevante Daten liefern. Bei der Auswahl sind Kriterien an die möglichen Informationsquellen anzulegen, nach denen Informationen kostengünstig zu erhalten sind und deren Erreichbarkeit, Zuverlässigkeit, Objektivität, Aktualität und Unabhängigkeit gewährleistet ist.[1]

Die neben der Auswahl zweite bedeutsame Entscheidung zur Planung der Informationsquellen betrifft die Frage, wer die Daten mit welchen Hilfsmitteln und nach welchen Ordnungskriterien aus den ausgewählten Quellen sammelt.[2] Aufgrund der Vielschichtigkeit der relevanten Themen ist die Informationssammlung im gesamten Unternehmen zu verteilen, wobei ein Großteil der Beschaffungsaktivitäten sicherlich durch den Funktionsbereich des Umweltmanagements getragen wird. Jedoch ist davon auszugehen, daß insbesondere Informationen von den Außenkontakten des Unternehmens durch näherstehende Organisationseinheiten in das Informationssystem eingespeist werden. Zu nennen sind hier

a) die **F & E Abteilung**, die wohl in vielen Fällen die besten wissenschaftlichen Kontakte unterhält,

---

[1] Vergl. Picot, A. u. Franck, E., 1988, a.a.O., S. 612

[2] Vergl. Picot, A. u. Franck, E., 1988, a.a.O., S. 612

b) die **Rechtsabteilung** und die **Unternehmensführung** als Ansprechpartner für Behörden und Politiker,

c) der **Vertrieb** als Experte für die Kundenbedürfnisse oder

d) die **PR - Abteilung** als Ansprechpartner für Presse, Bürgerinitiativen.

Die erhobenen Informationen werden im Optimalfall von den Organisationseinheiten selbst online am Bildschirm als Bestandteil der umweltschutzorientierten Frühaufklärung in entsprechende Felder der Datenbasis des Umweltinformationssystems eingegeben.

Aus den Ausführungen wird ersichtlich, daß viele bedeutsame Informationsquellen des Umweltmanagements nicht nur Informationslieferanten sind, sondern auch im Rahmen der aktiven Umsetzung der Umweltmanagementstrategie aus dem Umweltinformationssystem heraus mit Informationen versorgt werden. So werden durch Signaling - Aktivitäten Informationen gezielt an die Interessengruppen sowohl unternehmensintern etwa zur Durchsetzung von Umweltschutzmaßnahmen durch die Mitarbeiter wie auch extern an Behörden, Marktpartner und -rivalen etc. weitergegeben.[1] Die Kommunikationspartner der jeweiligen Interessengruppen im Unternehmen werden über das betriebliche Umweltinformationssystem also auch gezielt mit umweltschutzbezogenen Informationsressourcen versorgt. Besteht im Unternehmen ein guter Versorgungsgrad mit vernetzten EDV - Endgeräten wie Workstations oder Pcs, kann den mit Umweltschutz - Kommunikation befaßten Mitarbeitern durch Online - Zugriff auf die Informationsressourcen in einer Dialogfunktion einerseits effizient Argumentationshilfe bereitgestellt werden, andererseits können aus der Kommunikationsbeziehung neu in Erfahrung gebrachte Informationen gleich in das System eingegeben werden.[2] Aufgrund des in der Regel weit verzweigten Beziehungsgeflechtes des Unternehmens mit seiner Umwelt sind die betreffenden Fachabteilungen häufig besser in der Lage, geeignete Informationsquellen ausfindig zu machen. Dem Umweltmanagement kommt in diesem Planungsschritt deshalb nur eine Koordinations- und Kontrollfunktion zu.

---

[1] Vergl. Müller - Witt, H., 1991, a.a.O., S. 208 ff., der die externe Funktion betrieblicher Umweltinformationssysteme mit dem Begriff "push-" Aufgabe und die interne Funktion mit "pull-" Aufgabe charakterisiert.

[2] Siehe zu weiteren Ausführungen: Houy, C., Vernetzungsstrategien, in: Scheer, A. - W. (Hrsg.), 1993, a.a.O., S. 765 ff.

9.2.2 Ablauforganisatorische Steuerungswirkung eines integrierten Umweltinformationssystems

Aus organisationstheoretischer Sicht ist der Prozeßcharakter des betrieblichen Umweltschutzes mit seinen vielen Interdependenzen zwischen den einzelnen Prozeßstufen zu betonen. Bisher stand die fachinhaltliche Informationsversorgung der mit dem betrieblichen Umweltschutz befaßten Stellen im Vordergrund dieser Arbeit. Die Möglichkeit der unternehmensweiten Bereitstellung von umweltschutzorientierten Informationsinhalten ist als Voraussetzung eines integrierten Umweltmanagements herausgestellt worden. Es wurde jedoch auch deutlich, daß von Umweltinformationssystemen eine **Kommunikationsfunktion** übernommen wird. Die Kommunikationsfunktion bezieht sich einerseits auf die unternehmensexterne Informationsübermittlung, andererseits aber auch auf die Kommunikation im Unternehmen selbst. Der internen Kommunikationsfunktion kommt neben der oben bereits breit diskutierten Übermittlung von Informationsinhalten auch die Aufgabe der **innerbetrieblichen Durchsetzung** der Umweltmanagementaktivitäten zu.

Aus der Beteiligung vieler weit verstreuter Organisationseinheiten am betrieblichen Umweltschutz ergibt sich ein Koordinationsproblem bei der Durchsetzung von Umweltschutzaktivitäten, das im folgenden durch ein Beispiel kurz illustriert wird. Anshen hat festgestellt, daß "immer dann, wenn die Verfolgung sozialer Ziele in Konflikt gerät mit der Realisierung ökonomischer Ziele, werden erstere zugunsten der Sicherung eines befriedigenden ökonomischen Erfolges vernachlässigt...."[1] Würde demzufolge ein karriereorientierter Werksleiter eines Mineralölkonzerns durch Umweltschutzinvestitionen das Betriebsergebnis seines Verantwortungsbereiches, von dem seine berufliche Entwicklung abhängt, verschlechtern, so würde er die Investition vermeiden, obwohl sie vom Standpunkt des Konzerns aus sinnvoll wäre, sofern er durch die Organisation des betrieblichen Umweltschutzes keine Kontrollen und Sanktionen zu erwarten hätte. Dieses typische Prinzipal - Agenten - Problem mit dem betrieblichen Umweltmanagement in der Rolle des Prinzipals und der Rolle der Bereichs- oder Spartenleiter als Agent ist nach Einschätzung von Praktikern im betrieblichen Umweltschutz von Konzernen weit verbreitet. Es begründet sich aus der asymmetrischen Informationsverteilung zwischen beiden Parteien. Theoretisch bestehen drei Möglichkeiten, dieses Problem zu lösen: Die Schaffung von Anreizen, die Einrichtung eines Informations- und Kontrollsystems und die

---

[1] Anshen, M., Corporate Strategies for Social Performance, New York, London 1980, S. 183 zitiert bei: Frese, E. u. Kloock, J., 1989, a.a.O., S. 25 f.

Einführung rechtlich - institutioneller Vorkehrungen.[1] Von den drei Möglichkeiten ist hier ausschließlich die Wirkung des integrierten Umweltinformationssystems als Informations- und Kontrollsystems von Relevanz. Die innerbetriebliche Durchsetzung der Umweltschutzziele wird durch die

1) **Verständlichere Aufgliederung der umweltschutzorientierten Unternehmensziele,**
2) **Durchführung von Vergleichsrechnungen als Erfolgskontrollen**

ermöglicht, auf die im folgenden näher eingegangen wird.

1) Verständlichere Aufgliederung der umweltschutzorientierten Unternehmensziele

Wie oben aufgezeigt wirken prinzipiell alle am betrieblichen Umweltschutz Beteiligten in den Planungsschritten der Informationsbedarfsanalyse und der Planung der Informationsquellen mit. Dabei besteht die Hauptaufgabe der umweltschutzorientierten internen Kommunikation in der Schaffung eines Problembewußtseins für umweltrelevante Sachverhalte bei den betroffenen Mitarbeitern, im Sinne von Müller - Witt ist der Weg zur Einrichtung eines Umweltinformationssystems bereits das Ziel.[2] Ein Ergebnis der Planung des hier vorgeschlagenen umweltschutzorientierten Informationssystems ist die Erkenntnis des ökonomischen "Für" und "Wider" von Umweltschutzaktivitäten bei allen Beteiligten im Unternehmen. Durch die ökonomisch fundierte Bestätigung, daß nur diejenigen Umweltschutzmaßnahmen durchgeführt werden, von denen eine Förderung des Oberziels der Unternehmen, der langfristigen Marktwertmaximierung, erwartet wird, liegt nahe, daß die Agenten die Ziele des Umweltschutzes als kongruent zu ihren eigenen erkennen. Um zu dieser Einschätzung zu kommen, muß die alternativ diskutierte Betrachtungsweise aufgezeigt werden: Seidel sieht das Ergebnis eines Umweltinformationssystems in der "... Operationalisierung der betrieblichen Umweltethik."[3] Die betriebliche Umweltethik als Triebfeder des Umweltschutzes aufzufassen geht an der wirtschaftlichen Realität vorbei. Sie ist nicht präzise operationalisierbar und hält, wie aus obigem Beispiel deutlich wird, gegenüber ökonomischen Individualzielen nicht Stand. Dementgegen sind betriebswirtschaftlich präzisierte und begründete Zielvorgaben für die Mitarbeiter besser operationalisierbar und finden größere Akzep-

---

[1] Vergl. Picot, A., 1989, a.a.O., S. 370

[2] Vergl. Müller - Witt, H., 1991, a.a.O., S. 215

[3] Seidel, E., 1990a, a.a.O., S. 226; Seidel spricht konkret von einem ökologischen Kennzahlensystem als Form eines Umweltinformationssystems.

tanz. Sie besitzen zudem den Vorteil, daß die Einhaltung der Vorgaben mit Hilfe eines Umweltinformationssystems kontrollierbar sind (siehe nachfolgenden Abschnitt (2)), so daß der Agent, wenn er aus abweichenden Individualzielen heraus den Umweltschutz vernachlässigt, mit der Offenlegung seines eigenützigen Verhaltens rechnen muß.

2) Durchführung von Vergleichsrechnungen als Erfolgskontrollen

Das integrierten Umweltinformationssystem ermöglicht nach der Festlegung der umweltschutzorientierten Zielvorgaben für die Organisationseinheiten auch deren Kontrolle. Mithilfe der Instrumente des ökologischen Controllings und des Umwelt - Auditing wird ein umweltschutzorientiertes Berichtssystem institutionalisiert, das Vergleichsrechnungen als Zeitvergleich, Betriebsvergleich und Soll - Ist - Vergleich zur Erfolgskontrolle der Umweltschutzmaßnahmen enthält. Die Durchführung der Vergleichsrechnungen erfordert Rückmeldungen der von den betroffenen Organisationseinheiten erzielten Leistungsergebnisse, die die Basis für ein Anreiz- und Sanktionssystem des betrieblichen Umweltmanagements bilden.[1] Die Zurechnung der Beiträge zur Erreichung von Umweltschutzzielen auf einzelne Organisationseinheiten ermöglicht den Einbezug von Umweltschutzkriterien in die Leistungsbeurteilung und in die Berechnung von leistungsabhängigen Gehältern.

9.3 Wirtschaftlichkeitsüberlegungen

Für ein Unternehmen, das sich für eine aktive Umweltmanagementstrategie entschieden hat, stellt sich die Frage nach der Einrichtung eines Umweltinformationssystems nicht mehr, sondern nur noch die Frage nach der wirtschaftlichen Ausgestaltung des Systems zur Unterstützung der Umweltmanagementstrategie (1). Aus diesen Überlegungen heraus ergeben sich Möglichkeiten der Kostenteilung durch eine Kooperation mit gleichartig vom Umweltschutz betroffenen Unternehmen (2).

1) Wirtschaftlichkeit von Umweltinformationssystemen

Ballwieser beantwortet die Frage nach der Wirtschaftlichkeit von Umweltinformationssystemen anhand des (Netto-)Informationswertkriteriums.[2] Der (Netto-)Informationswert dient als Kriterium sowohl für die Auswahl des besten Umweltinformationssystems, sowie für die Wirtschaftlichkeit eines solchen Systems

---

[1] Vergl. Seidel, E., 1990(a), Implementierung des betrieblichen Umweltschutzes - Die Organisation als Schlüsselfrage, in: Freimann, J. (Hrsg.), 1990(a), a.a.O., S. 227

[2] Vergl. Ballwieser, W., 1993, a.a.O., S. 257 f.

allgemein. Der "...Informationswert wird an finanziellen Größen gemessen und basiert auf einem entscheidungstheoretischen Risikonutzenmaximierungskalkül."[1] Ballwieser weist darauf hin, daß die Informationsökonomie, der das Informationswertkriterium entstammt, zwar die Notwendigkeit von Kosten - Nutzen - Überlegungen bei der Planung von Informationssystemen aufzeigt, in konkreten Fällen aber ohne konstruktive Hilfe bleibt.[2] Die praktische Ermittlung des wirtschaftlichen Informationsoptimums, in dem der Grenznutzen zusätzlicher Information gleich den Grenzkosten ist, scheitert an der mangelnden Quanitifizierbarkeit der Informationskosten und vor allem des Informationsnutzens. Diese Einschätzung stützt sich auf das Informationsparadoxon, demzufolge der Wert einer Information bei der Entscheidung über ihre Beschaffung bereits vorliegen müßte. Der Wert als solches ist aber erst bestimmbar, wenn man die Information kennt, also bereits beschafft haben muß.[3] Wie aus diesen konzeptionellen Überlegungen zu ersehen ist, ist der Nutzen von Umweltinformationssystemen kaum quantifizierbar, auch wenn sich im Einzelfall vielleicht Aussagen treffen lassen.

Das für Umweltinformationssysteme zur Verfügung gestellte Finanzmittelvolumen wird sich demzufolge nach den aus der Umweltmanagementstrategie abgeleiteten Anforderungen und dem im Rahmen der Strategie zur Verfügung gestellten Etats richten. Durch Aufwandsschätzungen lassen sich die Kosten von Umweltinformationssystemen dementgegen relativ präzise festlegen.[4]

Welches wirtschaftliche Potential in Umweltinformationssystemen liegen kann, verdeutlicht ein Beispiel aus dem kommunalen Bereich, in dem solche Systeme bereits weitere Verbreitung gefunden haben:[5] Das Umweltinformationssystem der Stadt Hamm verringert die Kosten der Umweltverträglichkeitsprüfung von DM 440.000 auf DM 260.000. Dementgegen steht ein Aufwand für Hard- und Software in Höhe von DM 40.000. Das Beispiel dürfte für den kommunalen Bereich repräsentativ sein, da die Vorgangsbearbeitung innerhalb von Umweltverträglichkeits-

---

[1] Ballwieser, W., 1993, a.a.O., S. 257

[2] Vergl. Ballwieser, W., 1993, a.a.O., S. 258

[3] Vergl. Picot, A. u. Reichwald, R., 1991, a.a.O., S. 259

[4] Vergl. zu Methoden der Aufwandsschätzung von Informationssystemen: Heinrich, L., 1992, a.a.O., S. 353 ff.

[5] Vergl. Wellmer, M., Kommunale Informationssysteme, in: Umwelt, 21. Jg., 1991, H. 10, S. 585 f.

prüfungen durch Kommunen weitgehend standardisierbar ist. Wie bereits festgestellt, liegt das Potential der Kosteneinsparung auch in diesem Beispiel insbesondere in der Erschließung von Informationsressourcen.[1]

Durch die Profanisierung auf dem EDV - Markt, d. h. die akzellerierende Zunahme der Leistungsfähigkeit bei gleichzeitiger Kostensenkung, erweitert sich mit der Wirtschaftlichkeit von Informationssystemen auch das Spektrum der effizienten Einsatzmöglichkeiten im Umweltschutzbereich. Dies trifft insbesondere auf die in Umweltinformationssystemen benötigten Massenspeicher und Prozessorleistungen zu.[2]

2) Möglichkeiten zur Kostenteilung

Zur Senkung der individuellen Kosten von Umweltinformationssystemen kann es sinnvoll sein, gewisse Module eines Systems mit anderen Unternehmen gemeinsam zu nutzen. Dabei können sich sowohl gemeinsame Nutzungsmöglichkeiten mit Marktpartnern oder mit Wettbewerbern ergeben. Vielfach bestehen für Marktpartner Anreize, innerhalb des Wertschöpfungsringes eine integrierte Umweltmanagementstrategie zu verfolgen, so daß ein integriertes Umweltinformationssystem zur Entwicklung und Implementierung der Strategie benötigt wird. Besteht innerhalb einer Branche ein gleichgerichtetes Interesse an Umweltinformationen, ohne daß ein Unternehmen Wettbewerbsvorteile durch die Weitergabe der Information befürchten muß, sind gemeinsame Nutzungen einzelner Module von Umweltinformationssystemen auch unter Mitbewerbern denkbar. Insbesondere die kostenintensive Generierung von Informationssressourcen könnte im Verbund vorgenommen werden. Die kommunikativen Aufgaben des Umweltschutzes werden in vielen Branchen teilweise von den Unternehmen an Verbände wie beispielsweise den Mineralölwirtschaftsverband (MWV) oder den Verband der Chemischen Industrie (VCI) delegiert. Die Umweltschutzabteilungen der Verbände erstellen bereits in unterschiedlichem Umfang Informationspapiere für ihre Mitglieder z. B. bei der bevorstehenden Novellierung von Gesetzen. Dieses Informationsdienstleistungsangebot könnte weiter ausgebaut werden und in Form einer gemeinsamen Datenbank den angeschlossenen Unternehmen für Online - Recherchen oder in Form von Reports zur

[1] Vergl. Kap. 9.1.1 der vorliegenden Arbeit

[2] Vergl. zu aktuellen Entwicklungstrends der Informationstechnologie: Hoch, D. J. u. Schira, W., Entwicklung der Informationstechnologie - Management des Wandels in einer Zeit des Paradigmenwechsels, in: Scheer, A. - W. (Hrsg.), 1993, a.a.O., S. 21 ff.

Verfügung gestellt werden. Neben Informationen aus der politisch - rechtlichen Umwelt bieten sich insbesondere Informationsquellen aus der physikalisch - technischen Umwelt und dem Bereich der Marktforschung zur gemeinsamen Erschließung an. Bei der Auswahl der kollektiv unterhaltenen Informationsressourcen müssen die Unternehmen die Opportunitätskosten der allgemeinen Verfügbarkeit unter den Mitgliedern und die Mehrkosten der gemeinsamen Ressourcenhaltung[1] gegenüber der Kostenersparnis der selbständigen Ressourcenhaltung abwägen. Allgemein besteht in der gegenwärtigen Umweltmanagementliteratur ein Defizit auf dem Bereich der Verbandsarbeit. Es wäre sinnvoll zu untersuchen, welche der derzeit von den Unternehmen in Eigenregie durchgeführten Umweltschutzaktivitäten, gerade im Bereich der Kommunikationspolitik, effizienter und effektiver von Verbänden übernommen werden könnten.

9.4 Würdigung der Ergebnisse

In den Ausführungen dieses Abschnitts C werden die Grundzüge eines integrierten betrieblichen Umweltinformationssystems dargelegt. Dem Ziel der Ausführungen entsprechend wurde ein allgemeingültiger Weg zur Einrichtung eines integrierten Umweltinformationssystems in einem beliebigen Unternehmen aufgezeigt. Die detailliertere Konzeption eines betrieblichen Umweltinformationssystems kann und soll im Rahmen dieser Arbeit nicht geleistet werden. Das Schwergewicht dieses Abschnittts bildet vielmehr der Weg zur Koordination der Ziele sowie die Darstellung der Aufgabenstellungen, generell zu bewältigender Informationsprobleme und umweltschutzspezifischen Informationsinstrumente bei der Planung eines betrieblichen Umweltinformationssystems. Die detaillierte Konzeption erfordert über das hier mögliche Maß hinaus die Berücksichtigung EDV - technischer Grundlagen sowie der konkreten umweltschutzbezogenen Situation eines Unternehmens.

Um das hier vorgestellte integrierte Umweltinformationssystem zu würdigen, sind dessen am Ende des Kap. 2 festgehaltenes Ziel und die im Kap. 3 daraus abgeleiteten Hauptaufgaben heranzuziehen:

---

[1] Diese entstehen durch Schaffung von zusätzlichen Schnittstellen zwischen inner- und überbetrieblichen Teilen des Umweltinformationssystems.

Ziel: Informationsversorgung des betrieblichen Umweltmanagements zur Klärung und Durchsetzung der umweltschutzbezogenen Unternehmensziele

Das integrierte Umweltinformationssystem zeigt der Unternehmensleitung durch das Zusammenwirken der umweltschutzorientierten Frühaufklärung und der ökologischen Bilanzierung Chancen und Risiken sowie Stärken und Schwächen des Unternehmens in Bezug auf den Umweltschutz auf. Diese Informationsgrundlage ermöglicht die Bestimmung der Beiträge von Umweltschutzmaßnahmen zum Unternehmenserfolg und damit auch das Gewicht der umweltschutzorientierten Ziele im Zielsystem des Unternehmens. Der Einbezug aller am Umweltschutz beteiligten Stellen des Unternehmens in ein integriertes Umweltinformationssystem gewährleistet die Durchsetzung der umweltschutzbezogenen Ziele über die umweltschutzbezogenen Berichtssysteme des Umwelt - Auditing und des ökologischen Controllings.

Aufgabe 1: Integration

Durch die Herstellung des intellektuellen Zugangs zu den Informationsressourcen und einer benutzergerecht geplante Aufbereitung des Informationsangebots wird eine interdisziplinäre Informationsverarbeitung erreicht. Durch die Anbindung an das übrige betriebliche Informationssystem zur Ressourcengenerierung und durch die Einbindung in das Führungsinformationssystem wird die Integration in das betriebliche Informationssystem sichergestellt. Durch das vielfältige ex ante und ex post orientierte Informationsangebot an das Umweltmanagement wird die Integration von Planung und Kontrolle von Umweltschutzmaßnahmen ermöglicht.

Aufgabe 2: Reduktion der Dynamik und Komplexität

Durch die bedarfsgerechte Aufbereitung der umweltschutzbezogenen Informationen als Bestandteil der Gestaltung des Informationsangebots wird die Komplexität umweltorientierter Informationen reduziert. Die Dynamik umweltschutzorientierter Informationen und ihre Konsequenzen auf die Erreichung der Unternehmensziele werden mit Hilfe der umweltschutzorientierten Frühaufklärung soweit wie möglich aufgedeckt.

Aufgabe 3: Schaffung von Kommunikationsschnittstellen zwischen dem Unternehmen und seiner wirtschaftlichen Umwelt

Das integrierte Umweltinformationssystem definiert sowohl zur Informationsversorgung des Unternehmens als auch zur aktiven Gestaltung der umweltschutzorientierten Unternehmenskommunikation Schnittstellen zur Umwelt. Es ermöglicht vor allem den elektronischen Datenaustausch zu Behörden, Verbänden, Unternehmen und Verbrauchern, dessen Anforderungen in Zukunft rapide steigen werden.

Aufgabe 4: Dokumentation der Umweltschutzleistungen des Unternehmens zur Rechenschaftslegung

Ein Status der Leistungsfähigkeit des betrieblichen Umweltmanagements kann bei Bedarf jederzeit aus den Informationsressourcen heraus abgerufen werden. Durch eine Klassifizierung der Informationen wird die Weitergabe geheimer Informationen verhindert.

Die Hauptprobleme der praktischen Durchführung eines integrierten Umweltinformationssystems ist in der Relevanz - Beurteilung von Daten und der benutzergerechten Aufbereitung zu sehen. Auf das Gesamtunternehmen bezogen wird die Frage zu beantworten sein, welche neuen, bisher nicht aufgetretenen Umweltschutzprobleme gelöst werden müssen, um bereits frühzeitig Hintergrundinformationen zu diesen Problemen zu sammeln. Neuer Informationsbedarf wird bei der Durchführung der umweltschutzorientierten Frühaufklärung aufgedeckt. Der Erfolg von Umweltinformationssystemen wird damit maßgeblich von der Qualität dieser Auswertungsinstrumente determiniert. Demgegenüber werden die Kosten eines integrierten Umweltinformationssystems hauptsächlich durch die Ressourcengenerierung und -erhaltung bestimmt. Die große Menge und die hohen Anforderungen an die Aktualität umweltschutzorientierter Informationen erfordern großen Personaleinsatz zur Aufnahme der benötigten Informationen und von der Datenverarbeitung hohe Rechenleistung und große Speicherkapazitäten mit moderner Zugriffstechnik in Form der objektorientierten Datenhaltung.

D ZUSAMMENFASSUNG UND AUSBLICK

10 Schlußbetrachtung

Abschließend sollen die wichtigsten Ergebnisse dieser Arbeit zusammengefaßt werden, bevor ein kurzer Ausblick Anregungen zu weiterführender Forschung geben soll.

1) Zusammenfassung

Am Beginn dieser Arbeit stand die Suche nach Ursachen der Berücksichtigung des Umweltschutzes in der Betriebswirtschaftslehre. Wie im Kapitel 2 gezeigt wurde, ist die Ökologie als Wissenschaft nicht imstande, objektive Vorgaben eines ökologischen Unternehmensverhaltens zu machen. Die These, daß die Ökologie als eine Leitwissenschaft fungiert, die ökonomisches Handeln zur Sicherung der natürlichen Umwelt als Lebensraumes des Menschen durch Metastrukturen reglementiert, erweist sich als unzutreffend. Zur Beantwortung der Frage nach den Ursachen der Berücksichtigung des Umweltschutzes in der Betriebswirtschaftslehre wurde auf die **Theorie der Unternehmensverfassung** zurückgegriffen. Umweltschutz besitzt als **öffentliches Gut** einen hohen, mit zunehmender Beanspruchung weiter steigenden gesellschaftlichen Wert. Die Theorie der Unternehmensverfassung erklärt das Verhältnis des Unternehmens zur Gesellschaft, in der es existiert. Insbesondere ist diese Theorie auch in der Lage, die Gründe für die Berücksichtigung des Umweltschutzes durch das Unternehmen zu erklären. Verantwortlich für umweltschutzorientiertes Verhalten der Unternehmen sind nach der ersten Grundfrage der Unternehmensverfassung die Umweltschutzziele der **Interessengruppen**, die in einem Zielbildungsprozeß in Ziele des Unternehmens transformiert werden. Durch die Diskussion der zweiten Grundfrage der Unternehmensverfassung wurden die Möglichkeiten der Durchsetzung der umweltschutzorientierten Ziele der Interessengruppen gegenüber dem Unternehmen aufgezeigt. Insgesamt steht mit der interessenorientierten Betrachtungsweise der Theorie der Unternehmensverfassung ein Rahmenkonzept zur Verfügung, das alle unterschiedlichen Erklärungsversuche zur Berücksichtigung des Umweltschutzes als Bestandteil der Betriebswirtschaft vereint. Ein solch grundlegendes Konzept besteht in der Umweltmanagementliteratur bislang noch nicht.

Die Durchsetzung der umweltschutzorientierten Unternehmensziele obliegt auf Unternehmensseite dem **Umweltmanagement**, dessen Aufgabenbereiche im Kap. 3 skizziert wurden. Die Strukturierung der Aufgabenbereiche des Umweltmanagements war erforderlich, um die Ziele der in dieser Arbeit thematisierten Informationsversorgung des Umweltmanagements sowie rechtliche, marktliche und organisatorische Determinanten seines Informationsbedarfs herauszuarbeiten.

Da in der Realität das Umweltmanagement nicht über vollständige Information verfügt, sind

die hohe Unsicherheit,
die asymmetrische Verteilung der umweltschutzorientierten Information und
das Problem der menschlichen Komplexitätsbewältigung

die generellen **Informationsprobleme** (Kap. 5), von deren Bewältigung die Zielerreichung des Umweltmanagements begrenzt wird. Die Informationsprobleme sind zwar ganz allgemeiner Natur, jedoch wird hier eine systematische Übersicht über die besondere Problemlage im Umgang mit umweltschutzorientierter Information geliefert, die bislang fehlte.

Im Teil B hat sich die Arbeit mit den umweltschutzorientierten **Informationsinstrumenten** beschäftigt, die zur Bewältigung dieser Informationsprobleme herangezogen werden können. Die im Kapitel 6 vorgestellten **unternehmensinternen Informationsinstrumente** zeigen die Stärken und Schwächen des betrieblichen Umweltmanagements auf. Sie sind nur bedingt zur Bewältigung der Informationsprobleme geeignet, da häufig, wie im Beispiel der Öko - Bilanz, die mit ihnen verfolgten Ziele unklar sind oder die Aggregationsproblematik nicht gelöst wurde, wie bei der ökologischen Buchhaltung.

Unternehmensexterne Informationsinstrumente (Kap. 7) des Umweltmanagements sind in der Literatur erst recht spärlich diskutiert worden, obwohl sie zur Erkennung von Chancen und Risiken des Umweltmanagements und der damit verbundenen **Priorisierung von Umweltschutzinvestitionen** gegenüber den Alternativen unverzichtbar sind. Auf der Grundlage von qualitativen Prognoseverfahren wurde deshalb in dieser Arbeit ein Vorgehen zur umweltschutzorientierten Frühaufklärung entwickelt, das die Entdeckung zukünftigen Umweltschutzdrucks auf das Unternehmen verursacht durch die Interessen-/Anspruchsgruppen in der wirtschaftlichen Umwelt des Unternehmens ermöglicht.

Im Kapitel 8 wurden die Grundzüge des **Informationsmanagements** als moderne Institution zur wirtschaftlich ausgerichteten Informationsversorgung des Unternehmens verdeutlicht. Es zeigte sich, daß Umweltschutzinformationen bislang nicht in das Informationssystem des Unternehmens integriert werden. Bestehende **elektronisch unterstützte Umweltinformationssysteme** haben bislang kaum Verbreitung gefunden und sind **Insellösungen**. Die Aufgaben der betrieblichen Querschnittsfunktion des Umweltmanagements erfordern dementgegen eine durchgängige Integration von Umweltschutzinformationen in die betriebliche Datenbasis, die Gesamtheit der Anwendungen und Benutzerschnittstellen. Die Integration von Umweltschutzaspekten in das betriebliche Informationsmanagement ermöglicht gegenüber bisherigen Einschätzungen eine Veränderung der organisatorischen Einordnung des Umweltmanagements von der Zentralisation hin zur Dezentralisation. Umweltschutz wird neben Chef- durch die Möglichkeiten der Dezentralisation vor allem auch Expertensache. Die Hauptaufgaben des Umweltschutzkoordinators in der Aufbauorganisation des Unternehmens liegen neben der Planung der Umweltmanagementstrategie in der Koordination der Informations- und Kommunikationsaktivitäten des fachinhaltlich über das gesamte Unternehmen verteilten Umweltschutzes.

Nachdem die Rahmenbedingungen einer Integration von Umweltschutzinformation in die betriebliche Informationsversorgung durch die Erweiterung des Informationsmanagements aufgezeigt wurden, zeigte Kap. 9 den Weg zur **Planung und Gestaltung eines integrierten Umweltinformationssystems**. Zunächst wurden die einzelnen Elemente dieses Systems, die sich aus den **umweltschutzorientierten Informationsquellen, -ressourcen** und dem **Informationsangebot** zusammensetzen, konstruiert. Wesentlichen Anteil daran hatte die zweckentsprechende Kombination der Informationsinstrumente des Umweltschutzes. Anschließend wurde die Schrittfolge des **Planungsablaufs** eines integrierten Umweltinformationssystems beschrieben. Durch den Einsatz von moderner EDV - Technologie kann dem unterschiedlichen Informationsbedarf der Unternehmensleitung, des Umweltmanagements und der operativ mit dem Umweltschutz befaßten Einheiten ein individuell aufbereitetes Informationsangebot entgegengestellt werden. Es wurde gezeigt, wie das integrierte Umweltinformationssystem die Verteilung der Zuständigkeit von Planung, Entscheidung, Durchführung und Kontrolle der Umweltschutzaktivitäten über das Unternehmen hinweg ermöglicht und so die **Voraussetzung eines integrierten betrieblichen Umweltmanagements** bildet. Der größte betriebswirtschaftliche Nutzen eines integrierten Umweltinformationssystems resultiert aus der Möglichkeit zur Zusammenführung der umweltschutzbezogenen Stärken und Schwächen als Ergebnis der unternehmensinternen Informationsinstrumente und der Analyseergebnisse der Chancen und Risiken aus den unternehmensexternen Informationsinstrumenten. Die Gesamtheit dieser Informationen ermöglicht die Ermittlung der Kosten und Nutzen von Umweltschutzmaßnahmen, so daß sie in die Budgetierungsprozesse des Unternehmens eingebunden werden können. Demgegenüber hängen die Kosten eines Umweltinformationssystems von der technischen Seiten der Informationsbeschaffung und -bereitstellung ab. Zukünftig ist infolge einer zunehmende Profanisierung der Informationstechnologie mit einer verbesserten Wirtschaftlichkeit von Umweltinformationssystemen zu rechnen.

2) Ausblick

Bei der Beantwortung der Frage nach **anschließendem Forschungsbedarf** ist insbesondere auf folgende Felder hinzuweisen:

1. Das hier vorgestellte Verfahren zur **umweltschutzorientierten Frühaufklärung** bedarf sicherlich weiterführender Überlegungen. Es soll nicht als der Weisheit letzter Schluß verstanden werden, sondern als Gegenstand der kritischen Auseinandersetzung mit dem Sachverhalt dienen.

2. Die vorliegende Arbeit hat sich der Thematik schwerpunktmäßig vom Umweltmanagement genähert. Wie im Teil C deutlich wurde, ist eine Annäherung an das Thema von der Seite der **Informationstechnik** her dringend erforderlich. Dabei dürfen die aufgezeigten betriebswirtschaftlichen Erfordernisse eines erfolgreichen Umweltmanagements jedoch nicht außer acht gelassen werden.

3. Schließlich bleibt die Frage ungeklärt, welchen Beitrag **Verbände** zu einem effizienteren Umweltmanagement ihrer Mitgliedsunternehmen leisten könnten.

Durch die Bewältigung der bestehenden Informationsrestriktionen mit Hilfe eines integrierten Umweltinformationssystems ist die Betriebswirtschaftslehre in ihrer bestehenden Form prinzipiell sehr wohl in der Lage, die sich ihr gegenwärtig stellenden Umweltschutzprobleme zu beherrschen. Zukünftig ist es nur eine Frage der Zeit, bis auch das letzte Unternehmen von ökologischen Umweltänderungen beeinflußt wird, denn, wie Eingangs bereits angedeutet: Die empfundene Beeinträchtigung der ökologischen Umwelt als Lebensraum des Menschen wächst.

Literaturverzeichnis

Abt, C.C. (1972), Analysing and Planing Corporate Social Investment, Cambridge, Mass.

Ackerlof, G.A. (1970), The Market for "Lemons": Qualitive Uncertainty and the Market Mechanism, in: Quarterly Journal of Economics, 84. Jg., S. 488 - 500

Adam, D. (1988), Aufbau und Eignung klassischer PPS - Systeme, in: SzU, Bd. 38, S. 5 - 21

Adams, H.W. und Maier, B. (1993), Die Organisation des Umweltschutzes, in: zfo, 62. Jg., H. 2, S. 74 - 84

Adelt, P. und Sauke, C. (1988), Zur Eignung des Markenartikelkonzepts bei der Vermarktung ökologisch relevanter Produkte, in: Markenartikel, 50. Jg., H. 7, S. 362 - 364

Adelt, P., Müller, H. und Zitzmann, A. (1990), Umweltbewußtsein und Konsumentenverhalten - Befunde und Zukunftsperspektiven, in: Szallies, R. u. Wiswede, G. (Hrsg.), Wertewandel und Konsum Landsberg, S. 155 - 184

Adlwarth, W. und Wimmer, F. (1986), Umweltbewußtsein und Kaufverhalten - Ergebnisse einer Verbraucherpanel-Studie, in: Jahrbuch der Absatz- und Verbraucherforschung, 32. Jg, H. 2, S. 166 - 192

Advena, H.-.J. (1993), Umweltsicherheits- Management als Konsequenz des Umwelthaftungsrechts, in: UWF, 1. Jg., H. 2, S. 43 - 48

Albach, H. (Hrsg.) (1989), Organisation, Wiesbaden

Albach, H. (1989), Kosten, Transaktionskosten und externe Effekte im betrieblichen Rechnungswesen, in: Albach, H. (Hrsg.), Organisation, Wiesbaden, S. 27 - 42

Albach, H. (Hrsg.) (1990), Betriebliches Umweltmanagement, Wiesbaden

Albach, H. (Hrsg.) (1993), Betriebliches Umweltmanagement 1993, Wiesbaden

Alewell, D. (1993), Interne Arbeitsmärkte, Hamburg

Annighöfer, F. (1989), Umweltbewußtsein nicht als Kostenfaktor, sondern als Zukunftsfaktor, in: Little, A. D. (Hrsg.), Management der Hochleistungsorganisation, Wiesbaden, S. 105 - 115

Ansoff, H.I. (1976), Managing Surprise and Discontinuity - Strategic Response to Weak Signals, in: ZfbF, 28. Jg., o. H., S. 129 - 152

Ansoff, H.I. (1979), Strategic Management, London

Antes, R. (1991), Organisation des Umweltschutzes, in: Personalführung, o. J., H. 3, S. 148 - 154

Antes, R. (1992), Die Organisation des betrieblichen Umweltschutzes, in: Steger, U. (Hrsg.), Handbuch des Umweltmanagements, München, S. 487 - 509

Antes, R., Prätorius, G. und Steger, U. (1992), Umweltschutz und Transportmittelwahl, in: DBW, 52. Jg., H. 6, S. 735 - 759

Apitz, K. (1987), Konflikte, Krisen, Katastrophen - Präventivmaßnahmen gegen Imageverlust, Wiesbaden

Arnold, U. (1981), Strategische Unternehmensführung und das Konzept der "schwachen Signale", in: WiSt, 10. Jg., H. 6, S. 290 - 293

Arnold, V. (1992), Theorie der Kollektivgüter, München

Backhaus, K., Erichson, B., Plinke, W. und Weiber, R. (1990), Multivariate Analysemethoden, Berlin u. a.

Bänsch, A. (1989), Käuferverhalten, 4. Auflg., München, Wien

Bänsch, A. (1990), Marketingfolgerungen aus Gründen für den Nichtkauf umweltfreundlicher Konsumgüter, in: Jahrbuch der Absatz- und Verbraucherforschung, 36. Jg., H. 4, S. 360 - 379

Bänsch, A. (1993), Marketing für umweltfreundliche(re) Güter - Prinzipielle Möglichkeiten und Grenzen, in: UWF 1. Jg., H. 2, S. 13 - 18

Balderjahn, I. (1985), Strukturen sozialen Konsumbewußtseins, in: Marketing ZFP, 4. Jg., H. 7, S. 253 - 262

Ballwieser, W. (1993), Informations und Umweltschutz aus Sicht der betriebswirtschaftlichen Theorie, in: Wagner, G. R. (Hrsg.), Betriebswirtschaft und Umweltschutz, Stuttgart, S. 250 - 264

Balzer, A. (1990), Der große Wurf. Das Statistische Bundesamt stellt seine Ökorechnung vor. Bringt das Konzept den Durchbruch in der Umweltpolitik? in: Wirtschaftswoche, 44. Jg., 1990, H. 26, S. 24 f.

Bamberger, I. und Mair, L. (1976), Die Delphi - Methode in der Praxis, in: Management International Review, 16 .Jg., H. 4, S. 81 - 91

Barnard, C. (1970), Die Führung großer Organisationen, Essen

Bartels, P. (1992), Bilanzielle Berücksichtigung von Altlasten, in: WPg, 45. Jg., H. 3/4, S. 74 - 83

Bartscher, T. und Fleischer, H. (1991), Perspektiven einer ökologisch orientierten Unternehmensführung. Ansatzpunkte für eine adäquate Personalpolitik, in: zfo, 60. Jg., H. 6, S. 440 - 444

Bass, F.M. (1969), A New Product Growth Model for Consumer Durables, in: Management Science, 15. Jg., H. 5, S. 215 - 227

Batelle - Institut (Hrsg.) (1978), Soziales und Politisches Frühwarnsystem zur Erkennung von Veränderungen im Umfeld des Unternehmens, Frankfurt a.M.

Batelle - Institut (Hrsg.) (1980), Frühwarnsysteme für die strategische Unternehmensplanung. Ein Radar zur Erkennung von technologischen, wirtschaftlichen, politischen und sozialen Veränderungen im Umfeld des Unternehmens, Frankfurt a.M.

Baumert, A. (1992), Ökologische Aspekte der Unternehmenskultur und der betrieblichen Bildung in Kreditinstituten, in: Schierenbeck, H. u. Seidel, E. (Hrsg.), Banken und Ökologie, Wiesbaden, S. 51 - 67

Baumewerd - Ahlmann, A. und Zink, L. (1994), Umweltdatenbanken - Sachstand und Zukunftsperspektiven, in: Page, B. u. Hilty, L. M. (Hrsg.), Umweltinformatik: Informatikmethoden für Umweltschutz und Umweltforschung, München, Wien, S. 79 - 102

Bea, F.X., Dichtl, E. und Scheitzer, M. (Hrsg.) (1988), Allgemeine Betriebswirtschaftslehre, Stuttgart, New York

Beckenbach, F. (Hrsg.) (1991), Die ökologische Herausforderung für die ökonomische Theorie, Marburg

Belz, C. (Hrsg.) (1986), Realisierung des Marketing, St. Gallen

Belz, C. (1988), Stillstand eines ökologisch orientierten Marketings? in: Thexis, 5. Jg., H. 3, S. 63 - 67

Bendixen, P. (1991), Fundamente der Ökonomie, Wiesbaden

Berg, C.C. (1979), Recycling, in betriebswirtschaftlicher Sicht, in: WiSt, 8. Jg., H. 5, S. 201 - 205

Bergh, R.v.d. (1978), Fragen der Rechnungslegung in der Sozialbilanz im Zusammenhang mit dem deutschen Treuhänder, in: Der Schweitzer Treuhänder, 52. Jg., H. 6/7, S. 24 - 28

Berressem, J. und Gablenz, K.A.v. (1991), Auf Verschulden kommt es nicht mehr an, in: Gablers Magazin, 5. Jg., H. 6, S.26 - 27

Beschorner, D. (1990), Öko - Bilanz: Entscheidungshilfen für eine umweltfreundlichere Wirtschaftsweise? in: Freimann, J. (Hrsg.), Ökologische Herausforderung der Betriebswirtschaftslehre, Wiesbaden, S. 163 - 176

Biethahn, J., Muksch, H. und Ruf, W. (1992), Ganzheitliches Informationsmanagement, Bd. 1, Grundlagen, 2. Auflg., München, Wien

Biethahn, J., Muksch, H. und Ruf, W. (1992), Ganzheitliches Informationsmanagement, Bd. 2, Daten- und Entwicklungsmanagement, München, Wien

Blatter, J. (1991), Beispiele kommunikativer Instrumente im kommunalen Umweltschutz, difu Materialien, 1/91, Berlin

Bleicher, K. (1991a), Das Konzept Integriertes Management, Frankfurt a.M., New York

Bleicher, K. (1991b), Organisation, 2. Auflg., Wiesbaden

Bodenstein, G. und Spiller, A. (1992), Umwelt - Auditing als Instrument unternehmerischer Umwelt- und Risikopolitik, in: WISU, 21. Jg, H. 12, S. 949 - 954

Böhi, D. (1993), Stakeholder-Management bei der Swissair, in: Die Unternehmung, 47. Jg., H.1, S. 21 - 31

Boesch, M. (1989), Gesamtsystem Vepackung - Grundlagen für optimale integrierte Verpackungsentscheidungen, St. Gallen

Boll, H. (1992), Schutz vor Manipulationen im Rechenzentrum (Teil 1), in: Online, o. Jg., H. 11, S. 56 - 59

Bordewin, A. (1992), Umweltschutzrückstellungen - Einzelfragen zur Konkretisierung und wirtschaftlichen Verursachung bei Sanierungs- und Anpassungsverpflichtungen, in: DB, 45. Jg., H. 22, S. 1097 - 1101

Borkowski, T. (1988), Ein Beitrag zur Entwicklung pragmatischer Grundsätze für die gesellschaftsbezogene Berichterstattung, Osnabrück

Bräuer, K. (1992), Konzepte der ökologisch orientierten Betriebswirtschaftslehre, in: WiSt 21. Jg., H. 1, S.39 - 42

Brandt, A., Hansen, U., Schoenheit, I. und Werner, K. (1988), Ökologisches Marketing - Unternehmen und Verbraucher im Dialog, in: Brandt, A. u. a. (Hrsg.), Ökologisches Marketing, Frankfurt, New York, S. 10 - 15

Brandt, A. (Hrsg.), Hansen, U., Schoenheit, I. und Werner, K. (1988), Ökologisches Marketing, Frankfurt am Main

Braunschweig, A. (1988), Die ökologische Buchhaltung als Instrument der städtischen Umweltpolitik, St. Gallen

Brenken, D. (1988), Strategische Unternehmensführung und Ökologie, Bergisch Gladbach

Brinckmann, H. und Kuhlmann, S. (1990), Computerbürokratie, Opladen

Brockhaus (Hrsg.) (1991), Brockhaus Enzyklopädie, Mannheim, 19. Auflg.

Brockhoff, K. (1977), Prognoseverfahren für die Unternehmensplanung, Wiesbaden

Brockhoff, K. (1979), Delphi - Prognosen im Computer - Dialog, Tübingen

Bromann, P. (1987), Erfolgreiches strategisches Informationsmanagement, Landsberg

Bruhn, M. (1985), Das ökologische Bewußtsein der Konsumenten - Ergebnisse einer Befragung im Zeitvergleich, in: Meffert, H. u. Wagner, H., Ökologie und Unternehmensführung. Arbeitspapier Nr. 26 der wissenschaftlichen Gesellschaft für Marketing und Unternehmensführung. S. 56 - 64

Bruhn, M. (1987), Produkt 2000 - Produktpolitik im Spannungsfeld zwischen Technologie und Ökologie, in: Schwarz, C. (Hrsg.), Marketing 2000, Wiesbaden

Bruhn, M. (1987), Produkt 2000 - Produktpolitik im Spannungsfeld zwischen Technologie und Ökologie, in: Markenartikel, 49. Jg., H. 12, S. 576 - 587

Bruhn, M. (1990), Sozio- und Umweltsponsoring: Engagements von Unternehmen für soziale und ökologische Aufgaben, München

Bruhn, M. (1992), Integration des Umweltschutzes in den Funktionsbereich Marketing, in: Steger, U. (Hrsg.), Handbuch des Umweltmanagements, München, S. 537 - 556

Bruhn, M. (1993), Chancen und Risiken des Ökosponsoring - Voraussetzungen für eine glaubwürdige Unternehmenskommunikation, in: DBW, 53. Jg., H. 4, S. 465 - 478

Budäus, D. (1977), Sozialbilanzen - Ansätze gesellschaftsbezogener Rechnungslegung als Ausdruck einer erweiterten Umweltorientierung, in: ZfB, 47. Jg., H. 3, S. 183 - 202

Buschgen, H.E. (1992), Ökologie als geschäftspolitische Herausforderung für Banken, in: Die Bank, o. Jg., H. 3, S. 132 - 142

Bundesministerium des Innern (Hrsg.) (1980), Was Sie schon immer über Umweltschutz wissen wollten, Stuttgart, u. a.

Bundesministerium für Forschung und Technologie (Hrsg.) (1993), Deutscher Delphi - Bericht zur Entwicklung von Wissenschaft und Technik, Bonn

Bundesumweltamt (Hrsg.) (1992), UMPLIS. Informations- und Dokumentationssystem Umwelt Umweltökonomie, Berlin

Burghold, J. (1988), Ökologisch orientiertes Marketing, Augsburg

Capurro, R. (1987), Was ist Information? - Hinweise zum Wort- und Begriffsfeld eines umstrittenen Begriffs, in: HMD, 24. Jg., H. 133, S. 107 - 114

Coase, R. (1937), The Nature of the Firm, in Economia, Vol. 4, S. 386 - 405

Coase, R. (1960), The Problem of Social Cost, in: Journal of Law and Economics, Vol. 3, S. 1 - 44

Codd, C.F. (1970), A relational model of dat for large shared data banks, in: CACM, 13. Jg., H. 6, S. 377 - 397

Coenenberg, A. (Hrsg.) (1991), Ökologie - Management als strategischer Wettbewerbsfaktor, Stuttgart

Corsten, H. und Götzelmann, F. (1993), Anforderungen an betriebliche Umweltinformationssysteme - Problemfelder und Ansatzpunkte zu ihrer Bewältigung, in: ZAU, 6. Jg., H. 1, S. 22 -34

Cotgrove, S. und Duff, A. (1980), Environmentalism, middleclass radicalism and politics, in: Sociological Review, Vol. 28, S. 333 - 351

Cracco, E. und Rostenne, L. (1982), Das sozioökologische Produkt, in: Hansen, U. u. a. (Hrsg.), Marketing und Verbraucherpolitik, Stuttgart, S. 229 - 239

Cyert, R.M. und March, J.G. (1963), A behavioral Theorie of the Firm, Englewood Cliffs

Dalkey, N.C. (1969), The Delphi - Method, RAND Corporation RM 5888-PR, Santa Monica/Cal., June

Deckers, W. (1990), Dioxin - eine Fallstudie zum Umweltmanagement, in: Albach, H. (Hrsg.), Betriebliches Umweltmanagement, Wiesbaden, S. 121 - 134

Deimel, K. (1991), Marktchancen durch ökologieorientiertes Marketing, in: WISU, 20. Jg., H. 10, S. 697 - 701

Deis, M. (1993), Die Dauer von Genehmigungsverfahren für Industrieanlagen in Deutschland, in: Albach, H. (Hrsg.), Betriebliches Umweltmanagement 1993, Wiesbaden, S. 1 - 23

Denzer, R. und Güttler, R. (1994), Integration von Umweltdaten, in: Page, B. u. Hilty, L. M. (Hrsg.), Umweltinformatik: Informatikmethoden für Umweltschutz und Umweltforschung, München, Wien, S. 227 - 240

Deutsche Shell AG (1988), Geschäftsbericht 1988 der Deutschen Shell AG, Hamburg

DHI (Hrsg.) (1990), Verpackung und Umwelt im Handel 1990, Köln

Dichtl, E. (Hrsg.) (1987), Innovation und Wettbewerbsfähigkeit, Wiesbaden

Dichtl, E. (1991), Ökorationalität: Gebot der Vernunft oder Geschäft der Stunde, in: WiSt, 20. Jg., H. 6, S. 269

Diebold, J. (1987), Informationstechnik: Aufbruch in ein neues Zeitalter wirtschaftlichen Wettbewerbs, Teil 1 und 2, in: zfo, 56. Jg., H. 2, S. 87 - 92 u. H. 3, S. 165 - 171

Dierkes, M. und Koopmann, U. (1974), Von der Sozialbilanz zur gesellschaftsbezogenen Unternehmenspolitik - Ansätze zu einem Management System for Social Goals, in: BFuP, 26. Jg., H. 2, S. 295 ff.

Dierkes, M. (1974), Die Sozialbilanz. Ein geselschaftsbezogenes Informations- und Rechnungswesen, Frankfurt a. M.

Dierkes, M. (1978), Sozialbilanzen - Einige Gedanken zur konzeptionellen und poltischen Entwicklung der letzten Jahre, in: Pieroth, E. (Hrsg.), Sozialbilanzen in der Bundesrepublik Deutschland, Düsseldorf, Wien, S. 202 - 222

Diller, H. (1990), Marketing und Umweltschutz, in: Vogel, J., u. a. (Hrsg.), Handbuch des Umweltschutzes, 3. Auflg., Teil III-7.1

Dinkelbach, W. und Piro, A. (1989), Entsorgung und Recycling in der betriebswirtschaftlichen Produktions- und Kostentheorie: Leontief-Technologien, in: WISU, 18. Jg., H. 7 - 9, S. 399 - 405 + 474 - 480

Dinkelbach, W. (1989), Umweltaspekte im Rahmen der betriebswirtschaftlichen Produktions- und Kostentheorie auf der Grundlage von LEONTIEF- Technologien, Diskussionsbeitrag A - 8903 Uni Saarbrücken

Dinkelbach, W. und Piro, A. (1990), Entsorgung und Recycling in der betriebswirtschaftlichen Produktions- und Kostentheorie: GUTENBERG-Technologien (I) + (II), in: WISU, 19. Jg., H. 11 - 12, S. 640 - 645 + 700 - 705

Dinkelbach, W. (1990), Elemente einer umweltorientierten betriebswirtschaftlichen Produktions- und Kostentheorie auf der Grundlage von Leontief - Technologien, in: OR - Proceedings, Berlin et. al., S. 60 - 70

Dolata, B. (1987), Betriebliche Früherkennungssysteme und deren strategische Bedeutung, in: Hummel, T. R. (Hrsg.), Hochschulschriften zum Personalwesen, Bd. 6, München

Domschke, W. (1981), Logistik: Transport, München, Wien

Donner, H. u. a. (Hrsg.) (1989), Umweltschutz zwischen Staat und Markt, Baden - Baden

Dreger, W. (1985), Produktplanung verlangt Recycling-Denken: Neue Mode oder eine tatsächliche Notwendigkeit? in: Management Zeitschrift io, 54. Jg., H. 11, S. 498 - 502

Duncan, R.B. (1972), Characteristics of Organizational Environments and Perceived Environmental Uncertainty, in: ASQ, 17. Jg., S. 313 - 327

Dyckhoff, H. (1992), Betriebliche Produktion - Theoretische Grundlagen einer umweltorientierten Produktionswirtschaft, Berlin, u. a.

Dyckhoff, H. und Souren, R. (1993), Grundlegende umweltschutzorientierte Erweiterungen der Produktionstheorie, in: WISU, 22. Jg., H. 4, S. 333 - 346

Dyckhoff, H. (1993), Aktivitätsanalytische Grundlagen einer umweltorientierten einzelwirtschaftlichen Produktions- und Erfolgstheorie, in: ZWS, 113. Jg., H. 1, S. 1 - 16

Dyllick, T. (1984), Erfassen der Umweltbeziehungen der Unternehmung, in: io Management-Zeitschrift 53. Jg., H. 2, S. 74 - 78

Dyllick, T. (1989), Management der Umweltbeziehungen. Öffentliche Auseinandersetzung als Herausforderung, Wiesbaden

Dyllick, T. (1989), Ökologisch bewußte Unternehmensführung: Der Beitrag der Managementlehre, Schriftenreihe der Schweizerischen Vereinigung für ökologisch bewußte Unternehmensführung Nr. 1, St. Gallen

Dyllick, T. (Hrsg.) (1991), Ökologische Lernprozesse in Unternehmungen, Bern, Stuttgart

Ehrnsperger, F. (1992), Öko - Bilanz und Öko - Controlling, in: Prisma Industrie - Kommunikation (Hrsg.), Neue Wege im Umweltmanagement, Vortragsmanusskripte des Umweltsysmposiums der Süddeutschen Zeitung v. 10./11.11.92 in Garmisch- Partenkirchen, Dießen, Teil B2

Eichhorn, P. (1972), Umweltschutz aus der Sicht der Unternehmenspolitik, in: ZfbF, 24. Jg., o. H., S. 633 - 649

Eichhorn, P. (1974), Gesellschaftsbezogene Rechnungslegung, Göttingen

Eilers, S. (1993), Der Schutz der betrieblichen Informationsphäre im Umweltinformationsgesetz, in: BB, 48. Jg, H. 15, S. 1025 - 1030

Eisen, R. (1992), Versicherungsmäßige Lösungsmodelle für Umweltprobleme in ökonomischer Analyse, in: Wagner, G. R. (Hrsg.), Ökonomische Risiken und Umweltschutz, München, S. 67 - 84

Ellringmann, H. (Hrsg.) (1994), Softwareführer Umweltschutz, Berlin

Engel, J.F., Kollat, D.T. und Blackwell, R.D. (1978), Consumer Behavior, 3 Auflg., Hinsdale

Engeleiter, H.J. und Corsten, H. (Hrsg.) (1982), Innovation und Technologietransfer, Berlin

Eschenroeder, G. (1985), Planungsaspekte einer ressourcenorientierten Informationswirtschaft, Bergisch Gladbach

Essen, U.v. (1989), Organisation des Umweltschutzes im Philips-Konzern, in: zfo, 58. Jg., H. 2, S. 84 - 88

Europäische Gemeinschaften - der Rat (1992), Vorschlag für eine Verordnung (EWG) des Rates über die freiwillige Beteiligung gewerblicher Unternehmen an einer gemeinschaftlichen Umweltmanagement- und -betriebsprüfungsregelung (Öko-Audit), Kommissionsvorschlag Nr. 5218/92 ENV 64 KOM (91) 459 endg.

Ewert, R. und Wagenhofer, A. (1993), Interne Unternehmensrechnung, Berlin

Eyerer, P., Dekorsky, T. und Schuchert, M. (1990), Ganzheitliche Bilanzierung ist mehr als Ökobilanz, in: io Management - Zeitschrift, 60. Jg., H. 7/8, S. 90 - 95

Farmer, K. (1991), Wirtschaft und Umwelt aus ökonomisch - biblischer Sicht, Graz

Fees-Dörr, E., Prätorius, G. und Steger, U. (1992), Umwelthaftungsrecht, 2. Auflg., Wiesbaden

Feldmann, M.S. und March, J.G. (1981), Information in Organizations as Signals and Symbols, in: ASQ, 26. Jg., June, S. 171 - 186

Fiedler, K.P. (1990), Zur Umsetzung von EG-Richtlinien im Umweltbereich, in: der Städtetag, 43. Jg., H. 8, S. 563 - 567

Fietkau, H.-.J. (1991), Umweltbewußtsein, in: Seidel, E. u. Strebel, H. (Hrsg.), Umwelt und Ökonomie, Wiesbaden, S. 144 - 150

Fietkau, H.J. und Ullmann, A. (1984), Sind Manager Umweltmuffel, in: Manager Magazin, o. Jg., H. 10, S. 194 - 201

Fietkau, H.J. (1985), Zum Beispiel Umweltschutz: Die Industrie im Netzwerk gesellschaftlicher Werturteile, Disskussionspapier II UG85-19 des Wissenschaftszentrums Berlin für Sozialforschung, Berlin

Finke, W.F. (1987), Informationsmanagement in Organisationen, in: zfo, 56. Jg., H. 6, S. 360 - 368

Fischer, J. (1992), Datenmanagement. Datenbanken und betriebliche Datenmodellierung, München, Wien

Fischer, R. (1993), Ökologisch orientiertes Controlling, in: Controlling, 5. Jg., H. 3, S. 140 - 146

Fisk, G. (1982), Ökologisch verantwortungsvolles Marketingverhalten, in: Hansen, U., u. a. (Hrsg.), Marketing und Verbraucherpolitik Stuttgart, S. 87 - 96

Fleischmann, E. und Plaudtke, H. (1976), Rechnungswesen: Kosten des Umweltschutzes, in: Vogel, J., Heigl, A., Schäfer, K. (Hrsg.), Handbuch des Umweltschutzes, Bd. 7, Kap. 7, München 1977, S. 1 - 23

Flippo, E.B. und Munsinger, G.M. (1982), Management, 5. Auflg., Boston/Mass.

Förschle, G. und Scheffels, R. (1993), Die Bilanzierung von Umweltschutzmaßnahmen aus bilanztheoretischer Sicht, in: DB, 46. Jg., H. 24, S. 1197 - 1203

Frank, H. u. a. (Hrsg.) (1988), Umweltdynamik, Wien

Franke, G. und Hax, H. (1990), Finanzwirtschaft des Unternehmens und Kapitalmarkt, 2. Auflg., Berlin u. a.

Freimann, J. (Hrsg.) (1988), Ökologische Betriebswirtschaftslehre und -praxis? Berlin

Freimann, J. (1989), Instrumente sozial - ökologischer Folgenabschätzung, Wiesbaden

Freimann, J. (auch Hrsg.) (1990), Plädoyer für die Normierung von betrieblichen Öko-Bilanzen, in: Freimann, J. (Hrsg.), Ökologische Herausforderung der Betriebswirtschaftslehre, Wiesbaden, S. 177 - 195

Freimann, J. (Hrsg.) (1990), Ökologische Herausforderung der Betriebswirtschaftslehre, Wiesbaden

Freimann, J. und Pfriem, R. (1990), Unternehemn und natürliche Umwelt - programmatische und wissenschaftstheoretische Aspekte sozial - ökologischen Denkens in der Betriebswirtschaftslehre, in: Schauenberg, B. (Hrsg.), Wirtschaftsethik: Schnittstellen von Ökonomie und Wissenschaftstheorie, Wiesbaden 1990, S. 117 - 134

Freimann, J. (1991), Zur Implementation betrieblicher Umweltinformationssysteme, Vortragsmanuskript, nicht veröffentlicht

Frese, E. (1987), Grundlagen der Organisation, Wiesbaden

Frese, E. und Kloock, J. (1989), Internes Rechnungswesen und Organisation aus Sicht des Umweltschutzes, in: BFuP, 41. Jg., H. 1, S. 1 - 29

Frese, E. (1992), Organisation des Umweltschutzes, in: Frese, E. (Hrsg.), Handwörterbuch der Organisation, 3. Auflg., Stuttgart 1992, Sp. 2433 - 2450

Friedrichs, R. (1987), Rechnungslegung bei Umweltschutzmaßnahmen, in: DB, 40. Jg., H. 51/52, S. 2580 - 2588

Froitzheim, U. (1993), Eine Datev für die Umwelt, in: TopBusiness, 2. Jg., H. 2, S. 82 - 85

Fronek, R. und Uecker, P. (1987), Umweltrechnungslegung-Jahresabschluß-Social Accounting, in: Vogel, J. u. a., Handbuch des Umweltschutzes, Landsberg, Bd. III, Nr.7, S. 1 - 29

Fuhr, N. (1994), Umweltinformtionssysteme aus Sicht des Information Retrieval, in: Page, B. u. Hilty, L. M. (Hrsg.), Umweltinformatik: Informatikmethoden für Umweltschutz und Umweltforschung, München, Wien, S. 127 - 142

Gaitanides, M. (1983), Prozeßorganisation, München

Gasser, V. (1992), Umwelthaftungsrecht in seiner Konsequenz für die Unternehmensführung, in: BFuP, 44. Jg., H. 2, S. 153 - 165

Gawel, E. (1994), Ökonomie der Umwelt - ein Überblick über neuere Entwicklungen, in: ZAU, 7. Jg., H. 1, S. 37 - 83

Gazdar, K. (1989), Informationsmanagement für Führungskräfte, Frankfurt a. M.

Gege, M. (1992), Chancen und Voraussetzungen einer umweltbewußten Unternehmensführung, in: Zahn, E. u. Gassert, H. (Hrsg.), Umweltorientiertes Management, Stuttgart, S. 119 - 161

Geiger, H. (1992), Ökologieorientierte Kundenberatung durch die Sparkasse, in: Schierenbeck, H. u. Seidel, E. (Hrsg.), Banken und Ökologie, Wiesbaden, S. 109 - 122

Georgescu-Roegen, N. (1991), Was geschieht mit der Materie im Wirtschaftsprozeß? in: Seidel, E. u. Strebel, H. (Hrsg.), Umwelt und Ökonomie, Wiesbaden, S. 64 - 74

Gerybazde, A. (1992), Umweltorientiertes Management von Forschung und Entwicklung, in: Steger, U. (Hrsg.), Handbuch des Umweltmanagements, München, S. 395 - 416

Geschka, H. und von Reibnitz, U. (1983), Die Szenario - Technik - Ein Instrument der Zukunftsanalyse und der strategischen Unternehmensplanung, in: Töpfer, A. u. Afheldt, H. (Hrsg.), Praxis der strategischen Unternehmensplanung, Frankfurt, S. 125 - 170

Geschka, H. und Hammer, R. (1990), Die Szenario-Technik in der strategischen Unternehmensplanung, in: Hahn, D. u. Taylor, B., Strategische Unternehmensplanung - Strategische Unternehmensführung, 5. Auflg., Heidelberg, S. 311 - 336

Gierl, H. (1987), Ökologische Einstellung und Kaufverhalten im Widerspruch, in: Markenartikel, 49. Jg., H. 1, S. 2 - 7

Ginter, P.M. et.al. (1978), Reverse Distribution Channels for Recycling, in: California Management Review, Vol. 20, No. 3, S. 72 - 81

Godet, M. (1992), From "la prospective" - a new way of looking at futures, in: Mercer, D. (Hrsg.), Managing the External Environment, S. 52 - 64

Görg, M. (1981), Recycling als umweltpolitisches Instrument der Unternehmung. Eine theoretische und empirische Analyse, Berlin

Götte, G. (1992), Finanzierungshilfen für die Umweltsanierung in den neuen Bundesländern, in: Schierenbeck, H. u. Seidel, E. (Hrsg.), Banken und Ökologie, Wiesbaden, S. 153 - 166

Götze, U. (1991), Szenario Technik in der strategischen Unternehmensplanung, Wiesbaden

Gomez, P. und Escher, F. (1980), Szenarien als Planungshilfen, in: Management Zeitschrift io, 49. Jg., H. 9, S. 416 - 420

Goose, D. (1992), Staatliche Kreditprogramme für den Umweltschutz in der Bundesrepublik Deutschland, in: Schierenbeck, H. u. Seidel, E. (Hrsg.), Banken und Ökologie, Wiesbaden, S. 137 - 153

Gottlieb Duttweiler Institut (Hrsg.) (1990), Ökologie im vertikalen Marketing, Zürich

Graßl, H. (1992), Wenige Grade bewirken viel, in: ZEIT - Schriften, H.1, S.42

Grave, A.J. (1992), Ökologie in der Berufsausbildung, in: zfo, 61. Jg., H. 4, S. 226 - 230

Grebmer, K.v. (1991), Lernprozesse in der Kommunikation über Umweltfragen. Erfahrungen aus der chemischen Industrie, in: Dyllick, T. (Hrsg.), Ökologische Lernprozesse in Unternehmungen, Bern, Stuttgart, S. 151 - 175

Grochla, E. (Hrsg.) (1980), Handwörterbuch der Organisation (HWO), 2. Auflg., Stuttgart 1980

Grochla, E. (1985), Drei Dimensionen der informationstechnischen Integration, in: Office Management, 33. Jg., H. 4, S.350 - 353

Günther, E. und Wagner, B. (1993), Ökologieorientierung des Controlling (Öko - Controlling), in: DBW, 53. Jg, H. 2, S. 143 - 166

Günther, K. (1988), Möglichkeiten des umweltbewußten, kostengünstigen Einkaufs aus der Sicht der Betriebe, in: Pieroth, E. u. a. (Hrsg.), Chancen der Betriebe durch Umweltschutz, Freiburg, S. 121 - 129

Günther, K. (1988), Ein Ökologiekonzept wird praktiziert. Umweltaktivitäten als integrierter Bestandteil der Unternehmensphilosophie, in: zfo, 57. Jg., H. 2, S. 112 - 116

Günther, K. (1991), Ökobilanzen als Grundlage eines Umwelt-Auditings, in: Steger, U. (Hrsg.), Umwelt-Auditing, Wiesbaden, S. 59 - 80

Günther, O., Radermacher, F.J. und Riekert, W.-.F. (1994), Umweltmonitoring: Modelle Methoden und Systeme, in: Page, B. u. Hilty, L. (Hrsg.), Umweltinformatik: Informatikmethoden für Umweltschutz und Umweltforschung, München, Wien, S. 51 - 78

Gutenberg, E. (1983), Grundlagen der Betriebswirtschaftslehre, Bd.I, Die Produktion, 24. Auflg., Berlin, Heidelberg, New York

Haas, J.P.d. (1989), Management - Philosophie im Spannungsfeld zwischen Ökologie und Ökonomie. Überlegungen zu einer ökologiebewußten Unternehmenspolitik, Bergisch - Gladbach, Köln

Haasis, H.D., Hackenberg, D. und Hillenbrand, R. (1989), Betriebliche Umweltinformationssysteme, in: Information Management, 4. Jg., H. 4, S. 46 - 53

Haber, W. (1991), Über den Beitrag der ökosystemforschung zur Entwicklung der menschlichen Umwelt, in: Seidel, E. u. Strebel, H. (Hrsg.), Umwelt und Ökonomie, Wiesbaden, S. 39 - 63

Hahn, D. und Taylor, B. (Hrsg.) (1986), Strategische Unternehmensplanung - Strategische Unternehmensführung, 4. Auflg., Heidelberg, Wien

Hahn, D. und Taylor, B. (Hrsg.) (1990), Strategische Unternehmensplanung - Strategische Unternehmensführung, 5. Auflg., Heidelberg

Hahn, D. (1990), Stand und Entwicklungstendenzen der strategischen Planung, in: Hahn, D. u. Taylor, B. (Hrsg.), Strategische Unternehmensplanung - Strategische Unternehmensführung, 5. Auflg., Heidelberg, S. 3 - 30

Hahn, D. (1990), Strategische Unternehmensführung, in: Hahn, D. u. Taylor, B., Strategische Unternehmensplanung - Strategische Unternehmensführung, 5. Auflg., Heidelberg, S. 31-51

Hallay, H. (1989), Die Öko-Bilanz. Ein betriebliches Informationssystem, in: Schriftenreihe des IÖW, Nr. 27, Berlin

Hallay, H. und Pfriem, R. (1992a), Öko - Controlling, Frankfurt a.M.

Haller, M. (1986), Risiko - Management - Eckpunkte eines integrierten Konzepts, in: SzU, Bd. 33, Wiesbaden 1986, S. 7 - 43

Hammer, R.M. (1988), Strategische Plaung und Frühaufklärung, München, Wien

Hang, W. (1991), Ohne Titel (Produktion und Recycling bei der BMW AG), unveröffentliches Vortragsmanuskript

Hansen, U. u. a. (Hrsg.) (1982), Marketing und Verbraucherpolitik, Stuttgart

Hansen, U. (1986), Verpackung und Konsumentenverhalten, in: Marketing ZFP, 8. Jg., H. 1, S. 5 - 12

Hansen, U. (1988), Ökologisches Marketing im Handel, in: Brandt, A. u. a. (Hrsg.), Ökologisches Marketing, Frankfurt, New York, S. 331 - 362

Hansen, U. (1992), Umweltmanagement im Handel, in: Steger, U. (Hrsg.), Handbuch des Umweltmanagements, München, S. 733 - 756

Hansen, U. (1990), Die Rolle des Handels als Gate - Keeper, in: Gottlieb Duttweiler Inst. (Hrsg.), Ökologie im vertikalen Marketing, Zürich, S. 145 - 174

Hansmann, K.-.W. (1984), Kurzlehrbuch Prognoseverfahren, Wiesbaden

Hartje, V.J. (1990), Zur Struktur des ökologisierten Kapitalstocks: Variablen und Determinanten umweltsparender technologischer Anpassungen in Unternehmen, in: Zimmermann, K., u. a. (Hrsg.), Ökologische Modernisierung in der Produktion, Strukturen und Trends, Berlin, S. 135 - 198

Hasitschka, W. (1984), Ökologisches Marketing, in: Marketing ZFP, 8. Jg., H. 4, S. 245 - 254

Heeg, F.J. (1984), Recycling-Management. Eine Gesamtaufgabe von der Produktentwicklung bis zur Produktverwertung, in: io Management-Zeitschrift, 53. Jg., H. 11, S. 506 - 510

Heigl, A. (1974), Konzepte betrieblicher Umweltrechnungslegung, in: DB, 27. Jg., o. H., S. 2265 - 2270

Heigl, A. (1981), Abrechnung der Umweltschutzkosten, in: Kosiol, E., Chmielewicz, K. u. Schweitzer, M. (Hrsg.), Handwörterbuch des Rechnungswesens, 2. Auflg., Stuttgart, Sp. 1591 - 1598

Heigl, A. (1989), Ertragssteuerliche Anreize für Investitionen in den Umweltschutz, in: BFuP, 41. Jg., H. 1, S. 66 - 81

Heilmann, H. (1987), Document - Retrieval: Einführung in den Themnekreis, in: HMD, 24. Jg., H. 133, S. 3 - 7

Heilmann, H. (1989), Integration: Ein zentraler Begriff der Wirtschaftsinformatik im Wandel der Zeit, in: HMD, 26. Jg., H. 150, S. 46 ff.

Heinen, E. (Hrsg.) (1991), Industriebetriebslehre, Wiesbaden, 9. Auflg.

Heinrich, L.J. und Pomberger, G. (Hrsg.) (1991), Die Informationswirtschaft im Unternehmen, Linz 1991

Heinrich, L.J. (1992), Informationsmanagement. Planung, Überwachung und Steuerung der Informationsinfrastruktur, 4. Auflg., München, Wien

Heinz, B. (1989), Haben Sie schon ein betriebliches Umwelt-Informationssystem, in: Sietz, M. u. Michahelles, R. (Hrsg.), Umweltchecklisten für Manager, Taunusstein, S. 12 - 16

Heisig, C. (1987), Umweltprobleme - Gift für die Werbung, in: Markenartikel, 49. Jg., H. 1, S. 8 - 11

Herker, A. (1993), Eine Erklärung des umweltbewußten Konsumentenverhaltens - Eine internationale Studie, Frankfurt a. M., u. a.

Herzig, N. (1993), Aktivische Abwertung versus Rückstellungsbildung bei Umweltschutzverpflichtungen, in: Wagner, G. R. (Hrsg.), Betriebswirtschaft und Umweltschutz, Stuttgart, S. 161 - 176

Heyder, H. (1990), Ökologiebewußtsein und Marketing, in: Szallies, R. u. Wiswede, G. (Hrsg.), Landsberg, S. 339 - 355

Heymann, H. (1984), Sozialbilanzen, Stuttgart

Hildebrand, K. (1992), Informationsmanagement - Status quo und Perspektiven. Ergebnisse einer empirischen Untersuchung, in: Wirtschaftsinformatik, 34. Jg., H. 5, S. 465 - 471

Hines, J.M., Hungerford, H.R. und Tomera, A.N. (1986/87), Analysis and Synthesis of Research on Responsible Environmental Behaviour: A Meta - Analysis, in: Journal of Environmental Education, Winter, S. 1 - 8

Hoch, D. und Schira, D. (1993), Entwicklung der Informationstechnologie - Managemnt des Wandels in einer Zeit des Paradigmenwechsels, in: Scheer, A. W. (Hrsg.), Handbuch Informationsmanagement, Wiesbaden, S. 3 - 47

Hoffmann, V. (1988), Chancen der Betriebe durch Finanzierungshilfen im Umweltschutz, in: Wicke, L. u. Pieroth, E. (Hrsg.), Chancen der Betriebe durch Umweltschutz. Freiburg, S. 254 - 268

Hofmeister, S. (1989), Stoff- und Energiebilanzen - Ein Instrument der Umweltverträglichkeitsprüfung, Praxisbeispiele aus der Industrie, in: Schmidt, E. (Hrsg.), Ökologische Produktionskonzepte, Berlin, S. 24 - 39

Hoitsch, H.-.J. (1993), Zur Abgrenzung und Ausgestaltung des umweltorientierten Controlling, in: JfB, 43. Jg., H. 2, S. 73 - 91

Holzmüller, H.H. und Schuh, A. (1988), Skandal-Marketing, in: Frank, H. u. a. (Hrsg.), Umweltdynamik, Wien, S. 17 - 48

Hopfenbeck, W. (1990), Umweltorientiertes Management und Marketing, Landsberg

Hopfenbeck, W. (1991), Allgemeine Betriebswirtschafts- und Managementlehre. Das Unternehmen im Spannungsfeld zwischen ökonomischen, sozialen und ökologischen Interessen, Landsberg/Lech, 3. Auflg.

Horlitz, T. (1989), Monetäre Bewertung von Umweltschäden - Ein geeignetes Instrument zur Erfassung ökologischer Folgekosten? in: Donner, H. u. a. (Hrsg.), Umweltschutz zwischen Staat und Markt, Baden - Baden, S. 125 - 159

Horvath, P. (1990), Controlling, 3. Auflg., München

Houy, C. (1993), Vernetzungsstrategien, in: Scheer, A. W. (Hrsg.), Handbuch Informationsmanagement, Wiesbaden, S. 765 - 782

Howard, J.A. und Shet, J.N. (1969), The Theory of Buyer Behaviour, New York

Hubert, P. (1991), Unser Umweltschutz - Programm "Auf 90", Robert Bosch GmbH, in: Personalführung, o.J., H. 3, S. 176 - 179

Hübner, H. und Jahnes, S. (1992), Zur Notwendigkeit eines ökologieorientierten Wirtschaftens, in: WISU, 21. Jg., H. 4, S. 287 - 299

Hüser, A. (1993), Institutionelle Regelungen und Marketinginstrumente zur Überwindung von Kaufbarrieren auf ökologischen Märkten, in: ZFB, 63. Jg., H. 3, S. 267 - 287

Hummeltenberg, W. (1992), Führungsinformationssysteme - Nutzen und Trends, Vortragsmanusskript des COMSHARE EIS - Seminars vom 10.03.92 , Hamburg

Hutchins, D. (1985), Quality Circles Handbook, London

Immler, H. (1975), Die Notwendigkeit von Stoff- und Energiebilanzen im Betrieb, in: Das Argument, Nr. 83, S. 822 - 834

Isenmann, S., Lehman, Waffenschmidt, M., Reuter, W.D. und Schulz, K.D. (1992), Diskursive Umweltplanung: computergestützte Behandlung bösartiger Umweltprobleme, in: ZAU, 5. Jg., H. 4, S. 466 - 485

Iwata, O. (1986), The Reationship of Personality to Environmental Vulerability and Proenvironmental Orientation, in: Maher, B. A. u. Maher, W. B. (Hrsg.), Progress in Experimental Personality Research, Orlando, S. 165 - 203

Jacob, H. (1979b), Zur Bedeutung von Flexibilität und Diversifikation bei Realinvestitionen, in: Mellewig, W. (Hrsg.), Unternehmenstheorie und Unternehmensplanung, Festschrift zum 60. Geburtstag von H. Koch, Wiesbaden, S. 33 - 67

Jacob, H. (1982), Die Bedeutung der Flexibilität im Rahmen der strategischen Planung, in: Koch, H. (Hrsg.), Neuere Entwicklungen in der Unternehmenstheorie, Wiesbaden, S. 69 - 98

Jacob, H. (Hrsg.) (1988), Allgemeine Betriebswirtschaftslehre, 5. Auflg., Wiesbaden

Jacob, H. (1989), Flexibilität und ihre Bedeutung für die Betriebspolitik, in: Adam, D., u. a. (Hrsg.), Integration und Flexibilität, Wiesbaden, S. 16 - 60

Jacob, H. (1974), Unsicherheit und Flexibilität. Zur Theorie der Planung bei Unsicherheit. Teil: I-III, in: ZfB, 44. Jg., H. 5, S. 299 - 326 und H. 6, S. 405 - 448 und H. 7, S. 505 - 526

Jahnke, B. (1993), Führungsunterstützung der oberen Führungsebene durch Führungsinformationssysteme, in: SzU, Bd. 49, Wiesbaden, S. 123 - 147

Jahnke, B. (1986), Betriebliches Recycling, Wiesbaden

Jarke, M. (1989), Wissensbasierte Unterstützung verteilter Entscheidungen und Modellierungsprozesse, in: SzU, Bd. 40, Wiesbaden 1989, S. 29 - 54

Jörissen, H. (1992), Die neue Umwelthaftpflichtversicherung, in: Prisma Industrie-Kommunikation (Hrsg.), Neue Wege im Umweltmanagement, Vortragsmanusskripte des Umweltsysmposiums der Süddeutschen Zeitung v. 10./11.11.92 in Garmisch- Partenkirchen, Dießen, Teil J2

Johann, H.P. und Gebhard, D. (1991), Umweltschutz in der Aus- und Weiterbildung, in: Personalführung, o. J., H. 3, S. 156 - 166

Jucker, H.K. (1990), Ökologische Grundsätze für die Verpackung, in: Gottlieb Duttweiler Inst. (Hrsg.), Zürich, S. 227 - 253

Kaas, K.P. (1993), Informationsprobleme auf Märkten für umweltfreundliche Produkte, in: Wagner, G. R. (Hrsg.), Betriebswirtschaft und Umweltschutz, Stuttgart, S. 29 - 43

Kaas, K.P. (1990), Marketing als Bewältigung von Informations- und Unsicherheitsproblemen im Markt, in: DBW, 50. Jg., H. 4, S. 539 - 548

Kaas, K.P. (1991), Marktinformationen: Screening und Signaling unter Partnern und Rivalen, in: ZFB, 61. Jg., H. 3, S. 357 - 370

Kaas, K.P. (1992), Marketing für umweltfreundliche Produkte, in: DBW 52. Jg., H. 4, S. 473 - 487

Kahn, H. und Wiener, A.J. (1968), Ihr werdet es erleben: Voraussagen der Wissenschaft bis zum Jahr 2000, 3. Auflg., Wien, München, Zürich

Katz, E. und Lazarsfeld, P.F. (1955), Personal Influence, New York, u. a.

Keck, O. (1988), Präventive Umweltpolitik als Abbau von Informationsrestriktionen, in: Simonis, U. E. (Hrsg.), Präventive Umweltpolitik, Frankfurt a. M., New York, S. 105 - 125

Keiter, H. (1980), Umweltschutzkosten, in: Umwelt und Energie, Freiburg 1980, Gruppe 3/96

Keller, L. (1993), Handlungsorientierte Ökobilanz im Unternehmen, in: Prisma Industrie-Kommunikation (Hrsg.), Neue Wege im Umweltmanagement, Vortragsmanusskripte des Umweltsysmposiums der Süddeutschen Zeitung v. 10./11.11.92 in Garmisch- Partenkirchen, Dießen, Teil B3

Kern, W. (1982), Umweltschutz als Herausforderung an die Innovationskraft industrieller Unternehmungen, in: Engeleiter, H. - J., u. a. (Hrsg.), Innovation und Technologietransfer, Berlin, S. 121 - 138

Kern, W. (1988), Der Betrieb als Faktorkombination. In: Allgemeine Betriebswirtschaftslehre, in: Jacob, H. (Hrsg.), 5. Auflg., Wiesbaden 1988

Kern, W. (1992), Die Zeit als Dimension betriebswirtschaftlichen Denkens und Handelns, in: DBW, 52. Jg., H. 1, S. 45 - 58

Kieser, A. und Kubicek, H. (1976), Organisation, Berlin, New York

Kießler, O. (1990), Die ökologische Frage im handlungstheoretischen Konzept der Unternehmung, in: Freimann, J. (Hrsg.), Ökologische Herausforderung der Betriebswirtschaftslehre, Wiesbaden, S. 133 - 144

Kirchgeorg, M. (1990), Ökologieorientiertes Unternehmensverhalten - Typologien und Erklärungsansätze auf empirischer Grundlage, Wiesbaden

Kirsch, W. (1969), Unternehmensziele in organisationstheoretischer Sicht, in: ZfbF, 21.Jg., o. H., S. 665 - 675

Kirsch, W. (1971), Entscheidungsprozesse - Informationsverarbeitungstheorie des Entscheidungsverhaltens, Band 2, Wiesbaden

Kirsch, W. und Trux, W. (1979), Strategische Frühaufklärung und Portfolioanalyse, in: ZfB - Ergänzungsheft 2/79, S. 47 - 69

Kirsch, W. (Hrsg.) (1989), Die Betriebswirtschaftslehre im Spannungsfeld zwischen Generalisierung und Spezialisierung, Wiesbaden

Kistner, K.P. und Steven, M. (1991), Management ökologischer Risiken in der Produktionsplanung, in: ZfB, 61. Jg., H. 11, 1307 - 1336

Kistner, K.P. (1983), Zur Erfassung von Umwelteinflüssen der Produktion in der linearen Aktivitätsanalyse, in: WiSt, 17. Jg., H. 12, S. 389 - 395

Kistner, K.P. (1989), Umweltschutz in der betrieblichen Produktionsplanung, in: BFuP, 41. Jg., H. 1, S. 30 - 50

Kleinaltenkamp, M. (1985), Recycling - Strategien, Berlin u. a.

Klich, T. (1993), Eignung qualitativer Planungs- und Analyseinstrumente für Zwecke des Umweltschutz - Controlling, in: Albach, H. (Hrsg.), Betriebliches Umweltmanagement 1993, Wiesbaden, S. 105 - 118

Kloock, J. (1990), Umweltkostenrechnung, in: Scheer, A. W. (Hrsg.), Rechnungswesen und EDV, 11. Saarbrücker Arbeitstagung 1990, Heidelberg, S. 129 - 156

Kloock, J., Sieben, G. und Schildbach, T. (1990), Kosten- und Leistungsrechnung, 5. Auflg., Düsseldorf

Kloock, J. (1993), Neuere Entwicklungen betrieblicher Umweltkostenrechnungen, in: Wagner, G. R. (Hrsg.), Betriebswirtschaft und Umweltschutz, Wiesbaden, S. 179 - 206

Klutmann, L. (1990), Integration eines strategischen Informations- und Kommunikationsmanagements in alternative Organisationsformen, Frankfurt, Berlin u. a.

Kneschaurek, F. (1985), Unternehmung und Volkswirtschaft, in: Probst, u. a. (Hrsg.), Integriertes Management, Bern, Stuttgart, S. 403 - 418

Knoepfel, P. (Hrsg.) (1988), Risiko und Risikomanagement, Basel
Koch, H. (1982), Integrierte Unternehmensplanung, Wiesbaden
König, M. (1992), Umweltverträglichkeitsprüfung (UVP), in: Prisma Industrie-Kommunikation (Hrsg.), Neue Wege im Umweltmanagement, Vortragsmanusskripte des Umweltsysmposiums der Süddeutschen Zeitung v. 10./11.11.92 in Garmisch - Partenkirchen, Dießen, Teil J3
König, W. und Wolf, S. (1993), Objektorientierte Software - Entwicklung - Anforderungen an das Informationsmanagement, in: Scheer, A. W. (Hrsg.), Handbuch Informationsmanagement, Wiesbaden, S. 869 - 898
Köster, T. (1991), Finanzierungseffekte mitnehmen!, in: Gablers Magazin, 5. Jg., H. 6, S.24 - 25
Korte, R.-.J. (1977), Verfahren der Wertanalyse, Berlin
Kosiol, E., Chmielewicz, K. und Schweitzer, M. (Hrsg.) (1981), Handwörterbuch des Rechnungswesens, 2. Auflg., Stuttgart
Kotler, P. und Bliemel, F. (1992), Marketing - Management, 7. Auflg., Stuttgart
Krämer, A. (1986), Ökologie und politische Öffentlichkeit, München
Krampe, G. und Müller, G. (1981), Diffusionsfunktionen als theoretisches und praktisches Konzept zur strategischen Frühaufklärung, in: ZfbF, 33. Jg., H. 5, S. 384 - 401
Krampe, G. (1985), Ein Früherkennungssystem auf der Basis von Diffusionsfunktionen als Element des strategischen Marketing, in: Raffee, H. u. Wiedmann, K.-P. (Hrsg.), Strategisches Marketing, Stuttgart, S. 349 - 369
Krauskopf, F. (1993), EDV - gestützt planen und entscheiden, in: Umwelt, 23. Jg., H. 10, S. 556 - 559
Krcmar, H. (1990), Bedeutung und Ziele von Informationssystem-Architekturen, in: Wirtschaftsinformatik, 32. Jg., H. 5, S. 395 - 402
Krcmar, H. (1991), Integration in der Wirtschaftsinformatik - Aspekte und T-endenzen, in: SzU, Bd. 44, Wiesbaden, S. 3 - 18
Kreikebaum, H. (1991), Strategische Unternehmensplanung, in: Seidel, E. u. Strebel, H. (Hrsg.), Umwelt und Ökonomie, Wiesbaden, S. 223 - 245
Kreikebaum, H. (Hrsg.) (1991), Integrierter Umweltschutz, Wiesbaden, 2. Auflg.
Kreikebaum, H. (auch Hrsg.) (1991), Integrierter Umweltschutz - Eine Herausforderung für das Innovationsmanagement, Wiesbaden, 2. Auflg.
Kreikebaum, H. (1991), Strategische Unternehmensplanung, 4. Aufl., Stuttgart u. a.
Kreikebaum, H. (1993), Personelle Voraussetzungen des integrierten Umweltschutzes, in: zfo, 62. Jg., H. 2, S. 85 - 90
Kreilkamp, E. (1987), Strategisches Management und Marketing, Berlin, New York
Kriesi, R. (1988), Marketing und Ökologie - Mißbrauch oder Förderung der Ökologie? in: Thexis, 5. Jg., H. 3, S. 28 - 31
Kroeber - Riel, W. (1990), Konsumentenverhalten, 4. Auflg., München
Kroeber - Riel, W. (1992), Konsumentenverhalten, 5. Auflg., München

Krüger, W. und Pfeiffer, P. (1991), Eine konzeptionelle und empirische Analyse der Informationsstrategien und der Aufgaben des Informationsmanagements, in: ZfbF, 43. Jg., H. 1, S. 21 - 42

Krulis - Randa, J. (1989), Entwicklung einer Unternehmungspolitik und Marketingstrategie in einem ökologisch sensibilisierten Umfeld, in: Lengwiller, C. (Hrsg.), Ökologie und Umweltschutz - Unternehmen vor neuen Marktchancen, Grüsch, S. 45 - 67

Krystek, U. und Müller - Stevens, G. (1990), Grundzüge einer strategischen Frühaufklärung, in: Hahn, D. u. Taylor, B., Strategische Unternehmensplanung - Strategische Unternehmensführung, 5. Auflg., Heidelberg, S. 337 - 364

Krystek, U. und Behrendt, I. (1991(a)), Ökologieorientierte Frühaufklärung, in: Gablers Magazin, 5. Jg., H. 6, S. 16 - 20

Krystek, U. und Behrendt, I. (1991(b)), Früherkennung ökologischer Chancen und Bedrohungen Teil I + II, in: Forschungsinformationsdienst Ökologisch orientierte Betriebswirtschaftslehre (FÖB), o. Jg., 12. Ausgabe, Nov./Dez. 1991, S. 14 - 19 + 13. Ausgabe, Sept. 1992, S. 10 - 13

Kudert, S. (1990), Der Stellenwert des Umweltschutzes im Zielsystem einer Betriebswirtschaft, in: WISU, 19. Jg., H. 10, S. 569 - 575

Kümmerle, W. (1993), Duration of Approval Procedures for Factories in Japan, in: Albach, H. (Hrsg.), Betriebliches Umweltmanagement 1993, Wiesbaden, S. 29 - 60

Küpper, W. und Orthmann, G. (auch Hrsg.) (1992), Mikropolitik - Das Handeln der Akteure und die Zwänge der Systeme, in: Mikropolitik, 2. Auflg, Opladen, S. 7 - 9

Küpper, W. und Orthmann, G. (Hrsg.) (1992), Mikropolitik, 2. Auflg., Opladen

Küppers, F. und Assel, D. (1993), Betrieblicher Umweltschutz: Arbeitnehmerbeteiligung sicherstellen, in: Die Mitbestimmung, 39. Jg., H. 4, S. 58 - 60

Kuhn, T.S. (1973), The Structure of scientific revolutions, 2. ed. Chicago, London

Layer, M. und Strebel, H. (1979), Der Einsatz umweltpolitischer Instrumente als betriebswirtschaftliches Entscheidungsproblem, in: krp, o. Jg., H. 3, S. 133 - 138

Layer, M. und Strebel, H. (1984), Energie als produktionswirtschaftlicher Tatbestand, in: ZfB, 54. Jg., H. 7/8, S. 638 - 663

Lehmann, S. und Clausen, J. (1991), Öko-Controlling. Informationsinstrument für ökologische Unternehmensführung, in: Wechselwirkungen, Nr. 51, 10/1991, S. 11 - 15

Lenk, K. (1985), Querschnittsaufgabe Informationsmanagement, in: Online, 15. Jg., H. 6, S. 59 - 63

Lenwiller, C. (Hrsg.) (1989), Ökologie und Umweltschutz. Unternehmen vor neuen Marktchancen, Grüsch

Lersner, H.F.v. (1993), Ökobilanzen: Neue Wegweiser für den Umweltschutz, in: WISU, 22. Jg., H. 5, S. 399 - 400

Levitan, K.B. (1982), Information Ressources as "Goods" in the Life Cycle of Information Production, in: Journal of the American Society for Information Sience, Vol. 33, S. 44 - 54

Lindzen, R.S. (1992), Viel Dampf um nichts, in: ZEIT - Schriften, H. 1., S. 42 - 43

Linowes, D.F. (1968), Socio - economic Accounting, in: Journal of Accountancy, Nov., S. 37 - 51

Little, A.D. (Hrsg.) (1989), Management der Hochleistungsorganisation, Wiesbaden

Lorenz, U. (1991), Sorge um den Stern, in: Wirtschaftswoche, 45. Jg., Nr. 3, 11.01.1991, S. 39 - 40

Loske, R. und Vorholz, F. (1992), Blauer Planet im roten Bereich, in: ZEIT - Schriften, H. 1, S. 36 - 41

Lucas, R. (1986), Ökologische Effekte der Informations- und Kommunikationstechniken, in: Pfriem, R. (Hrsg.), Ökologische Unternehmensführung, Frankfurt, New York, S. 171 - 184

Luetolf, D. (1989), Entwicklung und Einführung entscheidungsunterstützender Computermodelle für das strategische Managegement, Bern u. a.

Luhmann, N. (1990), Ökologische Kommunikation - Kann die moderne Gesellschaft sich auf ökologische Gefährdung einstellen? 3. Auflg., Opladen

Maas, C. (1986), Determinanten der Entwicklung und Nutzung umweltfreundlicher Neuerungen in Industriebetrieben. Theoretische Überlegungen und erste empirische Evidenz, Disskussionspaier 108 der TU Berlin

Macharzina, K. (1990), Informationspolitik. Unternehmenskommunikation als Instrument erfolgreicher Führung, Wiesbaden

Männel, W. (Hrsg.) (1992), Handbuch Kostenrechnung, Wiesbaden

Mag, W. (1977), Entscheidung und Information, München

Makidakis, S., Reschke, H. und Wheelwright, S.C. (1980), Prognosetechniken für Manager, Wiesbaden

Malle, K.-.G. (1989), Die Organisation des Umweltschutzes bei der BASF AG, in: zfo, 58. Jg., H. 2, S. 94 - 100

Manski, E. (1991), Ökologische Buchhaltung und Umweltbilanz, in: Die Bank, o. Jg., H. 7, S. 369 - 373

Manski, E. (1990), Umweltschutz schafft neue Bankprodukte, in: Die Bank, o. Jg., H. 12, S. 679 - 683

Manski, E. (1992), Ökologische Kriterien der Kreditvergabe, in: Die Bank, o. Jg., H. 11, S. 662 - 667

March, J.G. und Feldman, M.S. (1981), Information in Organizations as Signal and Symbol, in: ASQ, 26. Jg., June, S. 171 - 186

Marlin, J.T. (1973), Accounting in Pollution, in: Journal of Accountancy, Feb., S. 41 - 46

Massow, H.v. (1991), Logistik-Strategie: umweltbezogen, in: io Management Zeitschrift, 60. Jg., H. 7 - 8, S. 96 - 98

Massow, V.v. (1992), Die Magie des Kreises, in: Top Business, 1. Jg., H. 11, S. 202 - 205

Matzel, M. (1994), Die Organisation des betrieblichen Umweltschutzes, Berlin

Meffert, H. und Bruhn, M. (1978), Die Beurteilung von Konsum- und Umweltproblemen durch Konsumenten, in: DBW, 38. Jg., H. 3, S. 371 - 382

Meffert, H. (1986), Planung und Durchsetzung ökologiegerechter Marketingkonzeptionen, in: Belz, C. (Hrsg.), Realisierung des Marketing, St. Gallen, S. 39 - 60

Meffert, H., Bruhn, M., Schubert, F. und Walther, T. (1986), Marketing und Ökologie - Chancen und Risiken umweltorientierter Absatzstrategien der Unternehmung, in: DBW, 46. Jg., H. 2, S. 140 - 159

Meffert, H. (1988), Ökologisches Marketing als Antwort der Unternehmen auf aktuelle Problemlagen der Umwelt, in: Brandt, A. u. a. (Hrsg.), Ökologisches Marketing, Frankfurt, New York, S. 131 - 158

Meffert, H., Kirchgeorg, M. und Ostmeier, H. (1988), Analysekonzepte und strategische Optionen des ökologieorientierten Marketing, in: Thexis, 5. Jg., H. 3, S. 22 - 27

Meffert, H. und Kirchgeorg, M. (1989), Umweltschutz als Unternehmensziel, Münster

Meffert, H. (1990), Strategisches Marketing und Umweltschutz - Bericht aus einem Forschungsprojekt, in: Wagner, G. R. (Hrsg.), Unternehmung und ökologische Umwelt, München, S. 73 - 96

Meffert, H. und Ostmeier, H. (1990), Umweltschutz und Marketing: Möglichkeiten der Verbesserung der betriebswirtschaftlichen Situation von Unternehmen durch umweltorientierte Absatzmaßnahmen, Forschungsbericht des Umweltbundesamtes, Berlin

Meffert, H. (1991), Strategisches Ökologie - Management, in: Coenenberg, A. (Hrsg.), Ökologie - Management als strategischer Wettbewerbsfaktor, Stuttgart, S. 7 - 33

Meffert, H. und Kirchgeorg, M. (1992), Marktorientiertes Umweltmanagement, Stuttgart u. a.

Meffert, H. (1992), Marketingstrategien und Umweltschutz, in: Vogel, J., u. a. (Hrsg.), Handbuch des Umweltschutzes, 3. Auflg., III-7.3.1

Mercer, D. (Hrsg.) (1992), Managing the External Environment, London u. a.

Metzger, A.G. (1987), Zur Problematik der Berücksichtigung ökologischer Aspekte bei der investitionsrechnerischen Beurteilung von Luftreinhaltemaßnahmen, Mannheim

Meyer - Piening, A. (1988), Informationsmanagement in erfolgreichen Firmen, in: Online, 18. Jg., H. 12, S. 18 - 25

Mineralölwirtschaftsverband e . V. (1989), Mineralöl und Umweltschutz, 3. Auflg., Hamburg

Mintzberg, H. (1989), Mintzberg on Management. Inside Our Strange World of Organizations, New York, London

Monhemius, K. (1993), Umweltbewußtes Kaufverhalten von Konsumenten, Frankfurt a. M., u. a.

Moschke, H.J. (1991), Organisationsverschuldensanalyse. Grundlage für ein erfolgreiches Umwelt - Auditing, in: Steger, U. (Hrsg.), Umwelt - Auditing, Frankfurt a. M., S. 52 - 58

Mosthaf, H. (1991), Aufgabe und Struktur einer Ökobilanz, in: WiSt, 20. Jg., H. 4, S 191 - 193

Müller, G. und Zeiser, B. (1980), Zufallsbereiche zur Beurteilung frühaufklärender Signale, in: ZfB, 50. Jg., H. 6, S. 605 - 619

Müller, G. (1981), Strategische Frühaufklärung, München

Müller, G. (1984), Die Verwirklichung einer strategischen Frühaufklärung durch das STAR - System, in: Trux, W. Müller, G. u. Kirsch, W. (Hrsg.), Das Management strategischer Programme Bd. 1, München, S. 370 - 390

Müller, G. (1985), STAR, ein Ansatz zur Verwirklichung einer strategischen Frühaufklärung, in: Raffee, H. u. Wiedmann, K. - P. (Hrsg.), Strategisches Marketing, S. 370 - 390

Müller, R. (1992), Umwelthaftpflichtversicherungen - Dicke Luft, in: Top Business, 1. Jg., H. 6, S. 126 - 137

Müller - Wenk, R. (1978), Die ökologische Buchhaltung. Ein Informations- und Steuerungsinstrument für umweltkonforme Unternehmenspolitik, Frankfurt, New York

Müller - Wenk, R. (1991), Ökologische Buchhaltung - Eine Einführung, in: Seidel, E. u. Strebel, H. (Hrsg.), Umwelt und Ökonomie, Wiesbaden, S. 257 - 274

Müller - Witt, H. (1991), Betriebliche Umweltinformationssysteme, in: OFW (Hrsg.), Umweltmanagement im Spannungsfeld zwischen Ökologie und Ökonomie, Wiesbaden, S. 191 - 219

Niemeyer, A. und Satorius, B. (1992), Umwelt - Auditing, in: Steger, U. (Hrsg.), Handbuch des Umweltmanagements, München, S. 311 - 328

Nork, M. (1992), Umweltschutz und Entscheidungen: eine theoretische und empirische Analyse, Wiesbaden

Nüßgens, K.H. (1974), Umweltschutz als eine Führungsaufgabe im Unternehmen, in: Fortschrittliche Betriebsführung, 23. Jg., H.2, S. 111 - 125

Nüttgens, M. und Scheer, A.-.W. (1993), Integrierte Entsorgungssicherung als Bestandteil des Informationsmanagements in Industriebetrieben, in: ZfbF, 45. Jg., H. 11, S. 959 - 972

o. V. (1990), Gesetz über die Umweltverträglichkeitsprüfung, BGBl. Teil I, Nr.6/1990, S. 205 - 214

o. V. (1990), Verpackungsverordnung: VO: Verordnung über die Vermeidung von Verpackungsabfällen (Verpackungsverordnung), 14.11.1990

o. V. (1991), ICC - Positionspapier zu Umweltschutz - Audits, in: Steger, U. (Hrsg.), Umwelt - Auditing, Frankfurt a. M., S. 183 - 202

o. V. (1992), UmweltHG, in: Umweltrecht, 7. Aufl g., München, S. 716 - 730

Oberkampf, V. (1990), Szenario - Technik: Darstellung der Methodik, Frankfurt a. M.

Öko - Institut (Hrsg.) (1987), Produktlinienanalyse, Köln

OFW (Hrsg.) (1991), Umweltmanagement im Spannungsfeld zwischen Ökologie und Ökonomie, Wiesbaden

Oßenbrüggen, J. (1991), Norddeutscher Umweltschutzmarkt: Was leisten die Unternehmen? in: Uni hh, Forschung, XXVI 1991, S. 6 - 11

Osterod, S. (1989), Einführung einer Ökobilanz in einem Industriebetrieb, in: Schmidt, E. (Hrsg.), Ökologische Produktionskonzepte, Berlin 1989

Ostmeier, H. (1990), Ökologieorientierte Produktinnovation: eine empirische Analyse unter besonderer Berücksichtigung ihrer Erfolgseinschätzung, Frankfurt a. M., u. a.

Ott, H.J. (1992), Informationsmanagement, in: WISU, 21. Jg., H. 6, S. 476 - 482

Ottahal, A. (1989), Umweltdatenbankführer. Verlag TÜV Rheinland, Köln

Page, B. und Hilty, L.M. (auch Hrsg.) (1994), Umweltinformtik als Teilgebiet der Angewandten Informatik, in: Umweltinformatik: Informatikmethoden für Umweltschutz und Umweltforschung, München, Wien, S. 13 - 26

Page, B. und Hilty, L.M. (Hrsg.) (1994), Umweltinformatik: Informationsmethoden für Umweltschutz und Umweltforschung, München, Wien

Paul, H.J. (1989), Die natürliche Umwelt als Gegenstand der Unternehmensführung und Unternehmensorganisation im Rahmen des evolutionären Managementansatzes, in: Seidel, E. u. Wagner, D. (Hrsg.), Organisation. Evolutionäre Interdependenzen von Kultur und Struktur der Unternehmung. Knut Bleicher zum 60. Geburtstag, Wiesbaden, S. 281 - 294

Pawlow, I.P. (1972), Die bedingten Reflexe, München

Peemöller, V.H. (1990), Umweltschutz als Aufgabe der internen Revision, in: WISU, 19. Jg., H. 4, S. 239 - 244

Peemöller, V.H. und König, G. (1992), Aufgaben eines umweltorientierten Controlling in der strategischen Materialbeschaffung, in: Controlling, 4. Jg., 1992, H. 6, S. 312 - 319

Pfeiffer, W. und Dögl, R. (1990), Das Technologie - Portfolio - Konzept zur Beherrschung der Schnittstelle Technik und Unternehmensstrategie, in: Hahn, D. u. Taylor, B., Strategische Unternehmensplanung - strategische Unternehmensführung, 5. Auflg., Heidelberg, S. 254 - 282

Pfeiffer, W. und Weiß, E. (1992), Lean Management, Berlin

Pfestorf, J. (1974), Kriterien für die Bewertung betriebswirtschaftlicher Informationen, Berlin

Pfohl, H.-.C. und Stölzle, W. (1992), Entsorgungslogistik, in: Steger, U. (Hrsg.), Handbuch des Umweltmanagements, München, S. 571 - 591

Pfriem, H. und Hallay, H. (1992b), Öko-Controlling als Baustein einer innovativen Unternehmenspolitik, in: Steger, U. (Hrsg.), Handbuch des Umweltmanagements, München, S. 295 - 310

Pfriem, R. (Hrsg.) (1986), Ökologische Unternehmenspolitik, Frankfurt a. M., New York

Pfriem, R. (auch Hrsg.) (1986), Ökobilanzen für Unternehmen, in: Ökologische Unternehmenspolitik, Frankfurt, New York, S. 210 - 226

Pfriem, R. (1987), Ansatzpunkte für ein ökologisches Rechnungswesen im Unternehmen, in: Förderkreis Umwelt future e. V. (Hrsg.), Umweltschutz, Gewinn für die Zukunft, future forum 1987, Lengerich

Pfriem, R. (1988a), Ökologie und öffentliche Wirtwschaft. Stellungnahme zu dem gleichnamigen Beitrag von M. Stitzel, in: DBW, 48. Jg., H. 1, S. 139 - 141

Pfriem, R. (1988b), Ökologische Unternehmensführung, Berlin

Pfriem, R. (1990), Können Unternehmen von der Natur lernen? in: Freimann, J. (Hrsg.), Ökologische Herausforderung der Betriebswirtschaftslehre, Wiesbaden, S. 19 - 43

Pfriem, R. (1991), Öko - Controlling und Organisationsentwicklung von Unternehmen, in: Informationsdienst IÖW und VÖW Nr. 1, S. 1 - 13

Pichler, C. (1989), Das Umweltbewußtsein von Konsumenten-Implikationen für das Marketing, in: Der Markt, 28. Jg., Nr. 2, S. 61 - 67

Picot, A. (1977), Betriebswirtschaftliche Umweltbeziehungen und Umweltinformationen. Grundlagen einer erweiterten Erfolgsanalyse für Unternehmen, Berlin

Picot, A. und Franck, E. (1988), Die Planung der Unternehmensrecource Information (I) + (II), in: WISU, 17. Jg., H. 10, S. 544 - 549 + 608 - 614

Picot, A. (1989), Zur Bedeutung allgemeiner Theorieansätze für die betriebswirtschaftliche Information und Kommunikation: Der Beitrag der Transaktionskosten- und Principal - Agent - Theorie., in: Kirsch (Hrsg.), Die Betriebswirtschaftslehre im Spannungsfeld zwischen Generalisierung und Spezialisierung , Wiesbaden, S. 361 - 379

Picot, A. und Reichswald, R. (1991), Informationswirtschaft, in: Heinen, E. (Hrsg.), Industriebetriebslehre, 9. Auflg., Wiesbaden, S. 241 - 395

Picot, A. und Franck, E. (1993), Aufgabenfelder eines Informationsmanagement (I) + (II), in: WISU, 22. Jg., H. 5 + 6, S. 433 - 437 + 520 - 526

Pieroth, E. (Hrsg.) (1978), Sozialbilanzen in der Bundesrepublik Deutschland, Düsseldorf, Wien

Pieroth, E. und Wicke, L. (Hrsg.) (1988), Chancen der Betriebe durch Umweltschutz, Freiburg

Piller, G.K. (1980), Sozialbilanz, Frankfurt a. M.

Pillmann, W. (1994), Austausch von Umweltinformtionen, in: Page, B. u. Hilty, L. M. (Hrsg.), Umweltinformatik: Informatikmethoden für Umweltschutz und Umweltforschung, München, Wien, S. 37 - 50

Plaschka, G., Frank, H. und Rößl, D. (1989), Einstellungen von Führungskräften zum Umweltschutz, in: Die Unternehmung, 43. Jg., H. 2, S. 126 - 130

Plattner, H. (1987), Ein Erfolgsfaktor der integrierten Informationsverarbeitung ist der Grad der Integration, in: Proceedings Compas 1987, Erfolgsfaktoren der integrierten Informationsverarbeitung, Berlin, S. 3 - 28

Plein, P.-.A. (1989), Umweltschutzorientierte Fertigungsstrategien, Wiesbaden

Pohle, H. (Hrsg.) (1992), Die Umweltschutzbeauftragten. Aufgaben, Qualifikation, Rechtsgrundlagen des Störfall-, Gewässerschutz-, Immissionschutz- und Abfallbeauftragten, Berlin

Polke, M. (1988), Information als kritische Ressource, in: Henzler, H. (Hrsg.), Handbuch der strategischen Planung, S. 353 - 378

Pommerehenne, W.W. und Römer, A.U. (1992), Ansätze zur Erfassung der Präferenzen für öffentliche Güter, In: Jahrbuch für Sozialwissenschaft, 43. Jg., S. 171 - 210

Popper, K.R. (1987), Das Elend des Historismus, 6. Auflg., Tübingen

Porter, M.E. und Millar, V.E. (1985), How information gives you competitive advantage, in: HBR, 63. Jg., H. 4, S. 149 - 160

Porter, M.E. (1986), Wettbewerbsvorteile. Spitzenleistung erreichen und behaupten, Frankfurt a. M.

Preßmar, D.B. und Wall, F. (1993), Entwicklungen in den Basistechnologien betrieblicher Informationssysteme, in: SzU, Bd. 49, Wiesbaden

Prisma Industrie-Kommunikation (Hrsg.) (1992), Neue Wege im Umweltmanagement, Vortragsmanusskripte des Umweltsysmposiums der Süddeutschen Zeitung v. 10./11.11.92 in Garmisch - Partenkirchen, Dießen

Probst, G.J.B. u. a. (Hrsg.) (1985), Integriertes Management, Bern, Stuttgart

Prümm, H.P. (1989), Umweltschutzrecht, Frankfurt a. M.

Raffee, H. und Wiedmann, K.P. (1987), Marketingumwelt 2000. Gesellschaftliche Megatrends als Basis einer Neuorientierung von Marketing - Praxis und Marketing - Wissenschaft, in: Schwarz, C. (Hrsg.), Marketing 2000, Wiesbaden, S. 185 - 209

Raffee, H., Förster, F. und Krupp, W. (1988), Marketing und Ökologieorientierung - Eine empirische Studie unter besonderer Berücksichtigung der Lärmminderung, Mannheim

Raffee, H. (1991), Marketing und Umwelt, in: Seidel, E. u. Strebel, H. (Hrsg.), Umwelt und Ökonomie, Wiesbaden, S. 410 - 434

Rat von Sachverständigen für Umweltfragen (Hrsg.) (1978), Umweltgutachten 1978, Stuttgart, Mainz

Reese, J. (1993), Just-in-Time-Logistik, in: Albach, H. (Hrsg.), Betriebliches Umweltmanagement 1993, Wiesbaden, S. 139 - 156

Reiter, U. (1989), Organisation des betrieblichen Umweltschutzes als Umwelt - Controlling, Bremen

Remer, A. und Sandholzer, U. (1992), Ökologisches Management und Personalarbeit, in: Steger, U. (Hrsg.), Handbuch des Umweltmanagements, München, S. 512 - 536

Repenning, K. (1989), Zur Stellung des Betriebsbeauftragten für Umweltschutz in der betrieblichen Organisation. Umweltschutz bei der Deutschen BP AG, in: ZfO, 58. Jg., H. 2, S. 118 - 122

Ridder, H.-.G. (1986), Grundprobleme einer ethisch-normativen Betriebswirtschaftslehre. Ein Vergleich alter und neuer Ansätze am Beispiel der ökologischen Betriebswirtschaftslehre, in: Pfriem, R. (Hrsg.), Ökologische Unternehmenspolitik, Frankfurt a. M., New York, S. 52 - 80

Ridder, H.-.G. (1990), Die Integrationsfähigkeit der Allgemeinen Betriebswirtschaftslehre am Beispiel der Ökonomisierung ökologischer Fragestellungen, in: Freimann, J. (Hrsg.), Ökologische Herausforderung der Betriebswirtschaftslehre Wiesbaden, S. 145 - 162

Ritter, J. und Gründer, K. (Hrsg.) (1984), Historisches Wörterbuch der Philosophie Bd. 6, Basel

Rockart, J.F. und DeLong, D.W. (1988), Executive Support Systems, Homewood/Ill

Roeder, G. (1993), Rückstellungen für Umweltschutzmaßnahmen aufgrund öffentlichrechtlicher Anpassungsverpflichtungen, in: DB, 48. Jg., H. 39, S. 1933 - 1938

Roenick, C. (1992), EDV - Unterstützung für Öko - Controlling und Ökobilanzierung, in: Prisma Industrie-Kommunikation (Hrsg.), Neue Wege im Umweltmanagement, Vortragsmanusskripte des Umweltsysmposiums der Süddeutschen Zeitung v. 10./11.11.92 in Garmisch- Partenkirchen, Dießen, Teil I3

Rohe, E.H. (1990), Entwicklungstendenzen des praktischen Umweltschutzes in der chemischen Industrie, in: Wagner, G. R. (Hrsg.), Unternehmung und ökologische Umwelt

Rosen, H.S. und Windisch, R. (1992), Finanzwirtschaft I, München, Wien

Rosenberger, G. (1988), Ökologische Verantwortung als Teil von Unternehmens- und Konsumkultur, in: Brandt, A. u. a. (Hrsg.), Ökologisches Marketing, Frankfurt, New York, S. 159 - 189

Rosenberger, G. (1992), Umwelt und Konsum - große Chancen, große Barrieren, in: Markenartikel, 54. Jg., H. 5, S. 174 - 175

Roth, U. (1992), Umweltkostenrechnung, Wiesbaden

Roventa, P. (1979), Portfolio Analyse und strategisches Management, München

Rubik, F. und Harmsen, A. (1989), Die Produktlinienanalyse, in: Schmidt, E. (Hrsg.), Ökologische Produktionskonzepte: Kriterien, Instrumente, Akteuere, Nr. 23/89 der Schriftenreihe des IÖW, Berlin, S. 40 - 56

Rückle, D. und Terhart, K. (1986), Die Befolgung von Umweltschutzauflagen als betriebswirtschaftliches Entscheidungsproblem, in: ZfbF, 38. Jg., H. 5, S. 393 - 424

Rückle, D. (1989), Investitionskalküle für Umweltschutzinvestitionen, in: BFuP, 41. Jg., H. 1, S. 51 - 65

Rückle, D. (1992), Entscheidungstheoretische Ansätze zur Handhabung umweltbezogener Unternehmensrisiken, in: Wagner, G. R. (Hrsg.), Ökonomische Risiken und Umweltschutz, München 1992, S. 46 - 66

Rückle, D. (1992), Investition und Finanzierung, in: Steger, U. (Hrsg.), Handbuch des Umweltmanagements, München, S. 451 - 468

Rüttler, M. (1991), Information als strategische Erfolgsfaktor. Konzeption und Leitlinien für eine informationsorientierte Unternehmensführung, Berlin

Ruppen, L. (1978), Marketing und Umweltschutz, Fribourg

Sander, H.P. (1992), Der Betriebliche Umweltschutzbeauftragte - Ein Beitrag zum Umweltschutz -, Bundesverband der Deutschen Industrie (Hrsg.), Köln

Sandkühler, H.J. (Hrsg.) (1990), Europäische Enzyklopädie zu Philosophie und Wissenschaften, Bd. 3, Stichwort Ökologie, Hamburg, S. 601 - 607

Schafhausen, F.J. (1988), Chancen durch offensives Umweltmarketing und -information, in: Pieroth, E. u. Wicke, L. (Hrsg.), Chancen der Betriebe durch Umweltschutz, Freiburg, S. 269 - 305

Schaltegger, S. und Sturm, A. (1992), Ökologieorientierte Entscheidung im Unternehmen - Ökologisches Rechnungswesen statt Ökobilanzierung: Notwendigkeit, Kriterien, Konzepte, Bern u. a.

Schauenberg, B. (Hrsg.) (1990), Wirtschaftsethik, Wiesbaden

Scheer, A.-.W. (1990a), EDV - orientierte Betriebswirtschaftslehre, 4. Auflg., Berlin u. a.

Scheer, A.-.W. (1990b), CIM - Der computergestützte Industriebetrieb, 4. Auflg., Berlin u. a.

Scheer, A.-.W. (1991a), Architektur integrierter Informationssysteme, Berlin u. a.

Scheer, A.-.W. (1991b), Konsequenzen für die Betriebswirtschaftslehre aus der Entwicklung der Informations- und Kommunikationstechnologie, in: Heinrich, L., u . a. (Hrsg.), Die Informationswirtschaft im Unternehmen, Linz, S. 37 - 60

Scheer, A.-.W. (Hrsg.) (1993), Handbuch Informationsmanagement, Wiesbaden

Scherer, J. (1991), Rechtsprobleme normsetzender Absprachen zwischen Staat und Wirtschaft am Beispiel des Umweltrechts, in: DÖV 44. Jg. H. 1, S. 1 - 7

Scheuch, E. und Scheuch, U. Cliquen, Klüngel und Karrieren, Hamburg 1993

Schierenbeck, H. und Seidel, E. (Hrsg.) (1992), Banken und Ökologie: Konzepte für die Umwelt, Wiesbaden

Schilling, H. (1992), Erweiterte Unternehmenshaftung durch neues Umweltrecht, in: Steger, U. (Hrsg.), Umwelt - Auditing, Frankfurt a. M., S. 81 - 96

Schmalen, H., Binninger, M. und Pechtl, H. (1993), Diffusionsmodelle als Entscheidungshilfe zur Planung absatzpolitischer Maßnahmen bei Neuprodukteinführungen, in: DBW, 53. Jg., H. 4, S. 513 - 527

Schmid, U. (1989), Umweltschutz, eine strategische Herausfordeung für das Management, Frankfurt am Main

Schmidhäusler, F.J. (1990), Das MIS ist tot, es lebe das EIS, in: Controlling, 2. Jg., H. 3, S. 156 - 158

Schmidt, B. (1974), Unternehmensphilosophie und Umweltschutz, in: Wild, J. (Hrsg.), Unternehmensführung, Festschrift zum 75. Geburtstag von E. Kosiol, Berlin, S. 128 - 138

Schmidt, E. (Hrsg.) (1989), Ökologische Produktionskonzepte: Kriterien, Instrumente, Akteure, Nr. 23/89 der Schriftenreihe des IÖW, Berlin

Schmidt, R. (1993), Integrierte Umweltschutzverfahren in der chemischen Industrie, in: zfo, 61. Jg., H. 2, S. 91 - 99

Schneider, D. (1983), Marketing als Wirtschaftswissenschaft oder Geburt einer Markertingwissenschaft aus dem Geiste des Unternehmensversagens? in: ZfbF, 35. Jg., H. 3, S. 197 - 224

Schneider, U. (1988), Zur Frage der ökologischen Rationalität. Stellungnahme zum Beitrag von M. Stitzel, in: DBW, 48. Jg., H. 2, S. 251 - 252

Schönheit, I. (1988), Ökologie und Marketing im Meinungsstreit. Ein Tagungsbericht, in: Markenartikel, 50. Jg., H. 2, S. 70 - 74

Schött, W. (1988), Chancen der Betriebe durch Forschungs- und Entwicklungsförderung, in: Wicke, L. u. Pieroth, E. (Hrsg.), Chancen der Betriebe durch Umweltschutz, Freiburg, S. 229 - 253

Schrader, J. (1987), Was wir aus Tschernobyl lernen können!, in: Markenartikel, 49. Jg., H. 3, S. 88 - 95

Schreiber, R.L. (1986), Schon bei der Produktentwicklung müssen wir die ökologischen Auswirkungen einkalkulieren, die Lösung von Folgeproblemen einbeziehen, in: Marketing Journal, 19. Jg., H. 4, S. 314 - 315

Schreiner, M. (1990), Ökologische Herausforderungen an die Kosten- und Leistungsrechung, in: Freimann, J. (Hrsg.), Ökologische Herausforderung der Betriebswirtschaftslehre, Wiesbaden, S. 177 - 196

Schreiner, M. (1991), Umweltmanagement in 22 Lektionen, 2. Auflg., Wiesbaden

Schreiner, M. (1992), Betriebliches Rechnungswesen bei umweltorientierter Unternehmensführung, in: Steger, U. (Hrsg.), Handbuch des Umweltmanagements, München, S. 469 - 485

Schreyögg, G. (1984), Unternehmensstrategie, Berlin, New York

Schreyögg, G. (1989), Implementation einer Unternehmensethik in Planungs- und Entscheidungsprozessen, in: Steinmann, H. u. Löhr, A. (Hrsg.), Unternehmensethik, Stuttgart 1989, S. 247 - 258

Schröder, M. (1990), Die volkswirtschaftlichen Kosten von Umweltpolitik, Heidelberg

Schüler, W. (1989), Informationsmanagement. Gegenstand und organsiatorische Konsequenzen, in: Spremann, K., Zur, E. (Hrsg.), Informationstechnologie und strategische Führung, S. 181 - 188

Schüz, M. (Hrsg.) (1990), Risiko und Wagnis Band 1, Pfullingen

Schulte, H. (1974), Die Sozialbilanz der STEAG Aktiengesellschaft, in: BFuP, 26. Jg., H. 4, S. 277 ff.

Schulz, A. (1970), Gedanken zu einer Informationsbetriebslehre, in: ZfB, 40. Jg., H. 2, S. 91 - 104

Schulz, R. (1972), Kaufentscheidungsprozesse des Konsumenten, Wiesbaden

Schulz, W. (1988), Offensive Umweltinformationspolitik der Betriebe, in: Pieroth, E. Wicke, L. (Hrsg.), Chancen der Betriebe durch Umweltschutz, Freiburg, S. 306 - 332

Schwarze, J. (1990), Betriebswirtschaftliche Aufgaben und Bedeutung des Informationsmanagements, in: Wirtschaftsinformatik, 32. Jg., H. 2, S. 104 - 115

Schweitzer, M. und Küpper, H.-.U. (1991), Systeme der Kostenrechnung, 5. Auflg., 1991

Segner, M. (1976), Szenario - Technik: Methodische Darstellung und kritische Analyse, Forschungsreihe Systemtechnik, Bericht Nr. 8, TU Berlin

Seibt, D. (1990), Informationsmanagement und Controlling, in: Wirtschaftsinformatik, 32. Jg., H. 2, S. 116 - 126

Seidel, E. und Menn, H. (1988), Ökologisch orientierte Betriebswirtschaft, Stuttgart u. a.

Seidel, E. und Wagner, D. (Hrsg.) (1989), Organisation. Evolutionäre Interdependenzen von Kultur und Struktur der Unternehmung. Knut Bleicher zum 60. Geburtstag, Wiesbaden

Seidel, E. (1989), Ökologisch orientierte Unternehmensführung als betriebliche Kultur- und Strukturinnovation,, in: Seidel, E. u Wagner, D. (Hrsg.), Organisation. Evolutionäre Interdependenzen von Kultur und Struktur der Unternehmung Wiesbaden, S. 261 - 279

Seidel, E. (1989), "Wollen" und "Können". Auf dem Wege zu einer ökologisch verpflichteten Unternehmensführung, in: zfo, 58. Jg, H. 2, S. 73 - 83

Seidel, E. (1990a), Implementation des betrieblichen Umweltschutzes, in: Freimann, J. (Hrsg.), Ökologische Herausforderung der Betriebswirtschaftslehre, Wiesbaden, S. 215 - 230

Seidel, E. (1990b), Zur Organisation des betrieblichen Umweltschutzes, in: zfo, 59. Jg., H. 5, S. 334 - 341

Seidel, E. und Menn, H. (1991), Ökologisch orientierte Betriebswirtschaftslehre, in: Seidel, E. u. Strebel, H. (Hrsg.), Umwelt und Ökonomie, Wiesbaden, S. 151 - 180

Seidel, E. (1991), Ökologisches Controlling, in: Seidel, E. u. Strebel, H. (Hrsg.), Umwelt und Ökonomie, S. 308 - 322, Wiesbaden

Seidel, E. (Hrsg.) und Strebel, H. (1991), Umwelt und Ökonomie, Wiesbaden

Seidel, E. und Behrens, S. (1992), Umwelt - Controlling als Instrument moderner betrieblicher Abfallwirtschaft, in: BFuP, 44. Jg., H. 2, S. 136 - 152

Seifert, E. und Pfriem, R. (Hrsg.) (1989), Wirtschaftsethik und ökologische Wirtschaftsforschung, Bern, Stuttgart

Seipp, W. (1992), Die Förderung von Umweltschutzprojekten durch Kreditinstitute im Inlandsgeschäft, in: Schierenbeck, H. u. Seidel, E. (Hrsg.), Banken und Ökologie, Wiesbaden, S. 85 - 93

Senn, J.F. (1986), Ökologieorientierte Unternehmensführung - theoretische Grundlagen, empirische Fallanalysen und mögliche Basisstrategien, Frankfurt

Servatius, H.G. (1992), Umsetzung umweltbewußter Führung als Prozeß eines kulturellen Wandels, in: Zahn, E. u. Gasssert, H. (Hrsg.), Umweltorientiertes Management, Stuttgart

Siegel, T. (1993), Umweltschutz im Jahresabschluß: Probleme und Lösungsansätze, in: Wagner, G. R. (Hrsg.), Betriebswirtschaft und Umweltschutz, Stuttgart, S. 129 - 160

Siegmann, H.P. (1990), Umweltschutz ist Chefsache, in: Albach, H. (Hrsg.), Betriebliches Umweltmanagement, Wiesbaden, S. 1 - 12

Sietz, M. und Michahelles, R. (Hrsg.) (1989), Cheklisten für Manager, Taunusstein

Sietz, M. und Sondermann, W.D. (1990), Umwelt - Audit und Umwelthaftung, Taunusstein

Sietz, M. (1991), Methoden des Umwelt - Auditing, in: Steger, U. (Hrsg.), Umwelt - Auditing, Frankfurt a. M., S.45 - 51

Sihler, H. (1987), Die Bewältigung ökologischer Herausforderungen im Rahmen der Unternehmensziele, in: Schöttle, K. M. (Hrsg.), Jahrbuch des Marketing, 4. Ausg., Essen, S. 11 - 17

Simon, D. (1986), Schwache Signale, Wien

Simon, H. (1989), Die Zeit als strategischer Erfolgsfaktor, in: ZfB, 59. Jg, H. 1, S.70 - 92

Simon, H. (1992), Preismanagement, 2. Auflg., Wiesbaden

Simon, H.A. (1959), Models of a Man, New York

Simon, H.A. (1981), Entscheidungsverhalten in Organisationen, 3. Auflg., Landsberg

Simon, K.-.H., Jaeschke, A. und Manche, A. (1994), Amforderungen an Expertensysteme, in: Page, B. u. Hilty, L. M. (Hrsg.), Umweltinformatik: Informatikmethoden für Umweltschutz und Umweltforschung, München, Wien, S. 183 - 200

Simonis, U.E. (auch Hrsg.) (1983), Die ökologische Buchhaltung im Kreuzfeuer der Meinungen, in: Ökonomie und Ökologie - Auswege aus einem Konflikt, Karlsruhe, 2. Auflg., S. 35 - 61

Simonis, U.E. (Hrsg.) (1988), Ökonomie und Ökologie - Auswege aus einem Konflikt, Karlsruhe, 2. Auflg.

Simonis, U.E. (Hrsg.) (1988), Präventive Umweltpolitik, Frankfurt, New York

Six, B. (1974), Die Relation von Einstellung und Verhalten, in: Zeitschrift für Sozialpsychologie, Bd. 6, H. 4, S. 270 - 296

Skala, A.K. (1982), Internationale technische Regeln und Standards zum Umweltschutz. Ihre Entstehungsarten und rechtlichen Wirkungen, Köln u. a.

Skinner, B.F. (1973), Wissenschaftliches und menschliches Verhalten, München

Specht, L.B. (1992), The Auditor, SAS 54 and Environmental Violations, in: Journal of Accountancy, Dec., S. 67 - 72

Speth, J.G. (1989), The Greening of Technologie, Das Ergrünen der Technologie, Berlin

Spremann, K. und Zur, E. (Hrsg.) (1988), Informationstechnologie und strategische Führung, Wiesbaden

Spremann, K. (1988), Reputation, Garantie, Information, in: ZfB, 58. Jg., 1988, H. 5/6, S. 611 - 629

Spremann, K. (1990), Asymetrische Information, in: ZfB, 60. Jg., H. 5/6, S. 561 - 586

Sprenger, R.-.U. (1975), Struktur und Entwicklung von Umweltschutzaufwendungen in der Industrie, in: Schriftenreihe des Ifo - Institus für Wirtschaftsforschung, Nr. 85, Berlin, München 1975

Stähler, C. (1991), Strategisches Ökologiemanagement, München

Stahlmann, V. (1992), Umweltschutz "Beginn-of-the-Pipe" durch aktives Einkaufsmanagement, in: Steger, U. (Hrsg.), Handbuch des Umweltmanagements, München, S. 417 - 436
Stara, F. (1988), Konfliktpotential Ökologie/Ökonomie - neue Anforderungen an das Marketing, in: Thexis, 5. Jg, H. 3, S. 32 - 34
Steger, U. (1988), Umweltmanagement, Wiesbaden
Steger, U. (1990), Übernahme von Umweltkosten und -risikien durch die Industrie, in: Schüz, M. (Hrsg.), Risiko und Wagnis Bd. 1, S. 194 - 209
Steger, U. (Hrsg.) (1991), Umwelt-Auditing - Ein neues Instrument der Risikovorsorge, Frankfurt a. M.
Steger, U. und Antes, R. (1991), Unternehmensstrategie und Risikomanagement, in: Steger, U. (Hrsg.), Umwelt - Auditing, Frankfurt a. M., S. 13 - 44
Steger, U. (1991), Integrierter Umweltschutz als Gegenstand eines Umweltmanagements, in: Kreikebaum, H. (Hrsg.), Integrierter Umweltschutz, Wiesbaden, 2. Auflg., S. 58 - 72
Steger, U. (1992), Future Management, Frankfurt
Steger, U. (Hrsg.) (1992), Handbuch des Umweltmanagements, München
Steinmann, H. (1969), Das Großunternehmen im Interessenkonflikt, Stuttgart
Steinmann, H. (Hrsg.) (1981), Planung und Kontrolle, München
Steinmann, H. und Gerum, E. (1988), Unternehmensordnung, in: Bea, F. X., Dichtl, E., Schweitzer, M. (Hrsg.), Allgemeine Betriebswirtschaftslehre Bd. 1, 4. Auflg., Stuttgart, New York, S. 179 - 268
Steinmann, H. und Loehr, A. (1989), Unternehmensethik, Stuttgart
Steinmann, H. und Schreyögg, G. (1991), Management, 2. Auflg., Wiesbaden
Steinmann, H. und Loehr, A. (1992), Grundlagen der Unternehmensethik, Stuttgart
Steinmann, H. und Zerfaß, A. (1993), Privates Unternehmertum und öffentliches Interesse, in: Wagner, G. R. (Hrsg.), Betriebswirtschaft und Umweltschutz, Stuttgart, S. 3 - 29
Steven, M. (1991a), Umwelt als Produktionsfaktor, in: ZfB, 61. Jg, H. 4, S. 509 - 523
Steven, M. (1991b), Integration des Umweltschutzes in die Betriebswirtschaft, in: WISU, 20. Jg., H. 1, S. 38 - 42
Steven, M. (1992), Umweltschutz im Produktionsbereich (I) + (II), in: WISU, 21. Jg., H. 1 + 2, S. 35 - 39 + 105 - 111
Stitzel, M. (1987), Ökologisch orientierte Unternehmensführung - Hemmung oder Förderung der Wettbewerbsfähigkeit der Unternehmung, in: Dichtl, E. u. a. (Hrsg.), Innovation und Wettbewerbsfähigkeit, Wiesbaden, S. 377 - 397
Stitzel, M. (1987), Ökologie und öffentliche Wirtschaft. Ein Beitrag zur Entscheidungs- und Verhaltenstheorie öffentlicher Unternehmen und Verwaltungen, in: DBW, 47. Jg., H. 6, S. 673 - 684
Stitzel, M. (1988), Auf der Suche nach ökonomischer und ökologischer Rationalität, in: DBW, 48. Jg., H. 2, S. 256 - 258
Stitzel, M. und Wank, L. (1990), Was kann die Lehre vom strategischen Management zu eine ökologisch orientierten Unternehmensführung beitragen? in:

Ökologische Herausforderung der Betriebswirtschaftslehre, in: Freimann, J. (Hrsg.), Ökologische Herausforderung der Betriebswirtschaftslehre, Wiesbaden, S. 105 - 131

Stitzel, M. (1990), Ökologische Ethik und wirtschaftliches Handeln, in: Schauenberg, B. (Hrsg.), Wirtschaftsethik, Wiesbaden, S. 101 - 116

Stocker, O. (1988), Ökologie und öffentliche Wirtschaft. Anmerkungen zum Beitrag von M. Stitzel, in: DBW, 48. Jg., H. 1, S. 144 - 145

Stölzle, W. (1990), Ansätze zur Erfassung von Umweltschutzkosten in der betriebswirtschaftlichen Kostenrechnung, in: Zeitschrift für Umweltpolitik & Umweltrecht, 13. Jg., H. 4, S. 379 - 412

Stonier, T. (1991), Information und die innere Struktur des Universums, Berlin, u. a.

Strebel, H. (1978), Produktgestaltung als umweltpolitisches Instrument der Unternehmensführung, in: DBW, 38. Jg., H. 1, S. 73 - 82

Strebel, H. (1980), Umwelt und Betriebswirtschaft. Die natürliche Umwelt als Gegenstand der Unternehmenspolitik, Berlin

Strebel, H. (1981), Umweltwirkungen der Produktion, in: ZfbF, 33. Jg., H. 6, S. 508 - 521

Strebel, H. und Hildebrandt, T. (1989), Produktlebenszyklus und Rückstandszyklen. Konzept eines erweiterten Lebenszyklusmodells, in: zfo, 58. Jg., H. 2, S. 101 - 106

Strebel, H. (1991), Rückstand und Rückstandsverwertung in der unternehmerischen Forschung und Entwicklung, in: Seidel, E. u Strebel, H. (Hrsg.), Wiesbaden, S. 399 - 409

Strebel, H. (1991), Integrierter Umweltschutz - Merkmale, Voraussetzungen, Chancen, in: Kreikebaum, H. (Hrsg.), Integrierter Umweltschutz, 2. Auflg., Wiesbaden, S. 3 - 16

Strebel, H. (1992), Material und Energiebilanzen als umweltpolitische Instrumente, Vorabdruck, erscheint in: Liesegang, D. G. (Hrsg.), Wirtschaften im Einklang mit der Natur, Heidelberg u. a.

Strebel, H. (1992), Produktion und Umweltschutz, in: Steger, U. (Hrsg.), Handbuch des Umweltmanagements, München, S.437 - 450

Strehl, F. (1988), Ökologie und öffentliche Wirtschaft. Stellungnahme zum Beitrag von M. Stitzel, in: DBW, 48. Jg., H. 2, S. 253 - 255

Streitferdt, L. (1973), Grundlagen und Probleme der betriebswirtschaftlichen Risikotheorie, Wiesbaden

Streitferdt, L. (1981), Probleme der Operationalisierung von Gemeinwirtschaftlichkeit, in: Bohr, K., u. a. (Hrsg.) Unternehmensverfassung als Problem der Betriebswirtschaftslehre, Berlin, S. 239 - 262

Streitferdt, L. (1983), Entscheidungsregeln zur Abweichungsauswertung, Würzburg, Wien

Ströbele, W. (1991), Externe Effekte als Begründung von Umweltökonomik und -politik, in: Beckenbach, F. (Hrsg.), Die ökologische Herausforderung für die ökonomische Theorie, Marburg, S. 111 - 120

Stümke, W. (1981), Strategische Planung bei der Deutschen Shell AG, in: Steinmann, H. (Hrsg.), Planung und Kontrolle - Probleme der strategischen Unternehmensplanung, S. 331 - 347

Stumm, W. und Davis, J. (1991), Kann Recycling die Umweltbeeinträchtigung vermindern? in: Seidel, E. u. Strebel, H. (Hrsg.), Umwelt und Ökonomie, Wiesbaden, S. 75 - 87

Szallies, R. und Wiswede, G. (Hrsg.) (1990), Wertewandel und Konsum, Landsberg/Lech

Szyperski, N. (1980), Informationsbedarf, in: Grochla, E. (Hrsg.), Handwörterbuch der Organisation, 2. Auflg., Stuttgart, Sp. 904 - 913

Szyperski, N. (1980), Informationsbedarfsananlyse, in: Grochla, E. (Hrsg.), Handwörterbuch der Organisation (HWO), 2. Auflg., Stuttgart, S. 904 - 913

Teichert, V. und Küppers, F. (1990), Umweltpolitik im Betrieb - Betriebsvereinbarungen zum Umweltschutz in der Chemischen Industrie, in: WSI Mitteilungen, 43. Jg., H. 12, S. 755 - 761

Teichert, V. (1993), Betriebliche Umweltinformationssysteme und Möglichkeiten der Arbeitnehmervertretung, in: WSI Mitteilungen, 46. Jg., H. 6, S. 359 - 368

Terhart, K. (1986), Die Befolgung von Umweltschutzauflagen als betriebswirtschaftliches Entscheidungsproblem, Berlin

Theisen, A. (1990), Betriebliche Umweltschutzbeauftragte - Determinanten ihres Wirkungsgrades, Wiesbaden

Thomas, J. (1988), Die Organisation des industriellen Umweltschutzes. Ein Praxisbeitrag zur betrieblichen Organisationslehre, in: DB, 41. Jg., o. H., S. 2161 - 2166

Tischler, W. (1984), Stichwort: Ökologie, in: Ritter, J. u. Gründer, K. (Hrsg.), Historisches Wörterbuch der Philosophie, Basel, S. 1146 - 1147

Trepl, L. (1987), Geschichte der Ökologie - Vom 17. Jahrhundert bis zur Gegenwart, Frankfurt a. M.

Troge, A. (1993), Lügen die Öko - Bilanzen, in: Absatzwirtschaft, 36. Jg., H. 1, S. 14 - 16

Trux, W., Müller, G. und Kirsch, W. (1984), Das Management strategischer Programme, München

Türck, R. (1991), Das ökologische Produkt, 2. Auflg., Ludwigsburg

Ullmann, A.A. (1976), Versuch einer ökologischen Buchhaltung bie Roco, in: Der Schweizer Treuhänder, 50. Jg., H. 6/7, S. 20 - 23

Ullmann, A.A. (1981), Der Betriebsbeauftragte für Umweltschutz aus betriebswirtschaftlicher Perspektive - Umweltpolitische Notwendigkeit oder gesetzgeberischer Perfektionismus? in: ZfbF, Jg. 33, H. 11, S. 992 - 1013

Ullmann, A.A. (1982), Industrie und Umweltschutz: Implementation von Umweltschutzgesetzen in deutschen Unternehmen, Frankfurt a. M.

Ulrich und Krieg, W. (1974), St. Galler Management - Modell, 3. Auflg., Bern, Stuttgart

Umweltbundesamt (Hrsg.) (1991), Umweltorientierte Unternehmensführung, Möglichkeiten zur Kostensenkung und Erlössteigerung -Modellvorhaben und Kongreß-, Bericht 11/1991, Berlin
Unger, F. (1984), Konsumenten- und Managementverhalten im Spiegel der kognitiven Dissonanz, in: Markenartikel, 46. Jg., H. 9, S. 454 - 460
Urban, D.C. (1986), Was ist Umweltbewußtsein, in: Zeitschrift für Soziologie, 15. Jg., H. 5, S. 363 - 377
Van Raaji, W.F. und Verhallen, T.M. (1983), A Behavioral Model of Residential Energy Use, in: Journal of Economic Psychology, No. 3, S. 39 - 63
Vogel, J. u. a. (Hrsg.) (1992), Handbuch des Umweltschutzes, 3. Auflg, München
Voigt, K.-.I. (1992), Strategische Planung unter Unsicherheit, Wiesbaden
von Ilsemann, W. (1980), Szenarioplanung bei Shell: Die geteilte Zukunft, in: Manager Magazin, o. Jg., H. 5, S. 115 - 123
von Reibnitz, U. (1987), Szenarien - Optionen für die Zukunft, Hamburg, New York
von Reibnitz, U. (1991), Szenario - Technik: Instrumente für die unternehmerische und persönliche Erfolgsplanung, Wiesbaden
Wachta, H. (1990), Umweltbilanzen - Ein neues PR-Instrument, in: Werbeforschung und Praxis, 35. Jg., o. H., S. 47 - 49
Wacker, W.H. (1971), Betriebswirtschaftliche Informationstheorie, Opladen
Wagner, B. (1992), Vom Öko - Audit zur betrieblichen Öko - Bilanz, in: Prisma Industrie - Kommunikation (Hrsg.), Neue Wege im Umweltmanagement, Vortragsmanusskripte des Umweltsysmposiums der Süddeutschen Zeitung v. 10./11.11.92 in Garmisch - Partenkirchen, Dießen, Teil B1
Wagner, G.R. (Hrsg.) (1990), Unternehmung und ökologische Umwelt, München
Wagner, G.R. und Janzen, H. (1991), Ökologisches Controlling - mehr als ein Schlagwort, in: Controlling, 3. Jg., H. 3, S. 120 - 129
Wagner, G.R. (1992), Kosten der Umwelterhaltung in ihrer Bedeutung für die Unternehmenspolitik, in: Männel, W. (Hrsg.), Handbuch Kostenrechnung, Wiesbaden, S. 917 - 928
Wagner, G.R. (Hrsg.) (1992), Ökonomische Risiken und Umweltschutz, München
Wagner, G.R. und Fichtner, S. (1992), Unternehmerische Abfallwirtschaft, in: Steger, U. (Hrsg.), Handbuch des Umweltmanagements, München, S. 558 - 570
Wagner, G.R. (1993), Das Ökologische Controlling als Konzeption interner Unternehmensrechnung, in: Wagner, G. R. (Hrsg.), Betriebswirtschaft und Umweltschutz, Stuttgart, S. 205 - 222
Wagner, G.R. (Hrsg.) (1993), Betriebswirtschaft und Umweltschutz, Stuttgart
Wechsler, W. (1978), Delphi - Methode, München
Wedding, E. und Wins, J. (1991), Unsere Umweltphilosophie, unsere Umweltbildung, Tengelmann Warenhandelsgesellschaft, in: Personalführung, o. Jg., H. 3, S. 168 - 174
Wehrli, H.P. (1990), Marketing und Ökologie, in: Jahrbuch der Absatz u. Verbraucherforschung, 36. Jg., H. 4, S. 344 - 359

Weiland, R. (1992), Gesetz der Entropie, in: WiSt, 21. Jg., H. 9, S. 458 - 460
Weinhold - Stünzi, H. (1988), Marketing und Ökologie, in: Thexis, 5. Jg., H. 3, S. 1 - 9
Welge, M. und Al-Laham, A. (1992), Planung, Wiesbaden
Wellmer, M. (1991), Kommunale Inforamtionssysteme, in: Umwelt, 21. Jg., H. 10, S. 585 - 586
Werner, L. (1992), Entscheidungsunterstützungssysteme. Ein problem- und benutzerorientiertes Management - Instrument, Heidelberg
Wicke, L. (1986), Die ökologischen Milliarden, München
Wicke, L. (1989 u. 1990), Chancen und Probleme der Betriebe durch umweltfreundliche Produkte, Teil I+II, in: Markenartikel, 51. Jg., H. 12, S.608 - 623 u. 52. Jg., H. 1, S. 21 - 31
Wicke, L. (1990), Der ökonomische Wert der Ökologie, in: Schüz, M. (Hrsg.), Risiko und Wagnis Bd. 1, Pfullingen, S. 210 - 228
Wicke, L. (1991), Umweltökonomie, 3. Auflg., München
Wicke, L., Haasis, H.-.D., Schafhausen, F. und Schulz, W. (1992), Betriebliche Umweltökonomie, München
Wiedmann, K.-.P. (1985), Konzeptionelle und methodische Grundlagen der Früherkennung, in: Raffee, H. u. Wiedmann, K. - P. (Hrsg.), Strategisches Marketing, S. 301 - 348
Wiedmann, K.-.P. (1989), Gesellschaft und Marketing - Neuorientierung der Marketingkonzeption im Zeichen des gesellschaftlichen Wandels, in: Specht, G. et al. (Hrsg.), Marketing - Schnittstellen, Stuttgart, S. 227 - 246
Wiedmann, K.P. (1988), Marketing für Ökologie als Rahmenkonzept umwelt- und verbraucherpolitischer Institutionen und Verbände, in: Brandt, A., et al. (Hrsg.), Ökologisches Marketing, Frankfurt, New York, S. 215 - 265
Wiesner, J. (1991), Ein "Öko-soziales Interdependenz-Modell". Entwurf zu einer politischen Theorie der Umweltbeziehungen, in: Seidel, E. u. Strebel, H. (Hrsg.), Umwelt und Ökonomie, Wiesbaden, S. 88 - 120
Wild, J. (1969), Unternehmerische Entsscheidungen, Prognose und Wahrscheinlichkeiten, in: ZfB - Ergänzungsheft 2/1969, S. 60 - 89
Wild, J. (1971), Zur Problematik der Nutzenbewertung von Informationen, in: ZfB, 41. Jg., H. 5, S. 315 - 334
Wildemann, H. (1988), Das "just - in - time" - Konzept - Produktion und Zulieferung auf Abruf, Frankfurt a. M.
Wimmer, F. (1988), Umweltbewußtsein und konsumrelvante Einstellungen und Verhaltensweisen, in: Brandt, A. u. a. (Hrsg.), Ökologisches Marketing, Frankfurt, New York, S. 44 - 85
Wimmer, F. (1993), Empirische Einsichten in das Umweltbewußtsein und Umweltverhalten der Konsumenten, in: Wagner, G. R. (Hrsg.), Betriebswirtschaft und Umweltschutz, Stuttgart, S. 44 - 80
Winand, U. (1988), Externe Informationsdatenbanken für betriebliches Informationsmanagement - Ein noch unerschlossenes Potential, in: ZfbF, 40. Jg., H. 12, S. 1130 - 1149

Winter, G. (1981), Umweltbewußtsein im Licht sozialpsychologischer Theorien, in: Fietkau, H. J., u. Kessel, H. (Hrsg.), Umweltlernen, Königstein, S. 53 - 116

Wiswede, G. (1973), Motivation und Verbraucherverhalten, 2. Auflg., Basel

Wittmann, W. (1959), Unternehmen und unvollkommene Informtion, Köln

Wollnik, M. (1988), Ein Referenzmodell des Informations-Management, in: Information Management, 3. Jg., H. 3, S. 34 - 43

Wünsche, I. und Wünsche, S. (1993), Ökologisch orientiertes Controlling - Ein Überblick, in: krp, Sonderheft 1/93, S. 88 - 92

Wysocki, K.v. (1978), Das Unternehmen in seiner Umwelt: Möglichkeiten und Grenzen der Sozialbilanz, in: Pieroth, E. (Hrsg.), Sozialbilanzen in der Bundesrepublik Deutschland, Wien, Düsseldorf, S. 15 - 33

Wysocki, K.v. (1981), Sozialbilanz. Inhalt und Form gesellschaftsbezogener Berichterstattung, Stuttgart

Zabel, H.-.U. (1993), Ökologieverträglichkeit in betriebswirtschaftlicher Sicht, in: ZfB, 63. Jg., H. 4, S. 351 - 372

Zäpfel, G. (1982), Produktionswirtschaft. Operatives Produktionsmanagement, Berlin, New York

Zahn, E. und Rüttler, M. (1989), Informationsmanagement - Eine strategische Antwort auf kritische Herausforderungen der Unternehmensumwelt, in: Controlling, 1. Jg., H. 1, S. 34 - 43

Zahn, E. und Schmid, U. (1992), Wettbewerbsvorteile durch umweltschutzorientiertes Management, in: Zahn, E. u. Gassert, H. (Hrsg.), Umweltorientiertes Management, Stuttgart, S. 39 - 94

Zahn, E. und Gassert, H. (Hrsg.) (1992), Umweltschutzorientiertes Management, Stuttgart

Zahn, E. und Steimle, V. (1993), Umweltinformationssysteme und umweltbezogene Strategieunterstützungssysteme, in: Wagner, G. R. (Hrsg.), Betriebswirtschaft und Umweltschutz, Stuttgart, S. 207 - 224

Zelewski, S. (1993), Umweltschutz als Herausforderung an die produktionswirtschaftliche Theoriebildung, in: ZfB, 63. Jg., H. 4, S. 323 - 350

Zikmund, W.G. (1982), Abfallrecycling: Ein Distributionsproblem, in: Hansen, U., u. a. (Hrsg.), Marketing und Verbraucherpolitik, Stuttgart, S. 418 - 427

Zimmermann, K. und u. a. (Hrsg.) (1990), Ökologische Modernisierung in der Produktion, Strukturen und Trends, Berlin

Zink, K.J. und Schick, G. (1987), Quality Circles 1, 2. Auflg., München, Wien

Zünd, A. (1978), Die Sozialbilanz - Versuch einer Standortbestimmung, in: Der Schweitzer Treuhänder, 52. Jg., H. 5/6, S. 5

GPSR Compliance

The European Union's (EU) General Product Safety Regulation (GPSR) is a set of rules that requires consumer products to be safe and our obligations to ensure this.

If you have any concerns about our products, you can contact us on ProductSafety@springernature.com

In case Publisher is established outside the EU, the EU authorized representative is:

Springer Nature Customer Service Center GmbH
Europaplatz 3
69115 Heidelberg, Germany

Batch number: 10815974

Printed by Printforce, the Netherlands